内弹道理论与装药技术

Theory of the Interior Ballistics and Charge Configurations of Guns

周彦煌 著

国防工業出版社

·北京·

图书在版编目（CIP）数据

内弹道理论与装药技术/周彦煌著. —北京:国防工业出版社,2025. 1

ISBN 978 - 7 - 118 - 13306 - 6

Ⅰ. ①内… Ⅱ. ①周… Ⅲ. ①火炮—弹道学 Ⅳ. ①TJ012

中国国家版本馆 CIP 数据核字(2024)第 104357 号

※

国防工业出版社出版发行

(北京市海淀区紫竹院南路 23 号 邮政编码 100048)

三河市天利华印刷装订有限公司印刷

新华书店经售

*

开本 710 × 1000 1/16 **印张** 32½ **字数** 570 千字

2025 年 1 月第 1 版第 1 次印刷 **印数** 1—2000 册 **定价** 160. 00 元

(本书如有印装错误,我社负责调换)

国防书店:(010)88540777 书店传真:(010)88540776

发行业务:(010)88540717 发行传真:(010)88540762

致　读　者

本书由中央军委装备发展部**国防科技图书出版基金**资助出版。

为了促进国防科技和武器装备发展，加强社会主义物质文明和精神文明建设，培养优秀科技人才，确保国防科技优秀图书的出版，原国防科工委于1988年初决定每年拨出专款，设立国防科技图书出版基金，成立评审委员会，扶持、审定出版国防科技优秀图书。这是一项具有深远意义的创举。

国防科技图书出版基金资助的对象是：

1. 在国防科学技术领域中，学术水平高，内容有创见，在学科上居领先地位的基础科学理论图书；在工程技术理论方面有突破的应用科学专著。

2. 学术思想新颖，内容具体、实用，对国防科技和武器装备发展具有较大推动作用的专著；密切结合国防现代化和武器装备现代化需要的高新技术内容的专著。

3. 有重要发展前景和有重大开拓使用价值，密切结合国防现代化和武器装备现代化需要的新工艺、新材料内容的专著。

4. 填补目前我国科技领域空白并具有军事应用前景的薄弱学科和边缘学科的科技图书。

国防科技图书出版基金评审委员会在中央军委装备发展部的领导下开展工作，负责掌握出版基金的使用方向，评审受理的图书选题，决定资助的图书选题和资助金额，以及决定中断或取消资助等。经评审给予资助的图书，由国防工业出版社出版发行。

国防科技和武器装备发展已经取得了举世瞩目的成就，国防科技图书承担着记载和弘扬这些成就，积累和传播科技知识的使命。开展好评审工作，使有限的基金发挥出巨大的效能，需要不断摸索、认真总结和及时改进，更需要国防科技和武器装备建设战线广大科技工作者、专家、教授，以及社会各界朋友的热情支持。

让我们携起手来，为祖国昌盛、科技腾飞、出版繁荣而共同奋斗！

国防科技图书出版基金

评审委员会

前　言

火炮具有密集火力快速形成的能力和高效费比的突出优势，它在战争中的重要地位，是其他兵器不可替代的。火炮内弹道学是研究火炮发射装药点火与燃烧、燃气推动弹丸做功和火炮结构参量对内弹道性能影响的应用科学，是火炮总体设计和火力系统设计的重要理论基础。为了保证火炮具有期望的威力和良好的使用性能，必须通过内弹道优化设计，科学地寻求炮、弹、药之间的合理匹配，通过发射装药及其点传火方案和内膛结构的优化，实现发射过程的优化，保证武器系统设计合理和性能最佳化。

撰写本书有下面几方面的原因：

一是新型火炮的研发给内弹道学提出了一系列新问题，要求发射装药的结构更为复杂并带有特殊性。因而，需要克服内弹道设计与装药结构设计较大程度的分离状态，尽快推进内弹道理论和装药技术融合发展。但是，因为内弹道设计、装药设计，特别是装药结构设计和火炮内膛结构设计原本是一个不可分割的整体；所以，实现内弹道理论与装药结构研究相融合，其基本前提是能对不同装药结构和点传火系统在发射中产生的主要物理过程进行正确描述，而这种描述又与全寿命周期内身管密切相关，即同时还要求能描述烧蚀内膛及变异膛线对弹丸运动的影响、发射过程中的膛内大温差瞬变边界层，以及气固相间耦合作用等。为此，需要大力完善现有内弹道理论体系。

二是来自火炮使用方式的需求。在信息化战争条件下，火炮射击模式发生了重大变化，火炮在每一处阵地上基本只有一次射击机会，而且每次射击都要以不进行试射为前提条件，通过精确准备诸元，实现精确打击。精确预测炮口速度是射击准备的基本前提，是实现有效打击的必要条件。现有远程火炮的炮口速度主要是基于炮口测速雷达实现的，其基本原理是根据火炮以往使用的弹药与炮口速度数据，通过估算软件，输入当前射击条件，预估下一次的炮口速度值（最大可能概率）。如果雷达测试精度足够高，则预估精度完全取决于估算软件。研制高精度的估算软件及射击条件实时测试系统，涉及内弹道学一系列理论与动态测量技术问题，最重要的是实现全寿命周期内身管烧蚀磨损量的射前精确测量，以及装药初温与弹重等参量的全自动实时精确测量。

此外,炮射智能弹药的研发和广泛应用,其弹丸和弹载电子器件对膛内受力和发射装药设计提出了很多特殊要求,需要内弹道设计给予保证。因此,需要对现有内弹道理论体系进行完善和拓展,构建新的内弹道理论构成系统。

本书内容编排方法和素材选取与传统内弹道著作相比较,有较大不同。本书侧重技术基础,目的是完善内弹道理论架构,推进内弹道理论与装药技术融合发展,为炮口速度的精确预测提供设计思路和解决方案。本书共9章:第1章在简要介绍火炮内弹道学在我国的发展现状基础上,对面临的主要问题和发展方向作了论述。第2章首先从热力学角度对火炮发射过程特点作了解释和说明,在此基础上侧重从现代内弹道学发展需求角度,论述了火药热力学性能和弹塑性力学特性,以及承受撞击挤压时表现的行为特征。第3章论述装药结构与装药床性能,这是本书的重点之一:首先按发射装药在发射中的行为特点对装药结构进行分类,对以往装药设计中的经验教训和典型现代装药特点作了深入分析;然后介绍了装药床的力学与热力学特征,包括瞬态压缩中的变形与坍塌特征及其所表现的弹塑性与黏弹性力学行为,药床在瞬态气流作用下的流态化与两相流动中所表现的相间耦合行为,包括气-固相间流动阻力和相间传热特性等;还就火炮射程分级设计、装药分级和速度分级的要求与原则作了论述,包括最小射程设计与确定。第4章主要分析装药燃烧不稳定现象与膛内压力波生成原因和物理本质。第5章论述单粒火药点火理论与发射装药点火理论及它们之间的差别,同时涉及点火药与各类底火、传火管性能,点火机理和着火判据等,还就底排药剂瞬态降压条件下的燃烧不稳定和二次点火技术研究作了专门介绍。第6章是弹丸膛内受力分析,除涉及挤进动力学模型的建立、内膛结构对挤进过程与挤进阻力影响之外,还就烧蚀内膛几何特征重构与残留膛线对弹带伤害、弹丸卡膛定位、弹道峰现象及弹带性能考核评定等作了深入分析与讨论。第7章是发射过程传热,涉及发射装药实时初温测量、不同射击条件身管传热分析、身管壁温过热报警,以及身管烧蚀及寿命估算等内容。第8章是发射中的流动,分别分析了发射过程涉及的一维均相流、两相流和通过小孔或缝隙的流动,其中:一维均相流动包括激波、喷管流和带化学反应均相流等;两相流包括一维准两相流和双连续介质一维两相流。第9章就内弹道学发展前沿问题进行分析与探讨,包括实时精确预测火控内弹道学体系建立、发射中的小概率安全事故内弹道学问题以及不同类型内弹道问题定解条件的确定等。

本书内容是为架构与时俱进内弹道理论体系作准备的,内容安排立足于读者对弹道学有基本了解。本书采用的编写方法是一种尝试，缺憾和错误在所难免，请读者批评指正。

在本书写作中，得到课题组余永刚、刘东尧、陆欣、张领科、刘殿金等大力支持和帮助，陆欣和张领科帮助撰写了部分内容。书中一些内容是作者与王升晨、刘千里、魏建国、张明安等合作研究成果。在此表示衷心的感谢。

作　者
于南京理工大学
2024年3月

主要符号

A　面积(m^2);火药燃烧活度($1/(Pa \cdot s)$)

A_c　弹带与坡膛接触面积(m^2)

A_t　喷管喉部面积(m^2)

A_*　喷管临界面积(m^2)

a　加速度(m/s^2);阳线宽度(mm);热扩散系数,$a=\lambda/(c_p\rho)$

a_b　药床声速(m/s)

B　内弹道综合装填参量

$2b$　带状药宽度(mm)

b　阴线宽度(mm)

C　物质的量浓度($kmol/m^3$)

C_D　流动阻力系数

C_p　定压摩尔比热容($kJ/(kmol \cdot K)$)

C_V　定容摩尔比热容($kJ/(kmol \cdot K)$)

C_t　热容(J/K)

C_f　摩擦因数,$C_f=\tau_s/(\rho u^2/2)$

c　声速(m/s)

$2c$　药粒长度(mm)

c_p　质量定压比热容($J/(kg \cdot K)$)

c_V　质量定容比热容($J/(kg \cdot K)$)

c_L　材料弹性波速(m/s)

c_p　材料塑性波速(m/s)

D　圆柱直径(m)

D_{AB}　二元质量扩散系数(m^2/s)

D_0　管状药和多孔药初始外径(mm)

D_h　水力直径(m)

d　孔径(mm)

d'　阴线直径(m)

d_b　弹带直径(m);分子直径(nm)

d_0　管状和多孔药内孔初始直径(mm)

E　总能,即热能与机械能之和(J)

E_y　材料弹性模量(Pa)

E_g　炮口动能(J),$E_g=\frac{1}{2}m_q v_g^2$

E_1　弹丸的直线运动动能(J)

E_2　弹丸旋转运动动能(J)

E_3　弹丸与膛线间的挤进摩擦功(J)

E_4　膛内工质直线运动功(J)

E_5　火炮后坐部分动能(J)

E_p　材料塑性模量(J)

Eu　欧拉数,$Eu=\Delta p/\rho v^2$

e　气体内能(J);火药燃去厚度(mm)

$2e_1$　火药初始肉厚(mm)

Δe_w　单发烧蚀量(mm)

e_{wt}　累计烧蚀量(mm)

F　力(N)

Fo　傅里叶数,$Fo=at/l^2=\lambda t/(c_p\rho l^2)$

F_n　弹带径向表面摩擦力(N)

F_s　弹带导转侧表面摩擦力(N)

Fr　弗劳德数,$Fr=v/\sqrt{lg}$

F_x　弹带 x 方向挤进摩擦阻力(N)

F_y　弹带 y 方向挤进摩擦力(N)

F_f　摩擦力(N)

f　火药力(J/kg)

f_r　火药已点燃质量分数(%)

G　剪切模量(Pa)

Gr　格拉斯霍夫数 $Gr=l^3 ga\Delta T/\gamma^2$

g　重力加速度(m/s^2)

H　总焓(J);火药总挥发含量(%)

$\dot{H}_0$　焓泄漏速率(J/s)

h　对流换热系数($W/(m^2 \cdot K)$);单位质量焓(J/kg)

h_m 表面对流传质系数(m/s)
h_{red} 辐射换热系数(W/(m^2·K))
I 定容燃气压力冲量(N·S);弹丸极转动惯量(kg·m^2)
I^* 火炮身管寿命发数
I_k 火药燃完时刻压力全冲量,$I_k = e_1/u_1$(N·s)
i 弹形系数;电流密度(A/m^2)
k 冯·米塞斯(von Mises)常数
k_g 气体热导率(W/(m·K))
k_B 玻尔兹曼常数,$k_B = 1.38065 \times 10^{-23}$ J/K
Le 路易斯数,$Le = Sc/Pr$
l 特征尺寸(m);长度(m)
l_g 弹丸全行程长(m)
l_0 药室容积有效缩颈长(m)
l_ψ 药室自由容积缩颈长(m)
l_Δ $\psi = 0$ 时的 l_ψ
M 总质量(kg);力矩(N·m);摩尔质量
Ma 马赫数,$Ma = v/c$(或 u/c)
M_0 后坐部分质量(kg)
m_q 弹丸质量(kg)
m_i 初始质量(kg)
$\dot{m}$ 质量流量(kg/s)
m_b 分子质量
$\dot{m}_0$ 通过小孔的质量流量(kg/s)
m_ω 装药量(kg)
$\dot{m}_\omega$ 主装量燃气生成速率(kg/s)
m_{ig} 点火药量(kg)
$\dot{m}_{ig}$ 点火产物生成速率(kg/s)
N_A 阿伏伽德罗常数,$N_A = 6.022 \times 10^{23}$/mol
$N_{A \cdot S}$ 表面处组分的摩尔通量密度,kmol/(m^2·s)
Nu 努塞尔数,$Nu = al/\lambda$
N_{max} 最大挤进阻力(N)
n 膛线条数;多孔药孔数;燃速指数
n_A 组分 A 气体物质的量
n_b 分子数密度
P 周长(m)
Pe 佩克莱数,$Pe = RePr = uL/a$
Pr 普朗特数,$Pr = c_p\mu/\lambda = \nu/a$
p_m 最大膛压(Pa)
p 气体压力(弹后气体平均压力)(Pa)
p_B 点火压力(Pa)
p_0 弹丸启动压力(Pa)
p_{cp} 膛内平均压力(Pa)
p_b 膛底压力(Pa)
p_d 弹底压力(Pa)
p_f 药室前端压力(Pa)
p_g 弹丸出炮口时刻膛内平均压力(Pa)
r 孔半径(m);火药燃速(m/s)
Q 热量传递(J)
$Q_{v(水)}$ 爆热(J)
ΔQ 系统对外传递的热量(J)
q 传热速率或(面)热流密度(W/m^2)
$\dot{q}$ 单位容积中热量生成速率(W/m^3)
q' 单位长度热流速率(W/m)
R 圆柱半径(m);单位质量气体常数(J/(kg·K))
Ra 瑞利数,$Ra = Gr \cdot Pr$
Re 雷诺数,$Re = vl/\nu = \rho vl/\mu$
R_m 通用气体常数,$R_m = 8.314$J/(mol·K)
R_{max} 弹丸挤进最大阻力压强
$R_r(R_x)$ 挤进阻力压强(MPa)
R_t 热阻(K/W)
$R_{t,c}$ 接触热阻(K/W)
r_0 小孔半径(mm)
S 药粒燃烧表面积(mm^2);熵(J/K)
S_1 药粒初始燃烧表面积(mm^2)
Sc 施密特数,$Sc = \mu/(\rho D) = \gamma/D$
St 斯坦顿数,$St = Nu/(Re \cdot Pr)$
s_2 初始弹带宽(mm)
T 热力学温度(K)
T_f 环境温度(℃)
T_k 保温目标温度(℃)
T_w 物体表面温度(℃)
T_1 燃温(K)
t 时间(s);温度(℃)

t_g　弹丸出炮口时间(s)

t_h　后效期时间

t_H　膛线深，$t_H=(d'-d)/2$

t_1　爆温(℃)

U_m　摩尔内能(J/mol)

u　气流速度(m/s)；位移(mm)

u_1　火药燃速系数((m/s)/Pa)

V　容积(m^3)

V_m　摩尔容积，$V_m=22.41\times10^3 m^{-3}$

V_0　药室初始容积(m^3)

v_b　分子热运动速度(m/s)

v_g　弹丸炮口速度(m/s)

v_h　后坐速度(m/s)

v_0　比容(m^3/kg)；弹丸初速(m/s)

v_y　药粒撞击失效速度(m/s)

W　功(J)

W_b　弹带宽(mm)

W_0　容器初始容积(m^3)；炮膛总容积(m^3)

W_n　弹带径向正载荷(N)

W_s　弹带导转侧载荷(N)

x,y,z　坐标

Z　相对燃去厚度，$Z=e/e_1$

α　火药气体余容(m^3/kg)

β　药粒尺寸系数之一，$\beta=e_1/c$

γ　比热比，$\gamma=c_p/c_V$

Γ　火药燃气生成猛度(1/(Pa·s))

δ　药床局部密度(kg/m^3)；弹带强制量(mm)

Δ　装药装填密度(g/cm^3)

ε　发射率；药床空隙率；应变($\Delta l/l$)

$\dot{\varepsilon}$　应变率(1/s)

$\bar{\varepsilon}_b$　分子运动平均动能(J)

ε_g　药床气相占有率

ε_p　药床固相占有率

η　流量系数；膛线缠度

η_g　充满系数或炮膛工作容积利用系数

θ　缠度；$\theta=\gamma-1$；温度(K)

λ　物质热导率(W/(m·K))；药粒形状特征量之一；波长(m)

$\bar{\lambda}_b$　分子运动平均自由程(mm)

μ　药粒形状特征量之一；动力黏度

μ_g　气体黏度(kg/(m·s))

μ_n　弹带径向正表面摩擦因数

μ_s　弹带侧表面摩擦因数

μ'_n　动摩擦因数

ν　运动黏度(m^2/s)

ρ　物质密度(kg/m^3)

ρ_g　气体密度(kg/m^3)

ρ_p　火药密度(kg/m^3)

σ　火药相对表面积，$\sigma=S/S_1$；应力(Pa)；斯特藩－玻尔兹曼常量，$\sigma=5.6704\times10^{-8}$ ($W\cdot m^{-3}\cdot K^{-4}$)

σ_b　分子碰撞截面积，$\sigma_b=\pi d_b^2$；装药床表观压缩应力(Pa)

σ_f　失效应力(Pa)；流动应力(Pa)

σ_p　药粒压缩应力(Pa)

τ　切应力(N/m^2)

τ_s　表面黏性应力(Pa)

τ_t　热响应时间常数(s)

ϕ　次要功系数或弹丸质量虚拟系数

ϕ_1　仅计及弹丸旋转与摩擦的次要功系数

χ　火药形状特征量之一

ψ　火药燃去百分比(已燃率)

下标

g　气体

s　固相

p　火药

t　两相流

目　录

Contents

第1章　绪　论

1.1　火炮在战争中的地位与作用

火炮(gun 或 artillery)是地面部队的火力骨干,在兵器家族中,火炮长期居于显赫的位置,历史上曾被奉为“战争之神”[1-2]。然而,近几十年来,由于各类制导武器的出现,火炮武器系统在远程精确打击能力方面明显暴露出不足。但是火炮仍具有独特的优势,它在密集火力快速形成能力和高效费比方面,地位和作用是其他兵器无法比拟和替代的。火炮自身也在不断革新与进步,适应现代战争需求的能力不断增强,近40年来,主要进步体现在如下3个方面:

(1) 各类火炮威力得到了大幅度提升。

(2) 各种炮射智能弹药的出现和广泛应用,使火炮精确打击能力有了大的飞跃。

(3) 火炮机械化、自动化和信息化水平有了大幅度提高。

正是这些进步与变化,使火炮武器系统获得了新的生命力,给火炮的发展带来了新的活力,同时也给内弹道学提出了一系列新课题,使得内弹道学研究的内容和任务发生了重大变化。

炮兵在战争中的基本任务就是将弹丸以预期的初速发射出去,击中预定时空的目标,包括地面静态或动态目标、空中慢速或快速移动目标,或者滞后一定时间在某个空域出现的目标,以及要求弹丸飞越规定时空才能摧毁的目标等。弹丸飞抵指定时空而又能击中目标的概率取决于火炮－弹药系统的射击精度。火炮射击过程是伴随发射工质能量释放、对外做功,以及与火炮、弹丸之间相互作用和发生耦合运动的过程。简单而言,可将弹道学(ballistics)理解为研究枪炮弹药的理论,是研究枪炮发射与弹丸在膛内和膛外的运动规律,以及影响这些运动的各种相关因素的应用科学。火炮发射过程,即弹丸在火药燃气推力作用下不断加速,以一定的速度飞离炮口的过程,是内弹道(interior ballistic)阶段。弹丸在空气中飞行,运动轨迹和飞行状态受制于自身的重力、空气赋予的阻力和升力,以及自身所具有的制导能力,直至弹丸从炮口飞达目标,是外弹道(exterior ballistic)阶段。

1.2 内弹道学理论架构演变

1. 经典内弹道学

经典内弹道学(classic interior ballistics)在研究发射过程,即研究膛内发生的现象与规律时,作了3个基本假定[1-4]:

(1) 发射装药同时点火,习惯上设点火压力为10MPa,即当弹后空间平均压力达到10MPa时,药室内全部发射装药同时着火燃烧。

(2) 弹丸瞬间挤入膛线,习惯上假设挤进压力为30MPa时,弹丸开始运动。

(3) 发射工质,即火药颗粒及燃气的混合密度在膛内均匀分布,而速度为线性分布,其中膛底处工质速度永远为零,弹底处工质速度与弹丸速度相等。

这3个假定的核心是弹后空间工质密度均匀分布和速度服从线性分布,因最早是由拉格朗日(Lagrange)于1793年提出的,因此称为拉格朗日假定。同时点火与瞬态挤进,则是出于内弹道方程组求解需要提出的。在此基础上,将弹后空间看作闭口热力学体系,并且假定时刻处于热力学准平衡状态,由此可得到弹后空间压力和温度沿轴向距离 x 均为抛物型分布。在这些假定前提下建立起来的内弹道理论架构是以简化分析解或表解法为基础的内弹道学,习惯上称为经典内弹道学。采用这种模型(方程组和定解条件)求得的沿身管轴向距离和时间所对应的弹丸速度及弹后空间平均压力的变化如图1.1和图1.2所示。

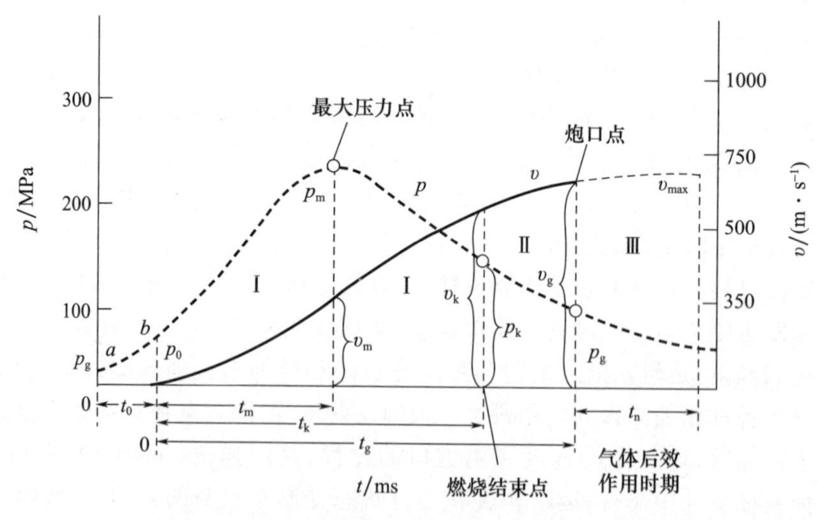

图1.1 膛压、弹丸速度随时间的变化($p-t, v-t$)

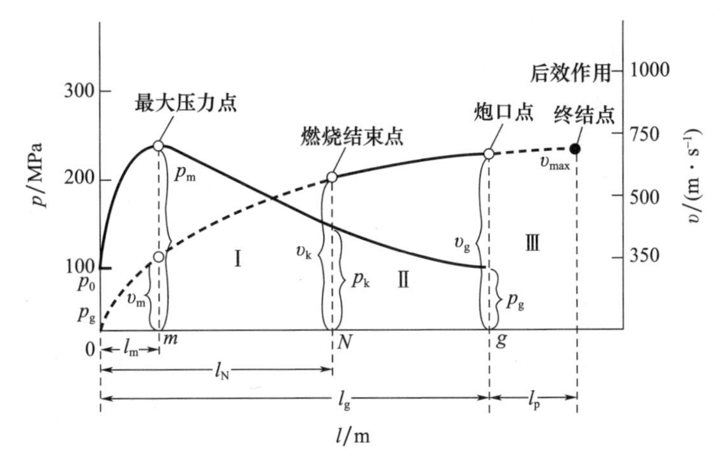

图 1.2 膛压、弹丸速度随弹丸行程的变化($p-l, v-l$)

2. 常规内弹道学

20 世纪 60 年代和 70 年代,随着计算机及其相应的数值计算理论与方法的进步,内弹道工作者逐步摒弃了“同时点火”和“瞬间挤进”假定,不过仍使用经典内弹道理论模型架构[2]。习惯上称以这种理论架构为基础,但考虑弹丸不同挤进过程及发射装药不同时点火过程的内弹道理论为常规内弹道学[6-9],采用这种内弹道模型解算得到的主要内弹道参量随时间或弹丸行程的变化,与图 1.1 和图 1.2 所示相比尽管总体趋势相同,但能计及不同点火和不同挤进因素对内弹道性能的影响。然而,从目前发展状态来看,考虑不同挤进情况虽然做到了,但对同一种装药如何计及不同时点火影响,还少有人考虑,即理论上和实践上尚需着力研究。弹丸到达炮口时的速度,称为炮口速度;发射中弹后空间出现的最大平均压力简称为最大压力。

3. 现代内弹道学

20 世纪 80 年代和 90 年代,在以美国陆军研究实验所(Army Research Laboratory, ARL)和美国弹道研究所(Ballistic Research Laboratory, BRL)为代表以及世界各国军工研究机构和科学工作者的努力下,在火炮内弹道理论、试验技术和数值解算 3 个方面几乎同时都取得了重大突破[5-9]。以美国普林斯顿大学 K. K. Kuo(郭冠云)关于有限容积多孔装药中火焰传播理论的博士论文为开端,开启了火炮膛内两相流动理论研究之先河[10-12]。这种内弹道理论模型不仅能计及非均匀点火和不同挤进过程对发射过程的影响,还能考虑点火具(系统)的点火能量输入速率及其在装药床中的分布、火焰在装药床中的传播及颗粒相在弹后空间非均匀分布、气-固相间输运、装药床在承受挤压与撞击时的力学特征及其药粒变形、破裂与增燃作用等多种因素对内弹道性能的影响。两相流内弹道学理论体系相对传统内弹道学,摒弃了将弹后空间作为单一准平衡态热力学系统的假设,采用非平衡态热力学和两相流体动力学描述火炮发射膛内发生的复杂物理化学过程,所揭示的膛内物理量时空分布有可能接近于真实情况,从而将内弹道学理论架构和基本功能提升到一个新水平。只有立足于这种内弹道理论体系才能全面深入揭示不同装药因素对发射过程带来的影响和对炮、弹、药耦合匹配系统进行全面优化设计,包括火药颗粒床内发生的耦合流动、颗粒挤压、碰撞及破碎增燃效应,膛内压力波的产生与发展,弹带挤进异常对弹丸运动和膛内主要特征量影响等才可能描述出来。因此,两相流内弹道学从诞生时候起就备受关注,并在不长的时间里,获得广泛应用[5-10];而且应用实践已经预示着它对推动内弹道理论与装药技术融合发展具有巨大潜力和空间,只是至今发挥得还远不够理想与充分。

1.3 内弹道学发展现状及需要解决的主要问题

目前,实验弹道学与弹道测试技术已经有了长足的进步,计算机技术已普及应用,意味着计算求解和试验验证已不再是阻碍内弹道学发展与进步的主要问题。现今内弹道学发展面临的主要问题:一是面对各种新型发射原理的应用与火炮使用环境和发射方式的变化,需要进一步引进和运用基础科学研究成果,深入认识与理解发射过程,改进和完善内弹道模型的理论细节,并进一步开展专项及基础试验,获取弹丸与装药结构及使用条件各种细节对发射过程影响,进而完善改进内弹道模型的技术细节;在此基础上,还要发展与装药技术充分融合的内弹道学。二是为了使火炮适应现代战争使用环境和使用模式的需要,迫切需要发展一种与火控系统配套的内弹道学,为野战炮兵实时精确预测炮口速度(含大小、方向及其他扰动)和精密准备射击诸元提供技术支持。显然,这种内弹道学构成体系,是现存内弹道学、发射动力学与实验内弹道学三者融合的全新内弹道学体系。下面分别对这两种类型内弹道学构成与功能特点作简要解释和说明。

1. 两相流内弹道学发展现状与问题

火炮发射过程是高温高压高瞬态过程,两相流内弹道理论模型中涉及的多种相间耦合作用,药粒与药床的瞬态受力及其产生的弹塑性或黏弹性变形、塌陷与破碎,以及对燃烧带来的影响等,至今仍在很大程度上简单借用邻近学科低压、冷态和低应变率背景下的一些研究成果。因此,面对现代各种新型火炮的改进与研发需要,现有两相流内弹道理论面临一系列新问题。最为突出的问题是内弹道理论与装药技术研究至今仍在一定程度上处于相互分离的状态,也就是装药结构特征和点火系统特征对发射过程的影响还没有得到充分体现。在这种情况下,即使采用两相流理论框架,但因一定程度上还缺少发射中火药、装药床物理与几何特征及其与火炮内膛结构耦合规律描述等支撑,仍不能很好担负起指导装药设计,特别是装药结构优化设计的任务。

要真正达到与装药技术融合发展,需要对现有的两相流内弹道模型中的装药结构特征、气－固相间作用和固相拟流体本身特性,包括相间输运关系、火药颗粒及颗粒床整体受压应力应变行为特征、膛内气－固两相耦合流动和膛内高温两相流与膛壁之间大温差瞬变边界层问题,以及现有两相流内弹道理论架构中尚未解决与考虑的问题,着力开展理论与实验研究,并在不断扩展与完善两相流内弹道理论架构与实践应用技术基础上,发展人工界面友好的通用两相流内弹道学应用软件,才能担负起内弹道理论与装药技术融合发展的使命。

2. 快速精确预测火控内弹道学的提出与研究内容的构成

现代信息化条件下的战争,对火炮功能和作战样(模)式与生存方式提出了很多新要求。其中,最重要的一点是要求火炮能在不经试射前提下实现对敌有效精确打击。显然,实现这一功能的基本要求是在射前完成射击诸元精确准备。对内弹道学而言,意味着要求对全寿命周期内身管(烧蚀甚至严重烧蚀身管)、弹药、操瞄装置,以及作战现场野战环境等各种非标准误差,进行快速精确测量,并通过专用软件实现对内弹道参量特别是炮口速度(含大小、方向及扰动)进行快速(如3～5s)精确预测。不妨把具有这种功能的内弹道学称为火控内弹道学或快速精确预测内弹道学。

本书试图在常规内弹道学理论框架基础上,提出初步模型架构,或者说围绕炮口速度(含大小、方向及初始扰动)的快速精确预测,建立起初步的内弹道学构成体系。这种全新的内弹道理论构成体系,一个显著特点是要具有良好的实践性。炮手通过简单操作,即可快速完成对身管烧蚀量、使用弹药非标准偏差量和野外非标准条件,以及身管热弯曲等精确测量与采集,并在此基础上,通过专用预测软件,快速完成射击诸元精确准备。

一定意义上,本书就是为推动这两类内弹道学发展而做准备的。

参考文献

[1] 谢列伯梁可夫 M E. 内弹道学[G]. 郝永昭,译. 哈尔滨:中国人民解放军军事工程学院,1954.

[2] 华东工程学院. 内弹道学[M]. 北京:国防工业出版社,1978.

[3] 康纳 J. 内弹道学[M]. 鲍廷钰,张叔方,童登策,译. 北京:国防工业出版社,1958.

[4] 谢列伯梁可夫 M E. 身管武器和火药火箭内弹道学[M]. 谢庚,译. 北京:国防工业出版

社,1965.

[5] 王升晨,周彦煌,刘千里,等. 膛内多相燃烧理论及应用[M]. 北京:兵器工业出版社,1994.

[6] 周彦煌,王升晨. 实用两相流内弹道学[M]. 北京:兵器工业出版社,1990.

[7] 金志明,袁亚雄. 内弹道气动力原理[M]. 北京:国防工业出版社,1983.

[8] 金志明,袁亚雄,宋明. 现代内弹道学[M]. 北京:北京理工大学出版社,1992.

[9] 袁亚雄,张小兵. 高温高压多相流体动力学基础[M]. 哈尔滨:哈尔滨工业大学出版社,2005.

[10] KRIER H,SUMMERFIELD M. Modern interior ballistics of guns[M]. New York:American Institute of Aeronautics and Astronautics,1979.

[11] KUO K K,VICHNEVETSKY R,SUMMERFIELD M. Generation of an accelarated flame front in a porous propellant[J]. AIAA,1971:71 -210.

[12] KUO K K,VICHNEVETSKY R,SUMMERFIELD M. Theory of flame front propagation in porous propellant charges under confinement[J]. AIAA Journal,1973,11(4):444 -451.

第2章　发射热力过程与火药特性

由第1章可知,内弹道学是研究发射能量释放、能量转换与赋予弹丸动能过程与规律的应用科学。纵观其发展史,从理论体系发展历程上看,跨越了4个台阶,即经典内弹道学理论体系、常规内弹道体系、一维不定常流动内弹道学体系和两相流内弹道学理论体系。我们可以将火炮每次发射过程比作是间歇性热机一次热力系统循环过程。内弹道理论体系的演进过程,即对发射热力系统认识深化的过程。本章首先从热力学角度审视和评价上面4个发展阶段的内弹道学理论体系的完备性及存在的主要缺憾,接下来介绍发射过程涉及的火药热力学参量和火药力学特性,这是因为现有火炮仍以固体火药为发射能源。

2.1　发射热力系统性质概述

2.1.1　发射热力过程定性分析

1. 发射热力系统分类

根据热力学理论,典型热力系统分为3类,即孤立系统、封闭系统和开口系统。孤立系统与外界既无质量交换也无能量交换,封闭系统与外界无质量交换,但有能量交换,开口系统与外界既有能量交换又有质量交换。热力学系统也称为热力学体系。从这一观点出发对内弹道问题进行分类,若忽略容器变形与热散失的密闭爆发器内点火燃烧问题,则属于孤立系统,其余如计及热散失的密闭爆发器和所有后膛炮内弹道问题都属于封闭热力学系统问题。所有火箭发动机、无坐力炮、膨胀波炮,甚至迫击炮的膛内点火燃烧问题或内弹道问题均属于开口热力学体系问题。在热力学系统分类问题上,以往内弹道学为了求解方便,对一些次要因素作了简化处理。例如:密闭爆发器和身管热散失,弹丸与身管内壁的摩擦损耗功、烧蚀身管存在的弹－炮间隙燃气泄漏等,在通常内弹道模型中都作为“次要功”对待,一般来说有其合理性,不会造成主要热力学参量过分失真。实际上,通过对次要因素的修正,可以弥补这些因素带来的影响。

如果对发射过程的热力系统所作的简化处理，在热力系统性质认定和热力学参量齐全性方面出现问题，则必将不可避免地给相应内弹道模型带来无法弥补的重大局限或缺憾。例如：以往建立的所有集总参量法内弹道模型，都以弹后空间为热力学准平衡态为基础，无论弹后圆柱体空间长细比是 1 还是 100，弹丸速度是 100m/s 还是 2000m/s，空间内密度均为均匀分布，显然这是不合理的，也给相应内弹道模型带来了理论缺陷。若要弥补这些缺陷，只能修改模型本身。若要充分理解这一点，还须掌握热力学系统性质、热力系统状态参量构成与热力学平衡状态等理论。

2. 发射热力系统性质与系统状态参量

一个热力系统的性质往往具有多重性，包括力学性质、化学性质、电磁学性质等。当研究其中某一种性质时，可以认为其他性质不变而不予考虑，如研究力学性质时不考虑化学性质和电磁学性质等。这样也就确定了这个系统所属的物理学分支。不同物理学分支问题采用不同参量描述其状态，即状态参量是确定系统状态的量。在力学系统中，采用坐标、速度、加速度等描述物体运动，用力和压强描述受力状态；在化学系统中，用化学组分含量（物质的量）作为变量；在电磁学体系中，用电场强度、电极化强度和磁感应强度、磁化强度等描述电磁性质。在描述系统状态的这些参量或变量中，几何参量是共同参量（变量）；此外，温度也是对体系状态产生影响的一个参量，应列入其中。

以上所讨论的，可理解为一个不考虑电磁学性质的枪炮发射体系，其热力学参量应包括：几何变量（体积 V、面积 A、长度 l）及速度、加速度；力学变量（如压强 p、力 F）、化学变量（物质的量 n）；而温度 T 是这 3 种变量的函数，用于反映体系内物质热运动的强度，通常都需把它作为描述体系状态的参量。因此，通常发射系统热力学变量有几何参量、力学参量、化学参量和温度，共 4 类。电热化学混合发射系统热力学变量应包括几何参量、力学参量、电磁参量、化学参量和温度，共 5 类。发射过程中，还应考虑热力系统内的火药点火燃烧、能量转换和对外界做功及与外界的质量交换、传热及摩擦等。因此，实际发射热力系统涉及的变量要广泛得多，特别在枪炮发射中还涉及火药颗粒在气流裹挟下的运动及产生的气、固两相速度差。

从另一角度看，可将热力学状态参量分为广延量和强度量两类，即凡是与系统总质量（如燃气物质的量 n 或装药量 m_ω 等）成正比的量为广延量，如体积 V、面积 A 等；而与总质量无关的量，如压强 p、电场强度 E 和磁感应强度 B 等，则是强度量。

3. 热力学平衡态

按热力学原本定义，热力学平衡态是指在没有外界影响的前提下，体系内各个不同部分的性质相对于所研究的时间尺度能在长时间(如研究时间尺度为 10^{-5}s,则 10^{-3}s 就是长时间)内不发生变化的特殊状态,包括力学性质、化学性质、几何性质等。例如:在理想的无热散失的密闭爆发器试验中,当火药完全燃烧完毕时,其内部燃气状态可近似看作是热力学平衡态,其中热力学参量压力 p、温度 T、密度 ρ 及燃烧产物中的微观粒子总量,如分子数、原子数及其凝聚相粒子数(质量比)等均随时间保持不变,且均匀分布。因此,一般意义上,热力学平衡态应包含力学平衡、化学平衡、热平衡和相平衡(注意:热力学平衡与热平衡不是一回事)。只有这 4 种或 5 种平衡都达到了,才是热力学平衡态,而且绝大多数热机工作中所指的热力学平衡往往是指动态平衡。例如:火箭发动机燃烧室内尽管不断既有燃气生成,又有燃气流出,但燃烧室内热力学宏观参量保持不变,工程上也属于热力学平衡。

4. 发射热力系统理论模型简评

火炮发射过程热力系统理论模型,即内弹道理论模型。内弹道理论模型的发展与进步,是人们对发射热力过程认识深化的标志。常规内弹道模型虽然和经典内弹道模型一样均采用集总参量法,即将弹后整个空间当作准平衡热力学空间且遵从拉格朗日假定:

$$\rho(x,t)=\rho(t) \tag{2.1}$$

$$u(x,t)=u_J(t)x/L_J(t) \tag{2.2}$$

式中:$u_J(x)$ 为弹丸速度;$L_J(t)$ 为膛底到弹底的等效长度;x 为弹丸到膛底的距离;$\rho(t)$ 为时刻 t 空间内的平均密度;$u(x,t)$ 为 t 时刻 x 处的速度。由式(2.1)和式(2.2)可以推导(实际也是限定)得到弹后空间压力 p 和温度 T 为抛物线分布。但是常规内弹道学理论摒弃了同时点火和瞬间挤进的假定,不能不说这是对火炮发射过程理论认识上的一个进步。然而,集总参量法的固有缺陷仍然存在,最大问题是把弹后当作热力学准平衡态,不过是拉格朗日假定条件下的特殊平衡态。因此,高初速火炮应用该模型局限性太大。

考虑一维不定常运动的内弹道理论模型相对集总参量法内弹道模型的最大进步,是将弹后空间当作非平衡态热力学系统,而解决非平衡态热力学问题的基本思路是将整个大系统分为多个小系统,将每个小系统当作热力学平衡态系统,最终确定全系统内物理量分布。于是,弹后空间热力学参量沿轴向 x 方向分布 $u(x,t)$、密度(混合)$\rho(x,t)$、压力 $p(x,t)$、温度 $T(x,t)$,以及火药点火与燃烧状态随时空的分布 $Z(x,t)$、$\psi(x,t)$ 等开始回归原本物理意义,不再由拉格朗日假定硬性强制"规定"。这种内弹道理论模型能较好描述和揭示膛内火药点火燃烧的非均匀性和压力波动,特别对药粒比较细小、装填密度较低的内弹道问题,能得到较为符合实际的结果。但该理论模型的缺点是假定药粒速度等于气流速度（$u_p = u_g$），不便描述装药结构（包括装药床（药包、药袋））与内膛结构匹配关系对发射过程的影响，给其适用性带来很大局限。

两相流内弹道理论模型原则上可以克服包括一维不定常运动内弹道模型在内以往所有内弹道理论的缺点和局限。但就现在发展水平来看，在装药结构和点火系统几何特征与热力学性质的很多细节描述上还有很多工作要做，仍没有达到与装药技术充分融合发展的水平，还难以很好担负起装药结构优化设计的要求。另外，为了适应现代战争需要，迫切希望发展一种全新的火控内弹道学。这种内弹道学实际上是将现有内弹道理论模型与实验内弹道学及发射动力学融合，形成全新的理论与实践体系。它的特别功能与使命，不仅能快速给出弹丸沿射向的速度，还能同时预测方向偏差及其他各种扰动。

2.1.2 热力系统温标、热容量及输运系数

发射热力系统基本构成是火药燃气。本小节首先讨论气体一般性质和微观粒子与宏观性质之间关系。一般来说，热力学是实验科学，热力系统宏观参量之间联系是由实验确定的，而微观量与宏观量之间的联系由分子运动论和统计物理学确定。掌握了解微观量与宏观量的联系，有助于认识和理解微观性质对发射过程宏观参量的影响。

1. 热平衡和温标

对于一个热力系统或局部子系统，热平衡是整个热力学平衡所包括的 4 种或 5 种平衡之一。一个系统或两个保持热接触的系统，当经过充分长的时间之后，当其温度与时间无关时，则称为热平衡，即此时系统内或两个保持接触的系统之间具有相同的温度。温度是系统状态参量之一，通常温度有 3 种标注或表达法：

（1）热力学温度 T，单位名称为开，单位符号为 K，定义 1K 等于水的三相点的热力学温度的 1/273.16，相应水的冰点为 273.15K。

（2）摄氏温度 t，它以水的冰点为 0℃，水的沸点为 100℃，中间等分，单位符号为℃。因此摄氏温度 t 和热力学温度 T 之间的关系为

$$t/℃ = (T - 273.15)/\mathrm{K} \tag{2.3}$$

（3）华氏温度 t_F 的单位符号为℉，与摄氏温度 t 之间有下列关系：

$$t_F/℉ = \frac{9}{5}t/℃ + 32/℉ \tag{2.4}$$

本书出于习惯，在很多情况下将摄氏温度 t 也写作 T，而 t 多用于表示时间。

2. 气体热容量

气体热容量，即内能对温度的变化率。设气体内能为 U，由分子运动论或气体动理论（kinetic theory of gases）的能量均分原理（equipartition of energy），对单原子气体，分子有 3 个平动自由度，1mol 气体的内能为

$$U_{\mathrm{m}}=3k_{\mathrm{B}}N_{\mathrm{A}}T/2 \tag{2.5}$$

式中：k_{B} 为玻尔兹曼常数，$k_{\mathrm{B}}=1.38065\times10^{-23}\mathrm{J\cdot K^{-1}}$。$N_{\mathrm{A}}$ 为阿伏伽德罗常数，$N_{\mathrm{A}}=6.022\times10^{23}\mathrm{mol^{-1}}$。对 U_{m} 全微分，得单原子气体定容摩尔比热容为

$$C_V=\frac{\mathrm{d}U_{\mathrm{m}}}{\mathrm{d}T}=\frac{3}{2}N_{\mathrm{A}}k_{\mathrm{B}}=\frac{3}{2}R_{\mathrm{m}} \tag{2.6}$$

式中：R_{m} 为通用气体常量。

对双原子气体，除质心的 3 个平动自由度，还有 2 个转动自由度（不计沿分子轴向）和 1 个振动自由度（包括动能和势能），其内能 $U_{\mathrm{m}}=7k_{\mathrm{B}}N_{\mathrm{A}}T/2$，定容摩尔比热容为

$$C_V=\frac{7}{2}N_{\mathrm{A}}k_{\mathrm{B}}=\frac{7}{2}R_{\mathrm{m}} \tag{2.7}$$

对多原子气体，摩尔内能可写为 $U_{\mathrm{m}}=(t+r+2s)k_{\mathrm{B}}N_{\mathrm{A}}T/2$，其定容比热容为

$$C_V=\frac{1}{2}(t+r+2s)N_{\mathrm{A}}k_{\mathrm{B}}=\frac{1}{2}(t+r+2s)R_{\mathrm{m}} \tag{2.8}$$

式中：t 为分子平动自由度；r 为转动自由度；s 为振动自由度。

例如：三原子气体，有

$$C_V=\frac{1}{2}(t+r+2s)R_{\mathrm{m}}=\frac{1}{2}(3+3+2\times3)R_{\mathrm{m}}=6R_{\mathrm{m}}$$

对单位质量气体，比热容写为 $c_V=C_V/M$，M 为摩尔质量。

有必要说明，这里的内能与热容公式是立足于分子运动论关于能量均分原理得到的，C_V 是与温度无关的常量。事实上，高温条件下 C_V 是随 T 上升的。这是因为需要运用量子理论处理分子振动对内能和热容量的贡献，具体详见《热学、热力学与统计物理》中关于热容量的论述[1]。工程中，比热容简称为比热，关于定容比热容与定压比热容之间关系及其随温度的变化，将在 8.1 节作进一步讨论。

3. 气体热力学宏观参量与微观量间关系[1]

设容积为 V 的单一气体，令分子为刚性球，直径为 d_{b}、质量为 m_{b}，体积为 $\pi d_{\mathrm{b}}^3/6$；设 V 内分子数密度，即单位容积内分子数为 n_{b}；1mol 标准容积为 $22.41\times10^{-3}\mathrm{m^3}$，相应条件下其内分子数为 $n_{\mathrm{b}}=N_{\mathrm{A}}$，即阿伏伽德罗常数，此时 $1\mathrm{m^3}$ 内分子数 $n_{\mathrm{bL}}=2.6876\times10^{25}\mathrm{m^{-3}}$。

由分子运动论知，V 内分子做热运动，平均速度为

$$\bar{v}_b=\sqrt{8k_{\mathrm{B}}T/(\pi m_{\mathrm{b}})} \tag{2.9}$$

分子运动平均自由程为

$$\bar{\lambda}_{\mathrm{b}}=1/(\sqrt{2}n_{\mathrm{b}}\sigma_{\mathrm{b}}) \tag{2.10}$$

式中：σ_b 为分子碰撞截面，$\sigma_b = \pi d_b^2$。

则在任意条件下，容积 V 内气体密度写为

$$\rho = n_b m_b \tag{2.11}$$

如将分子平均平动能写为

$$\bar{\varepsilon}_b = \frac{1}{2} m_b \bar{v}_b^2 \tag{2.12}$$

则由统计理论可得气体压强和温度分别为

$$p = \frac{1}{3} n_b m_b \bar{v}_b^2 = \frac{1}{\rho} \rho\, \bar{v}_b^2 = \frac{2}{3} n_b \bar{\varepsilon}_b \tag{2.13}$$

$$T = \frac{2}{3} \bar{\varepsilon}_b / k_B \quad 或 \quad \bar{\varepsilon}_b = \frac{3}{2} k_B T \tag{2.14}$$

且 p 与 T 之间有下列关系：

$$p = n_b k_B T \tag{2.15}$$

4. 输运系数与微观量之关系[1]

处于非平衡态下的气体，将发生各种不可逆过程，当各个局部分区子系统之间存在温度梯度，就有热量传递，发生热传导过程；若有浓度梯度，则发生物质传递；若有速度梯度，则发生动量传递，并产生黏滞现象。这些过程（含电荷传递）统称为输运过程，输运过程是由分子（带电粒子）发生碰撞而引起的。由统计物理，分别得

（1）气体扩散系数 D 与微观量之间关系为

$$D = \frac{1}{3} \bar{v}_b \bar{\lambda}_b \tag{2.16}$$

（2）热传导系数与微观量之间关系为

$$k_g = \frac{1}{3} \rho\, \bar{v}_b \bar{\lambda}_b c_V \tag{2.17}$$

（3）黏度与微观量之间关系为

$$\mu_g = \frac{1}{3} \rho\, \bar{v}_b \bar{\lambda}_b \tag{2.18}$$

利用式(2.9)～式(2.11)及式(2.13)，则式(2.16)～式(2.18)可分别写为

$$D = \frac{1}{3}\sqrt{\frac{4k_B T}{\pi m_b}} \frac{1}{n_b \sigma_b} = \frac{1}{3}\sqrt{\frac{4k_B^3}{\pi m_b}} \cdot \frac{T^{3/2}}{p \sigma_b} \tag{2.16$'$}$$

$$k_g = \frac{1}{3}\sqrt{\frac{4k_B m_b}{\pi}} \cdot c_V \frac{T^{1/2}}{\sigma_b} \tag{2.17$'$}$$

$$\mu_g = \frac{1}{3}\sqrt{\frac{4k_B m_b}{\pi}} \cdot \frac{T^{1/2}}{\sigma_b} \tag{2.18$'$}$$

由上面几个输运系数表达式可以看出,扩散系数 D 与压强 p(或数密度 n_b)成反比。但热导率与黏度和压强无关,这是因为如压强增加一倍而温度不变,分子(粒子)数密度也增加一倍,则分子平均自由行程 $\overline{\lambda}_b$ 减小一半,即动量交换也减小一半,故两者作用抵消。黏度与压强无关原因相同。

2.1.3　燃气状态方程

火炮发射条件下的燃气是高压高温气体,其中电热发射条件下燃气是高温高压电离气体。发射燃气组分主要是 H_2O、CO_2、CO、N_2和 H_2,和普通燃机类似,但压力一般高达 100 ~ 600MPa。因此,状态方程的选择和应用是一个重要问题。如果采用理想气体状态方程则产生一定的误差。所以,当气体压力 $p >$ 20MPa 时,一般应考虑余容修正;当 $p >$ 600 MPa,采用截项位力方程为宜。

如前面所述,一个处在热力学平衡状态下的系统,描写系统有 5 种参量(不考虑电磁性质为 4 种),但这些参量之间不是相互独立的,一般都存在一定函数关系,即物态方程。气体物态方程,习惯称为气体状态方程,状态方程依赖于实验得到,但从统计物理基本原理出发可以给出若干气体的状态方程。按气体动理论,如以稀薄气体为研究对象,可从微观角度导出气体宏观性质。例如:1mol 气体在标准条件下占据的体积为 $22.41\times10^3\mathrm{cm}^3$,$1\mathrm{cm}^3$体积中约有$3\times10^{19}$个分子,在没有宏观运动条件下,这些分子仅做无规律热运动。如果把分子看作是硬球,它的直径为 $2\times10^{-8}\sim3\times10^{-8}\mathrm{cm}$ 量级,则在此标准条件下,分子之间平均距离约为分子直径 10 倍。对理想气体,仅考虑分子与分子之间和分子与器壁的碰撞,而不计分子之间相互作用,且假定两次碰撞之间分子只计直线运动,分子的运动遵守力学定律。从以上观点可知,利用统计理论,可以推导得到气体热力学平衡态性质,如压强、温度等。这里侧重从宏观量之间关系的角度,讨论不同状态方程的推导方法。

1. 理想气体状态方程

理想气体状态方程是大家所熟知的,体积为 V 的容器内有质量为 m 的理想气体,则有

$$pV = mRT \tag{2.19}$$

式中:p 为气体压力;T 为热力学温度;R 为单位质量(1kg)的气体常量。如定义单位质量气体占有的容积为 v,则式(2.19)可写为

$$pv = RT \text{ 或 } p = \rho RT \tag{2.20}$$

式中:ρ 为气体密度。

如以气体的物质的量计量,则式(2.19)可改写为

$$pV = nR_\mathrm{m}T \text{ 或 } p = nR_mT\rho \tag{2.21}$$

和 $$pV_m = R_m T \tag{2.22}$$

式中：n 为气体的物质的量；R_m 为通用气体常量，与气体的种类无关，由阿伏加德罗定律可知，$R_m = 8.314\text{J}/(\text{mol} \cdot \text{K})$；$V_m$ 为 1mol 气体在标准状态下占有的容积，在标准状态下，即在 $T = 273.15\text{K}$，$p = 1.013 \times 10^5\text{Pa}$ 条件下，1mol 气体容积 $V_m = 22.41 \times 10^{-3}\text{m}^3/\text{mol}$。

由式(2.19)和式(2.20)，单位质量(1kg)气体常量为

$$R = \frac{nR_m}{m} = \frac{R_m}{m/n} = \frac{8.314}{M} \cdot \text{J}/(\text{g} \cdot \text{K}) = \frac{8.314 \times 10^3}{M}\text{J}/(\text{kg} \cdot \text{K})$$

式中：M 为摩尔质量，空气的等效相对分子质量为 28.97，相应的 $R \approx 287\text{J}/(\text{kg} \cdot \text{K})$。

为了便于理解，可以把理想气体看作是实际气体趋于低压高温的极限状态。相对于所有内弹道学计算中所使用的状态方程，ρRT 是近似表达式的压力基项，如果用无穷多项泰勒级数表达真实燃气状态方程，则 $p = \rho RT$ 是第一项。从分子运动论角度看，理想气体状态方程中的压力，表征的是热平衡状态下容器内分子对壁面的作用，但未考虑其他的作用。在低压条件下，即在低密度条件下，容器的容积远远大于其中全部分子的体积，对于地面大气压力这样的条件，理想气体状态方程具有很好的近似性。但气体压力或密度一旦上升，则气体分子之间的相互作用对状态方程产生影响：一个影响因素是存在排斥力，分子体积不为零(存在余容)；另一个影响因素是分子之间具有引力。前者减少了分子运动空间，后者使分子之间产生内聚作用。

2. 范德瓦耳斯方程

由于真实气体分子之间同时存在吸引力和排斥力，范德瓦耳斯方程给理想气体状态方程加了两个修正项：一是内聚力即引力作用；二是分子体积(余容)效应，即考虑分子之间排斥力作用，得到单位质量实际气体状态方程为

$$\left(p + \frac{a}{v^2}\right)(v - b) = RT \tag{2.23}$$

式中：a 为分子间互作用系数，与分子间的相互作用势有关；b 为余容。它们都是温度的函数。和式(2.20)一样，v 为 1kg 气体占有的容积，b 的单位为 m^3/kg。杨敏涛[3]针对火炮膛内 550～600MPa 压力状态，取气体分子为刚性球，运用分子运动论，对火药气体进行了分析与估算，在不考虑引力作用条件下，引起的压力误差约在 1% 以内。鉴于目前火炮压力测量误差大约为 2%～3%，因此作为工程计算，式(2.23)可改写为

$$p(v - \alpha) = RT \text{ 或 } p = \rho RT/(1 - \alpha\rho) \tag{2.24}$$

即 Nobel－Abel 方程，式中余容项用符号 α 替代 b。

理论上,若设分子是直径为 d_b 的刚性球,1mol 气体中分子体积 $v' = N_A \times \frac{1}{6}\pi d_b^3$,式中:$N_A$ 为阿伏伽德罗常量,$N_A = 6.022 \times 10^{23}\text{mol}^{-1}$。严格理论推导[2]得到 1mol 余容为 $4v'$,因而考虑余容修正,式(2.21)可改写为

$$p(V - n4v') = nR_m T \tag{2.21$'$}$$

而式(2.22)和式(2.24)可分别改写为

$$p(V_m - 4v') = R_m T \tag{2.25}$$

$$p(v - \alpha) = p(v - 4v'/M) = RT \tag{2.26}$$

式中:$4v' = \frac{2}{3}N_A \pi d_b^3$;$\alpha = 4v'/M = 2N_A \pi d_b^3/(3M)$;$M$ 为摩尔质量。

3. Nobel - Abel 方程

式(2.24)所示的气体状态方程,最早是由克劳(Crow)和格里姆肖(Grimshow)提出的[2]。他们研究的背景是黑火药在密闭爆发器内的燃烧。设爆发器的容积为 V,扣除黑药燃烧后在容器内沉积的凝聚相体积(主要是碳酸钾和硫酸钾),得到燃气的实际占有容积,但未考虑气体余容。设试验用黑药质量为 m_ω,单位质量黑药燃烧产生的凝聚相为 b,生成的气体质量为 m'_ω,则 m'_ω 与 b 有确定的对应关系,于是状态方程可写为

$$p(V - m'_\omega b) = m'_\omega RT \tag{2.27}$$

或

$$p(V - m'_\omega b) = \frac{m'_\omega}{M} R_m T \tag{2.28}$$

对应于单位质量黑药所生成的气体,式(2.27)和式(2.28)分别可改写为

$$p(v - b) = RT \text{ 或 } p = \rho RT/(1 - b\rho) \tag{2.29}$$

$$p(v - b) = R_m T/M \tag{2.30}$$

式中:ρ 为气体密度;M 为扣除凝聚相的气体燃烧产物摩尔质量。

尽管式(2.29)是克劳和格里姆肖最早提出的,但后来人们习惯以其推广应用者诺贝尔(Nobel)和阿贝尔(Abel)的名字命名该方程。不过,诺贝尔已经将 b 解释为气体余容。这就是 Nobel - Abel 方程的由来,并一直沿用至今。杨敏涛[3]以密闭爆发器装填密度 $\Delta = 0.1397 \sim 0.3711$、最大压力 $p_m = 159 \sim 570\text{MPa}$ 的试验数据为对象,采用如式(2.29)的 Nobel - Abel 方程(b 为余容)进行估算,计算得到的火药力 f 和余容 α 与采用范德瓦耳斯方程结果相比,相对误差分别小于 1% 和 2%。因此,有理由认为用 Nobel - Abel 方程作为内弹道过程工程计算是可以满足要求的。

4. 位力方程

尽管对现有常见内弹道问题来说,采用 Nobel - Abel 方程是一个很好的选

择，但对于高膛压火炮内弹道问题和燃烧转爆轰类的问题，则存在一定的近似。为了使选用的状态方程能在更宽广的压力范围内和在更精确的意义上具有适用性，选用位力方程(virial equation)更为合适。考虑压缩因子前面几项的位力方程为

$$\frac{p}{\rho RT}=1+B(T)\rho+C(T)\rho^2+\cdots$$

或

$$\frac{pv}{RT}=1+\frac{B(T)}{v}+\frac{C(T)}{v^2}+\cdots \tag{2.31}$$

式中：$B(T)$，$C(T)$为第二、第三位力系数，其余类推。方程右边可用下式表示

$$Z=1+\frac{B(T)}{v}+\frac{C(T)}{v^2}+\cdots$$

或

$$Z=1+B(T)\rho+C(T)\rho^2+\cdots \tag{2.32}$$

通常称 Z 为压缩因子。位力方程建立在统计物理基础上，系数 $B(T)$、$C(T)$ 等与分子间相互作用势有关，且随温度而变化。因此位力方程在理论上似乎更为严密和完整。但位力系数 B，C，…的数值大小与描述分子间作用势的理论模型有关，不同的作用势假设 B，C，…表达式具有差异。关于火炮射击条件下采用位力方程的必要性和如何采用合适的方法确定前面几级系数，邱沛蓉、陆秀成曾先后作过讨论[4-5]。对于稳定的气体组分而言，如果分子间作用势信息是具备的，则 B、C 等可由理论计算得到，并且也可由实验数据拟合得到。早先，枪炮用火药的热力学参量计算，一般采用赫希菲尔德－谢尔曼(Hirschfelder－Sherman)方法，但后来基本多以 BLAKE 程序计算结果为准，其第二位力系数采用贝尔(Boer)和布赖森(Bryson)推荐的方法确定[6]，而第三位力系数采用赫希菲尔德(Hirschfelder)推荐的刚性球方法确定[7]。但由于炮用火药燃气主要组分是 CO_2、CO、H_2O、N_2 和 H_2，占气体总量 95% 以上，它们中没有一种分子是球对称的。目前考虑和修正这些因素影响的方法，即通过准确确定第二位力系数来解决，并已用于 BLAKE 程序。现在火药燃气的热力学参量基本都以 BLAKE 程序计算结果作为基准，但在实际使用中，也要结合实验结果做一定修正。

在火炮发射安全分析中，有时需要涉及燃烧反常及燃烧转爆轰(deflagration to detonation transition，DDT)等问题。这些情况下，火焰波阵面附近压力可能达到 $10^3\sim10^4$MPa 水平。这类问题的计算必须采用位力方程。一般情况下，火药的热力学参量是由火药生产厂家通过实测或理论计算给定的，作为内弹道过程模拟的已知参量。位力方程中采用的各级系数 B、C 等也应是已知的，即可将燃气状

态方程拟合为一个多项式。这里介绍一个气体密度 $\rho = 0.1 \sim 5.0 \mathrm{g/cm^3}$,即从稀疏状态到类固体状态都实用的状态方程[8]：

$$\frac{p}{\rho RT} = 1.6801 - 5.1819\rho + 17.781\rho^2 - 18.457\rho^3 + 8.8247\rho^4 - 1.9909\rho^5 + 0.1730\rho^6 \tag{2.33}$$

该式是针对 HMX(硝胺)炸药爆炸产物研究拟合得到的。注意:该式密度单位为 $\mathrm{g/cm^3}$,如果换算成 $\mathrm{kg/m^3}$,则式(2.33)改写为

$$Z = 1.6801 - 5.1819 \times 10^{-3}\rho + 17.781 \times 10^{-6}\rho^2 - 18.457 \times 10^{-9}\rho^3 + 8.8247 \times 10^{-12}\rho^4 - 1.9909 \times 10^{-15}\rho^5 + 0.1730 \times 10^{-18}\rho^6 \tag{2.34}$$

2.2　火药热力学参量

火药热力学性能主要包括:①火药能量示性数(特征量);②火药燃烧性能,主要指法向燃速和影响因素;③火药热物性;④火药力学性能,主要指对不同冲击载荷(应力)的敏感度等。从工程应用角度看,内弹道学最为关心的参量是火药能量示性数和火药燃烧性能,但现代内弹道学还关心后面两种性能。火药燃气生成速率取决于其形状特征、物化性能和环境条件。表征形状对燃气质量生成速率影响的主要因素是药形和尺寸,而其能量示性数一般可用热化学计算或实验得到。热化学计算与采用的热力模型有关,也与状态方程有关。但有些参量只能依靠实验测量得到,如火药尺寸、热物性、力学性能等。点火性能也属于热力学性能,将在第 5 章中单独讨论。

2.2.1　火药能量示性数

火药能量示性数(特征量)主要指爆热、爆温、燃气比容、火药力和燃气余容等。

1. 爆热 $Q_{v(水)}$

火药爆热 Q_v 是一种特定意义的燃烧热。火药主要由可燃剂和氧化剂两种成分和一些附加成分组成。任何物质的化合反应都伴随能量的吸收或释放,火药燃烧过程是剧烈放热过程,将化学能转变为热能。由热化学定义,单质化合成单位质量的化合物的热效应称为该化合物的生成热。因此,可以把火药燃烧看作是将原始成分(反应物)变成燃烧产物(生成物)的过程,即火药燃烧反应的热效应(反应热)是生成物生成热与反应物生成热之差。反应物变成生成物的反应热与反应发生的状态有关,或者说化学反应过程中热量的变化与路径有关,但若反应在等压或等容下进行,则热量变化可以表征为系统的初态和终态

有关的函数。若系统由状态 A 变到 B,系统能量增加为 ΔE,对外做功为 δW,反应释放热量为 δQ,则由热力学第一定律,有

$$\Delta E = \delta Q - \delta W \tag{2.35}$$

对绝热定容情况,则 $\delta W = 0$,而 ΔE 可写为

$$\Delta E = \Delta U + \Delta PE + \Delta KE \tag{2.36}$$

式中:ΔPE 为势能变化;ΔKE 为流动功(定容下等于零)。

因此,式(2.35)可写为

$$\delta Q = \Delta U + \Delta PE \tag{2.37}$$

如燃烧在密闭爆发器内发生,则式(2.37)中的反应热 δQ 主要用于内能 ΔU 的增加。不过,即使发生在定容条件下,随压力增加,势能 ΔPE 还是存在,尽管 ΔPE 相对 ΔU 所占比例很少,但流动功 $\Delta KE = 0$。所以,由表 2.1 可见,理论计算得到的火药能量示性数,随燃烧容器内火药装填密度增加,爆温和火药力均略有增加,而余容稍有减小。其原因在于装填密度增加后,势能 ΔPE 占比相对减弱,即反应热更多地体现在内能增加和燃烧产物温度上升上面。

还要指出,化学热力学所定义的燃烧热是指单位质量燃料(可燃剂)完全燃烧所释放的热量。火药是在炮膛封闭条件下燃烧的,且火药成分通常都按负氧平衡配制,所以火药燃烧是不充分或不完全燃烧,因而火药爆热一般都小于化学热力学所定义的燃烧热。这就是后文表 2.4 和表 2.5 所列的火药定容燃烧热远大于爆热值的原因。

表 2.1 不同装填密度条件下,采用位力状态方程计算得到的主要能量示性数差异

火药	装填密度/($g \cdot cm^{-3}$)	爆温/K	压力/MPa	火药力/($kJ \cdot kg^{-1}$)	余容/($cm^3 \cdot g^{-1}$)
M1A1	0.05	2261	46.24	869.6	1.196
	0.20	2283	224.62	872.1	1.118
	0.60	2426	1129.22	880.6	0.887
M-8	0.05	3641	60.65	1151.1	1.022
	0.20	3764	291.88	1179.0	0.961
	0.60	3851	1370.23	1198.0	0.792

因此,火药学和内弹道学中的火药爆热是指单位质量(mol 或 kg)火药在绝热定容条件下的反应热或生成热。从实验角度看,密闭容器中进行的燃烧,既是在封闭、定容和没有空气加入的环境中的燃烧,也是指其燃烧产物冷却到

25℃(298K)所能放出的热量(水在液态时为高位热值)。

2. 爆温 t_1

按火药学与内弹道学定义，火药爆温是指爆热 $Q_{v(气)}$ 全部用来加热定容且没有任何热散失条件下的气态生成物，所能达到的温度 t_1(℃)。可见，这样的温度为生成物可能达到的最高温度。

若以物质的量为单位，有

$$t_1 = Q_v / \overline{C}_v \ (℃) \tag{2.38}$$

式中：Q_v 为1mol 火药定容燃烧热或爆热；$\overline{C}_v$ 为燃烧产物平均摩尔比热容。有时爆温需要以绝对温度计算，则式(2.38)应改写为

$$T_1 = t_1 + 273 \ (\mathrm{K}) \tag{2.38$'$}$$

一般火药燃气是 CO、CO_2、H_2、H_2O、N_2 的混合气体，因此平均摩尔比热容 $\overline{C}_v$ 应取其加权平均值：

$$\overline{C}_v = \sum_{i=1}^{N} n_i^* C_{v_i} \tag{2.39}$$

式中：n_i^* 为1mol 燃气中 i 组分气体的摩尔分数。一般情况下，气体比热容是温度的函数，通常表达为热力学温度 T 的幂级数，即

$$C_{v_i} = \alpha_i + \beta_i T + \gamma_i T^2 + \cdots \tag{2.40}$$

有必要说明，用式(2.38)计算爆温时所取的爆热是低位热值 $Q_{v(气)}$，即 H_2O 为气态值。如前面所说，随装填密度增加，试验和计算得到的 Q_v 是增加的，因此爆温 t_1 或 T_1 也是随之稍有增加的。此外，需要指出，这里定义的爆温是小于绝热火焰温度的。按化学热力学定义，绝热火焰温度 T_{ex} 是指在一个绝热、无外功，且不存在动能或位势变化的燃烧过程中的燃烧产物温度。然而，实际上燃烧面生成的反应物由于向外侧运动和对外界传热以及燃烧不完全等原因都会使燃烧阵面(火焰)温度下降。因此，绝热火焰温度是反应物所能达到的最高极限温度。按现有内弹道理论定义的火药爆温是由爆热换算得到的，这样的爆温肯定低于绝热火焰温度 T_{ex}。另外，还要指出，以往一些资料中给出的火药爆温，都是近似估算值，但近期报道的数据一般是用 BLAKE 程序计算得到的，可能更接近于真实绝热火焰温度。

3. 燃气比容 v_0

火药燃气比容 v_0 是指单位质量燃气(1kg)在标准压力(101.325kPa)和绝对温度273K 条件下占有的体积(水为气态)。火药燃气是混合气体，根据道尔顿分压定律，完全混合气体，有

$$p_0 v_0 = \sum_{i=1}^{N} n_i R_m T \tag{2.41}$$

或

$$v_0 = \frac{1}{p_0}\sum_{i=1}^{N} n_i R_m T \tag{2.42}$$

式中：R_m 为通用气体常数，因为 $R_m T/p_0 = 22.41 \times 10^{-3}$（$m^3$），所以式（2.42）可写为

$$v_0 = 22.41 \times \sum_{i=1}^{N} n_i \times 10^{-3}\ (m^3/kg) \tag{2.43}$$

式中：n_i 为第 i 种气体物质的量。如将火药的化学式写为 $C_a H_b O_c N_d$，定义 1kg 火药燃气物质的量为 n，则

$$n = \sum_{i=1}^{N} n_i = a + b/2 + d/2 \tag{2.44}$$

于是可以近似估算得到该火药的燃气比容为

$$v_0 = 22.41 \times 10^{-3} \times n\ (m^3/kg) \tag{2.45}$$

由于随温度变化，燃气组分会发生分解或化合，因此 n_i 具有不确定性。在热化学计算中，将不考虑这些反应的绝热火焰温度称为绝热"冻结"火焰温度，对应的 n_i 则称为"冻结"物质的量。

4. 火药力 f

火药力是火药做功能力的表征和度量，在内弹道学中通常用 f 表示，即

$$f = RT_{ex} \tag{2.46}$$

或

$$f = nR_m T_{ex} \tag{2.47}$$

式中：R 为单位质量（1kg）气体常数；R_m 为通用气体常数；n 为单位质量气体（1kg）物质的量；T_{ex} 为绝热火焰温度。

为了说明 f 是气体做功能力的度量，特作如下推演和解释。考虑一个简化情况：若药室内气体是绝热等比热容气体，则气体内能减少等于系统对外做功，对单位质量气体，有

内能减少： $$dU = C_v dT \tag{A}$$

系统做功： $$dA = p dv \tag{B}$$

若为理想气体，有 $p = RT/v$，代入该热力过程，有

$$C_v dT = -p dv = -\frac{RT}{v} dv \tag{2.48}$$

或

$$C_v \frac{dT}{T} = -R\frac{dv}{v} \tag{2.49}$$

若药室条件由初态 A 变化到某一终态 B，对式（2.49）积分，则

$$C_v \ln\left(\frac{T_A}{T_B}\right) = -R\ln\left(\frac{v_A}{v_B}\right) \tag{2.50}$$

对理想气体：$C_p - C_v = R, C_p/C_v = \gamma$，将其代入式(2.50)，在绝热条件下，有

$$T_A v_A^{\gamma-1} = T_B v_B^{\gamma-1} \tag{2.51}$$

利用该式，对内能表达式(A)积分，则单位质量气体由 v_A 膨胀到 v_B 所做的最大功为

$$\Delta U = C_v T_A[(v_A/v_B)^{\gamma-1} - 1] \tag{2.52}$$

或

$$\Delta U = \frac{RT_A}{\gamma - 1}[(v_A/v_B)^{\gamma-1} - 1] \tag{2.53}$$

由于是绝热膨胀，故$(v_A/v_B) < 1$，即内能是减小的，ΔU 为负值。由能量守恒可知，内能减小可变为气体自身动能 $u^2/2$ 的增加。于是结合式(2.48)、式(2.53)可改写为

$$u^2/2 = \frac{RT_A}{\gamma - 1}[1 - (v_A/v_B)^{\gamma-1}] \tag{2.54}$$

如药室气体无限膨胀，则$\dfrac{v_A}{v_B} \to 0, u^2/2 \to \dfrac{RT_A}{\gamma - 1}$。假如药室内气体质量为 m，则式(2.54)改写为

$$\frac{1}{2}mu^2 = m\frac{RT_A}{\gamma - 1}[1 - (v_A/v_B)^{\gamma-1}] \tag{2.55}$$

若药室初态 A 时气体温度为爆温 T_{ex}，则式(2.55)中 $RT_A = RT_{ex}$，RT_{ex} 为具有火药比能的“品质”，是火药做功的“潜在能力”的标志，和做功能力的度量。习惯上，火药比能用火药力来表征，但它相对只有比能的$(\gamma - 1)$倍。在工程中往往用 T_1 近似代表 T_{ex}，特别当采用实验得到 f 时，取 $f \equiv RT_1$。

2.2.2　国内外主要火药示性数

我国制式单基药主要热力特征量如表 2.2 所列，相应双基药热力特征量如表 2.3所列。

前面表 2.1 中能量示性数的差异是采用当年简化估算方法得到的。表 2.4 ~ 表 2.6 分别为美国陆军炮用单基药、双基药和三基药主要热化学性能参量，其中能量示性数是采用赫菲希尔德 - 谢尔曼估算法得到的。这些计算结果与后来文献[9 - 10]提供的数据有些差异。

表 2.2　我国单基制式火药的药形尺寸和能量示性数

牌号	尺寸/mm			$Q_{v,水}$/(kJ·kg^{-1})	$Q_{v,气}$/(kJ·kg^{-1})	v_0/(m^3·kg^{-1})	T_1/K	f/(J·kg^{-1})	正比式燃速系数 u_1/(m·s^{-1}·MPa^{-1})
	$2e_1$	d_0	$2c$						
多-125	0.30~0.40	0.10~0.20	≤1.1	3726	3307	0.915	2900	1000000	—
多-45	0.27~0.37	0.10~0.20	≤1.3	3726	3307	0.915	2900	1000000	—
2/1 樟	0.19~0.24	0.07~0.15	0.85~1.25	—	—	—	—	—	—
3/1 樟	0.29~0.34	0.10~0.20	1.7~2.0	—	—	—	—	—	—
空 3/1	0.29~0.34	0.10~0.20	1.7~2.0	—	—	—	—	—	—
3/1 石	0.30~0.38	0.10~0.20	1.7~2.3	—	—	—	—	—	—
4/1	0.40~0.55	0.25~0.35	5.5~7.5	3705	3286	0.920	2860	1000000	0.75×10^{-8}
4/1 樟	0.60~0.80	0.25~0.35	2.7~3.3	3705	3286	0.920	2860	1000000	0.70×10^{-8}
4/1 高石	0.40~0.55	0.20~0.30	3.0~4.0	—	—	—	—	—	—
4/7	0.45~0.56	0.15~0.25	2.5~3.5	3705	3286	0.920	2860	1000000	0.75×10^{-8}
4/7 腊石	0.40~0.48	0.16~0.25	2.5~3.5	≤3663	—	—	—	—	—
5/7	0.52~0.58	0.19~0.29	2.9~3.8	—	—	—	—	—	—
5/7 低	0.40~0.50	0.15~0.25	2.9~3.8	≤3726	—	—	—	—	—
5/7 高	0.58~0.65	0.15~0.25	3.9~4.3	—	—	—	—	—	—
6/7	0.60~0.70	0.25~0.35	7.0~9.0	—	—	—	—	—	—

续表

牌号	尺寸/mm			$Q_{v,水}$/(kJ·kg^{-1})	$Q_{v,气}$/(kJ·kg^{-1})	v_0/(m^3·kg^{-1})	T_1/K	f/(J·kg^{-1})	正比式燃速系数 u_1/(m·s^{-1}·MPa^{-1})
	$2e_1$	d_0	$2c$						
7/7	0.70～0.85	0.35～0.45	8.0～11.0	3705	3286	0.920	2860	1000000	0.75×10^{-8}
7/14 花	0.70～0.85	0.30～0.45	8.0～11.0	3705	3286	0.920	2860	1000000	0.75×10^{-8}
9/7	0.95～1.10	0.40～0.60	11.5～12.6	3684	3161	0.925	2820	1000000	0.75×10^{-8}
9/14 高钾	0.8～1.0	0.35～0.50	10.0～13.0	—	—	—	—	—	—
11/7	1.0～1.15	0.45～0.65	13.5～15.6	—	—	—	—	—	—
12/7	1.1～1.3	0.5～0.7	13.6～15.6	3600	3161	0.935	2800	980000	0.73×10^{-8}
12/1	1.10～1.25	2.4～2.8	520～530	—	—	—	—	—	—
13/7	1.3～1.4	0.5～0.7	13.0～15.0	—	—	—	—	—	—
14/7	1.2～1.4	0.65～0.75	16～18	3600	3161	0.935	2800	980000	0.72×10^{-8}
15/7	1.4～1.6	0.7～0.75	16～18	3600	3161	0.935	2800	980000	0.72×10^{-8}
18/1	1.80～1.95	1.5～2.0	420～15	3558	3119	0.940	2770	980000	0.72×10^{-8}
20/1	1.92～2.12	1.50～2.20	405	3558	3119	0.940	2770	980000	0.72×10^{-8}

表 2.3　我国双基制式火药的药形尺寸及能量示性数[9]

序号	牌号	尺寸/mm			$Q_{v,水}$/(kJ·kg^{-1})	$Q_{v,气}$/(kJ·kg^{-1})	v_0/(m^3·kg^{-1})	T_1/K	f/(J·kg^{-1})	正比式燃速系数 u_1/(m·s^{-1}·MPa^{-1})
		$2e_1$	d_0 或宽度	$2c$ 或外径						
1	双带 10－25×33	0.1±0.01	2.5±0.5	3±1	4898	4375	0.845	3520	1120000	1.16×10^{-8}
2	双环 10－24/48	0.1±0.01	24±0.5	48±0.5	4898	4375	0.845	3520	1120000	1.16×10^{-8}
3	双带 10－5×46	0.11±0.01	5±1	46±1	4898	4375	0.845	3520	1120000	1.16×10^{-8}
4	双环 14　32/65	0.14±0.01	32±1	65±1.5	4898	4375	0.845	3520	1120000	1.16×10^{-8}
5	双环 26　24/48	0.26±0.02	24±0.5	48±0.5	4898	4375	0.845	3520	1120000	1.16×10^{-8}
6	双环 26　1.5×70	$0.34_{-0.03}$	1.5±0.2	70_{-3}	4898	4375	0.845	3520	1120000	1.16×10^{-8}
7	双带 35－2×100	$0.35_{-0.02}$	1.5±0.2	100_{-3}	4898	4375	0.845	3520	1120000	1.16×10^{-8}
8	双环 37　30/86	0.37±0.02	30.5±1	85±1	4898	4375	0.845	3520	1120000	1.16×10^{-8}
9	双带 40　5×60	0.40±0.01	5±1	60±1	4898	4375	0.845	3520	1120000	1.16×10^{-8}
10	双带 42－5×150	0.42±0.02	5±1	150_{-5}	4898	4375	0.845	3520	1120000	1.16×10^{-8}
11	双片 50－5×5	0.50±0.03	5±1	5±1	4898	4375	0.845	3520	1120000	1.16×10^{-8}
12	双环 52－32/65	0.52±0.02	32±1	65±1.5	4898	4375	0.845	3520	1120000	1.16×10^{-8}
13	双带 95－5×255	0.95±0.03	5±1	253~255	4898	4375	0.845	3520	1120000	1.16×10^{-8}
14	双片 130　5×5	1.30±0.05	5±1	5±1	4898	4375	0.845	3520	1120000	1.16×10^{-8}
15	双芳－2　19/1	1.9±0.05	2.6±0.15	328_{-8}	2972	2658	1.020	2440	941700	0.50×10^{-8}

续表

序号	牌号	尺寸/mm			$Q_{v,水}$/(kJ·kg^{-1})	$Q_{v,气}$/(kJ·kg^{-1})	v_0/(m^3·kg^{-1})	T_1/K	f/(J·kg^{-1})	正比式燃速系数 u_1/(m·s^{-1}·MPa^{-1})
		$2e_1$	d_0 或宽度	$2c$ 或外径						
16	双芳-3 16/1	1.55±0.05	1.8~2.1	235_{-8}	3203	2868	1.000	2600	979000	0.55×10^{-8}
17	双芳-3 18/1	1.67~1.77	1.9~2.3	260_{-8}	3203	2868	1.000	2600	979000	0.55×10^{-8}
18	双芳-3 19/1	1.90~1.95	2.2~2.5	320_{-8}	3203	2868	1.000	2600	979000	0.55×10^{-8}
19	双芳-3 23/1	2.2~2.35	2.3~2.6	370_{-8}	3203	2868	1.000	2600	979000	0.55×10^{-8}
20	乙芳-2 19/1	1.9±0.05	2.6±0.15	328_{-8}	2972	—	—	—	—	—
21	乙芳-3 16/1	1.55±0.05	1.85±0.15	235_{-8}	3203	—	—	—	—	—
22	乙芳-3 17/1	1.68±0.05	2.3±0.15	260_{-8}	3203	—	—	—	—	—
23	乙芳-3 18/1	1.67~1.73	2.15~2.45	260_{-8}	3203	—	—	—	—	—

表 2.4　美国陆军炮用单基发射药能量示性数($\Delta=0.20$)[11]

项目		M1	M3	M4	M6	M10	M14
火焰温度①T_{ex}/K		2435,2417	—	—	2570,2580	3040,3000	2710
火药力f/($kJ\cdot kg^{-1}$)		938.6,911.7,911	926.6	971.4	980.4,956,947.5	1052.2,1031	1007.3,977.4
爆热Q_v/($kJ\cdot kg^{-1}$)		3140,3112.9,2928.8	3430.9	3334.6	3330.5,3182,3171.5	3970.6,3936,3916.2	3677.7,3384.9
比容②v_0/($L\cdot kg^{-1}$)		1015.9	804	783	993.2,842(水为液态)	911.64,762(水为液态)	972.15
定容燃烧热$\hat{Q}$/($kJ\cdot kg^{-1}$)		12447.4	—	12321.9	11631.5		
余容α/($cm^3\cdot g^{-1}$)		1.104	—	—	1.081	1.003	1.067
未氧化炭粒③/%		8.6	—	—	6.8	4	5
可燃物④/%		65.3	—	—	62.4	54	58.9
燃气组成/($10^{-2}\ mol\cdot g^{-1}$)	CO	2.33	—	—	2.44	1.81	—
	CO_2	0.19	—	—	0.22	0.40	—
	H_2	0.88	—	—	0.78	0.44	—
	H_2O	0.64	—	—	0.72	0.99	—
	N_2	0.44	—	—	0.45	0.46	—

① 定容、绝热火焰温度的简称,下同(表 2.6 ~ 表 2.8 相同)。

② 发射药燃气比容的简称,下同。

③ 燃气中未氧化炭粒含量的简称,下同。

④ 燃气中可燃物含量的简称,是评定发射药在射击时炮口(尾)焰性能的粗略的表征量,也可用可燃性气体(一氧化碳和氢气)在整个燃气中所占的体积百分含量表示,下同。

表 2.5　美国陆军炮用双基发射药能量示性数($\Delta=0.20$)[11]

项目	M2	M5	M8	M9	M26	M26A1	JA-2
火焰温度T_{ex}/K	3319,3370	3290,3245	3695,3760	3799,3800	3081,3130	3130,3132	3397
火药力f/($kJ\cdot kg^{-1}$)	1076.1,1100,1121	1061.1,1082,1091	1135.8,1141.8,1181	1141.8,1142,1147.8	1064.1,1082	1082.0	1141
爆热Q_{v0}/($kJ\cdot kg^{-1}$)	4518.7,4522,4761.4	4317.9,4354,4380.6	5125.4,5192,5204.9	5418.3,5422	4041.7,4082	4087.8	4622
比容v_0/($L\cdot kg^{-1}$)	685(水为液态)	729(水为液态),881.8	671(水为液态),831.6	810.8	931.6	933.2	1105

续表

项目		M2	M5	M8	M9	M26	M26A1	JA-2
定容燃烧热 $\hat{Q}/(\mathrm{kJ \cdot kg^{-1}})$		9518.6	9995.6	—	—	—	—	—
余容 $\alpha/(\mathrm{cm^3 \cdot g^{-1}})$		1.0083	0.9942	0.9621	0.9382	1.0394	1.0383	—
未氧化炭粒/%		0	0	0	0	2.2	1.5,1.6	—
可燃物/%		47.2	47.4	37.2	32.8	57.3	56.3	—
燃气组成/(10^{-2} $\mathrm{mol \cdot g^{-1}}$)	CO	1.54	1.61	1.28	1.13	1.89	—	—
	CO_2	0.51	0.48	0.66	0.74	0.33	—	—
	H_2	0.31	0.34	0.19	0.15	0.52	—	—
	H_2O	1.10	1.08	0.11	0.09	0.95	—	—
	N_2	0.49	0.48	0.54①	0.54①	0.50	—	—

① 原始数据如此,有误。

表 2.6　美国陆军炮用三基发射药能量示性数($\Delta=0.20$)[10]

项目		M15	M15A1	M17	M17E1	M30①	M31
火焰温度 T_{ex}/K		2555,2594	2546,2570	2975,3017	3017	2990,3040,3090	2599,2600,2608
火药力 $f/(\mathrm{kJ \cdot kg^{-1}})$		980,1004.3,1007.3	992.4,995.4	1088	1088	1072②,1088,1089.5,1090	998.3,1000,1001.3
爆热 $Q_v/(\mathrm{kJ \cdot kg^{-1}})$		3330,3347.2,3350	3305.4	4019,4025.0	4075.2	4075.2,4082	3370,3376.5
比容 $v_0/(\mathrm{L \cdot kg^{-1}})$		836(水为液态),1040.9	1045.4	971.7	971.7	965.4,965.9	1035.3
余容 $\alpha/(\mathrm{cm^3 \cdot g^{-1}})$		1.13	—	1.07	1.07	1.06	1.12
未氧化炭粒/%		9.5	9.7	3.9	—	3.2	8.7
可燃物/%		51.0	52.1	38.7	—	41.0	49.8
燃气组成/(10^{-2} $\mathrm{mol \cdot g^{-1}}$)	CO	1.45	—	1.15	—	1.19	—
	CO_2	0.14	—	0.25	—	0.30	—
	H_2	0.92	—	0.57	—	0.58	—
	H_2O	0.83	—	1.07	—	1.04	—
	N_2	1.29	—	1.30	—	1.119	—

① M30 和 M30E1(M30A1)发射药的热化学性能是相同的。

② 用 BLAKE 内弹道代码计算的。

2.2.3 火药燃速

1. 火药燃速的试验测量

火药燃烧速度是指燃烧面沿法向相反方向的移动速度,或者是沿燃烧面内法线的传播速度。火药燃烧速度一般采用试验测量得到,尽管有人从化学动力学角度提出了一些理论估算关系式,指出了影响燃速的主要因素,但仅应用化学动力学定量计算出固体含能材料的燃烧速度在未来若干年内是困难的。

通过试验确定火药燃速有两种方法:一是靶线法,即在药条侧面涂上包覆剂,在试样上取长度 L 的两个端点埋设靶线,将其置于密闭容器内,在一定压力和初温条件下点燃其一端,火焰阵面按平行层向前传播,记录得到火焰通过两根靶线的时间,按下式计算出燃速:

$$r = L/t \tag{2.56}$$

式中:r 为火药燃速;L 为距离;t 为燃烧面通过 L 距离的时间。

根据需要,可以测定出不同压力范围和不同初始温度火药燃速,并拟合出燃速压力指数、燃速系数和燃速关于温度的敏感系数。

二是燃速测量方法,即密闭爆发器压力-时间($p-t$)曲线拟合法。将经过严格挑选的同种牌号火药药粒连同点火药包同时放入密闭爆发器,测量点火燃烧 $p-t$ 曲线,假定被试火药同时点火。由被试药粒的尺寸和形状计算出形状特征量 χ、λ、μ,求出 $\psi=f(Z)$ 函数关系式。

由等容条件下的状态方程,有

$$p = p_B + \frac{f\Delta\psi}{1 - \dfrac{\Delta}{\rho_p} - \left(\alpha - \dfrac{1}{\rho_p}\right)\Delta \cdot \psi} \tag{2.57}$$

可变换得 $\psi-t$ 关系式为

$$\psi(t) = \frac{\dfrac{1}{\Delta} - \dfrac{1}{\rho_p}}{\dfrac{f}{p - p_B} + \alpha - \dfrac{1}{\rho_p}} \tag{2.58}$$

式中:p_B 为点火压力;Δ 为装填密度;α 为余容;ρ_p 为火药密度;f 为火药力。接下来根据试验火药的药形函数 $\psi=f(Z)$ 换算得 $Z-t$ 曲线,再由 $Z-t$ 曲线求 $e-t$ 曲线,最后按 $r=\mathrm{d}e/\mathrm{d}t$ 得到 $r=r(Z)$ 或 $r=r(p)$ 曲线。由已知 $r=r(p)$ 曲线则可拟合得到不同形式燃速函数表达式,有

(1) 指数式:

$$r = ap^n \tag{2.59}$$

（2）二项式：

$$r = a + bp \tag{2.60}$$

（3）正比式：

$$r = u_1 p \tag{2.61}$$

对应于每一个拟合关系式,应提供相应的误差分析结果。

除了以上两种燃速测量方法之外,还有超声波等测量法。

有必要说明,考虑到密闭爆发器内被试药粒点火的不同时性,为了提高拟合的燃速关系式的可信度,一个可行的办法是对 $r = r(p)$ 做"斩头去尾"处理,即去掉点火初期和临近燃烧结束 10% ~15% 部分,只处理中段部分。表 2.2 和表 2.3给出了我国制式火药正比式燃速系数。美国公布的火药燃速方程及相应参数更为详细[11],不仅有密闭爆发器等容试验结果,还有药条在等压条件下的试验结果,并对相同的测量数据拟合给出了不同形式燃速函数式。如前面所述,火药燃速是温度的函数,在内弹道学中燃速温度系数是极其重要的参量。还要指出,评价拟合结果的好坏,主要看拟合式接近试验数值的精确度。表 2.7 所列为部分火药拟合误差较小的燃速方程与其温度系数。

2. 影响燃速的主要因素

1）温度对燃速的影响

通常采用燃速温度系数,即

$$a_T(r) = \frac{\Delta r / r_a}{\Delta T} \tag{2.62}$$

表征火药初始温度对燃速的影响。

式中:$\Delta r = r_t - r_a$,r_a 和 r_t 分别为火药标准参照温度下与任意温度下的燃速,但两者环境压力 p 保持一致,$\Delta T = T_t - T_a$。

火药初始温度的提高,有三种因素促使燃速上升:一是火药随温度增高发生膨胀,膨胀系数越大,火药燃烧表面积越大,每升高 10℃,表面积约增加 0.4% ;二是随初始温度增高,火药内焓增加,火焰阵面向火药内层传播速度加快;三是火药内层增加至热分解状态时间提前。其中第三种因素起主要作用。由表 2.7 可见,对单基药,每增加 10℃,燃速提高 1% ~2% ;对双基和三基药,每增加 10℃,燃速增加 2% ~5% 。如何减小火药燃速温度系数和精确确定野战条件下装药实时初温,是内弹道工作者的重要任务。

表 2.7　美国部分火药燃速方程及燃速温度系数[11]

火药	正比式② $r = u_1 p$④	二项式① $r = a + bp^n$	指数式③ $r = a_1 p^n$	温度系数(温度范围) a_T⑤
M1	$r = 0.422p$	$r = 1.270 + 0.417p$	$r = 0.554p^{0.95}$	0.00165

续表

火药	正比式② $r=u_1p$④	二项式① $r=a+bp^n$	指数式③ $r=a_1p^n$	温度系数(温度范围) a_T⑤
M6	$r=0.471p$	$r=0.482+0.627p^{0.95}$	$r=0.812p^{0.90}$	0.001185/0.00158
M10	$r=0.559p$	$r=1.168+0.727p^{0.95}$	$r=0.734p^{0.95}$	0.00123(21℃ ~ −52℃)
M2	$r=0.987p$	$r=-7.569+1.742p^{0.90}$	$r=1.281p^{0.95}$	0.00205(21℃ ~ −52℃) 0.00234(58.3℃ ~ −53℃) 0.00288(58.3℃ ~ −53.9℃)
M5	$r=0.975p$	$r=-4.801+1.255p^{0.95}$	$r=1.225p^{0.95}$	—
M8	$r=1.188p$	$r=12.675+1.485p^{0.95}$	$r=1.562p^{0.95}$	—
M9	$r=1.4364p$(0℃) $r=1.5837p$(25℃) $r=1.7310p$(58.5℃)	—	$r=3.0404p^{0.88}$(58.3℃) $r=3.5849p^{0.816}$(4℃) $r=4.0827p^{0.757}$(−51℃)	0.005892(0℃ ~25℃) 0.00439(25℃ ~58.5℃)
M17	$r=0.632p$	$r=7.061+0.780p^{0.95}$	$r=0.830p^{0.95}$	—
M30	—	—	$r=3.7551p^{0.652}$(21℃), $r=2.0767p^{0.704}$(−20℃), $r=2.6057p^{0.703}$(−40℃), $r=2.7992p^{0.684}$(−52℃)	⑥
M30A	—	—	$r=2.72p^{0.698}$(−52℃); $r=3.15p^{0.698}$(0℃); $r=3.69p^{0.678}$(25℃); $r=3.27p^{0.714}$(45℃); $r=3.04p^{0.74}$(65℃)	⑥
M31	—	—	$r=2.2545p^{0.644}$, 或 $r=2.299p^{0.65}$, 或 $r=2.6616p^{0.619}$	⑥

① $r=a+bp^n$,$[a]$:mm·s^{-1};$[b]$:(mm·s^{-1})/(MPa)^n。

② $r=u_1p^n$,$[u_1]$:(mm·s^{-1})/(MPa)^n)。

③ $r=a_1p^n$,$[a_1]$:(mm·s^{-1})/(MPa)^n。

④ 所有 p 的单位$[p]$:(MPa)。

⑤ $a_T=(\Delta r/r_a)/\Delta T$,$[a_T]$:K^{-1}。

⑥ 任意温度下的燃速可以通过拟合得到。

2）配方与工艺对燃速的影响

火药加工工艺对燃速的影响,单基药较为典型。

(1) 硝化棉火药中残留的挥发性溶剂,沿厚度方向是不均匀的,表层燃速比内层高,相对厚度 $Z<0.3$ 以内的燃速修正关系式为[11]

$$u_1 = u_1' e^{-a\sqrt{Z}} (Z \leqslant 0.30) \tag{2.63}$$

式中:$Z = e/e_1$;u_1' 为起始表层燃速;u_1' 近似等于 $(0.120 \sim 0.125) \times 10^{-8}$ $(\mathrm{m} \cdot \mathrm{s}^{-1})/\mathrm{Pa}$;当 Z 或 $\psi \geqslant 0.30$ 时,u_1 约等于 0.075×10^{-8} $(\mathrm{m} \cdot \mathrm{s}^{-1})/\mathrm{Pa}$;指数 a 为取决于火药性质与制造工艺的常数,一般 $a \approx 4.2\lg(u_1'/u_1)$。

(2) 硝化棉火药配方对其平均燃速影响[12]。

硝化棉火药配方对其燃速的影响,在俄罗斯科学家特拉滋多夫提出的燃速系数 u_1 估算式的基础上,苏联科学家 M. E. 谢列伯梁可夫针对单基药,主张采用如下形式的燃速系数公式:

$$u_1 = \frac{10^{-6} \times 0.175 \times (\mathrm{N}\% - 6.37)}{0.04(220℃ - t_0) + 3h\% + h'\%} \tag{2.64}$$

式中:N% 为硝化棉含氮量;$h\%$ 为干燥 6 小时析出的挥发份含量;$h'\%$ 为干燥 6h 不能析出的挥发剂含量;t_0 为药温;220℃ 为该火药着火温度近似值。

(3) 美国单基药配方影响燃速系数估算式[13]。

谢克林给出了美国单基药配方影响燃速系数 u_1 的经验式为

$$\lg u_1 = \bar{6}.8847 + 0.1786(N - 12.8) - 0.0254B - 0.0389P - 0.042S - 0.06\Gamma \tag{2.65}$$

式中:燃速系数 u_1 以 $(\mathrm{dm} \cdot \mathrm{s}^{-1})/(\mathrm{kg} \cdot \mathrm{dm}^{-2})$ 计;N 为百分比计的硝化棉含氮量;B 为以百分比计的水分含量;P 为以百分比计的醇醚含量;S 为百分比计二苯胺含量;Γ 为百分比计石墨含量。

(4) 美国双基药配方影响燃速系数估算式[13]。

谢克林给出的美国制式双基药配方影响燃速系数经验式为

$$\lg u_1 = \bar{6}.7838 + 0.1366(N - 11.8) + 0.008652\mathrm{NG} - 0.2620C - 0.2235\mathrm{DBP} - 0.02447V - 0.007355\mathrm{DNT} \tag{2.66}$$

式中:u_1 以 $(\mathrm{dm} \cdot \mathrm{s}^{-1})/(\mathrm{kg} \cdot \mathrm{dm}^{-2})$ 计;N 为以百分比计硝化棉含氮量;NG 为以百分比计硝化甘油含量;C 为以百分比计中定剂含量;DBP 为以百分比计苯二甲酸二丁酯含量;V 为以百分比计凡士林含量;DNT 为以百分比计二硝基甲苯含量。

3) 侵蚀燃烧效应

侵蚀燃烧是指火药内孔与棱角边缘部位的强化燃烧效应。中止燃烧试验表明,火药外形近似如使用中的肥皂,棱角部位损耗严重,而其内孔口部会变为喇叭状。这种现象称为侵蚀燃烧(erosion burning)效应。侵蚀燃烧效应,是因沿燃烧表面切向气流速度大到一定程度,使得传热增强和燃速增大造成的。

侵蚀燃烧具有如下特点:①燃烧初期较为严重,因为燃烧初期内孔更为狭窄,棱角更为分明,所以侵蚀作用更显著;②对管状药,燃烧初期管内与管外压差较大,对单孔管状药,当长细比超过一定程度时往往可能发生胀裂或爆裂,进而造成燃烧规律突变。

通常采用侵蚀燃速 r 与无侵蚀燃速 r_0 之比表示侵蚀效应的强度,即

$$\varepsilon = r/r_0 \tag{2.67}$$

习惯也称 ε 为侵蚀比或侵蚀函数,由试验确定。火箭推进剂研究表明,当内孔气流速度大于某一起始值 u_0 时,就产生侵蚀效应;小于这个速度,一般观察不到侵蚀现象。赫伦(Heron)曾对内孔燃烧推进剂提出过一个侵蚀函数近似表达式:

$$\varepsilon = \begin{cases} 1 & (u \leqslant u_0) \\ 1 + k_u(u - u_0) & (u > u_0) \end{cases} \tag{2.68}$$

式中:取内孔出口燃气速度 u_0 为 100m/s;k_u 为侵蚀常数。观察表明 k_u 与燃烧环境压力正相关,即 k_u 随 p 增加而增大,同时还与燃速压力指数 n 呈正相关。除此之外,其他专家还提出了不同式样的侵蚀函数公式。

在火炮内弹道问题中,火药的侵蚀燃烧效应主要体现在实际燃烧规律偏离几何燃烧定律上。当然,偏离几何燃烧定律的原因,除了侵蚀燃烧效应之外,还与药粒几何特性不一致和点火不同时性有关。

侵蚀燃烧现象的存在,将直接关系到药形设计,关系到管状药燃烧期间是否发生胀裂现象等。

3. 活度与猛度

如前面所述,几何燃烧定律建立在 3 个基本假定基础上,即:①所有药粒同时点火;②所有药粒组分、密度均匀且形状与尺寸一致;③严格按平行层燃烧。1908 年,法国弹道学家夏朋里在几何燃烧定律基础上研究了火药燃气生成猛度问题,提出了"活度"(activity)概念,用以描述实际燃烧规律与几何燃烧定律的偏离。如前面指出,燃烧过程中,任一时刻火药燃烧面 S 沿内法线方向的移动速度为燃速,即 $r = \mathrm{d}e/\mathrm{d}t$,当采用指数式,则

$$r = u_1 p^n \tag{2.69}$$

将其代入按平行燃烧假定推导得到的火药相对已燃率公式为

$$\frac{\mathrm{d}\psi}{\mathrm{d}t} = \frac{S}{V_1} u_1 p^n = \frac{S_1}{V_1} u_1 \sigma p^n \tag{2.70}$$

当取燃速指数 $n = 1$,即采用正比式燃速定律时,式(2.70)可写为

$$\frac{\mathrm{d}\psi}{\mathrm{d}t} = \frac{S_1}{V_1} u_1 \sigma p \tag{2.70$'$}$$

夏朋里定义：

$$A = (S_1/V_1)u_1\sigma \tag{2.71}$$

为“活度”，表示在单位压力下任意时刻火药的相对燃烧率或相对燃气生成速率。因初始时刻 $S = S_1$，$\sigma = 1$，相应初始时刻“活度”为

$$A_1 = (S_1/V_1)u_1 \tag{2.72}$$

1933 年，M. E. 谢列伯梁可夫将式(2.70)′改写为

$$\Gamma = \frac{1}{p}\frac{\mathrm{d}\psi}{\mathrm{d}t} = \frac{S_1}{V_1}u_1\sigma = \frac{S}{V_1}u_1 \tag{2.73}$$

定义 Γ 为燃烧猛度。可以看出：Γ，即 A；“活度”，即“猛度”。不过，M. E. 谢列伯梁可夫是从物理角度看待火药燃烧规律的，不再简单认可和承认几何燃烧定律，即将 S 理解是实际燃烧面积，u_1 为实际燃速系数，即将 Γ 定义为[14]

$$\Gamma = \frac{1}{p}\left(\frac{\mathrm{d}\psi}{\mathrm{d}t}\right)_{\mathrm{e}} \tag{2.74}$$

需要注意的是，应该把式(2.74)中的($\mathrm{d}\psi/\mathrm{d}t$)，不再理解是由几何定律计算得到的，而应取自试验结果，即由试验的 $p-t$ 曲线拟合确定得到。采用式(2.74)定义“活度”Γ 是试验所得燃烧规律的函数，简称为 Γ 函数。因此，Γ 函数包含了点火不同时性，药粒组分、密度不均匀和形状与尺寸的不一致性，以及侵蚀效应等不遵守平行层燃烧假定的影响。所以，M. E. 谢列伯梁可夫把定义式(2.74)称为物理燃烧定律公式。由于 Γ 函数是由试验 $p-t$ 曲线处理得到的，因为它的表达式可以是函数式，也可以是数值表。

因为在物理意义上，Γ 为燃烧猛度，表征的是火药在单位压力下单位时间内的相对燃烧质量(体积)，所以量纲为压力冲量的倒数，即[$\mathrm{s}^{-1}\cdot\mathrm{Pa}^{-1}$]。为了更好地理解 Γ 的物理意义，可将式(2.74)两侧同乘火药质量 m，得

$$m\Gamma = \frac{m}{p}\frac{\mathrm{d}\psi}{\mathrm{d}t} = \frac{1}{p}\frac{\mathrm{d}m}{\mathrm{d}t} \tag{2.75}$$

式中：$m\Gamma$ 为单位压力下的燃气质量生成速率。类似地，用火药力 f 同乘式(2.74)两侧，得

$$f\Gamma = \frac{f}{p}\frac{\mathrm{d}\psi}{\mathrm{d}t} = \frac{1}{p}\frac{\mathrm{d}f}{\mathrm{d}t} \tag{2.76}$$

该式左边，即单位质量火药在单位压力和单位时间内释放的做功能力。因为前面提到，从热力学角度看，火药力表征做功的潜在能力。

4. 包覆火药与低温感系数

包覆火药是采用包覆材料(coating material)在药粒(柱)表面生成包覆层的火药。包覆材料或包覆剂多种多样，在具体选择中，候选材料首先要满足以下条件：

(1) 与火药组分具有良好的物理、化学相容性。

(2) 能均匀且重复地吸附于火药表面。

(3) 加工及储存过程中,药粒间不发生黏结。

(4) 包覆层稳定,迁移可忽略不计。

(5) 不吸湿且无毒性。

(6) 材料来源广泛,价格合理。

在满足上面条件下,根据目的不同,包覆剂还应具有相应的性质与功能。如希望包覆后适当减缓火药燃烧速度,则包覆层应具有钝感作用,减慢火药的初期燃烧速度。如要求包覆表面不参与燃烧,则包覆剂应选用阻燃材料(deterrent coating agent),形成的包覆层能有效阻止火焰传播和燃烧。

本小节介绍通过包覆实现火药低温感燃烧的原理[15]。由几何燃烧定律知,火药相对燃烧速率可表示为

$$\frac{\mathrm{d}\psi}{\mathrm{d}t}=\frac{1}{V_1}\frac{\mathrm{d}V}{\mathrm{d}t}=\frac{S\mathrm{d}e}{V_1\mathrm{d}t}=\frac{Sr}{V_1}=\frac{S_1}{V_1}\sigma r \tag{2.77}$$

式中:V_1 为药粒初始体积;V 为药粒实时体积;S_1 为药粒初始燃烧面积;S 为药粒实时燃烧表面积;$\sigma=S/S_1$;r 为燃速。燃速是火药初温的函数。假定环境压力不变,对式(2.77)求初温 T_0 的偏导数,得

$$\left(\frac{\partial(\mathrm{d}\psi/\mathrm{d}t)}{\partial T_0}\right)_p\cdot V_1=\left(\frac{\partial S}{\partial T_0}\right)_p\cdot r+S\left(\frac{\partial r}{\partial T_0}\right)_p \tag{2.78}$$

或

$$\left(\frac{\partial(\mathrm{d}\psi/\mathrm{d}t)}{\partial T_0}\right)_p\frac{V_1}{S_1}=\left(\frac{\partial\sigma}{\partial T_0}\right)_p r+\sigma\left(\frac{\partial r}{\partial T_0}\right)_p \tag{2.78$'$}$$

由该式可见,相对燃烧率 $\mathrm{d}\psi/\mathrm{d}t$ 随初温 T_0 的变化由实时燃烧面 S 和燃速 r 对 T_0 的偏导数决定。因为 $\partial r/\partial T_0>0$,如要求燃烧低温感,最理想的情况是 $[\partial(\mathrm{d}\psi/\mathrm{d}t)/\partial T_0]_p=0$,即要求 $(\partial S/\partial T_0)_p<0$;如果要求 $[\partial(\mathrm{d}\psi/\mathrm{d}t)/\partial T_0]_p>0$,则要求 $\left(\frac{\partial S}{\partial T_0}\right)_p\cdot r+S\left(\frac{\partial r}{\partial T_0}\right)_p>0$ 或 $\left(\frac{\partial\sigma}{\partial T_0}\right)_p\cdot r+\sigma\left(\frac{\partial r}{\partial T_0}\right)_p>0$。由式(2.62)可知,火药燃速温度系数 $(\partial r/\partial T_0)_p$ 和参考温度下燃速 r_{T_0} 可由试验确定。因此,如果给定一个相对燃速,即给定一个 $(\partial S/\partial T_0)_p$,能满足相应要求,则可保证火药按要求的规律燃烧而释放燃气,从而火炮在任何初温下使用这种装药,均能具有相近或相同的内弹道性能,即得到低温感系数的内弹道性能。

王泽山院士科研团队采用特别的包覆技术,有效实现火药燃烧面的自行控制,即相当于在多孔火药药粒本体内,每个内孔口部加装了温度敏感开关。药温高时,内孔口部关闭,内孔表面与外界隔离,即不参与燃烧;药温低时,内孔打开,内孔燃烧面与药粒外表面环境空间连成一体,参与燃烧。从而实现燃烧面

与药温对于燃速影响作用的相互抵消，内弹道参数具有优良的低温感性能。

2.2.4　火药热物性

为了评估火药的点火和火焰在装药床中的传播，预估燃烧反应维持条件和火焰传播速度，必须知道火药的热物性。点火条件下，火药表面升温和着火延迟取决于其热惯性。燃烧模拟和燃速估算以及点火燃烧过程适应环境温度能力的评价，很大程度上也都与火药热物性有关。热物性参数主要指密度 ρ_p、热导率 λ_p 和比热容 c_p，而热惯性是这 3 个参量的乘积（$\lambda_p\rho_p c_p$）。但广义地说，火药热物性还应包括线膨胀系数、爆发点（温度）、撞击感度和燃气热物性等。在 20 世纪 90 年代之前的出版物中，很难找到完整的炮用火药热物性数据，特别是测量方法和数据分析报告更难见到。其部分原因是炮用火药的热物性测量遇到一个困难，即只能备置小尺寸试样（如 0.5cm），否则采用较大尺寸试样，其内部组织结构可能不均匀。这里列出了搜集整理得到的部分典型炮用火药热物性，其中部分国产制式火药热导率与比热容测量结果分别如表 2.8（a）和表 2.8（b）所列[16]。

由表 2.8（a）可见，因三基药中含相当比例的硝基胍，热导率明显高于单基药和双基药。另外，各种火药热导率都随温度呈微弱增加趋势。事实上，火药热导率除了和组分与制作工艺有关外，还和药粒表面涂覆或处理方法有关，如用石墨、樟脑和钝感剂等进行表面处理都会影响火药表层热物性。由表 2.8（b）可见，双基和三基药比热容都比单基药高一些。

表 2.8（a）　国产几种制式火药热导率 λ_p

λ_p/ (W·m^{-1}·℃$^{-1}$)		28.2℃	47.1℃	63.5℃	81.0℃
单基药	—	0.205	0.209	0.213	0.216
双芳－3*	1	0.205	0.209	0.207	0.204
	2	0.197	—	—	—
三基药*	1	0.337	—	—	—
	2	0.349	0.347	0.349	0.355

注：* 双基药和三基药各做了两个试样。

表 2.8（b）　几种火药的比热容 c_p（60℃）

火药	单基 7/14（花）	单基 14/7	单基 6/7（松石）	单基 4/7	双芳－3	三基（1）
比热容/(J·g^{-1}·℃$^{-1}$)	1.11	1.19	1.26	1.26	1.36	1.34

美国部分火药热物性如表2.9所列[11]，其中撞击感度采用两种试验方法得到：一种是2kg落锤试验仪，以高度为评价判据(cm)；另一种是以不发生爆发点燃的冲击能量(J/m^2)作为评判量。美国火药的点燃性主要采用44mL容器，装填研碎样品2.2g，试验25发，用A5级黑药作点火剂，以95%能成功点燃的黑药量(g)为判据；还有一种衡量火药点燃性的方法，即把火药样品($\Delta = 0.1g \cdot cm^{-3}$)置于接近于或大于发火温度的环境(密闭爆发器)中，观察试验样品点火延迟时间。点火延迟时间以毫秒计，一般延迟时间还与火药初温有关，初温越高，延迟时间越短，初温低则点火延迟时间长。

无论是国产制式火药还是美国制式火药，以往公布的热物性数据都是不全面和不完整的。然而，20世纪90年代美国弹道研究所(BRL/ARB)的M. S. Miller等对美国几种代表性炮用火药的热物性展开了深入研究，并公布了相关数据[17-20]。6种火药包括单基药M10、双基药M9和JA2、三基药M30、硝胺药XM39和M43，-20～50℃范围9种不同温度下的热导率和热扩散(导温)系数的测量值如表2.10所列，相应还采用最小二乘法拟合得到了测量参量随温度变化的关系式，拟合的关系式与所实测数据误差不超过5%。其中，热导率λ_p和热扩散(导温)系数α_p拟合关系式分别为

$$\lambda_p = 4.184 \times (a_1 + b_1 T + c_1 T^2) \tag{2.79}$$

和

$$\alpha_p = a_2 + b_2 T + c_2 T^2 \tag{2.80}$$

式中：a_1, b_1, c_1和a_2, b_2, c_2为拟合系数；T为温度(℃)；λ_p的单位以J/(cm·s·℃)计；α_p的单位以cm^2/s计。拟合系数如表2.10所列。

表2.9 美国部分火药热物性[11]

火药	密度/($g \cdot cm^{-3}$)	火药比热容 c_p/($J \cdot g^{-1} \cdot K^{-1}$)	撞击感度 h/cm (2kg落锤击发高度)	点燃性 (95%)/℃	燃气平均比热容 c_{pg}/($J \cdot mol^{-1} \cdot K^{-1}$)	燃气摩尔质量/($g \cdot mol^{-1}$)	燃气比热容比 $\gamma = \frac{c_{pg}}{c_{Vg}}$
M1	1.57	1.46	15.24	2.2g/0.0195g	1.84	22.0	1.2593
M6	1.58	1.46	12.70 (6kg落锤)	—	1.80	22.6	1.2543
M10	1.67	1.42	—	—	1.80	24.6	1.2342
M2	1.65	1.51	7.62	2.2g/0.0070g	1.76	25.1	1.2238
M5	1.65	1.46	7.62	—	1.76	25.4	1.2258
M8	1.62	1.42	5.08	—	1.76	26.8	1.2148

续表

火药	密度/ $(g\cdot cm^{-3})$	火药比热容 $c_p/(J\cdot g^{-1}\cdot K^{-1})$	撞击感度 h/cm (2kg 落锤击发高度)	点燃性 (95%)/℃	燃气平均比热容 $c_{pg}/(J\cdot mol^{-1}\cdot K^{-1})$	燃气摩尔质量/ $(g\cdot mol^{-1})$	燃气比热容比 $\gamma=\frac{c_{pg}}{c_{V_g}}$
M9	1.60	1.51	5.08 ~ 7.62	247℃/ 15ms(71℃)① 20ms(21℃) 52ms(−51℃)	1.72	26.4	1.2102
M26	1.62	1.46	1.4×10^4 $(J\cdot m^{-2})$	220℃ 15ms(71℃)① 17ms(21℃) 35ms(−51℃)	1.80	24.1	1.2383
M15	1.66	1.51		2.2g/0.0326g	1.88	21.5	1.2557
M17	1.67	1.51	17.78	2.2g/0.0310g	1.88	23.1	1.2402
M30	1.66	1.51	2.2×10^4 $(J\cdot m^{-2})$	232℃/	1.80	23.2	1.2385
M31	1.64 ~ 1.65	1.51	—	—	1.88	21.6	1.2527

①括号中数据为火药初温。

表 2.10　不同火药热导率拟合关系式系数表

火药	M10	M9	JA2	$M30_{\perp}$	$M30_{\parallel}$	XM39	M43
a_1	7.263×10^{-4}	6.971×10^{-4}	7.012×10^{-4}	8.058×10^{-4}	1.082×10^{-3}	6.147×10^{-4}	6.011×10^{-4}
b_1	2.243×10^{-6}	1.357×10^{-6}	-3.064×10^{-7}	1.827×10^{-8}	1.461×10^{-6}	3.080×10^{-7}	2.146×10^{-8}
c_1	-4.716×10^{-8}	-3.017×10^{-8}	-6.363×10^{-9}	-1.756×10^{-8}	-7.766×10^{-8}	7.351×10^{-9}	-1.669×10^{-8}
a_2	1.831×10^{-3}	1.426×10^{-3}	1.447×10^{-3}	1.683×10^{-3}	2.252×10^{-3}	1.470×10^{-3}	1.387×10^{-3}
b_2	1.218×10^{-7}	-3.449×10^{-6}	-7.491×10^{-6}	-6.790×10^{-6}	-7.603×10^{-6}	-4.781×10^{-6}	-4.605×10^{-6}
c_2	-1.207×10^{-7}	2.003×10^{-8}	9.095×10^{-8}	3.323×10^{-9}	-1.722×10^{-8}	-1.979×10^{-8}	1.124×10^{-8}

有必要说明，表 2.10 所列 M30 火药测量了两个方向的热导率和热扩散系数数值，其中："⊥"表示垂直于火药制作工艺中的压伸轴向，"∥"表示平行于压伸轴向。不难发现，垂直于火药制作中挤压轴向的 λ_p 和 α_p 都低于相应平行挤压轴向的值。显然，火药的导热性能与加工挤压过程带来的内部组织结构有关。

差不多同时，M. S. Miller 还测量了上述 6 种火药的比热容[18-19]，测量的温

度范围为 −40 ~ 75℃，每间隔 5℃ 测量一次，共计 24 个点。同样采用最小二乘法拟合得到比热容 c_p 随温度 T 变化的关系式为

$$c_p = 4.184 \times (f_0 + f_1 T + f_2 T^2 + f_3 T^3 + f_4 T^4) \tag{2.81}$$

式中：$f_0, \cdots, f_4$ 为系数；T 为温度（℃）；c_p 的单位为 J/(g·℃)；系数 $f_0, \cdots, f_4$ 的数值如表 2.11 所列。同样，拟合式(2.81)与实验测量误差不大于 5%。

表 2.11　式(2.81)中 $f_0, \cdots, f_4$ 的数值

系数	M10	M9	JA2	M30	XM39	M43
f_0	2.404×10^{-1}	2.987×10^{-1}	3.003×10^{-1}	2.887×10^{-1}	2.496×10^{-1}	2.487×10^{-1}
f_1	7.831×10^{-4}	7.728×10^{-4}	8.128×10^{-4}	8.434×10^{-4}	7.250×10^{-4}	7.639×10^{-4}
f_2	3.821×10^{-6}	1.031×10^{-6}	1.057×10^{-6}	4.800×10^{-7}	1.575×10^{-6}	4.105×10^{-7}
f_3	5.201×10^{-8}	1.700×10^{-7}	1.552×10^{-7}	1.017×10^{-7}	6.144×10^{-8}	4.129×10^{-8}
f_4	-9.439×10^{-10}	-2.278×10^{-9}	-2.190×10^{-9}	-1.537×10^{-9}	-9.142×10^{-10}	-5.334×10^{-10}

为了进行火药的点火与燃烧研究，其火药的热物理数据是不可或缺的。M. S. Miller 所给出的 6 种火药热物性测量结果，具有很好的应用价值。借助这些数据，可得到相近火药的相应数据。

2.3　火药力学性能

固体火药至今仍是枪炮和固体火药火箭与导弹的基本发射能源，其力学性能直接关系到武器系统战技指标和发射安全性。内弹道性能设计、装药设计、点火与燃烧性能和安全性评估，无不与火药力学性能紧密相关。例如：火炮发射中药床挤压、撞击以及破碎与增燃分析，火药长期储存脆变行为分析，都涉及火药力学性能。此外，武器运输、训练、加工工艺和质量控制，也涉及火药的力学性能。

现代火药发展有一个重要特点是复合火药越来越受到重视。而复合火药与胶质火药相比，有一个与生俱来的弱点是基质与填料之间存在界面，即微观力学和细观力学的特征存在天生缺陷，受力条件下微观界面容易出现应力集中、分离，生成液泡，甚至产生"热点"。

2.3.1　火药黏弹性力学特征概述

火药作为高分子聚合物或准聚合物，随温度和加载速率不同，分别表现为玻璃态、黏弹态固体和黏性流体特征。因此，了解和认识火药力学性能对温度和加载速率的依赖性是重要的。同时，火药在玻璃态转变温度 T_g 之上具有显

著的黏弹性材料的属性，因而其力学性能对时间和温度都具有强烈的依赖性，即具有力学响应的时 - 温等效性。

材料的力学性能描述首先是指应力 - 应变行为关系式。由材料实验得到的最简单的一维弹性特征表达式为胡克定律，即

$$\sigma = E \cdot \varepsilon \tag{2.82}$$

式中：σ 为应力；ε 为应变；E 为弹性模量。

对固体火药和其他聚合物，当发生中等或较大变形时，应力应变与时间相关。最简单的情况下，式(2.82)改写为

$$\sigma(t) = \int_0^t [E(t) \cdot \dot{\varepsilon}] \mathrm{d}t \tag{2.83}$$

式中：$E(t)$ 为与时间有某种函数关系的松弛模量；$\dot{\varepsilon}$ 为应变率。

式(2.83)考虑了材料整个形变期间时间 t 对应力的影响，描述了线性黏弹性材料力学性能基本特征。如果是非线性黏弹性材料，松弛模量也与应变 ε 有关，则松弛模量改写为 $E(t,\varepsilon)$。对大多数火药，在室温上下几十度区间都属于非线性黏弹性材料。但一般情况下，仍近似将其当作线性黏弹性材料。在低温或高速加载条件下，聚合物多表现为玻璃态，弹性模量较高（10^9 Pa），当应变大于5% 就可能破裂。但在高温或低频加载条件下，同一种火药则多表现为橡胶态，模量下降 2 ~3 个量级（10^6 ~ 10^7 Pa），同时能在经受较大变形时也不一定发生永久形变。当温度再升高，当负荷达到一定程度则会发生永久变形，表现为高黏性流体。在中间温度或中等加载速率下，火药既不是玻璃态，也不是橡胶态，而具有中等的模量，兼有弹性固体和黏性流体的特性，而且在发生应变（变形）时伴随有很大的能量损耗。高聚物黏弹性行为不同区域 10s 松弛模量随温度变化曲线如图 2.1 所示。

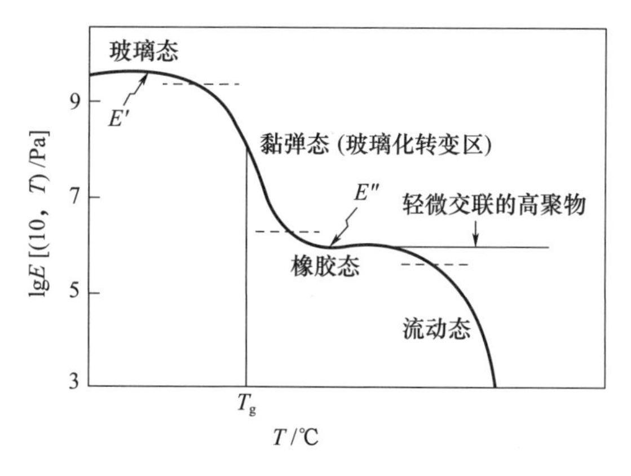

图 2.1　黏弹性行为不同区域 10s 松弛模量 - 温度曲线[21]

玻璃化转变是指非晶态聚合物从玻璃态向高弹态的转变。聚合物（火药）性质不同，这一转变温度区域宽度不同，一般为5℃或更宽些，通常定义这一区域中值为玻璃化特征温度 T_g。高于 T_g，高聚物为橡胶，具有高弹性；低于 T_g，则为坚而脆的固体，即塑料。从这个意义上说，常温下多数火药具有类似于硬橡胶的特性。不同温度下，高分子聚合物表现出的力学行为不同，图2.2为典型高聚物在拉伸受力下荷重－伸长曲线示意图。该曲线与通常的应力－应变曲线相对应，荷重对应于应力，伸长对应于应变。曲线（a）为温度远低于玻璃化转变温度的情况，聚合物发生脆性断裂，荷重随伸长几乎呈线性快速增加直至断裂，断裂时应变量不大（小于10%）。这与后面介绍的M43火药在低温（－20℃）应力－应变曲线相似。曲线（d）为高温下高聚物的橡胶态特征，荷重－伸长曲线呈“S”形，断裂时应变很大。这与后面介绍的JA2火药应力－应变曲线相似。曲线（b）为低于玻璃化转变温度条件下的力学特征，荷重－伸长曲线与延展性良好的金属类似，在断裂之前存在一个屈服点。曲线（c）为温度略高于曲线（b）但仍低于 T_g 的材料所表现出的冷拉颈缩特征，且出现一个屈服点。当应变进一步增加，在300%～1000%荷重保持不变，接下来发生严重颈缩，直至断裂。

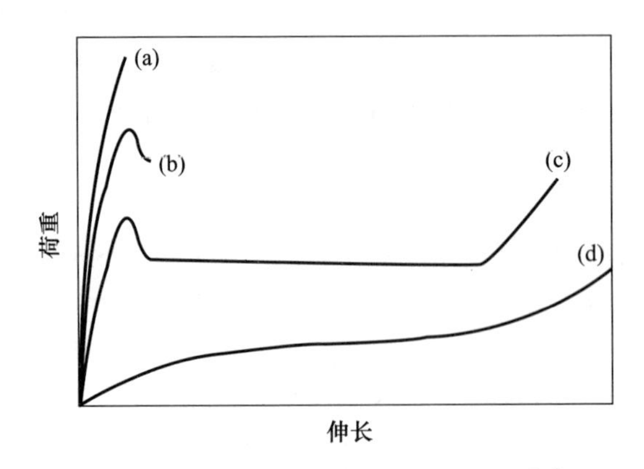

图2.2　典型高聚物的荷重－伸长曲线[21]

如前面所述，聚合物力学性能除依赖于温度，还依赖于时间，即除依赖温度外，还随加载速率或随应变率而变化。图2.3所示为应力松弛随松弛时间的变化。加载时间极短，高聚物（火药）表现为玻璃态；以较长时间加载，材料表现为橡胶（高弹）态。但在玻璃态平台区域内，松弛模量几乎不随加载速率变化；相应地在橡胶态平台区域内，模量也几乎不随加载速率变化。然而，在玻璃态平台与高弹态平台之间，模量则介于二者之间且随加载时间的快慢而变化。

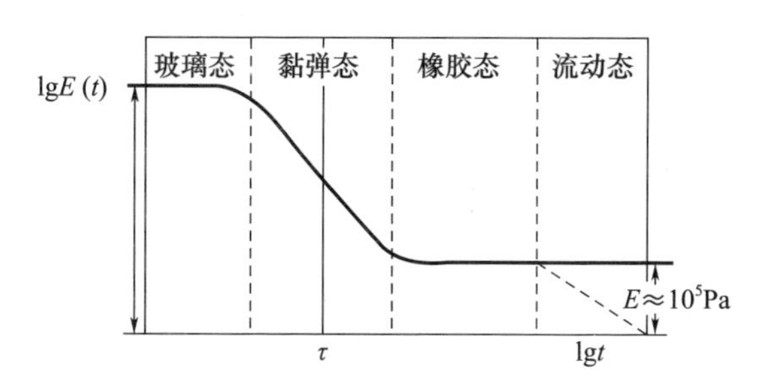

图 2.3　高聚物应力松弛($\lg E(t)$) - 时间($\lg t$)曲线[21]
(注 t 为松弛时间)

以上现象说明,同样的力学松弛过程,既可以采用较高温度和较短的作用时间实现,也可采用较低的温度和较长的作用时间再现出来。黏弹性材料的力学响应所表现出来的延长时间与升高温度等效行为,最早是由 Williams、Landel 和 Ferry 发现的[21-23],称为时 - 温等效原理,也称为 WLF 原理。时 - 温等效原理可以作这样的简单理解:通过改变时标(时间轴尺度),就可以使高聚物材料在某一温度下的黏弹性行为和另一个温度下的黏弹性行为联系起来。设某种各向同性线性黏弹材料在温度 T_0 下的松弛模量为 $E(T_0,t_0)$,而在温度 T 下相应的松弛模量为 $E(T,t)$,理想情况下,它们满足如下关系:

$$E(T,t)=E\left(T_0,\frac{t}{a_T}\right) \tag{2.84}$$

这就是时 - 温等效或 WLF 原理的数学表达。由图 2.4 可见,两条曲线相同、相互平移,即标志着黏弹性材料在高温 - 短时间条件下的力学行为曲线可以用低温 - 长时间条件下的行为曲线来代替,反之亦然。如参考温度 T_0 条件下所对应松弛模量 - 时间(对数值)的关系 $\lg E(t)-\lg t$ 曲线是已知的,则 $T<T_0$ 条件下的相应关系可以由参考曲线左移得到;而对 $T>T_0$ 情况,将参考曲线向右平移即可。可见,由 WLF 原理,可推导得到平移因子 $\lg a_T$ 与 $(T-T_g)$ 之间服从如下关系式(也称为 WLF 方程):

$$\lg a_T=-\frac{c_1(T-T_g)}{c_2+T-T_g} \tag{2.85}$$

式中:c_1,c_2 为常量,称为 WLF 参数;T_g 为材料玻璃化温度;T 和 T_g 以绝对温度值(K)计。对各种不同的高聚物,c_1,c_2 的通用近似值分别为 17.4 和 51.6。具体材料确切值因材料不同而有差异,如聚异丁烯分别为 16.6 和 104,天然橡胶分别为 16.7 和 53.6,聚苯乙烯分别为 14.5 和 50.4。

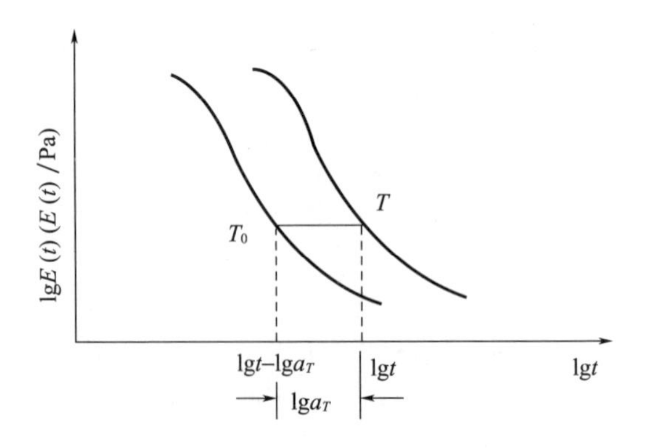

图 2.4　温度由 T 变到 T_0 时平移因子图解[21]

2.3.2　火药瞬态压缩力学行为

由装药点火不均匀所引发的膛内压力波造成药粒挤压，以及具有一定速度药粒对弹底撞击，药粒将具有一定强度的应力波作用，这是一个应力波在黏弹性介质物体中的传播与反射问题。其特别之处在于这里的撞击与挤压是在相对较高环境压力下发生的，即药粒应力－应变是在火炮膛内高压环境下完成的。目前所报道的火药力学性能数据一般是通过静态或动态压缩实验得到的，或者是通过霍普金森压杆实验得到的。这些研究一般只能在自然环境下进行，且多仅限于常温和常压环境。

作为通常冷态低压环境下力学性能研究的继续，需要观察分析药粒失效和破裂形态，并通过实验确定破裂对燃烧的影响，给出压缩条件和撞击速度与燃烧增强关系，以便为模拟和预估火炮发射安全性能提供技术支持。

1. 压缩试验

美国陆军研究实验所于 20 世纪 90 年代研发了一种专门用于测量火药力学响应的材料试验机，采用液压伺服控制系统，将落锤驱动和空气弹簧技术融为一体，其工作原理如图 2.5 所示[24]。这台装置要求药粒试样高为 1cm，施压得到的应变速率可在准静态到高达 $1000s^{-1}$ 范围内调节。试样压缩量取决于砧座高度，砧座与锥形冲击罩间接触距离可调，一旦调定，意味着压缩行程也即确定；砧座和锥形罩两者一旦接触，也意味着药粒试样四周侧向因空气压缩而有了附加作用力。试验腔室内温度可以调控，保证室内温度误差在 ±1.0℃。该测量装置底部设置有空气弹簧，用于吸收来自冲击罩多余能量。药粒试样承受的负载由安装在压头上的传感器测量，并由线性差分变换器测量得到试样在压缩期间发生的位移和长度变化。

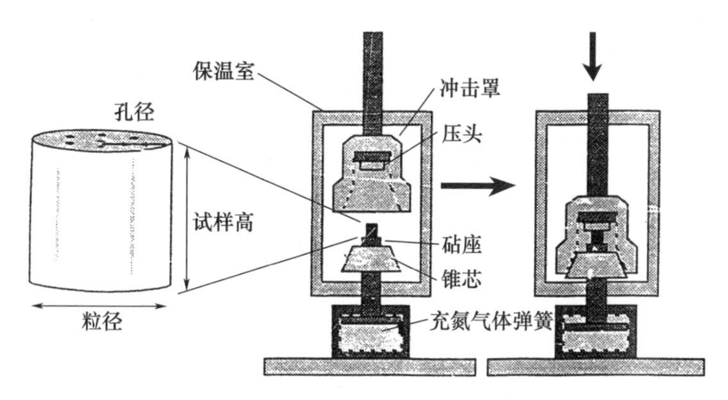

图2.5 药粒应力松弛试验用液压伺服试验机

火药动态压缩响应与破裂状态和多种因素有关,如组分、加工工艺、弧厚、内孔形状等都对压缩失效与破碎都具有重要影响。为了便于试验结果的相互比较,试样制作一律取圆柱体,长1cm,两端表面相互平行,且垂直或平行于加工压延轴线。按这样的要求制备的试样,一般可保证试验得到的应力-应变曲线再现性良好,失效与破裂状态比较一致。试验操作首先将试样置于砧座,接下来按要求对试验腔室进行保温控制,保温时间取其温度平衡时间的两倍(通常总计保温时间取30min),检查试样定位状态正常后,即可实施压缩试验。为了使整个试验过程中保持温度不变,设计时要求试验腔室不会因与外界热交换而使温度发生变化。采用试样组分如表2.12所列。

表2.12 几种火药主配方(百分比)

组分	M14	M30A1①	M43	JA2
硝化棉(NC)(含氮量%)	89(13.0)	27(12.6)	4(12.6)	59(13.1)
硝化甘油(NG)	—	23.4	—	15
硝基胍(NQ)	—	47.2	—	—
二硝基甲苯(DNT)	8	—	—	—
二丁基邻苯二甲酯(DBP)	2	—	—	—
二苯胺(DPA)	1	—	—	—
硝化二乙二醇	—	—	—	25
Akardit	—	—	—	1
硫酸钾(K_2SO_4)	—	1	—	—
黑索金(RDX)	—	—	76.0	—
醋酸一丁酸纤维素	—	—	12.0	—
增塑剂	—	—	8.0	—

① M30A1组分与M30稍有差别,具体见表2.2。

2. 应变率 $\dot{\varepsilon}=100s^{-1}$ 条件下几种典型火药应力－应变曲线及特征量

通常炮药压缩应变在2%到8%之间即会失效破裂，具体失效应力与失效形态与模式取决于组分、温度和应变率 $\dot{\varepsilon}$。尽管图2.5所示装置可实现的应变率 $\dot{\varepsilon}$ 可在准静态 $\dot{\varepsilon}=0.01s^{-1}$ 到高瞬态 $\dot{\varepsilon}=1000s^{-1}$ 之间选择与调节，但试验中实际应变率 $\dot{\varepsilon}$ 取定值 $100s^{-1}$，而应变量取50%。

更高的应变率可以用较低温度下的结果平移(shift)得到。试验表明，火药应变率变化一个量级，对应的温度平移量大约为10℃。

这里首先介绍限定应变率条件下不同成分火药在不同温度下的压缩试验结果。应力－应变曲线如图2.6所示，T_{oe} 为应力－应变上升曲线斜率的起点，给出的主要特征参量包括模量 E、最大应力 σ_m、最大应变 ε_m、失效应力 σ_f、失效应变 ε_f 和失效模量 E_f。其中，失效模量是指最大应力点与其两倍值之间应力－应变曲线的斜率，如无最大应力点(柔软性材料)，则以失效应变点与其3倍值点之间应力－应变曲线斜率为准。失效点是指最大应变两倍值以内，应力－应变曲线的上升段斜率和下降段斜率的交叉点对应的应变值(或者是模量与失效模量交叉点的对应应变值)。模量表征了应力随应变响应的快慢水平，失效应力和失效应变对应的是材料在该点屈服。最大应力和最大应变提供了材料极限强度信息，而失效模量表征的是材料失效过程中应力随应变的衰减速率或垮塌趋势特性。因此，火药的失效模量，是其失效和损坏过程的重要特征量，用于表达承受应力达到最大值之后强度衰减快慢特征，它的大小取决于最大应力点之后应力随应变的变化速率。如果是脆性破裂(断裂)，则失效一旦发生，材料立即不能承载，直观上看到材料是瞬间损坏的，则 E_f 是很大的负数值。如果试样是塑性材料，材料能在最大应力点附近维持很久才失效，应力－应变曲线在最大应力点附近呈扁平状态，其失效模量值接近于0(有时甚至为正值)。观察发现，失效模量(绝对值)很小时，意味着很少发生断裂，即试样可以持续支撑荷重。对于火药，即使变形失效了，燃烧面积也增加无几。但很多火药在低温压缩试验中呈现出脆变，在高温下又表现为塑性失效。

表2.13所列为几种典型火药试验测量得到的力学性能参量，是根据－40℃、－20℃、0℃、20℃和50℃共5个不同温度，各试验5发所得曲线平均值而拟合得到的。但－40℃左右，材料呈脆性断裂时，数据不一定准确可靠，因为低温下试验得到的应力－应变曲线及失效点数据跳动较大，其平均也带有人为误差，不排除有些失真可能。另外还需要说明，表中JA2火药部分数据是不同温度和稍大应变率($\dot{\varepsilon}=123s^{-1}$)下测量得到的，对这些数据打上了“＊”标记，仅供参考。

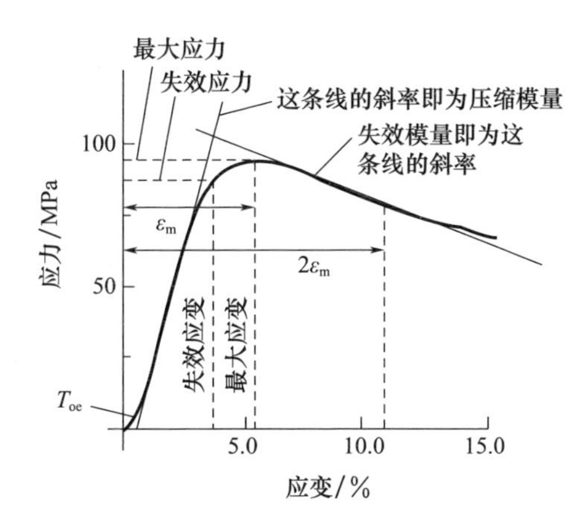

图2.6 机械响应曲线特征参量

由表2.13所列数据发现,火药力学性能特征量,在相同应变速率下因温度不同存在很大差异。M14、M30、M43三种火药,低温下(-40℃)都具有明显的脆性,其中以M43和M30最为明显。但JA2即使在低温下(-40℃)也没有呈现出明显的脆性特征,失效之前未出现最大应力,失效模量是很小的负值或接近于0。图2.7所示为M30火药不同温度下压缩试验测量得到的应力-应变曲线,图2.8为其相应条件下的药粒试样失效破裂状态的相片。从这些结果不难得到这样的结论:现有多数火药(典型的火药,如M14、M30、M43)当温度由低变高时,材料特性则由脆性向黏弹性和塑性转变,失效模量由很大的负值向很小的负值转变,破裂粉碎程度由非常严重逐步转为不太严重转变。而在温度越低下使用(-40℃~-50℃),E_f越是绝对值大的负值,失效破裂生成的细小碎块越多,也即破碎增燃作用越强。

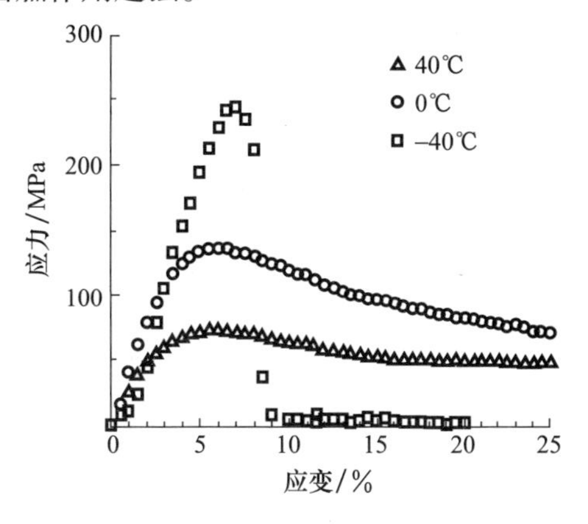

图2.7 M30火药应力-应变曲线

表 2.13 不同火药力学性能参量平均值[25-26]

温度/℃	火药	最大应力 σ_m/MPa	最大应变 ε_m/%	失效应力 σ_f/MPa	失效应变 ε_f/%	模量/GPa	失效模量/GPa
-40	M14	207.8	8.5	202.0	5.8	4.30	-0.743
	M30	243.0	7.0	241.0	7.0	4.69	-12.900
	M43	145.8	3.2	122.0	2.75	5.97	-18.40
	JA2	—	—	123.0	5.5	2.72	-0.411
(-32)*	JA2	—	—	54.03	7.09	0.067	0.067
-20	M14	181.8	7.0	173.0	5.1	4.08	-0.894
	M30	171.0	7.5	169.0	7.0	3.20	-1.740
	M43	141.0	3.5	140.0	3.4	5.28	-12.50
	JA2	—	—	74.8	5.0	1.89	-0.086
0	M14	177.9	6.0	160.0	3.8	5.36	-0.296
	M30	143.8	6.2	125.0	4.2	3.06	-0.530
	M43	130.9	4.0	124.0	3.3	5.53	-1.58
	JA2	—	—	40.6	3.2	1.35	0.023
20	M14	121.7	7.0	115.0	4.8	2.79	-0.205
	M30	73.9	5.0	68.9	3.2	2.26	-0.260
	M43	101.0	4.5	92.0	3.0	4.30	-0.430
	JA2	—	—	21.0	3.0	0.82	0.025
(21)*	JA2	—	—	16.87	4.56	0.722	0.0523
50	M14	106.6	6.5	100.0	4.2	2.58	-0.140
	M30	64.5	6.5	60.0	4.0	1.60	-0.190
	M43	60.0	4.0	58.0	2.7	2.74	-0.230
	JA2	—	—	10.5	3.2	0.38	0.032
(63)*	JA2	—	—	8.86	4.59	0.24	0.029

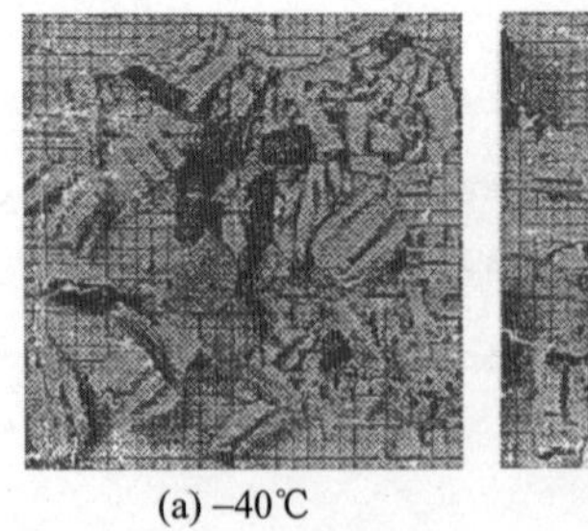
(a) -40℃

(b) 0℃

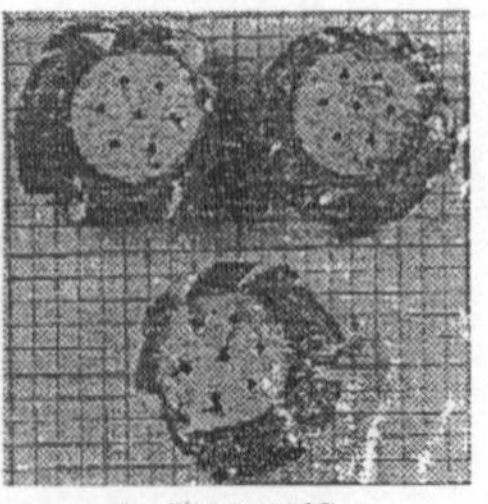
(c) 40℃

图 2.8 M30 火药压缩应变为 50% 的失效破裂状态

3. 火药力学响应的时 - 温等效与平移因子

对 4 种典型火药(单基 M14、双基 JA2、三基 M30、硝胺药 M43)作了瞬态压缩试验[24-26],取应变率 $\dot{\varepsilon}=100\text{s}^{-1}$,温度分别为 -40℃、-20℃、0℃、20℃、60℃,拟合得到的松弛模量与松弛时间对应关系曲线如图 2.9 所示。每一温度测量结果对应于一条曲线,每条曲线均为 5 个试样测量的平均结果,纵轴为模量,横轴为时间,用对数值表示。由该图可见,不同温度下松弛模量对时间变化曲线是相互平行的,即通过平移可得到另一温度下的曲线。这就是利用时 - 温等效和平移因子最原始构想的依据与出发点。于是按这个思路,5 个温度下的松弛模量整合成一条组合曲线如图 2.10 所示,纵轴仍为松弛模量,比例原则不变,横轴为松弛时间,比例放大了。由该图可见,M14 和 M43 的组合曲线很接近为一个二次多项式函数,说明这两种火药的应力松弛机理是随温度变化的,即是温度的函数,温度增高,松弛模量变低趋势增强;相反,温度变低,松弛模量增强趋势减弱。JA2 火药组合松弛模量与其松弛时间的相关曲线几乎是线性的。这意味着在所采用的应变率和温度试验范围内,控制 JA2 火药应力松弛行为的是单一机制。然而,下面将看到,即使松弛模量组合曲线是线性的,但采用温度修正的组合曲线与未作修正曲线拟合得到的平移因子(shift factors)之间还是存在不小的差异。M30 组合松弛曲线是分段线性的,说明控制其松弛过程的机理,高温段(大于 0℃)和低温段(小于 -20℃)是不同的。其相应平移因子或时 - 温等效程度存在差异,但误差不超过 20%。在图 2.9 基础上,可以利用松弛模量 - 时间组合曲线,通过拟合得到平移因子 - 温度曲线。由图 2.4 可知,平移因子 a_T,是其对数 $\lg a_T$ 的真数,而 $\lg a_T$ 是松弛模量 $\lg E(T,\tau)-\lg\tau$ 曲线族中温度为 T 条件下的 $\lg E(\tau)$ 相对参考温度 T_0 的 $\lg E(\tau)$ 的水平平移量。相对于图 2.9,假设令 20℃ 为参考温度,则图中任一火药不同温度的 $\lg E-\lg\tau$ 曲线族,其中任一温度 T 相对参考温度 $T_0=20℃$ 两者松弛模量对数值 $\lg E$ 保持不变的水平平移量 $\lg a_T$ 相应是存在且已知的。于是,对应于任一 $\lg E-\lg a_T$ 都可求,即 $\lg a_T$ 仅是温度的函数。最终可方便地求得 $\lg a_T-T$ 的曲线,如图 2.11 所示。该图列出了几种不同典型火药由其应力松弛实验结果拟合得到的水平平移量 $\lg a_T$ 随温度 T 的变化。实际上,图 2.11 所示的 $\lg a_T-T$ 曲线就是图 2.10 中 $\lg E-\lg\tau$ 曲线的导数,$\lg E-\lg\tau$ 曲线上任一点导数值与对应温度值连成线,即图 2.11 中的曲线。

图 2.11 中每种火药曲线对应于坐标量 $y(\lg a_T)$ 和 $x(T)$ 的拟合关系式为

$$\text{M14:}\quad \begin{cases} y=2.8709-0.1002x \\ x=27.981-9.7091y \end{cases} \tag{2.86a}$$

$$\text{JA2:}\quad \begin{cases} y=1.7187-3.1814\times10^{-2}x \\ x=20.930-12.772y \end{cases} \tag{2.86b}$$

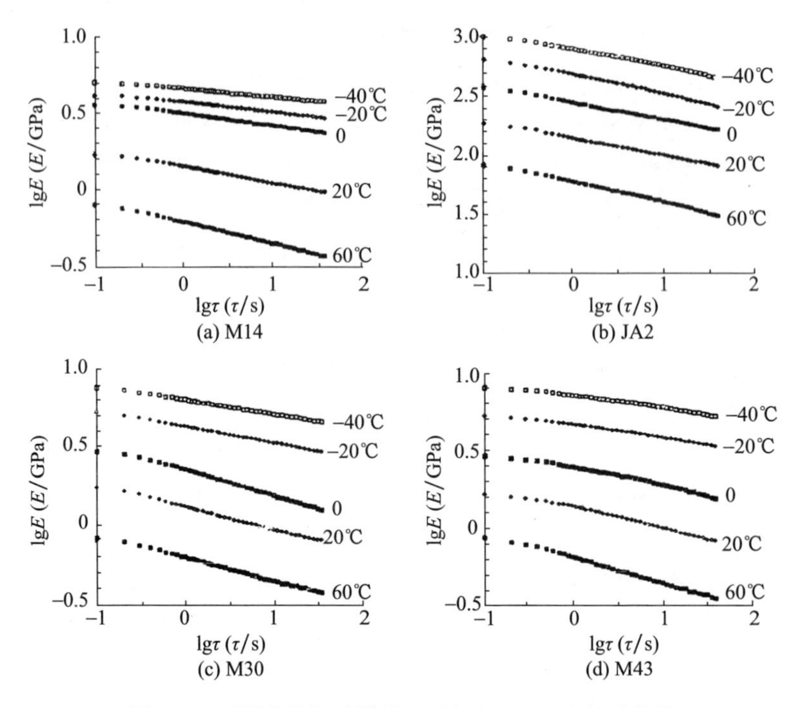

图 2.9　不同火药松弛模量 - 时间($\lg E-\lg\tau$)关系曲线

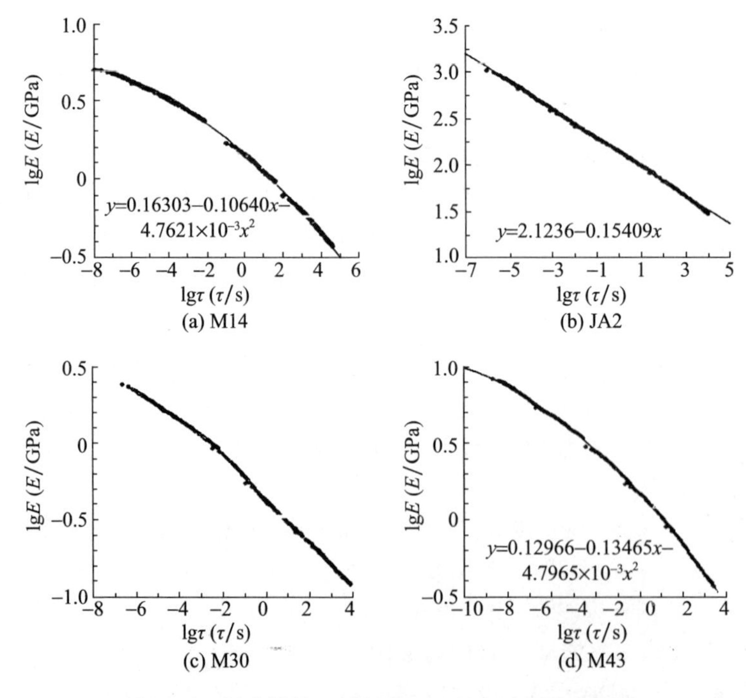

图 2.10　松弛模量 - 时间($\lg E-\lg\tau$)组合关系曲线

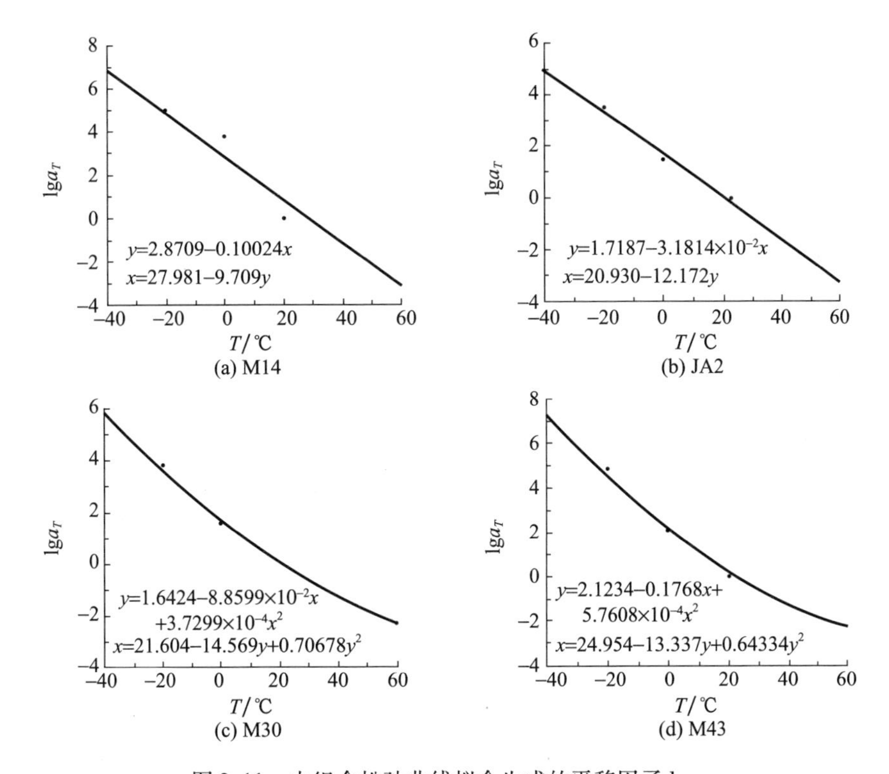

图 2.11　由组合松弛曲线拟合生成的平移因子 $\lg a_T$

$$\text{M30:}\quad \begin{cases} y = 1.6424 - 8.855\times10^{-2}x \\ x = 21.604 - 14.569y + 0.7067y^2 + 3.7299\times10^{-4}x^2 \end{cases} \tag{2.86c}$$

$$\text{M43:}\quad \begin{cases} y = 2.1234 - 0.10768x + 5.7608\times10^{-4}x^2 \\ x = 24.954 - 13.337y + 0.6433y^2 \end{cases} \tag{2.86d}$$

于是已知 $x(T)$，可以求 $y(\lg a_T)$，反之亦然。也就是说，由 Δy 可以求相应的 ΔT，反之亦然。

图 2.11$\lg a_T - T$ 曲线表明，温度的变化所引起的火药力学性能变化，对应的应变率要发生量级变化才与其等效。其中 M30 和 M43 两种火药，$\lg a_T - T$ 是二阶多项式曲线，当然也可用近似线性关系进行拟合，但误差可能大一些。表 2.14所列为图 2.11 中不同火药按最小二乘法拟合得到的 $\lg a_T - T$ 线性关系相应斜率与每 10℃左右温差所对应的拟合值。图 2.11 和表 2.14 说明，火药在高温高应变速率下的力学响应特性可以近似地用低应变率和低温条件的试验结果代替。例如：火炮发射中预估其药粒挤压应变率为 $10^4 \sim 10^6\text{s}^{-1}$，实验室现有装置仅能进行 $\dot{\varepsilon} = 10^2\text{s}^{-1}$的药粒力学响应实验。两者相差 $10^2 \sim 10^4\text{s}^{-1}$。而由图 2.11和表 2.14 可知，$10^2 \sim 10^4\text{s}^{-1}$应变率之差带来的力学响应大约与温度相

差 20 ~ 40℃所对应的力学响应是等价的。

表 2.14　几种典型火药时 - 温等效特性

火药	曲线斜率拟合值/℃$^{-1}$	对应温差拟合值/℃
M14	0.1002	9.98
JA2	0.0818	12.2
M30	0.0805	12.4
M43	0.0952	10.5

2.3.3　药粒撞击失效及失效判据

20 世纪 70 年代，X 射线闪光摄影技术在内弹道实验研究中得到了成功应用，成为测量火炮膛内药粒运动的重要手段。研究表明，发射初期药粒运动速度往往达到 200m/s[27-28]。部分火药以这样的速度撞击药室肩部和弹底所引起的破裂(碎)，可能是造成膛内燃烧与压力反常的一个重要原因。药粒高速撞击所引起的破坏，属于冲击动力学问题[29]，可以通过理论把药粒撞击破裂和撞击速度、着靶角度、火药的屈服应力及其材料模量等因素联系在一起，提出药粒破坏失效的判据，以便为建立装药燃烧反常理论模型提供支持。如前面所述，火药属于黏弹性或弹塑性材料，动态加载下材料应力不仅取决于应变，还取决于应变率、应变历史及温度，即

$$\sigma = f(\varepsilon, \dot{\varepsilon}, \text{应变历史}, T) \tag{2.87}$$

一般来说，火药撞击失效伴随着撞击能量不可逆转换过程，即撞击能将转化为塑性耗散能、黏性变形能、摩擦或断裂耗散能等各种不可逆形式的能量。火药在低温和高应变率撞击破坏中所损失的不可逆能主要是断裂耗散能；常温、高温和中低应变率失效条件下，则以塑性与黏性变形耗散能为主。火药填充床承受冲击压缩变形失效，转换的不可逆能量可能同时包含药床本身的摩擦耗散、塑性耗散、黏性变形耗散和所含药粒断裂耗散等多种形式。

从材料(火药)受力(压缩或拉伸)应力 - 应变关系来看，在失效之前，总有一段属于线弹性应力 - 应变时期，接下来则进入脆性断裂或黏弹性和塑性变形阶段。为了认识撞击破坏机理，下面拟运用动态冲击动力学，分析弹性压缩波在细长圆杆(杆状药或管状药)中的传播、反射与相互作用，进而推导确定失效临界条件，定义屈服速度。

1. 弹性压缩波

首先考虑杆(管)状药柱对平板的正撞击，将药粒(柱)看作简单的均质圆杆，将弹底设想为平板(暂不考虑倾斜)。圆杆撞击平板，即相当于有一个弹性压缩波从端面传入圆杆，任意时刻 t，波的传播如图 2.12(a)所示，圆杆单元体受

力如图 2.12(b)所示[29]。

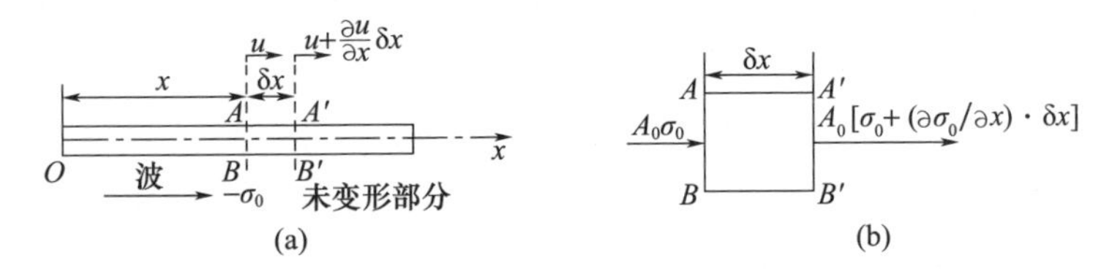

图 2.12 弹性压缩波在均质圆柱中的传播和单元受力示意图[29]
(a)弹性压缩波在均质圆杆中的传播;(b)均质圆杆代表单元体的受力平衡。

令 $u(x,t)$ 为 x 处位移,$u+\frac{\partial u}{\partial x}\delta x$ 为 $x+\delta x$ 处位移,圆杆截面积均匀且 $A=1$,则单元体左、右作用力分别为 σ_0 和 $\sigma_0+\frac{\partial \sigma_0}{\partial x}\delta x$,沿 x 方向的运动方程为

$$\frac{\partial \sigma_0}{\partial x}=-\rho_0\frac{\partial^2 u}{\partial t^2} \tag{2.88}$$

式中:σ_0,ρ_0 分别为材料应力和材料初始密度。相应此刻单元中的应变为

$$\varepsilon=\frac{\partial u}{\partial x}$$

设材料弹性模量为 E,在线弹性范围,由胡克定律,有

$$-\sigma_0=E\frac{\partial u}{\partial x} \tag{2.89}$$

对该式求偏导数,得应力在单元上的变化率为

$$\frac{\partial \sigma_0}{\partial x}=-E\frac{\partial^2 u}{\partial x^2} \tag{2.90}$$

将式(2.88)代入式(2.90),得

$$\rho_0\frac{\partial^2 u}{\partial t^2}=E\frac{\partial^2 u}{\partial x^2} \tag{2.91}$$

令 $c_L=\sqrt{E/\rho_0}$,弹性范围内,可不计 ρ_0 变化,则 $c_L=c_0$,c_0 为常数。则该式可改写为

$$\frac{\partial^2 u}{\partial t^2}=c^2\frac{\partial^2 u}{\partial x^2} \tag{2.92}$$

式中:c,即 c_L。这是典型的一维波动方程,其通解 $u(x,t)$ 有如下形式:

$$u(x,t)=f_1(x-ct)+f_2(x+ct) \tag{2.93}$$

该式右边第一项 $f_1(x-ct)$ 表示波沿 x 正方向传播,即右行波;第二项 $f_2(x+ct)$ 表示波沿 $-x$ 传播,即左行波。假定该压缩(拉伸)波是理想的纵波,则传播速度 c_L 是恒定的,传播过程中波是不会发生弥散的。

由火药弹性模量和密度估算得到其弹性纵波的波速,如表 2.15 所列。其中弹性模量取自美国 ARL 的实验[24],密度为估计值。由该表可见,火药的弹性纵波波速与其组分和温度密切相关。以单基 M14 为例,从 -40℃ 上升到 +50℃,波速下降 23%;混合硝酸酯火药 JA2 相应下降 63%,三基 M30 下降 42%,硝胺药 M43 下降 32%。从成分上看,M14、M30、M43 波速相差不是太大,约在 1000~1800m/s 范围,但 JA2 明显偏低,只有 500~1300m/s。由于个别温度点模量 E 的实验值存在偏离,因而相应估算得到的 c_L 随温度变化也有一定程度的离群,如 M14 火药 0℃时 c_L 值比 -20℃和 -40℃还大,可能是失真的。

表 2.15 几种典型火药弹性纵波波速

火药	M14					JA2				
温度/℃	-40	-20	0	20	50	-40	-20	0	20	50
E/GPa	4.30	4.08	5.36	2.79	2.58	2.72	1.89	1.35	0.82	0.38
$\rho_0/(\mathrm{kg\cdot m^{-3}})$	1600					1630				
$c_L/(\mathrm{m\cdot s^{-1}})$	1639	1597	1830	1320	1270	1292	1077	910	709	483
火药	M30					M43				
温度/℃	-40	-20	0	20	50	-40	-20	0	20	50
E/GPa	4.09	3.20	3.06	2.26	1.60	5.97	5.28	5.53	4.30	2.74
$\rho_0/(\mathrm{kg\cdot m^{-3}})$	1650					1670				
$c_L/(\mathrm{m\cdot s^{-1}})$	1686	1393	1362	1170	985	1891	1778	1820	1605	1281

2. 机械阻抗及一维纵波的反射和透射

以一维细杆内的压缩波为例,式(2.93)中右行纵波中物质点的位移为

$$u(x,t)=f(x-ct) \tag{2.94}$$

位移对时间 t 求偏导数,得物质点速度为

$$v_0=\frac{\partial u}{\partial t}=-cf'(x,t) \tag{2.95}$$

式中:$f'(x,t)$为位移对空间 x 的偏导数,即物质点应变:

$$\varepsilon=\frac{\partial u}{\partial x}=f'(x,t) \tag{2.96}$$

在弹性限度内,压缩应力-应变有下列关系,即

$$\sigma=-E\varepsilon=-Ef'(x,t)=\frac{Ev_0}{c} \tag{2.97}$$

因波速 $c=\sqrt{E/\rho_0}$,则式(2.97)可改写为

$$\sigma=\frac{Ev_0}{c}=\rho_0 cv_0=v_0\sqrt{E\rho_0} \tag{2.98}$$

该式中物理量 $\rho_0 c$ 称为该均质圆杆的机械阻抗(mechanical impedance),或波阻抗(wave impedance)。由该式,物质点运动速度与应力水平间关系可改写为

$$v_0 = \frac{\sigma}{\sqrt{E\rho_0}} = \frac{c}{E}\sigma = \frac{\sigma}{\rho_0 c} \tag{2.99}$$

对于某种火药,如应力水平为 50 ~ 100MPa,参考表 2.15 可知,对应的物质点运动速度大约为

$$v_0 = \frac{c}{E}\sigma = \frac{1000\mathrm{m/s}}{4\mathrm{GPa}} \times (50 \sim 100)\mathrm{MPa} \approx 12.5 \sim 25.0\mathrm{m/s}$$

而火药的波阻抗 $\rho_0 c = 1650\mathrm{kg/m^3} \times 1000\mathrm{m/s} \approx 1.65 \times 10^6 \mathrm{N \cdot s/m^3}$。

图 2.13 为一维纵波在细杆中的传播示意图,设波速为 c,物质点速度为 v,应力水平为 σ,如果细杆前后分别由 A 和 B 两种物质构成,中间为 $A-B$ 界面。左端面传入的入射波到达界面,产生反射波与透射波。两种介质密度分别为 ρ_A、ρ_B,设波速分别为 c_A、c_B,则可以对透射波和反射波的幅值进行计算。分别用下标 I、T 和 R 表示入射波、透射波和反射波。

在 A、B 两种介质的分界面上,由力平衡方程得

$$\sigma_{\mathrm{I}} + \sigma_{\mathrm{R}} = \sigma_{\mathrm{T}} \tag{2.100}$$

再由物质点运动的连续性条件,有

$$v_{\mathrm{I}} + v_{\mathrm{R}} = v_{\mathrm{T}} \tag{2.101}$$

由物质点速度与应力水平间关系式(2.99),对入射波、反射波和透射波分别有

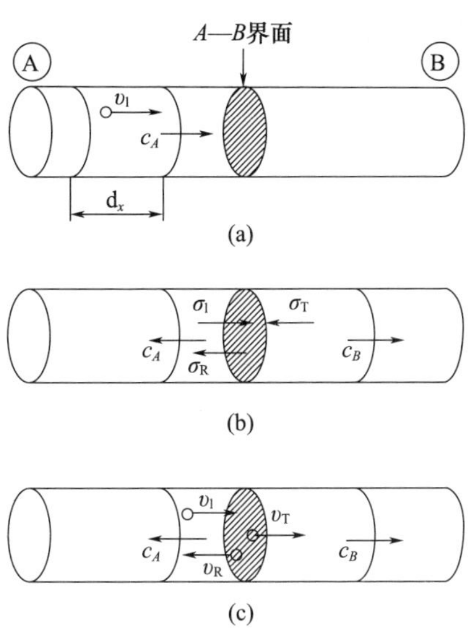

图 2.13　细长圆杆中一维纵波的反射与折射

$$v_{\mathrm{I}}=\frac{\sigma_{\mathrm{I}}}{\rho_A c_A},v_{\mathrm{R}}=-\frac{\sigma_{\mathrm{R}}}{\rho_A c_A},v_{\mathrm{T}}=\frac{\sigma_{\mathrm{T}}}{\rho_B c_B} \tag{2.102}$$

由式(2.100)~式(2.102)得,透射波和反射波的应力与入射波应力幅值比分别为

$$\frac{\sigma_{\mathrm{T}}}{\sigma_{\mathrm{I}}}=\frac{2\rho_B c_B}{\rho_A c_A+\rho_B c_B},\frac{\sigma_{\mathrm{R}}}{\sigma_{\mathrm{I}}}=\frac{\rho_B c_B-\rho_A c_A}{\rho_B c_B+\rho_A c_A} \tag{2.103}$$

由式(2.103)可见,透射应力波和反射应力波的幅值都取决于介质的机械阻抗。若以自然环境条件下细长杆(管)状药与弹底(钢板)撞击为例,正撞击时,药杆接受撞击,相当于撞击端有一入射波输入,尾端为自由端(空气),因空气波阻抗 $\rho_B c_B$ 远远小于药杆 $\rho_A c_A$,于是 $\rho_B c_B<<\rho_A c_A$,且 $\sigma_{\mathrm{R}}/\sigma_{\mathrm{I}}<0$,即反射波的符号与入射波相反。因药杆撞击接受的入射波是压缩波,所以尾部自由端给出的反射波是拉应力。若令 $\rho_B c_B=0$,则由式(2.103),得

$$\frac{\sigma_{\mathrm{T}}}{\sigma_{\mathrm{I}}}=0,\frac{\sigma_{\mathrm{R}}}{\sigma_{\mathrm{I}}}=-1 \tag{2.104}$$

类似地,可得物质点的运动速度幅值有如下关系:

$$\frac{v_{\mathrm{R}}}{v_{\mathrm{I}}}=\frac{\rho_A c_A-\rho_B c_B}{\rho_A c_A+\rho_B c_B},\frac{v_{\mathrm{T}}}{v_{\mathrm{I}}}=\frac{2\rho_A c_A}{\rho_A c_A+\rho_B c_B} \tag{2.105}$$

于是在自由端,由 $\rho_B c_B=0$,得

$$\frac{v_{\mathrm{R}}}{v_{\mathrm{I}}}=1,\frac{v_{\mathrm{T}}}{v_{\mathrm{I}}}=2 \tag{2.106}$$

总之,当入射波到达自由端时,自由端应力水平始终保持为零。自由端产生的反射波与入射波符号相反,即压缩波产生的反射波为拉伸波,反之拉伸波产生的反射波为压缩波。而入射波到达自由端时使得自由端物质点速度加倍;反射完成之后,杆中的物质点速度和入射波产生的物质点速度相同。

3. 一维弹塑性波

仍考虑均匀截面细杆。初始密度为 ρ_0,其一端突然被施加应力 σ 或初速度 v,若应力波幅值小于材料(火药药杆)屈服应力 σ_{y},杆中应力仍在弹性范围内,由前面讨论可知,弹性纵波传播速度为常数,$c_0=\sqrt{E/\rho_0}$。如应力波幅值大于屈服应力(比例极限),即 $\sigma>\sigma_{\mathrm{y}}$,则应力-应变曲线斜率(模量)不再保持为常数,典型情况如图2.6所示,应力波传播速度在屈服点之后是渐减的,由前面讨论可知,一维波传播条件下杆中变量是 x、t 的函数,且 $\varepsilon=\dfrac{\partial u}{\partial x},v=\dfrac{\partial u}{\partial t}$。于是参照图2.6和图2.12,由牛顿第二定律可得,材料(火药)物质点的运动方程的一般形式为

$$\rho_0\frac{\partial v}{\partial t}=\frac{\partial \sigma}{\partial x} \tag{2.107}$$

从纯理论意义上,即参照式(2.87),式中:$\sigma=\sigma(\varepsilon,\dot{\varepsilon},T)$。为讨论方便,又不失一般性,暂不考虑应变率 $\dot{\varepsilon}$ 和温度等因素的影响,即只认为应力是应变的简单函数,即

$$\sigma=\sigma(\varepsilon) \tag{2.108}$$

注意:在这里式(2.107)和式(2.108)在整个应力 - 应变关系曲线范围内有效,即 $E=E(\varepsilon)=\dfrac{\mathrm{d}\sigma(\varepsilon)}{\mathrm{d}\varepsilon}$,$\varepsilon$ 为过程的全部,而不仅仅对线性弹性段才有效。式(2.108)、式(2.107)可写为

$$\frac{\partial v}{\partial t}=\frac{1}{\rho_0}\frac{\partial\sigma}{\partial x}=\frac{1}{\rho_0}\cdot\frac{\mathrm{d}\sigma}{\mathrm{d}\varepsilon}\cdot\frac{\partial\varepsilon}{\partial x}=c^2\ \frac{\partial\varepsilon}{\partial x} \tag{2.109}$$

式中:c 为整个应力 - 应变过程的应力波的传播速度,一般可分段表示为

$$\begin{cases} c=\sqrt{\dfrac{1}{\rho_0}\dfrac{\mathrm{d}\sigma}{\mathrm{d}\varepsilon}}=c_0\left(\sigma\leqslant\sigma_{\mathrm{y}},\dfrac{\mathrm{d}\sigma}{\mathrm{d}\varepsilon}=E_{\mathrm{y}}(\text{弹性模量})\right) \\ c_{\mathrm{p}}=\sqrt{\dfrac{1}{\rho_0}\dfrac{\mathrm{d}\sigma}{\mathrm{d}\varepsilon}}<c_0\left(\sigma>\sigma_{\mathrm{y}},\dfrac{\mathrm{d}\sigma}{\mathrm{d}\varepsilon}<E_{\mathrm{y}}\right) \end{cases} \tag{2.110}$$

式中:c_{p} 为塑性变形条件下的塑性波速。该式表明,波速取决于应力 - 应变曲线的斜率$\partial\sigma/\partial\varepsilon$,它在弹性段、黏弹性段和塑性段是不同的,即 c 是模量的函数。由图 2.6 可见,常温下多数火药应力 - 应变曲线是先向上凸起而后下弯的,即材料屈服后经历最大应力 σ_{m} 之后,σ 开始下降,意味着药粒在屈服后应力先有一个上升过程。但硬化趋势逐渐减弱,波速随应力或应变增加也逐渐下降,直至 $\mathrm{d}\sigma/\mathrm{d}\varepsilon=0$。火药在低温下,其应力 - 应变曲线多表现为脆性断裂特征,即应力 - 应变曲线增至极限而中止,呈突然垮塌状。但 JA2 火药在任意工作温度下其屈服后应力都呈渐增性硬化(近似如图 2.2 中的曲线(c)和曲线(d))。因此,波的传播速度是分段的,线弹性段 $c=c_0=\sqrt{E_{\mathrm{y}}/\rho}$;屈服后,$c=c_{\mathrm{p}}=\sqrt{E_{\mathrm{p}}/\rho_0}$,$E_{\mathrm{p}}$ 为塑性硬化模量。当 σ_{p} 达一定程度,材料将突然断裂或坍塌失效。

4. 失效速度

由式(2.110)及其讨论可知:①在弹性段(弹性限度内),应力波 $c=c_0=\sqrt{E/\rho_0}$;②在塑性段,波速 $c=c_{\mathrm{p}}=\sqrt{E_{\mathrm{p}}/\rho_0}$,其中:$E_{\mathrm{p}}$ 为塑性模量,$E_{\mathrm{p}}=\mathrm{d}\sigma_{\mathrm{p}}/\mathrm{d}\varepsilon_{\mathrm{p}}$,数学上将 E_{p} 理解为是塑性应力 - 应变曲线段的斜率;③弹性波速大于塑性波速,即 $c_0>c_{\mathrm{p}}$。以此为基础,可对火药的撞击失效作进一步讨论。

将式(2.107)改写为

$$\mathrm{d}\sigma=\rho_0\frac{\mathrm{d}x}{\mathrm{d}t}\mathrm{d}v=\rho_0 c\cdot\mathrm{d}v=\sqrt{\rho_0(\mathrm{d}\sigma/\mathrm{d}\varepsilon)}\cdot\mathrm{d}v \tag{2.111}$$

式中:$\rho_0 c$ 为杆状药机械阻抗(波阻抗),一般 ρ_0 都可看成是常数,而 c 是应力 -

应变关系的函数。在弹性区间，$\rho_0 c = c_0\rho_0 = \rho_0\sqrt{E/\rho_0}$，是常数，于是有

$$\sigma = \rho_0 c_0 v \tag{2.112}$$

该式表明，对细长杆状火药自由端施加速度 v，只要 v 小于一定值，则杆内应力幅值由式(2.112)决定，即 $\sigma = \rho_0 c_0 v$；但若施加的速度 v 充分大，使 σ 达到材料的屈服应力 σ_y，则相应的速度称为屈服速度(yield velocity)，用 v_y 表征，即

$$v_y = \sigma_y/\rho_0 c_0 = \sigma_y/\sqrt{E\rho_0} \tag{2.113}$$

显然，v_y 所对应的应力波幅值 σ_y 是材料的弹性极限值或稍大一点的值。若正撞击的速度 $v > v_y$，则药杆端部将出现破损与永久变形，伴有破裂、镦粗或撞坑。因此，式(2.113)为火药正撞击失效判据。表2.16所列为几种典型火药在有限时-温幅值下的屈服速度估算值，其屈服应力等参量值取自参考文献[26]。表中每一种火药第一行数据对应的是温度为21℃和应变率 $\dot{\varepsilon} = 100\text{s}^{-1}$ 条件下的力学性能，接下来是按时-温等效得到的每降低10℃条件下的力学响应性能。关于火药的力学性能时-温等效，前面已经讨论过，指火药应力-应变曲线特性影响因素中，时间和温度具有等效性。如前面所述，对于火药，由 R. J. Lieb 实验，大体上温度每下降10℃和应变率增加一个量级给火药的力学性能所带来的影响是等价的[25]。从表2.16可见，在其有限幅度内，力学响应时-温等效现象确实存在，体现在屈服速度 v_y 量值大致是相当的。例如：M14 在时-温等效条件下的 v_y 平均为49.4m/s。相应条件下，JA2 的屈服速度 $v_y \approx 16.7$m/s；M30 的屈服速度 $v_y \approx 50.6$m/s；M43 的屈服速度 $v_y \approx 37.5$m/s。

表2.16　几种典型火药有限时-温变化幅值下的屈服速度

火药 ρ_0/(kg·m^{-3})	温度 T/℃	应变率 $\dot{\varepsilon}$/s^{-1}	最大应力 σ_m/MPa	最大应变 ε_m/%	屈服应力 σ_s/MPa	屈服应变 ε_s/%	弹性模量 E/GPa	失效模量 E_f/GPa	屈服速度 v_g/(m·s^{-1})
M14 $\rho_0=1600$	21	100	122.2	7.0	115.0	5.0	3.10	-0.21	51.6
	11	10	124.4	8.5	112.2	5.6	2.30	-0.12	58.5
	1	1	108.3	6.0	98.5	3.5	3.13	-0.10	44.0
	-9	0.1	112.6	6.0	102.0	3.6	3.43	-0.16	43.5
JA2 $\rho_0=1630$	21	100	—	—	21.2	2.7	0.82	0.021	18.3
	11	10	—	—	15.7	3.2	0.63	0.029	15.5
	1	1	—	—	18.5	2.8	0.72	0.023	17.1
	-9	0.1	—	—	17.6	2.5	0.76	0.022	15.8
M30A1 $\rho_0=1650$	21	100	96.5	7.5	92.2	5.7	1.88	-0.34	52.3
	11	10	95.8	8.0	90.1	5.8	1.61	-0.24	55.3
	1	1	103.0	8.0	93.1	5.2	2.41	-0.30	46.7
	-9	0.1	102.8	8.0	94.2	5.3	2.33	-0.36	48.0

续表

火药 ρ_0/(kg·m^{-3})	温度 T/℃	应变率 $\dot{\varepsilon}$/s^{-1}	最大应力 σ_m/MPa	最大应变 ε_m/%	屈服应力 σ_s/MPa	屈服应变 ε_s/%	弹性模量 E/GPa	失效模量 E_f/GPa	屈服速度 v_g/(m·s^{-1})
M43 $\rho_0=1670$	21	100	99.7	4.1	93.9	2.7	4.40	-0.41	34.6
	11	10	105.1	5.0	102.2	4.2	3.23	-0.59	44.0
	1	1	98.4	4.4	88.7	3.3	3.60	-0.52	36.2
	-9	0.1	94.3	4.4	88.4	3.1	3.83	-0.49	35.0

取表2.13中的数据,对其温度变化范围约为-40~+50℃,估算得到不同温度下火药屈服速度如表2.17所列。分析该表数据发现,在负温段(0~-40℃)每10℃对应的屈服速度差值明显大于正温段(0~50℃)的10℃值,特别在高温段(20~50℃),每10℃对应的屈服速度变化要比负温段小很多。这表明,火药在室温附近和负温(小于20℃)属于黏弹性或脆性材料,时-温等效性比较好;而在高温段(20~50℃),塑性明显增强,屈服速度明显下降。可见,"每增加10℃对火药力学性能的影响和其应变率降低1个量级的作用基本相当"的结论[24-26],在室温(+15℃)以下,特别是在负温范围内无疑是正确的,但在高温段(+20~+60℃)需要作适当修正。

表2.17　不同温度下火药屈服速度

火药及密度 ρ_0/(kg·m^{-3})	温度/℃	应变率/s^{-1}	最大应力 σ_m/MPa	最大应变/%	屈服应力 σ_y/MPa	屈服应变/%	模量/GPa	失效模量/GPa	屈服速度/(m·s^{-1})	Δv_y/10℃
M14 $\rho_0=1600$	-40	100	207.8	8.5	202.0	5.8	4.30	-0.743	77.0	4.65
	-20	100	181.8	7.0	173.0	5.1	4.08	-0.893	67.7	6.5
	0	100	177.9	6.0	160.0	3.8	5.38	-0.296	54.5	0.05
	20	100	121.7	7.0	115.0	4.8	2.79	-0.205	54.4	1.73
	50	100	106.6	6.5	100.0	4.2	2.58	-0.140	49.2	
JA2 $\rho_0=1630$	-40	100	—	—	123.0	5.5	2.72	-0.411	58.4	7.90
	-20	100	—	—	74.8	5.0	1.89	-0.086	42.6	7.60
	0	100	—	—	40.6	3.2	1.35	0.023	27.4	4.60
	20	100	—	—	21.0	3.0	0.82	0.025	18.2	1.63
	50	100	—	—	10.5	3.2	0.38	0.32	13.3	
M30	-40	100	243.0	7.0	241.0	7.0	4.69	-12.90	86.6	6.65
	-20	100	171.0	7.5	169.0	7.0	3.20	-1.74	73.5	8.95
	0	100	143.8	6.2	125.0	4.2	3.06	-0.33	55.6	9.95
	20	100	73.9	5.0	68.9	3.2	2.26	-0.26	35.7	-0.01
	50	100	64.5	6.5	60.0	4.0	1.60	-0.19	36.9	

续表

火药及密度 ρ_0/ ($kg \cdot m^{-3}$)	温度/ ℃	应变率/ s^{-1}	最大应力 σ_m/ MPa	最大应变/ %	屈服应力 σ_y/ MPa	屈服应变/ %	模量/ GPa	失效模量/ GPa	屈服速度/ ($m \cdot s^{-1}$)	Δv_y/ 10℃
M43	-40	100	145.8	3.2	122.0	2.75	5.97	-18.40	38.6	异常
	-20	100	141.0	3.5	140.0	3.4	5.28	-12.50	47.1	3.15
	0	100	130.9	4.0	124.0	3.3	5.53	-1.58	40.8	3.25
	20	100	101.0	4.5	92.0	3.0	4.30	-0.43	34.3	2.4
	50	100	60.0	4.0	58.0	2.7	2.74	-0.23	27.1	

5. 有限长药粒撞击失效与破裂

前面讨论了半无限长均质杆与靶板正撞击条件下，杆内弹性波的传播、反射及失效速度。现在讨论有限长均质杆（如药粒）撞击刚性壁情况。设药粒以速度 v^* 撞击静止刚性壁面，且 v^* 超过火药的屈服速度，即 $v^* > v_y$。根据运动的相对性，上述假设相等于刚性壁以 v^* 撞击静止均质杆（药粒），因此杆中的应力波传播情况如图 2.14 所示。在距离 - 时间（$x-t$）图线上，撞击开始，弹性压缩波和塑性压缩波分别以 c_0 和 c_p 从左向右传播，在 $t < l/c_0$ 时间内，弹性波尚未到达 l 自由端。于是有限长杆内按应力状态分为 3 个区，即未扰动 0 区、弹性 Ⅰ 区、塑性 Ⅱ 区。

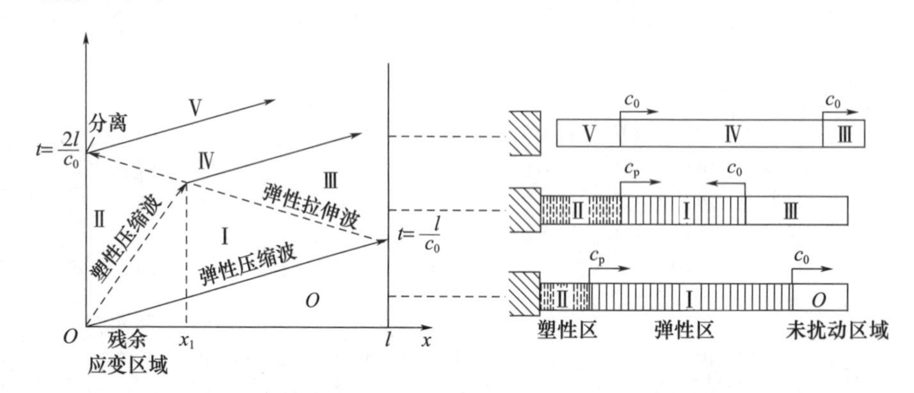

图 2.14　有限长均质杆与刚性壁正撞击塑性区随时间的变化

当 $t = l/c_0$ 时，弹性波到达右侧自由端，并开始从自由表面反射回来，产生弹性拉伸波向左传播，出现了弹性波 Ⅰ 区卸载后的 Ⅲ 区。此时杆内存在弹性卸载 Ⅲ 区、弹性波 Ⅰ 区和塑性 Ⅱ 区。接下来，左行弹性卸载波将弹性加载波区全部覆盖，再与右行塑性加载波相遇。塑性 Ⅱ 区在遭遇弹性拉伸波的迎面卸载后，留下塑性残余应变 Ⅳ 区。由弹性波速 c_0 和塑性波速 c_p 可以计算出弹性卸载波和塑性加载波相遇的时间 t_1 和位置 x_1：

$$t_1 = \frac{x_1}{c_p} = \frac{2l - x_1}{c_0}, x_1 = \frac{2c_p}{c_0 + c_p} l \tag{2.114}$$

此时在 $x < x_1$ 区域存在塑性残余应变，该区域大小取决于 c_p、c_0 和 l，即塑性区取决于反射弹性波的迎面卸载、塑性波速及杆的长度。对 10mm 长的药粒，若$c_0 = 1500\text{m/s}$，弹性波从自由端返回再与塑性波相遇的时间 t_1 约为 10^{-5}s，一个药粒的塑性残余应变永远只存在于撞击端局部区域。如果药粒塑性变形算作是失效，则撞击失效总是存在于撞击端的有限长度部位之内。

当$t = 2l/c_0$ 时，弹性卸载波返回左侧撞击端，并将原来弹性Ⅰ区和塑性Ⅱ区应力全部卸载，从而为杆内质点带来比 v^* 更大的向右速度，使杆与壁面分离，弹性拉伸波在左端再次反射成弹性压缩波，造成Ⅴ区。之后，弹性波将在两端之间来回反射。

接下来分析杆内应力如下：

在弹性加载Ⅰ区，有

$$\sigma_y = \rho_0 c_0 v_y \tag{2.115}$$

式中：v_y 为质点屈服速度。在塑性加载Ⅱ区，由于撞击速度 $v^* > v_y$，由式(2.111)，则有 $d\sigma = \rho_0 c_p \cdot dv$，于是可以得

$$\sigma_0 - \sigma_y = \rho_0 c_p (v^* - v_y) \tag{2.116}$$

将其改写，得

$$\sigma_0 = \sigma_y + \rho_0 c_p (v^* - v_y) \tag{2.117}$$

式中：σ_0 为杆中塑性区应力水平。由塑性变形线性硬化假定，有 $\sigma_p = E_p \varepsilon_p$，并利用式(2.115)，则式(2.117)可改写为

$$\sigma_0 - \sigma_y = E_p(\varepsilon_0 - \varepsilon_y) \tag{2.118}$$

于是塑性Ⅱ区应变为

$$\varepsilon_p = \varepsilon_0 - \frac{\sigma_0}{E} = \varepsilon_y + \frac{\sigma_0 - \sigma_y}{E_p} - \frac{\sigma_0}{E} \tag{2.119}$$

如将式(2.117)代入式(2.119)，则可得 ε_p 另一种表达式：

$$\varepsilon_p = \rho_0 c_p (v^* - v_y) \left(\frac{1}{E_p} - \frac{1}{E} \right) \tag{2.120}$$

式(2.116) ~ 式(2.120)表明：①塑性Ⅱ域加载应力水平大于弹性极限应力水平($\sigma_0 > \sigma_y$)，其增加量($\sigma_0 - \sigma_y$)取决于 $\rho_0 c_p (v^* - v_y)$；②塑性残余应变随撞击速度 v^* 的增加而增加。

因此，药粒的正撞击损坏，如果主要特征属于塑性变形（如 JA2 火药），则决定性因素是撞击速度 v^* 及火药本身的材料特性，这些特性包括密度 ρ_0、弹性模

量 E、塑性模量 E_p 及波速 c_0 和 c_p。如果是脆性断裂性损坏,则这里讨论的塑性变形过程对应的就是药粒破裂和粉碎过程。在时间上,火药的撞击失效、损坏发生在撞击之后的 10^{-5}s 左右。

下面讨论药粒撞击引起的破裂(碎)形态。破裂或破碎的形态是指药粒撞击生成的碎片多少和燃烧面增加达到的水平。影响药粒破裂形态有 4 个因素,即火药温度、撞击速度、撞击角度和靶板特性,下面分别讨论。

(1) 药粒温度是首要因素,它决定了火药力学性能。一般火药低温下是硬而脆的固体,加载应力一旦大于屈服限,则发生脆性断裂,破片和增燃效果显著。而在高温下,即使撞击造成的加载应力大于其强度极限,基本仍为塑性损伤,发生直径镦粗和外形改变。即使破裂,破片较大,增燃效果不会明显。

(2) 失效速度是判别撞击是否会造成药粒破裂失效的判据,如撞击速度小于失效速度 v_y,正撞击条件下不会造成药粒破裂或损伤。但因为不管以什么方法将药粒加速到较高的速度后抛向靶板,不可能保证全部是正撞击。因此,引出一个斜撞击和撞击角度对撞击效果影响问题。

(3) 撞击角度是影响撞击失效的重要因素。仍以有限长度圆柱形药粒为例,设圆柱长为 l,截面积为 A,密度为 ρ_0,撞击速度为 v,则它的初始动能 $K_0 = Al\rho_0 v^2/2$。若 $t = l/c_0$ 时它的动能全部转化为其自身弹性变形能,即 $W^e = Al\sigma^2/(2E)$,则由能量守恒,有

$$Al\rho_0 v^2/2 = Al\sigma^2/(2E)$$

化简,得

$$\sigma = \sqrt{E/\rho_0} \cdot v \tag{2.121}$$

斜撞击条件下,一般说撞击面很小,甚至可能是点接触,即接触面 A' 要远远小于正撞击时的横截面 A,则式(2.121)应改写为

$$\sigma' = \sqrt{(E/\rho_0) \cdot (A/A')} \cdot v \tag{2.122}$$

即 σ' 与 σ 有下列关系:

$$\sigma' = \sqrt{A/A'}\,\sigma \tag{2.123}$$

如果斜撞击条件下有效平均接触面积 A' 为原始横截面 A 的 1/25 ~ 1/9,则 σ' 为 σ 的 3 ~ 5 倍。因此,可以理解,实验中即使撞击速度不高,却远没有达到 v_y,但只要是低温,就可能发现有药粒破裂,这是相当多的药粒属于斜撞击的缘故。常温和高温条件下同样是斜撞击,但由于是塑性变形,塑性损伤一般肉眼往往观察不到。所以,药粒撞击实验往往得到这样的悖论:药粒破坏低温临界失效速度往往小于常温和高温下的临界失效速度值,原因就在这里。

(4) 靶板特性对撞击破裂具有重要影响。这里的靶板,实质是指药室斜肩和弹底。如果在弹底增设纤维或聚合物等吸波柔质衬垫,则可大大缓解撞击破

裂的机会。因为柔软吸波衬垫的存在,可以使原始撞击动能得以耗散。还要指出,柔质衬垫对撞击药粒还具有“扶正”作用,即当斜撞药粒接近衬垫时,最先接触点将最早感受到抗力,在碰撞衬垫过程中将得以扶正,使破损的概率降低。

参考文献

[1] 曹烈兆,周子舫. 热学、热力学与统计物理[M]. 2版. 北京:科学出版社,2014.

[2] CROW A D,GRIMSHAW W E. The Equation of State of Propellant Gases[J]. Philosophical Transactions of the Royal Society of London Series A. 1931,230:300 - 355.

[3] 杨敏涛. 高压火药气体状态方程的初步讨论[C]//中国兵工学会弹道学会论文集. 咸阳:[出版者不详],1979.

[4] 邱沛蓉. 高压下火药气体状态方程的初步探讨[C]//华东工程学院科学报告会论文集. [出版地不详]:[出版者不详],1981.

[5] 陆秀成. 高压状态方程的研究[C]//中国兵工学会弹道学会论文集. 济南:[出版者不详],1990:267 - 270.

[6] HIRSCHFELDFER J O,CURTSS C F,BIRD R B. Molecular Theory of Gases and Liquieds [M]. New York:Wiley,1954.

[7] MAITLAND G C,RIGBY M,SMITH E B,et al. Intermolecular Forces[M]. Clarendon,Oxford,U. K. ,1981.

[8] WANG S Y,BUTLER P B,KRIER H. Non - Ideal Equations of State for Combusting and Detonating Explosives[J]. in Energy and Combustion Science,1985,11(4):311 - 331.

[9] 华东工程学院. 内弹道学[M]. 北京:国防工业出版社,1978.

[10] 路德维希·施蒂弗尔. 火炮发射技术[M]. 杨葆新,袁亚雄,等译. 北京:兵器工业出版社,1993.

[11] 陆安舫,等. 国外火药性能手册[M]. 北京:兵器工业出版社,1991.

[12] 谢列伯梁可夫 M E. 内弹道学[G]. 郝永昭,等译. 哈尔滨:哈尔滨军事工程学院,1954.

[13] 康纳 J. 内弹道学[M]. 鲍廷钰,等译. 北京:国防工业出版社,1958.

[14] 谢列伯梁可夫 M E. 内弹道学中的物理燃烧定律[M]. 虞景楷,译. 北京:国防工业出版社,1959.

[15] 王泽山,史先杨. 低温度感度发射装药[M]. 北京:国防工业出版社,2006.

[16] 周彦煌,王升晨. 实用两相流内弹道学[M]. 北京:兵器工业出版社,1990.

[17] MARTIN S MILLER. Specific Heats of Solid Gun Propellants[J]. Combustion Science and Technology,1994,102:273 - 281.

[18] MARTIN S MILLER. Thermal Conductivities and Diffusivities of Solid Gun Propellants[J]. Combustion Science and Technology,1994,100:345 - 354.

[19] MARTIN S MILLER. Thermophysical Properties of RDX(ARL - TR - 1319)[R]. Adelphi:ARL,1997,3.

[20] MARTIN S MILLER. Thermophysical Properties of Six Solid Gun Propellants (ARL – TR – 1322) [R]. Adelphi: ARL, 1997, 3.

[21] 周光泉,刘孝敏. 黏弹性理论[M]. 合肥:中国科学技术大学出版社,1996.

[22] WILLIAMS M L, LANDEL R F, FERRY J D. The Temperature dependence of Relaxation Mechanisms in Amorphous Polymers and Other Grass – Forming Liquids [J]. Journal of America Chemisty Society, 1955, 77(14): 3701 – 3707.

[23] LIEB R J, LEADORE M G. Mechanical Response Comparison of Gun Propellanents Evaluated Under Equiralent Time – Temperature Conditions (ARL – TR – 228) [R]. Adelphi: ARL, 1993, 9.

[24] LEADORE M G. Mechanical Response of Future Combat Systems (FCS) High – Energy Gun Propellants at High – Serain Rate (ARL – TR – 2747) [R]. Adelphi: ARL, 2002, 6.

[25] LIEB R J, LEADORE M G. Time – Temperature Shift Factors for Gun Propellants (ARL – TR – 131) [R]. Adelphi: ARL, 1993, 5.

[26] LIEB R J. Mechanical Response and Morphological Characterization of Gun Propellants (ARL – TR – 1205) [R]. Adelphi: ARL, 1996, 9.

[27] SOPER W G. Grain Velocities During Ignition of Gun Propellant [J]. Combustion and Flame, 1975(24): 199 – 202.

[28] 李启明,杨敏涛,刘千里,等. 火药挤压破碎及对燃烧性能影响的实验[C]//中国兵工学会弹道专业委员会. 1996 年弹道学术交流会论文集. 峨嵋:[出版者不详],1996: 53 – 62.

[29] 余同希,邱信明. 冲击动力学[M]. 北京:清华大学出版社,2011.

第3章　装药结构及装药床性能

本章讨论装药结构分类及其发射中装药床内发生的流动、传热与药床呈现的应力－应变、坍塌等各种行为特征。火炮发射装药是火炮发射依赖的能源载体，是装填在药筒或药包之中的点火药、发射药和相关辅助元件的集成。装药设计分两个层次：第一个层次是宏观指标与宏观参量的设计，目标是解决需要多少主装药、点火药和选择什么样的辅助元件及什么类别、牌号的火药与点火药的问题，即从发射能源总量和能量总体释放速率角度，为火炮系统获得需要的膛压、初速（射程）和为达到其他相关战技指标提供能量保证。一般来说，完成这个层次的设计，采用常规内弹道理论模型就够了。第二个层次是装药结构设计，目标是通过筛选和优化，将装药元件按最佳匹配方案和最优组合结构配置组装成发射装药，并且要求所提出的方案和所设计的组合结构在实现与操作过程中确保便于装配、储存、运输，同时要求在发射中又能便于装填和定位可靠。所以，装药结构设计是第一个层次设计的继续和深入，涉及各种装药元件的组合方式和构成形态优化，发射中点传火系统和装药点火燃烧过程的匹配与优化，还涉及实现这些优化所需要采用的加工工艺和方法，装药的使用性、长储性、安全性和可靠性。显然，完成装药结构设计任务，需要依赖与应用两相流内弹道理论和对发射中的膛内气－固两相流动特性以及药床的力学特性、透气性、燃气生成速率，以及对气－固相间耦合作用的充分了解和数值模拟优化。

3.1　装药结构分类与装药分级

3.1.1　不同类型装药特点分析

枪炮发射装药按兵器类型及弹药装填入膛的方式不同，习惯上分为枪及小口径火炮装药、定装式装药、药筒分装式装药、药包分装式装药、模块装药和迫击炮装药等[1-2]。但本书从结构特点和点火燃烧性能角度，将其分为小口径火炮发射装药、苏式装药、美式装药和现代装药等4种类型。

1. 小口径火炮装药结构

无论北大西洋公约组织（简称：北约）为代表的西方国家，还是苏联为代表的华沙条约组织(简称:华约)国家,其枪和小口径火炮的发射装药在结构设计上具有共性,即追求结构简单和实现高射频连射。小口径火炮,主要是指30mm以下的火炮,包括20mm、23mm、25mm、27mm和30mm等。这些口径的火炮,无论是航炮、海炮、防空炮还是战车炮,基本为机关炮,弹药结构均为定装式,基本采用黄铜或低碳钢金属药筒,药筒底部安装底火,药筒内装填粒状药。图3.1与图3.2所示为比利时FN142式/FN143式20mm自毁曳光燃烧榴弹/燃烧榴弹和FN144式20mm穿甲燃烧弹的装药结构,先后分别配用于美国M61式、M39式多种20mm机关炮和法国M621式20mm机关炮[3]。这类装药结构,在其他稍大一些口径火炮上同样也获得广泛应用。例如:比利时德发30mm燃烧榴弹(图3.3)和40mm目标训练弹(图3.4)也采用这种简单结构模式装药。但30mm以上口径火炮的发射装药,在结构模式上分为苏式和美式两种类型。

图3.1 比利时FN142式/FN143式20mm自毁曳光燃烧榴弹/燃烧榴弹装药结构

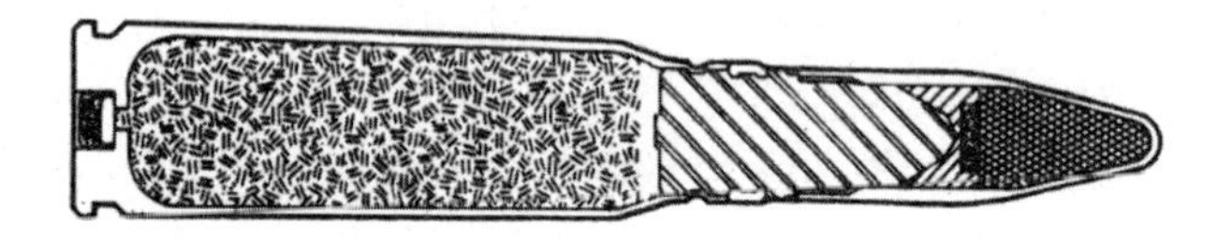

图3.2 比利时FN144式20mm穿甲燃烧弹装药结构

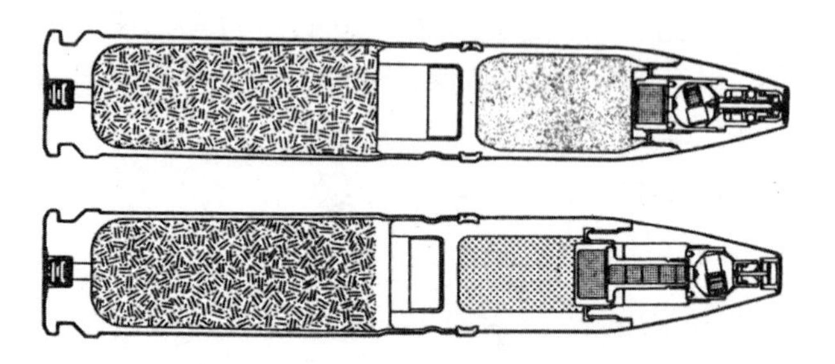

图3.3 比利时FN23式/FN24式德发30mm自毁燃烧榴弹/燃烧榴弹装药结构

图3.4 比利时FN131式40mm目标训练弹装药结构

由于小口径火炮多为机关炮，采用高射速连射，反映在装药结构性能需求上，具有如下共性：①采用多孔粒状药，一方面可以通过石墨涂覆和钝感等手段改善燃速和增加装填密度，另一方面便于口径相近火炮采用同一牌号发射药。这种装药结构模式的潜在问题是随着装药床高度增加，火焰传播距离随之增加，点火性能需要强化和改善。苏式装药多采用在装药底部增加点火药包以强化点火，但这种方法容易产生强烈的轴向压力波。所以，当药床高度超过 400 ~ 500mm 时，则多采用中心管状药束。美式装药多采用增长底火以解决这类问题。②装药中常带有钝感衬纸，用以身管抗烧蚀和增加寿命。③带有除铜剂，因小口径火炮身管膛线挂铜与积炭较为严重，特别在身管使用初期尤为突出。④装药前端常带有紧塞盖，目的是保持装药不会因运输和操作储存而改变其形态。

2. 苏式装药结构

苏式发射装药结构模式的点传火系统基本以“底火 + 底部点火药包 + 中心传火药束”为基础。我军早期装备的火炮发射装药，多采用苏式结构模式。图 3.5 和图 3.6 分别是 83 式 122mm 榴弹炮[4] 和 56 式 152mm 榴弹炮发射装药[1]。为了实现变装药射击，榴弹炮的弹丸与发射装药一般采用分装式，即分别将它们装填入膛。装药一般由多个药包组成，如 83 式 122mm 榴弹炮全装药由 1 个基本药包、3 个等量下药包和 3 个等量上药包组成。其基本药包为扁平状，内装 4/1 高氮单基药，置于药筒底部。底火 -9 喷口与基本药包之间安置有附加点火药包，包内装有黑火药。上下两组每个附加药包内分别装有 562g 和 268g 12/7 高氮单基药。黄铜药筒，装药上方放置有除铜剂用于消除膛线挂铜。紧塞盖由硬纸制成，用于压紧装药，避免运输中药包移动。为保证发射过程的一致性，每次变换装药之后，紧塞盖必须复位且用其压紧余下的装药。密封盖同样由硬纸制成，位于药筒口部，外表涂有密封脂，以防装药在储运中受潮，射前必须将其取出。

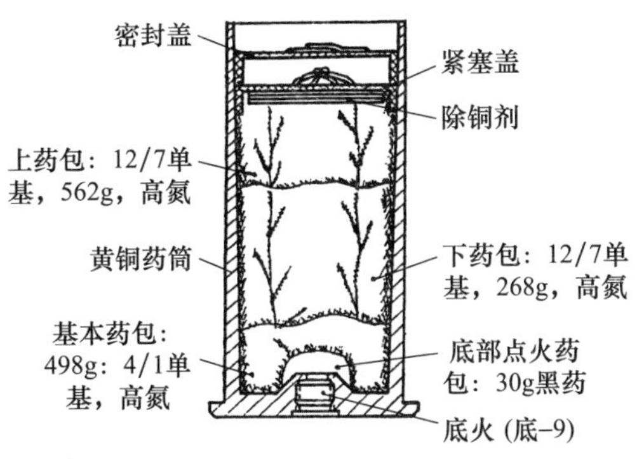

图 3.5　83 式 122mm 榴弹炮装药结构图

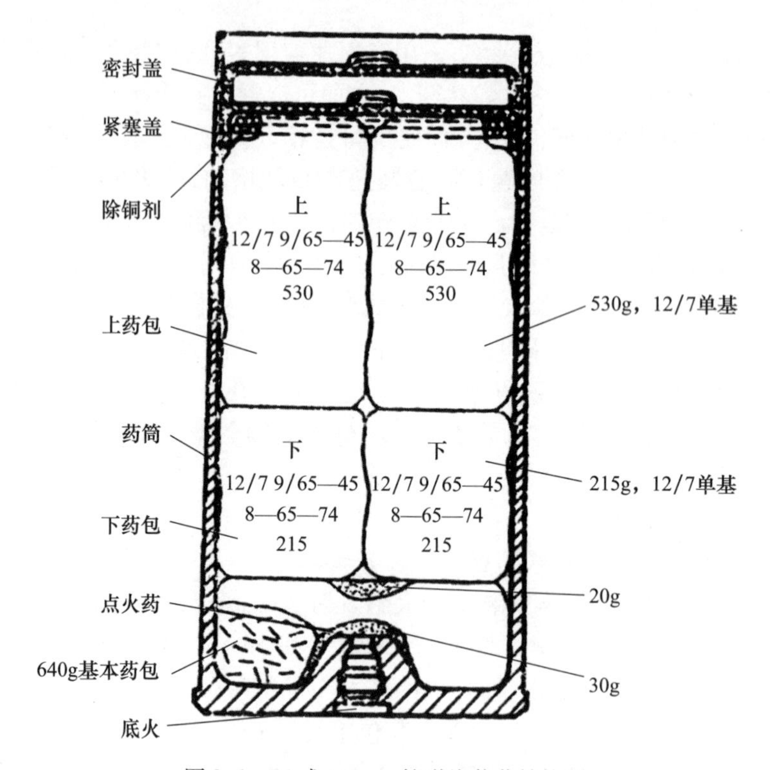

图 3.6　56 式 152mm 榴弹炮装药结构图

56 式 152mm 榴弹炮装药结构与 83 式 122mm 榴弹炮相似。8 个附加装药药包内装填的为 12/7 单基药,分上下两组。基本药包也采用 4/1 单基药。在点火系统设计上,其相对于 83 式 122mm 榴弹炮,因其药室容积较大,装药量相对增多,点火药量相应也增加。因此,在其基本药包上部和下部分别配备有一个附加点火药包。下部点火药包内装填有 30g 黑药,位于底火(底 -4)台与基本药包之间。上部点火药包装有 20g 点火黑药,位于基本药包上部中央位置。下层 4 个附加药包每个药量均为 215g,上层 4 个附加药包每个药量均为 530g,火药牌号均为 12/7 单基药。全装药的装药量为 3.62kg,最小装药号,即 8 号装药为 640g 4/1 单基药。装药辅助元件,包括除铜剂、紧塞盖和密封盖等,其性能和作用与图 3.5 所示相似。

以上两种典型苏式装药结构全部采用粒状药并由多个附加药包组成。这种类型的结构模式,最大优点是构成简单、操作方便。虽然底火击发后,底火射流前方轴向也未放置管状药束,但因药包之间存在自然缝隙,为点火燃气的轴向传播提供了通道。这类装药之所以得到广泛应用,主要是因为当时这类火炮发射装药的装填密度不高,全装药最大膛压一般不超过 260MPa,同时也限于当时的内弹道性能考核条件和对内弹道过程的认识水平。因为直至 20 世纪 60

年代,人们尚未重视和追究膛内是否存在有害压力波动问题。但随着装填密度的提高和内弹道性能考核手段的改善,发现这类结构模式并不完善,高装填密度下潜伏着内弹道性能不稳定甚至安全性问题。

图3.7所示66式152mm加榴炮减变装药为另一种典型苏式装药结构[5],采用"底火+底部点火药包+中心管状药束"点传火系统。其基本药包内同时装有4/1单基粒状药与8/1管状药束,整体上像个长脖子花瓶。在基本药包的细颈上加配有5个圆环状附加药包,当加配的附加药包分别为0、1、2、3、4和5个时,则分别为6、5、4、3、2、1号装药,从而实现装药分级配置。装药分级必须满足最大射程、最小射程和射程重叠量设计需要,具体在下面作进一步讨论。在图3.7中,基本药包内分别装有单基4/1,1.315kg;单基8/1,100g,长度为420mm。每个附加药包内均装有单基9/7,0.565kg,在装药顶部配有紧塞盖及密封盖。

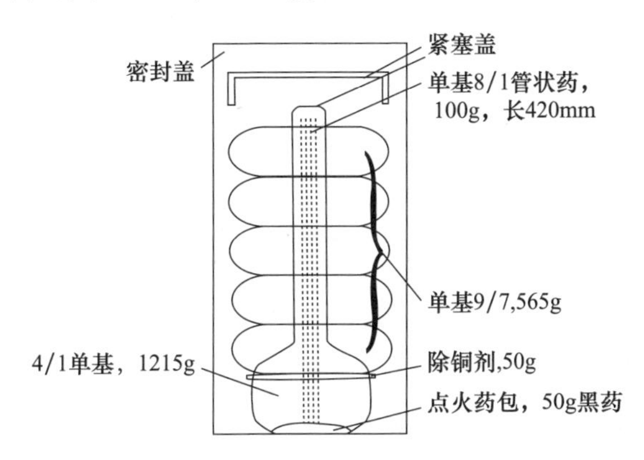

图3.7 66式152mm加榴炮减变装药示意图

图3.8所示的73式100mm滑膛炮装药是一种采用药筒定装苏式装药结构[6]。由于具有较高装填密度($\Delta=0.7\text{kg/dm}^3$),为了克服内弹道初期点传火性能不良问题和膛内压力波超标的潜在危险,装药配有8/1单基管状药束1.05kg。为强化点传火性能,在药束上下均配置有一个附加点火药包,共装填有黑火药121g。为提高装填密度,在管状药束周围及弹丸尾杆药包中均采用9/7单基粒状药,共4.6kg。此外,在药筒内壁处配置有防烧蚀衬里,用于提高身管寿命。

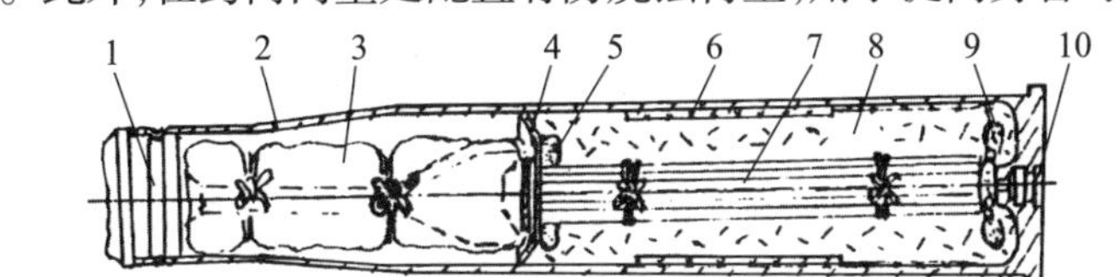

1—弹丸;2—药筒;3—尾翼药包;4—紧塞具;5—上传火药包;
6—缓蚀衬里;7—管状药束;8—粒状药;9—下传火药包;10—底火。

图3.8 73式100mm滑膛炮-穿甲弹发射装药结构

3. 美式装药结构

美式装药结构模式基本特点是采用“底火 + 中心传火管”的点传火系统。图 3.9 所示为美国 M1 式和 MK1 式等高炮配用的 MK2 式 40mm 曳光燃烧榴弹发射装药,采用特制加长底火,实际上也是采用“底火 + 中心传火管”的点传火系统。图 3.10 所示的美国 M32 式 76mm 坦克炮配用的 M339A1 式曳光穿甲弹的发射装药,发射药的装填密度较高,中心传火管高度一般均超过装药高度的 2/3。因这些早期装药均采用金属药筒,所以中心传火管也是金属的,传火管开孔部位对应于装药中部区域。

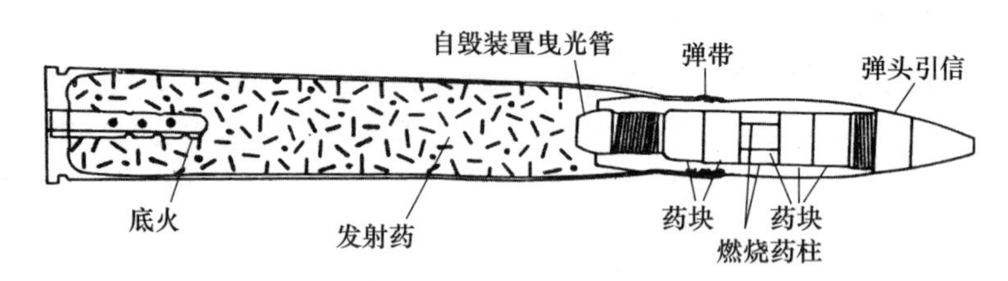

图 3.9　美国 MK2 式 40mm 曳光燃烧榴弹发射装药

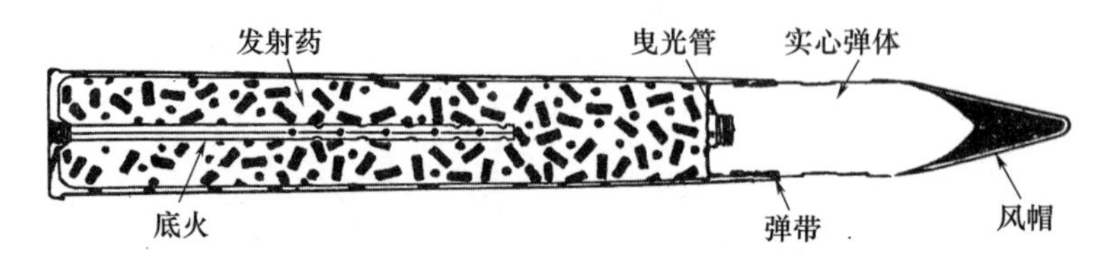

图 3.10　美国 M32 式 76mm 坦克炮配用 M339A1 曳光穿甲弹的发射装药

以“底火 + 中心传火管”点传火系统为基础的装药结构,对抑制和消除膛内有害压力波是有利的。但并不意味着采用了这种装药结构与点火模式,膛内有害压力波和发射安全性问题就自行解决了。事实表明,采用美式装药结构,实际是将装药发射安全性问题转变成中心点传火方案优化设计问题,包括传火管内径、长度、开孔,以及点火药包袋与传火管径的匹配。

3.1.2　现代发射装药结构

现代发射装药是指 20 世纪 80 年代以后列装和研发的新型火炮发射装药,包括新型坦克炮高装填密度装药和大口径加榴炮药包式装药与模块装药等。

1. 现代坦克炮发射装药

坦克炮装药结构的演变与其所配属的主战坦克的发展是密不可分的。第二次世界大战后,冷战格局促使以美国为首的北约和以苏联为首的华约在相互对抗中不断推进武器的发展。如果说苏联的 T54/55 属于第二次世界大战后第一代坦克的话,则德国的豹 I 和苏联的 T62 属于第二代坦克,苏联 T72 和德国的豹Ⅱ及美国M1系列坦克属于第三代坦克。坦克炮高装填密装药,是最需要采用高密实、高增燃、低温感系数和随行装药技术与体现其效果的对象,也是最需要采用防烧蚀技术以及可燃药筒等最新研究成果的对象。因此可以说,一个国家坦克炮发射装药往往反映了这个国家的装药技术整体发展水平。

图3.11所示为美国M1E1式坦克所配用的XM827动能穿甲弹发射装药构成示意图。

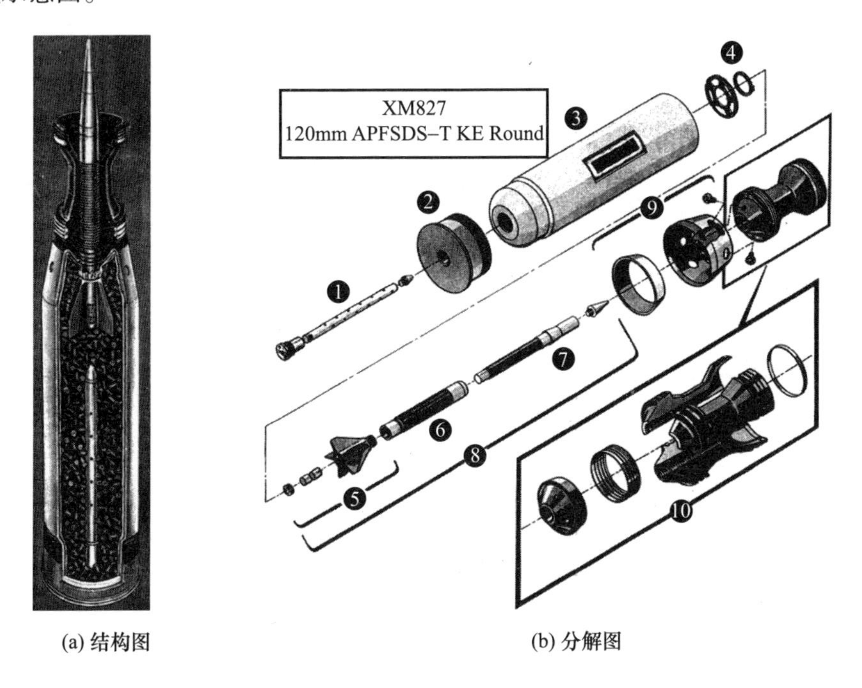

(a) 结构图　　(b) 分解图

①—点火系统组合件,中心传火管拧在底火上,前端有锥形堵头;②—药筒金属底座;
③—可燃筒体和发射药;④—弹簧圆片和卡圈,用于保证可燃筒体与药筒底座连接可靠;
⑤—弹丸尾翼及曳光组合件;⑥—弹芯套杆;⑦—穿甲芯杆;
⑧—次口径组合弹体;⑨—可燃筒前锥和杯状组合件;⑩—3块卡瓣组合件。

图3.11　美国M1E1式坦克所配用的XM827动能穿甲弹发射装药构成示意图

由图3.11(a)可见,这是一种典型药筒定装式装药,即弹丸和发射装药由药筒组合装配在一起,采用美式装药结构模式,其中心传火管位于装药床中央,高度超过了药面高的2/3。采用半可燃药筒,即药筒由金属底座和可燃筒体组合而成。药床内填充JA-2型7孔粒状药。图3.11(b)为弹药组件分解图。

图3.12为我国第三代坦克炮研制阶段采用的弹药组装照片,火炮口径为125mm,其弹药结构及装填方式与苏T72相仿,采用主副药筒分装式方案,主副药筒两次装填入膛。其中,穿甲弹主药筒装药采用美式装药结构模式,中心传

火管与底火连接，位于由粒状药构成的装药床中心部位，底火台圆周安装有底部点火药包，药筒底座为金属，筒体为可燃材料，其火药力大约为 7×10^2 kJ/kg。穿甲弹副药筒装药结构如图 3. 13(a)所示，充分吸收了苏式装药结构设计优点，弹丸尾翼和尾杆周围以填充管状药为主，目的是增强火焰轴向传播透气性。管状药束与副药筒筒体之间仍填充粒状药，便于充分利用筒内空间，提高装填密度。采用的火药品号为 ZT－12A 型太根药。ZT－12A 是 ZT－12 的改进型，其力学性能比后者有较大改进。改进后的 ZT－12A 的主配方：硝化棉(NC)60. 0%、硝化甘油(NG)28%、太根(TEGN)9. 5%。图 3. 13(b)所示为该炮研发阶段破甲弹主药筒装药结构，采用的是苏式装药结构模式，中心为一束管状药，利用其良好的轴向气流流通性能，但药束周围与主药筒的筒体内壁之间环形间隙里仍填充粒状药，以提高装填密度。药床底部带有附加点火药包。该装药系统在研制过程后期又作了改进。

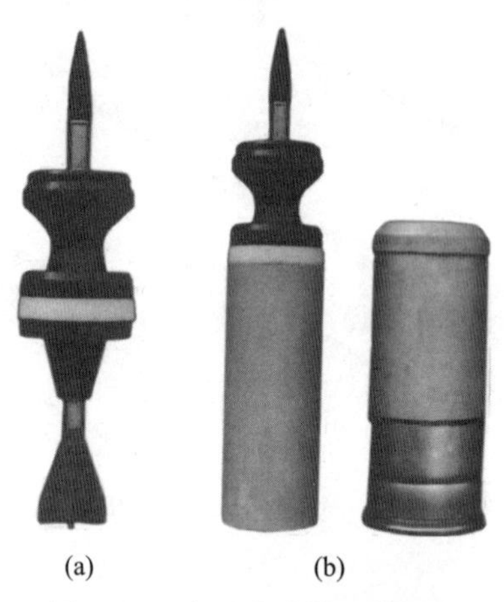

(a)　　　　　　　　(b)

图 3. 12　穿甲弹弹药组装照片

(a) 穿甲弹副药筒　　(b) 破甲弹主药筒

图 3. 13　弹药结构照片

另外,我国火炮内弹道工作者采用环切杆状药,分段(捆)与粒状药组合,成功设计出一种坦克炮高装填密度装药,点传火性能优良,能有效抑制有害压力波,后面作进一步介绍。

2. 现代加榴炮药包式发射装药

榴弹炮发射装药最大特点是要进行分级设计,以实现弹丸的变初速、变射程发射。关于装药分级的设计原则与要求,将在后面作讨论。20 世纪 60 年代到 90 年代期间,大口径榴弹炮性能和装药结构模式发生了很大变化[7-8]。这种变化大体经历了三代,第二次世界大战后第一代榴弹炮,初速提高到 700m/s 左右,最大射程达到 20km 左右,代表性产品为美国的 M109A1 - 155mm 和 M110A1 - 203mm 自行榴弹炮。但总体上,这一代火炮无论从使用角度还是从发展历程上看,都属于过渡性的产品。接下来出现的美国 XM198 - 155mm 榴弹炮和 M110A2 - 203mm 自行榴弹炮属于第二代,初速达到 800m/s 左右,最大射程达到 30km 左右。而德国的 PzH2000、英国的 AS90B 和南非的 G6 等 155mm 自行加榴炮,初速达到 900m/s 左右,其底凹弹最大射程达到 30km,底排弹最大射程达到 40km 左右,属于第三代榴弹炮。第三代榴弹炮基本上于 20 世纪 90 年代研发成功并装备部队,性能比较优良。

纵观最近 40 多年来大口径榴弹炮发展,除了机械化和信息化快速进步的共同特性之外,还具有以下几个基本趋势:①榴弹炮和加农炮日趋融合,榴弹炮身管长由 $30d$(30 倍口径)逐步增加至 $39d$、$45d$、$52d$ 和 $54d$,即逐步实现了榴弹炮与加农炮功能融合。②加榴炮口径系列简约化,北约目前实际装备的只有 105mm 和 155mm 两种口径,其他的火炮,如 175mm、203mm 等口径均已不再列装。甚至有人认为未来 105mm 口径火炮也将被逐步淘汰,只保留 155mm 一种口径。③发射装药最终将逐步趋于“模块”化,即用模块装药取代其他两类模式装药。④炮射智能弹药迅速发展,伴随而来产生了各种不同装药结构设计新课题。下面分别介绍药包式装药、模块装药和药筒式装药的各自结构特点。

图 3.14 为美国 155mm 榴弹炮 XM123E1 发射装药结构简图,这是一种典型的美式大口径火炮药包式(布袋式)装药。药包底部带有底部点火药包,内装 28g 一级黑药,主装药中央为中心传火管,管体由硝化棉基可燃材料制成,内装细长的蛇形绸布质药袋,袋内灌装 140g 美国一级黑药,蛇形点火药袋直径小于传火管内径,装入传火管后,用细线缚系于管体内壁一侧,与可燃传火管内壁形成有月牙形间隙。发射装药药包顶部,即靠近弹丸底部一端,放置 280g 硫酸钾消焰剂。主装药包内装填有 11.118kg M30A1 粒状发射药,药包外侧裹着防烧蚀衬里,用于延缓身管烧蚀,缓蚀剂重量为 490g,其配方为二氧化钛/蜡。蘑菇

头形状炮闩中心部位,安装有 82 式底火。主装药包装填入膛,底火喷口与装药底部点火药包通常存在间隙,习惯上称为脱开距离或点火距离(standoff)。主装药包直径一般小于药室内径,即药包与药室内壁存在月牙形间隙。因此,底火喷口相对药包和底部点火药包中心而言,一般不在同一轴线上,即存在偏心;而且随着装药直径的减小,偏心程度越严重。偏心度太大则可能影响点火可靠性。

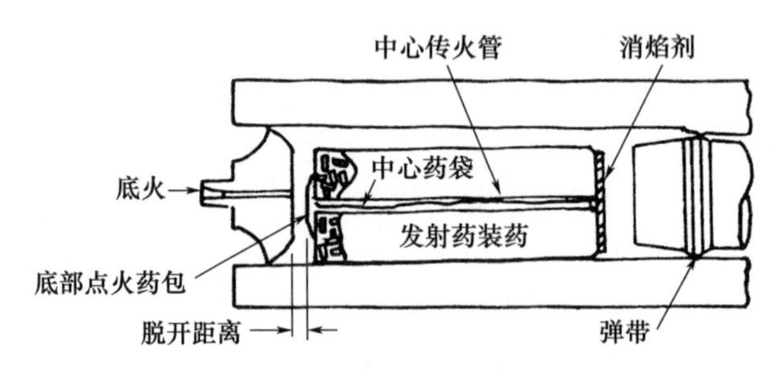

图 3.14　美国 155mm 榴弹炮 XM123E1 发射装药简图

XM123E1 装药的研发,走过了一条曲折而漫长的道路,涉及总体结构安排和元器件的选择与合理匹配等方面的问题。可以认为,它的研发过程,基本代表了第二次世界大战以后榴弹炮装药技术的演进升级过程。其中涉及的一些概念、思路、方法和经验教训,带有普遍意义。有些在后来的模块装药、可燃药筒、开槽(不开槽)杆状药及环切杆状药等的研发中,得到了进一步拓展与延伸。下面介绍该装药演化过程中发生的重要事件。

(1) 关于底火的选择。美国 155mm 榴弹炮发射装药原本采用 XM119 底火,为什么 XM123E1 装药改用 M82 底火呢?这要从两种底火差别上寻求答案。由表 3.1 可见,M119 底火黑药量多、粒度细,击发后燃烧产物生成速率高,点火射流猛烈,装药底部点火药包被迅速引燃,药室底部形成强烈的点火压力脉冲,造成过大的膛内压力波动,相应最大膛压为 425MPa,$p-t$ 曲线严重不规则。在该炮膛炸事故分析报告中明确指出,XM119 底火是引发发射事故的重要原因,认为该底火点火过猛。之后,美国有关单位对几种不同底火进行了筛选,采用 M82 底火后,该炮药室最大压力降为 361.2MPa,$p-t$ 曲线光滑。

表 3.1　两种底火对比

底火	引燃药	
	品号	药量/g
XM119	美国 7 级黑药	3.1104
M82	美国 3 级黑药	1.4256

（2）脱开距离。脱开距离也称为点火距离，实际是指底火喷口到主装药药包底部之间的距离。底火射流实为点火药燃气与炽热液(固)态粒子产物的混合流，当底火射流过猛而脱开距离又很小时，将引发装药底部点火过于猛烈，易于在膛内生成较强的轴向压力波，引起膛压过高或弹道性能不稳，甚至引发膛炸。如果脱开距离过大，底火射流到达药包底部时，压力和速度已充分衰减，则穿透药包布和对点火药的点燃能力下降，从而将导致点火延迟。因此，脱开距离过大可能将造成内弹道过程不稳定。通过试验对比，认为对于该155mm榴弹炮药包式装药，合适的脱开距离为2~5cm。

（3）中心传火管。在以往苏式装药结构模式中，大口径榴弹炮装药基本都配用一个或多个点火药包，以增加点火能量。但研究发现，当时这些火炮装药的装填密度基本都不大于0.50kg/dm^3，药室内自由空间较大，有利于火焰传播。到了20世纪80年代，榴弹炮装药的装填密度(全装药)一般已超过0.60kg/dm^3。于是以美国为代表，继承和发展了带中心传火管的点传火系统。但在大口径火炮上应用这种点传火系统，开始也并非一帆风顺。例如：在1973年3月31日采用中心点火管点火方案的装药就曾发生过一次灾难性事故，造成炮尾损坏，膛压峰值达到629.2MPa。事后分析认为，这是可燃传火管强度较低造成的，具体怀疑是点火期间传火管发生断裂，引发装药局部点火过猛，进而造成强烈的轴向压力波动和膛炸。为了验证这种预判，美国匹克汀尼兵工厂有意采用有局部破损的包括弯曲的可燃传火管进行试验。试验结果表明，有疵病点火管的确造成了膛内强烈压力波动，$p-t$ 曲线如图3.15所示，验证了以上分析。

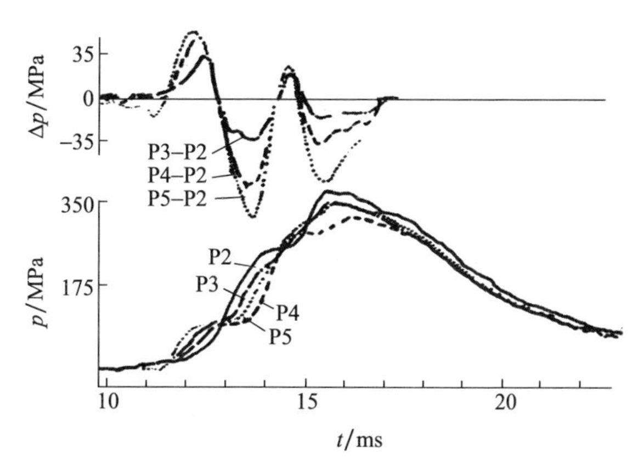

图3.15 155mm火炮点火管局部破裂 $p-t$ 曲线

为此，对传火管进行了强化设计，将原来的硝化棉纸卷制管改用模压工艺传火管。另外，还对管内点火药袋进行改进设计，在长度736.6mm和内径27.9mm的传火管内，用等长的蛇形布袋装填140g的大粒黑药，沿传火管轴向均匀分布,使得整个管体长度内的传火管横断面上,形成均匀环形燃气流动通道。这样避免了局部堆积和局部点火过猛效应,有利于袋内全部点火黑药“同时”“均匀”点火。从此以后,细长而小于传火管截面直径的蛇形黑药布袋与较大横截面传火管内腔相匹配的设计方式,被广为推崇和采用。

(4) 亚直径装药。亚直径装药,指发射装药药包直径小于药室(药筒)内径,在药包外径与药室(药筒)内壁预留一个环形(月牙形)间隙。这种装药设计模式,对减装药尤为重要。

环形(月牙形)间隙的存在,为底火、底部点火药包和底部基本药包在药室底部生成的燃气提供了轴向流动通道,有利于燃气沿轴向迅速扩散,缩短了沿药床轴向的传播时间,有利于实现全部装药均匀同时点火。相同的装药量,装药药包的直径越大,其长度越短。短粗的装药药包,面临脱开距离过大造成点火不可靠,或装药前端与弹尾之间自由空间距离过大容易发生对弹底撞击问题。

(5) 关于点火药与防烧蚀衬里的匹配。从 20 世纪 80 年代,美国榴弹炮开始选择 M30A1 发射药替代原有的单基药,如早期的 XM119 装药,主装药为单基药。到了设计 XM201E2 装药时,主装药改为硝基胍火药(M30A1)。其中有一个问题引人注意:XM119 装药中心传火管内的点火药剂为奔奈药条;XM201E2 装药中心传火管内的点火剂却改用一级大粒黑药,这是为什么?按理说,M30A1 比单基药难于点火,奔奈药条能量高,轴向透气性能又好,用其点燃硝基胍火药应比用黑火药更为有利。美国之所以改用点火药,原来是为了使点火系统性能与发挥缓蚀剂作用相匹配。因为 XM201E2 装药缓蚀剂主配方为 TiO_2/蜡,当采用奔奈药条作点火药时,身管烧蚀严重,寿命达不到设计指标。当改用一级大粒黑药作为点火剂时,缓蚀剂发挥了应有作用,身管寿命延长。

表 3.2 所列为采用两种不同点火药的试验结果。由该表可见,相同的主装药条件,奔奈药条生成的最大点火压力比 1 级黑药高出 40.6%,而达到其最大点火压力的时间为 1 级黑药的 2.8 倍。或许正是由于奔奈药条点火压力高,点火作用时间长,使 TiO_2/蜡过早发生汽化,过早弥散于整个药室空间,造成防烧蚀剂生成物不再紧贴膛壁运动,降低了对身管内壁防护作用。

表 3.2　奔奈药条与 1 级黑药的点火性能对比

点火药	药量/g	p_{max}/MPa	到达最大点火压力的时间/ms
奔奈药条	71	2.65	180
1 级黑药	85	1.84	64

3. 模块装药

模块装药(modular charges)有时也称为刚性组合装药[2,9]。相对药包式

(也称为布袋式)软装药,模块装药基本特点是不同分级装药采用具有统一形状和便于组合装配的模块盒(圆筒状容器)组合而成,每个模块盒将相同品号发射药、装药辅助元件和点火药组合成具有标准形态的独立模块(单元),并通过这些单元(模块)的不同组配,实现装药分级设计要求。模块的组配有两种模式:一种是完全相同的单元组合,另一种是 A、B 两种单元的组合。前者称为全等(单一)模块装药,后者称为不全等或 A、B 组合模块装药,也称为双模块组合装药。显然,这里的"全等",不仅是指模块盒外形及几何特征,更重要的是还包括单元内部结构、组成元件完全相同。装药分级设计是为了实现初速分级,但最终目的是满足射程分级设计要求,满足最大射程、最小射程和相邻装药号之间射程重叠量各项指标。

早在 20 世纪 80 年代,南非、以色列和欧美一些国家就开展模块装药技术研究。20 世纪 90 年代,美国在进行"先进野战火炮系统"工程研究中,因采用的液体炮方案遭遇挫折,改用模块装药方案。这个技术方案的调整与决策影响巨大。从那时起,模块装药成为世界各国进行发展 155mm 等大口径先进加榴炮的基本选项。

1) 模块单元结构

模块装药的基本单元简称为模块,其基本结构如图 3.16 所示,主要由可燃容器(模块盒)、主装药与点传火系统等组成。该可燃容器一般采用 NC 基材料制造,并可借助于可燃药筒的成熟配方与工艺,制成方便组合和装配形状一致的容器。主装药的选择要考虑多方面因素的影响:首先要满足各个装药号内弹道各项性能指标的需要。既要保证火炮最大射程所需要的全装药初速,又要满足最小射程需要的最小号装药的初速及其各项指标,还要满足所有中间装药号之间的初速分级及射程重叠量要求。美国在 M109 式 155mm 火炮装药改进研发过程中,模块装药主装药采用的是多孔粒状发射药,法国在模块装药研发中曾采用开槽棒状药作主装药,南非与德国选用的也是多孔粒状药。模块中的点传火系统设计是极其重要的。美国采用的是中心传火管 + 底部附加点火药包方案,曾经选用的点火药有黑火药及清洁点火剂,此外还曾采用过薄弧厚速燃药(扁球药)和条状黑药作点火剂。当采用条状黑药时,需要将其捆成一束固定在传火管内壁上,目的在于使其与传火管壁之间留有较为通畅的气流通道。为了模块组配方便,有些模块盒体前端与后端被分别设计成凸台与凹坑。凹坑设计很有考究,外侧盖片既要具有一定密封强度,又要保证与相邻模块相互组合后具有良好的接力传火功能。法国在模块装药研发中,曾在中心传火管内壁上涂覆黑药,目的是增强轴向传火速度。

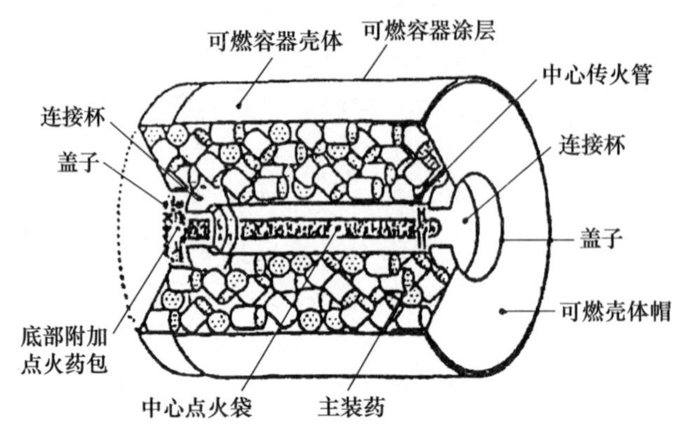

图 3.16　模块单元结构图

2）模块装药优势

模块装药有利于实现发射装药装填自动化,提高火炮射速。现存或以往榴弹炮采用的药包式软装药,装填操作过程中难以保证药包外形和内部结构形态完全不变;装填需要的时间长,射速慢;实现机械化和自动化装填有一定困难。此外,作战时,还可能产生抛弃不用的药包,造成很大的浪费和安全隐患。为了模块装药技术的推广应用,所以需要实现发射装药的标准化与规格化,提高装药基本构成单元互换性,以及生产、储运和管理水平,提供技术保证实现装药自动装填。表 3.3 所列为一些火炮射速与射程重叠量比较。由该表可见,现有多数大口径自行加榴炮爆发射速约为 2 ~ 3 发/10s 左右,最大射速约为 4 ~ 6 发/min;而正在发展中的大口径火炮爆发射速为 4 发/15s,最大射速普遍要求为 10 ~ 15 发/min。为达到这一目标,采用模块装药并实现装药的自动化装填,几乎成了唯一选择。尽管提高火炮射速还与提高自动供输弹技术、底火自动装填技术和操瞄自动化技术等有关,但时间链上看,提高装填速度是最为关键的环节。

表 3.3　一些火炮射速与射程重叠量比较

火炮	口径 d/mm	急促射速	最大射速/(发 · min^{-1})	射程重叠量
苏联 2S5	152	—	6	—
苏联 2S19	152	—	8	—
德国 PZH2000	155	3 发/10s	20/2.5	10% (≮1500m)
英国 AS90A	155	3 发/10s	8	—
英国 AS90B				
美国 M109A6	155	3 发/15s	6	—
南非 G6	155	3 发/21s	4	—

3）模块装药方案的技术难点

模块装药在实现装填自动化和提高射速方面具有独特的优势，但在实现内弹道性能和初速分级设计要求方面，尤其是在实现最小号装药内弹道性能稳定性和最小射程可达性方面，给装药技术和内弹道工作者带来了很多新问题[10-14]。

火炮总体设计师期望的理想装药方案：全部装药由 5～6 个全等标准模块组合而成，实现由最小射程到最大射程的全覆盖，保证每两个相邻装药号之间具有足够的射程重叠量。据报道，德国、南非等都曾多年致力于采用单一模块装药为实现这个目标进行研究，但全等单一模块装药方案的最大技术难点在于最小号装药能否实现最小射程要求，包括在武器系统规定的极限使用环境温度范围内，保证内弹道性能稳定，火炮后坐行程达标，弹丸不留膛，可燃模块盒体燃烧无残渣和 100% 的保证引信能解脱保险。

为了在不牺牲最小射程要求和指标前提下，减轻最小装药号装药及其内弹道设计难度，特别是为了保证低温极限使用温度下最小号装药内弹道性能稳定和达到相应的各项战术指标，采用 A + B 双模块装药方案是唯一选择。A + B 双模块方案本质上是采用混合装药基本思路，便于实现装药分级指标，特别是容易实现最小装药号的设计要求。B 模块主装药弧厚比 A 模块薄，燃气生成速率高于 A 模块主装药，但两种模块盒体形状和尺寸，应该可以做到完全相同，以给装填机构设计提供方便。不过，A、B 模块外观需喷涂不同的颜色，以便识别。表 3.4 所列为一些 155mm 加榴炮最小射程和高低射界。由该表可见，各国现有装备的 155（152）mm 加榴炮，最小射程基本都在 3～5km 范围。相应最小号装药的弹丸初速约为 300m/s，对于 45～48kg 的弹重，相应装药量约为 2.5kg。因此，不宜为了采用单一模块方案而牺牲最小射程。

表 3.4　155mm 加榴炮最小射程和高低射界

<table>
<tr><th colspan="2">火炮</th><th>最小射程/km</th><th>高低射界/(°)</th></tr>
<tr><td colspan="2">德国 PZH2000　155mm</td><td>2.5(4)</td><td>-2.5～65</td></tr>
<tr><td>英国 AS90A</td><td rowspan="2">155mm</td><td rowspan="2"><3</td><td rowspan="2">-5～70</td></tr>
<tr><td>英国 AS90B</td></tr>
<tr><td colspan="2">南非 G6　155mm</td><td>—</td><td>-5～70</td></tr>
<tr><td colspan="2">苏联 2S19　152mm</td><td>3</td><td>-3～68</td></tr>
<tr><td colspan="2">中国 PLZ45　155mm</td><td>5.4</td><td>-3～72</td></tr>
<tr><td colspan="2">比利时 GCT　155mm</td><td>3.25</td><td>-4～66</td></tr>
</table>

模块装药技术的还有一个难点是点传火系统的设计。要求每个模块内的点火系统在任何情况下都能确保本模块内主装药可靠点燃，特别是当只采用一个模块且实施小射角射击时，由于这种情况下模块在药室中的定位随机性较大，给点火一致性带来了困难。这是因为模块定位与装填投送力、投送行程、抛离速度和火炮射角有关。为了保证内弹道性能的稳定性，一方面底火点火距离适应范围越大越好，越大意味着适应性越强；另一方面弹药装填系统设计，对任何装药号都能将点火距离控制在规定范围。模块装药的另一个点火问题是相邻两个模块之间的接力传火。如果两个模块彼此之间脱开，则属于脱开接力传火，同样要求传火可靠。

最后，模块装药和所有装药方案一样，都将遇到最小号装药发射时初速或然误差容易偏大甚至不达标的问题。这与弹丸挤进有关，即弹带与坡膛及膛线的匹配关系有关，特别当身管烧蚀严重时更是如此。

我国的模块装药研究，尽管起步时间较晚，但起点较高。大约于 20 世纪 90 年代中后期，火炮研究所率先进行了 52 倍口径 23 升 155mm 加榴炮双模块装药系统研究，内弹道性能、最大射程、最小射程和初速分级与射程重叠量等各项战技指标都达到了预期要求。双模块装药方案在后来的外贸 155mm 加榴炮研发中得到进一步发展，特别是在解决最小号装药问题方面取得了许多经验。这些研究成果为模块装药在我国各种大口径火炮上的推广应用，实现发射装药的快速装填和自动化，为新一代火炮实现高射速打下了基础。

4. 埋头弹药

1）总体优势

埋头弹药（cased telescoped ammunition，CTA）是一种嵌入式弹药，即将弹丸完全缩入药筒内部，在弹丸的后方和周围装填发射药，整个弹药外形呈规则的圆柱状。与传统弹药相比，埋头弹药的长度大大缩短，典型的 40mm 埋头弹药与普通弹药的比较如图 3.17 所示，从左到右依次为 25mm、30mm、35mm、40mm 常规弹药和 40mm 埋头弹药。35mm 常规弹药长度为 387mm，40mm 埋头弹药全长 255mm，缩短了 34%，弹药储存需要的空间缩小 30%。相对于通常 40mm 火炮弹药（Bofors 制造），40mm CTA 弹药长度缩短了一半。因此，埋头弹药特别优势在于具有在保持炮塔空间不变的条件下能换装较大口径火炮系统，而且可以降低火线高度，从而提高装甲战车炮的威力和生存能力。

2）埋头弹药内弹道特点分析

埋头弹药的实际应用，在给火炮总体性能带来好处的同时，也给内弹道与发射装药设计带来一些新的问题。这里侧重讨论由此带来的内弹道方面的新问题。图 3.18 所示为模拟试验用 35mm 埋头弹药结构示意图。发射药采用后部灌装式,即主装药④从药筒②底部装入弹丸⑦后部和周围空间,然后将底火①拧紧在底火台上,则装配完毕。底火击发后生成的底火射流经由中心传火管③点燃其前端杯状体内的附加点火药⑤。由于弹丸⑦与中心传火管③前端杯状体之间相互为紧固连接,因此其点火系统内部本身是一个封闭热力学空间。当附加点火药⑤点燃后,在此空间内(弹底)形成足够高的压力时,弹丸将解脱与底部杯体的约束,沿导向管⑥运动,当抵达膛线起始部时,以一定速度卡膛而嵌入膛线。之后弹丸运动与普通弹药发射工况基本相同。在弹丸解脱与中心传火管前端杯状体约束的同时,点火系统生成燃气也将开始进入周围主装药④区域,在主装药被逐步点燃的同时,导向筒⑥也被点燃。由此可见,埋头弹药的结构设计,必须充分考虑发射装药的点火燃烧与弹丸起动过程的相互耦合。在这种发射过程中,发射能源的点火燃烧和弹丸运动各自都分为两个阶段。第一阶段,由底火射流点燃弹底附加点火药,弹丸在点火系统封闭空间压力的作用下解脱约束,首先完成一段自由滑移运动。第二阶段,从弹丸解脱时刻起,主装药和可燃导向管被点燃,整个弹后空间成为统一的热力学空间,并且随压力持续上升,弹丸挤入膛线,直至飞离炮口。

图3.17　40mm埋头弹药与普通弹药比较

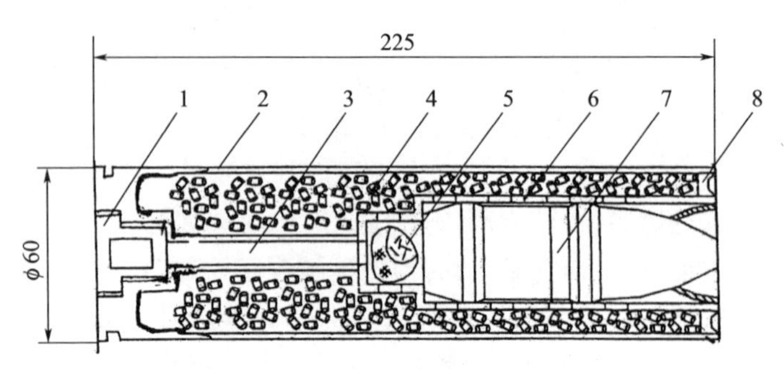

1—底火；2—药筒(铜，非金属)；3—中心传火管；4—主装药(8/1)；
5—附加点火药；6—导向管；7—弹丸；8—上封头。

图 3.18　埋头弹药结构示意图

令弹丸从解脱约束到卡膛在导向管内的自由滑动距离为 L_s，解脱约束时刻为 t_{01}，滑动过程中弹底压力为 p_{d1}，抵达坡膛(卡膛位置)时间为 t_{02}，在此期间内($\Delta t_0 = t_{02} - t_{01}$时间间隔内)弹丸运动方程为

$$Ap_{d1} = m_q \mathrm{d}u_f / \mathrm{d}t \tag{a}$$

式中：A 为弹丸横截面积；m_q 为弹丸质量；u_f 为弹丸自由滑移期间速度。则 t_{02} 时刻弹丸(卡膛)速度 u_{02} 为

$$u_{02} = \frac{A}{m_q}\int_{t_{01}}^{t_{02}} p_{d1}\mathrm{d}t \tag{b}$$

从 t_{02}时刻起，弹丸运动方程应改写为

$$A(p_{d2} - R_r) = m_q \mathrm{d}u_2 / \mathrm{d}t \tag{c}$$

式中：R_r 为弹丸挤进阻力压强。

显然，Δt_0 期间是主装药全面点燃时间。期望 Δt_0 期间内弹后压力不可增长过快，否则 u_{02}太大，卡膛速度高，则可能对膛线造成损伤；但也不能太低，因为压力增长过慢，则意味着主装药点燃过程缓慢和迟发火。另外，埋头弹药发射将产生一种特有现象，即在弹丸进入卡膛阶段，必将出现一次负加速运动过程。这从式(a)和式(c)的比较不难理解，因为从卡膛开始，弹丸将受到挤进阻力压强 R_r 的作用。可见，埋头弹药火炮内弹道问题，首先面临发射能源两次点火和弹丸两次起动的匹配问题。因此，在进行发射装药和内弹道设计时，要从实验和理论两个方面，通过对底火、附加点火药、传火管结构及其与弹丸挤进阻力压强的调节，实现滑动期间弹后压力 $p_{d1}(t)$增长与自由滑动距离长 L_s 和卡膛时间 t_{02}及卡膛速度 u_{02}之间的优化匹配，包括：

① $\Delta t_0 = t_{02} - t_{01}$时间内，弹丸加速运动抵达坡膛时速度 $u_{02}(t_{02})$既不太大，也不太小。

② Δt_0 期间内，要求主装药被全面点燃，但又要求燃烧不能太猛。

③ 弹丸卡膛速度 u_{02} 尽可能低些,以便尽可能降低对膛线的撞击磨损与损伤。

通过以上讨论发现,埋头弹药内弹道问题存在两个难点:

① 内弹道一致性影响因素较多,特别是初速的或然误差难以达到普通火炮弹药系统的水平。

② 由于弹丸卡膛速度远高于传统弹丸装填时的卡膛速度,如何改进膛线设计,以保证身管使用寿命是一个难题。

3.1.3　我国自主研发的几种新型装药及技术

最近二十多年,我国科技工作者在火炮装药技术领域取得了多项创新性成果,下面介绍具有代表性的 3 个例子。

1. 低温感装药技术

低温感装药技术建立在特殊包覆技术基础上[15]。如前面所述,采用这种特殊包覆技术处理过的火药,相当于在内孔出口端面上安装了温度控制开关:低温条件下,阀门自行打开,火药整体燃烧面以及燃气生成速率处于较高水平状态。而高温下这些内孔出口阀门关闭,火药燃烧面及其燃气生成速率处于低水平状态。

由此可知,如果火炮全部采用这种火药,可能出现低温时膛压与初速都高于高温下膛压与初速的情况。显然,这不是所期望的。因为采用低温感技术的目的是希望装药无论在什么样的温度下使用,都具有相同或相近的膛压与初速,而且这个膛压值尽可能接近于火炮允许的极限膛压,以便火炮/弹药系统许用强度效能得以充分发挥和利用。

为了达到这个目标,宜采用混合装药设计思路。设发射装药由低温感包覆火药和普通制式火药组成,总的燃气生成速率可写为[15]

$$\frac{\mathrm{d}\psi_{\mathrm{MB}}}{\mathrm{d}t}=(1-\beta)\frac{\mathrm{d}\psi_{\mathrm{M}}}{\mathrm{d}t}+\beta\frac{\mathrm{d}\psi_{\mathrm{B}}}{\mathrm{d}t} \tag{3.1}$$

式中:β 为包覆药在混合装药中占有的质量分数;下标 MB、M、B 分别表示混合装药、未包覆本体火药和包覆药。由于本体火药和包覆药的燃气生成速率都是火药初温 T_0 的函数,参照式(2.78)分别求取 $\frac{\mathrm{d}\psi_{\mathrm{M}}}{\mathrm{d}t}$ 和 $\frac{\mathrm{d}\psi_{\mathrm{B}}}{\mathrm{d}t}$ 对 T_0 偏导数,则由式(3.1)可得

$$\left[\frac{\partial}{\partial T_0}\left(\frac{\mathrm{d}\psi_{\mathrm{MB}}}{\mathrm{d}t}\right)\right]_p=\frac{1-\beta}{V_{\mathrm{M}_0}}\left[\frac{\partial}{\partial T_0}\left(\frac{\mathrm{d}\psi_{\mathrm{M}}}{\mathrm{d}t}\right)\right]_p+\frac{\beta}{V_{\mathrm{B}_0}}\left[\frac{\partial}{\partial T_0}\left(\frac{\mathrm{d}\psi_{\mathrm{B}}}{\mathrm{d}t}\right)\right]_p \tag{3.2}$$

式中:V_{M_0}、V_{B_0} 分别为本体药粒和包覆药粒的初始体积;$\left[\frac{\partial}{\partial T_0}\left(\frac{\mathrm{d}\psi_{\mathrm{M}}}{\mathrm{d}t}\right)\right]_p$ 和

$\left[\frac{\partial}{\partial T_0}\left(\frac{d\psi_B}{dt}\right)\right]_p$ 一般都可由试验得到。

由于低温感系数装药的主要内弹道性能参量(如 p_m、v_0)对装药初温 T_0 是不敏感的,因此对于膛压,即式(3.2),希望有如下结果:

$$\left[\frac{\partial}{\partial T_0}\left(\frac{d\psi_{MB}}{dt}\right)\right]_p \to 0 \tag{3.3}$$

或

$$-\frac{\beta}{V_{B_0}}\left[\frac{\partial}{\partial T_0}\left(\frac{d\psi_B}{dt}\right)\right]_p = \frac{1-\beta}{V_{M_0}}\left[\frac{\partial}{\partial T_0}\left(\frac{d\psi_M}{dt}\right)\right]_p \tag{3.4}$$

式中:包覆火药$\left[\frac{\partial}{\partial T_0}\left(\frac{d\psi_B}{dt}\right)\right]_p$ 是负值。因此,式(3.4)可改写为

$$\frac{\beta}{V_{B_0}}\left[\frac{\partial}{\partial T}\left|\frac{d\psi_B}{dt}\right|\right]_p = \frac{1-\beta}{V_{M_0}}\left[\frac{\partial}{\partial T_0}\left(\frac{d\psi_M}{dt}\right)\right]_p \tag{3.5}$$

于是,当$\left[\frac{\partial}{\partial T}\left(\frac{d\psi_M}{dt}\right)\right]_p$、$\left[\frac{\partial}{\partial T_0}\left|\frac{d\psi_B}{dt}\right|\right]_p$ 和 V_{B_0}、V_{M_0}一旦给定,则 β 可确定,即低温感装药设计中两种药量比例基本可以确定,接下来可进入装药结构设计阶段。

2. 套筒式软点火装药方案

现代大口径加榴炮不仅要求射程远和射速高,同时还要求具有高的射击精度和快速反应能力,以及很强的自我生存能力与自主作战能力。其中,全变装药一般都具有装药量大、装填密度高和装药床轴向尺寸显著较长等基本特点。以 45 ~54 倍口径长身管 155mm 加榴炮为例,药室容积基本都等于或大于 $23dm^3$,全装药的装药量约 15.5kg,装填密度接近于 $0.70kg/dm^3$,药床净高 800 ~900mm。面对这样的装药问题,内弹道设计者一开始很自然地想到采用中心点传火方案,其装药结构如图 3.19 所示[16]。对其进行摸底试验表明,内弹道性能不理想,药室底部压力(p_b)、药室口部压力(p_f)和它们的差值 $\Delta p = p_b - p_f$ 随时间的变化曲线如图 3.20 所示。由图 3.20 可见,膛内生成了比较严重的压力波动,其中最大正负压差$(\pm\Delta p)_{max}$均接近于 90MPa,明显超过了设计要求;而且,这种装药结构方案的初速或然误差也严重超标。

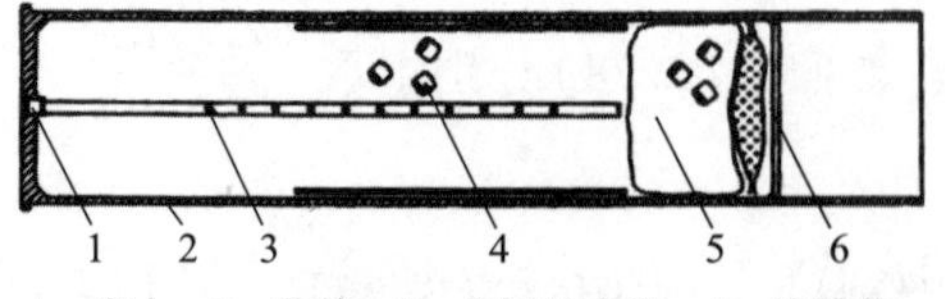

1—底火; 2—药筒; 3—金属传火管; 4—粒状药;
5—附加药包; 6—紧塞盖。

图 3.19 155mm 火炮装药结构初始方案示意图

针对这种试验结果，对装药结构进行第一次改进，侧重增加传火管长度，改变传火管开孔分布，点火药改用奔奈药条，代替原来的粒状黑火药。然而试验表明，$p-t$ 曲线仍不理想（图 3.21），说明仅靠改变点传火设计仍不能解决问题。

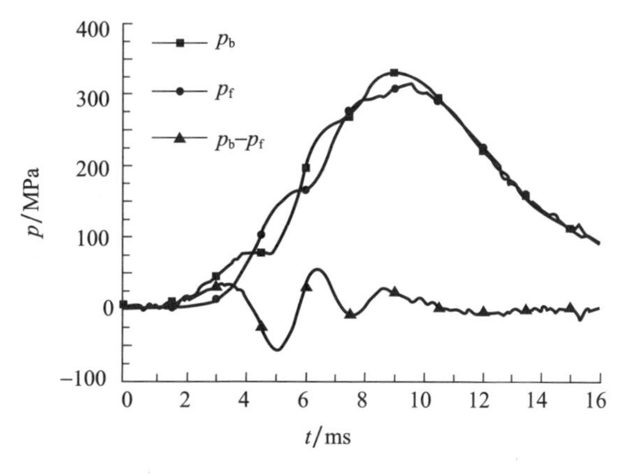

图 3.20　$p-t$ 曲线

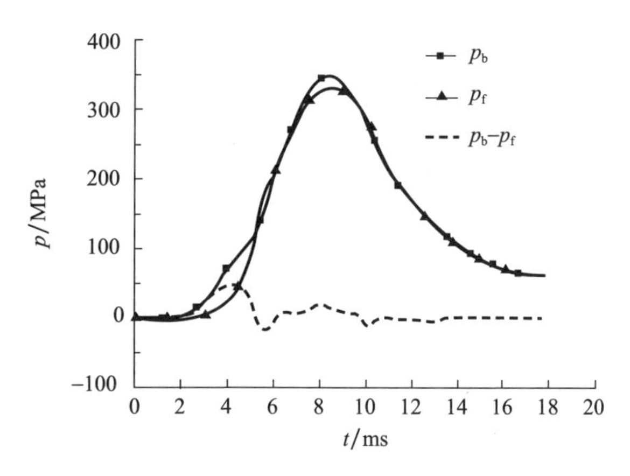

图 3.21　第一次改进后 $p-t$ 曲线

因此进行第二次改进，即在图 3.19 所示的中心传火管基础上，嵌套上一个较大直径的可燃套管（筒），形成套筒式软点火系统，从而达到以下 3 个效果：①抬升了药床高度，缩小了前端自由空间距离；②点火能量首先在套筒空间内进行二次分配，实现了沿装药轴向均匀分布，提高了装药点火的均匀性和同时性；③缩小了药床径向尺寸，提高了点火燃气径向穿透性。改进后的装药设计，$p-t$ 曲线如图 3.22 所示，膛内轴向压力波动大幅度减小，且各项内弹道性能都圆满达标。

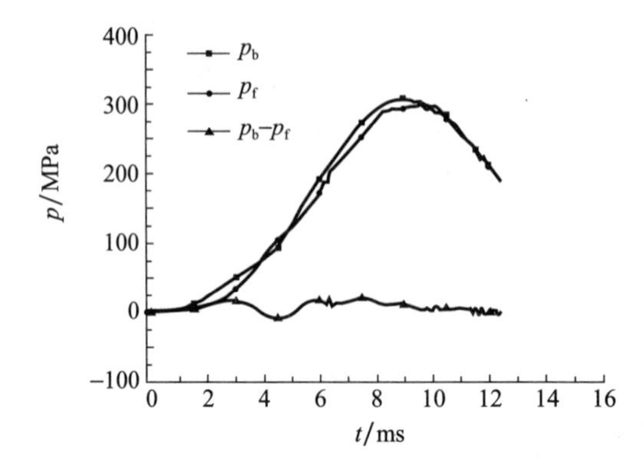

图 3.22　第二次改进后 $p-t$ 曲线

套筒式软点火装药结构，是我国兵工科技工作者的一项创造，为大装药量火炮的装药结构设计提出了一种新思路，对抑制膛内压力波动和负压差，提高内弹道性能稳定性和减小初速概率误差，具有普遍借鉴意义和应用价值。

3. 切口多孔杆状药的应用

1）切口多孔杆状药的一般特点

切口多孔杆状药是一种典型可用于实现高增面高装填密度装药的火药药型。如果火药按平行层燃烧，则不同药型火药的燃烧面随燃烧率的变化如图 3.23所示。图中 σ 表征增面性，$\sigma=s/s_0$，s 和 s_0 分别为实时燃烧面和初始燃烧面。7 孔和 19 孔药型增面率在分裂点处达最大，理论上分别可达 1.5 和 2.2。但粒状药装药床透气性欠佳。为了得到兼有良好增面性和气透性的高装填密度装药，20 世纪 80—90 年代美国兵工界率先开展了切口多孔杆状药探索研究[17]。

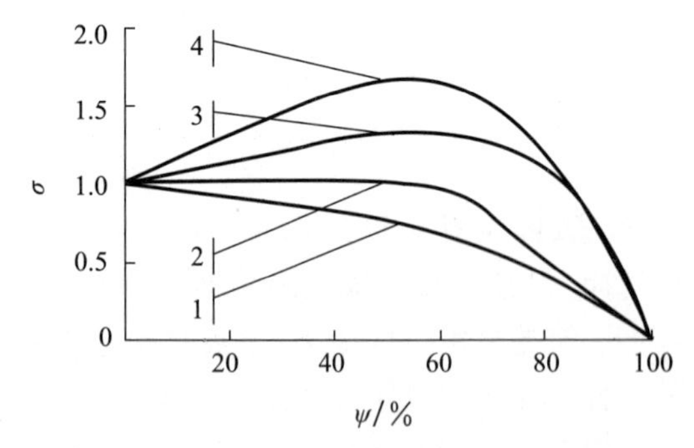

1—球形药；2—管状药；3—7孔药；4—19孔药。

图 3.23　几种不同药型火药 $\sigma-\psi$ 曲线

切口多孔杆状药装药，就是先将多孔（如7孔、19孔等）火药制备成数倍直径的长棒状，再按一定距离垂直其轴向切割出若干个切口，切口深度超过药杆半径，相邻切口之间相对旋转一定角度（简称为旋切）。在此基础上，按需要将一定数量药棒捆成药束，用药束和相关装药辅助元件组合成装药。图3.24为普通圆柱状19孔旋切杆状药棒。实践表明，切口多孔杆状药组成的装药具有实现高装填密度和高增面燃烧的潜在优势，且具有膛内负压差小，发射安全性高的优点。

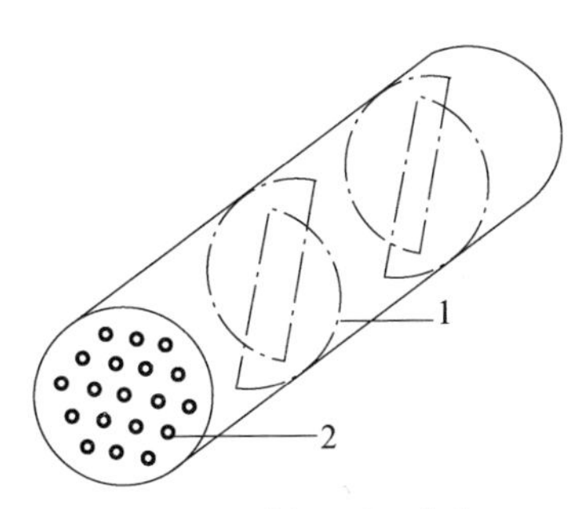

1—切口；2—内孔。

图3.24　圆柱形19孔切口杆状药示意图

我国采用旋切六边多孔杆状药装药方案，在大口径坦克炮内弹道和装药技术攻关研究中取得了很好的经验。在最大膛压 p_m 接近600MPa条件下，内弹道性能稳定，各项指标达到设计要求。

2）切口多孔杆状药装药的技术难点

切口多孔杆状药束构成的装药有利于实现高增面燃烧和高装填密度的完美结合，这也正是高膛压坦克炮内弹道设计所期望的。但事物都有两面性，当旋切多孔药采用六边（花边）药型时（如采用19孔花边药），则可将火炮装药的装填密度提高到极致，同时可保证膛底与膛口之间不再出现负压差。然而，又产生了一个新问题：当采用这种装药时，装填密度不能太高，否则当装填密度达到极限，整个装药的轴向与径向透气性都将下降，径向尤其这样。试验表明，轴向负压差确实是消除了，但出现了严重正压差。在某坦克炮上，19孔六边切口杆状药束装药，因装填密度比较高，常温最大膛压为600MPa左右，相应膛底对药室口部的正压差达到了170MPa，高温时达到190MPa，低温时达到160MPa，即正压差都已接近于最大膛压的30%。

3.1.4　装药分级

如前面所说，装药设计有两个层次：第一层次的目标是确定主装药类别和牌号，使武器系统战技指标达到要求，且保证膛容利用率、充满系数、能量利用率等接近最优。第二个层次是装药结构优化设计,保证内弹道性能稳定性与安全性。因此,在本质上装药设计也是内弹道设计。

火炮相对火箭有一个优势,不仅可以通过变动射角调节射程,而且可以通过初速分级调节射程。因此,同样最大射程条件下,火炮打击纵深的机动性比火箭好,并且最小有效射程小。火炮炮口速度分级设计要求是通过发射装药的分级设计来实现的。因此,火炮发射装药分级设计是火炮实现最大射程、最小射程和射程调节的保证和基础。

通常火炮射程设计的基本要求或基本原则:保证最大射程,同时具有适当的最小射程和足够的射程重叠量。

1. 曲射火炮发射装药设计目标与条件[13,18]

所有火炮都要求具有变射程和变射高功能,加榴炮还要求通过曲射,具有摧毁敌隐蔽目标的功能。由终点弹道学和外弹道学知道,榴弹的杀伤作用与其落角大小有关。对某一特定距离上的目标,射弹的落角与弹丸的初速和火炮射角有关,射角大、落角大,弹道曲线更弯曲。为了充分发挥火炮系统功能,要求火炮具有良好的弹道机动性,即在同一射击阵地(炮位)上,能实现较大纵深范围射程调节或机动,尽可能扩大打击区域范围。这就要求火炮系统不仅具有较大的极限射程,同时还要具有尽可能小的最小射程和不同速度分级之间具有足够裕度,即射程重叠量。为此在要求火炮具有足够大的高低射界基础上,还要求采用装药分级实现初速分级。

事实上,弹丸射程和落角除了与初速和射角相关外,还与其他一些因素相关,如弹丸外形及质量分布、火炮膛线缠度、弹丸动态稳定性与动力平衡角等。此外,射击方式,如同时弹着的使用要求也是射程设计或装药分级设计需要考虑的一个重要因素。

在内弹道装药分级设计中,应在考虑装药设计目标可达性的同时,考虑如下三方面因素:火炮战术要求、技术可行性和勤务保障条件。

1) 战术要求方面

火炮肩负压制和歼灭敌纵深内各类火炮、工事和指挥通信系统,以及有效对付敌纵深内集群坦克、装甲车等目标的使命。在登陆和反登陆作战中,火炮是突击与反突击的重要支柱力量。尽管每一种火炮仅是部队全方位全纵深火力体系组成的一部分,但一般而言,总是要求大口径火炮在进攻时尽可能担负起战场全盘支持和全方位压制的任务,既能有效攻击敌前沿阵地目标,又能以最大限度的射程拦截和阻击退却或增援之敌;在防御时既能对自己阵地前沿目标实施射击,又能对深入己方阵地的敌方有生力量及各种武器装备实施有效打击。

依据炮兵传统战斗配置,团营属下炮兵距前沿 3 ~ 4km,师旅属下炮兵距前沿 4 ~ 6km,集团军预备队炮兵距前沿 6 ~ 10km。因此,对 155mm 远程火炮之类的武器系统,从战术观点考虑,取最小射程 5 ~ 6km 比较合理。事实上,国内外这类火炮最小射程基本都在这一范围。从战术使用角度看,尤其为有效实施同时弹着射击模式需要,则要求装药分级必须具有足够的射程重叠量。一般来说,射程重叠量越大,实现同时弹着的发数越多。也就是说,同时弹着射击模式的使用给装药分级设计提出了更高要求。

2) 技术可行性

初速分级和装药分级设计,必须立足技术可行性和目标的可达性,包括:

(1)在装药使用温度范围内,特别是最小装药号在极限低温下使用,要求火炮能达到最小后坐长和保证半自动机能正常工作。

(2)保证所有装药号,特别是最小号装药内弹道性能稳定,在整个使用温度范围内特别在极限低温下使用时,弹丸不留膛,并保证引信可靠解脱保险。

(3)对使用寿命周期内身管,采用所有装药号发射的弹丸初速与转速,皆能满足弹丸设计所需要的飞行稳定性和密集度要求。

3)勤务保障条件

(1)所设计的全部分级装药号装药,必须满足武器系统生产、储存、运输和战场使用方便等要求与条件。

(2)充分考虑后勤保障管理和战时供给条件需要。一般来说,药包式软装药会给勤务管理和战时供应与使用带来较多问题。

(3)采用多装药号分级变装药,尤其是药包式软装药,会影响火炮射速;特别是大射角装填和射击时,不仅影响射速,还影响阵地构筑难度和战前准备。

以上三方面因素应以突出战术使用为基本前提。火炮的设计与改进,始终应以战术使用为中心。火炮的发展历史实际就是为战争提供技术服务与方便战术使用的历史。

2. 装药分级设计步骤与要求

发射装药的分级设计程序分三步,即全装药(最大射程)设计、最小号装药(最小射程)设计和中间号装药(射程重叠量)设计。当然,实际工作是一个整体,要统筹考虑。

1) 全装药(最大射程)设计

根据最大射程要求,在通盘考虑火炮总体和全弹道的基础上,对给定的火炮口径 d、弹丸行程长 l_g、弹重 m_q、全装药最大初速 v,论证确定出最大许用膛压 p_m 和药室容积 V 及扩大系数。接下来,以此为前提(约束),进行火炮内膛结构和全装药设计。装药设计的首要目标是保证内弹道性能稳定和内弹道各项要求达标。弹丸参量和最大装药初速一旦确定，最大射程也就确定了。

一般来说，榴弹炮全装药设计和加农炮没有本质差异。但需指出的是，一般而言，曲射火炮分级装药设计，即使最大号全装药，也必须考虑变装药要求，即要考虑在全装药基础上减去一定装药量，变为较小装药号装药时的操作与使用，而且当改为较小号装药后，内弹道性能及相应各项指标（特别是初速）必须满足相应要求。尤其当最小号装药（最小射程）直接是由全装药逐步减小装药量得到时，一般都要采用混合装药设计方法，即最小号装药采用薄弧厚火药，以利于最小号装药满足内弹道性能和其他各项要求。

2）最小射程和最小号装药的确定

在讨论最小号装药设计问题之前，首先讨论最小射程的认知和定义。直至20世纪70年代，我军装备的大多数火炮是从苏联引进或仿制而来的。由表3.5可见，大口径加农炮的高低射界基本都在$-3° \sim 45°$；榴弹炮的高低射界有些为$-3° \sim 63°$，有些和加农炮一样，如66式152mm加榴炮的高低射界也为$-5° \sim 45°$。这些火炮的最小射程，只能采用低伸弹道，即小射角方式得以实现。为有效防止跳弹发生，要求弹丸落角不小于20°。由此便自然形成一个观点：火炮最小射程用低伸弹道小射角条件下，即射角$\theta_0 = 20°$的射程来定义。我国兵工界受此影响，往往承袭和沿用这一观点。

表3.5　我军早期火炮高低射界（射角）

火炮	高低射界	火炮	高低射界
56式85mm加农炮	$-7° \sim 35°$	54式122mm榴弹炮	$-3° \sim 63°30'$
44式100mm加农炮	$-5° \sim 45°$	56式152mm榴弹炮	$-3° \sim 63°30'$
60式122mm加农炮	$-5° \sim 45°$	60式122mm榴弹炮	$-3° \sim 63°30'$
59式130mm加农炮	$-2°30' \sim 45°$	83式122mm榴弹炮	$-3° \sim 65°$
59式152mm加农炮	$-2°30' \sim 45°$	海130mm舰炮	$-5° \sim 45°$
66式152mm加榴炮	$-5° \sim 45°$	海双130mm舰炮	$+8° \sim 82°$

然而，欧美国家的加农炮和榴弹炮并无明确界定，多数大口径火炮兼有加农炮和榴弹炮性能，而且第二次世界大战后的火炮高低射界范围基本都为$-5° \sim 70°$左右，详见表3.6。由于这些火炮有效射角都大于65°，其弹道机动性大幅度增加。同样的初速采用大射角射击，不仅可取得比低伸弹道射击方式更小的射程，而且弹丸落角大，杀伤效果好，特别是还能有效打击障碍物（如山体）背面的目标。其对发挥火炮效能更加有利，有可能增加“多发同时弹着”射击方式下的射弹发数。

表3.6 外军一些火炮高低射界(射角)范围

国家	火炮	高低射界	国家	火炮	高低射界
美国	M198 - 155	-5°~72°	德国	PZH2000	-2.5°~70°
美国	M109 - 155	-3°~75°	法国	LG1 - 105	-5°~70°
美国	M102 - 105	-5°~75°	法国	M50 - 155	-4°~69°
英国	AS90A - 155	-5°~70°	南非	G5	-3°~75°
英国	SP70 - 155	-2.5°~70°	南非	G6	-5°~75°
以色列	839P - 105	-3°~70°	西班牙	SB155	-3°~75°
比利时	GC - 45 - 155	-5°~69°	意大利	155	-3°~70°
瑞典	FH77 - 155	-3°~70°	新加坡	ODFH88 - 155	-3°~70°

因此,虽然采用大射角发射得到的最小射程比小射角发射得到同样的最小射程的弹丸飞行时间长,对射击密集度也有一定影响,但采用大射角射击的综合优势还是明显的。所以,目前对于火炮最小射程的认知和定义,趋于一致的看法是,弹丸在火炮可使用射角范围内所得的最小射程即是火炮系统最小射程。这意味着,对于最大射界小于63°左右的火炮,以小射角低伸弹道射击,即火炮射角 $\theta_0=20°$的射程为最小射程;但对最大可使用射角大于65°以上的火炮,采用大射角所得的最小射程,同样可以作为火炮系统最小射程。而最小射程设计指标所对应的初速为最小号装药设计初速。

接下来讨论最小号装药的确定。如前面所述,由于最小号装药的设计前提是火炮内膛结构、药室容积、后坐复进系统、弹重等均已事先确定,因此最小号装药设计必须是在给定火炮构造诸元和额定弹重条件下,设计出满足最小射程指标要求的对应初速,而且保证内弹道性能稳定,膛压、后坐行程长等均要满足前面所提出的各项要求,还包括在任何许用射角和任何使用环境温度下射击都能可靠解脱引信保险,在所有规定允许的使用条件下最大膛压都应不小于某一指定值等(一般取该值:$\not<$55MPa)。

由于以上条件的限制,通常最小号装药的主装药均采用薄弧厚火药。如我军早期列装的122mm和152mm榴弹炮,其最小号装药均采用4/1单基药,分别相对大号装药主装药为9/7和12/7,其弧厚要薄得多。显然,采用这种设计思路的必然结果是带来了装药整体构成的复杂化。

3)中间号装药的设计

原则上,中间号装药设计主要解决两个问题:一是实现最大装药号装药(全装药)和最小号装药之间初速的合理分级;二是确定每一分级初速对应装药量、火药牌号,并完成相应装药结构设计任务。

初速分级的依据是外弹道射程设计要求指标和“同时弹着”射击方式要求的发数。由于弹丸射程和落角均是其初速与火炮射角的函数,对确定的弹丸,每一分级初速在火炮可使用的射角范围内均可确定相应最大射程和最小射程。在此基础上,可得到每一相邻级别初速的射程重叠量,以及在主要射程范围(区域)内实现多发同时弹着的发数。

3.2 装药结构对内弹道性能影响

本节试图通过若干事例来阐明装药结构设计对内弹道性能的影响,目的在于总结经验和教训。尽管所涉及的装药结构可能不再采用,但分析问题和解决问题的思路与方法仍具有重要的现实意义和应用价值。

3.2.1 152mm 加榴炮减装药基本药包改型试验与分析[19]

66 式 152mm 加榴炮减变(2 号)装药的简化结构如图 3.7 所示。它由一个基本药包和等重的 5 个附加药包组成,每个附加药包内装有 565g 单基 9/7 粒状药。其基本药包的布袋形状特征如图 3.25 所示。图中实线为苏联图定标准几何形状,虚线为当年承制任务工厂试图改型的几何形状。虽然两者都均为瓶状,但原图定瓶状药包的颈部较为粗壮,药包中心装有一束单基 8/1 管状传火药,长 420mm,共 100g;药束周围装填单基 4/1 粒状药,共 1215g。底部附着的点火药包直径适中,内装 50g 点火黑药。灌装基本装药后,其形状如图 3.26 所示。瓶颈较为粗壮,便于在 8/1 管状药束周围填充 4/1 粒状药。引进工厂改型后,瓶颈变细,瓶体底部变得肥大。

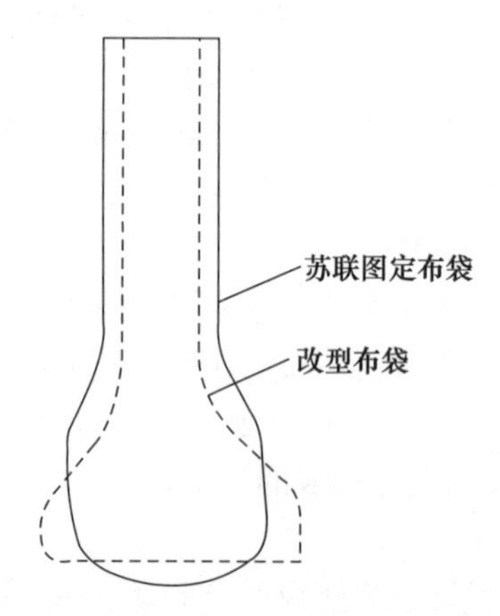

图 3.25　66 式 152mm 加榴炮减变装药基本药包布袋形状特征示意图

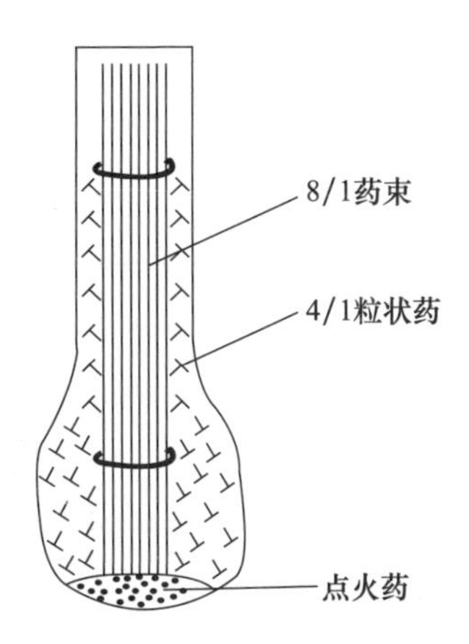

图3.26　66式152mm加榴炮减变装药基本药包结构

试验表明，基本药包布袋几何形状与尺寸变动，引发药包内部装药结构变化，给内弹道性能带来了不利影响，使得火炮平均最大膛压 p_m 高出图定值11.8%～13.5%，初速 v_0 低于图定值0.97%～1.00%，而且初速或然误差远远超过图定值（详见表3.7），最终迫使定型工作无法进行。

表3.7　改型基本药包典型试验结果

组序	药温 T/℃	初速 v_0/(m·s^{-1})	初速或然误差 γ_{v0}/(m·s^{-1})	最大膛压 p_m/MPa	备注
第1组(6发)	18.5	510.0	2.95	234.8	第5发的初速差10.7m/s
第2组(5发)	19.0	509.8	3.03	238.4	第5发的初速差9.7m/s
第3组(5发)	-40	494.2	3.26	177.5	第4发的初速差8.7m/s
图定值	常温	515	≯1.5	≯210.0	—

为了查找原因，采用不同批次火药对改型基本药包进行试验，排除是否与使用的火药有关，得到的结果如表3.8所列。数据表明，4个不同批次的火药，最大平均膛压、单发膛压最大值、单发膛压最小值都超过图定指标，因此判断和确认这样的结果不是由于发射装药批号引起的，而是由于基本药包形状改变带来的。

为了进一步验证这一判断，进行了两种形状基本药包的对比试验，结果如表3.9所列。由该表可见，采用两种基本药包所得的试验数据存在明显差异。可以看出，正是由于基本药包形状的改变，使得其中4/1粒状药主要集中于药包底部，脖颈部位4/1装药高度下移。在发射过程中，集中于药室底部的4/1火药相对燃气生成速率高，易生成膛底局部高压区，从而引发较大的膛内压力波动,最终造成最大膛压上升。但由于表3.9中膛压数据是采用铜柱测压方法得到的,因此无法获得膛内压力波动的信息,难以揭示其对内弹道过程中压力波动现象。

表 3.8　改型基本药包对膛压及初速的影响

装药批号	组序	初速/($m \cdot s^{-1}$)		膛压/MPa		
		v_0	γ_{v0}	p_m	p_{max}	p_{min}
图定值	—	511.0	≯1.5	≯210.0	≯220.5	≮199.5
1#	第1组	510.6	0.37	230.1	233.0	226.4
	第2组	510.5	0.98	233.2	243.0	225.5
	平均	510.6	0.73	231.7	—	—
2#	第1组	511.7	0.62	221.2	223.8	216.7
3#	第1组	511.3	1.07	234.7	235.9	233.1
4#	第1组	509.7	0.47	220.8	229.9	212.9

表 3.9　两种形状基本药包对比试验结果

发射药	装药量/g	基本药包	v_0/($m \cdot s^{-1}$)	平均膛压 p_{cp}/MPa
苏联标准药	100 + 1180 + 565 × 5	原图定药包	511.3	221.1
		改型药包	515.8	265.7
		差值	+4.5	+44.6
国1批	103 + 1191 + 577 × 5	原图定药包	511.5	216.3
		改型药包	514.0	236.1
		差值	+2.5	+19.8
国2批	103 + 1197 + 572 × 5	原图定药包	511.8	216.1
		改型药包	515.7	240.5
		差值	+3.9	+24.4

为了进一步深入揭示基本药包改型及其带来的装药内部结构变动对内弹道性能的影响,又开展了如下几项验证试验。

1. 对膛压-时间($p-t$)曲线的影响

采用改型基本药包进行试验,测量得到的 $p-t$ 曲线如图3.27所示。由该图可见,改型基本药包生成了比较严重的膛内压力波。由此可以推断,压力波的产生使得初速或然误差明显增大。

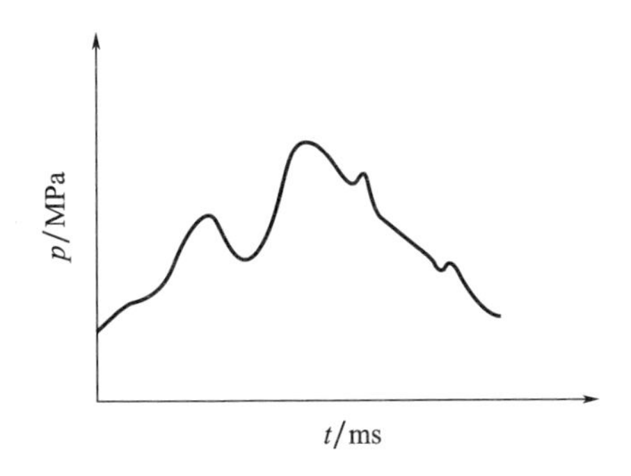

图 3.27　66 式 152mm 加榴炮减变(2#)装药改变基本药包后的 $p-t$ 曲线

2. 基本药包形状对 p_m 和 v_0 的影响

1）4/1 药面高度的影响

基本药包布袋改变给药包形状和内部装药带来多方面变化：①由于基本药包瓶颈直径变细和底部变粗，引发 4/1 药粒装填高度下降；②引发 8/1 管状药束蹿动上升；③由于基本药包底部变大，相应附着的点火药包也变大，使得其中点火药容易发生径向偏移。图 3.28 为试验得到的膛压 p_m 和初速 v_0 与 4/1 药面高度相关性示意图。图中 h 为 4/1 药面高度，$h=0.0$ 为图定标准高度；$h=20$mm，意味着高于图定值 20mm；$h=-20$mm，意味着比图定高度低 20mm。结果表明，4/1 药面高度 h 变低，p_m 变高，同时 v_0 也增加。这是因为 4/1 粒状药越集中于药包底部，越容易造成整个装药底部燃烧增强效应，压力波越强的结果。

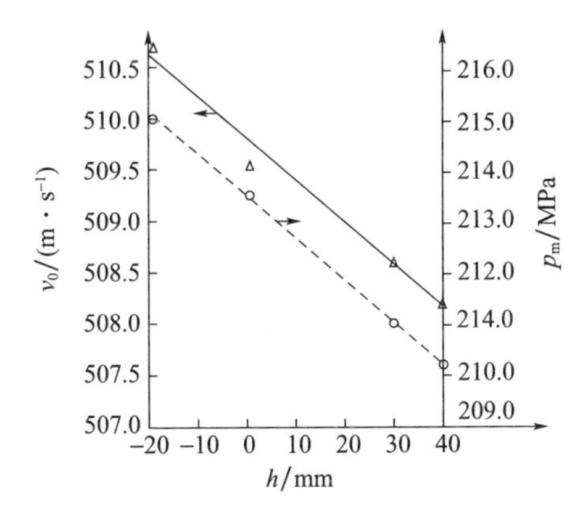

图 3.28　4/1 药面高度对 2#装药 p_m 及 v_0 的影响拟合图

2）管状药 8/1 蹿动的影响

管状基本药包的设计模式，原本就存在缺陷。在射击准备和装填过程中，操作人员会自觉不自觉地顺手抓住基本药包脖颈，事实上当顺手提着基本药包长颈子时，很容易造成8/1药束上蹿，结果是管状药束底端与其底部点火黑药包脱开，周围的4/1小粒药又将自动挤占其脱开位置空间。于是，当点火药包点燃时，其燃烧产物势必要穿越厚度增加的4/1药粒区，才能到达8/1药束下端部，从而造成点火燃气沿轴向传播趋势减弱，轴向传火时间增加。表3.10所列为8/1药束上蹿对 p_m 和 v_0 影响的试验结果。数据表明，蹿动距离越大，初速 v_0 下降得越严重，但膛压变化似乎有随机性。

表3.10　8/1药束蹿动对内弹道性能的影响

装配情况	$v_0/(m \cdot s^{-1})$	p_m/MPa
正常	509.4	221.6
上蹿5mm	508.0	233.5
上蹿15mm	506.0	219.4

3）点火药包径向偏移的影响

由于改型基本药包底部瓶体直径变大，装填4/1药粒之后仍显得有些松垮，因此当长途运输之后基本药包会自行产生径向偏移。为做验证对比，作了模拟处理，先将装配好的该装药水平放置在振动台上，振动频率为930Hz/min，振幅为5mm，持续时间为30min。然后检查黑药包中心位置偏离底火台中心孔的距离。最后与未经振动的装药采用交叉法做对比射击试验，其结果如表3.11所列。结果表明，点火黑药包的径向偏移，对 v_0 和 p_m 不一致性与平均值均有增加趋势。

表3.11　振动引起点火药包径向偏移及其对弹道性能的影响

振动				未振动		
射序	偏移距离/mm	$v_0/(m \cdot s^{-1})$	p_m/MPa	射序	$v_0/(m \cdot s^{-1})$	p_m/MPa
1	35	506.1	210.9	2	506.0	207.5
3	31	508.5	226.0	4	507.6	215.7
5	31	507.2	218.9	6	508.1	222.6
7	28	509.8	227.7	8	506.0	211.9
9	28	506.8	223.4	10	506.2	211.7
平均	30.6	507.7	221.4	平均	506.8	213.9

3.2.2　122mm榴弹炮两种装药问题内弹道性能分析[19]

122mm榴弹炮装药由多个药包或药束组合而成。事实上，药包或药束组合设计一旦确定,也就决定了装药在发射过程中的点火燃烧特征。如果组合不当,最终将殃及内弹道性能稳定性和安全性。

1. 54式122mm榴弹炮基本药包肥大引发的内弹道稳定性问题

54式122mm榴弹炮装药结构如图3.29所示,由于初始设计图样中的基本药包布袋过于肥大,造成其中4/1粒状药在药包内窜动。进入定型试验时,使得内弹道性能不稳定而无法达标。由图3.29可见,该装药由基本药包、附加下药包、附加上药包、除铜剂、紧塞盖、定位盖等组成。基本药包下侧附着一个点火药包,内装有30g黑药。附加药包分上、下两层,每层各4个。下层附加药包装填9/7粒状药为115g,上层附加药包装填9/7粒状药为325g。基本药包内装填4/1粒状药为340g。由于初始设计4/1基本药包布袋肥大(图3.29(a)),其底侧附着点火黑药包位置也容易移动而偏心。事实上即使不发生偏移,这种条件下底火射流要全面点燃上层附加药包中的9/7火药,也必须穿透多层药包布。因此初始设计在点传火性能上显然也是不理想的。对初始设计装药共试验了24组,其中有15组内弹道性能指标不合格。图定的初速或然误差为$\gamma_{v_0} \ngtr 1.6\text{m/s}$,试验发现有的竟达到4.75m/s。而且这些指标不合格试验结果,有一部分主装药是采用标准药(从苏联进口)得到的。因此判定产生不合格的原因是装药结构,是基本药包肥大。为了解决这个问题,对基本药包袋尺寸作了改进,改为如图3.29(b)所示座垫式形状,中间部位为点火黑药,4/1基本装药位于点火黑药的四周。改进后的基本药包结构紧实,不易变形,稳定地坐在底火台上,其中4/1火药和黑火药不会因运输和操作而发生窜动。而且底火射流直接对着点火药,改善了点传火性能。表3.12所列为基本药包布袋形状改进前后试验结果对比。为了进一步考核改进后基本药包的内弹道稳定性,进行了多组验证试验,结果如表3.13所列。该表数据表明,改进后的基本药包,内弹道稳定性好,初速或然误差平均值$\ngtr 0.7\text{m/s}$。但初速v_0下降了约6m/s(1.2%~1.3%),p_m下降了约8.2MPa(3.6%~6.2%)。为什么会发生这种情况呢?可以认为,原设计的装药结构在点传火过程中因底火上方药包布层次太多,使点火射流受阻,能量集中于底部,4/1基本装药首先被点燃,膛底点火过猛,压力上升过快,致使膛内出现压力波动,p_m和v_0偏高(可惜因限于当时条件,没有测量$p-t$曲线)。改进后的基本药包,点火黑药的燃烧产物可以比较顺畅地实现轴向快速传播,轴向压力波动效应减弱,因此p_m、v_0均有所降低。为了提高整个装药做功效率,提高初始点火压力是最直接有效的办法,因此适当提高点火药量,将点火黑药由30g增加到50g。表3.14的结果表明,调整点火药量之后,内弹道性能全面满足设计要求。

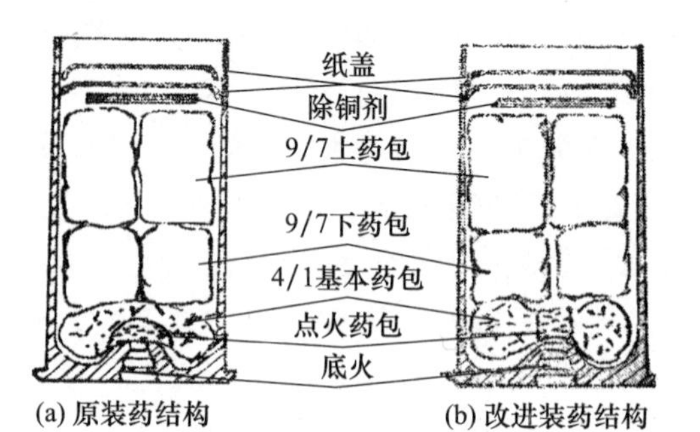

图 3.29　54 式 122mm 榴弹炮装药结构示意图

表 3.12　改进前后试验结果对比

结构	组序	$v_0/(\mathrm{m\cdot s^{-1}})$	$\gamma_{v_0}/(\mathrm{m\cdot s^{-1}})$	$p_\mathrm{m}/\mathrm{MPa}$
原装药结构	第 1 组	522.0	2.17	239.3
	第 2 组	521.1	1.52	236.9
	平均	521.6	1.85	238.1
改进后装药结构	第 1 组	514.2	0.48	222.8
	第 2 组	514.6	0.93	223.0
	第 3 组	516.5	0.97	224.1
	平均	515.0	0.79	223.3
两结构差值		6.6	1.06	14.8

表 3.13　试验结果

组序	$v_0/(\mathrm{m\cdot s^{-1}})$	$\gamma_{v_0}/(\mathrm{m\cdot s^{-1}})$	$p_\mathrm{m}/\mathrm{MPa}$	身管已射弹数
第 1 组	508.7	0.91	219.9	291
第 2 组	509.1	0.74	218.5	297
第 3 组	507.8	0.67	217.6	302
第 4 组	507.3	0.80	219.7	—
第 5 组	509.2	0.47	216.1	322
第 6 组	509.4	0.56	220.6	338
第 7 组	509.4	0.62	217.3	324
第 8 组	510.0	0.97	220.2	340
第 9 组	509.3	0.24	219.7	346
第 10 组	509.5	0.41	218.1	352
平均	509.0	0.64	218.8	—

表 3.14 调整点火药量之后的试验结果

装药结构及点火药量	组序	$v_0/(\mathrm{m\cdot s^{-1}})$	$\gamma_{v_0}/(\mathrm{m\cdot s^{-1}})$	p_m/MPa
改进结构,点火黑药为 30g	第 1 组	509.3	0.55	218.0
	第 2 组	510.0	0.97	220.2
	第 3 组	509.3	0.24	219.7
	第 4 组	509.5	0.41	218.1
	平均	509.5	0.54	219.0
改进结构,点火药量为 50g	第 1 组	515.5	0.77	227.6
	第 2 组	514.0	0.31	224.4
	第 3 组	515.8	1.21	226.7
	平均	515.1	0.76	226.2

2. 新 122mm 榴弹炮 4#装药支撑环的作用

20 世纪 60 年代,我国曾研制过一种新型 122mm 榴弹炮。该炮在研制定型试验中,采用如图 3.30 所示的装药结构。装药组合件包含基本药包、附加药束、点火药包、除铜剂、消焰剂、紧塞盖和密封盖等。基本药包呈扁平坐垫状,采用 4/1 粒状药。在其上、下两侧缝制附着有相互独立的点火药包,内装点火黑药。附加药束采用 13/1 管状药,共由 4 支大药束和 3 支小药束构成,其中一支大药束放置于装药中间,其余大小药束相间排列于四周。第一次靶场考核试验内弹道主要特征量结果如表 3.15 所列。

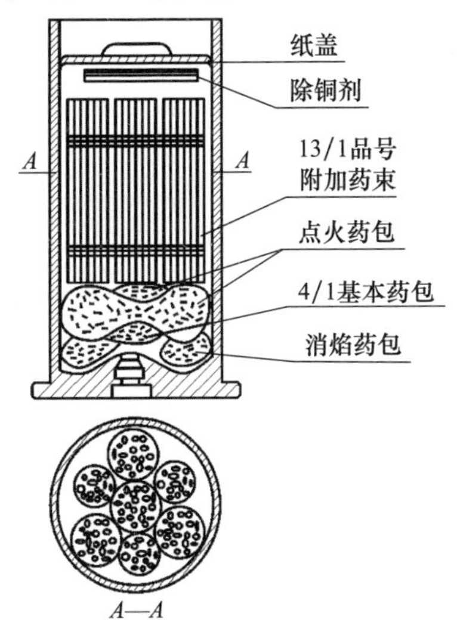

图 3.30 新 122mm 榴弹炮装药结构示意图

表 3.15 第一次靶场考核试验

装药号	v_0/(m·s^{-1})	γ_{v_0}/(m·s^{-1})	$p_{m平均}$/MPa	装药号	v_0/(m·s^{-1})	γ_{v_0}/(m·s^{-1})	$p_{m平均}$/MPa
0	608.1	0.78	259.0	4	362.4	1.39	96.1
1	550.1	0.33	203.7	5	326.5	0.40	80.6
2	489.8	0.62	164.3	6	288.9	0.61	69.3
3	429.4	0.53	118.7	7	250.3	0.62	58.2

由表3.15可见，除4#装药外，其余装药号内弹道性能都很基本良好。为什么唯独4#装药初速或然误差相对其他装药号增大1倍以上呢？从图3.30可见，所谓4#装药就是周围3支及中间1支大药束全部取走，只剩下3支小药束的状态。显然，3支小药束定位存在任意性，倾斜不定。而之前的0#～3#装药，药束较多，药束之间相互支撑，不易发生倾斜，传火性能通畅。对于4#以下的5#或6#装药，分别只剩余2支和1支小药束，即使也处于倾斜与偏移状态，轴向传火影响程度有限，而且这时装药量相对基本装药量不占优势。因此，唯独4#装药，其附加装药量与基本装药量基本相当，从而导致点火燃烧过程容易不稳定，造成初速或然误差γ_{v_0}超标。

基于以上分析，参试人员设计制作了一个支撑环置于装药之中，使余下的小药束不会倾倒和偏移于一侧。支撑环用纸质可燃材料制成。改进后的4#装药，验证试验结果如表3.16所列。数据表明，增加支撑环之后，4#装药初速或然误差数值减小了一半，大幅度提高了内弹道性能特别是初速的一致性。

表 3.16 增加支撑环后的试验结果

组序	加支撑环			不加支撑环		
	v_0/(m·s^{-1})	γ_{v_0}/(m·s^{-1})	$p_{m平均}$/MPa	v_0/(m·s^{-1})	γ_{v_0}/(m·s^{-1})	$p_{m平均}$/MPa
第1组	362.3	0.64	946	362.6	1.60	974
第2组	364.1	0.63	960	362.7	1.27	953
第3组	—	—	—	362.0	1.29	957
平均	363.2	0.64	953	362.4	1.39	961

3.2.3 迫击炮发射装药药包定位

迫击炮、无后坐力炮，以及一些单兵火箭和导弹发射器，由于发射管承压能力有限或者射弹承受过载能力有限，一般采用低膛压或高低压发射方案。这类发射装置的发射管构造及其弹炮匹配关系与一般后膛炮具有较大差异，而且装药结构也有不同之处。一般迫击炮装药由两部分组成，即基本药管和辅助装药。又因为一般迫击炮身管是不带膛线的，所以通常射弹采用尾翼保持飞行稳定。图3.31为63式82mm迫击炮装药示意图，图3.32为其基本药管结构图。基本药管通常采用纸质材料制作，基本装药一般采用带状和管状药或黑火药，底部由金属底座封装，底座上安装有底火，顶部用厚纸垫封装。将基本药管插入弹丸尾管，紧固后，再将辅助装药装配在尾管外侧，则弹药装配完毕。通常辅助装药分成若干个药包或药袋，分别装配在弹丸尾杆上。辅助药包设计与弹丸尾杆结构、开孔以及火药选型有关。

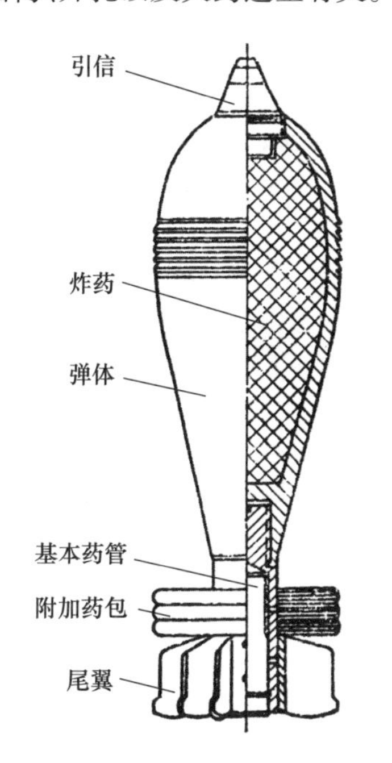

图3.31 63式82mm迫击炮装药结构图

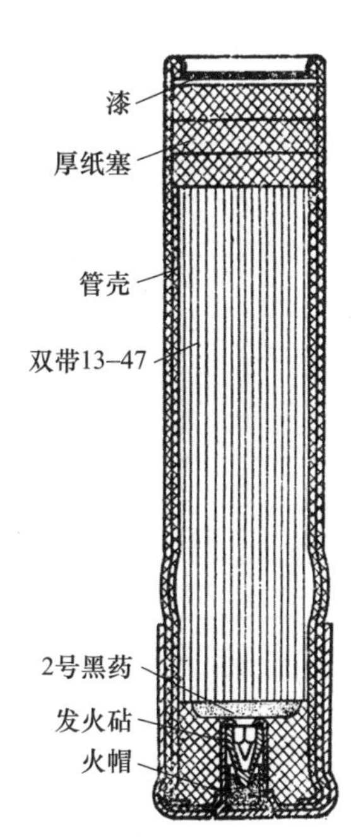

图3.32 63式82mm迫击炮基本药管结构图

发射时，击针撞击底火，依次点燃基本药管中的黑火药和基本装药。当管内火药燃烧并达到一定压力，燃气剪破纸筒，通过尾管上预制小孔流出，进而引燃固定在尾管外侧的辅助装药。迫击炮基本装药是最小号装药，也可将其理解为是辅助装药的点火具。

通常中小口径迫击炮弹的辅助发射装药多采用环形药包，套装在尾管上；较大口径迫击炮弹的辅助装药多采用捆绑方式，固定在尾管外侧。如果迫击炮辅助药包与弹丸尾管的固定配合存在随意性，如环形药包沿尾管轴向容易发生滑动，则辅助药包相对尾管上的排气孔位置则是随机的，从而可能导致辅助装药点火与燃烧的随机性。

表 3.17 所列为 82mm 迫击炮初始进入靶场时 1#装药低温射击试验结果。总计射击 7 发,只有 2 发数据正常,其余为近弹或远弹。现场还发现,每次一发近弹之后,必然跟随一发远弹。弹道测试表明,近弹对应的弹丸初速显著较低,而远弹对应的初速增大。经分析认为,这是由于环形辅助药包沿尾管向上滑动(图 3.33)造成的。现场观察还发现,近弹时,火炮膛内留有剩药,显然这些剩药能量没有得到释放和利用,是造成相应初速下降和射程偏近的原因。由于前一发近弹膛内剩药没有得到清除,当下一发射击时,这些剩药将参与燃烧和做功,所以每次一发近弹之后,总跟着来一发远弹。

表 3.17　1#装药 −40℃射击结果

射序	初速 v_0/(m·s^{-1})	射程 X/m	初速跳动 Δv_0/(m·s^{-1})	射程跳动 ΔX/m	初速相对跳动 $\Delta v_0/v_0$	射程相对跳动 $\Delta X/X$	性质
1	135.5	1480	—	—	—	—	正常
2	87.9	709	−47.6	−771	−35.2%	−52.8%	近弹
3	141.9	1584	+6.4	+103	+4.8%	+7.1%	远弹
4	105.1	970	−30.4	−510	−22.5%	−34.5%	近弹
5	138.6	1536	+3.1	+56	+2.3%	+3.8%	远弹
6	135.0	1440	—	—	—	—	正常
7	122.8	1208	−12.2	−232	−9.1%	−16.1%	近弹

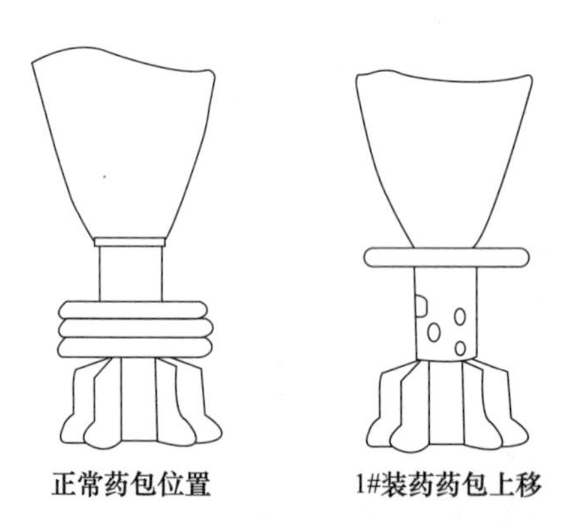

图 3.33　63 式 82mm 迫击炮 1#装药药包滑动错位示意图

为了验证上述分析与判断,对 1#装药低温条件下药包在尾管上的定位方式进行了对比试验,试验结果如表 3.18 所列。由图 3.33 可见,1#装药药包上移,意味着基本药管通过排气孔喷出来的点火燃气不能直接对准辅助装药,于是使得其点火延滞时间增长。点火延滞时间增长,又导致辅助装药不完全燃烧。为了提高试验数据的可信度,对比试验时有意增加了射击发数。表 3.18 结果表明，当辅助药包正常定位，相应内弹道性能稳定，射程散布满足战技指标要求。而当辅助药包一旦滑移至尾管上方，偏离尾管开孔位置，则弹道性能失稳，初速或然误差 γ_{v_0} 显著增大，达正常的7倍，相应距离散布增加到原来的6倍。

表3.18　1#装药 -40℃药包位置不同对比试验结果

药包位置	射弹数	平均射程 X/m	着点散布				初速 v_0/(m·s^{-1})	初速或然误差 γ_{v_0}/(m·s^{-1})
			B_X/m	B_X/Z	B_Z/m	B_Z/Z		
上移	18	1174	63	1/19	3.5	1/356	113.8	3.23
上移	8	1189	67	1/18	6.4	1/258	114.9	3.66
正常	7	1524	11	1/152	1.2	1/1385	132.3	0.49
正常	15	1531	9	1/170	2.1	1/729	132.7	0.48

通过验证，找到了问题原因。采用如下3项改进措施：①适当减小辅助药包内环尺寸；②尾管外表面增加刻槽，用于防止药包滑动，增加其在尾管上定位可靠性；③改变尾管开孔分布。同时，还更换了基本装药。这样提高了弹道性能稳定性，初速或然误差和射程散布都满足设计要求。

事实上，除了82mm迫击炮出现过近弹问题外，63式60mm迫击炮和71式100mm迫击炮也曾出现过同样的问题和故障，原因也基本类似，解决问题的方法基本相同。图3.34所示为71式100mm迫击炮1#装药辅助药包向上滑移，不能正常点火燃烧情况下的实测 $p-t$ 曲线，与药包正常定位相比，压力明显下降，且出现压力波动，显示内弹道性不稳定。

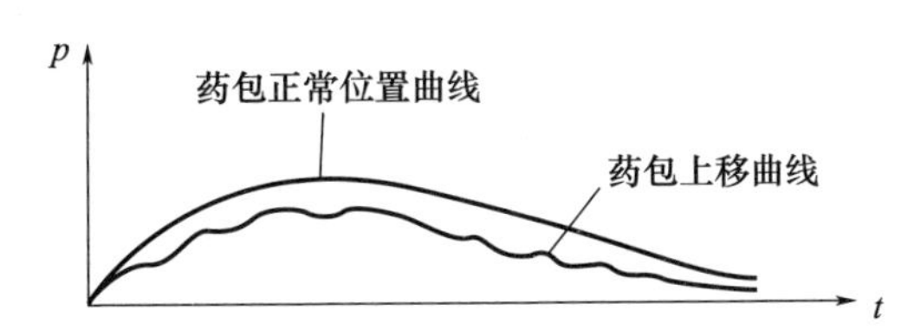

图3.34　71式100mm迫击炮1#装药药包位置不同 $p-t$ 曲线

3.3　装药床的力学性能

火炮采用高装填密度装药，整个装药床都将处于密实态，即使是中低装填密度装药，其局部也可能是密实的。这里讨论发射初期密实装药床压缩条件下的力学响应。密实装药床的力学响应，指药床内颗粒之间和颗粒聚集态的力学行为。这种力学行为是与药床组成颗粒特性及其空隙率相关的，同时也与颗粒间隙中的流体特性相关。因此，本质上这是一个流体力学与固体力学的交叉耦合问题。

关注装药床力学特性的最终目的是为了考察和预测火药颗粒床内火药颗粒在什么条件下可能出现机械失效,包括颗粒发生变形、坍塌、破碎,以及由此而导致的燃烧面增加。按火药燃气生成速率定义,有

$$\dot{m}_g = -\frac{dm_p}{dt} = -\rho_p rA \tag{3.6}$$

式中:$\dot{m}_g$,m_p,ρ_p 分别为燃气生成速率、火药质量和物质密度;A 为药粒燃烧表面积;r 为燃烧面沿其内法向的移动速度。例如:药粒遭受挤压和撞击,生成裂缝或碎片,燃烧面 A 将增大。

内弹道过程中药粒发生破裂或破碎有 3 种可能:①膛内气流挟持药粒以较高速度(50 ~200m/s)撞击弹底、弹丸尾杆、尾翼和药室坡膛;②药床挤压致使粒间应力或药粒内部应力超过屈服极限;③长细比较大的管状药,当其内外压差超过允许极限,则将造成药管胀裂或塌陷。关于药粒撞击已在第 2 章讨论过,这里侧重讨论药床整体力学行为,特别是装药床因自身透气性差或点传火过程猛烈而造成药床内药粒挤压破坏的判别。

3.3.1 装药床简化弹性压缩变形模型

假设装药床是个圆柱体,在承受压缩时,将表现出弹 - 塑性和黏弹性特征,压缩响应分为 3 个阶段,即初始"弹性"阶段、"弹 - 塑"性转换阶段和"塑性"变形或脆性塌陷阶段。一般情况下,弹性阶段甚至弹 - 塑性转换阶段颗粒床变形量较小,空隙率变化不大。但塑性变形阶段和脆性塌陷阶段会发生严重变形、塌陷和内部颗粒的扭曲变形与破裂。

早期内弹道理论模型不考虑药粒变形、破裂及其引起的燃烧增强效应。在两相流内弹道模型发展初期,为考虑药粒破碎增燃影响,采用对燃烧面积乘倍数或加"乘子"的办法来体现药粒破碎燃烧增强效应[20],并试图用单个火药颗粒的力学本构关系和破坏特性代替装药床整体行为和其中颗粒的破碎和燃烧面增加特征。按此思路,P. S. 高夫(P. S. Gough)采用弹性介质中小扰动(声波)传播理论,将药床当作均质各向同性弹性物体,推导出装药床的应力 - 应变本构关系式为[21]

$$\sigma_b = \rho_p a_b^2 \varepsilon_{g0}^2 \left(\frac{1}{\varepsilon_g} - \frac{1}{\varepsilon_{g0}}\right) \tag{3.7}$$

式中:ρ_p 为药粒物质密度;a_b 为药床声速;σ_b 为药床单位表观截面积上的压力即表观应力;ε_g 为药床空隙率;ε_{g0}为药粒自然堆放空隙率。

在均匀各向同性假定条件下,药床表观应力 σ_b 与药床基质材料,即火药基体所承受的应力 σ_p 之间存在下列关系:

$$\sigma_b = \sigma_p(1-\varepsilon_g) \tag{3.8}$$

在两相流内弹道理论中，药床基体材料应力 σ_p，即颗粒间应力或颗粒基体应力。由式(3.8)可见，σ_p 与 σ_b 之间的关系与空隙率 ε_g 紧密相关，当 ε_g 增大到一定程度 ε_*，则颗粒间应力 σ_p 和药床表观应力 σ_b 都不再出现；如当 $\varepsilon_g=\varepsilon_*$ 时，假定达临界状态，$\sigma_p=\sigma_b=0$。习惯上，取

$$\varepsilon_* = \varepsilon_{g0} + 0.1513 \tag{3.9}$$

按弹性理论，如令沿药床介质传播的声速为 a_b，a_b 与药床压缩应力-应变曲线的斜率 $d\sigma_b/d\varepsilon$ 有下列关系：

$$a_b = \begin{cases} \sqrt{\dfrac{1}{\rho_b}\dfrac{d\sigma_b}{d\varepsilon_b}} = a_0 & \left(\sigma_b \leqslant \sigma_{by}, \dfrac{d\sigma_b}{d\varepsilon} = E_b\right)(\text{弹性段}) \\ \sqrt{\dfrac{1}{\rho_b}\dfrac{d\sigma_b}{d\varepsilon_b}} < a_0 & \left(\sigma_b > \sigma_{by}, \dfrac{d\sigma_b}{d\varepsilon} < E_b\right)(\text{塌陷段}) \end{cases} \tag{3.10}$$

式中：a_0 为药床中弹性纵波传播速度，$a_0=\sqrt{E_b/\rho_b}$，ρ_b 为药床表观密度，即

$$\rho_b = (1-\varepsilon_g)\rho_p \tag{3.11}$$

如假定火药材料即药床基质是不可压缩的，即 $\rho_p=\text{const}$，则式(3.10)中 σ_{by} 为药床屈服应力，E_b 为药床压缩模量，ε_b 为药床应变。理论上，药床弹性模量 E_b 和火药颗粒弹性模量 E_p 之间存在某种函数关系，即

$$E_b = f[(1-\varepsilon_g), E_p] \tag{3.12}$$

通常式(3.12)是未知的，有待实验确定，因此 a_b 值必须由实验确定。但为简单方便，高夫假定[21]药床声速为分段函数，即

$$a_b(\varepsilon_g) = \begin{cases} a_{b0}(\varepsilon_{g0}/\varepsilon_g) & (\varepsilon_g \leqslant \varepsilon_{g0}) \\ a_{b0}\exp[-K(\varepsilon_g-\varepsilon_{g0})] & (\varepsilon_{g0} < \varepsilon_g \leqslant \varepsilon_*) \\ 0 & (\varepsilon_g \geqslant \varepsilon_*) \end{cases} \tag{3.13}$$

式中：K 为 $\varepsilon_g > \varepsilon_{g0}$ 时药床应力衰减因子(系数)。显然，当 $\varepsilon_g > \varepsilon_*$ 时，$a_b=0$；而 a_{b0} 为 $\varepsilon_g=\varepsilon_{g0}$ 时的声速。

金志明等在《现代内弹道学》中对式(3.7)作了详细推演[22]，并在 1990 年，采用 6/7 和 7/14(花)两种单基药床进行了不同温度下的压缩试验[23]，给出了式(3.7)的修正式：

$$\sigma_b = \rho_p a_b^2 \varepsilon_{g0}^2 \left(\frac{1}{\varepsilon_g} - \frac{1}{\varepsilon_{g0}}\right)\exp[b_0 + b_1(\varepsilon_g - \varepsilon_{g1})] \tag{3.14}$$

式中：b_0，b_1，ε_{g1} 为与药床和药粒组分、几何特性等相关的拟合系数，并在试验中发现低温条件下有火药压缩破碎现象。

1995 年，D. E. Kooker 等对多种火药，包括单基 M1、M14，双基 JA2，三基 M30A1 和硝胺药 M43 装药床(127mm 直径)进行压缩试验，最大压缩应力达

150MPa,应变速率为0.04/s,温度仍为常温[24]。尽管该试验方法与以往原则相似,但其所做试样多且全面。只是仍以简单弹性压缩表征试验结果,给出了式(3.7)修正式为

$$\sigma_{b}=\frac{\rho_{p}a_{b}^{2}\varepsilon_{g0}}{(b+1)^{2}}\left\{\left(\frac{\varepsilon_{g0}}{\varepsilon_{g}}-1\right)-b^{2}\left(\frac{\varepsilon_{g}}{\varepsilon_{g0}}-1\right)+2b\ln\left(\frac{\varepsilon_{g0}}{\varepsilon_{g}}\right)\right\} \tag{3.15}$$

式中:b 为无量纲修正因子,当 $b=0$ 时,式(3.15)与式(3.7)一致。对不同性质的装药床,a_{b} 和 b 数值不同。

另外,不少研究人员也对药床压缩响应做了实验,但目的原则上都是为了验证式(3.7)的正确性[25-30]。显然,这些研究在理论上是存在局限性的,因为所得结果只考虑药床线弹性变形,而实际药床压缩坍塌和床内药粒的损坏发生在塑性变形和脆性断裂阶段。

3.3.2 装药床压缩塑性变形和坍塌理论分析

火炮发射装药的装填密度达到一定程度,装药床将形成高密实颗粒填充床,可以将这样的颗粒床看成是具有孔隙结构的多孔材料。它在动态或静态压缩条件下发生的变形或塌陷,是其内部结构和颗粒发生变形的宏观表征。也就是说,装药床的任何整体变形,意味着内部药粒发生了相互间的滑移变形、形位重整和颗粒变形与破裂,包括药粒形状和几何尺寸变化、损伤和破坏。而这些损伤与破坏,应包括弹性变形损伤、塑性变形损伤、脆性断裂损伤等。事实上从机理上说,药粒低温冷脆断裂属于断裂力学问题,而相应药床的表观特征是空隙率发生变化,这种变化变形不仅与药粒破碎因素有关,还涉及加载速率、颗粒特性及温度。

1. 基本假定

为了对装药床压缩过程进行恰当地物理描述,提供合适的力学响应关系式,进而为建立较为完善的内弹道理论模型作准备,提出如下假定:

(1) 火药颗粒具有均匀一致的形状与尺寸,即可用相同的特征尺寸来描述。

(2) 颗粒当量直径小于药室直径的1/20,即忽略药床壁面附近空隙率与床内不均匀效应影响。

(3) 尽管实际药床瞬间载荷可能高达 $10^{2}\sim10^{3}$ MPa,但火药颗粒密度变化仍可以忽略不计,即药床基质材料是不可压缩的。

(4) 忽略药床与容器间的摩擦,即将药床当作各向同性均质多孔介质。

(5) 采用两相流和多孔介质通用假定,即药床体积空隙率和对应当地面积空隙率相等。

(6) 组成药床的体积单元为具有统一规则的几何形状物体,不失一般性,

假定体积单元为空心厚壁圆球，内外半径分别为 a 和 b，即空隙率 $\varepsilon_g = a^3/b^3$。

(7) 假定药床体积单元(微元体)，即空心圆球外表均布压力 $p(t)$ 为时间函数，内表压力永远为零。当 $p(t)$ 的时间变化率较高，即相当于动态加载；当 $p(t)$ 变化足够缓慢，即相当于静态或准静态加载。可以证明，这种假定条件下，这里的 p 是药床表观压力。

(8) 忽略材料加载变形中的热效应。

2. 空心球模型下多孔材料应力－应变基本方程

由上面的假定(6)和假定(7)可知，空心球即为多孔介质微元体，用其表征均质各向同性可压缩弹塑性多孔材料。空心球外表作用有均布压力(应力) $p(t)$ ($p(t)$ 为时间的函数)、内表作用力为 0。希望建立该空心厚壁圆球空隙率与外表均布压力 $p(t)$ 之间的响应关系式。由上面的假定(8)，可以忽略多孔介质(空心圆球)在压缩响应中的热效应。于是，该问题的受力响应可由其基质(火药)密度 ρ_p、剪切模量 G 和屈服极限 σ_{py} 及空隙率等参量之间关系式来描述和确定[31]。

球对称问题，一般采用极坐标(r、θ、ϕ)。令 $t=0$ 时刻，定义域内任一点坐标为 r_0、θ_0、ϕ_0，在空心球外表均布压力作用下，有

$$r^3 = r_0^3 - B(t),\ \theta = \theta_0,\ \phi = \phi_0 \tag{3.16}$$

式中：B 的意义见式(3.19)。对该式取时间的两次微分，且消去 $\dot{r}$，则有

$$\ddot{r} = \frac{\partial \psi}{\partial t},\ \psi(r,t) = \frac{\ddot{B}(t)}{3r} + \frac{\dot{B}(t)^2}{18r^4} \tag{3.17}$$

式中：ψ 为位移场势函数。

设空心球初始时刻内外半径分别为 a_0、b_0，由于基质材料不可压，则式(3.16)可写为

$$b^3 - a^3 = b_0^3 - a_0^3 \tag{3.18}$$

定义空心球加载后松胀比 α 及初始时刻松胀比 α_0 分别为

$$\alpha = b^3/(b^3 - a^3),\qquad \alpha_0 = b_0^3/(b_0^3 - a_0^3)$$

则相应有
$$\alpha - 1 = a^3/(b^3 - a^3),\qquad \alpha_0 - 1 = a_0^3(b_0^3 - a_0^3) \tag{3.19}$$

和
$$a^3 = a_0^3(\alpha - 1)/(\alpha_0 - 1),\ b^3 = a_0^3\alpha/(\alpha_0 - 1)$$

及
$$B = a_0^3(\alpha_0 - \alpha)/(\alpha_0 - 1)$$

松胀比是指松散颗粒床表观密度相对基质密度的膨胀程度，所以松胀比 α 是多孔介质表观密度相对其基质密度之比，基质密度是基材物质密度。若基质材料密度为 ρ_p，则多孔介质表观密度为 $\rho_p(1-\varepsilon_g)$，ε_g 为空隙率，因此有 $\alpha = \rho_p/(1-\varepsilon_g)\rho_p = 1/(1-\varepsilon_g)$。

下面首先讨论初始受力阶段空心球的线弹性响应问题。设径向无限小位

移为 u,无限小主应变分别为 ε_r、ε_θ、ε_ϕ,可得

$$u = r - r_0 = -B/3r^2 \tag{3.20}$$

和

$$\varepsilon_r = \frac{\partial u}{\partial r} = \frac{2B}{3r^3}, \varepsilon_\theta = \varepsilon_\phi = -\frac{B}{3r^3} \tag{3.21}$$

而相应主应力 σ_r、σ_θ、σ_ϕ 分别为

$$\sigma_r = -p + S_r, \sigma_\theta = -p + S_\theta, \sigma_\phi = -p + S_\phi \tag{3.22}$$

式中:S_r, S_θ, S_ϕ 为相应坐标方向应力偏量,即

$$S_r = 2G\varepsilon_r = 4BG/3r^2, S_\theta = S_\phi = -2GB/3r^3 \tag{3.23}$$

显然,在这里 G 为剪切模量,将 p 理解为静压值,p 属于尚待确定的值。于是该空心球的运动方程为

$$\frac{\partial \sigma_r}{\partial r} + \frac{2}{r}(\sigma_r - \sigma_\theta) = \rho_p \ddot{r} \tag{3.24}$$

利用式(3.17)、式(3.22)和式(3.23),对该方程积分,得

$$-p(r,t) = \rho_p \psi(r,t) + h(t) \tag{3.25}$$

式中:$h(t)$ 为积分函数,由假定(7)边界条件可写为

$$\begin{cases} \sigma_r = 0 & (r = a) \\ \sigma_r = -p(t) & (r = b) \end{cases} \tag{3.26}$$

利用式(3.26),由式(3.25)得静压为

$$\rho_p(\psi_a - \psi_b) + \frac{4}{3}GB(1/a^3 - 1/b^3) = p \tag{3.27}$$

式中:ψ_a, ψ_b 为空心球内外边界处加速度势。

将式(3.19)代入式(3.17),由式(3.27)得其关于 α 的二阶常微分方程为

$$\tau^2 \sigma_{py} Q(\ddot{\alpha}, \dot{\alpha}, \alpha) = p - [4G(\alpha_0 - \alpha)]/[3\alpha(\alpha - 1)] \tag{3.28}$$

又

$$\tau^2 = \rho_p a_0^2/[3\sigma_{py}(\alpha_0 - 1)^{2/3}] \tag{3.29}$$

$$Q(\ddot{\alpha}, \dot{\alpha}, \alpha) = -\ddot{\alpha}[(\alpha - 1)^{-1/3} - \alpha^{-1/3}] + \frac{1}{6}\dot{\alpha}^2[(\alpha - 1)^{-4/3} - \alpha^{-4/3}] \tag{3.30}$$

为下面求解方便,令式(3.28)中系数 σ_{py} 为常量,而 τ 的物理量纲为时间。

式(3.28)在材料弹性范围内有效,直至材料屈服,即有

$$S_r - S_\theta = \sigma_{py} \tag{3.31}$$

接下来,随外加载荷继续增加,空心球内表面边界首先开始塑性屈服,并向外层扩展。设任意时刻 t,塑性屈服界面为 c,则 $r > c$ 仍为弹性区。于是参照式(3.27),在 t 之前有

$$\rho_{\mathrm{p}}(\psi_c-\psi_b)+\frac{4}{3}GB(1/c^3-1/b^3)=p-p_c \tag{3.32}$$

式中：p_c 为弹－塑性界面处压力。在界面 $r=c$ 处，弹性应力场满足屈服条件，即式(3.31)，于是由式(3.23)，有

$$2GB/c^3=\sigma_{\mathrm{py}} \tag{3.33}$$

对塑性变形区 $r<c$，式(3.31)中分应力可用屈服条件代替，即有

$$S_r=\frac{2}{3}\sigma_{\mathrm{py}} \tag{3.34}$$

于是这里的运动方程应改写为

$$-\frac{\partial p}{\partial r}-\frac{2\sigma_{\mathrm{py}}}{r}=\rho_{\mathrm{p}}\ddot{r} \tag{3.35}$$

对其积分，得

$$-p(r,t)=-2\sigma_{\mathrm{py}}\ln r+\rho_{\mathrm{p}}\psi(r,t)+k(t) \tag{3.36}$$

式中：$k(t)$ 为积分函数。

由 $r=a$ 和 $r=c$ 处径向应力的边界条件，得

$$\rho_{\mathrm{p}}(\psi_a-\psi_c)+2\sigma_{\mathrm{py}}\ln(c/a)=p_c \tag{3.37}$$

将式(3.27)与式(3.37)相加，并用式(3.35)消去带下标 c 的量，则变量 p_c 及 c 不再存在，所得结果通过式(3.19)整合，最终形成的关于 α 的二阶常微分方程为

$$\tau^2\sigma_{\mathrm{py}}Q(\ddot{\alpha},\dot{\alpha},\alpha)=p-\frac{2}{3}\sigma_{\mathrm{py}}\{1-[2G(\alpha_0-\alpha)]/(\sigma_{\mathrm{py}}\alpha)+\ln\{[2G(\alpha_0-\alpha)]/[\sigma_{\mathrm{py}}(\alpha-1)]\}\} \tag{3.38}$$

式(3.38)在弹－塑性转换阶段有效，直至转换界面 c 到达外表面为止，即整个球全部进入塑性变形为止。随后，空心球的运动由式(3.35)及边界条件式(3.26)所确定。利用边界条件式(3.27)，根据式(3.19)、式(3.34)和式(3.36)，又可得到这一阶段的关于 α 的二阶常微分方程为

$$\tau^2\sigma_{\mathrm{py}}Q(\ddot{\alpha},\dot{\alpha},\alpha)=p-\frac{2}{3}\sigma_{\mathrm{py}}\ln[\alpha/(\alpha-1)] \tag{3.39}$$

以上给出了空心球外表面压力持续增加所发生的 3 个阶段力学响应方程，即弹性段控制方程式(3.28)、弹－塑性转换阶段控制方程式(3.38)和塑性变形阶段方程式(3.39)。由式(3.19)和式(3.33)，对应球壁初始屈服($c=a$)和最终全部屈服($c=b$)时刻，空心球(多孔介质)松胀比 $\alpha=1/(1-\varepsilon_{\mathrm{g}})$ 值分别为

$$\alpha_1=(2G\alpha_0+\sigma_{\mathrm{py}})/(2G+\sigma_{\mathrm{py}}) \tag{3.40}$$

$$\alpha_2=2G\alpha_0/(2G+\sigma_{\mathrm{py}}) \tag{3.41}$$

式(3.40)和式(3.41)分别为多孔材料弹性/弹－塑性转换交替与弹－塑性/塑性交替时刻松胀比 α 之值。有必要强调指出,不管外加载荷 $p(t)$ 曲线上升速率如何,α_1 与 α_2 值是不变的,但对应于 α_1 和 α_2 出现时刻的加载压力 p_1 和 p_2 却因 $p(t)$ 上升速率不同而不同。当然,这里所作的弹性和弹塑性分阶段分析,带有近似性,因分析结果的精确性,要涉及应变微元(式(3.21))的准确性;而运动方程式(3.35)的积分,也只有当屈服极限 σ_{py} 为常数,塑性运动分析才是精确的。

下面讨论静态加载响应关系式。在静态加载条件下,上述运动方程积分结果中的惯性项,即 $\tau^2\sigma_{py}Q(\ddot{\alpha},\dot{\alpha},\alpha)$ 可忽略不计,则空心球(孔隙材料)压缩响应关系式可改写为

$$p = p_{eq}(\alpha) \tag{3.42}$$

式中

$$p_{eq} = \begin{cases} 4G(\alpha_0 - \alpha)/3\alpha(\alpha - 1) & (\alpha_0 \geqslant \alpha \geqslant \alpha_1) \\ \dfrac{2}{3}\sigma_{py}(1 - [2G(\alpha_0 - \alpha)]/(\sigma_{py}\alpha) + \ln\{[2G(\alpha_0 - \alpha)]/[\sigma_{py}(\alpha - 1)]\}) & (\alpha_1 \geqslant \alpha \geqslant \alpha_2) \\ \dfrac{2}{3}\sigma_{py}\ln[\alpha/(\alpha - 1)] & (\alpha_2 \geqslant \alpha \geqslant 1) \end{cases} \tag{3.43}$$

式中:剪切模量 G 是描述材料弹性变形阶段所必需的要素,屈服极限 σ_{py} 是描述材料塑性变形阶段所必需的要素。这就是说,多孔介质压缩响应的不同阶段,依次分别对应涉及的材料参量是 G、G 与 σ_{py} 和 σ_{py}。在静态加载压缩下,不同应变性质阶段变换处的压力分别为

$$p_1 = 2\sigma_{py}/3\alpha_1 \tag{3.44}$$

及

$$p_2 = \frac{2}{3}\sigma_{py}\ln[\alpha_2/(\alpha_2 - 1)] \tag{3.45}$$

这两个式子可通过式(3.40)~式(3.43),取 $\mathrm{d}p/\mathrm{d}\alpha$ 在相邻阶段变换处的光滑连接条件而得到。压缩过程可以用图3.35作解释,压缩从 α_0 开始,$p-\alpha$ 关系遵从式(3.43)中第一个式子作变化,到"初始屈服"虚线为止,即

$$p = 2\sigma_{py}/3\alpha \tag{3.46}$$

接下来压缩进入弹－塑转换阶段,$p-\alpha$ 关系按方程式(3.43)中第2个式子变化,直至"完全屈服",即至点画线为止,则有

$$p = \frac{2}{3}\sigma_{py}\ln[\alpha/(\alpha - 1)] \tag{3.47}$$

然后压缩过程进入第三阶段,p 与 α 按式(3.43)中第三个式子变化。P 继

续增加,相当于图 3. 35 中的 $p-\alpha$ 曲线终点,最后都将 $p\to\infty$,$\alpha\to 1$。

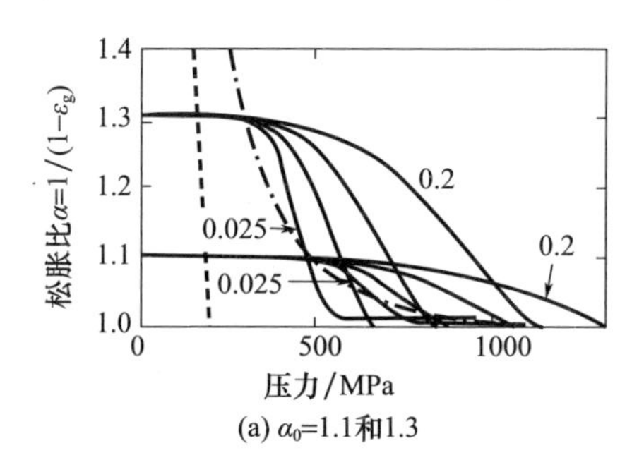

(a) α_0=1.1和1.3

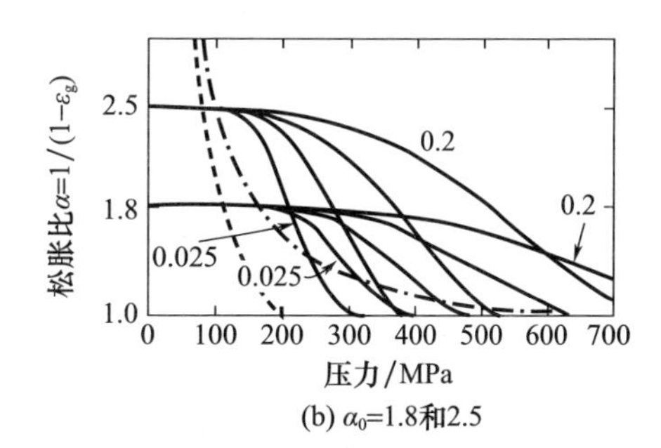

(b) α_0=1.8和2.5

图 3. 35　空心铝球压缩 $p-\alpha$ 曲线

(图中的实线是 $p-\alpha$ 关系曲线,空心铝球颗粒为体积单元,初始内半径为 $a_0=20\mu m$。图(a)中初始松胀比分别为 $\alpha_0=1.1,1.3$;图(b)中初始松胀比分别为 1. 8 和 2. 5。颗粒外表压力增加速率分别为 $\dot{p}=2.5,5,10$ 和 20MPa/ns。图中虚线为静态加载压缩条件下开始进入塑性屈服(式(3. 46))状态的起始点,点画线为静态加载条件下颗粒被压缩全部进入塑性屈服状态的点(式(3. 47)))

由式(3. 41)可见,颗粒床在弹性变形段和弹-塑性变形段,因颗粒的屈服极限与剪切模量相比是小量,松胀比 α 变化很小。事实上,直至塑性屈服全部完成,α 的变化也非常小。对填充床颗粒为上述空心铝球,其比值:

$$(\alpha_0-\alpha_2)/\alpha_0=\sigma_{py}/(2G+\sigma_{py}) \tag{3.48}$$

也只有 0. 6% 左右。对一般火药颗粒床,$\alpha_0=1.5\sim1.8$。因此,在静态压缩条件下,同样可以近似认为在弹性变形和弹-塑性转换阶段,α 的变化是可以忽略的,即近似可将颗粒是否全部进入塑性变形当作判别其是否破裂的临界点。这就是说,假设前两个阶段 α 近似取 $\alpha=\alpha_0$,于是由式(3. 47)可改写得到药床进入完全塑性(脆性)变形阶段的临界压力为

$$p_{crit}=\frac{2}{3}\sigma_{py}\ln[\alpha_0/(\alpha_0-1)] \tag{3.49}$$

而相应的式(3. 47)中 α 可近似写为

$$\alpha=\begin{cases}\alpha_0 & (0<p\leqslant p_{crit})\\ 1/(1-e^{-3p/2\sigma_{py}}) & (p_{crit}\leqslant p\leqslant\infty)\end{cases} \tag{3.50}$$

由前面讨论可知,$\alpha_0=1/(1-\varepsilon_0)$,$\varepsilon_0$ 可取药床自然装填条件下的空隙率。因为颗粒床塌陷是颗粒垮塌,即填充床塌陷应力等同于颗粒破坏临界应力,于是式(3. 49)可以进一步改写为

$$\sigma_{p_{crit}}=\frac{2}{3}\sigma_{py}\ln\left(\frac{1}{\varepsilon_0}\right) \tag{3.51}$$

式中:$\sigma_{p_{crit}}$ 为粒间的临界应力。

于是,由式(3. 51)可知,火药填充床压缩条件下药粒塑性变形或脆性破裂

临界粒间应力可简化为火药屈服极限 σ_{py} 和自然填充率 ε_0 的简单函数，或者说药粒垮塌临界应力是屈服应力 σ_{py} 简单倍数。一般火药密实填充床 ε_0 约在 0.35～0.45 范围。因此，药床压缩引起药粒脆性破裂或发生塑料变形的颗粒间应力约为 $-0.53\sigma_{py}\sim-0.70\sigma_{py}$，负号表示是压应力。如果考虑动态压缩效应，部分压力要消耗于惯性力做功，因此颗粒破坏临界应力 $\sigma_{p_{crit}}$ 要比式(3.51)判别值稍大些。利用式(3.8)，药床临界应力可写为

$$\sigma_{b_{crit}}=\sigma_{p_{crit}}(1-\varepsilon_c)=\frac{2}{3}(1-\varepsilon_c)\ln\left(\frac{1}{\varepsilon_0}\right)\sigma_{py} \tag{3.52}$$

式中：ε_c 为药床压缩变形或坍塌临界空隙率。

利用式(3.51)或式(3.49)，可得到药床坍塌破坏临界空隙率为

$$\varepsilon_c=1/\exp(3\sigma_{p_{crit}}/2\sigma_{py}) \tag{3.53}$$

由式(3.53)可见，一旦火药颗粒填充床空隙率 ε_g 降低至 ε_c，则意味着床内药粒将发生塑性变形或脆性坍塌破坏。该式比式(3.7)还简便，且物理意义明确。

以上给出了多孔介质体积单元(微元体)为空心厚壁圆球动态和静态压缩过程力学响应推导过程，得到了相关动力学方程，得到了静态简化的如式(3.49)～式(3.53)等不同形式的药床压缩失效判据。当将这些关系式应用于密实火药颗粒床时，应将 σ_{py}、$\sigma_{p_{crit}}$、$\sigma_{b_{crit}}$ 和 p_{crit} 分别理解为药粒材料屈服应力、火药颗粒间应力、药床截面失效表观应力和药粒自身压缩塌陷应力，而 ε_c 为药床压缩失效临界空隙率。尽管这些关系式在严格物理意义上有所近似，但用于填充床压缩变形和药粒破坏时粒间应力工程估算与模拟具有足够的精度。

此外，还有研究给出了填充床单元体积为厚壁圆筒条件下的药床压缩塌陷关系式[32]。如果药床多孔介质微元，即药粒是其他简单几何形状，如单孔圆柱、空心厚壁正立方体等，将得到与以上结果几乎完全相似的关系式，区别仅是关系式中的系数稍有不同。因此，在具体应用中，可以认为以上推导的关系式仍然有效，仅需作适当调节。

3.4 气－固两相流中的相间阻力

火炮膛内两相流是火药燃气与火药颗粒的混合流，其中气相是连续相，颗粒是离散相，但通常都将火药颗粒相(群)当作拟流体处理。由于火药颗粒处于不断燃烧之中，尺寸逐渐变小，并且随着弹丸向前运动，弹后空间迅速增大，颗粒的数量密度迅速下降，固相填充率更加快速下降，直至全部消失，最后变为纯粹气相流动。对于这样的两相流，气－固相间作用力的估算，既要考虑持料率(固相填充率)很高和较高的情况，又要考虑持料率较低和颗粒稀疏的情况。如

两相流空隙率为 ε_g，则固相填充率 $\varepsilon_p=1-\varepsilon_g$，因气 - 固两相流中颗粒群的运动既与两相之间的速度差、颗粒加速度及气相黏性有关，同时又与颗粒的特征尺寸、形状和数量密度有关。一般来说，当 $\varepsilon_p\leqslant 10^{-4}$ 时，可以认为颗粒是无碰撞稀疏悬浮体。根据相关研究成果[33]，当 $\varepsilon_g\geqslant 98\%$ 时，稀疏颗粒受到的气相阻力(drag)就可按无限大流场中单一颗粒情况考虑。当 ε_g 下降至 0.50 ~ 0.40 时，相当于内弹道过程初期情况，则属于高填充率颗粒床，与化工中流化床或反应塔填充床相似，应按稠密颗粒床考虑，且颗粒间还存在相互碰撞等作用。

3.4.1　气相对单一颗粒的作用力

气 - 固两相流中，固体颗粒的作用力涉及黏性力、压力梯度力、重力、浮力，以及马格努斯力、巴沙特(Basset)效应作用力等。将火药颗粒当作是不可压缩的，即相当于刚性颗粒。

1. 单个刚性颗粒在流场中受力一般表达式

考察单一刚性球形颗粒处于无限流场中做变速运动，由于膛内流场的轴对称性，则一维条件下可略去马格努斯效应力。令颗粒当量直径为 d_p，物质密度为 ρ_p，速度为 $\boldsymbol{v}_p$，则沿着它的轨迹其运动方程为

$$\frac{\pi}{6}d_p^3\rho_p\frac{\mathrm{d}\boldsymbol{v}_p}{\mathrm{d}t}=\text{颗粒周界的压力梯度力}+\text{黏性阻力}$$
$$+\text{颗粒相对周围流体加(减)速引起的虚拟“附加”质量力}$$
$$+\text{巴塞特(Basset)效应力}+\text{外力}\tag{3.54}$$

等号右边第一项为与颗粒体积成正比的压力梯度力，其表达式为

$$f_p=\frac{\pi}{6}d_p^3\rho_g\frac{\mathrm{d}\boldsymbol{v}_g}{\mathrm{d}t}=\frac{\pi}{6}d_p^3\frac{\partial p}{\partial r}\tag{3.55}$$

右边第二项黏性阻力有各种各样的表达式，因基于相间速度差和颗粒直径的雷诺数及马赫数不同而不同。等号右边第三项“附加”虚拟质量力表达式为

$$f_m=-\frac{1}{2}\cdot\frac{\pi}{2}d_p^3\rho_g\left(\frac{\mathrm{d}\boldsymbol{v}_g}{\mathrm{d}t}-\frac{\mathrm{d}\boldsymbol{v}_p}{\mathrm{d}t}\right)\tag{3.56}$$

等号右边第四项巴沙特效应力是考虑颗粒运动偏离稳定状态轨迹的结果。它的表达式为

$$f=\frac{3}{2}d_p^2\sqrt{\pi\rho_g u_g}\int_{t_0}^{t}\frac{\dfrac{\mathrm{d}\boldsymbol{v}_g}{\mathrm{d}t'}-\dfrac{\mathrm{d}\boldsymbol{v}_p}{\mathrm{d}t'}}{\sqrt{t-t'}}\mathrm{d}t'\tag{3.57}$$

事实上，式(3.54)等号右边第二至四项都是相间存在相对运动引起的，统称为广义相间阻力；第二项称为狭义相间阻力，简称为阻力。式中“外力”包含重力或离心力、浮力以及相变(燃烧)的非对称性引起的推力等。对火炮中发生

的两相流动,相对于梯度力和黏性阻力,式(3.54)右边的其他几项几乎均可不予考虑。

2. 单一刚性颗粒的黏性力

刚性球形颗粒处于无穷大流场中时,若流体速度为 $\boldsymbol{v}_g$,球的速度为 $\boldsymbol{v}_p$,则流体作用于它上面的黏性阻力(拖曳力)为 f_μ。一般来说,f_μ 为雷诺数和马赫数的函数:

(1) 当雷诺数 $Re_p<1$ 时,斯托克斯(Stokes)积分得到如下公式:

$$f_\mu=3\pi d_p\mu_g(u_g-u_p) \tag{3.58}$$

该式适用于相对速度很低、惯性力很小的情形。

一维条件下通常定义:

$$C_D=f_\mu\Big/\left[\frac{\pi}{4}d_p^2\cdot\frac{1}{2}\rho_g(u_g-u_p)^2\right] \tag{3.59}$$

式中:c_D 为阻力系数。

因此,在式(3.58)有效的条件下,有

$$C_D=\frac{24}{d_p(u_g-u_p)\rho_g/\mu_g}=24/Re_p \tag{3.60}$$

(2) 在斯托克斯基础上,奥森(Qseen)提出了 $Re_p<5$ 条件下考虑了部分惯性力影响的公式,即

$$f_\mu=3\pi\mu_g(u_g-u_p)\left(1+\frac{3}{16Re_p}\right) \tag{3.61}$$

于是,单一刚性球的阻力系数为

$$C_D=\frac{24}{Re_p}\left(1+\frac{3}{16Re_p}\right) \tag{3.62}$$

(3) 当流体与颗粒的相对速度较大时,流体作用于球体的惯性力由牛顿试验式给出,即

$$f_\mu=0.55\pi d_p^2\rho_g(u_g-u_p)^2 \tag{3.63}$$

于是,阻力系数:

$$C_D=0.44 \tag{3.64}$$

试验证明,当 $700<Re_p<2\times10^5$ 时,牛顿阻力公式与试验符合得很好。但当 Re_p 达 10^5 时,流动从层流转变为湍流,阻力剧烈下降,牛顿公式不再适用。一般说,以上几个公式都只能在一定范围内适用。当 $Re_p<100$ 时,SOO S. L.(苏绍理)教授采用下列综合式作计算模拟之用[33]:

$$C_D=\frac{24}{Re_p}(1+0.0975Re_p-0.636\times10^{-3}Re_p^2) \tag{3.65}$$

(4) 在内弹道中,由于膛内气流速度往往达每秒数百米,甚至 1000m/s 以

上,颗粒与气流之间的相对速度高达200~300m/s。因而,对大口径高初速火炮,以药粒当量直径 d_p 计算的雷诺数 Re_p 一般为 $10^4 \sim 10^6$,有时可能超过 10^6。于是,即使是模拟单一颗粒火药的运动,以上任一种阻力公式都不能适应要求。

1976年贝利(Bailey)和施坦尔(Starr)根据试验给出了 $0.9 \leqslant Ma \leqslant 1.4$、$Re_p = 5 \times 10^2 \sim 10^6$ 范围内修正的阻力系数(详见图3.36中的试验值与拟合归纳曲线)[34]。按以往习惯,他们同样把球的阻力系数 C_D 表达为雷诺数和马赫数的函数。由该图可见,他们给出的阻力系数结果比前人的要大一些。

尽管我们对不同范围内的单一球形颗粒阻力系数已经有了基本的了解,但要将其应用于各种非规则形状的颗粒,必须作相应修正。

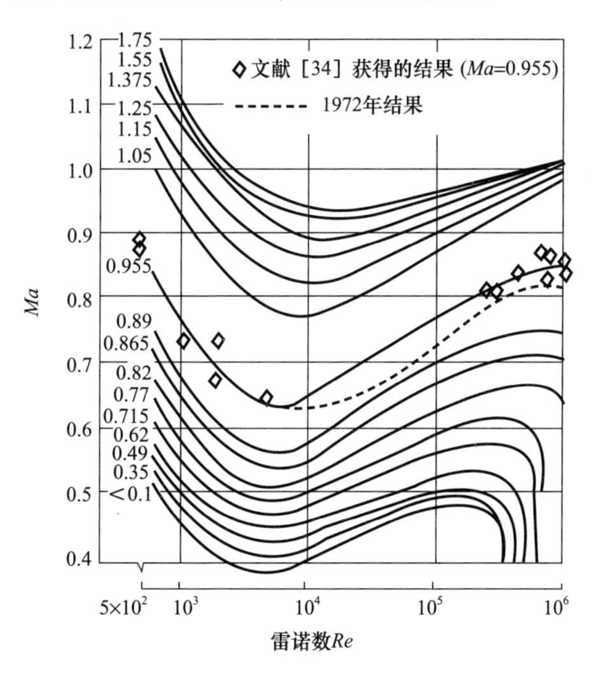

图3.36 随马赫数及雷诺数变化的球阻力系数

3.4.2 密实颗粒床相间阻力

要将单一颗粒的阻力试验结果推广用于颗粒群,除非颗粒非常稀疏情况,如空隙率 ε_g 达0.98附近,其余情况都应通过专门试验得到。特别是不规则形状颗粒,更应以试验为依据,否则将引起较大误差。对于接近于密实颗粒床的情况,通常认为可考虑借鉴采用化工中流化床研究成果[33]。下面讨论密实颗粒床相间阻力的一般形式。

将式(3.54)用于一维(z 方向)定常情况,相间速度为 u_g-u_p,当 $|u_g-u_p|$ 较大,可考虑略去重力等相关作用,则有

$$0\approx f_\mu-\frac{\pi}{6}d_p^3\frac{\partial p}{\partial z} \tag{3.66}$$

式中:f_μ 泛指相间黏性阻力,即

$$f_\mu=C_D\cdot\frac{\pi d_p^2}{4}\cdot\frac{1}{2}\rho_g\left(u_g-u\right)^2 \tag{3.67}$$

将其代入式(3.66)并对等号两边同除 $\frac{\pi}{6}d_p^3\rho_p$,则得

$$C_D\cdot\frac{3}{4}\frac{\rho_g}{\rho_p}\cdot\frac{1}{d_p}(u_g-u_p)^2=\frac{1}{\rho_p}\cdot\frac{\partial p}{\partial z} \tag{3.68}$$

通常将 $F_\tau=C_D\cdot\frac{3}{4}\frac{\rho_g}{\rho_p}\frac{1}{d_p}|u_g-u_p|$ 称为由阻力引起的动量传递时间常数。

将式(3.68)用于长度(床高)为 L、压力降为 Δp、空隙率为 ε_g 的流化床,其中有 $(1-\varepsilon_g)$ 的截面被颗粒占据,因此有

$$\frac{\Delta p}{L}=F_\tau(u_g-u_p)\rho_p(1-\varepsilon_g)=\frac{3}{4}C_D\left(u_g-u_p\right)^2\frac{(1-\varepsilon_g)\rho_g}{d_p} \tag{3.69}$$

习惯上将床层压降即 $\Delta p/L$ 定义为层床摩擦因数 C_f 和床层相关特征量的乘积,即

$$\frac{\Delta p}{L}=C_f\frac{1-\varepsilon_g}{\varepsilon_g}\cdot\frac{\rho_g\left(u_g-u_p\right)^2}{d_p} \tag{3.70}$$

可以理解 C_f 为颗粒单位表面积上所受的阻力,而 C_D 为颗粒单位迎风面积上所受的阻力。将式(3.69)和式(3.70)相比较,得摩擦系数 C_f 与阻力系数 C_D 之间关系为:

$$C_f=\frac{3\varepsilon_g}{4}C_D \tag{3.71}$$

对于固定床,厄贡(Ergun)将单位长(高)度床层上的压力降表示为

$$\frac{\Delta p}{L}=150\frac{(1-\varepsilon_g)^2}{\varepsilon_g^3}\frac{\mu_g u_s}{d_p^2}+1.75\frac{1-\varepsilon_g}{\varepsilon_g^3}\frac{\rho_g u_s^2}{d_p} \tag{3.72}$$

式中:μ_g 为气体黏度;u_s 为气体表观速度(空载床层的气流速度,也称为空塔速度),如果以相间相对速度 u_g-u_p 替换 u_s,则有

$$u_g-u_p=u_s/\varepsilon_g \tag{3.73}$$

于是式(3.72)成为

$$\frac{\Delta p}{L}=150\frac{(1-\varepsilon_g)^2}{\varepsilon_g^3}\frac{\mu_g(u_g-u_p)}{d_p^2}+1.75\frac{1-\varepsilon_g}{\varepsilon_g^3}\frac{\rho_g\left(u_g-u_p\right)^2}{d_p} \tag{3.72$'$}$$

厄贡公式等号右边第一项表示黏性损失，在低雷诺数（$Re_p<20$）条件下，它起主要作用，第二项可忽略不计。在高雷诺数下（$Re_p>1000$），第二项起主要作用，表示孔隙（流道）曲折引起的能量损失，而可将第一项忽略不计。

由式（3.69）和式（3.72）′可得到在厄贡公式成立时的阻力系数 C_D 为

$$C_D=200\,\frac{1-\varepsilon_g}{\varepsilon_g}\,\frac{1}{Re}+\frac{7}{3\varepsilon_g} \tag{3.74}$$

由式（3.71）得到厄贡公式成立条件下的摩擦因数为

$$C_f=150\,\frac{1-\varepsilon_g}{\varepsilon_g}\,\frac{1}{Re_p}+\frac{7}{4} \tag{3.75}$$

需要指出的是，厄贡给出的式（3.72），条件为 $1<Re_p<400$ 及 $0.40\leqslant\varepsilon_g\leqslant0.65$。如试验条件改变，式（3.74）及式（3.75）也将可能随之改变。最后需要注意的是，以上式中 Re_p 是以颗粒当量直径 d_p 计算的雷诺数，即 $Re_p=d_p(u_g-u_p)\rho_g/\mu_g$。

3.4.3　膛内两相流相间阻力

1. 以往经验式的验证与推广

上面讨论了两种极端情况下的相间阻力问题：一是非常稀疏的情况（$\varepsilon_g\geqslant0.98$），另一种是比较稠密的情况（$\varepsilon_g\leqslant0.40$）。所涉及的工况，基本都属于相间速度差值或雷诺数较低的工况。就火炮膛内的两相流动而言，最感兴趣的是空隙率 ε_g 在 0.40 ~ 0.98，而雷诺数 Re_p 在 $10^3\sim10^5$ 的相间阻力。这一范围内的相间阻力问题以往很少有人研究，直到 20 世纪 70 年代，才引起内弹道研究者广泛关注。费希尔（Fisher）[35]、霍斯特（Horst）[36]、郭冠云[37]，以及罗宾斯（Robbins）与高夫（Gough）[38]等都先后研究过火药颗粒床中的相间阻力。这些研究有一个共同点，即采用较高的气流速度通过模拟装药床，以验证和扩展化工中广泛应用的厄贡流化床阻力公式适用性为目的，力图对其进行修正和补充。郭冠云的试验表明，球形颗粒床的试验值比式（3.75）计算值低些；但高夫采用固定床试验，其结果与式（3.75）似乎符合一致。郭冠云依据自己的试验数据[37]，结合前人单一颗粒在无限大流场中的一些阻力试验结果，提出了如下经验式：

$$C_f=\begin{cases}1.75 & (\varepsilon_g\leqslant\varepsilon_0)\\[4pt] 1.75\left(\dfrac{1-\varepsilon_g}{1-\varepsilon_0}\cdot\dfrac{\varepsilon_0}{\varepsilon_g}\right)^{0.45} & (\varepsilon_0<\varepsilon_g\leqslant\varepsilon_1)\\[4pt] 0.3 & (\varepsilon_1<\varepsilon_g\leqslant1)\end{cases} \tag{3.76}$$

式中：ε_0 为临界流化空隙率；ε_1 为颗粒群的上极限空隙率，大于 ε_1 时，认为以单

颗粒存在于无限大流场之中。郭冠云建议取

$$\varepsilon_1 = \{1 + 0.02[(1 - \varepsilon_0)/\varepsilon_0]\}^{-1} \tag{3.77}$$

该式最大好处是比较简便,可以用来估算空隙率 ε_g 在很大变化区间内的相间作用,内弹道工作者乐于采用。但很显然,该式带有假想性,其适用性有待考证,其中空隙率在($\varepsilon_0 < \varepsilon_g \leqslant \varepsilon_1$)范围内的估算式尤其需要试验验证。

2. 相间阻力的实验研究

1983 年,本书作者以火炮膛内实际两相流动为背景,对相间阻力作了试验研究[39]。该研究有 3 个目的:一是验证高雷诺数下气流通过密实填充床的压力降,比较与厄贡公式的差别,考证其适用性;二是让不同速度气流通过 $\varepsilon_g = 0.6 \sim 0.97$ 范围的颗粒床,测量不同雷诺数下的压力降;三是观测不同形状、不同尺寸颗粒对阻力(压力降)的影响,包括管状药束(捆)药床的压力降,从而获得不同颗粒尺寸、形状和颗粒数量密度和空隙率对相间阻力的影响。

1)试验装置与试验方法

采用风洞气源,用冷态模拟方法测量空气通过不同 ε_g 条件下固定状态颗粒群的压力降 Δp,采用公式:

$$C_f = \frac{\Delta p}{L} \bigg/ \frac{1 - \varepsilon_g}{\varepsilon_g} \frac{\rho_g (u_g - u_p)^2}{d_p} \tag{3.70$'$}$$

求得摩擦因数 C_f,再通过式(3.71),即

$$C_D = \frac{4}{3\varepsilon_g} C_f \tag{3.71$'$}$$

求得以颗粒迎风面积计算的阻力系数 C_D。试验段由有机玻璃管制成,内径 100mm 或 96mm,采用真实 5 种牌号火药:粒状药 14/7、7/7、7/14(花),管状药 18/1、12/1;5 种模拟(橡胶)颗粒:$\phi 7 \times 15$、$\phi 6 \times 14$、$\phi 4 \times 6$、$\phi 3 \times 6$、$\phi 3 \times 4$ 及陶瓷颗粒 1 种($\phi 7 \times 15$,内孔 $\phi 2.5 \times 15$),共 11 种物料。试验段长 300mm,两端装有金属网,以防散装颗粒吹跑。为了得到不同空隙率下的数据,用尼龙细线将橡胶颗粒按一定距离随机排列起来,然后一根一根地将两端固定在上下筛网上,尽可能使每一颗粒与四周相邻颗粒距离大致相等。沿试验段轴向,采集 4 个距离点压力,从而可测得 3 个距离段压力降。采用风速管测量来流的空塔速度,并换算得到颗粒间气流速度。同时,还监测了试验段前后的气流温度。

对于 270mm 长的管状药装药床(一捆药束),在数值处理中摩擦因数按

$$C_f = \frac{\Delta p}{L} \bigg/ \frac{\rho_g (u_g - u_p)^2}{d_f} \tag{3.70$''$}$$

求取。式中:d_f 为管状药之间气流通道的水力直径,没有考虑细窄内孔通道的影响。

较低雷诺数($Re_p = 10^2 \sim 10^4$)范围内的试验结果,除了可用于验证厄贡公式

适用性之外,还可验证临界流化空隙率和临界流化速度。该试验系统,来流压强最大达 0.9MPa,来流空塔(表观)速度最大可调至 50m/s。因此试验时粒间相对速度 $u_g - u_p$ 可调,最大可接近或超过 100m/s。如气流速度再高,则需要考虑气体可压缩性,由表观速度换算成相间速度时,应该考虑到可压缩因素的影响。但考虑到该试验中相间速度 $Ma \leqslant 0.3$,这种影响在风速管的测量误差范围之内,因而在下面所列的相间气流速度数据,仍是按不可压方法处理得到的。此外,对筛网及细尼龙细线的影响分别作了测定,并在数据处理中对这些因素的影响作了修正。

2）试验结果

试验用颗粒的物性参数及流化特征量如表 3.19 所列。对于该表中的 11 种物料试验结果,除最后两种管状药采用单独处理方法外,颗粒物料的摩擦因数均按厄贡公式处理。测量结果表明,在密实床条件下,比厄贡公式计算值小。尤其当 $Re_p \geqslant 3000$ 时,文献[39]的试验值 C_{fz} 比厄贡公式适用范围的外推值平均小 37%,和霍斯特的试验结果基本一致[36],如图 3.37 所示。因此,对颗粒当量直径 $d_p = 3 \sim 11\text{mm}$ 的密实床摩擦因数,建议采用下式进行计算。

$$C_{fz} = \begin{cases} 0.31\ (\lg Re_p)^2 - 2.55\lg Re_p + 6.33 & (Re_p < 20000) \\ 1.10 & (Re_p \geqslant 20000) \end{cases} \tag{3.78}$$

式(3.78)与式(3.75)的差别,即与厄贡公式的差别,主要反映了雷诺数 Re_p 对摩擦因数的影响。

表 3.19　试验用物料的物性参量

物料	尺寸/(10^{-3}m)	真密度/(10^3kg·m^{-3})	假密度/(10^3kg·m^{-3})	球形度	临界流化速度/(m·s^{-1})	自然堆放空隙率	临界流化空隙率 ε_0
橡胶颗粒	$\phi3 \times 4$	1.40	0.83	0.866	1.63	0.491	0.565
	$\phi3 \times 6$	1.40	0.79	0.832	1.84	0.552	0.579
	$\phi4 \times 9$	1.40	0.77	0.818	1.98	0.584	0.613
	$\phi6 \times 12$	1.40	0.74	0.892	2.40	0.637	0.669
	$\phi6 \times 15$	1.40	0.73	0.804	2.94	0.656	0.689
陶瓷颗粒	$\phi7 \times 15$	2.61	1.37	—	3.68	0.350	0.420
火药颗粒	14/7	1.60	—	—	—	0.442	0.464 ~ 0.557
	7/7	1.60	—	—	—	0.470	0.494 ~ 0.564
	7/14(花)	1.60	—	—	—	0.470	0.494 ~ 0.564
	18/1	1.60	—	—	—	0.590	—
	12/1	1.60	—	—	—	0.672	—

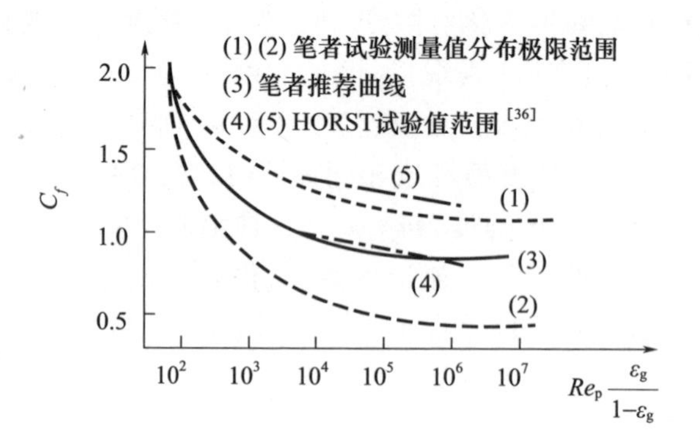

图 3.37 摩擦因数 C_f 与 $Re_p \frac{\varepsilon_g}{1-\varepsilon_g}$ 的关系

对于空隙率 $\varepsilon_g = 0.6 \sim 1.0$ 范围内流化床，雷诺数对摩擦因数的影响，文献[39]的试验结果如图 3.38 所示。试验表明，即使当 $\varepsilon_g = 0.94 \sim 0.977$，此时颗粒也很稀疏，但与单一颗粒以往经验结果相比，仍然要高 70%。因此，有理由建议内弹道过程中的摩擦因数采用如下综合关系式，即

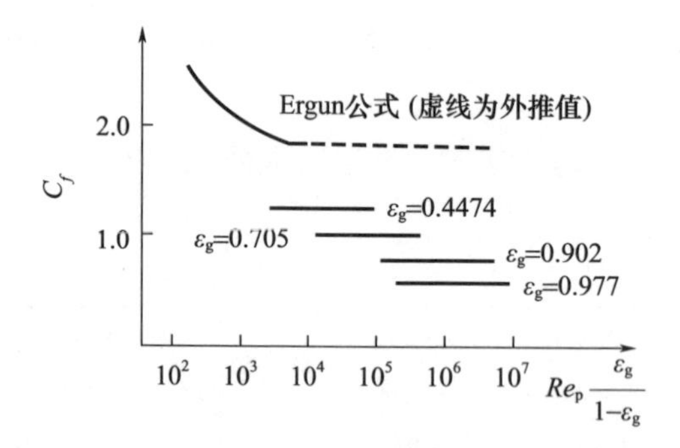

图 3.38 摩擦因数 C_f 与空隙率 ε_g 之间的关系

$$C_f = \begin{cases} C_{fz} & (\varepsilon_g \leqslant \varepsilon_0) \\ C_{fz}\left(\dfrac{1-\varepsilon_g}{1-\varepsilon_{g0}} \cdot \dfrac{\varepsilon_{g0}}{\varepsilon_g}\right)^{0.21} & (\varepsilon_{g0} < \varepsilon_g < 0.977) \\ 0.45 & (0.977 \leqslant \varepsilon_g \leqslant 1) \end{cases} \tag{3.79}$$

式(3.79)对式(3.76)作了某些修正，即对于 $\varepsilon_g \leqslant \varepsilon_{g0}$ 密实床，建议采用式(3.78)。其依据是文献[39]和文献[36]的试验结果。而对 $\varepsilon_g \geqslant \varepsilon_{g0}$，即火药颗粒群比较稀疏，且 Re_p 远大于 2000 时，建议采用式(3.79)。至于 $\varepsilon_g > 0.97$ 的极稀疏条件下的颗粒群，之所以建议取 $C_f = 0.45$ 而不建议采用式(3.76)($C_f = 0.30$)的原因：一是因为在内弹道中实际遇到的颗粒并非圆球而多为圆棒状，二

是因为有试验数据作支持，三是因为即使 $\varepsilon_g \geqslant 0.98$，高雷诺数下颗粒流场间仍可能存在相互干扰。

3）管（杆）状药床（束）的相间阻力

为了改进点传火特性，大口径火炮装药中经常采用管状药束。前面提到，对于管状药，如对 18/1 和 12/1 两种牌号火药药床（束），实验表明，当特征尺寸取气流通道水力直径，对于 Re_p 为 $10^4 \sim 10^5$ 且空隙率 $\varepsilon_0 < \varepsilon_g \leqslant 0.6$ 范围内的药床，其摩擦因数 C_f 仅为相同 ε_g 和 Re_p 条件下粒状药床的 1/6 左右；当 $\varepsilon_g = 0.66 \sim 0.80$ 时，其摩擦因数 C_f 只为同样 ε_g 和 Re_p 条件下粒状药床的 1/15 ~ 1/50。

因此，建议当 $\varepsilon_g \leqslant 0.6$ 时，管状药束取相同条件下粒状药床 C_f 的 1/6，即 $C_{ft} = 0.17$；当 $\varepsilon_g \geqslant 0.8$ 时，取管状药摩擦因数 $C_{ft} = 0.018$。而对于 $\varepsilon_g = 0.6 \sim 0.8$ 范围内的管状药管 C_{ft} 值，取上述结果线性插值估算，于是有

$$C_{ft} = \begin{cases} 0.17 & (\varepsilon_g \leqslant 0.6) \\ 0.17 - 0.152(\varepsilon_g - 0.6)/0.2 & (0.6 < \varepsilon_g \leqslant 0.8) \\ 0.018 & (1 \geqslant \varepsilon_g > 0.8) \end{cases} \tag{3.80}$$

在 1984 年第八届国际弹道会议上所报道的美国弹道学者关于管状药床（束）相间摩擦因数测定结果[40]和文献[39]结果也基本一致。

4）细小颗粒密实填充床相间阻力试验结果

尽管化工中流化床技术提供了一些相间阻力关系式，但远不能满足火炮发射中两相流动问题模拟的需要。一个重要原因是相间阻力与颗粒尺寸、形状和表面状态有关，特别是与气流速度和颗粒球形度相关。因颗粒自然堆放空隙率 ε_{g0} 与颗粒的球形度密切相关，球形度较低且当量直径越大的颗粒床其自然堆放空隙率越大。对于表 3.19 所列的试验用颗粒，自然装填空隙率约为 0.44 ~ 0.47，试验表明可以采用式（3.78）模拟估算其相间阻力或压力降。但在实际枪炮发射中，遇到的火药填充床中的颗粒可能更为细小，相应自然装填密度较大，建议采用焦尼（Jones）的试验结果[41]：

$$C_f = 150\frac{1-\varepsilon_g}{\varepsilon_g} \cdot \frac{1}{Re_p} + 3.89\left(\frac{Re_p \cdot \varepsilon_g}{1-\varepsilon_g}\right)^{-0.13} \tag{3.81}$$

该式适用范围为 $Re_p = 10^3 \sim 10^5$，$\varepsilon_g = 0.38 \sim 0.44$，$d_p = 1 \sim 6\text{mm}$。但 Kuo 给出的关系式为

$$C_f = 276.23\left(\frac{1-\varepsilon_g}{\varepsilon_g Re_p}\right) + 5.05\left(\frac{Re_p \cdot \varepsilon_g}{1-\varepsilon_g}\right)^{-0.13} \tag{3.82}$$

表 3.20 为不同作者对细小颗粒填充床流动阻力进行试验研究所得到的结果，可以视需要选用。

表 3.20　不同研究者的结论

研究者	Re 范围	空隙率 ε_g	当量直径/mm	最大气压/MPa	直径比 D_b/d_p (D_b 为床径)
Ergun	0.4～1380	0.40～0.65	—	—	—
KOO、KUO[37]	460～14600	0.38～0.39	0.83(一种尺寸)	14	9.3(一种比值)
Robbins、Gough[38]	778～79200	0.39～0.40	1.25～8	20	9.6～60
Jones、Krier[41]	440～76000	0.38～0.44	1～6	2.5	8.6～50
Zhou 等[39]	2000～10^5	0.35～0.45	3～10	0.9	10～30

3.5　装药床中的气－固相间对流换热

气流与颗粒群之间的传热、传质过程的研究，对化工、动力工程中许多固定床、流化床反应器及热交换器的设计和改进都有重要意义。这方面的研究对了解火炮发射装药点火过程，特别是火药气体与颗粒间的热交换，进而为改进点火装置、避免反常弹道现象的发生，保证弹道性能稳定具有重要意义。

20 世纪 70 年代以来，许多学者对流化床传热问题进行了研究[42-43]，并给出了拟合关系式。早期的试验对于圆柱状颗粒群，颗粒与床层的特征尺寸比大于 1/50 的流动问题研究尚不充分。而且，火炮发射中遇到的对流换热，以颗粒当量直径 d_p 计算的雷诺数，即

$$Re_p = \frac{\rho_g(u_g - u_p)d_p}{\mu} \tag{3.83}$$

可能高达 10^6。尽管以 P. Gough 为代表的内弹道学者建议采用 Gelperin 的拟合式[44]，即努塞特数与雷诺数和普朗特数的关联式为

$$Ne_p = 0.4Re_p^{2/7}Pr^{1/3}\,(Re_p > 200) \tag{3.84}$$

该式在相当长的时间内得到国内外的内弹道学界广泛认同[45-47]，然而该式是一个非常粗略的结果，它与不同研究者的试验数据最大偏离值达 200%。造成这种偏差的原因是多方面的，主要与床层结构、相间温差和颗粒尺寸与形状有关。1992 年，相关研究人员[48]以火炮发射装药点火过程为背景，采用萘升华质/热比拟试验技术，进行了颗粒填充床中流体与颗粒间传热试验研究。目的是把颗粒与床层尺寸比上限增大到 1/14～1/7，即与火炮装药床情况大致相当，并获取这种结构药床下较高雷诺数下的换热特性数据，以适应火炮内弹道和装药点火过程模拟需要。

3.5.1　萘升华质/热比拟研究方法原理

萘升华技术是一种用质交换的试验来确定床层对流换热系数的有效方法，

在同类试验中多次被采用[49-50]。基本的做法是把所要研究的换热表面或物体做成是萘的表面或物体，在与对流换热情况相同的流动条件下，测定萘试件的升华量。然后应用质/热比拟法理论，把质交换的试验结果转换成热交换的准则关系式。萘($C_{10}H_8$)在传热学的质/热比拟试验中应用最广，主要是因为它有一系列独特的优点：在常温下立即升华，毒性很小，容易浇铸成型及机械加工等。

现以空气外掠一块等壁温平板的对流换热与流体流经一块萘表面的质交换为例来研究两个过程的类似性。如图 3.39(a)所示气体流经温度为 t_w 的平板的边界层方程组为

$$\frac{\partial u}{\partial x}+\frac{\partial v}{\partial y}=0 \tag{3.85}$$

$$u\frac{\partial u}{\partial x}+v\frac{\partial u}{\partial y}=\nu\frac{\partial^2 u}{\partial y^2} \tag{3.86}$$

$$u\frac{\partial t}{\partial x}+v\frac{\partial t}{\partial y}=a\frac{\partial^2 t}{\partial y^2} \tag{3.87}$$

式中：ν,a 分别为空气的运动黏度及热扩散率；t 为温度；u,v 分别为 x、y 方向速度。

对图 3.39(b)所示情况，设萘在空气中的浓度为 c，来流中萘蒸气的浓度 $c_\infty=0$。在流经萘板表面时由于升华作用，在萘面附近形成一个浓度边界层，同上述温度边界层类似，此时边界层方程组为

$$\frac{\partial u}{\partial x}+\frac{\partial v}{\partial y}=0 \tag{3.88}$$

$$u\frac{\partial u}{\partial x}+v\frac{\partial u}{\partial y}=\nu\frac{\partial^2 u}{\partial y^2} \tag{3.89}$$

$$u\frac{\partial c}{\partial x}+v\frac{\partial c}{\partial y}=D\frac{\partial^2 c}{\partial y^2} \tag{3.90}$$

式中：D 为萘蒸气在空气中的扩散率。

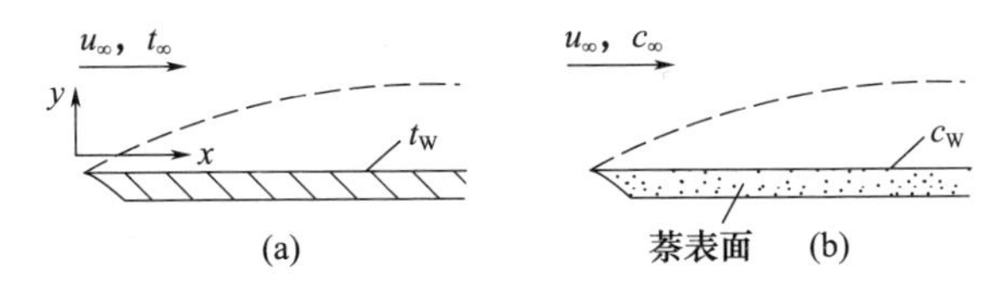

图 3.39　类似性研究

在两种情况下的边界条件如下：

换热：

$$\begin{aligned}&y=0,u=v=0,t=t_w\\&y\to\infty,u\to u_\infty,t\to t_\infty\end{aligned} \tag{3.91}$$

萘升华：

$$y=0,u=0,v=v_{\mathrm{w}},c=c_{\mathrm{w}}$$
$$y\to\infty,u\to u_{\infty},c=c_{\infty} \tag{3.92}$$

由此可见，两种情况下微分方程完全一致，只在边界条件上有微小区别，即对于热交换 $v=0(y=0$ 处$)$，而对萘升华，在表面上有一微小的法向升华速度 v_{w}。但试验及计算均证明[49-50]，这一法向速度与主流速度相比要小几个量级，一般情况下完全可以略去，这样两种情况下的数学描写就完全一致了。按照相似理论，对流换热时平均对流换热特性的关系式可表示为

$$Nu=f(Re,Pr) \tag{3.93}$$

式中：$Nu=\dfrac{\alpha L}{\lambda}$；$Pr=\dfrac{\nu}{\alpha}$。

类似地，萘升华时有

$$Sh=f(Re,Sc) \tag{3.94}$$

式中：$Sh=\dfrac{k_{\mathrm{c}}L}{D}$；$Sc=\dfrac{\nu}{D}$。

这里 α 为对流换热系数，k_{c} 为对流传质系数，D 为扩散系数。由于两个现象的数学描写完全一样，因而如通过质交换，可得

$$Sh=CRe^{m}Sc^{n} \tag{3.95}$$

的关系，则对流换热的关系式一定可表示为

$$Nu=CRe^{m}Pr^{n} \tag{3.96}$$

也就是说，通过测定质交换试验获得式(3.95)中的 C、m、n 后即可应用于对应的热交换关联式(3.96)。这就是萘升华质/热比拟的基本原理。

上述数学描写式(3.85)～式(3.87)及式(3.88)～式(3.90)虽然是对层流情形写出的，但同样的讨论也可对湍流作出，并且可以得出相同的结论，即湍流热扩散率与湍流质扩散率也是相等的，许多试验资料证明，这一条件是成立的[50-51]。

保证该试验的正确与可靠，还涉及颗粒样品的制作。

萘升华技术中的试件常用3种制备方式：①浇铸成型法；②浇铸后再通过机械加工的方式；③挤压的方式。现有的大量试验结果表明，这些加工成型方法对于试验结果并无任何影响，即无论用何种方法成型，试验结果都是一样的。若试验中试件数量大、体积小的，可采用挤压成型方法。

3.5.2 试验装置和测试系统

试验装置是一个吸风式直流风洞，如图3.40所示，风机对空气无预热作用，符合萘升华试验要求。试验段直径为100mm，物料高度 $H=100\mathrm{mm}$、70mm、

50mm,风机额定风量7150m³/h,空气流速用毕托管和数字电压表测定,气压计最小分度值为10Pa。试验段前后装有热电偶,用来测量颗粒床的温度;风洞入口用一个最小分度值为0.1℃的水银温度计监测来流温度。总的质交换量由一台分辨率为0.1mg的光电分析天平测定。

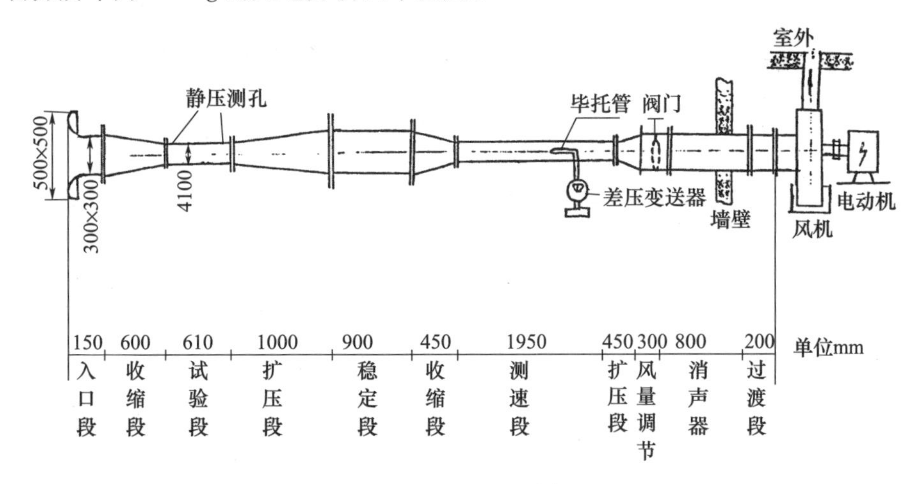

图3.40 试验装置结构图

为了保证实验数据可靠,对每一试验点都进行50次测量,还进行复试。每次复试都重新装填,复试间隔时间为数天。试件萘粒采用挤压成型,模具如图3.41所示,颗粒样品如图3.42所示。表3.21给出了4种床层共81个试验点的萘升华传质试验结果。颗粒当量直径由下式确定

$$d_p = (1.5d^2l)^{1/3} \tag{3.97}$$

图3.41 模具

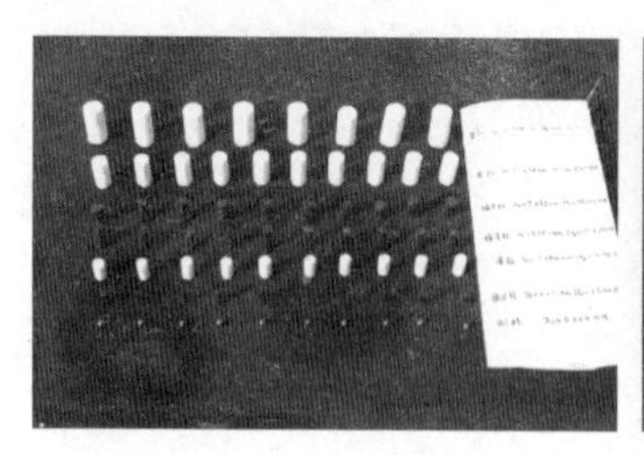
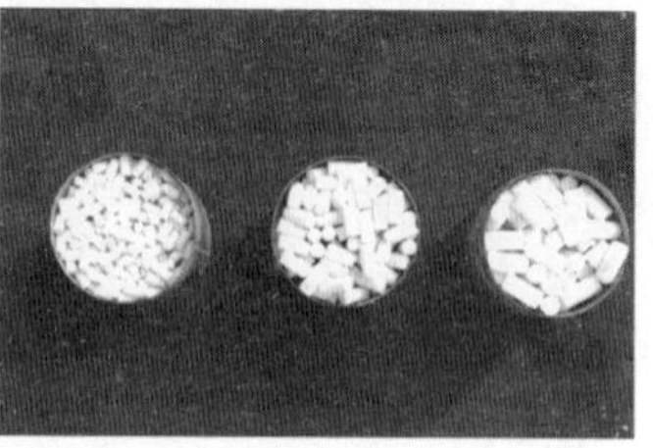

图 3.42 试验用颗粒样品

表 3.21 传质试验参量

序号	床高 H/mm	颗粒直径 d/mm	颗粒长 l/mm	颗粒当量直径 d_p/mm	空隙率 ε_g	试验点数	雷诺数(实际速度) $Re_p=(\rho d_p u/\varepsilon_g)/\mu$
1	100	7.084	13.780	10.1228	0.450	15	7075 ~ 33622
2	100	10.378	21.841	15.224	0.457	34	3509 ~ 55807
3	100	13.418	28.552	19.756	0.455	17	16850 ~ 88162
4	70	10.378	21.841	15.224	0.450	15	12144 ~ 71704

3.5.3 数据处理及测定结果

对常物性的流动(含 ρ = 常量),平均表面传质系数 k_c 为

$$k_c=\Delta M/(A_s\cdot\tau\cdot\Delta\rho_m) \tag{3.98}$$

式中:ΔM 为试验期间总质量交换(kg);A_s 为试件升华表面积(m^2);τ 为试验(吹风)持续时间(s),下标 m 为平均值,萘蒸汽平均浓度差为

$$\Delta\rho_m=(\rho_{ex}-\rho_{in})/\ln[(\rho_{ex}-\rho_{in})/(\rho_{nw}-\rho_{en})]$$

式中:下标 in 和 ex 分别为进口与出口,下标 nw 表示萘饱和。因为进口处萘蒸气浓度 $\rho_{in}=0$,所以有

$$\Delta\rho_m=\rho_{ex}/\ln[\rho_{ex}/(\rho_{nw}-\rho_{en})] \tag{3.99}$$

而出口处萘蒸气浓度为

$$\rho_{ex}=\frac{\Delta M}{\tau\cdot u\left(\frac{\pi}{4}D_b^2\right)} \tag{3.100}$$

式中:D_b 为床层直径;u 为气体表观速度。

萘表面平均饱和浓度用 Sogin 公式计算,即

$$\rho_{nw}=10^{(13.564-3729.4/T_w)/(64.3696T_w)} \tag{3.101}$$

式中:T_w 为萘粒表面温度(K),这里取进出口温度平均值。

对表 3.21 中 4 种床层 81 个试验点数据,按

$$Sh = CRe_{\mathrm{p}}^{m} \cdot Sc^{n} \tag{3.102}$$

形式对舍伍德数进行拟合，取 $n = 1/3$，$Sc = 2.5$[51]，$Pr = 0.7$，得到式(3.102)形式的表达式为

$$Sh = 1.45 \times 10^{-2} Re_{\mathrm{p}}^{0.937} \cdot Sc^{1/3} \tag{3.103}$$

则由质－热比拟，相应对流换热准则为

$$Nu_{\mathrm{p}} = 1.45 \times 10^{-2} Re_{\mathrm{p}}^{0.937} Pr^{1/3} \tag{3.104}$$

式(3.103)和式(3.104)拟合依据是表 3.21 所列条件的试验结果，包括雷诺数 $Re_{\mathrm{p}} = 3500 \sim 88200$，$d_{\mathrm{p}} = 10 \sim 20\mathrm{mm}$，颗粒为圆柱，长径比约 $d/l \leqslant 2.0$，颗粒床空隙率 $\varepsilon_{\mathrm{g}} \approx 0.45$。式(3.103)及式(3.104)与试验比较平均误差 $E_{\mathrm{m}} = 9.6\%$，最大误差 $E_{r_{\max}} = 24.2\%$。试验数据与式(3.103)的比较，如图 3.43 所示。

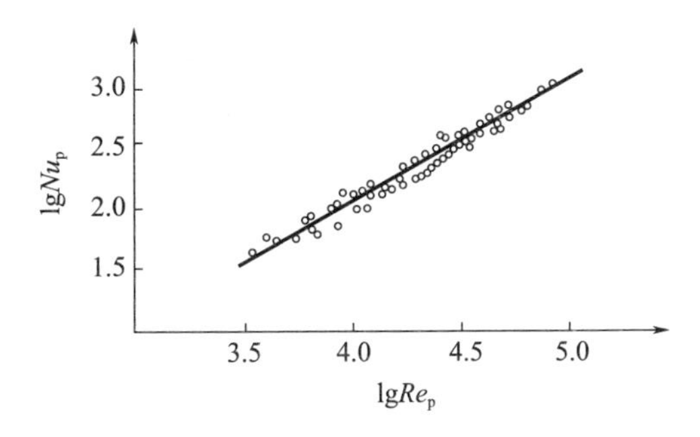

图 3.43　试验结果

参考文献

[1] 华东工程学院 103 教研室．内弹道学[M]．北京：国防工业出版社，1978.

[2] 王泽山，徐复铭，张豪侠．火药装药设计原理[M]．北京：兵器工业出版社，1995.

[3] 世界弹药手册编辑部．世纪弹药手册[M]．北京：兵器工业出版社，1990.

[4] 李义堂，陈录分，孔建国．PL83 式 122 毫米榴弹炮兵器与弹药[G]．南京：南京炮兵学院，1998.

[5] 兵器部二〇四所．火炸药手册：第二分册[G]．西安：兵器部二〇四所，1970.

[6] 芮兰德．装药技术给 100 毫米滑膛反坦克炮带来的生机[C]//中国兵工学会弹道专业委员会．中国兵工学会弹道学会论文集．济南：[出版者不详]，1990：80－83.

[7] 李杰．美军新型榴弹炮性能和装药与内弹道特点的概略分析[C]//中国兵工学会弹道专业委员会．弹道学会年会论文集．咸阳：[出版者不详]，1979.10.

[8] 中国兵器工业第二〇二研究所．先进加榴炮系统情报资料综合分析报告[R]．咸阳：[出版者不详]，1997.10.

[9] 余斌．刚性组合装药技术研究综述[J]．火炮发射与控制学报，2002(3)：52－55.

[10] 远程火炮内弹道及模块装药技术课题组. 远程火炮内弹道及模块装药技术研究[R]. [报告地不详]:[出版者不详],1997,7.

[11] 陆中兵,周彦煌,梁世超. 模块装药用可燃传火管两相燃烧模型及计算[J]. 火炮发射与控制,1998(1):1-6.

[12] 陆中兵,周彦煌. 模块装药火炮膛内两相燃烧模型及压力波模拟[J]. 爆炸与冲击,1999(3):269-273.

[13] 郭锡福. 远程火炮初速分级的理论依据[J]. 弹道学报,1992(4):22-28.

[14] 张洪林,刘宝民,焦宗平. 双模块装药弹道设计[J]. 四川兵工学报,2009(7):42-47.

[15] 王泽山,史先杨. 低温度感度发射装药[M]. 北京:国防工业出版社,2006.

[16] 郭映华,王育维,等. 某大口径榴弹炮装药结构数值模拟与分析[C]//中国兵工学会弹道专业委员会. 弹道学会论文集. 长沙:[出版者不详],2007,12.

[17] SIMTH T C. Experimental Gun Tesing of High Density Multiperforated Stick Propellant Charge Assemblies[C]. Hampton:17th JANNAF Combustion Meeting,1980.

[18] 郭锡福. 曲射火炮最小射程与射程重叠量的确定[C]//中国兵工学会弹道专业委员会. 弹道学术交流会文集. 济南:[出版者不详],1990,10.

[19] 叶发青. 装药结构对弹道性能以及消焰效果的影响[C]//中国兵工学会弹道专业委员会. 弹道学会年会论文集. 咸阳:[出版者不详],1979,8.

[20] KELLER G E,HORST A W. The effects of propellant grain fracture on the interior ballistics of guns(BRL-MR-3766)[R]. US Army Ballistic Research Laboratory,Aberdeen Proving Ground,MD,1989,6.

[21] GOUGH P S. Modeling of two-phase flow in guns[M]. New York:New York University, 1979.

[22] 金志明,袁亚雄,宋明. 现代内弹道学[M]. 北京理工大学出版社,1992.

[23] 金志明,宋明. 火药床压缩模量及颗粒间应力[J]. 兵工学报,1990(1):28-35.

[24] KOOKER D E,SANDUSKY H W,ELBAN W L,et al. Quasi-static compaction of large-caliber granular gun propellant[C]. Jerusalem:15th International Symposium on Ballistics,1995.

[25] KUO K K,YANG V,MOORE B B. Intragranular stress particle - wall friction and speed of sound in granular propellant beds[J]. Journal of Ballistics,1980,4(1):697-730.

[26] ELBAN W L. Quasi-static compaction studies for DDT investigations[J]. Propellants,Explosives,Pyrotechnics,1984,9:119-129.

[27] ELBAN W L,CHIARITO M A. Quasi-static compaction study of coarse HMX explosive[J]. Powder Technology,1986,46:181-193.

[28] SANDUSKY H W,GLANEY B C,CAMPBELL R L,et al. Compaction and compressive reaction studies for a spherical,double-base ball propellant[J]. Proceedings of the 25th JANNAF Combustion Meeting,CPIA Pub. 498,Vol. I,October 1988:86-94.

[29] HORST A W,Jr. ,ROBBINS F W. Solid propellant gun interior ballistics annual report:FY-26/TQ. IHTR-456,Naval Ordnance Station[R]. Indian Head:MD,1977,1.

[30] 周彦煌,王升晨,等. 火炮膛内两相燃烧流体动力学模型[J]. 兵工学报武器分册,1981(2):37-61.

[31] CARROLL M M,HOLT A C. Static and dynamic pore－collapse kelation for ductile porous materials[J]. Journal of Applied Physics,1972,43(4)1626－1636.

[32] 陆欣,周彦煌. 多孔火药填充床颗粒的塌陷及破坏判别关系式[C]//中国兵工学会弹道专业委员会. 弹道学会论文集. 峨嵋:[出版者不详],1996. 8.

[33] SOO S L. Fluid Dynamics of Multiphase Systems[M]. Waltham:Blaisdell Publishing Co. ,1967.

[34] BAILEY A B,STARR R F. Sphere drag at transonic speeds and high Reynolds numbers[J]. AIAA,1976,14(11):1631.

[35] FISHER E B,TRIPPE A P. Mathematical model of center core ignition in the 175mm gun [R]. New York:Calspan Report,1974.

[36] HORST A W,KELSO J R,ROCCNIO J J,et al. The influence of propellant grain geometry on ignition－inducted. Two－Phase Flow Dynamics in Guns[J]. Journal of Ballistics,1980:825－850.

[37] KOO J H,KUO K K. Transient Combustion in Granular Propellant Beds(AD－A4044998). Part Ⅰ:Theoretical Modeling and Numerical Solution of Transient Combustion Processes in Mobile Granular Propellant Beds[R]. Rochville:BRL,1997.

[38] ROBBINS F,GOUGH P S. An experimental determination of flow resistance in packed beds of gun propellant[C]. Washington DC:Proceedings of the 15th JANAF Combustions Meeting,1978.

[39] ZHOU Y H,SUN X C,YIN H B. Study of the influence of density and grain－size of colud of particles on drag coefficient in gas－solid two－phase flow[J]. Proceedings of the Second A-SIAN Congress of Fluid Mechanics,1983:971－976.

[40] FUSEAV Y,NICOLAS M,PAULIN J L. Experimental Determination of temperature and friction coefficient of gun propellant beds[C]//Proceedings of the Eighth International Symposium on Ballistics. Osaka:[s. n.],1984.

[41] JONES D P,KRIER H. Gas flow resistances measurements through packed beds at high reynolds numbers[J]. Journal of Fluid Engineering(ASME),1983:57.

[42] GUPTA S N,CHAUBE R B,UPADHYAY S N. Fluid－particle heat transfer in fixed and fluidized beds[J]. Chemical Engineering Science,1974,29:839－841.

[43] LEE COLQUHOUN,STEPANEK J. Mass transfer in single phase flow in packed beds[J]. The Chemical Engineers,1974:108－111.

[44] GELPERIN N I,EINSTEIN V G. Heat transfer in fluidized beds[J]. Davidson J F,Harrison D. Fluidization,1971:528.

[45] KRIER H,SUMMERFIELD M. Interior ballistics of guns[M]. Washington D C:American Institute of Aeronantics and Astronautics,1979.

[46] 金志明,袁亚雄. 弹道气动力原理[M]. 北京:国防工业出版社,1983.

[47] 周彦煌,王升晨. 实用两相流内弹道学[M]. 北京:兵器工业出版社,1990.

[48] 周彦煌,张明安,王升晨,等. 火炮装药床中气－固相间对流换热系数的实验研究[J]. 兵工学报,1992(2):19－23.

[49] 张惠华,王允中,陶文铨. 强制对流换热的萘升华模拟研究[J]. 工程热物理学报,

1985,6(1):49 -55.

[50] SPARROW E M,NIETHAMER J E. Natural convection in a ternary gas mixture,application to the naphthalene sublimation technique[J]. J. Heat Transfer,1979,101:404 -410.

[51] CARL R R,THOMAS C. Experimental study of flamespreading processes in 155mm XM216 modular propelling charges(AD -A224352)[R]. Rochville:BRL,1990.

第4章　装药燃烧不稳定与膛内压力波

波动是自然界中碰到的普遍现象，火药颗粒与装药床之中涉及的弹塑性波动，分别在第2章、第3章中讨论过。纯气体中的波动将在第7章中讨论。这里讨论膛内点火燃烧中涉及的波动。

4.1　维也里波行为特征

4.1.1　维也里的发现[1-2]

发现膛内装药点火燃烧不稳定并可能生成强烈的压力波，最早可追溯到100多年前。1890年，法国火药工程师维也里(Vieille)采用他所发明的铜柱测压装置，安装在长细比达40倍的超长专用密闭爆发器两端，用以测量和记录容器内腔压力。其试验系统如图4.1所示。该密闭爆发器长 $l_0 = 887\text{mm}$，内径 $d_0 = 22\text{mm}$，采用3种硝化棉火药，即枪用小粒药BF、中口径炮药BSP和海军炮药B16。装填密度 $\Delta = 0.05 \sim 0.25\text{kg/dm}^3$。当将装药集中放置在点火端，即装药非均匀分布时，得到的压力－时间($p-t$)曲线如图4.2所示。有必要说明的是，当时记录的 $p-t$ 曲线实质是铜柱压缩量与时间关系，其中时间起点在左，终点在右。从图4.2可以看到，曲线变化或铜柱压缩具有如下规律与特点：

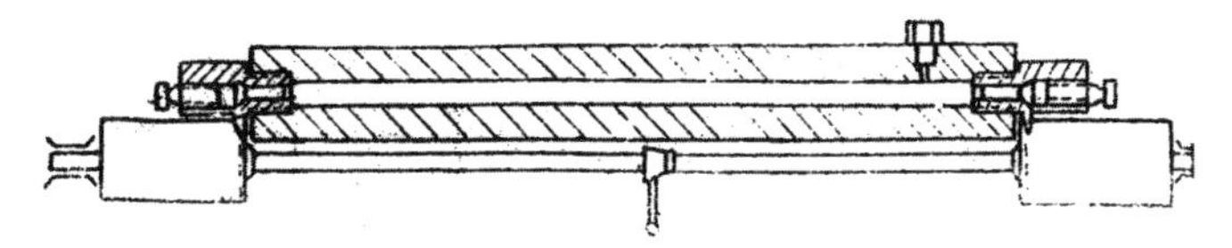

图4.1　维也里专用试验装置

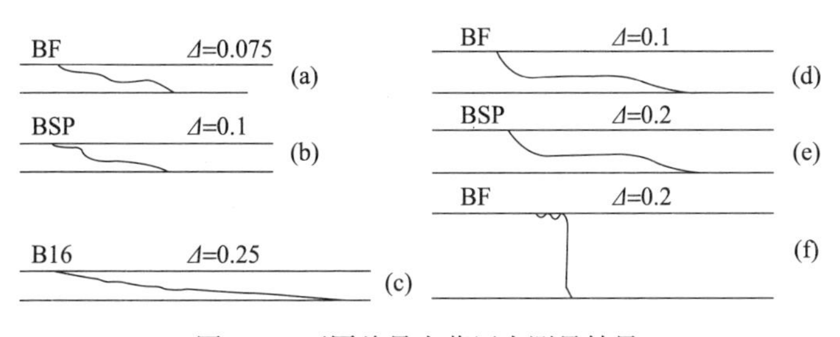

图4.2　不同牌号火药压力测量结果

(1)火药在容器内非均匀分布,点火燃烧生成的压力呈波动式上升,波峰时而出现在这一端,时而出现在另一端,两端压力交替上升。火药颗粒越小,这种波动趋势越强烈。

(2)相同火药,随着装填密度的提高,燃烧结束时间,即压力上升时间历程变短,曲线上升台阶增大。采用 BF 小粒枪药,$\Delta = 0.2$ 时压力呈突跃式一步上升到位(图 4.2(f))。对于 B16 大粒药,装填密度 $\Delta = 0.25$,时间历程长得多,但上升台阶不明显(图 4.2(c))。对于中间粒度的 BSP 火药,在 $\Delta = 0.1$ 所对应的压力曲线上能看到有明显两个台阶(图 4.2(b))。当 $\Delta = 0.2$ 时,即装填密度增加,则两个台阶(图 4.2(e))幅值进一步增大。

人们习惯把维也里首先发现的在大长细比容器内非均匀装药点火燃烧所生成的压力波称为维也里波。维也里波形成原因,大致可作如下解释:在点火具燃烧产物作用下,紧挨点火具的药粒首先被点燃,点火端压力逐步上升,直至更多的药粒被点燃并参与燃烧,就地产生大量燃气,因而在点火端生成第一压力波峰。另外,着火燃烧的药粒表面有燃气生成,因为生成燃气垂直药粒表面且具有相当高速度,使得着火燃烧的药粒相互排斥,各自具有趋于悬浮状态的趋势。于是,已燃火药及其燃烧生成物具有向低压区流动趋势,驱赶未点燃药粒流向自由端。由于装药开始集中于点火端,与自由端之间存在自由空间。自由空间越长,未燃药粒流向自由端被加速的距离越长,抵达端点时速度越高。由于容器内发生的这种定向运动,一方面使点火端压力下降,另一方面定向流动的混合物在自由端形成的滞止和堆集效应明显,生成新的装药密实区和燃气高压区。自由端高压区一旦形成,接下来,又将发生气-固混合物的反向运动。于是,在容器内腔出现了混合介质来回反复运动,两端压力交替上升的局面。

长期以来,人们对维也里发现的压力波动现象多有评述[2],但基本仅限于现象描述,对其波动形成机理和波动性质,未见有深入探讨。在这里重提,是因为它的研究对认识和理解现今火炮膛内压力波,尤其是小号装药或减装药的内弹道稳定性和发射安全性,仍然具有非常重要的现实意义。特别是在这类装药的内弹道过程早期,如当弹丸尚未启动或运动速度较低时,弹后空间的压力波动行为特征与维也里波具有相似性。也就是说,对维也里波的深入研究,对这种波动行为特征及其抑制方法认识越深入,了解越清楚,就越容易为现今火炮膛内压力波的分析研究提供借鉴。

4.1.2 维也里波的试验验证[1]

维也里发现的大长细比密闭容器中的压力波动,是由铜柱压缩量随时间变化曲线推算得到的,不能精确揭示波动幅度的大小和变化规律的细节。因此,采用现代测试手段,对其进行试验验证并作恰当的理论分析是必要的。

20 世纪 70 年代到 80 年代,李大方采用如图 4.3 所示装置,进行了多种条件下的试验验证研究。该装置内腔长 $l_0=600\text{mm}$,内径 $d_0=50\text{mm}$,长细比 $l_0/d_0=12$。在左右端面内侧 50mm 处,分别安装有应变式压力传感器,用于测量 $p-t$ 曲线。在中间位置,安装有铜柱测压器,测量中部压力最大值。

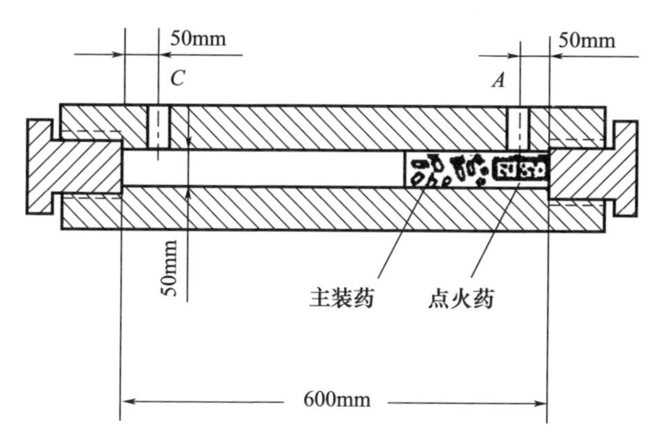

图 4.3 试验装置示意图

李大方首先采用 24g 硝化棉(NC)粉,制成近似球形的点火药包,用电热丝引燃。没有装填主装药,得到如图 4.4(a)所示的 p_B-t 曲线,其压力上升段时间约为 2~3ms,上升过程非常陡峭,其中隐含有振荡。燃烧结束,即最大压力点之后,压力继续振荡,即围绕平均压力上下波动。接下来,他采用如表 4.1 所列试验条件①,即主装药为单基 12/1,装填密度为 $\Delta=0.12$,点火压力 $p_B=20\text{MPa}$,所得容器两端 $p-t$ 曲线如图 4.5 所示,其中图 4.5(a)的主装药(单基 12/1)未包覆,而图 4.5(b)的主装药 12/1 为包覆药。在该图中 $p-t$ 曲线最大压力与理论估算基本相符,但 $p-t$ 曲线显示出明显波动。如以燃烧结束点(最大压力点)为界,将曲线分为两个阶段,则从曲线最大压力(燃烧结束)点之后部分看到容器一端所测曲线的波峰与另一端曲线的波谷正好相对应,即呈现此高彼低或彼高此低的特征,且两相邻波峰或波谷之间时间间隔(周期)基本相等。进一步观察发现,这种压力波动的传播速度在最大压力点(燃烧结束点)前后是不同的。由于到达最大压力点之后,火药已经燃完,波是在纯粹燃气中传播的,相对传播速度较高,而且比较稳定。而压力上升段,装药处于被逐步点燃和燃烧持续阶段,药床透气性逐步增大,波的传播速度呈逐步增大趋势。因波动要穿过药床,传播速度小于纯粹燃气中的速度。估算表明压力上升段平均速度为 1078m/s,燃烧结束点之后为 1282m/s。而包覆药(图 4.5(b))在燃烧前和图 4.5(a)所示相似,但波动速度为 1082m/s,燃烧完成之后为 1295m/s。

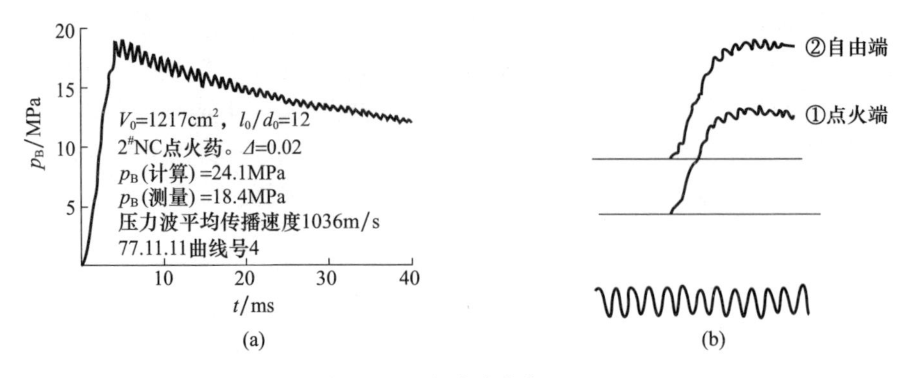

图 4.4 压力波动曲线(一)

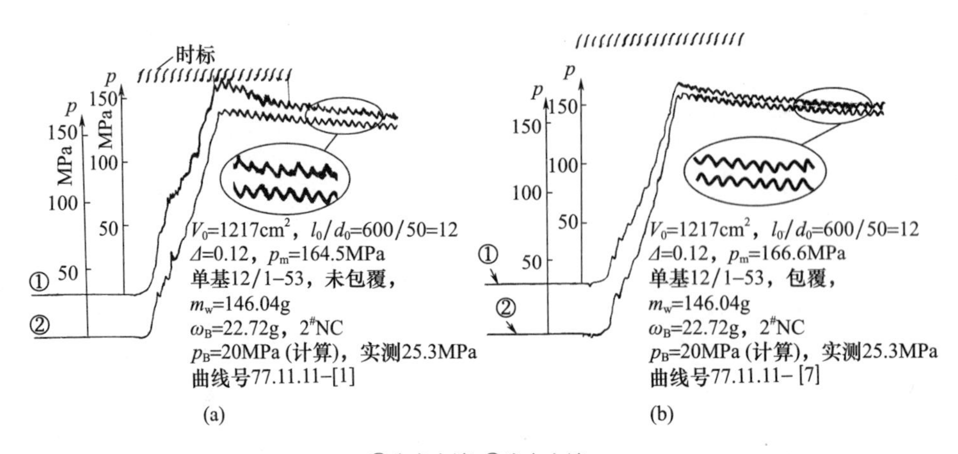

①为点火端;②为自由端。

图 4.5 压力波动曲线(二)

采用表 4.1 中条件②,即主装药分别改为双芳 -3 19/1 的管状包覆和未包覆药,取 $\Delta=0.20$(243.4g),点火压力 p_B 改为 12MPa,做了同样的试验。结果发现,$p-t$ 曲线波动特征与图 4.5 基本相似,但波的传播速度成倍增加,未包覆药在最大压力之后即纯粹燃气中的波速达到了 2543m/s。显然属于激波。

表 4.1 两种试验条件及压力波动特征量

条件	火药品种	装填密度 $\Delta/(kg \cdot dm^{-3})$	点火压力 p_B/MPa	最大压力 p_m/MPa	压力波传播速度 $v_前/(m \cdot s^{-1})$	$v_后/(m \cdot s^{-1})$	装填条件
①	单基 12/1	0.12	20	166.6	1078	1282	集中于点火端
	单基 12/1	0.12	20	163.0	1082	1295	集中于点火端
②	双芳 -3 19/1	0.20	12	236.0	2013	2299	集中于点火端
	双芳 -3 19/1	0.20	12	234.0	2215	2543	集中于点火端

注:$v_前$ 指燃烧结束前传播速度;$v_后$ 指燃烧结束后传播速度。

以上试验结果表明，对大长细比容器来说，当膛内装药分布不均匀，特别是将装药集中安置在点火端时，将不可避免地生成维也里波，尤其当采用薄火药和火药不包覆时，燃气生成速率较高，更是如此。那么是否在长细比不太大的容器里就不会造成维也里波呢？为此，李大方将双芳－3管状药用钟表车床制成碎屑，再用研钵磨碎过筛，制备20目以下80目以上的粉状碎末。采用长细比 $l_0/d_0=4$，内径 d_0 分别为40mm和25mm，容积分别为207cm^{3}和48cm^{3}的普通密闭爆发器进行同样的试验。试验时密闭容器垂直安装，点火端位于下方，装药自动落下，紧挨点火药包。试验结果表明，当火药的装填密度 $\Delta=0.20$ 时，即大、小两个爆发器分别采用41.4g和9.6g的双芳－3细粉，207cm^{3}容器的 $p-t$ 曲线几乎直线上升，造成压力传感器压电晶片损坏，测压铜柱被压扁，爆发器自由端堵头局部受损并发生泄漏，估计压力已远超容器设计允许强度350MPa。而等比例缩小的48cm^{3}小容积爆发器，$p-t$ 曲线光滑，最大压力与预估值相吻合，未发现有维也里波。这次试验结果说明，容器绝对长度是维也里波生成发展的重要条件。在长细比较大容器内，如装药集中分布在点火端，火药燃气生成速率充分大时，“维也里波的生成几乎是不可避免的”[3-4]。但对短小容器，这一结论并非一定成立，或者说维也里波的形成与发展，需要有一定空间长度。48cm^{3}小型爆发器内膛长度不足100mm，加速行程有限，即使装填粉状火药，也不易生成维也里波，说明维也里波生成与空间尺寸相关。

4.1.3　维也里波特性的进一步研究

1983年6月至1984年3月，我们在李大方试验研究基础上，对维也里波特性作了进一步研究。[3]

1. 点火方式对维也里波的影响

同样采用如图4.3所示装置和相同的点火药和点火药量，但改变药包形状，将24g NC粉用标准卷烟纸制作成长80mm、直径30mm的圆柱，同样用电热丝引燃，相应 p_B-t 曲线如图4.4(b)所示。与图4.4(a)相比，曲线上升段不再像图4.4(a)那样非常陡峻，曲线形状相对比较平缓，上升时间由图4.4(a)的2.3ms增大到3～4ms。曲线仍有振荡，但振荡幅度远小于图4.4(a)。接下来，又将24g NC粉制作成直径27mm、长度100mm的长药包和改用2#小粒黑药替代NC粉进行试验。黑药点火药量以保持点火能量不变估算确定，黑药制作的点火药包长80mm，直径约35mm。试验结果表明，这两种点火药包的 p_B-t 曲线都比较光滑。

2. 装药与点火药包匹配关系对维也里波形成的影响

采用相同的点火药，即24g NC粉，用标准卷烟纸制成直径 $d_0=30$mm，长

$l_0 = 80\text{mm}$ 的点火药包。取 144g 单基 4/7 火药作主装药,同样采用卷烟纸,制成直径 $d = 48\text{mm}$、长 $L = 100\text{mm}$ 的主装药包,分别放置在:点火端、中间位置、自由端顶部。方案(a)主装药包紧挨点火药包,前方有 420mm 的自由空间;方案(b)主装药包两侧各有 210mm 自由空间;方案(c)距离点火药包有 420mm 的空间。因此,得到的 $p-t$ 曲线分别如图 4.6(a)、(b)、(c)所示。若以点火端压力 p_A 减去自由端压力 p_C 得到的第一负压差 $-\Delta p_i$ 来表征膛内压力波强度,则(a)、(b)、(c)方案的 $|\Delta p_i|$ 分别为 60MPa、40MPa 和 20MPa。

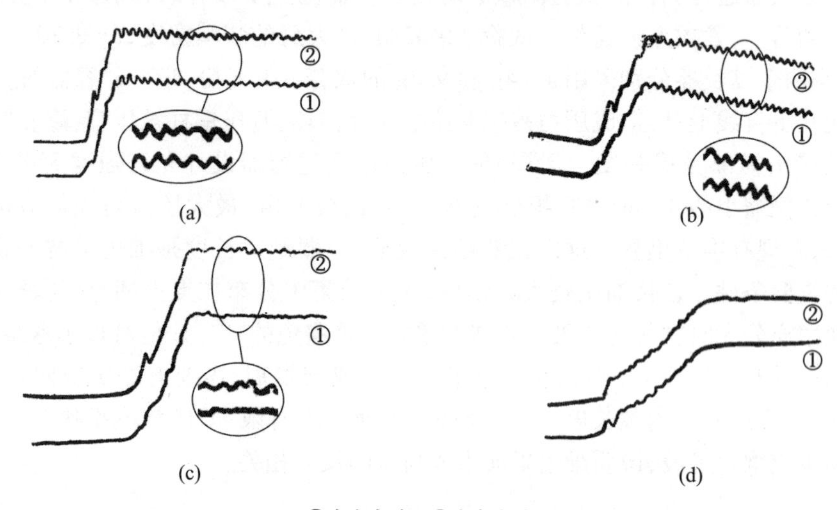

①为点火端;②为自由端。

图 4.6　主装药包不同位置试验

上面结果表明,波动与两种因素有关:一是主装药包初始位置不同,点火距离不同。点火距离越近,点火激励越猛烈;二是当主装药包直径(48mm)越接近于容器内径(50mm)越易形成波动。因为这两种强化因素,都会使点火燃气冲击作用增强,药床容易被镦粗而变得密实。点火越猛烈,镦粗过程越迅速。可以将镦粗之后的装药床或药包近似看作是一个多孔介质活塞。药床一旦变为活塞性状,点火燃气向前透过药床实现火焰传播将更加困难,主装药越容易被快速压成密实栓柱;前方自由空间路程越长,药床被压缩密实程度越高。加上已被点燃主装药燃烧释放燃气,在火焰通过药床向前传播的同时,火焰波阵面将在床内逐渐伴生出陡峭的压力波阵面。因此,随时间推移,当药床被燃气推动前移的同时,床内燃烧波阵面也被逐步强化,并当这种带有强烈燃烧波阵面的装药床到达自由端,即形成第一个压力峰。由于自由端压力大于点火端,相应也出现了第一负压差。相反,若点火距离大,主装药包越细长,燃烧波阵面将弱化,第一负压差变弱。

3. 装药床透气性及燃气生成速率对维也里波的影响

相同牌号的火药，装填密度越高，或装药床越密实，药床透气性越差。此外，透气性还与药粒大小、形状，以及装药与药室内壁的间隙有关。而燃气生成速率取决当时当地环境压力、火药密度及药粒尺寸、形状等。图4.6(d)与4.6(a)两者对应所采用的装药量、药包(装药)形状、大小、装填位置和点火条件等完全相同，但火药牌号分别为4/7和11/7，图4.6(d)对应的药粒尺寸大，药粒间气流通畅，透气性增强。另外，11/7火药弧厚增加，燃气生成速率下降。因而，图4.6(d)的 $p-t$ 曲线压力波动强度明显弱于图4.6(a)，尽管在压力上升段仍显示有波动，但随时间推移，波动逐步减弱，到燃烧结束(最大压力)时，$p-t$ 曲线上的波动已衰减消失殆尽了。

4. 装药量或药床高度对维也里波的影响

如保持点火、主装药的牌号、药包(床)密实度、安装位置不变，但主装药量增加，相应药床的高度增加，由此对维也里波的生成与发展的影响可以用图4.7所示 $p-t$ 曲线比较来说明。图4.7相应的主装药均为单基花边7/14，图4.7(a)、(b)对应的装药量分别为144g和220g，药包直径均为 $d=48$mm，长度分别为120mm和180mm。相应两者 $p-t$ 曲线波动特征有很大差异。如果用点火端压力 p_A 与自由端压力 p_C 的差值，即 p_A-p_C 表征第一负压差 $-\Delta p_i$，并作为评判压力波(维也里波)强弱的判据。结果发现，图4.7(a)相应的 $|-\Delta p_i|$ 为20MPa，而图4.7(b)的 $|-\Delta p_i|$ 增大为130MPa，这完全是由于药床高度或装药量增加造成的。这表明，药床高相差60mm，使波动特征发生了质变。尤其要指出的是，装药床高度对维也里波的影响是非线性的。这意味着，一旦装药高度大于某一临界值，压力波可能失控。事实上，影响维也里波几个主要因素，如点火猛度、装药床的透气性等对膛内波动的生成与发展的影响也都是非线性的。其中任一因素超过临界值，火焰传播和燃烧过程都可能发生突变。

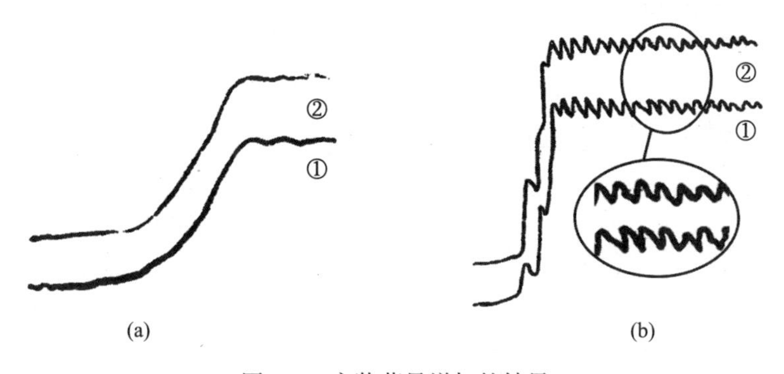

图4.7　主装药量增加的结果

5. 装药结构和吸波垫对维也里波的影响

研究维也里波的目的是找到抑制与消除方法。一方面希望通过适度增长药包长度,即通过提高装药分布均匀程度消除压力波;另一方面在自由端设置吸波垫,探索其抑制压力波可行性。同样采用如图 4.3 所示试验装置,试验的内容和得到的 $p-t$ 曲线分别见表 4.2 和图 4.8 ~ 图 4.15。通过比较,主要结果表述如下:

表 4.2 填充物吸波性能试验

$p-t$ 曲线	方案序号	装药示意图	点火药(2# NC)		主装药(单基 4/7)		吸波垫		波在燃气中平均传播速度 u_{cp}/(m·s^{-1})
			m_{ig}/g	药包尺寸(mm × mm)	m_{ω}/g	药包尺寸(mm × mm)	材料	$d \times h$(mm × mm)	
$p-t$ 曲线 图 4.8	a	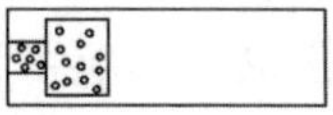	24	$\phi35 \times 60$	150	$\phi48 \times 95$	—	—	1313
$p-t$ 曲线 图 4.9	b	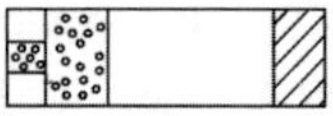	24	$\phi35 \times 60$	150	$\phi48 \times 95$	软发泡塑料	$\phi49 \times 53$	1245
$p-t$ 曲线 图 4.10	c	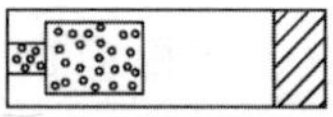	24	$\phi30 \times 95$	150	$\phi45 \times 110$	硬发泡塑料	$\phi49 \times 53$	1269
$p-t$ 曲线 图 4.11	d	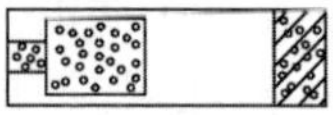	24	$\phi30 \times 95$	150	$\phi45 \times 110$	中等硬度发炮塑料	$\phi49 \times 53$	1257
$p-t$ 曲线 图 4.12	e①	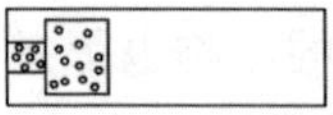	24	$\phi35 \times 60$	150	$\phi48 \times 95$	—	—	1371
$p-t$ 曲线 图 4.13	f①	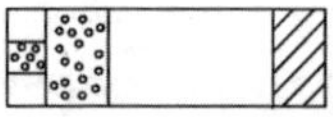	24	$\phi35 \times 60$	150	$\phi48 \times 95$	网状软质材料	$\phi49 \times 53$	1385
$p-t$ 曲线 图 4.14	g①	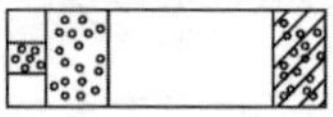	24	$\phi35 \times 60$	150	$\phi48 \times 95$	石棉	$\phi49 \times 5$	1371
$p-t$ 曲线 图 4.15	h①	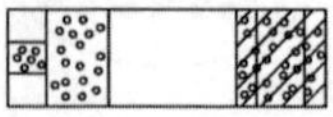	24	$\phi35 \times 60$	150	$\phi48 \times 95$	橡胶垫夹中硬发泡养料	$\phi49 \times 53$	1384

①方案序号 e ~ h 对应所示 $p-t$ 曲线,即图 4.12 ~ 图 4.15。因绘图仪失灵,曲线由采集到的数据用手工重描得到,所以图中的坐标比例变了,也丢失了一些细节特征。

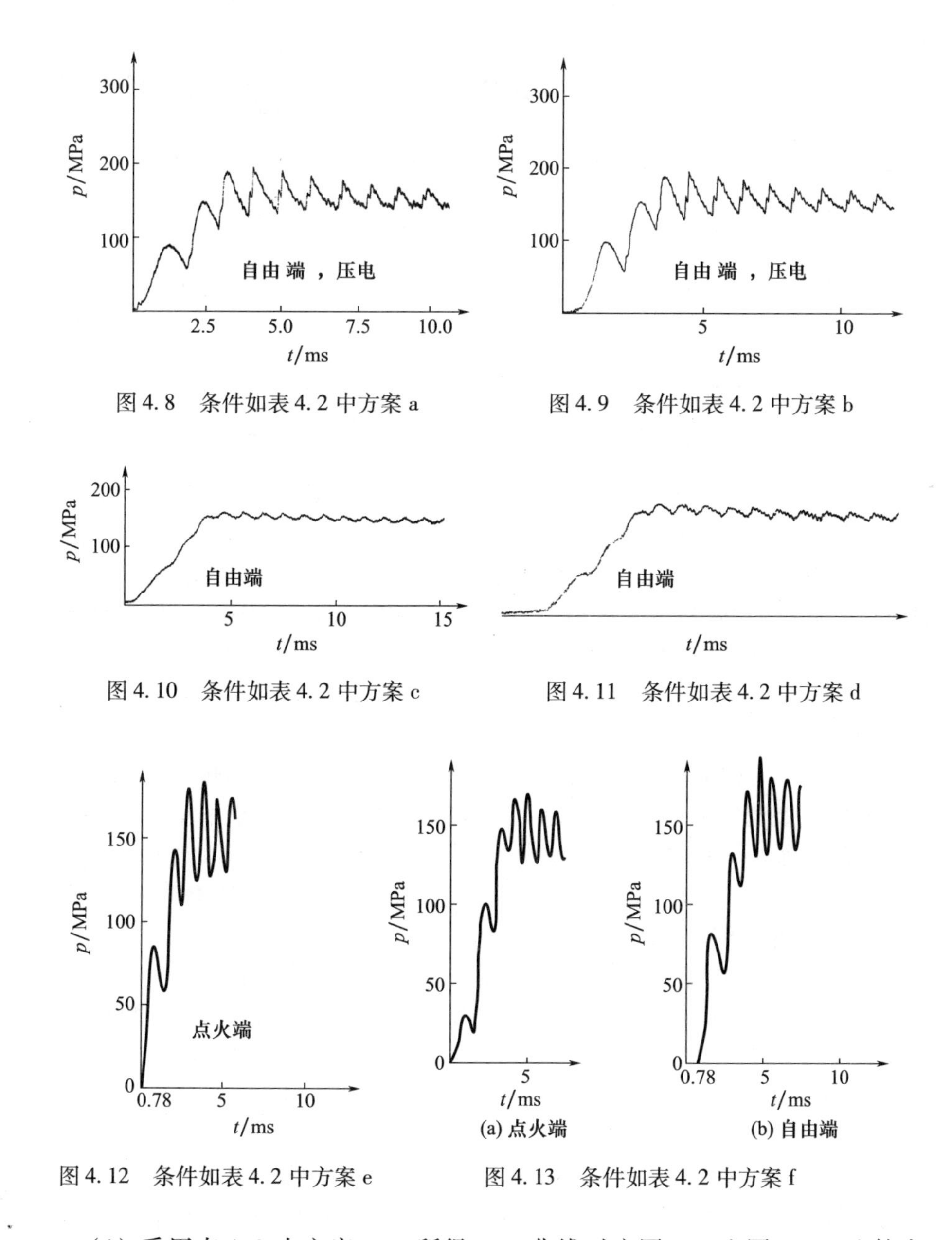

图4.8 条件如表4.2中方案a

图4.9 条件如表4.2中方案b

图4.10 条件如表4.2中方案c

图4.11 条件如表4.2中方案d

图4.12 条件如表4.2中方案e

图4.13 条件如表4.2中方案f

(1) 采用表4.2中方案a、e,所得$p-t$曲线对应图4.8和图4.12,比较发现,当装药集中放置于点火端时,生成的最大压力波动值(最大振幅)达60~80MPa。波的传播速度,火药燃烧结束之后(纯净燃气中)为1313~1371m/s;火药尚未燃烧结束前,因波的传播受到颗粒阻滞作用,传播速度为880~1000m/s。

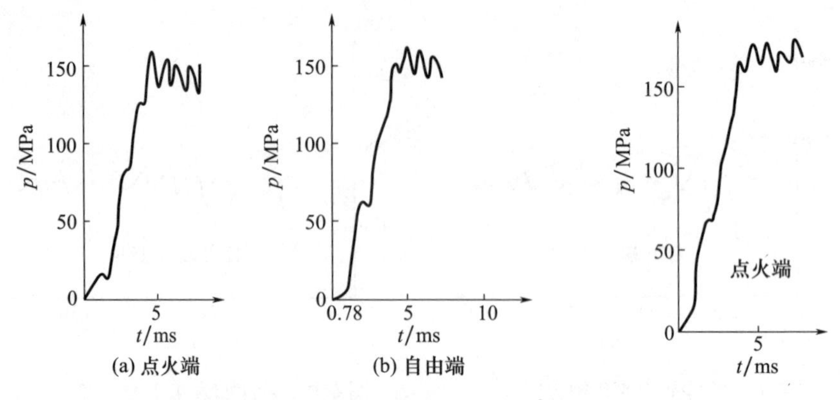

图4.14　条件如表4.2中方案g　　　　图4.15　条件如表4.2中方案h

(2) 采用表4.2中方案b、f,所得对应$p-t$曲线如图4.9和图4.13所示。同样的装药,同样放置于点火端,分别与方案a、e相同,但在自由端分别放置有软质发泡塑料和网状软质材料。由于所采用的材料密度较低,吸波性能较差,其$p-t$曲线与方案a、e比较稍有变化,最大振幅分别由60MPa和80MPa降低为50MPa和65MPa。相应波在燃气(燃烧结束之后)介质中的传播速度约为1245～1385m/s;而在燃烧结束之前的混合介质中,传播速度约为857～1000m/s,几乎看不出变化。

(3) 当采用表4.2中方案c、d,药包相对细长,其中点火药包由60mm增长至95mm,主装药包由95mm增长到110mm,同时在自由端分别施加硬质和中等硬度的发泡塑料作吸波垫,其$p-t$曲线分别如图4.10和图4.11所示。由$p-t$曲线看到,这两种吸波垫降波作用明显,使波动幅度下降到15MPa左右,即为a、e方案的1/5～1/4。波的传播速度没有变化。

(4) 保持装药结构不变,即主装药和点火药包仍保持方案a与方案e,但方案g用$\phi49\times35$的石棉垫作吸波材料,方案h用橡胶与中等硬度发泡塑料组合垫作吸波材料,尺寸为$\phi49\times53$。得到的$p-t$曲线分别如图4.14和图4.15所示,波的振幅均减小到15MPa左右,可见橡胶+泡沫塑料组合材料和石棉纤维作吸波垫效果也较好。同样,波的传播速度没有太大变化。

(5) 图4.8和图4.9所示$p-t$曲线表明,这样的强烈维也里波在膛内来回反射运动中,其往返传播速度是不同的,正向传播速度为2000～2400m/s,远高于反射传播速度800～1000m/s。这样的正反传播速度特点与冲击波(激波)特征相符。也就是说,膛内生成的较强维也里波属于冲击波(激波)。

4.1.4　维也里波研究小结

以上试验表明,维也里波的生成、发展和行为特征具有如下特点:

（1）装药在大长细比密闭容器内非均匀分布条件下的点火燃烧，通常都将生成维也里波，其生成规律与强弱程度和容器长细比、点火猛度、装药密实性、装药分布的非均匀性、药床高度、药床透气性、自由空间长度、药床与容器的间隙及其火药燃气生成速率（比表面积）等因素密切有关。当其中一种或几种因素达到某种临界状态，维也里波在容器内的生成是不可避免的。

（2）以火药燃烧结束（密闭容器的最大压力）点为界，维也里波可分为两个阶段：之前波的传播需要跨越气－固混合介质，是波动逐步形成和强化阶段；之后是波动在纯粹燃气中传播阶段。在不发生过程突变（燃烧转爆轰）前提下，波在含有固体药粒的气－固混合介质中传播速度约在 100～1500m/s 范围，平均为 800～1200m/s。在这一阶段，波的传播速度主要取决于火焰波阵面在装药床中的生成与发展。在纯燃气中传播速度与波的强弱有关，最小为声速，最大则为强激波传播速度。通常速度为 1245～1385m/s，但生成激波时超过 2200m/s。

（3）强烈的维也里波本质上是激波，但随能量逐渐耗散，衰减到一定程度，则转变为声速。试验表明，维也里波一旦发展为激波，其正向传播速度大于反向传播速度。

4.2　密实装药燃烧转爆轰（DDT）现象

如果药床足够密实且药床高度超过一定界限，药床中的燃烧波将转化为爆轰波。燃烧转爆轰（deflagration to detonation transition，DDT）一旦发生，波的传播速度可能上升至 10^3～10^4m/s 量级，压力可能上升至 10^3～10^4MPa 量级。

前面讨论了大长细比密闭容器中装药分布严重不均匀，但总体装填密度较低（$\Delta \leqslant 0.25$）条件下的维也里波行为特征。本节讨论装药分布基本均匀但具有较高的装填密度（$\Delta \geqslant 0.50$）且药床高度足够大，如大于燃烧转爆轰诱导长度条件下的燃烧转爆轰问题。DDT 问题的研究经历了漫长的时间，即使不计早期研究，仅从 20 世纪 60 年代开展系统性研究算起，至今也有 60 多年的历史了。开展 DDT 研究的初衷，是为了认识火炸药引爆规律，了解装填条件和点火条件对爆轰诱导长度的影响。DDT 过程是非常复杂的物理化学过程，装药床某一局部被点燃之后，已燃区（反应区）前沿火焰阵面传播速度开始不高，甚至只有 10^{-2}m/s 量级。之后随着已燃区域压力逐步上升，燃烧波阵面向前推进的速度也逐渐提高。当发展形成爆轰，火焰波阵面传播速度将上升至 10^4～10^5m/s 量级，即达到爆速的水平。相应地，反应区压力初始可能只有 10^{-1}MPa 量级或者更低，逐步上升到 10～40GPa。而实现 DDT 转变经历的时间一般只有 10^{-5}～10^{-3}s。在如此短暂时间内，实现如此大跨度物理化学变化，涉及含能材料点火燃烧、多孔介质对流传热与药床压缩和冲击波在药床内形成,即到达由多孔材料的绝热压缩直接生成爆轰波。对于这样的瞬态多个阶段问题的理论建模,势必要涉及药床点火、床内多相运动、相间输运及不同物相之间的耦合和本构关系的确定与运用,物理模型必将涉及压力波、冲击波形成等各种非线性现象的描述与处理。相应地,在试验诊断中也将面临各种各样的困难与挑战。因此,对于这样的高瞬态、大跨度物理过程,迄今也只能是做到一般了解,对其中很多细节和涉及的机理仍有待深入研究。

我们感兴趣的问题是,如何防范火炮发射装药中出现燃烧转爆轰。因此,要从宏观上或唯象上认识火药颗粒填充床燃烧转爆轰发生的基本规律,重点是对燃烧转爆轰转变前期即爆轰形成之前的过程感兴趣。美国海军水面武器中心(Naval Surface Weapons Center,NSWC)的毕莱肯(Richard R. Bernecker)和普瑞斯(Donna Price)为此做了开创性工作[5-8]。另外,美国伊利诺伊大学的克里尔(Krier H.)团队从 20 世纪 70 年代开始,也对燃烧转爆轰转变机理和理论建模做了大量研究[9-14]。

4.2.1 试验研究

毕莱肯和普瑞斯采用如图 4.16 所示的试验装置,对不同装药做了试验。装置管体由无缝钢管制成,管体内径为 16.3mm,外径为 51mm,设计允许压力为 450MPa,管体两端用堵头密封。沿管轴向安装有多个离子探针,用于检测燃烧波阵面扫过时间。管体外侧贴有应变片,用于测量管体承受的压力。他们的试验表明,颗粒填充装药床的燃烧转爆轰过程,与药床特性有关。影响这类装药床燃烧转爆轰特性的装药特征量主要包括:

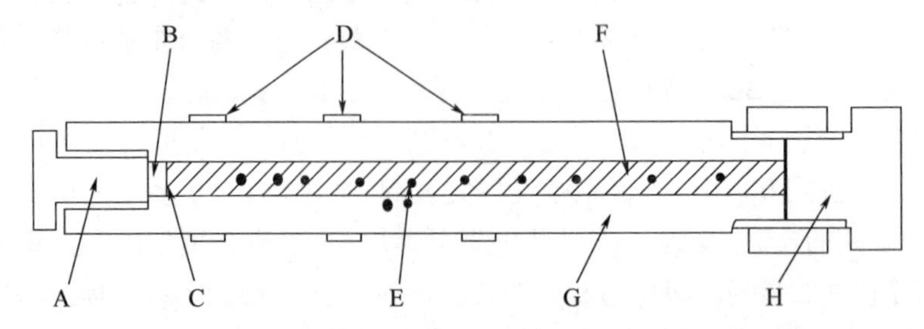

A—点火堵头;B—点火具;C—点火剂与火药界面;D—应变片;E—离子探针;F—装药床;G—钢管;H—密封堵头。

图 4.16 燃烧转爆轰试验装置

(1) 填充率 ε_s。药床内单位容积凝聚相(固相)占有率。

(2) 空隙率 ε_g。与填充率 ε_s 互补,即

$$\varepsilon_g = 1 - \varepsilon_s \tag{4.1}$$

内弹道学中习惯使用装填密度 Δ，它与 ε_s 有如下简单关系：

$$\Delta = \varepsilon_s \rho_p = (1 - \varepsilon_g)\rho_p \tag{4.2}$$

式中：ρ_p 为固相火药的物质密度或真密度。

（3）药床比表面积 S_0，即单位容积内药粒的表面积之和，它与填充率、药粒尺寸与形状有关，如令单个药粒表面积为 S_p，体积为 V_p，则

$$S_0 = S_p \varepsilon_s / V_p = S_p(1 - \varepsilon_g)/V_p \tag{4.3}$$

（4）燃气质量生成速率 $\dot{m}_b$，已燃区内，单位容积燃气生成率为

$$\dot{m}_b = S_0 \dot{r}_b \tag{4.4}$$

式中：$\dot{r}_b$ 为沿燃烧表面内法向燃速。事实上，随时间推移或燃烧进展，药床比表面积 S_0 是变化的。

（5）能量生成速率 $\dot{e}$，即相变释放的能量，可写为

$$\dot{e} = \dot{m}_b f/(\gamma - 1) = S_0 \dot{r}_b f/(\gamma - 1) \tag{4.5}$$

式中：f 为火药力；γ 为燃气比热。火药组分不同，f 不同。

试验表明，一方面点火初期，离子探针处于断路状态，即在此期间燃气温度不是很高，不能使其启动。随着压力上升，燃烧波阵面强化，一旦扫过所在位置的探针，检测回路则有信号通过。从此时开始，可记录到燃烧波阵面沿轴向 x 的运动情景 $x-t$ 曲线。另一方面，一旦转爆完成，即 DDT 过程实现，化学反应波阵面传播速度即为爆速。下面介绍他们的两个典型试验结果。

1. 黑索金（RDX）/蜡（wax）改性炸药颗粒填充床[6]

他们所采用改性炸药是按 91/9 比例的黑索金（RDX）与蜡（wax）的混合物。黑索金的物质密度 $\rho_R = 1.806\text{g/cm}^3$，蜡的密度 $\rho_w = 1.00\text{g/cm}^3$。因此该混合物密度 $\rho_p = 1.68\text{g/cm}^3$，其颗粒直径加权平均 $d_p = 125\mu\text{m}$。点火具位于装药最左端，长 6.3mm，点火剂共 0.35g，为硼（B）和硝酸钾（KNO_3）的混合物，比例为 25/75，其燃烧产物在 6.8MPa 条件下温度为 2810K。为了使黑索金和蜡两种颗粒掺混均匀，先将它们置于容积为 30 加仑①混合器中并加入高尔夫球，通过滚动予以混合。然后将掺混好的颗粒混合物填充装入试验管体之中。形成的药床填充率 $\varepsilon_s = 0.673 \sim 0.945$。在这一装填密度范围内，都能观察到 DDT 转变过程的发生。共计试验 14 发，其中 1 发无效，其余试验条件与主要结果如表 4.3 所列。

---

① 1 加仑 = 3.78L。

表 4.3 91/9 比例的 RDX/wax 混合炸药填充床转爆长度－时间测量值

发序	装填密度 $\Delta/(g\cdot cm^{-3})$	填充率 $\varepsilon_s/\%$	对流火焰波参量		爆轰波速度 $D/(mm\cdot \mu s^{-1})$	转爆位置 l_D/cm
			$B^a/(mm\cdot \mu s^{-1})$	$2C\times10^3$ a/$(mm\cdot \mu s^{-2})$		
1	1.588	94.5	f	f	d	
2	1.588	94.5	1.51	0.0	8.40	15.5
3	1.551	92.3	0.95	0.0	7.68	14.5
4	1.513	90.1	0.57	5.1	7.93	12.5
5	1.513	90.1	0.59	3.8	7.60	12.0
6	1.437	85.5	0.54[e]	1.3	7.31	15.5
7	1.361	81.0	0.45	0.0	6.81	12.0
8	1.361	81.0	0.38	1.1	7.19	17.5
9	1.324	78.8	0.38	0.68	6.80	15.5
10	1.286	76.5	0.38	0.62	6.37	19.5
11	1.248	74.3	0.28	0.55	f	23.0[g]
12	1.248	74.3	0.29	0.49	6.69	21.0
13	1.172	69.8	0.26	0.39	f	27.5[g]
14	1.13[h]	67.3	0.26	0.51	f	26.5[g]

注：a：B^a 和 $2C$ 见式(4.6)，B 为 41mm 处 $t=0$ 时刻的 u_c，$2C$ 为对流火焰阵面加速度。

d：未发生转爆。

e：28.7mm 处 B 值，41mm 处 B 为 0.59。

f：正常不可能出现。

g：根据试验管体损坏情况估算得到的。

h：手工装填装药。

试验表明，燃烧转爆轰一旦发生，管体全部爆裂(碎)。由试验测得的燃烧波或爆轰波扫过的 $x-t$ 数据，经过简单处理，可以求取燃烧波或爆轰波的传播速度 u_c 或 D。不妨将燃烧波阵面位置 x 写为下列关系式：

$$x_c = A + Bt + Ct^2 \tag{4.6}$$

则波的传播速度为

$$u_c = \frac{dx_c}{dt} = B + 2Ct \tag{4.7}$$

式中：B 为 $t=0$ 时刻波速；$2C$ 为波的加速度。表 4.3 中给出了按式(4.7)拟合得到的 B 与 C 值。类似地，爆轰波位置－时间关系式可写为

$$x_D = l_{D0} + Dt \tag{4.8}$$

式中：l_{D0}为转爆诱导长度或爆轰波初始出现位置；D为爆速。

图4.17所示为表4.3中发序9由离子探针测得的燃烧波和爆轰波的波阵面所在位置随时间的变化（$x-t$），采用式（4.7）和式（4.8）作简单处理，可得波的传播速度。结果表明，燃烧波传播速度$u_c = 380 \sim 518$m/s，随时间推移是逐步增加的。大约在230μs燃烧波转变为爆轰波，波的传播速度一下子上升到7200m/s。图4.18所示为该装药（91/9 RDX/wax）转爆诱导长度和填充率变化的测量结果。数据表明，对颗粒$d_p = 0.125$mm，填充率$\varepsilon_s = 0.67 \sim 0.94$的填充床，燃烧波都将转变为爆轰波。随着$\varepsilon_s$的增大，总体上转爆长度$l_D$逐步减小，具体从$\varepsilon_s = 0.673$时$l_D = 26.5$cm逐步减小到$\varepsilon_s = 0.901$的$l_D = 12.0$cm。但随填充率的继续提高，看似不可理解的是，当$\varepsilon_s$由0.90开始继续增加时，$l_D$不但没有减小，反而有增加趋势。其背后的详细原因，可能是多孔药床燃烧转爆轰诱导长度与药床绝热压缩点火机理有关。

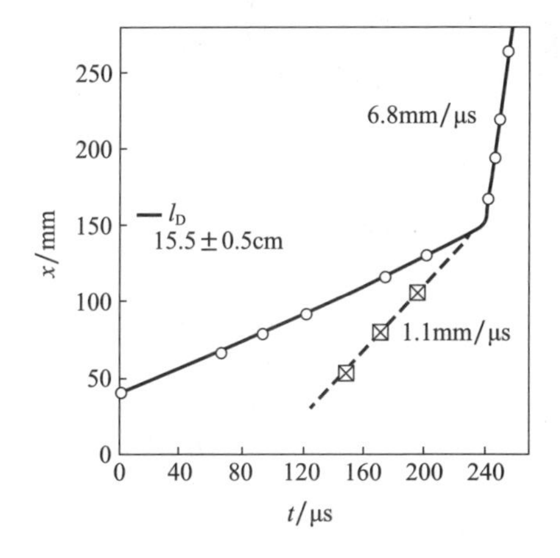

图4.17　$\varepsilon = 0.788$，91/9 RDX/wax，$\Delta = 1.32$ 波阵面位置－时间（$x-t$）曲线

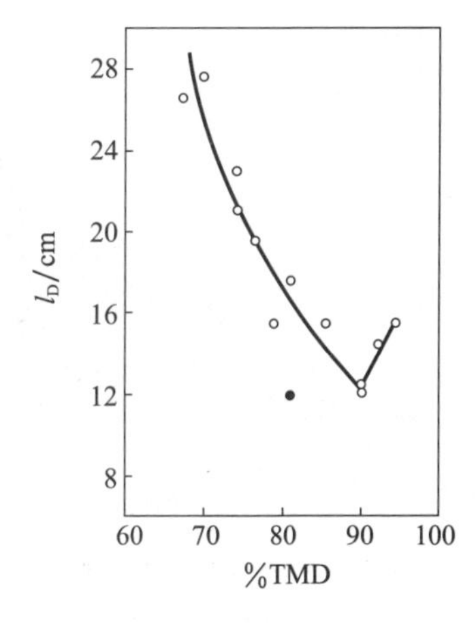

图4.18　91/9 RXD/wax颗粒多孔药床引爆长度与填充率关系

图4.19是他们提出的91/9 RDX/wax颗粒填充床燃烧转爆轰转变机理示意图。他们根据试验结果和得到的燃烧转爆轰与药床填充率的关系曲线，将燃烧转爆轰转变过程分为如下阶段：点火具引爆后，紧挨点火具界面附近装药被点燃，在30～40mm范围内，先形成一个对流燃烧（Ⅱ）区，前端阵面不断向前传播，传播速度逐步加快。这种情况在填充率$\varepsilon_s \leqslant 0.90$的试验中均能得到观察数据的支持。与此相应，燃烧波阵面后面的压力仍小于1000个标准大气压①。之后，观察到燃烧

① 1标准大气压 = 101.32592Pa。

区压力不断上升,燃烧波阵面发展成陡峭的压力波阵面。为分析方便,可将压力波阵面看成是后对流燃烧波阵面。在多孔药床中,后对流波阵面向前传播速度为当地声速。通常药床孔隙率越大,燃烧波阵面扫过,则药床被压缩的程度反而越高。最终对流燃烧状态(Ⅱ域)转变为图中PC压缩波状态,即转变为Ⅲ区状态。随着后对流燃烧波阵面向前推进,其速度逐步增长而大于对流燃烧波阵面的传播速度(当地声速)。最后,爆轰波开始出现。在后对流波位置到爆轰波出现位置之间,距离约1~2cm,经历时间约10~20μs。多次试验结果确认,PC波(压缩波)以当地声速传播,但波幅非常高,尽管相应位置装药尚未被点燃,压力测量仪已经感受到药粒受压,而且可以确认,这种压力来自上游的燃气对药床颗粒的加载。从时间上看,PC波扫过之后,对流燃烧波才到来。当燃烧波到来,相应压力又会明显下降。

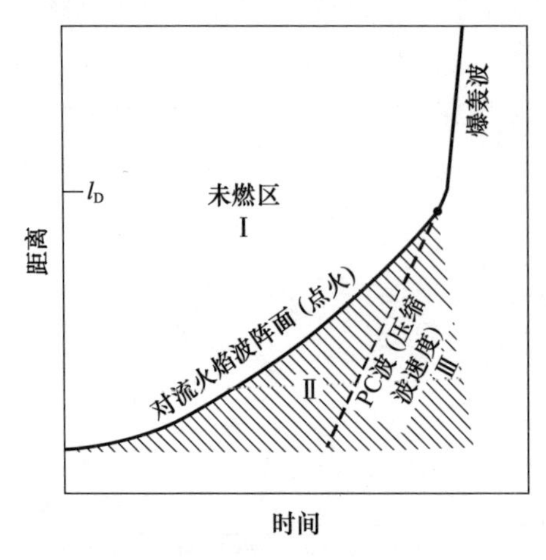

图4.19 91/9 RDX/Wax颗粒多孔药床DDT转变机理

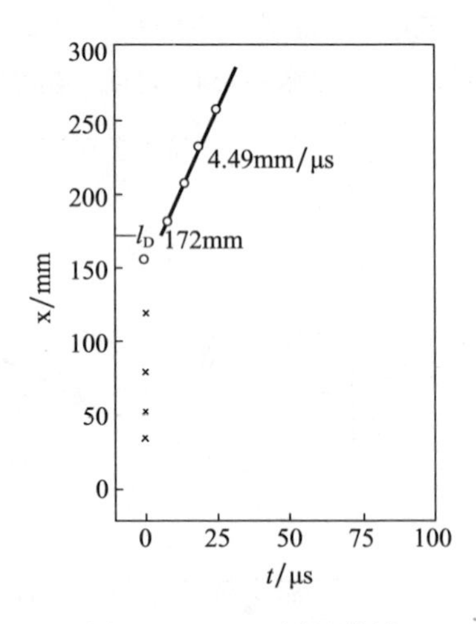

图4.20 No.4测量结果

2. 改性双基火药颗粒填充床[5]

毕莱肯和普瑞斯又采用和图4.16相同的试验装置和测量方法,对改性双基颗粒火药填充床进行了燃烧转爆轰研究。点火具仍为6.3mm长,采用相同的点火剂,该改性双基药主要配方为硝化棉(NC)、硝化甘油(NG)、铝粉(Al)、高氯酸铵(AP)和奥克托今(HMX)等。药粒制备成3种规格:立方体、细粒状颗粒、卷曲带状体。显微观察表明,立方体和细粒状颗粒的几何形状都很不规则,卷曲带状体药粒更是形态各异。这种火药的真密度$\rho=1.88\text{g/cm}^3$,对3种不同形状药粒填充床进行试验,其填充率范围$\varepsilon=0.537\sim0.904$,主要结果见表4.4。表中序号4的波阵面传播距离–时间测量结果如图4.20所示。结果表明,对这种火药填充床,实测转爆诱导距离(长度)约为 172mm。燃烧转爆轰后,爆轰波传播速度立即达到 $D = 4490\text{m/s}$。事实上,表 4.4 给出的填充率和空隙率数据与高装填密度火炮装药属于同一范围,甚至序号 1 ~4 药粒当量直径与中小口径火炮药粒也基本相当。因此,表中给出的试验结果,对火炮装药的安全分析有很好的借鉴作用。本书作者通过拟合得到诱爆长度 l_D 与装药比表面积 S_0 的相关曲线如图 4.21 所示。由该图可见,l_D 随 S_0 增加而下降,相应拟合关系式为

$$l_D = 19.16S_0^2 - 163.58S_0 + 488.59 \tag{4.9}$$

式中:S_0 用式(4.3)估算,S_0 的单位为 m^2;l_D 的单位为 mm。该式可用来评估发射装药床的安全高度(长度)。

表 4.4　改性双基药燃烧转爆轰试验与计算对比

序号	药形(尺寸)/mm	空隙率 $\varepsilon_g/\%$	填充率 $\varepsilon_s/\%$	比表面积 S_0/m^2	转爆长度 l_D/mm		爆速/($m \cdot s^{-1}$)		计算图
					实测	计算	实测	计算	
1	立方体 1.6×1.6×1.6	40.4	59.6	2.25	232	237	4970	3500	图 4.25
2	立方体 3.2×3.2×3.2	40.4	59.6	1.125	>300	>300	—	—	—
3	带状 0.5×1.6×25	35.6	64.4	2.894	194	198	5390	4447	图 4.26
4	带状 0.5×1.6×25	45.7	54.3	2.440	172	174	5390	4314	—
5	细粒 d_p =0.10 ~1.20	46.3	53.7	4.0275	138	140	4700	5880	图 4.27
6	细粒 d_p =0.10 ~1.20	46.3	53.7	4.0275	138	150	4700	4340	—

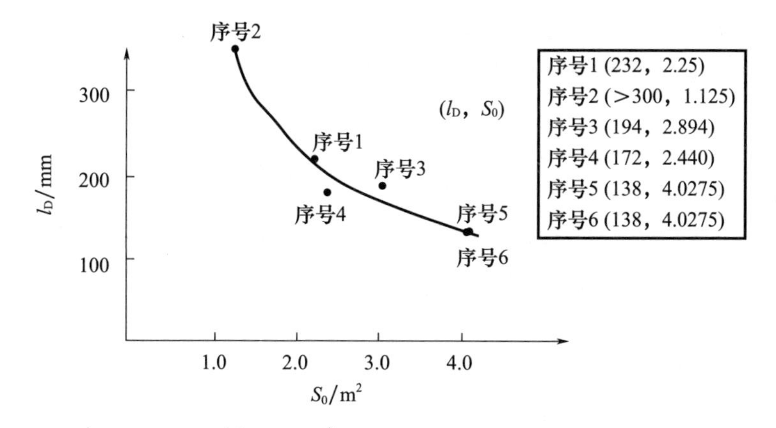

图 4.21　改性双基带状药 $\varepsilon = 0.543$ 条件下转爆诱导距离 - 比表面积曲线

4.2.2 物理模型与数值分析[15]

美国伊利诺伊大学克里尔(Krier Herman)教授领导的研究团队对颗粒多孔药床的燃烧转爆轰问题开展了一系列研究。他们的研究侧重于DDT生成机理、理论建模和数值计算[9-14],在前人[5-6]试验研究基础上,提出了如图4.22所示的燃烧向爆轰转换的物理模型。克里尔等认为密实颗粒填充床在实现燃烧转爆轰时刻,起码有一段时间,存在如图4.22所示的3个分布区域,即药粒被完全燃烧而汽化的气相区、正在燃烧的气-固两相同时存在的反应区和尚未点火的颗粒区。当燃烧转爆轰转换实现时刻,装药床中压力-距离($p-x$)分布曲线非常特别:尚未点燃颗粒区的压力处于初始状态,完全燃烧区压力p随x增加呈逐步上升态势,反应区内压力随x急剧上升,但点火波阵面前沿压力又陡然下降至初始状态。可以认为压力突降阵面即为冲击波阵面或爆轰波阵面。

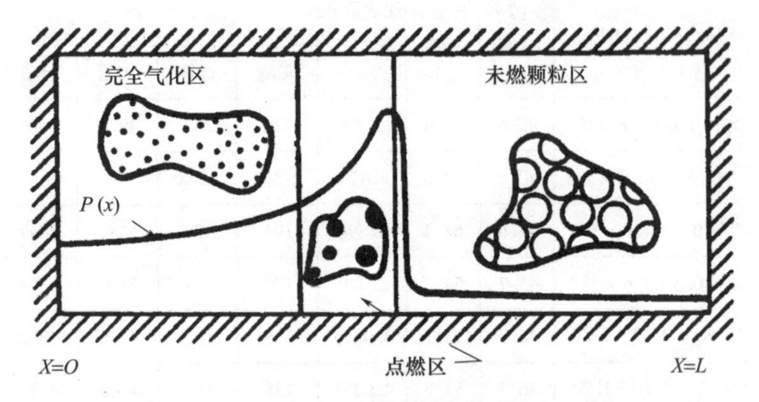

图4.22　颗粒填充床燃烧转爆轰物理模型示意图

周彦煌与王升晨采用两相流内弹道理论模型,参考克里尔的物理模型,基于如下假定,给出了燃烧转爆轰生成过程控制方程组[15]。

(1) 气、固两相各自作为连续介质,分别写出守恒方程组。

(2) 气-固相间存在相互作用,各自质量、动量和能量方程中都含有相互作用项。

(3) 火药颗粒点火,选择其火药颗粒表面温度作判据,固体表面温度的上升取决于气-固相间的热交换和颗粒的热传导特性。

(4) 火药颗粒初始温度为初始环境温度。

(5) 火药燃气作为惰性气体处理。

(6) 燃气比热容为常量。

(7) 试验装置两端封闭,不考虑燃气泄漏。

(8) 燃气为非理想气体,服从位力状态方程。

(9) 固相是可压缩的,服从 Tait 方程,并考虑了药粒的变形和破碎对燃烧的影响。

(10) 固相一旦点燃,燃烧服从几何燃烧定律。

(11) 初始时刻假定点火端药床有一个不太长的区域已经点燃,压力较低。

对所给出的控制方程采用 MacCormack 差分格式编写计算程序,输入如表 4.5 所列的基本参量进行数值求解,得到如下主要结果。

表 4.5　基本参量

导爆管(装药)长度 $L=295.4\text{mm}$	导爆管直径 $d=16.3\text{mm}$
火药燃速系数 $u_1=0.9\times10^{-9}(\text{m}\cdot\text{s}^{-1})/\text{Pa}$	火药燃速指数 $\nu=1.0$
火药力 $f=9.0\times10^5\text{J/kg}$	颗粒物质密度 $\rho_{\text{P0}}=1650\text{kg/m}^3$
初始气体压力 $p_{\text{g0}}=10^5\text{Pa}$	初始温度 $T_{\text{g0}}=288\text{K}$
颗粒屈服强度 $Y=5.2\times10^7\text{Pa}$	颗粒剪切模量 $G=3.5\times10^9\text{Pa}$

按表 4.4 中序号 1、序号 3、序号 5 各发相应装填条件,计算得到不同时刻气体压力 p_g-x、气流速度 u_g-x、空隙率 ε_g-x 分布曲线及不同位置 x_i 处的 p_g-t 曲线,相应如图 4.23 ~ 图 4.25 所示。从压力分布(p_g-x)(尤其是图 4.24(a)和 4.25(a))可知,在药床燃烧初期,在 100 ~ 150mm 长度范围内,压力分布比较均匀。但随着时间推移,火焰波阵面或已燃区前端面附近,压力开始迅速上升,并逐渐明显高于早期已燃区。随后波阵面附近位置的压力急剧跃升,最后均超过了 10GPa,前沿头部几乎呈垂直下降。这些特征说明,该时刻冲击波或爆轰波已经形成。从相应气体速度分布(u_g-x)上看,u_g 最大值位于压力峰值附近,而远离波阵面的已燃区气体速度,开始随距离(x)增加而缓慢增加,但接近波阵面附近,由于波阵面燃气回流,一定区间长度上的气体开始反向流动。从相应的空隙率分布曲线(ε_g-x)上看到(图 4.23(c)、图 4.24(c)、图 4.25(c)),波阵面所在位置 ε_g 值很低,或者说填充率 ε_s 很高。这些计算结果表明,对应于这 3 种装填条件,都将形成 DDT,而且冲击波或爆轰波一旦形成,压力都上升高达 10GPa 左右。冲击波形成的时间,大约为 900 ~ 1500μs。如果将这个时间理解为是诱导时间,对应的距离为诱导长度 l_D,显然诱导时间和 l_D 都取决于装药床特性。对应表 4.4 中的细小药粒,当量直径 d_p 为 1000 ~ 1200μm,诱导长度≤140mm。对应于卷曲带状药,因尺寸为 0.5mm × 1.6mm × 25mm(序号 3),诱导长度接近于 200mm。而立方体药粒相对粒度较大,其中 1.6mm 立方体,当量直径约为 1.6mm,其诱导长度大于 230mm。而棱长为 3.2mm 的立

方体药粒，诱导长度大于 300mm。因此试验未观察到燃烧转爆轰过程出现。燃烧面或燃烧质量生成速率不仅与药粒尺寸有关，还与药形有关或者说与装药的比表面积有关。从图 4.21 和表 4.4 可知，随比表面积增大，l_D 变小。最后从图 4.23(d)、图 4.24(d)、图 4.25(d)上看到，x_3 处的 $p-t$ 曲线即为燃烧转爆轰已经出现位置的压力曲线，都已呈垂直上升态势，表明稳态爆轰已经形成。可以认为该数值模拟结果与克里尔物理模型相符，主要结果与毕莱肯和普瑞斯的试验数据也相吻合。

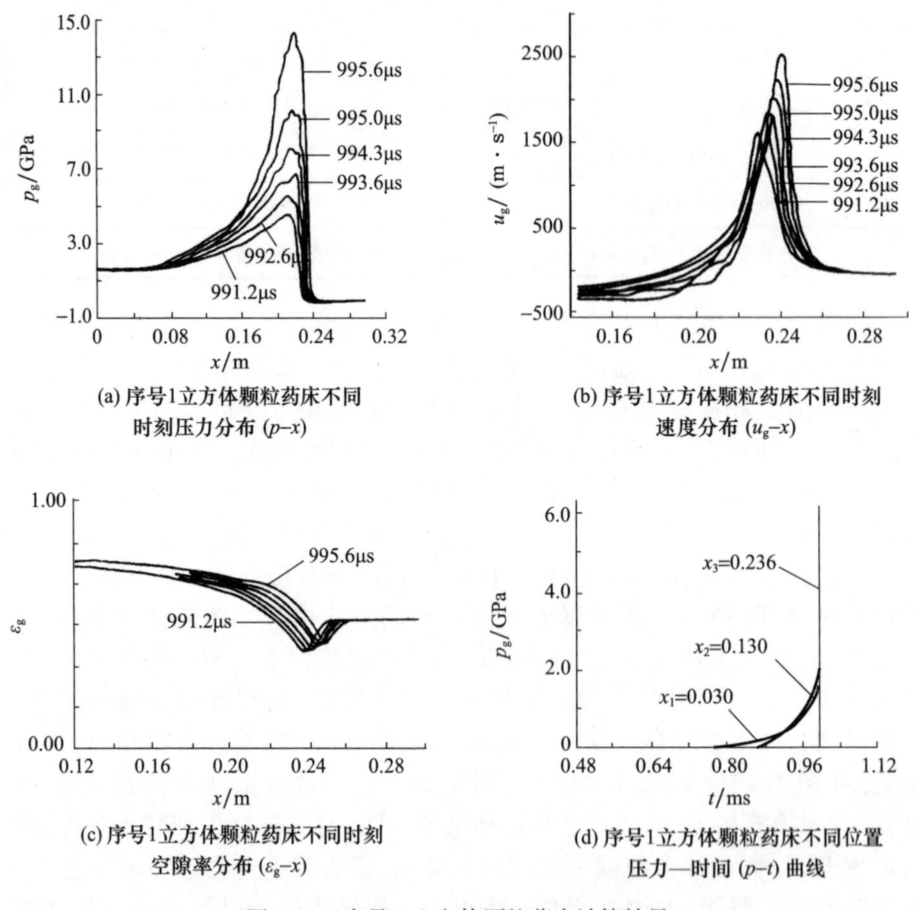

(a) 序号1立方体颗粒药床不同时刻压力分布 (p–x)

(b) 序号1立方体颗粒药床不同时刻速度分布 (u_g–x)

(c) 序号1立方体颗粒药床不同时刻空隙率分布 (ε_g–x)

(d) 序号1立方体颗粒药床不同位置压力—时间 (p–t) 曲线

图 4.23　序号 1 立方体颗粒药床计算结果

20 世纪 90 年代初，金志明、杨涛等对密实装药床燃烧转爆轰问题进行了进一步的研究[16-17]，采用与图 4.16 类似的装置和单基 3/1 和多 45 等小粒装药，得到了与普瑞斯相似的结果。

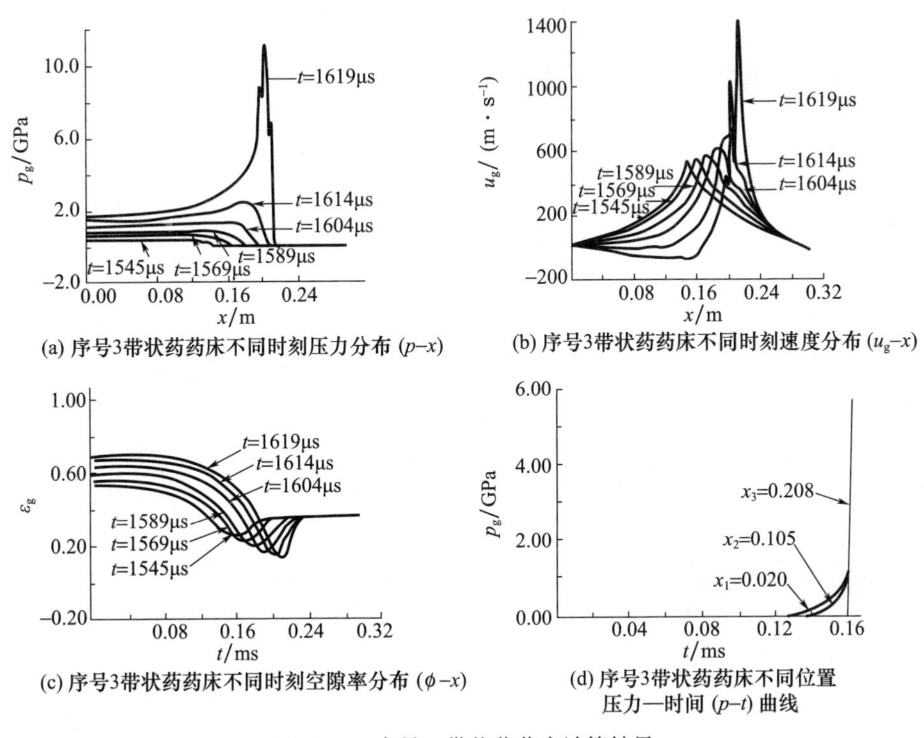

(a) 序号3带状药药床不同时刻压力分布 (p–x)　(b) 序号3带状药药床不同时刻速度分布 (u_g–x)

(c) 序号3带状药药床不同时刻空隙率分布 (ϕ–x)　(d) 序号3带状药药床不同位置压力—时间 (p–t) 曲线

图 4.24　序号 3 带状药药床计算结果

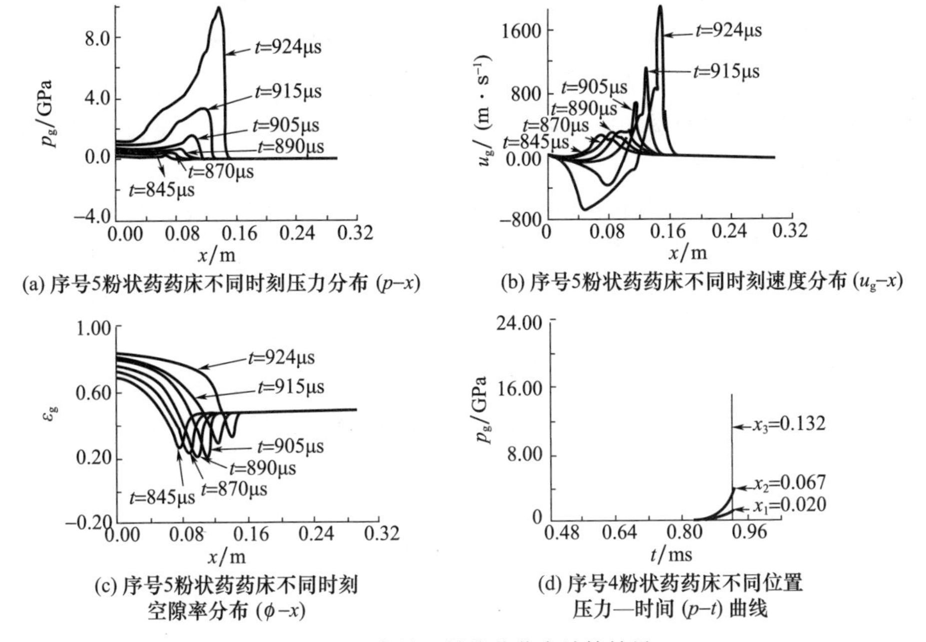

(a) 序号5粉状药药床不同时刻压力分布 (p–x)　(b) 序号5粉状药药床不同时刻速度分布 (u_g–x)

(c) 序号5粉状药药床不同时刻空隙率分布 (ϕ–x)　(d) 序号4粉状药药床不同位置压力—时间 (p–t) 曲线

图 4.25　序号 5 粉状药药床计算结果

4.3 火炮膛内压力波

4.3.1 压力波形成机理及重要性的提出

前面讨论了大长细比密闭容器中非均匀装药维也里波和密实装药床中的燃烧转爆轰,为认识火炮膛内压力波动和理解其波动形成机理提供了基本认知,为防范和抑制火炮膛内有害压力波提供了基本思路和解决办法。一定意义上,可以认为维也里波问题和燃烧转爆轰问题是火炮装药燃烧过程产生压力波问题的特例。对较长尺寸药室中的小号装药(减装药)而言,就有可能生成维也里波;而对采用高装填密度的装药而言,在剧烈的局部点火条件下,就可能导致燃烧转爆轰前期现象的出现。维也里波试验中所采用的压力波消除抑制方法对火炮装药同样也具有借鉴意义。

火炮膛内压力波问题,直到20世纪60年代仍没有引起太多人的注意,正如美国BAL的I. W. May和A. W. Horst所说[19],“传统装药设计师基本上一直是忽视膛内燃烧不稳定现象的,除非伴随有灾难性事故发生。”然而,到了20世纪70年代初,情况发生了重要变化。火炮开始普遍采用高装填密度装药,发射事故开始显著增多。典型例子是美国175mm火炮、XM198 155mm火炮和好几门大口径舰炮都先后发生多次膛炸,从而引起美国乃至世界各国军工界和政府的高度重视,开始把膛内压力波的产生与火炮膛炸联系在一起。

20世纪80年代我国在研发高膛压火炮期间,也曾发生过几次膛炸。从那时开始,我国在火炮研发和内弹道与发射装药设计中也开始全面重视膛内压力波及发射安全性问题。

就世界范围而言,1973—1988年,是人们对火炮膛内压力波和装药安全性开始高度重视并大力开展深入研究和认识发生飞跃的时期。膛内压力波的研究,有力地促进了内弹道学的发展:一方面,得益于火炮发射研究需要的高压瞬态测量技术已发展得比较成熟;另一方面,得益于两相流内弹道理论和计算机科学与技术的发展与进步。1973年,KDV模型的诞生[18]标志着火炮内弹道理论发展进入了一个新时代。以美国为例,出现了以美国弹道研究所的I. W. May、A. W. Horst、宾夕法尼亚州立大学K. K. Kuo(郭冠云)、伊利诺伊大学Krier(克里尔)和保尔·高夫联合公司P. S. Gough为代表,以火炮两相流内弹道问题为主要研究任务的著名研究团队,把火炮膛内压力波研究推进到一个新的高度。

4.3.2　火炮膛内压力波的表征

火箭发动机内的燃烧不稳定，是用压力振荡曲线来评价的。但火炮膛内压力 - 时间（$p-t$）曲线与火箭发动机中的高频声学振荡为主要特征的 $p-t$ 曲线不同。典型条件下，火炮发射过程经历的时间约 10ms，压力峰值（最大压力）约 300 ~ 600MPa。发射过程延续时间大约只有火箭工作时间的百分之一甚至千分之几，而膛压峰值为火箭燃烧室压力的数倍甚至数十倍。更为不同的是，火箭发动机内平均工作压力、燃气温度、密度等热力参量是相对稳定的，工作过程是一个热力学准平衡态过程；而火炮膛内热力参量压力、密度等都是呈“脉冲”式变化的。火箭中的燃烧不稳定，压力可用 $p=\bar{p}+p'$ 表征，$\bar{p}$ 为稳态平均压力，p' 为高频振荡压力。如果也将火炮膛压表征为 $p=\bar{p}+p'$，由于火炮膛内的 $\bar{p}$ 本身就是随时间强烈变化的，p' 的变化频率相对 $\bar{p}$ 基本为同一量级，或者最多高 1 个量级，相对算不上高频，而且随弹后空间长度增加，这种波动频率将随之降低。所以要从火炮膛内所测 $p-t$ 曲线中分离出附加波动曲线 $p'-t$，理论上似乎是可行的，但具体做起来比较困难。因此，火炮弹道学界普遍采用一种变通的办法来评判其压力波的大小，即压差 - 时间（$\Delta p-t$）曲线评价法，具体用火炮药室底部 p_b-t 曲线减去药室前端 p_f-t 曲线所得 $\Delta p-t$ 作为评价膛内压力波动强弱的依据，习惯称 $\Delta p-t$ 为压力差分曲线或简称为压差曲线。尽管采用压力差分曲线 $\Delta p-t$ 来描述火炮膛内压力波动强弱有其近似性，因为该 $\Delta p-t$ 曲线所表征的波动周期、频率和振幅，与膛底与弹底之间来回反射的实际波动是存在差异的。但在内弹道过程前期与中期，即最大压力之前，这种差别不大。因此，就工程评估而言，用 $\Delta p-t$ 替代 $p'-t$ 来表征膛内压力波动水平，不失为一种行之有效的办法。更为重要是，几乎全部涉及发射装药的安全事故，都发生在正常最大膛压出现之前，或者说出现在发射过程前期和中期。可见，用药室前后压差曲线（$\Delta p-t$）代替膛内平均压力的附加压力波动曲线（$p'-t$），实践上和理论上都具有合理性。

图 4.26 所示为火炮在理想发射条件下得到的压力时间和压力差时间曲线。如装药在膛内均匀分布且所有药粒又同时着火，同时弹丸运动平稳而缓慢，有可能生成这样的理想而光滑的膛压曲线。可以看到图 4.26 中药室底部和口部（坡膛）压力 - 时间（p_b-t 和 p_f-t）曲线以及它们的差分（$\Delta p-t$）曲线非常理想，$\Delta p-t$ 的大小只与膛内气流速度分布和弹丸平稳缓慢运动引起的稀疏波有关，因此光滑而平稳。

然而，多数火炮发射都带有程度不同的压力波动。较早测量记录膛内压力波的典型例子，是针对 5 英寸/38 倍口径火炮进行的，在其短管试验装置上测量

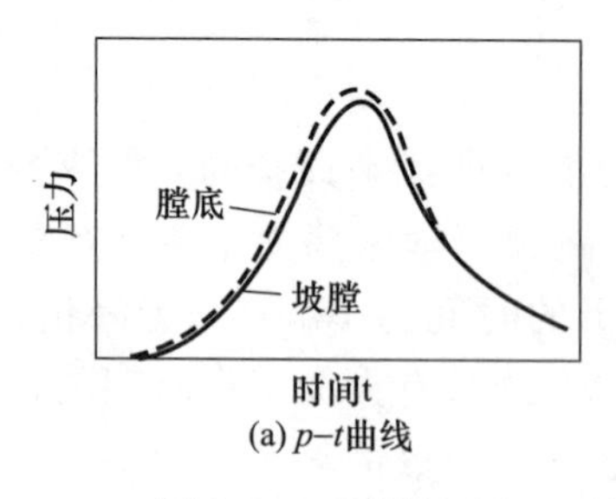

(a) $p-t$曲线

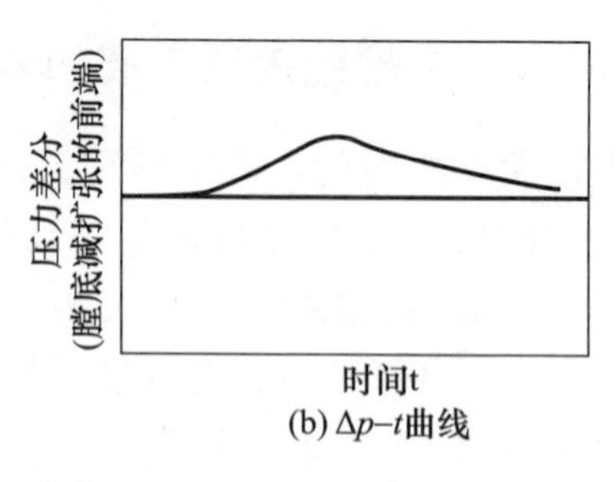

(b) $\Delta p-t$曲线

图 4.26 理想的压力 - 时间($p-t$)曲线和压力差($\Delta p-t$)曲线

得到的 $p-t$ 曲线如图 4.27 所示。而图 4.28 是美国海军 5in① 口径 54 倍身管火炮发射过程中实测得到的药室底部和口部 p_b-t 曲线与 p_f-t 曲线以及压力差分($\Delta p-t$)曲线。可以认为,图 4.27 和图 4.28 所示为火炮膛内存在压力波并可能存在潜在发射安全性问题的典型情况。这些情况下,药室、身管和弹丸所承受的压力即使叠加上波动压力之后,尚还不超过火炮和弹丸的设计强度极限。从 $\Delta p-t$ 曲线上可以看到,曲线振幅开始由小变大,之后又由大变小,逐步衰减直至趋近于零。其波动周期,开始由长变短,之后又由短变长。这是发射过程中多种因素相互制约又相互竞争的结果。一种因素是压力波沿药床的轴向传播速度,以及波在传播过程中强度随时间的变化,它们开始取决于点火激励和装药密实程度,尤其取决于其药床透气性和装药床的比表面积。当点火激励和装药密实程度达到某种水平,初始压力波则在药床中很快形成和得以强化,压力波沿药床的传播速度将迅速提高,强度也将逐步增强。但当药床不太密实,压力波传播速度将相对平稳,强度逐渐减弱,直至完全消散。另一种因素是弹 - 炮匹配关系,即弹丸运动阻力将影响弹丸运动,因弹丸运动在弹底产生稀疏波,使传递到弹底的压力波得以减弱。弹丸运动还将使弹后空间容积增大,压力波运行距离增长,波在其中来回反射周期由短变长。不过,当压力波强化变为冲击波,则其传播速度将明显大于声波。

由图 4.28 $\Delta p-t$ 曲线和相应药室长度(约 900mm),可以估算得到内弹道过程中压力波的运行速度约为 220 ~ 450m/s。而由发射期间膛内燃气温度(2000 ~ 3300K),估算得相应燃气声速为 900 ~ 1150m/s。火药固体颗粒的声速将更高一些。可见膛内压力波传播速度,主要由火焰波阵面在装药床中的传播速度决定。这就是说,在火药颗粒床中,压力波的传播与燃气介质声速没有直接关系,主要取决于装药床的点火燃烧特性,取决于波的强度。这里的分析是指压力波可控的情况,或者说是压力波能被自行减弱的情况。但问题是存在某

① 1in≈2.54cm

种概率，$\Delta p-t$ 曲线在其初始负压差 $-\Delta p_i$ 之后振幅持续增大，意味着压力波不但不能自行衰减，反而会持续增强，最终会发展成激波，传播速度将大幅度增加，甚至发展为 DDT，于是发射事故不可避免。

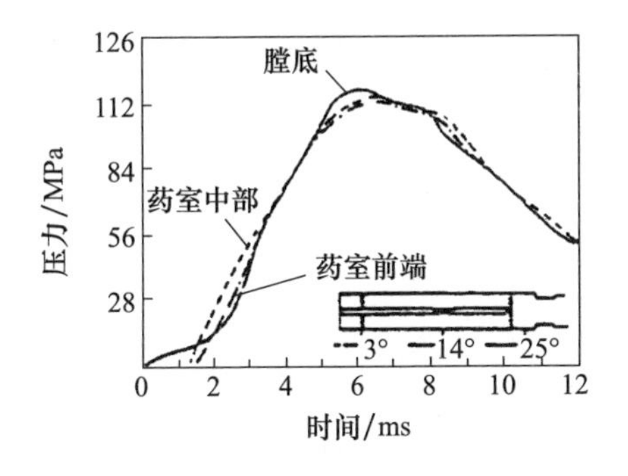

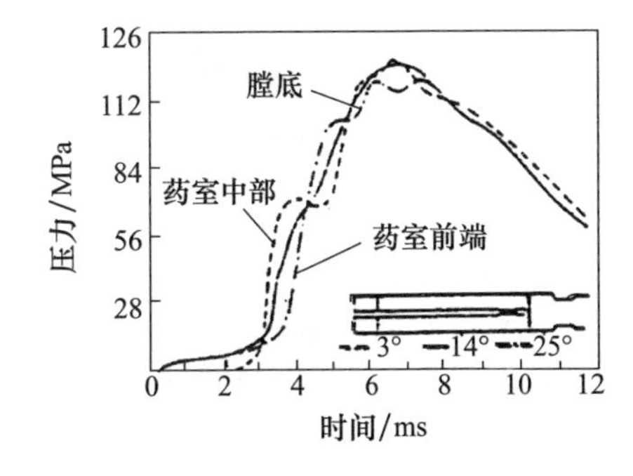

图 4.27　5in/38 倍口径火炮压力 - 时间($p-t$)曲线

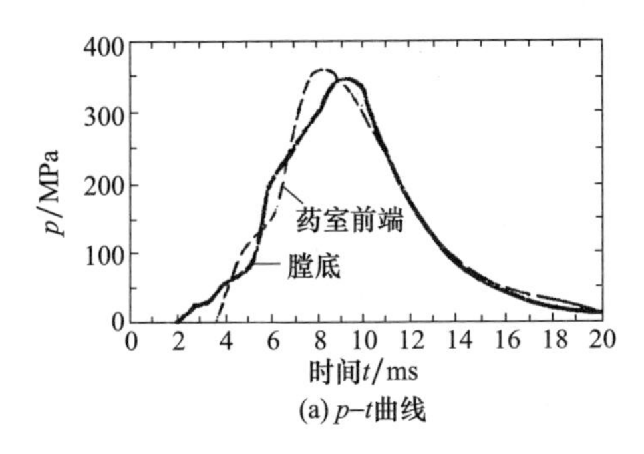

(a) $p-t$曲线

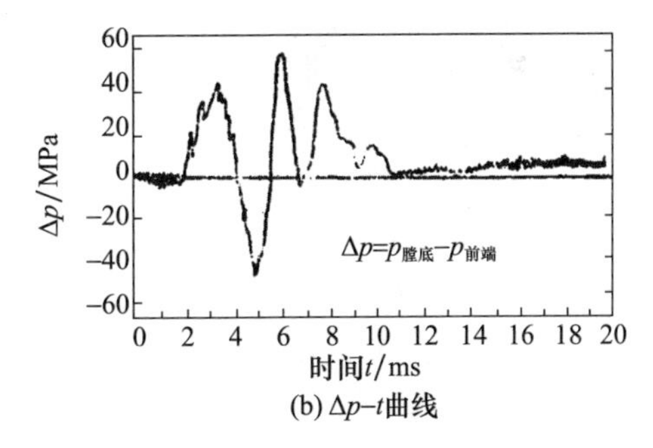

(b) $\Delta p-t$曲线

图 4.28　美国海军 5in 54 倍口径火炮典型 $p-t$ 曲线和 $\Delta p-t$ 曲线

4.3.3　膛内压力波失控特征

图 4.29 和图 4.30 分别为美国 76mm 和 175mm 两种火炮在发射中发生膛炸事故时测量记录得到的药室底部与口部 $p-t$ 曲线及压力差分 $\Delta p-t$ 曲线。由这两幅图可见，膛底压力峰值$(p_b)_{max}$分别超过了 500MPa 和 600MPa，都远远大于身管设计强度极限。因此，膛炸是不可避免的。从 $\Delta p-t$ 曲线看到，第一负压差 $-\Delta p_1$ 或第二负压差 $-\Delta p_2$ 都大于 200MPa，意味着正常膛压将叠加上波动幅值为 200MPa 以上的压力值。进一步观察发现，$-\Delta p_1$ 或 $-\Delta p_2$ 都是突然增大的，意味着火焰波阵面或压力波阵面第一次或第二次抵达药室口部附近时，弹底区域出现异常高压，相应弹底在承受猛烈冲击载荷的同时，紧挨弹底区域的火药可能因发生强烈碰撞破碎而使燃速突增。显然，在这个局部区域里，火药燃气生成速率增加和压力波强化之间，是一种正反馈关系。因为当药粒以很

高的速度撞击弹底，在带来燃气生成速率增加同时，必将促使压力波进一步强化。当压力波强化到一定程度，将导致灾难性事故的发生。

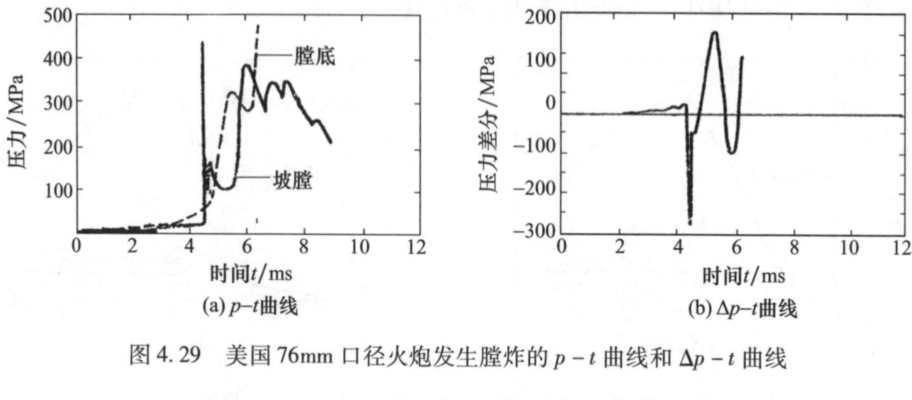

图 4.29　美国 76mm 口径火炮发生膛炸的 $p-t$ 曲线和 $\Delta p-t$ 曲线

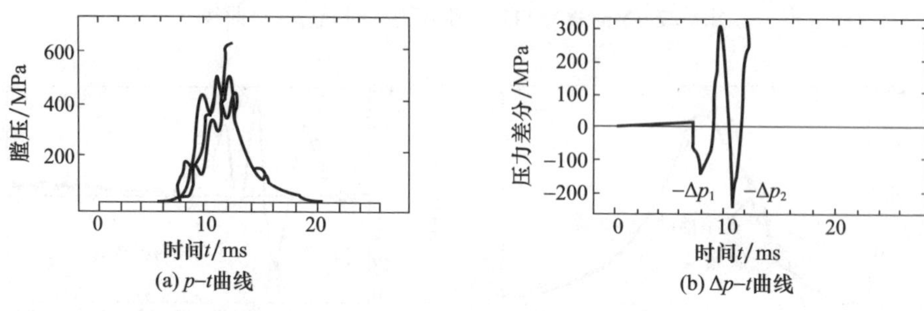

图 4.30　美国 175mm 口径火炮发生膛炸的 $p-t$ 曲线和 $\Delta p-t$ 曲线

4.3.4　压力波安全性评估

一般意义上的火炮弹药的安全性评估，是涉及装配、车船运输、飞机运载、发射操作及环境条件等多个环节的风险评估，同时还与炮－弹匹配关系及相容性有关。这个意义上的安全评估试验，包括弹药的搬运与吊装（模拟）跌落试验、最大安全装药量试验、火炮强度考核试验、烧蚀炮管射击试验和高温、低温、高湿、干热射击与长期储存试验等。因此，一般意义上的弹药安全评估是贯穿武器系统研发、生产和使用全过程的连续性工作，而且通常将那些未进行或未经过安全评估的武器系统当作是“不成熟”的武器，因为无法证明其使用性。所以，完全意义上的安全评估需要用到研发中积累的全部相关数据，包括工程鉴定和恰当数量的实弹射击试验来证明其是安全的。在安全评估或考核中，有时还要设置或增加一些苛刻条件，即采用超过常规考核的条件和指标来证明武器系统或构成元件都是安全的，目的是为给使用安全留有裕度。发射装药压力波安全性评估，仅是整个评估体系中的一部分。在这里，仅限于讨论膛内压力波安全评估，并且仅借助于一个范例，即法国、德国、美国的坦克炮弹(装)药安全评估规程[20]加以解释和说明的，有可能不全面。就其解释和说明的内容而言，重点关注的是发射装药在点火燃烧过程中引起的压力波的安全评估程序和方法。

1. 评估程序与步骤

如前面所说，压差－时间($\Delta p-t$)曲线是指在药室底部测量记录的p_b-t曲线减去药室前端p_f-t曲线所得结果，通常是一种变频变幅振荡波。当药室前端压力大于膛底时，压差将为负值。一方面在典型条件下，压差大小与点火猛度等因素正相关，如点火猛烈、装药床透气性不良和装药前端气隙(自由空间)长度增加，都将引发装药局部甚至总体燃气质量生成速率增加和压力波增强，还可能导致部分药粒以很大的速度撞击弹底而发生撞击和挤压破碎，进而引发压力波猛增。另一方面，弹丸运动及其产生的稀疏波，又将在某种程度上削弱压力增强效应。这两方面因素的相互作用，决定初始负压差的大小。因负压差是压力波强度的标志，所以采用负压差作为火炮膛压升高和潜在危险的标志和度量，用于发射装药的安全性评估。用于评估的数据，主要是射击所得$\Delta p-t$曲线和主要内弹道特征参量。但这些数据要经过甄别和确认，这是评估可信度的前提。评估开始，需要在有内弹道专家参加的情况下制定评估计划，提出评估步骤、方法和制定对试验数据进行甄别的评判准则。具体步骤如下：

1）步骤1

对射击安全试验所得数据进行全数统计分析，对每一条$\Delta p-t$曲线和弹道参量作逐一分析处理，包含火炮发射点火延迟时间、负压差大小、一组射击试验压力－时间($p-t$)曲线偏离度，最大压力和炮口速度标准误差等，全部列表登记。

在此基础上，按下列条款进行$p-t$曲线和相关内弹道参量评定。但要说明，这里列出的具体程序和判别准则，不一定是不可变更的，即针对不同火炮和装药是可以变动的，或者说对某些发射装药不一定适用。

(1) 确定每一发压差－时间($\Delta p-t$)曲线初始负压差($-\Delta p_i$)，找出每组试验数据中最大初始负压差值$(-\Delta p_i)_{max}$，同时列出除初始负压差之外的其余最大负压差值。

(2) 如高温极限温度射击试验组中单发最大初始负压差(绝对值，下同)不大于34.5MPa，或低温极限试验组中单发最大初始负压差不超过20.7MPa，则认为这种装药的压力波不会造成发射安全性问题。但不满足这些条件，也不能完全认定该装药负压差对点火等因素就一定是敏感的，应该采用步骤3的方法来判别这类装药对异常条件(包括点火、燃气生成速率、装药透气性、自由空间分布等)是否敏感。

(3) 对超出上述具体评判指标的装药,不一定就不安全,要通过步骤 2 到步骤 4 所描述的方法进行试验评估。其核心是建立可信的负压差与最大膛压之间的敏感度关系曲线,特别是建立高、低温极限使用环境下的 $-\Delta p_i \sim p_m$ 曲线。

2) 步骤 2

分析评判每一种或某一种极限使用温度下射击试验得到的负压差 - 最大膛压数据样本,认定能代表“真实”装药发射情况,即和野战使用条件下的情况是相当的。一般而言,用于安全考核试验的弹药应该是经历过与野外环境和粗野操作过的相同条件的弹药。当然,不排除实际野战条件下,装药(弹)有可能遭遇到更为异常情况。需要注意的是,凡采用强装药考核弹丸或火炮强度的射击试验数据不能包含在统计样本之内,因为强装药条件下膛内火焰传播和装药运动与正常装填密度弹药有较大差异。在经过上面甄别基础上,对有效压差曲线及相关数据作统计分析,给出压差 - 最大膛压敏感关系曲线,确定(预估)出每种极限使用温度下概率为 1/1000000 的危险膛压对应负压差临界值,用作评判弹药(或装药)是否安全。

如果根据所得到的 $\Delta p \sim p_m$ 敏感曲线,可以判断该装药(弹)是安全的,则过程结束。否则,安全评估转入步骤 3。

3) 步骤 3

对转入评估的待定装药(弹),通过人为设置故障的方法,评估压力波对不同因素的敏感度。最常用的方法是采用人为设置故障的中心点火管或故意不在底火封口圆片上预制刻槽。人为制造这些故障的目的是考察压力波对这些因素是否敏感。也可采用增强的底部或局部点火激励,如采用高燃速点火药进行射击试验。通过这些试验,绘制出有意设置的故障对压差的敏感曲线,推断出每种极限使用温度下是否会出现 1/1000000 概率下危险最大膛压所对应的负压差值。

如果人为制造的故障对负压差是不敏感的,即可认为这些人为制造的异常点火激励条件等对负压差及最大膛压无明显影响,则认定这种装药(设计方案)是安全的。否则有两种选择:一是终止评估,放弃这种装药设计方案;二是选择降格评估,或者重新设计装药。

4) 步骤 4

对重新设计和部分改进设计的装药(结构和点火系统)方案作安全评估,可以按不改变原有极限使用温度条件进行,也可在改变(降低)极限使用温度条件下进行。因此,本步骤进行的安全评估,可能包括采用重新设计和部分改进的装药(结构)和保持原有装药不变而采用降格使用的两种情况。降格使用条件下,如压差 - 最大膛压敏感度和射击试验数据样本仍采用原有数据即维持不变,则应在留有余地的原则下确定(调节)极限温度值。例如:将高温极限下进行的敏感度结果用于调低后的高温极限下,其原敏感度曲线应保持不变而直接用于调低后的高温极限条件之下。当然,原有结果用于调低后的极限高温的安全评估,其敏感度曲线是不太精确的,或者说精确度是存疑的。因为在调低的高温极限条件下,火药力学性能变化了,压力波与最大膛压之间的关系也许变得缓和了。调节低温极限的情况也是类似的。因此,参加现场试验的内弹道专家应该在进行补充试验之前提出建议,对安全判据适当调整。

对重新改进设计的装药,评估步骤要从头开始。

2. 安全评估判据的确定

对于压力波安全评估所涉及的一些基本步骤与具体方法,有必要作如下解释:

1) 敏感度曲线数据样本的确定

由武器系统高、低极限使用温度两种情况下的 $\Delta p \sim p_m$ 试验数据,整理得到 $\Delta p_i \sim p_m$ 敏感曲线,即按统计学的几种不同分布拟合出第一或第二负压差与最大膛压之间的敏感度曲线。之所以只选择高低两个极限温度下的数据,是因为两个极限温度对安全评估最有代表性。低温极限下,因药粒冷脆最易破碎,而能代表低温使用范围情况;高温极限下,因火药燃速最快而最能代表高温使用条件情况。有必要说明,在上面步骤 3 中为了得到负压差对异常点火等因素的敏感度,可以采用人为制造点火故障和强烈的底部点火,如将点火药改用更高燃速的薄火药或小粒黑药,从而达到增大压力波。但必须指出的是,这些数据和强装药试验数据一样,都不能作为 $\Delta p_i - p_m$ 敏感曲线拟合的正式有效样本。

2) 武器系统破坏(临界)压力的确定

火炮武器系统破坏临界压力是指一旦达到和超过这个压力,就将造成炮尾、身管损坏或弹丸战斗部破坏或失效,进而引发安全事故的压力。如何确定武器系统最大临界压力值是有争议的。从工程设计的角度,按一般武器系统设计指南,最大许用压力 PMP 为弹丸设计许用压力(DP)加上最大膛压标准偏差 σ 的 1.75 倍(1.75σ),即 $\mathrm{PMP} = \mathrm{DP} + 1.75\sigma$。从统计学的角度,这样确定的 PMP 是 10000 发中不允许有 13 发以上最大膛压超过的临界值。或者说,允许火炮最大膛压超过 PMP 的概率不得大于 13/10000。由于至今为止膛内压力波的安全评估方法仍然是粗略的,远谈不上精确。因此以美国陆军为代表,将安全评估系数提高了很多倍,取武器系统最大膛压大于等于 PMP 的概率为 1/1000000。目前这已为欧美主要军事强国普遍接受与采用。

3）临界负压差值的确定

应用上面步骤1确定的负压差－最大膛压（$-\Delta p_i \sim p_m$）敏感曲线，即可找到1/1000000概率出现的破坏（临界）膛压（PMP）所对应的初始（第一）负压差（高、低极限使用温度各一）。但有必要说明，只有当拟合的$-\Delta p_i \sim p_m$敏感曲线为指数分布时，这种确定方法才是有效的。图4.31所示为美国155mm榴弹炮8号装药负压差和最大膛压之间敏感关系，显示出每一个$-\Delta p_i$与最大膛压p_m之间是一一对应的，由这些数据（分布）进而可以拟合得到指数分布关系式。再由分布关系式，又可得到对应于百万分之一概率负压差临界值的危险膛压值。

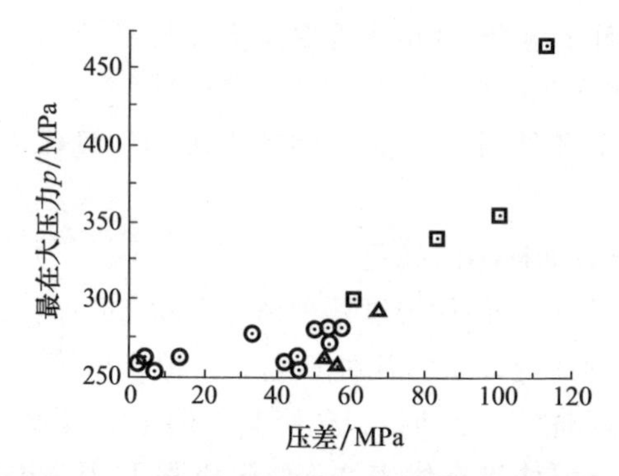

图4.31　美国155mm榴弹炮8号装药最大膛压p_m对$-\Delta p_i$的响应关系

如果对试验结果进行统计分析所得拟合曲线是其他类型的分布，一般说，最常见的是$-\Delta p_i$与p_m之间不存在敏感关系；或者属于指数分布关系，但相关性很弱，仍然可以认为p_m对$-\Delta p_i$是不敏感的。这些情况都可认为装药是安全的。

参考文献

[1] 李大方．关于维也波的初步讨论[J]．兵工学报．武器分册，1982，2(4)：23－37.

[2] 马蒙托夫 M A. 气流某些问题[M]．王新涛，译．北京：国防工业出版社，1959.

[3] 周彦煌，王升晨．实用两相流内弹道学[M]．北京：兵器工业出版社，1990.

[4] 金志明，袁亚雄．内弹道气动力原理[M]．北京：国防工业出版社，1983.

[5] BERNECKER R R，PRICE D. Barning to Detonation in Porour Beds of a High－Energy Propellant[J]. Combustion and Flame，1982(48)：219－231.

[6] BERNECKER R R，PRICE D. Studies in the Transition from Deflagration to Detonation in Granular Explosives－Ⅱ. Transitional Characteristics and Mechanisms Observed in 91/9 RDX/Wax [J]. Combustion and Flame，1974，22：119－129.

[7] BERNECHER R R, PRICE D. Studies in the Transition from Deflagration to Detonation in Granular Explosives – Ⅲ. Proposed Mechanisms for Transition and Comparison with Other Proposals in the Literature[J]. Combustion and Flame, 1974, 22:161 – 170.

[8] BERNECHER R R, PRICE D. studies in the Transition from Deflagration to Detonation in Granular Explosives – I Experimental Arrangement and Behavior of Explosives Which Fail to Exhibit Detonation[J]. Combustion and Flame, 1974, 22:111 – 117.

[9] KRIER HERMAN, GOKHALE S S. Modeling of Convective Mode Combastion Through Granulated Propellant to Predict Detonation Transition[J]. AIAA, 1978, 16(2):177 – 183.

[10] STEPHEN J HOFFMAN, KRIER HERMAN. Fluid Mechanies of Deflagration – to – Detonation Transition in Porous Explosives and Propellants[J]. AIAA, 1981, 19(12):1571 – 1579.

[11] BUTLER P B, LEMBECK M F, KRIER H. Modeling of Shock Development and Transition to Detonation Initiated by Burning in Porous Propellant Beds[J]. Combustion and Flame, 1982, 46:75 – 93.

[12] BUTLER P BARRY, KRIER HERMAN. Analysis of Deflagration to Detonation Transition in High – Energy Solid Propellant[J]. Combustion and Flame, 1986, 63:31 – 48.

[13] POWEAS J M, STEWART D S, KRIER H. Theory of Two – Phase Detonation – Part I: Modeling[J]. Combustion and Flame, 1990, 80:264 – 279.

[14] POWERS J M, STEWART D S, KRIER H. Theory of Two – Phase Dotonation – Part II: Structure[J]. Combustion and Flame, 1990, 80:280 – 303.

[15] 周彦煌,王升晨. 多孔火药填充床中燃烧转爆轰(DDT)的模拟与分析[J]. 爆炸与冲击,1992,12(1):11 – 21.

[16] 金志明,杨涛,袁亚雄,等. 粒状火药床燃烧转爆轰研究[J]. 爆炸与冲击,1994,14(1):66 – 72.

[17] 杨涛,金志明. 高密实火药床燃烧转爆轰的数学模型[J]. 弹道学报,1992(2):1 – 9.

[18] KUO K K, VICHNEVETSKY R, SUMMERFIELD M. Generation of an Accelarated Flame Front in a Porous Propellant[J]. AIAA Paper, New York, Jan, 1971:71 – 210.

[19] KRIER H, SUMMERFIELD M. Interior Ballistics of Guns[M]. Published by AIAA, 1979.

[20] FR/GE/US Safety Testing of Tank Ammunition(ADA258740)[R]. Rochville: International Test Operations Procedure(ITOP), 1992.

第5章　火药及发射装药点火

研究单粒火药及装药点火,认识点火具(igniter)功能,了解点火具结构及点火药对点火具功能的影响,希望达到3个目的:一是为不同发射装药选择恰当的制式点火具(如底火)提供理论依据;二是为设计适应不同装药需要的点火系统提供考核标准;三是为改进点火系统制定评价准则和提供理论依据。

5.1　点火概念与定义

5.1.1　点火的一般定义

按燃烧学一般定义,点火(ignition)是一个复杂的物理化学过程,指材料从接受外来激励到自行维持燃烧所经历的过渡态,是物质从非化学反应状态或缓慢反应状态过渡到保持激烈反应状态的历程。通常将达到激烈反应的状态称为着火,将这个过渡过程所经历的时间,称为点火延迟时间[1-2]。一个点火历程和最终状态,取决于以下3种因素的相互作用:

(1) 点火激发源(ignition induced source)的种类及其能量输出方式、输出强度和持续时间。

(2) 接受激励物质的种类、初始状态与热物性参量。

(3) 点火环境条件包括环境温度、压力、环境气体组分、流动状态,以及点火区域邻近固壁的性能等。

任何一种因素的改变,都将可能导致点火过程和最终状态的改变。这就是说,某种物质在某种条件下被点燃了,但到达点燃或着火状态的路径有无数种可能。例如:某种确定的点火激发源作用于某种物质,其发展过程和最终结果既依赖于环境,又依赖于物质本身。而这里所说的着火是指物质被成功点燃或点火成功。

5.1.2　发射药点火概念

类似地,火炮和火箭发射装药的点火,同样取决于点火激发源、装药性质与环境条件 3 种因素的相互匹配和作用。但火炮装药点火是一个多阶段多层次逐次放大的连续过程,是建立在单粒火药或局部表面点燃为先导基础上的系统工程问题。因此,通常情况下,要把整体装药点火和单粒火药点火分开讨论。

在热兵器发展早期,装药点火方法是先用细小粉状黑火药制作火信(导火索),再埋在炮尾上的点火孔内,发射时用线香将其点燃发火。1805 年,英国人亚历山大(Alexander Forsyth)发明了火帽(primer),装药点火迈入新的时代。火帽是带有金属壳体的点火元件,其中装填的物质为起爆药,通过机械冲击或针刺,使其迅速发火。至今火帽仍是很多击发点火装置的核心组件。如前所说,现代兵器发射装药点火具往往是一个组合系统,习惯称为点火系统(igniter system)或点火链(igniter train)。点火链的初始激发源是火帽或电点火头。火炮点火具或点火链首选基本组件是底火。底火或激发源品种的选择,取决于击发方式和击发能源性质(击针、电脉冲)。当激发源(如火帽)为点火具(如底火)提供炽热气体和凝聚态粒子及其组合物之后,点火具(底火)中的主装药将火帽点火能量放大,放大的点火能量进而去点燃更多的辅助点火药和发射装药。对较大口径火炮,装药量大,当装药床高度达到 500mm 时,底火提供的点火能量往往显得不足。因此,在底火与发射药之间还需添加额外点火能量,构成更长的点火链。这些额外点火能量通常由附加点火药包(base pad)和中心点火管(igniter tube)内点火药提供。可见,点火链或点火系统是多个点火元件组合系统。

从点火顺序上看,发射装药的点火总是从其某一局部开始的,如首先点燃装药底部区域或中心轴线附近区域,由此又可将装药点火分为底部点火方案和中心轴对称点火方案等不同类型。如果采用多点同时点火链,则出现的场景是装药床不同部位多点同时点燃。发射装药某个部位一旦着火,继而将发生火焰扩展、传播和着火区域持续燃烧的后续过程。这些后续过程与装药结构、装药在药室中的分布和装药本身的固有性质有关,包括火药品种、药床透气性、装床与药室的尺寸匹配关系等。此外,还与环境温度、压力、火药初温和装药辅助元件如药筒特性等相关。因此,即使是完全相同的点火链或点火系统和相同的装药构成,或因与药室匹配关系及环境条件不同,其点火过程也可能是不一样的。也就是说,通常某种点火链(点火系统)仅对某种装药结构与燃烧室的组合匹配状态才是最佳的,换一种装药或燃烧室可能就不一定合适。

火药点火性能的一个反面问题是火药储存保管安全性,除了要防范意外点火,包括雷击、火灾、机械冲击和摩擦之外,火药和点火剂一般均要求存放在凉爽干燥密闭环境中。长时间处在漏气、潮湿、高温条件下,会发生潮解或自我升温变质甚至自燃。

5.1.3 火药点火模型及着火条件

建立火药点火过程的数学物理模型是研究装药点火不可或缺的基本环节。从机理上说,火药点火过程是受其化学动力学和化学热力学控制的,涉及火药组分、理化性能、微观结构,其中组分(燃料、氧化剂)间的融合与构成状态等多种因素,还涉及点火源性能和环境条件。即使考虑最简单的枪弹火帽击发点火,其燃烧产物也是以高温高压混合介质(稠密相与气态物质)射流形态冲击装药床底部火药的方式出现的,被点燃的火药表面不可避免伴随有对流、导热、辐射混合传热和药粒瞬态受压、变形等情况发生,并且单个高温稠密相粒子就有可能在火药表面生成热斑火焰。而火药表层伴随有受热、升温、组分裂解、相变、化学反应等多种物化变化过程。如果是复合药,还要涉及组分中晶粒与胶黏剂界面间微细观扩散对流机制问题。图 5.1 所示为固体火药近表层在点火过程中可能出现的物理化学过程示意图。

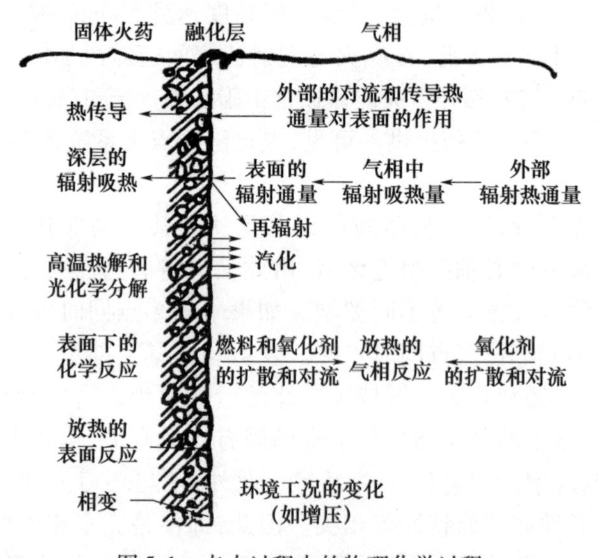

图 5.1　点火过程中的物理化学过程

因此,火药点火过程一般需要采用三维非定常带化学反应多相流动模型来描述。但在工程应用中,常将这类问题作简化处理,采用简化理论模型描述点火过程。1966 年,Price B. W. 等[3]将固体火药点火理论模型分成 3 类:①气相点火理论,②非均相点火理论,③固相点火理论。气相点火理论认为,点火主要由表面富燃混合物与富氧混合物的化学反应所控制。非均相点火理论把固相燃料与周围氧化剂界面处的化学反应看作是其主要控制因素。而固相点火理论认为,点火主要取决于加热层内反应热释放及外部环境对固体的加热,而不考虑气相中的释放热和质量扩散因素的影响。从一定意义上说,发射装药点火理论是应用固相点火理论。尽管目前已有多种着火准则可供选择,但其可信度基本都难以评价。因为评价可信度势必涉及所采用的着火准则与实际观察到的事实在物理意义上是否一致问题。

从内弹道研究角度看,单个药粒点火仅是整个装药点火过程的基本环节,而整个装药点火燃烧过程只是内弹道过程的一部分。因此,在以下讨论中重点关注简化火药点火模型,特别是一维点火模型。

火药被点燃称为着火,着火意味着快速化学反应能自行维持,并出现火焰。因此如果给着火条件下一个定义,即一个包含火药的热力学体系,其初始条件和/(或)边界条件能使火药化学反应加速,以至于能在其某个瞬间使其某个局部区域达到维持高速化学反应状态,则这样的初始条件和/或边界条件称为“着火条件”。可见,严格意义上的着火条件不仅是着火温度,而是一个涉及点火过程初始状态和环境条件,以及火药化学热力学特性的综合函数。

着火有两种产生途径,即热自燃和强迫点火。热自燃,指因缓慢加热而导致化学反应逐步加速,以至于达到反应释放热大于其对外发散热,最终导致着火或自行维持快速化学反应状态。强迫点火,指点火激励源以极其迅猛的方式加热(能),迫使火药在极其短暂的时间内使其着火而燃烧。实际兵器发射条件下的火药点火均属于后者。事实上,装药点火或着火总是首先从其某个局部开始的,然后火焰沿火药表面向远处传播,这个过程称为传火。火药某个局部一旦着火,随后在沿法向向内层燃烧的同时,将会沿着火表面和药粒的间隙向外扩展(传火),其扩展速度远大于燃速。

在内弹道模型中,最常采用的是最简化的着火条件,即以温度为着火判据,如当火药某一位置(点、表面或区域)达到某一特征温度时,认为立即着火且按某种规律开始燃烧。采用着火温度作为火药的着火条件或着火判据,是为了与内弹道理论模型相匹配。即使一维固相点火模型,数学描述也是带源项的非稳态热传导方程,属于非齐次抛物型偏微分方程,除在特殊情况下有解析解,一般都需要采用数值法求解。为了使火药着火判别简单化,即使是两相流内弹道模型,相匹配的火药点火模型也只适宜采用有解析解的热传导方程,否则将使整个内弹道求解过程复杂化。而以往内弹道过程的描述,大多采用零维集总参量法模型,内弹道数学模型本身是常微分方程组,采用更为简单的“着火判据”是明智的选择。

5.2 点火药

枪炮发射过程是从击发点火具或引燃点火系统开始的，点火具或点火系统必须采用点火药。点火药大致可分为击发药、高能点火药和黑火药3类。火帽采用的是击发药，击发药也称为发火药和起爆药(priming composition)。针刺火帽采用的起爆药一般称为针刺药。底火除火帽携带击发药之外，主要配置高能点火药和黑火药。复杂点火具和点火系统中，除配置传统火工药剂之外，通常还须加配硝化棉粉、小粒发射药及硝化棉与黑火药混合制品奔萘药条等。

5.2.1 传统点火具与点火药剂

传统点火具，主要指火帽和底火。表5.1所列为苏联传统点火具采用的点火药配方及示性数[4]，表5.2所列为欧美及我国采用的部分点火具点火药剂配方[5]。传统火帽采用的击发药包含雷汞(mercury fulminat)氯酸钾(potassium chlorate)、硫化锑(antimony sulfide)和硝酸钡(barium nitrate)等。底火和增长底火(long primer)及点火管中的点火药多采用高能点火药和黑火药。我国国产底火，如底-9和底-14丙配置的高能点火药主要是亚铁氰化铅(45% ±2%)和高氯酸钾(55% ±2%)，外加松香(2% ±1%)。黑火药(black powder)在点火装置中使用较多，将在下面作专门介绍。

表5.2中配方1是美国富兰克夫兵工厂早期使用的，配方2、配方3是第一次世界大战期间多国通用击发药配方，配方4是美国陆军早期枪弹击发药配方，配方5是德国早期使用发火药配方，配方6、配方7是曾为美国弹药大量使用的发火药配方，配方8为我国引信火帽常用配方，配方6、配方9为我国20世纪50年代枪炮底火火帽常用发火药配方。

由表5.1和表5.2可知，传统点火具发火药均含有雷汞和氯酸钾等组分，这些含有雷汞的发火药具有感度适当、点火能力强和安全性满足要求的优点，但因其分解产物腐蚀性强，有损武器寿命。从20世纪80年代中期开始，各国逐步发展出无雷汞或无氯酸钾的发火药。这种新型发火药配方以斯蒂酚酸铅($2C_6H(NO)_3O_2Pb$)、四氮烯($C_2H_8N_{10}O$)、硝酸钡($Ba(NO_3)_2$)和硫化锑(Sb_2S_3)为主要成分。表5.3为新发火药应用举例[6]，方案1是用于德国步枪和手枪底火的发火药配方，方案2是美国FA-959使用的，方案3是美国FA959标准发火药配方，方案4是美国PA-101发火药，方案5是美国NOL-60发火药，方案6是我国20世纪70年代后大量采用的发火药。

表 5.1 苏联点火具点火药及示性数[4]

序号	点火具类别	发火药名称	含量/%	发火药/g	爆热/cal①	比容/mL
1	枪用火帽	雷 汞:$Hg(ONC)_2$ 氯酸钾:$KClO_3$ 硫化锑:Sb_2S_3	16.0 55.5 28.5	0.02	6.8	3.7
2	迫击炮火帽	雷 汞:$Hg(ONC)_2$ 氯酸钾:$KClO_3$ 硫化锑:Sb_2S_3	35.0 40.0 25.0	0.05	17.0	9.3
3	底火(KB-4)	发火药+黑药		6.5	5250	2025

①1 cal = 4.18J。

表 5.2 欧美国家和我国典型传统点火具击发药配方[5]

组分	配方含量/%								
	1	2	3	4	5	6	7	8	9
雷汞	35	32	11.0	13.7	55	35	32	15	25.0
氯酸钾	15	45	52.5	41.5	11	35	45	25	37.5
硫化锑	—	23	36.5	33.4	27	30	23	45	37.5
硝酸钡:$Ba(NO_3)_2$	—	—	—	10.7	—	—	—	15	—
玻璃粉	45	—	—	0.7	—	—	—	—	—
胶	5	—	—	—	—	—	—	—	—
TNT	—	—	—	—	7	—	—	—	—

表 5.3 无雷汞无氯酸钾发火药(NCNM)典型配方[5] 单位:%

组分	1	2	3	4	5	6
斯蒂酚酸铅	40	35	37	53	60	50
四氮烯	3	3.1	4	5	5	5
硝酸钡	42	31	32	22	25	20
硫化锑	—	10.3	15	10	10	25
二氧化铅	1	10.3	—	—	—	—
PETN	—	—	5	—	—	—
硅化钙	10	—	—	—	—	—
铝 粉	—	—	7	10	—	—
锆 粉	—	10.3	—	—	—	—

高能点火药多用于难于点燃的推进剂和烟火剂点火，如钝感火药和伴随有瞬态卸压过程的底排药柱二次点火，往往需要采用高能点火药。高能点火药往往都是混合药剂，可燃剂中含有较高比例的金属粉，如铝、镁、钛、锆和硼等，氧化剂主要采用高氯酸钾、氯酸钾等。高能点火药的优点是燃烧产物温度高，可达3000K，远高于黑火药燃烧产物，因含高温熔融态颗粒，具有很强的点火能力，适应低压和瞬态卸压条件火药点火需要。

5.2.2 黑火药基本性能

黑火药属于烟火剂，尽管火药力只有 28 ~ 30kJ · kg^{-1}左右，但几乎所有火炮点火具和辅助点火药都选用黑火药，有时还用它作轻兵器发射药。它的突出优点是在低压条件下对点燃发射药具有很高的可靠性。典型的黑火药组分为硝酸钾(KNO_3)75%、木炭(C)15%、硫磺(S)10%、组分偏差 ±1.0%。其中硝酸钾为氧化剂，木炭为燃烧剂，硫磺兼有两种功能：一是作为胶黏剂，增强和改善可加工性和燃烧稳定性；二是作为燃烧剂，使黑火药易于点燃。成品黑火药的密度为1.6 ~ 1.9g/cm^3，自然填充率或表观密度为0.9 ~ 1.05g/cm^3，大粒填充密度稍低些，小粒填充密度稍高一些。黑火药的着火温度与组分配比、原料中木炭的炭化温度与颗粒表面是否涂有石墨等因素有关，一般认为是 290℃ ~ 310℃，但实际着火点温度要高得多。此外，对电火花、明火火焰、撞击都很敏感，其中 50% 引爆率的撞击感度为 0.84kg · m。黑火药的爆温约为 2100℃，燃烧生成物中含 44% 的气态产物，56% 的凝聚态产物。燃烧产物中炽热凝聚态微粒(固、液)较多，是作为点火剂的优势所在。因组分中木炭为多孔物质，裸露存放很容易发生潮解和粉化。

1. 产品特性

黑火药最常用的制作工艺是先将原料磨细加水混合制成饼状，接下来进行干燥、破碎、过筛分选，按不同粒度尺寸分为不同等级；然后抛光，磨去颗粒棱角，再加入石墨继续翻滚，直至颗粒表面被石墨均匀涂覆为止。石墨的作用：一是防湿；二是为了防止颗粒黏合。黑火药组分中木炭的灰度和水分对其燃烧性能具有重要影响。

我国黑火药常见制品有大粒与小粒两类，大粒有 1#和 2#，小粒有 1#、2#、3#、4#，此外还有粉状药。还可应不同要求制成专门柱状和饼状。应用中根据点火具设计和装药结构需要进行选取。黑药颗粒尺寸大小、密度和致密性(压药时采用的压力)均影响其燃速。美国黑火药粒度分为 9 级，其中 1 级颗粒最大，与我国 1#大粒黑相近。每个级别颗粒尺寸有一定分布范围，美国 1 级黑火药颗粒直径基本为 4.75 ~ 2.36mm，中间尺寸占比最大，约占 80%。

黑火药颗粒表面石墨涂层厚度约为 5μm[6]，除了防潮之外，还具有阻燃作用，对点火有负面影响。在开放的空气中，火焰通过无石墨涂层黑火药颗粒床的传播速度为具有石墨涂层黑药颗粒床的 2 倍。黑火药颗粒内部结构和所采用的原料细度及碾压工艺有关，一般木炭微粒中的空隙不能为硝酸钾和硫填充，制成品空隙率一般为 0.01 ~ 0.04cm^3/g[6]。黑火药表面和内部结构特性对其点火、传火与燃烧性能具有重要影响，即燃烧速度是其密度和结构的函数。此外，黑火药力学性能与密度紧密相关，图 5.2 所示为黑火药强度随密度的变化。试验表明[6]，采用 $\phi 1.3 \times 10$ (cm) 黑火药药柱做压缩试验，其应力 – 应变曲线表现为脆性断裂特征，表明黑火药遭遇强压将会造成脆性断裂破坏。

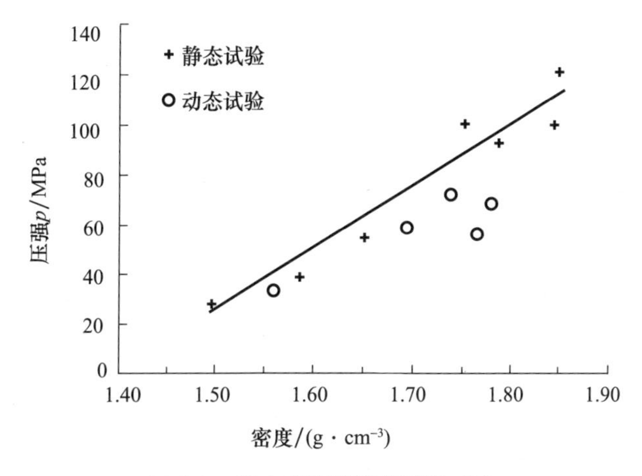

图 5.2　黑火药强度随密度的变化

2. 着火温度

着火温度有多种测量与定义方法，采用的测量方法不同则得到的着火温度不同。由“着火”的物理意义可知，试验或测量方法不同，相当于采用的初始条件或边界条件不同，着火温度的测量结果也就不同。常用的着火温度（发火温度、引爆温度）测量法有热分析法、热浴法、热板法等。差示扫描量热法（differential scanning calorimetry，DSC）是现代常用的热分析法，黑火药的 DSC 分析图谱如图 5.3 所示[5]。由该图可见，黑火药热分解有两个主要吸热过程和两个主要放热过程。115℃吸热峰显示的是硫的晶型转变，330℃出现的吸热峰对应的是 KNO_3熔化分解。410℃以后的两个放热峰，对应的是黑火药的主要反应峰，包括 KNO_3分解释放氧等过程。从热安全角度，通常定义黑火药的发火点为 290 ~ 310℃。

热浴法是将少量（如 0.02g 或 0.1g）试样放置在密封的试管内，浸浴在液态蜡或液态金属之中,按规定的升温速率(5℃/min),测定试样着火温度,这种方法发火点温度实际是试样在5s时间内着火的浴液温度。浴液测量方法是将试样直接放入浴液之中,0.1s内试样着火的浴液温度定义为着火温度。此外,还有一种方法是将微型热电偶嵌入黑药棒之中,点燃其棒状试样的一端,测量着火面扫过热电偶的温度,定义为着火温度[5]。表5.4所列为美国公布的对黑火药采用不同测量方法确认的黑火药着火温度值[6]。

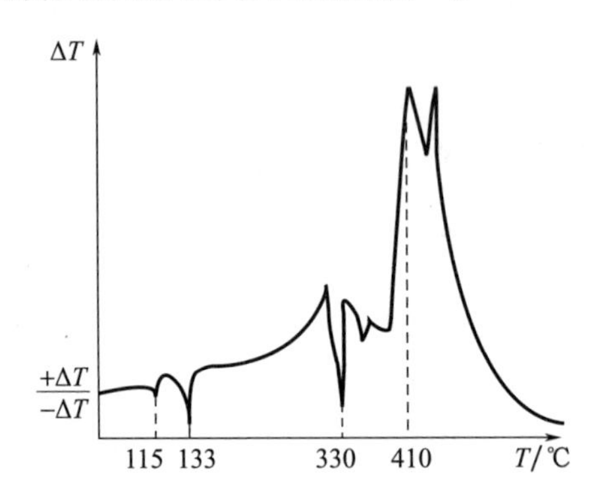

图5.3 黑火药的DSC分析图谱

表5.4 黑火药着火温度测量结果[6]

测量方法	时间/s	着火温度/℃
直接热浴法(不用试管)	0.1	510
试管热浴法	1.0	490
热电偶嵌入法	0.022	480

采用热板法测量得到的黑火药试样接触表面温度随时间的上升曲线如图5.4所示[7]。定义上升曲线拐点为着火点,表明国产黑火药热板法着火温度约为580~590K(307~317℃)。

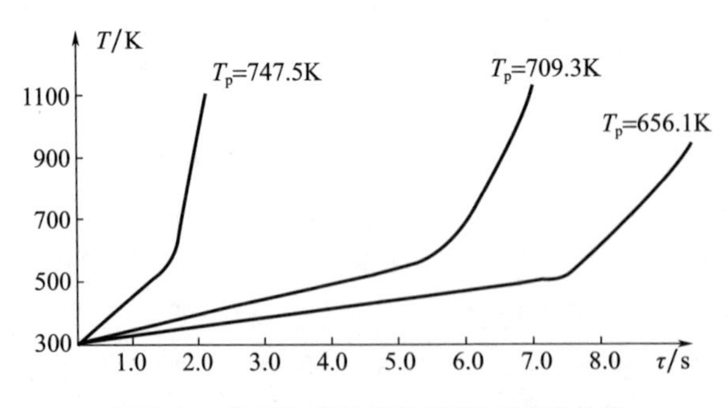

图5.4 热板加热法黑火药表面温升曲线

火药着火温度与采用的测量方法随加热方法不同而不同,其原因将在下面关于点火模型的讨论中得到解释。

3. 黑火药燃速

将黑火药制成细长圆棒,在空气中燃烧,测得的燃速约 1cm/s[5]。影响黑火药燃速的两个主要因素是其密度和其中木炭性能。一般随密度增大,燃速下降,采用橡木木炭的燃速比枫木木炭低 20%。此外,还与其组分磨细程度有关。图 5.5 所示为黑火药在大气环境下的线燃速,与密度为线性反比关系。

将黑火药棒放在带观察窗的预先充压的容器中,采用高速摄影等手段,可以测量得到高压环境下的燃速。图 5.6 所示为不同研究者采用这种方法得到的结果[8-9],根据这些结果拟合得到的燃速表达式为

$$r_b = 1.72\,(p/p_0)^{0.164 \pm 0.017} \tag{5.1}$$

式中:r_b 为燃速(cm/s);p 为燃烧环境压力(大气压);p_0 为大气压。与之前由俄罗斯几位研究者采用同样试验方法所得到的结果非常接近(图 5.6 中的虚线)[10-12],文献[10-12]试验压力为 3 ~ 100atm。由此可见,这些研究者的结果居然惊人地相似,其差异主要与黑火药中木炭不同有关。

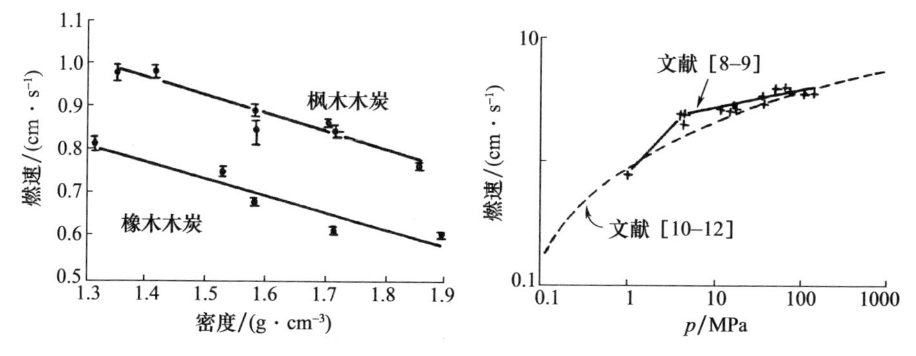

图 5.5　大气条件下黑火药的线燃速　　图 5.6　高压下黑火药的线燃速

最接近于火炮膛内实际情况的火药燃速往往采用密闭爆发器测量得到。Sasse 等对美国 3 个公司生产的 1 级黑火药进行密闭爆发器试验[6],数据处理中,他们将黑药颗粒看成球形,取平均直径 $d_p = 3.65$mm,且认为同时着火,按指数定律进行拟合,得到的燃速为

$$r_b = bp^n \tag{5.2}$$

对每个公司的黑火药都测量了 4 组,得到的燃速系数 b 和指数 n 列于表 5.5。表中同时还列出了试验压力范围及压力陡度范围。

作者采用国产 2#大粒黑药进行同样的试验,得到的结果[13]为

$$r_b = 0.0199p^{0.74} \tag{5.3}$$

式中：r_b 的单位为 m/s；p 的单位为 MPa，适用压力范围：10～45MPa。数值处理中，假定 2#黑药颗粒为圆球形，定义当量直径 d_p 为三维尺寸平均值，$d_p \approx 4.0$mm。

表 5.5　式(5.2)中的燃速系数及压力指数和试验条件

黑火药试样		$b/(cm \cdot s^{-1})$	n	单发最大压力 p_m/MPa	压力陡度(dp/dt)/($MPa \cdot s^{-1}$)
GOEX	1	0.263	0.671	45.4	4.448
	2	0.551	0.531	45.5	4.481
	3	0.287	0.660	45.4	4.465
	4	0.326	0.641	45.3	4.563
杜邦	1	0.561	0.493	46.9	3.841
	2	0.518	0.485	46.6	3.403
	3	0.457	0.503	46.2	3.205
	4	0.251	0.547	46.5	3.219
印第安纳	1	0.179	0.661	45.9	2.914
	2	0.309	0.553	45.9	2.834
	3	0.328	0.542	46.3	2.827
	4	0.345	0.533	46.7	2.909

比较式(5.1)～式(5.3)，发现如取 $p=5 \sim 10$MPa，式(5.2)和式(5.3)计算值基本相当，但与式(5.1)相差较大。建议采用式(5.2)或式(5.3)，因其试验条件接近于膛内发射过程。两者之间的差异，与黑火药品质、药粒尺寸取值及测量方法等多种因素有关。

5.3　底火

点火具是点火装置和点火系统的泛称，种类繁多、用途各异，其名称也多种多样，包括火帽、底火、增长底火、点火管和各种辅助点火药包(盒)，以及它们的不同组合等，都可称为点火具。在相关文献中，对点火具有不同的表述和不同的定义，实际形成了一词多义或一物多表的情况，带有很大程度的任意性，如发火药(priming mix)、击发药(first fire)、点火器(igniter)、发火器(primer)、导火管(squib)、导火索(fuze)，各种声、光、电点火具及点火管(igniter tube)和中心点火管(center core igniter)等，都泛称为点火具。因为在功能和用途上，它们具有同质性，共同用途都是发射药的点火激励源(stimulus)。火药的点火激励可以通过热、光、电、超声波及机械冲击等多种不同形态的能量传递方式得以实现。当采用热激励时，则以传导、对流和辐射任一种方式及其组合，将热能传递给待点火的物质。激光点火是指通过激光照射将点火能量传递给火药。超声波、微波等点火方式也类似。电点火，指采用电光花、电弧和电热丝引燃火药。而机械击发点火主要是指通过撞击、摩擦、激波等手段实现火药的快速点燃。

通常火炮装药点火具必须具有如下基本功能：一是能生成炽热燃烧产物，并能将这些产物输送至装药床；二是这些燃烧产物能对装药持续作用一定时间；三是装药在它的作用下能达到预想的有效点火状态。通常火炮发射药都采用底火（artillery primer）或与点火管或/和附加点火药包的组合实现点火。下面首先介绍几种代表性底火结构和性能。

5.3.1　通用底火结构和性能

1. 外形及发火要求

底火外观形状及内部结构设计，既与安装匹配和发火方式的需要有关，同时也与点火药量和需要承受的膛压等有关。图 5.7 所示为典型机械撞击式底火（底 -4），代号为 DJ -4，螺纹紧固，原配用于 54 式 76mm 加榴炮弹药，内装黑火药多达 6.0 ~ 6.7g，在传统底火之中是少见的。要求击针突出量为 1.5 ~ 1.7mm，击针弹簧待发状态弹力为 37 ~ 39kgf[①]，意味着击发能为 0.55 ~ 0.65J。图 5.8所示为配用于 105mm 坦克炮弹药的电底火（电底 -18），能承受 490MPa 的最大膛压，总计黑火药量为 31.5 ~ 34.0g。显然，这属于典型加长底火，主要点火药装填在点火管中。该底火性能满足如下 4 项要求：①电阻值 12 ~ 65Ω；②不发火性，即安全性，要求 100μJ 能量不发火；③发火性，即 16V 直流电压作用下可靠发火；④发火时间，即点火延迟及一致性指标，在 24V 直流电压下平均发火时间不大于 3ms，单发不大于 4ms。

图 5.9 所示为底 -14 甲式底火，用于 37mm 高和海双 25mm 等小口径火炮，采用挤压方式压入药筒，因此不带螺纹，总的点火药量为 1.65g，采用机械撞击发火，要求击针突出量为 2.45 ~ 2.55mm，待发状态弹簧力为 35.8 ~ 38.0kgf，即机械击发能为 0.86 ~ 0.95J，承受工作膛压为 315MPa。图 5.10 所示为配用于 155mm 加榴炮的底 -27 式底火，在 0.880 ~ 0.884J 能量作用下不应发火，保证安全。在 1.035 ~ 1.039J 击发能量作用下能可靠发火。点火药量总计为 1.43g，在承受 408MPa 膛压条件下，要求工作可靠，保证闭气良好，并能顺利退壳。图 5.11 所示为配用于外贸 82mm 迫击炮弹药上的基本药管，使用时安装在弹丸尾杆内，底部为金属座，管体为纸质，总药量为 4.8g，要求击针突出量 1.4 ±

① 1kgf = 9.8N。

0.02mm，在仰角 43°条件下发射保证可靠发火，并保证最小膛压不低于 4.12MPa，平均炮口速度为 73m/s。

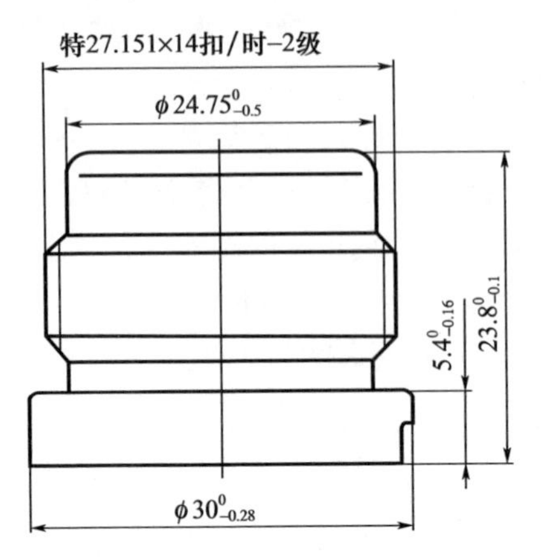

图 5.7　底-4 式底火

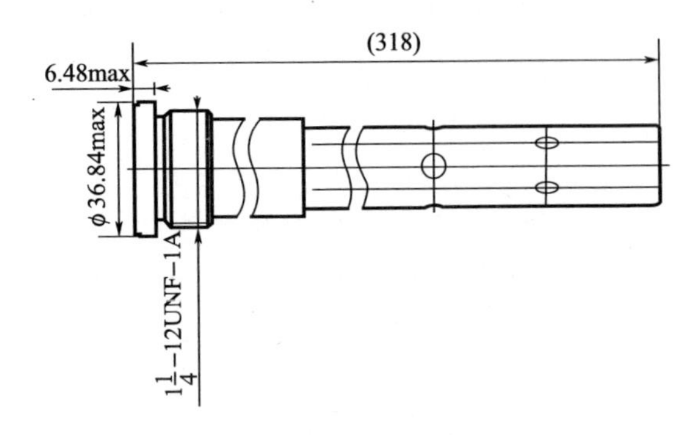

图 5.8　电底-18 式底火

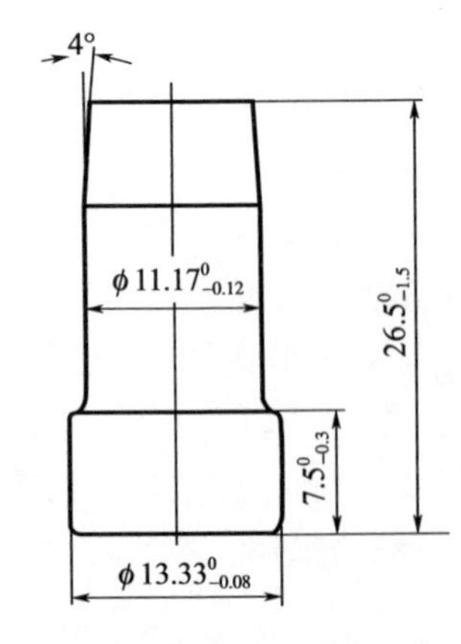

图 5.9　底-14 甲式底火

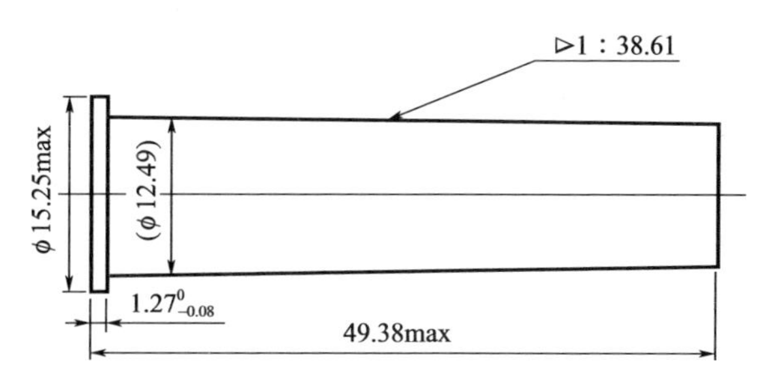

图5.10 底-27底火

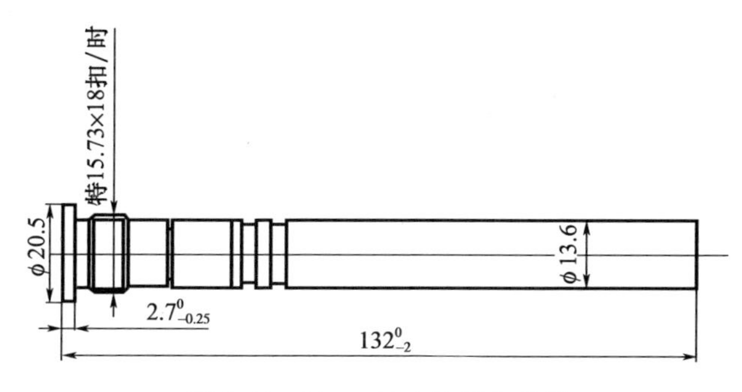

图5.11 81mm迫击炮基本药管

通过上面几种底火外形和技术要求的讨论,可以得到这样的结论:底火外形、尺寸、药量、承压能力、安装方式,主要取决于火炮和弹药设计需要,取决于使用场合,因火炮和发射装药不同而不同。其中,击发能量要求与底火选配的火帽有关。

2. 内部结构及主要性能

图5.12~图5.15分别为底-13、底-9、底-14甲和底-14丙4种国产制式底火结构图[14]。可见,底火底部安装火帽,不同火帽配用的击发药配方及药量不同,工作性能不同。不同型号底火配用的点火药剂也不同。这两个因素是导致底火工作性能差异的重要原因。底-14甲采用的点火药全部为黑火药,其中一部分(底部)是散装的,上部(主体)是压制成型的整块药柱,其壳体的口部呈收缩状,由纸片密封。底-13因要求承受较高膛压(350MPa),所以壳体较厚。点火药剂与底-14甲类似,采用散装黑火药与饼状黑火药块组合而成,赛璐珞片封口。因此,该黑火药饼相对底-14黑火药柱容易被火帽射流冲碎。底-14丙与底-14甲外形一致,壳体尺寸相同,采用相同的火帽,但点火药剂有较大差异:一是用高能点火药取代底-14甲的散装黑火药,药量多,爆发力强;二是采用散装黑火药,量少,击发后燃烧时间会显著减少。底-9外形和壳体与底-13基本相同,但内部结构变化较大:一是相对底-13的散装黑火药被改用

高能点火药，爆发力强；二是用散装黑火药替代底－13的黑药饼；三是内部设计增加有点火管壳，改变了火帽燃烧产物射流的工作状态；四是用3#火帽替代原底－13的1#火帽。因此，底－9的工作时间会比底－13缩短。表5.6给出了图5.12～图5.15四种制式底火几何特征及装填参量性能。

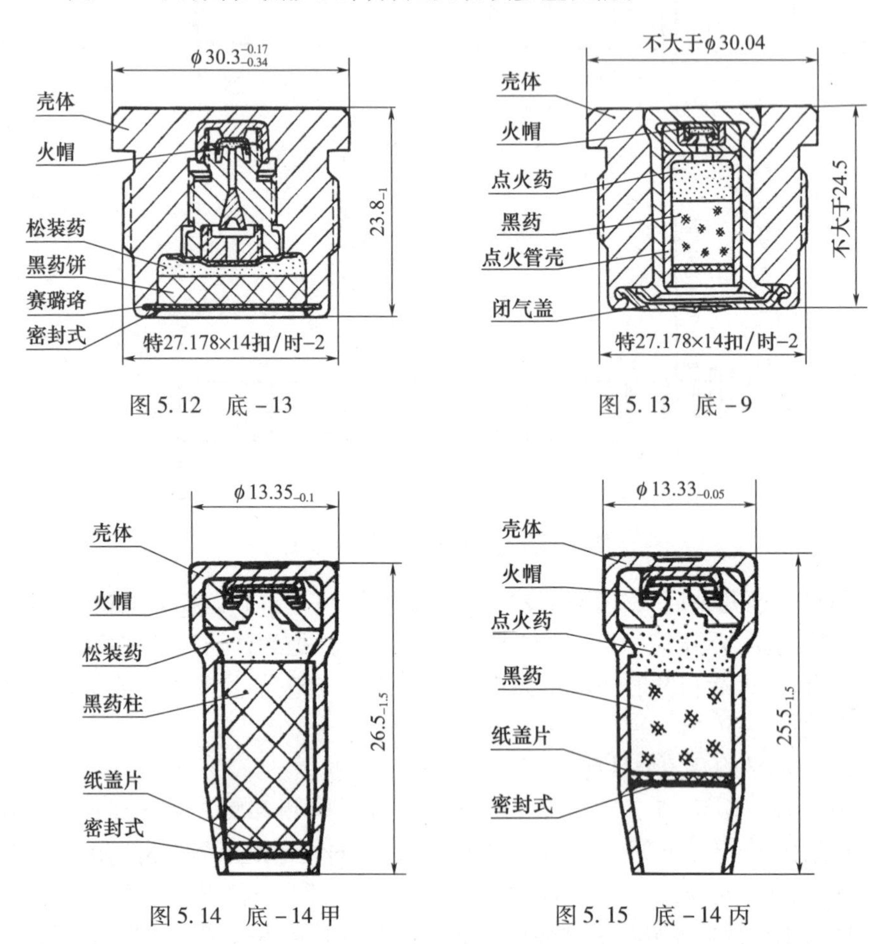

图5.12　底－13

图5.13　底－9

图5.14　底－14甲

图5.15　底－14丙

表5.6　四种底火几何及装填参量[14]

序号	底火名称	最大外径/mm	高度/mm	装药			主装药密度/（g·cm^{-3}）	火帽
				药剂种类	药量/g	总药量/g		
1	底－14甲	13.35	26.5	①2#或3#小粒黑火药 ②黑药柱	散装0.1±0.02 药柱1.55±0.05	1.58～1.72	1.72	9#撞击式
2	底－14丙	13.35	25.5	①高能点火药 ②2#或3#黑火药	0.32±0.05 0.70±0.05	0.92～1.12	1.6	9#撞击式

续表

序号	底火名称	最大外径/mm	高度/mm	装药			主装药密度/($g \cdot cm^{-3}$)	火帽
				药剂种类	药量/g	总药量/g		
3	底-13	30.3	23.8	①2#或3#小粒黑火药 ②黑药饼	散装0.6~0.7 药饼2.7±0.1	3.2~3.5	1.59	1# 撞击式
4	底-9	30.04	24.5	①高能点火药 ②2#或3#黑火药	0.4±0.03 0.8±0.05	1.12~1.28	1.69	3# 撞击式

5.3.2 底火 $p-t$ 曲线和能量输出特性

作为内弹道及装药设计工作者，除了关心点火具的结构、尺寸、点火装药和承受膛压能力外，还应关心它对发射装药的点火功能。点火功能参量主要是指点火能量释放速率和能量在膛内的分布等。底火 $p-t$ 曲线是评估其点火功能的重要依据。直到20世纪70年代，人们对底火性能的评价仍停留在定性水平上，只原则要求点火能量能“迅速和同时点燃全部装药的每个药粒表面”[4]。虽然认识到“弱点火或点燃缓慢将导致迟发火”，而“不均匀点燃是造成膛压猛烈增大的原因之一”[4]，但这些笼统的定性认识无助于对底火或点火具提出中肯而确当的设计与验收指标。因此，长期以来人们实际采用的装药点火要求都是定性的，如要求满足如下3条中的任意一条就行：①点火压力大于等于10MPa，②点火药量约占发射药总量的2.5%~4.0%，③发射药初始表面平均点火热量满足1.50cal/cm^2。此外，有时可能对底火生成的火苗（射流）长度等提出一些补充要求。显然，火苗长度要求也是定性的，究竟多长为好明显带有经验性。将这些笼统要求作为底火评估准则显然是远远不够的。

1. 底火 $p-t$ 曲线特性影响因素

1980年，兵器工业部第213研究所在国内首先采用205mL专用密闭爆发器，对国产制式底火的 $p-t$ 曲线进行测量和研究[14]。被试底火样品安装在爆发器上部顶端，采用落锤击发。爆发器侧面开设两个螺纹孔，分别安装两个测压传感器：一个是应变式的，测量得到的 $p-t$ 曲线如图5.16所示；另一个安装铜柱测压器，用于测量最大压力值，以便与应变测压结果相互验证。在图5.16中，p_m 为压力峰值，对应的时间 t_m 位于 t_1 与 t_2 之间。t_1 为压力 p 上升段趋于峰值前沿时间。从 t_1 开始 p 的变化趋于平缓，即 $p-t$ 呈现一段近似于平台的走势，一直维持到 t_2，t_2 开始曲线近似于线性的下降。定义 t_2 为底火能量输出终止时间，即底火内点火药剂的燃烧结束点。由于该试验采用的爆发器容积大，散热比较严重，因此 p 下降斜率与容器热散失显著相关。$p-t$ 曲线上升斜率对应于底火燃烧产物质量和能量释放速率，而在 $t_1 \sim t_2$时间段，曲线近似于平台，意味着底火释放的能量与热散失处于相对平衡状态。对底－14 甲、底－14 丙、底－9 和底－13 共四种底火进行了常温（＋15℃）条件下多发重复试验。试件保温时间为 2h，取出后 5min 内击发完毕。同时也进行了少量高、低温试验。高温为 50±2℃；低温为－52±2℃，冷源采用干冰加入酒精调制得到。对测试 $p-t$ 曲线进行热散失修正后，得到了曲线特征量。四种底火常温 $p-t$ 曲线特征量如表 5.7所列，包括最大压力 p_m、上升前沿时间 t_1 和燃烧结束点 t_2 的平均值、极差（跳动范围）和标准偏差。

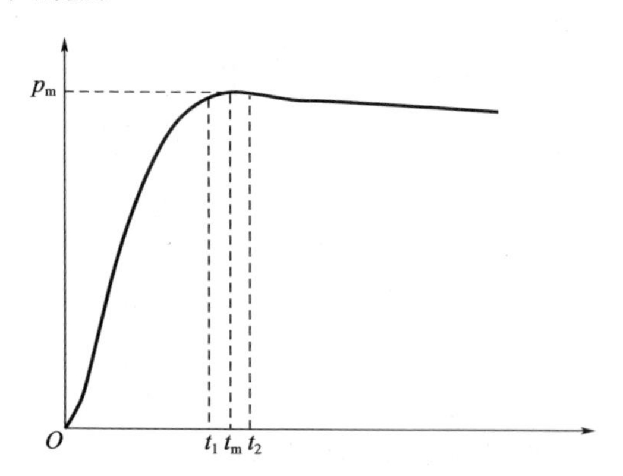

图 5.16　底火密闭爆发器 $p-t$ 曲线示意图

表 5.7　四种底火 $p-t$ 特征量

底火		底－14 甲	底－14 丙	底－9	底－13
试验发数		15	14	5	16
最大压力	平均值 $\bar{p}_m$/MPa	2.33	1.77	2.05	3.89
	跳动区间/MPa	2.2～2.55	1.5～1.95	1.95～2.15	3.4～4.2
	σ_{p_m}/MPa	0.098	0.122	0.079	0.198
上升前沿时间	平均值 $\bar{t}_1$/ms	5.627	1.164	1.80	2.556
	跳动区间/ms	4.5～7.8	0.9～1.7	1～2	0.8～7
	σ_{t_1}/ms	0.984	0.253	0.447	1.685
燃烧结束时间	$\bar{t}_2$/ms	7.47	1.843	2.82	5.837
	跳动区间/ms	5.7～10.3	1.3～2.3	2～3.2	2.8～10
	σ_{t_2}/ms	1.17	0.348	0.47	1.916

由表 5.7 可见，①底－14 甲虽然属于配用于小口径火炮的底火，但相对装药量较多，在 205mL 的容器内形成 $p_m = 2.33$MPa，p_m 值较高。由于全部点火药均为黑火药，除散装黑火药外，其主体装药为 $\phi 8.6 \times 15$(mm) 黑药柱，密度相对

较高,达 1.72g/cm^3,其燃速相对低些,且圆柱侧周留有间隙,火帽射流作用下不易碎裂,在四种底火中标准偏差 σ_{p_m} 较小,燃烧时间最长。平均 $\bar{t}_2$ 达 7.47ms,单发最长达 10.3ms。②底 -13 底火是用于大口径火炮的底火,在四种底火中装药量最多。采用的点火药和底 -14 甲一样,也是散装黑火药与黑药压块的组合,只是主装药不是药柱,而是 $\phi 19 \times 6$ (mm)扁平状药饼,密度较低,为 1.59g/cm^3,燃速相对快些,在火帽射流作用下容易破碎。因此,无论是压力上升前沿时间 t_1,还是燃烧结束时间 t_2 都比底 -14 甲底火短,且 p_m、t_1、t_2 的标准偏差 σ_{p_m}、σ_{t_1}、σ_{t_2} 均大于底 -14 甲。③底 -14 丙虽然与底 -14 甲外形和尺寸基本一致,但因内部装药组分和结构发生了较大变化,内中散装点火药剂为高能点火药,主装药改为散装黑药,与壳体间不留间隙,在火帽和高能点火药剂燃烧产物冲击下相对底 -14 甲的柱状黑火药容易点燃,能量释放快。因此在 4 种底火中,底 -14 丙的工作时间最为短促,t_1 和 t_2 相对只有底 -14 甲的 1/4 ~ 1/5。④底 -9 底火的外观形状和尺寸与底 -13 相同,但由于增加了内壳,主装药为散装黑药药柱,密度增大为 1.69g/cm^3,原底 -13 底部散装黑火药改换为高能点火药,爆发力强,点火过程猛,虽然总药量减少了,p_m 下降了,但工作时间比底 -13 显著减少,t_1 和 t_2 的平均值分别只为底 -13 的 70% 和 48%。这就是说,底 -9 相对底 -13,尽管点火总能量下降了,但点火作用干脆有力,且一致性良好,σ_{p_m}、σ_{t_1}、σ_{t_2}都明显优于底 -13。

从表 5.7 可以看出,影响底火 $p-t$ 曲线特征量的主要因素如下:

(1) 点火药剂的影响。采用的点火药剂不同,点火能量和燃速(爆发性)不同,高能点火药含能密度高、燃速快,$p-t$ 曲线上升迅猛,压力峰值 p_m 比相同装药量的高,t_1 与 t_2 短。

(2) 装药结构的影响。底火装药结构主要指装药尺寸、装药与壳体的配合和相对于火帽射流的距离等。如黑火药柱较大、密度高,则其不易碎裂、燃烧会缓慢一些。例如:底 -13 主装药被压制为饼状,比底 -14 甲容易破碎,燃烧时间短些。如将主装药改为散装,则燃烧时间更短。

(3) 装药密度的影响。底火中主装药密度不同,会影响燃速和燃烧结束时间,如底 -14 丙和底 -9 主装黑火药几何形状相似,但底 -9 黑火药密度高,燃速慢些,工作时间 t_1 比底 -14 丙长些。

(4) 装药量的影响。底火装药量大,在药室或爆发器内形成的压力高,燃速也会快一些。

事实上,影响底火 $p-t$ 曲线特性的因素还有药温和火帽。尽管文献[14]也对高低温做了试验,但发数较少,不便给出定量结论。温度的影响是不可忽视的。

2. 底火的质量生成率和能量生成率

点火具是发射装药的点火激励源。表征底火给火炮药室空间添质加能过程的基本特征量是底火的质量生成率和能量生成率。对底火进行试验研究，获得其在特定容器内形成的 $p-t$ 曲线之后，可以通过估算进而可获得其质量生成率和能量生成率。从内弹道角度看，对底火的点火功能进行评价，理论上要将其质量和能量生成速率作为内弹道过程的输入参量，用以预估它对发射装药的点火能力。当然，最终要通过火炮射击试验加以验证，才能作出结论。可见，底火 $p-t$ 试验曲线是求取其质量生成率和能量生成率的基础。

1）底火燃烧产物质量和能量生成速率基本方程

设密闭爆发器容积为 V_0，底火药剂总量为 m_ω，密度为 ρ_p，时刻 t_i 已燃百分比为 ψ_i，则容积内基本参量（包括容器内气体自由容积 V_i、容器内压力 p_i、燃烧生成质量 m_i、质量生成速率 $\dot{m}_i$、能量生成速率 $\dot{E}_i$ 和相对质量生成率 ψ_i）可以采用下式描述：

$$\begin{cases}V_i = V_0 - m_\omega(1-\psi_i)/\rho_p - \alpha m_\omega \rho_i \\ p_i = \dfrac{m_\omega \psi_i f}{V_i} \\ m_i = \psi_i m_\omega \\ \dot{m}_i = \dfrac{m_{i+1} - m_i}{\Delta t} \\ \dot{E}_i = \dot{m} f/(\omega - 1) \\ \psi_i = \left(\dfrac{1}{\Delta} - \dfrac{1}{\rho_p}\right) \Big/ \left(\dfrac{f}{p_i} + \alpha - \dfrac{1}{\rho_p}\right)\end{cases} \tag{5.4}$$

式中：α 为点火剂燃烧产物中稠密相占有率；f 为点火药剂火药力；γ 为燃气比热容比；$\Delta = m_\omega/V_0$，即点火药剂在密闭爆发器中形成的装填密度；p_i 为实验测量值。若已知任意时刻 t_i 对应的压力值 p_i，则相应的 m_i、$\dot{m}_i$、$\dot{E}$ 可求。

2）$\dot{m}$ 和 $\dot{E}$ 计算举例

1985 年，孙兴长和魏建国采用与文献[14]相同的专用密闭爆发器[15]，对底 -4底火工作性能进行了研究，在测量其 $p-t$ 曲线基础上，给出了低温（-40℃）和常温（+15℃）条件下质量输出速率结果（图 5.17），不同时刻 t_i 对应的 $\dot{m}$ 值列于表 5.8。对表中数值进行拟合，得到低温（-40℃）和常温（+15℃）条件下 $\dot{m}$ 的拟合关系式，如式(5.5)和式(5.6)所示。由该表可见，低温质量输出速率比常温的上升缓慢，且峰值低。

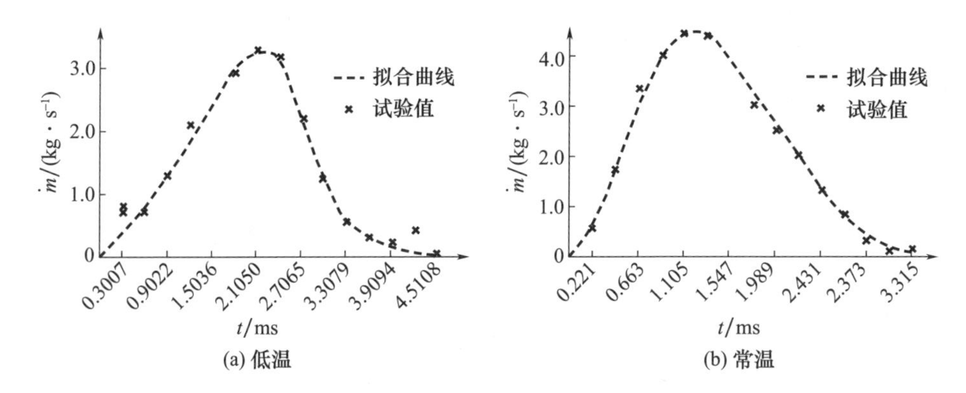

图 5.17 底 -4 底火 $\dot{m}$ 试验结果与拟合曲线的比较

$$\dot{m}_{-40}=\begin{cases}0.351t^2+1.092t & (t\leqslant 1.5\text{ms})\\ -1.855t^2+8.086t-5.503 & (1.5<t\leqslant 2.4\text{ms})\\ -3.245t+11.015 & (2.4<t\leqslant 3.0\text{ms})\\ 625\exp(-2.1t) & (t>3.0\text{ms})\end{cases} \tag{5.5}$$

$$m_{15}=\begin{cases}4.498t^2+1.508t & (t\leqslant 0.663\text{ms})\\ -0.0732t^3-4.095t^2+10.17t-2.19 & (0.663\leqslant t\leqslant 1.547\text{ms})\\ -2.564+7.433 & (1.547<t\leqslant 2.431\text{ms})\\ 1.743\times 10^3\exp(-2.95t) & (t>2.431\text{ms})\end{cases} \tag{5.6}$$

表 5.8 底 -4 底火生成物质量流量 $\dot{m}$ 试验结果

低温(-40℃)				常温(15℃)			
t/ms	$p_{实}$/MPa	m/g	$\dot{m}$/(kg · s^{-1})	t/ms	$p_{实}$/MPa	m/g	$\dot{m}$/(kg · s^{-1})
0. 3007	0. 280	0. 229	0. 761	0. 221	0. 1523	0. 118	0. 533
0. 6014	0. 524	0. 432	0. 674	0. 442	0. 5884	0. 49	1. 529
0. 9022	0. 994	0. 822	1. 297	0. 663	1. 4332	1. 109	2. 943
1. 2029	1. 768	1. 422	1. 994	0. 884	2. 4512	1. 899	3. 574
1. 5036	2. 662	2. 200	2. 586	1. 105	3. 5486	2. 768	3. 932
1. 8043	3. 737	3. 089	2. 956	1. 326	4. 6858	3. 653	3. 914
2. 1050	4. 936	4. 080	3. 296	1. 547	5. 7524	4. 462	3. 749
2. 4058	6. 102	5. 046	3. 212	1. 768	6. 5052	5. 047	2. 645
2. 7065	6. 901	5. 710	2. 207	1. 989	7. 1370	5. 460	2. 506
3. 0072	7. 358	6. 088	1. 258	2. 210	7. 6532	5. 940	2. 173

续表

低温(-40℃)				常温(15℃)			
t/ms	$p_{实}$/MPa	m/g	$\dot{m}$/(kg·s^{-1})	t/ms	$p_{实}$/MPa	m/g	$\dot{m}$/(kg·s^{-1})
3.3079	7.563	6.189	0.339	2.431	7.9943	6.205	1.201
3.6086	7.671	6.347	0.527	2.652	8.2528	6.376	1.009
3.9094	7.760	6.419	0.241	2.873	8.2922	6.438	0.279
4.2101	7.833	6.478	0.1973	3.094	8.3300	6.467	0.131
4.5108	7.854	6.499	0.0703	3.315	8.3716	6.499	0.145

5.4 中心点火系统

5.4.1 中心点火系统评价准则

中心点火系统有两种类型。一种是高压型,如图5.8所示的电底-18底火,是增长底火或高压中心点火系统的典型代表,广泛应用于早期金属药筒定装式弹药。它的早期原型是图5.18所示的M28B2高压中心点火系统,用于105mm榴弹炮各种装药[16]。

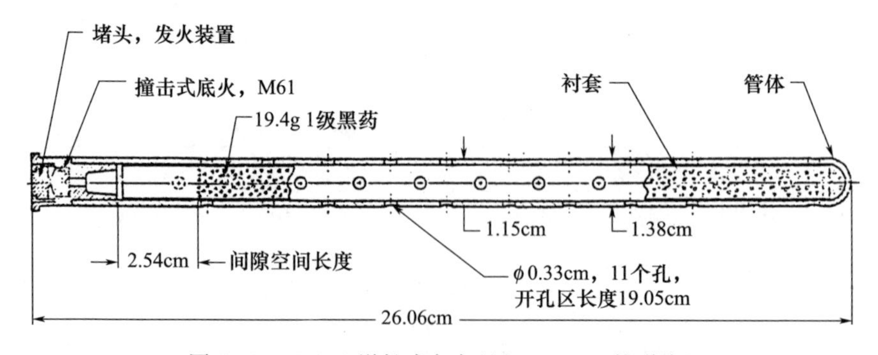

图5.18　M28B2增长式底火(用于105mm榴弹炮)

另一种中心点火系统是低压型中心点火系统,图5.24所示的美国155mm榴弹炮发射装药所采用的即是这种类型点火系统。低压中心点火系统早先主要用于大口径布袋(药包)式装药[16],一般由底部辅助点火药包(base pad)和中心蛇形药袋(centercore snake)以及可燃管(combustible tube)构成,现已广泛用于可燃药筒定装式弹药、分装式榴弹炮装药以及模块装药。

为什么要采用中心点火系统?中心点火系统应该具有什么样的功能?从内弹道学及膛内火焰传播角度看,就是为了尽可能满足发射装药同时均匀点火的需要，为了适应不同装药结构尤其是高装填密度装药，克服药床透气性差不利于火焰快速传播的缺陷。因此，好的中心点火系统应该具有如下功能[16-17]：①要求通过点火管侧壁排气小孔喷射出来的点火剂燃烧产物能沿径向传送到周围装药各个部位，且保证装药在其作用下实现有规律地点火燃烧；②要求尽最大的可能，实现装药轴向同时点燃，避免出现药床局部点火而造成异常压力波和反常弹道现象；③保证内弹道性能稳定可靠。其中第 1 项、第 2 项功能应由中心点火系统设计得以保证，而第 2 项功能尤其是保证的重点；第 3 项功能还涉及装药结构设计，涉及装药床的透气性和装药在药室中的分布，甚至涉及弹丸起始运动。在这里，若从点火管自身功能要求出发，它的性能评价准则应包含：

(1) 点火火焰传播速度尽可能要快；

(2) 中心点火管内点火剂点火燃烧形成的压力波要尽可能小；

(3) 点火能量沿装药轴向分布尽可能均匀。

在上面 3 条性能评价准则之中，第 1 条可以采用离子探针、高响应热电偶和高速录像等方法测定。压力波阵面可通过一定距离之间压力上升时间差估算求得。但当管内点火药装填密度较高时，其管内火焰阵面与压力波阵面可能是大致重合的，这时的点火的火焰传播速度，可由点火管排气孔启喷位置与时间的对应关系($x-t$)来评判，其破孔位置 x 的导数 $\mathrm{d}x/\mathrm{d}t$ 是点火能量的前锋面传播速度。当然，这个前锋面沿装药扫过，不代表管外发射装药被立即点燃，因为火药点燃还与点火能量供给量与持续时间有关，即与点火能量供给速率及其沿发射装药轴向的传播速度和持续时间有关，取决于点火管开孔分布、开孔大小、破孔时间和通过排气孔的点火射流流量。可见，中心点火系统的点火性能评价准则比传统点火具涉及的因素多：与点火管结构及内部点火药类型、药量及装填方法有关，同时与其配用的底火、管体本身直径、长度和点火药在其管内分布有关，还与管体强度、管内衬纸(破孔压力)和传火管顶端密封状态有关。

5.4.2　3 种典型中心点火系统试验分析

1. M28B2 高压中心点火系统

图 5.18 所示的 M28B2 中心点火系统是一种增长式底火，广泛用于西方国家 105mm 榴弹炮。由该图可见，在其底部配装有 M61 撞击式底火，管内装填 1 级黑火药 19.4g，黑火药的药粒经过石墨涂覆抛光，点火药床底部与 M61 底火喷口之间留有间隙 2.54cm。管体内径不变，但外径开始为 1.15cm，中间部位之后为提高强度，管壁增厚，外径为 1.38cm。管体开孔区域长度 19.05cm，开有 ϕ3.3mm 四排小孔，每排均为 11 个孔，顶部密封。通过试验，分别从该点火系统底部(靠近底火一端)和前部(靠近顶端)两个部位测量得到的 $p-t$ 曲线和通过

高速摄影得到的排气孔喷火位置－时间曲线如图 5. 19[16] 所示。由该图可见，点火管底部与顶部两处 $p-t$ 曲线特征显著不同，底部压力远小于顶部压力，压力峰值低，但持续时间长，且伴随有强烈波动。顶部位置压力曲线前沿上升陡峭，上升速率和峰值压力都远高于底部，但持续时间短。由图 5. 19 所示曲线，可以估算得到如下两个数据：

（1）管内火焰传播速度。如将排气孔位置与开始打开喷火时间曲线近似看成是线性的，则可估计得到管内火焰传播速度平均约为 100m/s。

（2）点火能量分布。作为估算，假定不同位置排气孔排出的点火能量的比较可以用冲量比较表征。由于排气孔冲量是其面积 A_0 与压力 p 乘积对时间积分得到，则点火管前后两端不同部位对管外主装药区提供的点火能量比可用 $(\int A_0 p\mathrm{d}t)_{前}/(\int A_0 p\mathrm{d}t)_{后}$ 表示。根据图 5. 19 中 $p-t$ 曲线，估算得到的结果约为 0. 90。由此可以推断该中心点火系统点火能量分布，前后基本是均匀的。

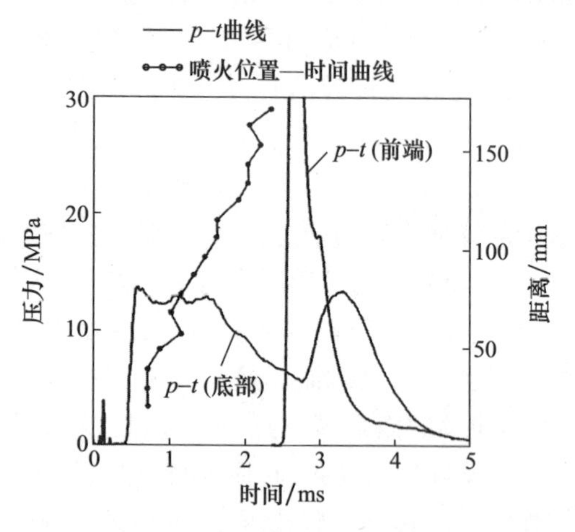

图 5. 19　M28B2 中心点火管试验曲线

图 5. 19 所示 $p-t$ 曲线特征与所采用的黑火药批次有关，即因黑火药表面石墨涂层及黑火药组分、密度不同而不同。当黑火药的密度下降时，无论是管内点火波传播速度还是外部主装药中的火焰波阵面传播速度都下降了。当所采用的 1 级黑火药中的木炭含量增加时(67. 8%)，也有类似情况发生。

2. 120mm 无坐力炮中心点火管[18]

1972 年，本书作者等采用图 5. 20 所示 120mm 无后坐炮高压中心点火系统模拟装置进行了试验研究。该点火管内腔长 620mm，内径 ϕ26mm，点火端(A 端)装有 10g 2#小粒黑药，由 471#电点火头发火。管内其余 600mm 长度内，装填一个药包袋，袋内装填 250g 2#大粒黑火药。在点火管两个端部内侧 120mm

处各安装一个应变式测压传感器,A端为G_1、B端为G_2。通过同步触发装置,在测量G_1、G_2处$p-t$曲线的同时,开启高速摄影装置,拍摄记录点火管排气孔火焰喷射场景。点火管由无缝钢管制作,预开$d_0=5$mm四排小孔,开孔均匀分布。

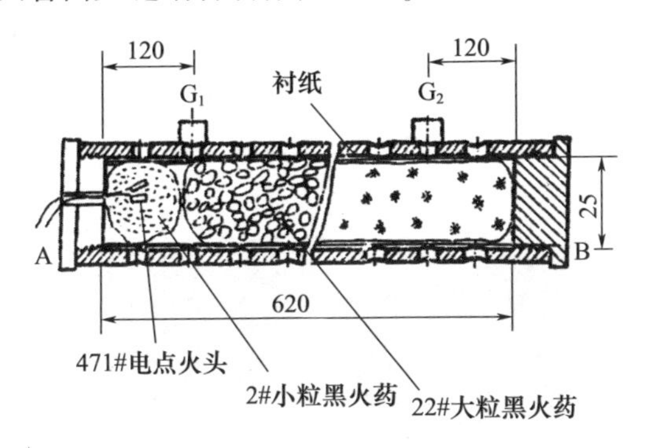

图5.20　120mm无后坐力炮中心点火管示意图

图5.21所示为点火管在露天条件下点火,由高速摄影拍摄得到的排气孔火焰外喷照片,图5.22所示为G_1、G_2位置$p-t$曲线,图5.23所示为破孔时间与对应排气孔位置曲线。从图5.22看到,G_1处$p-t$曲线一直以缓慢速度上升,到4.0ms左右达最大值,然后以1.5ms的时间下降至零,即管内燃烧产物已经流空。但G_2处压力比G_1滞后4.6ms才开始上升,不过上升斜率比G_1陡得多,在不到1ms时间内上升到最高点即$p_{2m}=40.7$MPa,约为G_1最大压力10.8MPa的4倍,但持续时间不足2.0ms。基本规律与M28B2中心点火系统相似,其点火端(G_1)p_1-t和前部顶端(G_2)p_2-t曲线相差显著。从曲线比较看出,管内同样存在压力波动。尽管该点火管内径约为M28B2的2.5倍,但管内火焰传播速度仍然和M28B2基本相同,约为104m/s。破孔位置与时间关系曲线,即图5.23是由图5.21高速摄影得到的小孔喷火时序照片处理得到的。由图5.21可见,破孔位置(距离)随时间几乎呈线性增加,火焰传播速度约为不变值,相对M28B2的100m/s要高一些。但就G_1和G_2两处输出点火能量,即$\int A_{01}p_1\mathrm{d}t$和$\int A_{02}p_2\mathrm{d}t$比较而言,$G_2$处高于$G_1$处。这可能与点火管长度增加有关,管子越长,则$G_2$处压力$p_2$越高于$G_1$处$p_1$。

3. 低压中心点火系统-M203装药试验现象[17]

前面讨论的是金属点火管硬点火系统。采用点火药袋或可燃点火管的点火系统是软点火系统。目前,软点火系统广泛用于火炮装药,尤其是药包式装药。图5.24所示为美国155mm榴弹炮采用低压点火系统的M203装药结构示意图。原则上说,低压中心点火系统的性能评价准则应该与高压中心点火系统一致。但由于低压中心点火系统中的药包袋或管体强度较低,一般只有几个兆帕甚至更低即会破裂。因此,这类点火系统的点火效果及性能考察一般在模拟药室上进行。在实际应用中,图 5.24 所示的 M203 装药在低温(-53℃)射击试验中就曾发生过几次事故,其中两次是迟发火,一次出现异常高压,火炮发生膛炸。为了寻找事故原因,在模拟药室上,重点针对点火药袋中的黑火药,取其不同生产批次进行了点火性能试验对比。对可能存在问题的几个批次黑火药进行试验,结果如表 5.9 所列,测量得到的压力 - 时间($p-t$)曲线主要特征量列于表 5.10。

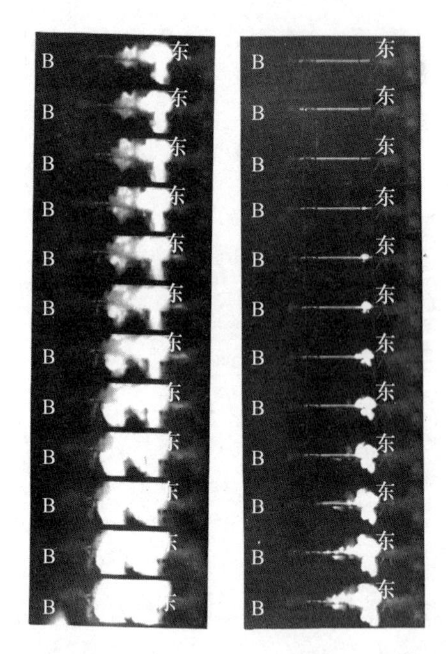

图 5.21　120mm 无坐力炮中心点火管高速摄影

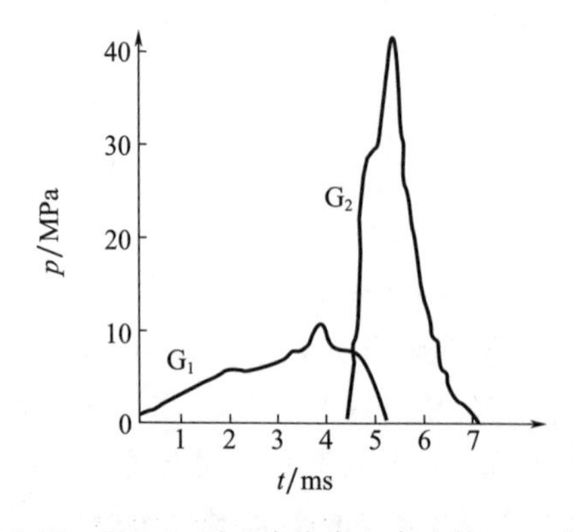

图 5.22　120mm 无坐力炮中心点火管 $p-t$ 曲线

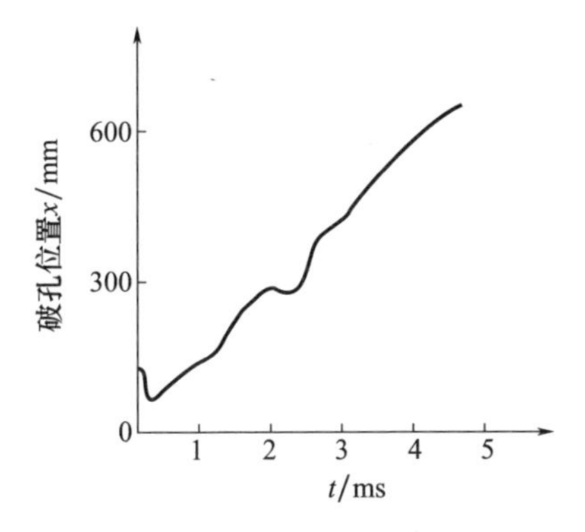

图 5.23　起始破孔位置距离－时间关系曲线

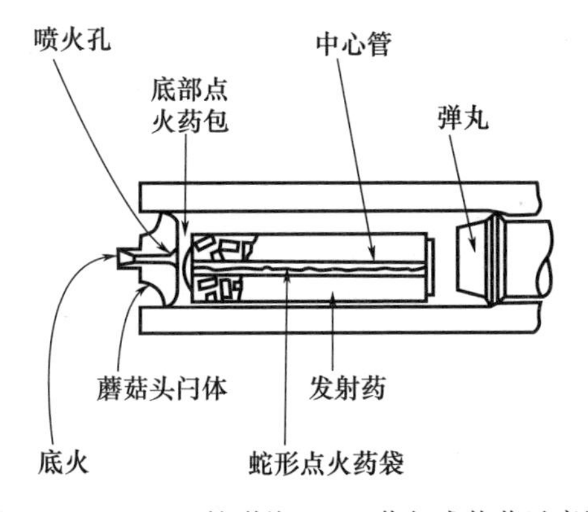

图 5.24　155mm 榴弹炮 M203 药包式装药示意图

表 5.9　出现发射故障的黑火药[17]

批次	怀疑主要问题
1	硝酸钾含量高(KNO_3 －78.01%)
6	表面抛光涂覆工艺不正常(石墨占比 0.2%，正常为 0.1%)
11	采用不合要求石墨(灰分太高)
12	硝酸钾含量稍低，但还属正常(KNO_3 －74.05%)

表 5.10　155mm 榴弹炮 M203 点火系统模拟试验[17]①

黑药批次	最大压力时间 t_m/ms	(σ)②	压力上升陡度峰值/($kPa \cdot ms^{-1}$)	(σ)②	最大陡度对应时间/ms	(σ)②
1	263	(49)	23	(6)	210	(80)
6	217	(47)	31	(3)	148	(30)
11	92	(9)	61	(11)	56	(6)
12	92	(7)	64	(10)	56	(4)

①试验温度均为－53℃；②(σ)为对应一组测量值的标准偏差。

他们分析表5.10测量数据，得到这样的结论，即M203装药的发射故障是由于所采用的黑火药的点传火速度和燃烧速率过于缓慢，点火压力上升陡度 dp/dt 太低而引起的。

为验证上述判断，他们抽取两个批次（批次1和批次11）的1级黑火药，采用203mm榴弹炮减装药在模拟药室上做了类似的试验。不同之处是采用底部点火药包（142g 1级黑火药）点火，模拟装药为惰性火药。试验结果如表5.11所列。由该表可见，批次1黑火药点火压力上升确实缓慢。

表5.11 203mm火炮底部点火模拟试验[17]

点火黑药批次	最大点火压力/MPa	最大压力时间/ms	点火压力陡度最大值/($kPa \cdot ms^{-1}$)	最大陡度时间/ms
1	5.38(0.10)	70.5(1.0)	159(28)	31.3(1.0)
11	5.63(0.70)	38.0(2.0)	318(24)	11.8(1.0)

① 表中括号内数据为对应组值的标准偏差；

② 模拟药室容积为7.8dm^3，惰性火药体积为0.575dm^3。

在此基础上，他们还试验考查了该中心点火系统中不同元件对点火性能的影响。图5.25所示为M203软点火系统（图5.24）采用正常批次黑火药的试验结果，其中图5.25(a)是去除底部点火药包试验测量所得点火压力－时间（$p-t$）曲线，图5.25(b)为仅保留蛇形点火药袋的点火压力－时间（$p-t$）曲线。由该图可见，当缺少点火药包时，点火压力大约从100ms时的0.2MPa开始迅速上升，而当仅保留蛇形药袋时，点火压力要延迟到180ms时才开始从0.3MPa加速上升。

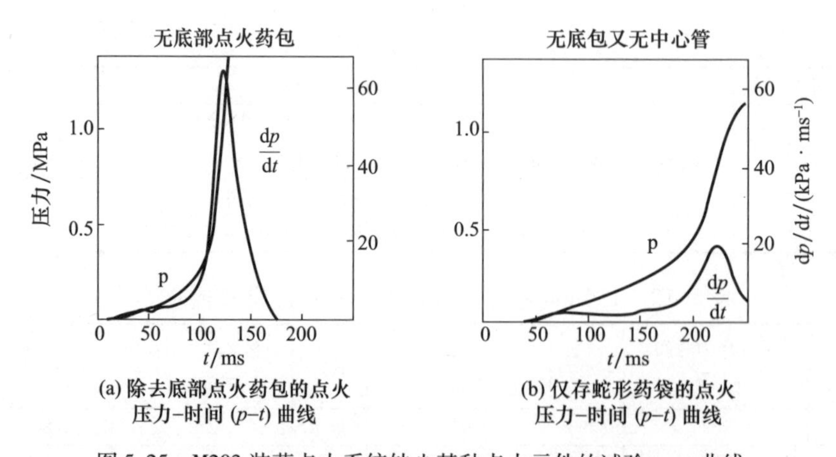

(a) 除去底部点火药包的点火压力–时间 (p–t) 曲线

(b) 仅存蛇形药袋的点火压力–时间 (p–t) 曲线

图5.25 M203装药点火系统缺少某种点火元件的试验 $p-t$ 曲线

以上试验结果表明，对低压中心点火系统而言，影响点火性能的重要因素是黑火药品质和性能，除此之外，还与点火系统组成元件构成有关。点火组成元件任何缺失与损坏，都可能给装药点火系统性能带来意外影响甚至事故。

5.4.3　中心点火系统数值模拟[18]

中心点火系统的点火性能参量，包括管内火焰波和压力波的传播、压力分布，以及排气孔打开时序和喷射流量等，有些可以通过试验测量得到，但有些难以用试验方法得到。考虑到试验还可能受到环境、装备和经费的限制，因此在进行试验研究的同时，有必要采用理论或数值模拟的方法作为试验研究的补充，即通过理论与试验研究相结合途径，获得更多更加全面的规律和信息，以便更加深入揭示、认识与评估其点火性能及其对发射装药点火与燃烧性能的影响。

对高压中心点火系统，模拟计算中一般不考虑管体的破裂，即假定管体具有足够的强度。但要考虑排气孔的起始破孔条件，计算通过小孔流出的质量和能量。相反，对于低压中心点火系统，在考虑管内点火和流动因素的同时，需要考虑管体本身的点火燃烧性能与强度随时间减弱及判别其是否破裂，还要估算由管内流出的点火产物质量与能量及其发射装药中的分布。在这里仅以 120mm 无后坐力炮高压中心点火系统（图 5.20）为例，给出其点火燃烧理论模型和数值计算结果。

1. 物理模型和控制方程

中心点火管内火焰传播及燃烧状态与管内点火装药的装填密度、装药分布、管体侧向开孔及其打开压力等多种因素有关。一般来说，当管内点火药装填密度不高且蛇形布袋确信已被燃烧消失时，其中部分药粒将随同开孔气流一起排出，即管内燃烧过程应采用侧向有漏泄的气－固两相流模型来描述其基本规律。但当管内点火药装填密度较高或采用长管状药条（奔萘药条）时，则可以近似认为固体颗粒（药条）是不随气流运动的，即采用固定床流动模型。通常中心点火系统本身的点火激励源多采用普通底火，当底火被击发之后，则点火管起始端有连续的点火质量和能量流入。在本案例中，采用 2#小粒黑火药药包作击发源，用 471#电点火头发火。为建立本案例中心点火系统理论模型和写出其控制方程，提出如下基本假定：

（1）因本例中管内装填的 2#大粒黑火药装填密度较高，构成高装填密度填充床，假定颗粒不随气流运动。

（2）假定 471#点火头一旦发火，击发源中 2#小粒黑火药立即全部点火燃烧。

（3）假定管内发生的是一维流动，但考虑侧面小孔打开时点火产物能量与质量的侧向漏泄。因此，这种流动是一维但同时伴有侧向流出源（汇）项的流动。

（4）管内大粒黑火药燃烧规律与密闭爆发器试验结果相同。

（5）小孔打开压力采用相应衬纸静态剪切估算结果。

（6）不考虑药粒破碎及热散失。

在以上假定条件下，该中心点火管作为硬点火系统，其控制方程如下：

（1）气体质量守恒方程：

$$\frac{\partial \phi \rho}{\partial t} + \frac{\partial \phi \rho u}{\partial x} = \dot{m}_{\mathrm{c}} - \dot{m}_0 + \dot{m}_{\mathrm{ig}} \tag{5.7}$$

式中：ϕ 为点火装药床空隙率；ρ，u 分别为气相密度和速度；$\dot{m}_{\mathrm{ig}}$ 为点火源 2#小粒黑质量生成速率；$\dot{m}_{\mathrm{c}}$，$\dot{m}_0$ 分别为大粒黑燃烧产物质量生成速率和通过侧向小孔流出的气体质量流量。

（2）气体动量平衡方程：

$$\frac{\partial \phi \rho u}{\partial t} + \frac{\partial \rho \phi u^2}{\partial x} + \frac{\phi \partial p}{\partial x} = -\dot{m}_0 u + \dot{m}_{\mathrm{c}} u_{\mathrm{p}} + \dot{m}_{\mathrm{ig}} u_{\mathrm{ig}} - DA \tag{5.8}$$

式中：$-\dot{m}_0 u$ 为单位时间、单位体积内由侧向小孔流出气体动量；$\dot{m}_{\mathrm{c}} u_{\mathrm{p}}$ 为燃烧生成动量，在这里假定颗粒速度 $u_{\mathrm{p}} = 0$，所以 $\dot{m}_{\mathrm{c}} u_{\mathrm{p}} = 0$；$\dot{m}_{\mathrm{ig}} u_{\mathrm{ig}}$ 为点火源输入动量，u_{ig} 为点火源生成产物速度，如点火源为底火，则 u_{ig} 为底火喷口射流速度，本例条件下，取 $u_{\mathrm{ig}} = u$；D 为相间阻力，即装药床单位长度（高度）上的压力降；A 为点火管内截面积；p 为压力。

（3）气体能量平衡方程：

$$\frac{\partial \phi \rho (e + u^2/2)}{\partial t} + \frac{\partial}{\partial x}[\rho \phi u(e + u^2/2)] + \frac{\partial \phi p u}{\partial x} + p\frac{\partial \phi}{\partial t} = -\dot{m}_0 H_0 + \dot{m}_{\mathrm{c}} H_{\mathrm{p}} - s_{\mathrm{p}} \dot{q} + \dot{m}_{\mathrm{ig}} H_{\mathrm{ig}} \tag{5.9}$$

式中：e 为燃烧产物内能；H_0 为侧向小孔流出产物比焓；H_{p} 为燃烧产物比焓；s_{p} 为管内单位容积内 2#大粒黑火药表面积；$\dot{q}$ 为药粒经过 s_{p} 从燃气吸收的比热流；H_{ig} 为点火源燃烧产物的比焓。

如果管内药粒是随气流运动的，即应采用标准的两相流模型，则还需写出固相质量与动量守恒方程。对方程（5.7）~式（5.9）加上状态方程和必要的辅助方程，则可构成封闭的控制方程组。

2. 理论计算与试验的比较

在本例条件下，给定相关定解条件，通过数值求解，得到的不同位置 $p-t$ 曲线，如图 5.26 所示。由该图可见，点火端（G_1）压力 p 持续时间长，但幅值较低。另一端（G_2）压力上升比 A 端滞后 4 ~ 5ms，但上升迅猛，峰值为 A 端（G_1）的 4 倍。总的来说，距离点火端长度的增加，压力上升越猛，峰值越高，但持续时间短。G_1处实测与计算 $p-t$ 曲线的对比如图 5.27 所示。注意到相同试验条件下，试验 $p-t$ 曲线存在一定散布，如用于火炮，则是影响内弹道性能随机变化的一个重要因素。图 5.28 所示为 G_2处试验 $p-t$ 曲线与计算的对比，与 G_1相似，相同试验条件，试验 $p-t$ 曲线也存在一定散布。图 5.29 所示为小孔打开时间－距离曲线试验与理论的对比,说明理论计算与试验基本吻合。图5.30所示为点火管内不同时刻压力分布($p-x$)图。可以看出,早期点燃区压力低,压力分布平缓。之后随时间推移,管内已燃区域压力－距离分布呈前高后低的势态,即在压力梯度较大的头部逐步形成点火波阵面,而且点火波阵面和压力波阵面基本重合,波前为未点燃区,波后为燃烧区。这种压力波阵面随时间推移越发陡峭,直至$t=7.0$ms,即当点火阵面接近B端时,管内压力沿x方向的分布几乎呈单调上升态势。实际上,压力梯度(负值)最大处,即火焰波阵面,火焰波阵面所在位置－时间曲线如图5.31所示。对其取时间t导数,即定义dx/dt为管内火焰波阵面传播速度,结果如图5.32所示。由该图可见,对本例条件,该点火管内黑火药颗粒床的火焰传播速度由初始时刻约60m/s几乎线性增大至最后约150m/s,平均约为100m/s。

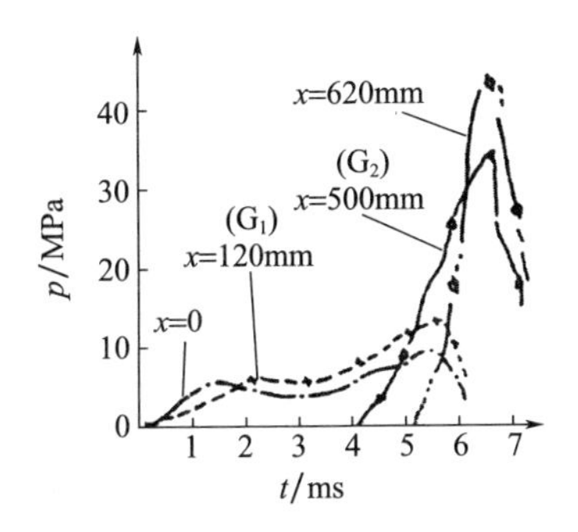

图5.26 不同位置计算$p-t$曲线

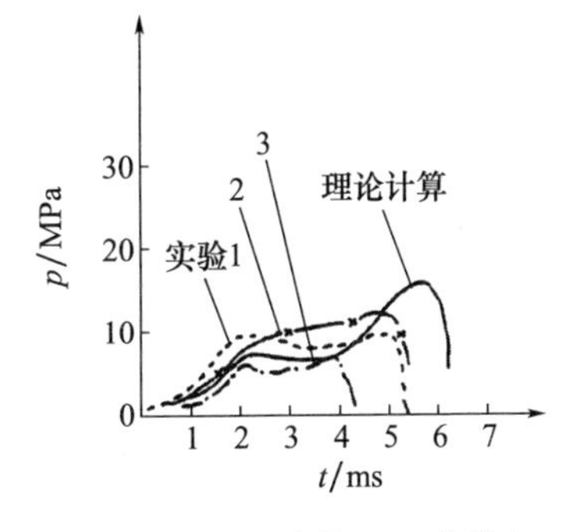

图5.27 G_1处计算$p-t$曲线与试验的比较

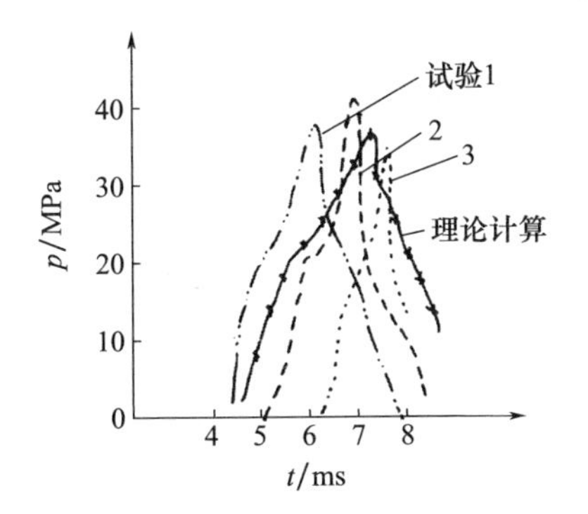

图5.28 G_2处计算$p-t$曲线与试验的比较

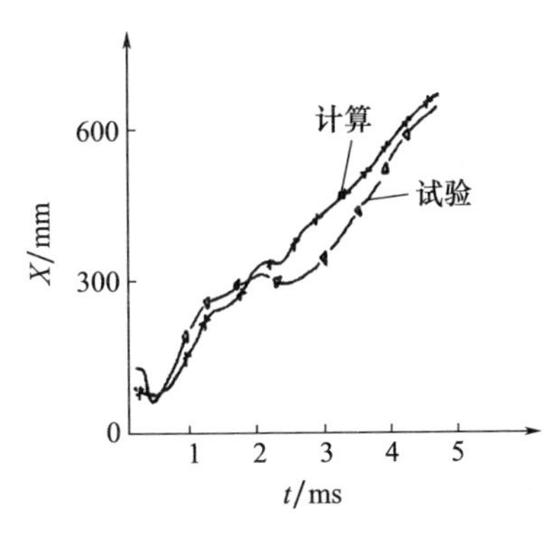

图5.29 排气孔打开位置－时间曲线计算与试验的比较

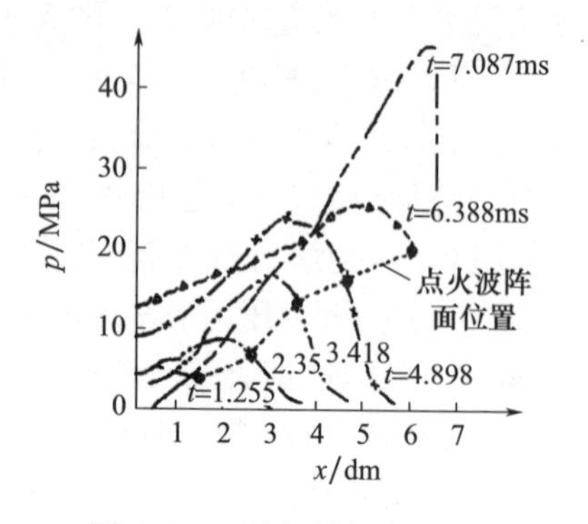

图 5.30　不同时刻压力分布
($p-x$)计算结果

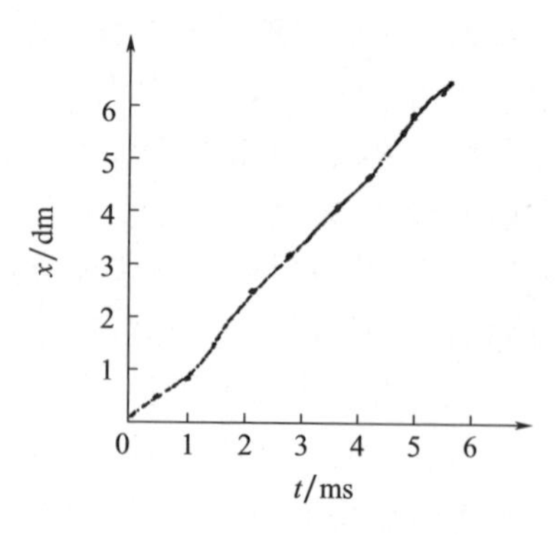

图 5.31　管内火焰波阵面
位置－时间计算曲线

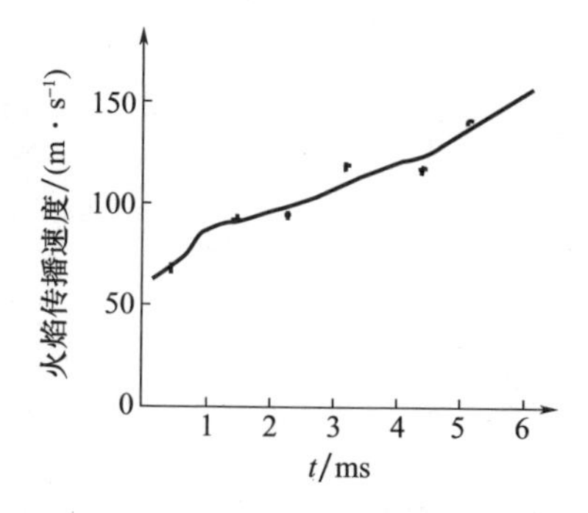

图 5.32　火焰波阵面传播速度计算值

通过多年的研究[18-22]，人们对高压硬点火系统的点传火规律已经有比较深入的了解，认识到性能评价主要看以下几项指标：①管内火焰阵面传播速度；②排气孔打开的同时性；③点火能量沿轴向分布的均匀度等。而影响这些性能指标的主要因素：一是管内点火药分布，尤其是蛇形药袋与管体内壁的间隙大小，具有重要影响；二是管体排气孔分布，特别是第一开孔位置对管内压力与点火能量输出分布具有重要影响。

5.5　火药热点火

前面已对点火的一般概念和定义作了讨论，并对不同类型点火具性能作了介绍。本节着重讨论火药的点火机理，建立单粒火药热点火方程与定解条件，并举例求解，给出着火条件。在这里之所以强调单粒火药点火，是为了和装药床整体点火相区别。在实际应用中，最简单的着火判据是着火温度。当然，着火温度与定义方法有关。

5.5.1　点火试验与着火温度

1984 年,作者等人曾采用两种方法对单粒火药作过加热点火试验[23]。一种是传统的马弗炉保温试验法,即将一小块药粒悬于设定温度的炉膛内,让其在一定时间自动着火燃烧(自燃),定义炉温为着火温度。这种方法类似于高温液态蜡或液态金属的热浴法点火。另一种是热板法,即将火药置于加热至一定温度的紫铜板上,要求接触表面充分打磨光滑且保持铜板温度不变,观察药粒着火延迟时间。两种试验法得到的药粒着火温度分别如表 5.12 和表 5.13 所列。

表 5.12　几种药粒自燃温度(马弗炉保温法)

试样	自动着火温度 T_{ign}/℃
单基 7/14(花)	$225 \leqslant T_{ign} \leqslant 232$
单基 6/7(松石)	$225 \leqslant T_{ign} \leqslant 232$
双芳 -3	$165 \leqslant T_{ign} \leqslant 175$
三基 I(SD-12)	$212 \leqslant T_{ign} \leqslant 220$

表 5.13　几种火药热板点燃温度与延迟时间

黑火药	板温/℃	313	333	351	370	391	411	—
	延迟时间/s	—	122.8	40.9	34.2	23.3	15.0	—
可燃药筒	板温/℃	200	210	220	230	250	270	—
	延迟时间/s	26.4	13.0	7.0	4.5	2.4	1.4	—
制式火药	板温/℃	202	210	220	231	251	272	293
14/7	延迟时间/s	5min 不着火	170.5	92.6	63.1	34.2	10.8	3.6
7/14		5min 不着火	5min 不着火	85.6	44.7	24.7	7.1	3.8
双带		—	5min 不着火	45.1	25.9	11.1	5.4	3.0
双芳 -3		5min 不着火	5min 不着火	162.3	56.1	21.8	8.6	3.7
太根		105	53.3	36.6	28.4	15.8	10.0	4.5
三基药		187.7	113.9	86.6	64.6	32.4	14.2	4.96

如前面所述,着火是成功点燃的状态,但采用缓慢加热"自燃"和快速加热"强迫"点火的试验结果不同。从表 5.12 和表 5.13 看到,火药着火温度不仅与火药种类有关,还和延迟时间以及加热方式有关。表 5.13 热板测量值给出了不同板温条件下的着火延迟时间试验值。同一种火药,当采用的热板温度低,即火药接触表面接受的热流量小,点火延迟时间长,板温为标志的着火温度值

低。相反,当板温高,点火延迟时间短,板温为标志的着火温度高。事实上,这种方法得到的火药着火温度不仅与加热方式有关,还取决于延迟着火时间的认定。可见,火药着火温度并非如沸点、熔点一样,在标准状况下总是常值,是物质的物理常数,是与加热条件与定义方法相关的函数。

在内弹道理论计算中判断膛内火药是否被点燃,需要一个简单的判据来认定膛内某一局部火药是否着火。传统的方法是用"点火压力"或"点火药量",如当膛内点火药生成的点火压力达 10MPa 或点火药量占装药量的 2.5% ~ 4.0%,即假定全部装药被全部同时点燃,这就回避了膛内点传火复杂过程。如采用模拟测量得到的"着火温度"作为火药着火判据,则引起的主要问题可能是着火延迟时间与实际不符。因为目前模拟试验所确定的火药着火温度,一般均采用5s 点火延迟时间测量值。影响火药着火温度的还有其他一些因素,如火药表面涂层,有石墨涂层的火药和钝感处理火药都会使点火延迟时间增长。另外,不同品号火药药粒表层发射率(吸收率)也存在差异。例如:单基火药,在 30 ~ 110℃范围内,$\varepsilon=0.98$;双基药在 50℃时,$\varepsilon=0.85$,65℃时 $\varepsilon=0.82$,94℃时$\varepsilon=0.81$。石墨涂层,在 35 ~ 70℃范围内,$\varepsilon=0.54$。这些因素都影响着火。

表 5.14 所列为 Fuseau 等通过激光点火试验而推荐的几种类型火药的着火温度值[24]。

表 5.14　着火温度

火药	着火温度/℃
单基药	200
双基药	180
硝胺火药	290

5.5.2　固相热点火理论

本小节所说的热点火理论是指凝聚相(固相)火药仅限于受到热作用而发生点火的控制理论。点火过程的描述仅涉及热的释放与传递,不考虑物质内部和表面质量组分迁移与浓度的扩散等因素,这就是"固相"点火理论模型。固相点火理论或固相点火模型广泛应用于火炮和火箭发射药点火模拟,其原因之一是在火箭和火炮发射和内弹道分析中,推进剂或装药的点火仅是整个发射过程的一个组成部分,不可能对其点火过程作详细描述。

1. 基本假定

固相热点火理论建立在如下基本假定基础上[25-26]:

(1) 仅考虑加热升温而导致火药发生化学反应,且因加热层很薄,假定加热层厚度相对火药颗粒表面曲率半径和火药特征尺寸是高阶小量。因此,可将这种点火问题看成是在半无穷大平板表面层内发生的。

(2) 除化学反应生成热外，物质(火药)内部无体热源。因假定仅从表面获得热量，且加热层内物质静止无相变，不考虑环境具有的热惯性作用，因此外热源加热作用可由表面(边界)条件明确表达，且假定热源作用时间大于点火延迟时间。

(3) 点火(相变)过程属于零级化学反应过程。

(4) 假定点火是准定常过程，火药热物性参量(热传导率、密度、比热容)和化学反应特征量(活化能、前指系数、反应热)以及加热条件均不随时间变化或变化缓慢。

2. 数学模型及近似解

在上述基本假定下，由物质热平衡得点火方程及典型边界条件与初始条件为

$$\begin{cases}\dfrac{\partial T}{\partial t}=a\dfrac{\partial^2 T}{\partial x^2}+\dfrac{Q}{c_{\mathrm{p}}\rho_{\mathrm{p}}}K_0\exp\left(-\dfrac{E}{RT}\right)\\ T_{\mathrm{s}}=T_0\ \text{或}\ -\lambda_{\mathrm{p}}\left.\dfrac{\partial T}{\partial x}\right|_{x=0}=q;x\to\infty,\dfrac{\partial T}{\partial x}=0\\ t=0,T=T_{\mathrm{i}}\end{cases}\tag{5.10}$$

式中：T 为温度；x 为坐标；t 为时间；a 为导温系数，$a=\lambda_{\mathrm{p}}/(c_p\rho_{\mathrm{p}})$；$\lambda_{\mathrm{p}},\rho_{\mathrm{p}},c_{\mathrm{p}}$ 分别为火药热导率、密度和比热容；Q 为化学反应热；K_0 为均相反应前指系数；E 为活化能；R 为气体常数。

显然，点火方程式(5.10)中的初始条件，$t=0,T=T_{\mathrm{i}}$，意味着火药初始温度是已知的。一般情况下 T_{i} 为 x 的函数，即 $T_{\mathrm{i}}=T_{\mathrm{i}}(x)$，这里取最简化的情况 $T_{\mathrm{i}}=\mathrm{const}$。一般情况下，方程的边界条件也可能有多种形式，它取决于加热机理和加热方式。一般情况下，界面传热过程分为3类：一是定温表面，即 $T(0,t)=T_{\mathrm{s}}$；二是定热流密度表面，即 $-\lambda_{\mathrm{p}}\left(\dfrac{\partial T}{\partial x}\right)_{\mathrm{s}}=q_0=\mathrm{const}$，或$\left(\dfrac{\partial T}{\partial x}\right)_{\mathrm{s}}=0$；三是表面对流换热系数已知，即 $-\lambda\left(\dfrac{\partial T}{\partial x}\right)_{\mathrm{s}}=h[T_{\mathrm{f}}-T(0,t)]$，式中：s 表示表面。在这里首先考虑比较简单的两类条件，如下：

(1) $T_{\mathrm{s}}=T_0=\mathrm{const}$，即表面加热温度为恒定值。这种情况下，尽管火药表面温度为定值，但进入火药内层的热流量是随时间减少的。

(2) $-\lambda_{\mathrm{p}}\left(\dfrac{\partial T}{\partial x}\right)_{x=0}=q_0=\mathrm{const}$，即通过表面进入火药的热流量(密度)为定值。这种情况下，火药表面温度是随时间不断上升的。

式(5.10)的物理意义：火药表层微元的温升速率取决于两个因素：一是从

边界传入的热量;二是加热层内的化学反应生成热。如考虑在点火加热过程的主要时间内化学反应热的影响可略去不计,则式(5.10)可近似写为

$$\begin{cases}\dfrac{\partial T(x,t)}{\partial t}=a\dfrac{\partial^2 T(x,t)}{\partial x^2}\\ T(0,t)=T_0 \text{ 或 } -\lambda_p\dfrac{\partial T(x,t)}{\partial x}=q_0,\dfrac{\partial T(\infty,t)}{\partial x}=0\\ T(x,0)=T_i\end{cases} \tag{5.11}$$

式(5.11)是典型半无限大物体热传导方程。对这类简单的非稳态热传导定解问题有解析解[27]。当表面温度为 $T(0,t)=T_s$ 且 $T(x,0)=T_i$,则式(5.11)解析解为

$$\frac{T(x,t)-T_s}{T_i-T_s}=\mathrm{erf}\left(\frac{x}{2\sqrt{at}}\right) \tag{5.12}$$

$$q_s(t)=-\lambda_p\frac{\partial T(x,t)}{\partial x}\bigg|_{x=0}=(T_s-T_i)\frac{\lambda_p}{\sqrt{\pi at}} \tag{5.13}$$

当表面热流密度为 $q_s=\mathrm{const}$ 且 $T(x,0)=T_i$,则式(5.11)解析解为

$$T(x,t)-T_i=\frac{2q_s\sqrt{\alpha t/\pi}}{\lambda_p}\exp\left(\frac{-x^2}{4\alpha t}\right)-\frac{q_s x}{\lambda_p}\mathrm{erfc}\left(\frac{x}{\sqrt{4\alpha t}}\right) \tag{5.14}$$

$$T(0,t)-T_i=\frac{2q_s}{\lambda_p}\sqrt{\frac{\alpha t}{\pi}} \tag{5.15}$$

对表面对流换热系数已知的情况有 $-\lambda_p\dfrac{\partial T}{\partial x}\bigg|_{x=0}=h_t[T_f-T(0,t)]$,且 $T(x,0)=T_i$,则式(5.11)解析解为

$$\frac{T(x,t)-T_i}{T_f-T_i}=\mathrm{erfc}\left(\frac{x}{2\sqrt{\alpha t}}\right)-\left[\exp\left(\frac{h_t x}{\lambda_p}+\frac{h_t^2\alpha t}{\lambda_p^2}\right)\right]\left[\mathrm{erfc}\left(\frac{x}{2\sqrt{at}}+\frac{h_f\sqrt{at}}{\lambda_p}\right)\right] \tag{5.16}$$

在式(5.12)~式(5.16)中,erf(u)是高斯误差函数(Gaussion error function),erfc(u)为补余误差函数,erfc(u)=1-erf(u)。h_t 为对流换热系数;T_f 为环境流体温度;T_s 为火药表面温度。对于以上3种典型边界条件(情况),加热层内温度分布如图5.33所示。对于火炮膛内火药点火,属于第三种(对流换热情况),火药表面温度解析解可借用式(5.15),并作适当近似处理[13],即假定每一微小时间间隔内,表面有恒定热流密度,则有

$$T_s(t^{n+1})-T_s(t^n)=\frac{2}{\lambda_p}q_s\frac{\sqrt{a}(\sqrt{t^{n+1}}-\sqrt{t^n})}{\sqrt{\pi}} \tag{5.17}$$

式中:$q_s=-\lambda_p\left(\dfrac{\partial T_p}{\partial x}\right)_{x=0}=h_t[T_f-T(0,t)]$。

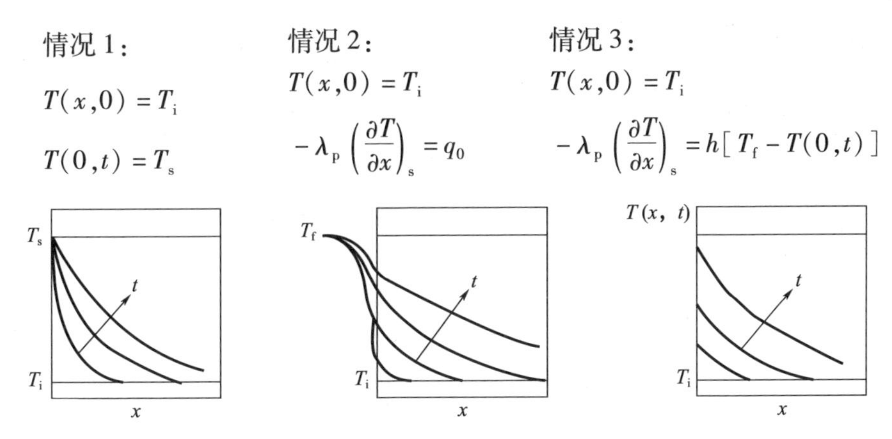

图 5.33　在恒定表面温度、恒定表面热流密度和表面为对流换热
3 种边界条件下半无限大固体中的瞬态温度分布[28]

以上讨论意味着,由式(5.17)可得到在对流加热条件下的火药表面温度近似解,即假定火药温度一旦从初始值 T_i 上升至着火温度 T_{ig},则开始着火燃烧。

理论上,式(5.10)和式(5.11)中的定解条件(初始条件与边界条件),应根据实际加热条件给出。如前面所述,无论工程中还是实验室条件下,加热方式是多种多样的。以模拟点火试验为例,就有热金属板加热法、热辐射法、燃气对流加热法、燃气与稠密相颗粒混合射流加热法以及电热丝加热法等。无论哪一种加热方式,尤其是实际火炮发射条件下,给火药表面施加的热量或表面维持的温度一般都是随时间变化的。这就意味着热点火方程找不到解析解。不过在极其短暂时间间隔内用式(5.17)近似代替式(5.15)可以认为是有效的,时间步长应取充分小。在具体应用中,如取时间步长 $\Delta t = t^{n+1} - t^n$ 与内弹道方程组求解采用的时间步长相等,实践证明是可行的[13],即计算误差是可以接受的。

有必要说明的是,这里讨论的点火条件及点火方程的求解,有一个基本前提,即由点火源决定的着火延迟时间(求解得到的)t_{ign}一定要比其初温 T_i 决定的绝热诱导期 $t_{ad}(T_i)$ 短得多。含能材料的绝热诱导期 $t_{ad}(T_i)$ 是初温 T_i 的函数[25],即

$$t_{ad}(T_i) = \frac{RT_i^2}{E} \cdot \frac{c_p \rho_p}{QK_0} \exp\left(\frac{E}{RT_i}\right) \tag{5.18}$$

该式中的相关参量物理意义与式(5.10)相同,即以上方程式(5.11)~式(5.17)成立或存在的条件,是 T_i 所对应的化学反应热可以忽略不计或很不显著为前提。

在此还要指出，当采用模拟试验确定火药着火温度时，特征温度测量是极其重要的环节。如用热板法确定火药着火温度，则接触界面温度如图 5.34 所示。当具有均匀温度 $T_{A,i}$ 的金属(铜)板 A 与具有均匀温度为 $T_{B,i}$ 的火药 B 的两个半无穷大固体自由表面紧密接触在一起，如忽略接触热阻，则从接触瞬间($t=0$)开始，两个表面应具有相同的温度 T_s，且 $T_{B,i}<T_s<T_{A,i}$。由于 T_s 一般不随时间变化，因此 A，B 两个固体的瞬态响应和表面热流密度应分别由式(5.12)和式(5.13)确定。由表面能量平衡有：$q_{0A}=q_{0B}$，有

$$\frac{-\lambda_{p,A}(T_s-T_{A,i})}{(\pi\alpha_A t)^{1/2}}=\frac{+\lambda_{p,B}(T_s-T_{B,i})}{(\pi\alpha_B t)^{1/2}} \tag{5.19}$$

并可解得

$$T_s=\frac{(\lambda_p\rho c)_A^{1/2}T_{A,i}+(\lambda_p\rho c)_B^{1/2}T_{B,i}}{(\lambda_p\rho c)_A^{1/2}+(\lambda_p\rho c)_B^{1/2}} \tag{5.20}$$

式中：ρ，c 分别为密度和比热容。

由式(5.20)可知，通过热板试验法确定火药着火温度，热电偶应安装在两者接触表面上，否则，所得结果从测试方法上就将带来系统误差。实际上，即使热电偶安装在接触表面上，接触热阻影响也是不可避免的。如接触热阻趋于零，则热电偶测量值也可用式(5.20)理论值 T_s 进行相互印证。

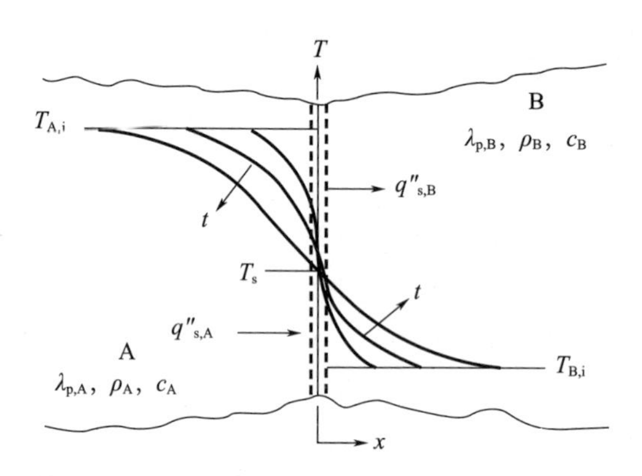

图 5.34　初始温度不同的两个半无限大固体的表面接触[28]

5.5.3　固相热点火理论应用

1. 应用举例

式(5.10)是典型带源项的非稳态热传导方程，数学上属于抛物型偏微分方程，除特殊初、边条件，一般只能采用数值法求解。这里介绍采用差分法应用实例[13,26]。图 5.35 所示为式(5.10)在边界条件 $T_s=T_0=\text{const}$ 和单基药参量时

的计算结果。计算采用的输入参量,包括热物性参量和化学动力学常数,分别见表5.15和表5.16。由图5.35可见,单基药初温 $T_i=288K$,表面温度(热板)$T_s=T_0=573K$ 并保持不变,加热层内温升曲线或层内温度分布,可分为前后两个阶段。第一阶段,即 $T<T_0$,化学反应不显著,火药主要从边界获得热量。在这一阶段中,开始预热层很薄,温度分布曲线非常陡峭。随着时间 t 增加,预热层厚度渐增,但直至着火,厚度也只有0.08mm。第二阶段中,局部出现 $T>T_0$,加热层中出现了温度峰值。这时火药表面热流开始改向,而且最大温度点 T_m 由表面向内移动,最终当 T_m 点向内移动一定距离达到着火点,火药开始燃烧。

图5.36所示为点火方程式(5.10)在初始温 $T_i=288K$,表面采用定常热流 $q_s=84J/(cm^2 \cdot s)$ 加热条件下单基药内层温度分布图。不同时刻的温度分布曲线随时间增加,变得更为陡峭,表面温度上升最快,最大温度 T_m 始终位于表面。可想而知,随表层温度升高,到达某个时刻火药自身化学反应生成热则与外来热流相当,固相表面出现分解。这种情况下,火药着火采用表面温度对时间的两次微分进行判别,即取 T_s 上升速率拐点 $d^2T_s/dt^2=0$ 对应时刻的 T_s 作为着火点。从物理意义上说,$d^2T_s/dt^2=0$ 意味着 dT_s/dt 随时间不再增加,表征化学反应开始起主导作用。

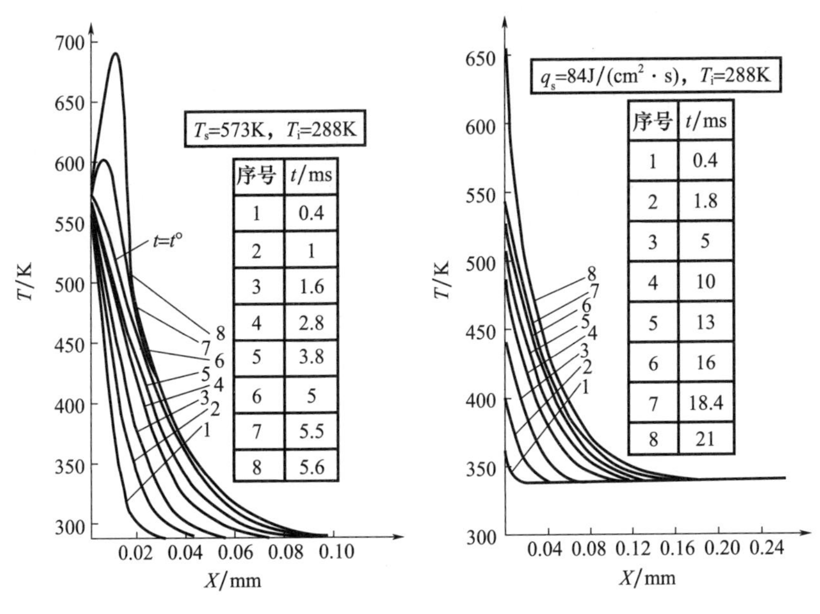

图5.35 $T_s=573°K$ 的单基药温度场

图5.36 $q_s=84J/(cm^2 \cdot s)$ 的单基药温度场

表 5.15 计算用火药热物性输入参量[13]

火药	热导率 λ_p/ $(J \cdot m^{-1} \cdot K^{-1})$	密度 ρ_p/ $(kg \cdot m^{-3})$	比热容 c_p/ $(kJ \cdot kg^{-1} \cdot K^{-1})$	导温系数/ $(m^2 \cdot s^{-1})$	着火温度/ ℃
单基药	0.212	1590	1.18	0.113	230
双芳-3	0.207	1590	1.36	0.096	230
三基药	0.348	1600	1.34	0.163	210
可燃筒	0.175	950	1.86	0.099	228

表 5.16 一些火药的化学反应动力学常数

火药	温度/℃	$\lg K_0$	E(cal/mol)	K	Q(cal/g)	相对分子质量
9/7(单)	170~250	16.38	36120	510.6	880	22.97
双芳-3	—	13.25	31340	224.6	765	21.77
硝基胍	—	21.37	46140	3002.9	970	23.42

注：$K = K_0 \exp\left(-\frac{E}{R_m T}\right)$，式中：$R_m = 8.314 J/(mol \cdot K)$。

固相点火方程式(5.10)的数值计算结果，本质上取决于输入参量。如所取不同的火药热物性参量(表5.15)和化学反应动力学参量(表5.16)，则得到的点火延迟时间 t_{ign} 和火药单位面积上需要的点火总热量 Q_{ig} 不同。表5.17所列为表面保持温度恒定条件下(热板)点火计算结果。由该表可见，一方面，随着热板 T_0 的下降，取相同的火药初始 $T_i = 288K$，单基药和三基药的着火延迟时间 t_{ign} 和着火位置离表面的距离 X_m 都逐步增加，当 T_0 降至180℃，两种火药都不再着火。另一方面，因输入的热物性和化学动力学参量不同，t_{ign} 和 X_m 也都不同，都有明显增加趋势。同样采用热板点火，其中三基药比单基药更容易着火。这些理论计算结果可以得到试验数据的印证。从表5.13可以发现，当 $T_0 = 202℃$ 和210℃时三基药确实比单基药易于点燃，只是其中具体数值存在差异，这是由于试验方法(如表面接触热阻)带来的，其基本趋势是一致的。图5.37所示为 $T_0 = 573K$，$T_i = 288K$ 条件下两种火药加热层内最高温度 T_m 随时间变化曲线。

表 5.17 点火计算结果

火药	热板温度/℃	300	227	200	190	180
单基	延迟时间 t_{ign}/ms	5.59	82.8	565	1913.6	不着火
三基		2.88	29.1	321	1202.6	不着火
单基	着火位置 X_m/mm	—	0.01	0.04	0.06	—
三基		—	0.01	0.03	0.06	—

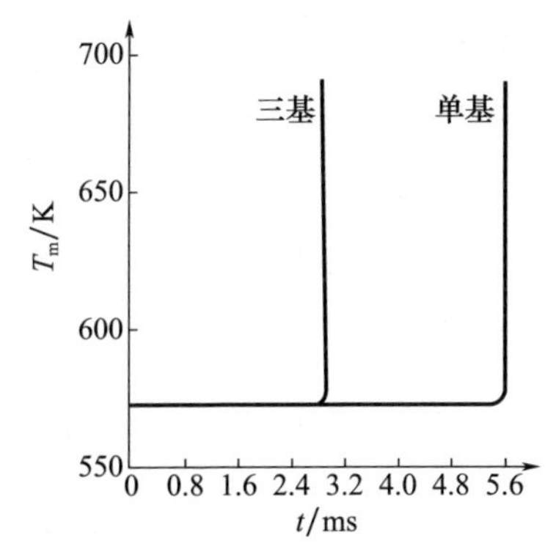

图5.37 T_0 为常数时 $T_m - t$ 变化关系

表5.18所列为保持火药表面输入热流量恒定条件下不同火药着火延迟时间 t_{ign} 和单位面积需要吸收的总热量 Q_{ig} 计算结果。这种情况下,其着火位置肯定位于表面,即 $X_m \equiv 0$。

表5.18 表面热流量 q 保持一定条件下的 t_{ign} 和 Q_{ig}

火药		q_0/(J·cm^{-2}·s^{-1})	
		84	210
单基药	t_{ign}/ms	20.7	3.31
	Q_{ig}/(J·cm^{-2})	1.73	0.694
双芳-3	t_{ign}/ms	23.3	3.72
	Q_{ig}/(J·cm^{-2})	1.948	0.777
三基药	t_{ign}/ms	31.9	5.10
	Q_{ig}/(J·cm^{-2})	2.667	1.066
可燃筒	t_{ign}/ms	15.8	2.53
	Q_{ig}/(J·cm^{-2})	1.321	0.527

由表5.18可见,表面热流密度越强,点火延迟时间 t_{ign} 越短,而且火药单位面积需要吸收的总热量 Q_{ig} 越低。这就是说,对恒定表面热流密度,采用强烈的表面热流供给量更利于在短时间内实现点火。反之,消耗总热量多,点火延迟时间还长。就不同火药而言,可燃药筒相对容易点燃,三基药比单基和双芳-3难于点燃。图5.38所示为 $q_0 = 84$J/(cm^2·s)条件下单基和三基火药表面温度随时间的变化(温升)曲线,曲线拐点为着火点。由该图可见,单基药先于三基药着火,但单基药的着火温度却高于三基药。这个结果或趋势与表面温度保持不变,即 $T_s = T_0 = \text{const}$ 的边界条件计算结果不同。可见,火药着火不仅与火药的热物性及化学反应动力学参量有关,还跟加热方式(边界条件)有关。

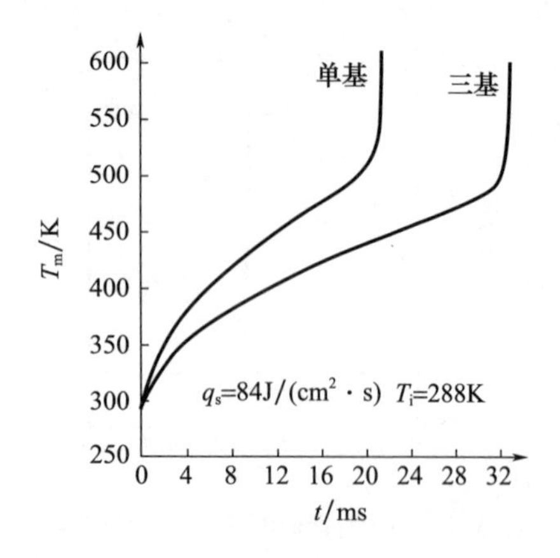

图 5.38 $q_0=\text{const}$ 时 T_m-t 关系曲线

2. 两个点火特征量的近似计算

在内弹道计算中,最感兴趣的问题之一是通过简单估算得到火药点火特征量,即获取膛内不同点火条件或环境下火药点火延迟时间和达到着火时刻为止火药所吸收的热量。事实上,这里提供的近似计算方法基于这样一个事实,即火药受热升温直至着火可分为两个阶段:第一阶段(在其主要时间阶段内),火药加热层内化学反应可忽略不计;只有在第二阶段,化学反应热才起作用。但当化学反应一旦出现,反应速度迅速加快,也就几乎立即进入着火状态。因此,可以近似地将火药当作惰性材料,即采用式(5.11)近似估算火药点火特征量。

如以膛内高温燃气(对流换热)点燃火药为背景,对于每一个微小的时间步长 Δt,可以假定点火初边条件近似为 $t=0, T_i=\text{const}$ 或 $-\lambda_p\left(\frac{\partial T}{\partial x}\right)_s=q_0=\text{const}$ 或 $x\to\infty, \frac{\partial T}{\partial x}\to 0$。于是,可用式(5.15)得到每一时间步长有近似解,即式(5.17)可以写为

$$T_s(t^{n+1})=T_s(t^n)+\frac{2q_0(t^n)}{\lambda_p}\frac{\sqrt{a}}{\sqrt{\pi}}(\sqrt{t^{n+1}}-\sqrt{t^n}) \tag{5.21}$$

直至 $T_s\geqslant T_{ig}$,即火药表面温度大于等于着火温度,认为火药着火。于是,点火延迟时间为

$$t_{ign}=\sum_{n=1}^{N}\Delta t^n \tag{5.22}$$

式中:$\Delta t^n=t^{n+1}-t^n$。而火药表面达到着火温度 T_{ig} 时刻火药单位面积所吸收的总热量 Q_{ig} 可用两种方法估算:一是当火药加热层温度分布曲线为已知时,有

$$Q_{ig}=\int_0^{\infty}c_p\rho_p[T(x,t_{ign})-T_i]\mathrm{d}x \tag{5.23}$$

二是当火药表面每一时刻热流量为已知时，有

$$Q_{ig} = \int_0^{t_{ign}} q_0 \mathrm{d}t \tag{5.24}$$

式中：q_0 为时间的函数，$q_0(t) = -\lambda_p \left.\frac{\partial T}{\partial x}\right|_{x=0}$。

5.6　火药的两相流点火

这里所说的火药两相流点火，指点火药剂生成的两相高温燃烧产物（射流），以对流、热传导和辐射组合换热方式，给火药表面加热而使其着火燃烧的过程。通常点火剂燃烧产物是高温燃气挟带稠密相粒子的两相混合物。以黑火药为例，其燃烧产物中稠密相（炽热固体粒子或液态粒子）占有相当大的质量分数。当稠密相为液态粒子时，喷射在未燃含能材料上的粒子，则以热斑形态附着在其火药表面，只要热斑足够大，将形成热斑点火。当稠密相为炽热固体粒子时，其碰撞接触与粒子速度、撞击方向以及火药表面状态有关。如果火药表面是坚硬的，则固态粒子不一定能嵌入火药表面。若火药表面已被加热软化（熔化），则粒子会嵌入火药表面。单个固相粒子撞击火药表面引起的局部点火，也属于热斑点火。高温燃气与炽热稠密相混合流掠过火药表面，将使对流换热系数增大，换热效果得以强化。下面分别讨论两相流对流换热强化、含有高浓度固相粒子两相流点火和稀疏粒子热斑点火，以及含有液态粒子的两相流点火。

5.6.1　两相流传热过程的强化

1. 单纯燃气与火药之间热量传递

研究火炮膛内燃气与未燃火药颗粒（药柱）之间的热量传递和点火，为简化起见，一般不计点火药燃烧产物中稠密相（液态或固态颗粒）的作用，即将其燃烧产物看作是单纯的燃气与装药床内未燃药粒之间发生的以对流与辐射为主的组合传热问题。但当考虑膛内高温燃气具有较高的速度时，其对流传热过程中以药粒当量直径为基础的雷诺数相对要比一般化工中的流化床大得多。另外也要考虑点火产物中固相粒子的强化传热作用。因此，在借用化工流化床相关传热试验关系式基础上，需要对其中传热系数作适当修正[3,29]，如取努塞特数（Nusselt number）为

$$Nu_p = 0.4 Re_p^{2/3} Pr^{1/3} \quad (Re_p > 200) \tag{5.25}$$

和对流换热系数为

$$h_c = \frac{\lambda_g}{d_p} Nu_p \tag{5.26}$$

式中:λ_g 为燃气热导率;d_p 为火药颗粒当量直径;Re_p 为以颗粒直径 d_p 计算的雷诺数;Pr 为普朗特数;$Re_p=(u_g-u_p)d_p/\nu$,u_g、u_p 分别为气相和固相药粒的速度,ν 为运动黏度,$\nu=\mu_g/\rho_g$,μ_g、ρ_g 分别为气相动力黏度和密度,$Pr=\nu/a_g$,a_g 为气相热扩散系数,$a_g=\lambda_g/(c_g\rho_g)$,$c_g$ 为气相比热容。

事实表明[28]:对于较高雷诺数情况下流化床传热,不同研究者的经验值,即式(5.25)与实测值之间的偏差可能达200%,且 Re_p 适用范围远达不到火炮膛内相应雷诺数范围。因此,对火炮膛内装药床传热作专门模拟试验研究是必要的,作者得到式(5.25)的修正式为

$$Nu_p=1.45\times10^{-2}Re_p^{0.937}Pr^{1/3} \tag{5.27}$$

式中:雷诺数 Re_p 适用范围为3500~88200,颗粒直径 d_p 适用范围为10~20mm。

还必须指出,膛内气-固相间传热,除了对流传热因素外,辐射作用也是不可忽略的[29]。例如:在药室底部1/3长度范围内,燃气对装药床中药粒的平均对流传热和辐射传热,基本属同一水平。因此,火炮装药床内气-固相间传热系数应写为

$$h_t=h_c+h_{rad} \tag{5.28}$$

于是这里的气-固相间总的热流密度表达式应写为[13]

$$q_t=q_c+q_{rad}=-\lambda\left.\frac{\partial T}{\partial x}\right|_s=h_t(T_g-T_{ps}) \tag{5.29}$$

式中:T_g,T_{ps}分别为气相温度和颗粒表面温度;q_c,q_{rad}分别为对流和辐射传热热流密度,其表达式分别为

$$q_c=h_c(T_g-T_{ps}) \tag{5.30}$$

$$q_{rad}=\varepsilon_g\varepsilon_p\sigma(T_g^4-T_{ps}^4)=h_{rad}(T_g-T_{ps}) \tag{5.31}$$

由式(5.28)和式(5.31)可知

$$h_{rad}=\varepsilon_g\varepsilon_p\sigma(T_g+T_{ps})(T_g^2+T_{ps}^2)$$

式中:ε_g,ε_p 分别为气相和固相的灰度,对火炮膛内一般可取 $\varepsilon_p=0.8$,$\varepsilon_g=0.8\sim0.9$。而 σ 为斯特藩-波尔兹曼常量,$\sigma=5.6704\times10^{-8}\mathrm{W/(m^2\cdot K^4)}$。

2. 两相流点火特点分析[30]

如前面所述,含能材料的点火,因过程与条件不同,前人提出了三种模型[3],分别为固相点火模型、气相点火模型和非均相点火模型。但事实上,每次点火都可能同时涉及两种或三种点火机理,即点火过程需要同时采用两种或三种模型的组合来描述,只是每种机理对总的点火过程影响程度不同和各种机理相互间关联程度不同。点火条件与方式相关,以往常见的实验室点火试验手段有激光点火和高温气流点火,但这不能排除其他点火方式的存在,如火炮膛内火药点火就是典型的两相流点火。这种情况下,由底火射流或中心点火管,以及附加点火药包提

供和释放出来的黑火药燃烧产物,其中稠密相粒子质量约占 56%;1 个大气压条件下,容积浓度(容积率)约在 $0.2 \times 10^{-3} \sim 0.5 \times 10^{-3}$ 范围;100MPa 条件下,容积浓度可能在 0.10 量级范围。这些稠密相粒子,初始近似为球形,直径为 225 ~ 300μm[6],是已反应和未反应组分构成的混合物液滴。在气流挟带下这些液滴到达火药颗粒(药柱)表面,因途中存在汇聚效应,一般直径将增大到 0.4 ~ 1.0mm[6]。下面为了区分点火燃烧产物中的微型粒子(微米量级)和火药颗粒(厘米量级),约定“颗粒”是指火药药粒,而“粒子”是指点火燃烧产物中的稠密微粒相。如前面所指出的,因点火燃烧产物中稠密相粒子尺寸很小,一般可认为这种两相流中稠密相粒子和气相具有相同的温度和速度。由这类两相流点燃火药(药柱),其行为特征一方面与稠密相粒子浓度、尺寸及相态(液态和固态)有关,另一方面还跟两相流速度和被点火含能材料的物化性能及表面状态有关。当稠密相粒子为固态时,点火机制将会因火药表面温度不同而不同[30]。当火药表面温度较低,低于其火药软化点 T_r(softening temperature)时,火药表面坚硬,固相稠密粒子与其发生的碰撞为刚性碰撞。当火药表面温度一旦达到或超过 T_r,火药软化,这些稠密相粒子与其表面的撞击将分别形成黏附(微小尺寸粒子)和嵌入(较大尺寸粒子)两种状态。如果粒子是液态的,则与火药表面的碰撞接触,基本均为黏附状态,而且当粒子容积浓度足够高,随时间增加,黏附堆积层厚度将迅速增加。

和任何一种点火方式一样,最关心的点火特征量是点火延迟时间 t_{ig} 和到着火为止所需要的点火能量。研究表明[30],两相流点火条件下,点火行为特征及其点火机制都和稠密相粒子的容积浓度紧密相关。如定义 β_* 为粒子高容积浓度的临界值,当两相流具有较高容积浓度稠密相粒子时,即 $\beta > \beta_*$,则当火药表面一旦达到软化,其表面被粒子覆盖到点火所需要厚度的时间,与火药对应条件下的点火延迟时间 t_{ig} 相比,几乎就可忽略不计。理论上说,当两相流中粒子浓度已知,则粒子撞击火药表面的概率可以估算,表面被全部覆盖的时间也就可以估算得到。根据试验和计算[30],β_* 值约等于 2×10^{-3}。如果 $\beta < \beta_*$,则属于比较稀疏两相流点火,这种情况下,火药点火行为还与稠密相粒子当量直径相关。因此,两相流点火应视 β 不同,分类讨论。

3. 两相流传热系数的增强[30-31]

随着两相流中稠密相粒子的增加,使其边界层湍流效应、流体辐射能力和粒子对火药表面的撞击接触频率都将得以增强和提高,从而有力提升对火药表面的热量传递效果,传热系数将显著增加。

试验表明[30],含有固态微粒的两相流与纯气体对火药表面的换热系数有如下关系:

$$\frac{h_t}{h_g} - 1 = 3.6\beta^{1.38}\left(\frac{D}{d}\right)^{0.8}\left(\frac{T_t}{T_i}\right)^{3.8} \tag{5.32}$$

式中：h_g，h_t 分别为纯气体和两相流对火药表面的传热系数，其中 h_g 的表达式为

$$h_g = \frac{\lambda_g}{D} Nu_p = \frac{\lambda_g}{D} \times 1.14 Re^{0.50} Pr^{0.37} \tag{5.33}$$

式(5.32)、式(5.33)中：雷诺数 $Re = u_g D \rho_g / \mu_g$，普朗特数 $Pr = \mu_g / (\rho_g a_g)$，$D$ 为试验用火药试样的特征尺寸，λ_g 为气体热导率。β 为两相流中固相粒子的容积浓度，d 为粒子统计平均直径，T_t 为两相流温度，T_i 为火药试样表面初温，而 μ_g、ρ_g、u_g 分别气体动力黏度、密度和速度，a_g 为气体热扩散系数。

文献[30]的试验条件：两相流温度 $T_t = 250 \sim 650$℃；速度 $u_g = 1 \sim 12$m/s；固相粒子容积浓度 $\beta = 0.5 \times 10^{-3} \sim 6.0 \times 10^{-3}$；固相粒子材料为硅酸铝，形状为球形，直径 $d = 60\mu$m、130μm、235μm 和 380μm，熔点为 1000℃；点火试验用火药试样为圆柱体，不同试样软化点不同。

5.6.2 高浓度粒子两相流点火简化模型[30-31]

1. 基本假定

由固相粒子两相流点火的试验观察与分析，可以对火药在含有固相粒子的两相流作用下的点火作如下表述：火药(柱或球)表面被加热至软化点 T_r 的过程取决于多相流与火药之间的强化对流换热，其强度与强化的换热系数密切相关。当火药表面一旦达到 T_r 之后，几乎立即被两相流中固相粒子所覆盖，于是火药表面生成形如刚性壳体的固相薄膜。该薄膜由单层粒子构成，其厚度等于粒子的统计平均直径，其温度可以认为与两相流温度相等。薄膜形成之后，其内侧与火药表面发生接触传热，即将其看作是紧密接触两种材料之间发生的热传导；而外侧继续维持与两相流间的对流换热过程。基于这样的认知，为建立其传热模型，作如下假定：

(1) 软化火药表面上黏附或嵌入的固相粒子为单层分布。

(2) 当两相流中粒子的容积浓度 β 大于临界值 β_*，即 $\beta > \beta_*$ 时，粒子覆盖火药表面所需要的时间比火药点火延迟时间 t_{ig} 短得多。

(3) 只要 $\beta > \beta_*$，两相流中粒子容积浓度对火药表面上形成粒子堆积层(薄膜)厚度没有影响。

(4) 不考虑单个粒子嵌入软化火药表面引发的点火对整个点火过程的影响。

在这些假定中，第(4)条不能严格成立。因为当固体粒子直径较大，如 $d = 235 \sim 380\mu$m，试验观察到单个粒子嵌入软化的火药表面后会引发火药表面局部“闪光现象”，即嵌入的单个粒子能够引发火药局部点火，且火焰还能沿表面传播[30]。但当 $d = 80\mu$m 或 130μm 时，则未见这种现象发生。因此，假定(4)是

有条件成立的，或者说这里提出的简化点火模型是限于粒子尺寸均匀且小于一定范围下成立的。

2. 基本方程

基于$\beta>\beta_*$且固相粒子直径满足上述假定条件的简化两相流点火模型如下：

（1）在火药表面温度尚未达到软化点（$T<T_r$）之前，描述火药点火过程的基本方程为带有源项的热传导方程，即

$$\begin{cases} c\rho\dfrac{\partial T}{\partial t}=\lambda_p\left(\dfrac{\partial T^2}{\partial x^2}+\dfrac{n}{x}\dfrac{\partial T}{\partial x}\right)+Qk_0\exp(-E/RT) & (t<t_r) \\ T(x,0)=T_i;\lambda_p\dfrac{\partial T}{\partial x}+h_t(T-T_t)\big|_{r,t}=0;\dfrac{\partial T}{\partial x}\bigg|_{0,t}=0 & (0\leqslant x\leqslant r) \end{cases} \tag{5.34}$$

式中：t_r 为软化点时刻，对应该时刻温度为 T_r。

（2）软化点（$T\geqslant T_r$）之后，即从 t_r 时刻开始，火药（试样）表面瞬间附着有一层固体粒子薄膜。这种情况下的耦合传热过程，其控制方程是（火药）有源热传导方程和（薄膜）无源热传导方程以及相应的初始条件、边界条件和连接条件的组合：

$$\begin{cases} c\rho\dfrac{\partial T}{\partial t}=\lambda_p\left(\dfrac{\partial^2 T}{\partial x^2}+\dfrac{n}{x}\dfrac{\partial T}{\partial x}\right)+Q_0k_0\exp(-E/RT) & (0\leqslant x\leqslant r) \\ c_m\rho_m\dfrac{\partial T_m}{\partial t}=\lambda_m\left(\dfrac{\partial^2 T_m}{\partial x^2}+\dfrac{n}{x}\dfrac{\partial T_m}{\partial x}\right) & (r\leqslant x\leqslant(r+d)) \\ T_m(x,t_r)=T_r;\lambda_m\dfrac{\partial T_m}{\partial x}+h_t(T_m-T_t)\big|_{(r+d),t}=0 & \\ \lambda_p\dfrac{\partial T}{\partial x}\bigg|_{r,t}=\lambda_m\dfrac{\partial T_m}{\partial x}\bigg|_{r,t};T(r,t)=T_m(r,t) & \end{cases} \tag{5.35}$$

式中：c 为比热容；ρ 为密度；λ_p 为热导率；h_t 为换热系数；Q_0 为火药反应热；k_0 为指前系数；E 为活化能；R 为通用气体常数；r 为火药（柱或球）半径；x 为坐标；d 为膜厚；t 为时间；n 与火药（柱、球）形状有关，对于圆柱 $n=1$，球 $n=2$。下标"m"表示膜，"i"为初始时刻；"r"为软化时刻；"t"为两相流。

3. 数值计算结果

一般情况下，式（5.34）和式（5.35）只能采用数值法求解。对于给定的热物性和化学反应参量，求解得到的非稳态温度分布一般都是一组基本参量的函数，即$T=T(x,t,d,T_t,T_r,h_t)$。只要 T_t 足够高（大于着火温度 T_{ig}），则可由式（5.34）得到纯气流或两相流对流换热条件下达到软化时刻的解。文献[30]将两相流点火条件下的点火延迟时间定义为 t_{ig}^t，而将相应单纯气体点火延迟时间定义为 t_{ig}^g，分别对 3 种火药，即单基药（NC）、聚乙烯醇硝酸酯和复合药 AP－PE 进行数值计算，计算采用的输入参量，包括软化点、热物性及化学动力学参量分

别如表 5.19 所列。计算表明，当 h_t、T_t 和 T_i 取常数时，火药表面温度（与粒子薄膜之间的接触温度）T_c 及火药着火延迟时间 t_{ig} 与粒子黏附形成的薄膜厚度 d（或粒子统计平均直径）密切相关。如膜厚或粒径 d 足够大，粒子薄膜层一旦形成，则其与火药之间的界面温度 T_c 随时间变化和两个惰性物体接触界面温度随时间的变化规律基本类似（见图 5.34）。开始时，火药表面温度 T_c 迅速上升到 T_r，再从软化点 T_r 上升到着火点 T_{ig}，在 $t_r \sim t_{ig}$ 时间内，界面温度 T_c 几乎保持为常量。这种情况下的点火延迟时间 t_{ig} 主要取决于 t_r，即时间区间 $t_r \sim t_{ig}$ 相对 t_r 是可以忽略不计的。但当膜厚或粒子直径 d 很小，即在另一个极端情况下计算表明，火药表面温度在薄膜形成的短暂时间内，有一个迅疾上升的过程，然后很快下降。这是因为固相薄膜热容量非常有限，尽管薄膜生成能以接触传热方式将热量快速传递给火药而使表面温度快速上升，但因薄膜热容量太小，将热量传给火药之后，其温度又迅速下降。在此之后，仍然主要依赖于两相流对流传热方式持续对内层火药持续提供热量。总之，在稠密相粒子较小情况下的两相流对火药的强化传热，前期主要体现在对流传热系数增大上，使得火药表面能快速达到软化和固相粒子可以黏附形成薄膜。当然薄膜形成，薄膜也对火药表面快速升高起一定作用。但因膜厚或粒子 d 非常小，作用有限。

表 5.19　计算输入参量

火药	软化点/℃	λ_p/($W \cdot cm^{-1} \cdot ℃^{-1}$)	c/($J \cdot g^{-1} \cdot ℃^{-1}$)	E/($kJ \cdot mol^{-1}$)	Q_0k_0/($W \cdot cm^{-3}$)
NC 火药	170	1.256×10^{-3}	1.298	203.0	2.659×10^{22}
聚乙烯醇硝酸酯	55	1.528×10^{-3}	1.214	142.4	3.349×10^{18}
AP - PE	190	4.270×10^{-3}	1.486	234.5	6.699×10^{20}

因此，一般而言，两相流点火条件下，点火延迟时间 t_{ign} 是固相粒子直径 d 的函数。当 d 很小时，t_{ig}^{t} 接近于纯气相条件下的 t_{ig}^{g}；当膜厚 d 较大时，点火延迟 t_{ig}^{t} 接近于火药表面达到软化点的时间 t_r。文献计算表明，当 $h_t = 1.256 \times 10^{-2}$ J/($cm^2 \cdot s$)时，$t_{ig} \sim d$ 曲线存在一个突然下降 d_{cr}，意味着膜厚 d 一旦小于这一临界 d_{cr}，膜厚对 t_{ig} 的影响不大。

计算和试验都表明，点火延迟 t_{ig} 是两相流温度 T_t 的函数。当其他参量不变时，t_{ig}^{t} 随 T_t 的变化分为两种情况。当 T_t 小于某个临界值 T_t^{cr}，膜的存在与否对点火过程无太大影响，点火延迟期大致接近于 t_{ig}^{g}。如 $T_t > T_t^{cr}$，则固相粒子形成的热膜的存在对 t_{ig}^{t} 有重要影响，t_{ig}^{t} 接近于火药表面达到软化点的时间 t_r。

试验观察发现，火药的软化点（温度）T_r 与对流加热速率有一定关系，如单基药，试验表明，T_r 在 168 ~ 178℃变化。这就意味着，如果计算时取 T_r 为定值，则计算得到的结果可能会与试验结果存在一定的偏差。

5.6.3　稀疏粒子两相流点火模型

低浓度粒子条件下，即使火药达到软化程度，但在相当长的时间内，嵌入火药表面的热粒子之间仍将处于存在一定距离的状态。这种情况下，对于直径较大的热粒子，引发的点火现象将与液态“热斑”点火相似，即热粒子嵌入火药表面后，依赖单个粒子自身携带的热量，就能使其接触界面点火，从而可能导致火药表面出现分散而多点点火燃烧现象。

文献[32]就单个粒子点燃含能材料（火药）问题开展了试验与理论研究，较好地解释了分散稀疏粒子两相流点火机理。

1. 基本假定

（1）分散高温粒子近似为球形，温度为两相流温度 T_t，与含能材料（火药）之间发生的碰撞或嵌入是瞬间完成的。嵌入造成的化学反应由接触界面向外扩展，接触弧面与嵌入深度（高度）相关（图 5.39），即接触面积为埋入深度 $R_0 + h = R_0(\cos\phi_0)$ 的球缺表面积。而未被掩埋的球冠表面裸露在外，与两相流接触，温度为 T_t。

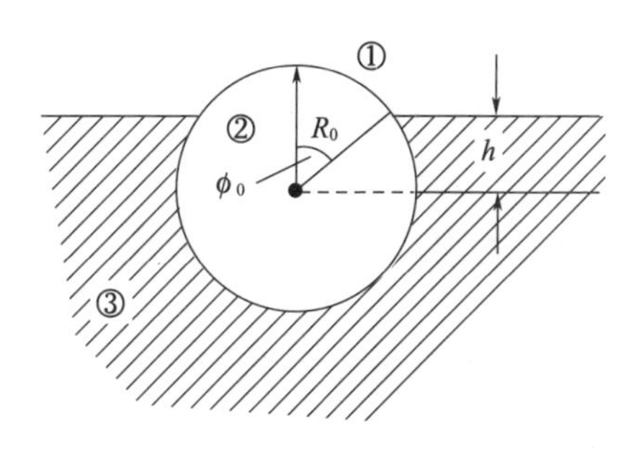

图 5.39　接触弧面与嵌入深度

（2）粒子嵌入时刻，火药具有确定的初温分布，由之前给定的换热条件所决定。

（3）火药点火过程可以采用简化的物理 - 化学模型进行描述，即粒子是固态惰性物质，且不考虑它对反应有催化作用。此外还假定火药在点火过程中各项物化参量均为定值。

2. 基本方程

基于上述假定，可将这种点火问题基本方程写成如下集约形式。

（1）基本方程：从嵌入火药开始，粒子集约型能量守恒方程可写为

$$c_i \rho_i \frac{\partial T_i}{\partial t} = \lambda_i \left[\frac{1}{r^2} \frac{\partial}{\partial r}\left(r^2 \frac{\partial T_i}{\partial r} \right) + \frac{1}{r^2 \sin\phi} \cdot \frac{\partial}{\partial \phi}\left(\sin\phi \frac{\partial T_i}{\partial \phi} \right) \right] + AQk_0 \exp(-E/RT_i) \tag{5.36}$$

(2) 解域：由图 5.39 可见，该点火问题的解域分为 3 个区域，对应于式(5.36)中下标 i、解域 i 及其式中相应参量 A 分别如下：

① $i=1$，为两相流区：$0 \leqslant \phi \leqslant \phi_0$；$R_0 \cos\phi > h$；$A=0$；

② $i=2$，为惰性球区；$0 \leqslant r < R_0$；$0 \leqslant \phi \leqslant \pi$；$A=0$；　　(5.37)

③ 无下标，为火药；$\phi_0 \leqslant \phi \leqslant \pi$；$R_0 \cos\phi \leqslant h$；$A=1$。

(3) 特征时间：该过程分两个阶段，分别以时刻 $t=0$ 和 $t=t_r$ 为起点，相应特征温度分别如下：

① $t=0$：$T_1 = T = T_i$；$T_2 = T_t$；

② $t=t_r$：$T_1 = f_1(r,\phi,t_r)$；$T = \psi(r,\phi,t_r)$；$T_2 = T_t$。　　(5.38)

式中：t_r 为粒子嵌入时刻。作为点火问题，最关心的是从 $t=t_r$ 之后的火药温度分布。

(4) 边界条件：在 $t<t_r$ 之前，火药温度分布采用第三类边界条件问题求解，涉及的主要特征量有对流换热系数 h_t 和火药表面温度 T_w。粒子嵌入火药表面之后，不同地点边界条件写为

$$①\ r=0: T_2 = \text{指定值}; r \to \infty, \frac{\partial T_1}{\partial r} = \frac{\partial T}{\partial r} = 0 \tag{5.39}$$

$$②\ \phi = 0 \text{ 或 } \pi: \frac{\partial T_1}{\partial \phi} = \frac{\partial T_2}{\partial \phi} = \frac{\partial T}{\partial \phi} = 0 \tag{5.40}$$

$$③\ r = R_0: \begin{cases} \lambda_1 \dfrac{\partial T_1}{\partial r} = \lambda_2 \dfrac{\partial T_2}{\partial r}; T_1 = T_2 (0 \leqslant \phi < \phi_0) \\ \lambda \dfrac{\partial T}{\partial r} = \lambda_2 \dfrac{\partial T_2}{\partial r}; T = T_2 (\phi_0 \leqslant \phi \leqslant \pi) \end{cases} \tag{5.41}$$

④ 两相流与火药接触界面，即 $r\cos\phi = h$ 处有

$$\lambda_1 \left(\frac{\partial T_1}{\partial r} \cos\phi - \frac{\partial T_1}{\partial \phi} \frac{\sin\phi}{r} \right) = \lambda_2 \left(\frac{\partial T_2}{\partial r} \cos\phi - \frac{\partial T_2}{\partial \phi} \frac{\sin\phi}{r} \right) \tag{5.42}$$

式中：r，ϕ 为坐标；t 为时间；T 为温度；Q 为反应热；k_0 为前指系数；E 为活化能；λ，c，ρ 分别为热导率、比热容和密度。

显然，采用数值法求解式(5.36)～式(5.42)，可以得到粒子及相应周围接触介质的温度分布，其结果应是相关基本参量的函数，其温度通用表达式为 $T = f(r,\phi,t,t_r,T_t,f_1,\psi,h,R_0)$。此外，还可得到点火延迟时间 t_{ig}、临界点火能量 E_{cr}、粒子临界直径 d_{cr} 等。粒子临界直径 d_{cr} 为最小单个粒子点火直径，是火药软化点(T_r)、两相流温度 T_t 和嵌入深度等参量的函数。

3. 试验结果及其与计算的比较

文献[32]采用直径为 0.4 ~ 2.5mm 的钢珠和直径为 2mm 与 2.8mm 的三氧化二铝圆珠，加热后撞击事先用热气流或两相流加热至软化状态的火药，火药试样为高 8mm 直径 12mm 的圆柱颗粒，将其事先固定在石棉胶合板台面上。台面材料热物性与表 5.19 中 NC 火药和 PUN 火药基本相当。

试验表明，采用不同温度的 2mm 直径粒子撞击软化 NC 火药表面，粒子与火药的接触界面温度变化曲线形状可分为 3 类（图 5.40），分别表征所发生的化学反应过程与性质不同。当粒子温度足够高，火药被点燃后立即转化为稳定燃烧状态（图 5.40 中的曲线 1）。当粒子温度 T_t 下降一些，火药点火后接触界面处温度呈振荡状态，表征火药发生了振荡燃烧（图 5.40 中曲线 2），同时在粒子 – 火药 – 气体交界上可以观察到时隐时现的闪光。当 T_t 进一步降低，使 T_t 低于它的临界点火温度 T_{cr}（$T_t < T_{cr}$）时，则不再出现点火（图 5.40 中曲线 4）。当 T_t 近似等于临界点火温度，即 $T_r \approx T_{cr}$，则观察到准稳态上升的 $T - t$ 曲线（图 5.40 中曲线 3），相应此时火药试样质量损耗约 10%，这属于不完全燃烧特征。一般来说，当粒子温度高于火药临界点火温度 20 ~ 40℃，粒子撞击嵌入后火药都能将其点燃且至稳定燃烧状态。

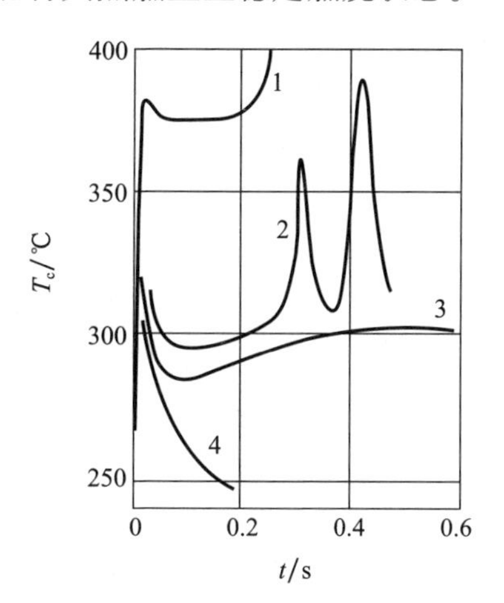

$d = 2$mm；$T_i = 20$℃；T_t：①450℃，②430℃，③410℃，④400℃。

图 5.40　火药 – 粒子接触界面温度 T_c 随时间的变化

该试验还表明，在图 5.40 中温度上升曲线第一峰值所对应的时间，正好是火药点火延迟时间 t_{ig}。试验发现，一般情况下，无论是 t_{ig} 还是粒子临界点火温度 T_{cr}，与环境压力关系都不大。粒子临界点火温度 T_{cr} 是非常重要的参量。和 d_{cr} 一样，T_{cr} 是粒子直径 d、温度 T_t 和嵌入深度 h 的函数，此外还与粒子材料有关。

表5.20所列为不同材料惰性粒子嵌入软化火药，其临界点火温度T_{cr}的试验值与计算结果的比较。计算时表中数据是按粒子嵌入半个球面（相当于$h=0$）的情况考虑的。

表5.20　半个球面嵌入($h=0$)条件下临界点火温度T_{cr}试验与计算的比较

粒子材料	粒子直径 d/mm	NC火药 T_{cr}/℃		聚乙烯醇硝酸酯火药 T_{cr}/℃	
		试验	计算	试验	计算
钢球	2.5	395	382	357	351
	2.0	410	391	375	363
	1.6	428	408	387	376
	1.3	442	417	406	384
	1.1	453	423	422	391
	0.7	479	437	448	402
Al_2O_3	2.8	424	413	—	—
	2.0	438	421	—	—

由该表可见，几种不同粒子的临界点火温度T_{cr}计算值与试验值都较为相符。当$d>2.0$mm时，计算与试验之间的偏差不大于4%。对于d较小的粒子误差之所以较大，可能与模型中假定粒子表面温度不变，即没有考虑粒子自身热扩散作用有关。

图5.41所示为稀疏粒子两相流加热具有不同软化温度T_r火药点火延迟时间t_{ig}计算结果。可将点火延迟时间t_{ig}随火药软化温度T_r的变化曲线分为两段：一个是$T<T_r$区域，此时火药表面坚硬，粒子与火药是刚性碰撞，点火延迟时间t_{ig}主要取决于含有分散稀疏粒子两相流的对流传热，t_{ig}值较大（或粒子非常微小，不可能侵彻火药也属这种情况）；另一个区域属于粒子可以侵彻软化后火药表面的情况。当火药已达到软化点（或温度T_r较低）时，点火延迟时间t_{ig}则较小。但当T_r增高，t_{ig}将随之增长。不过，该曲线与粒子直径d也有一定关系，d较大，t_{ig}相对小些。这些曲线变化特征有其内在本质原因，即粒子嵌入温度和嵌入状态，当火药温度较低，如低于软化点（$T<T_r$）时，粒子的存在仅是强化了两相流对火药的对流传热效果，更何况低浓度或细小粒子对强化传热不起太大作用，因此t_{ig}^{t}和纯气相流的t_{ig}^{g}相差不大，即t_{ig}维持较高水平。当粒子d较大且火药达到软化点，或火药软化点温度低，则意味着粒子越容易嵌入，即粒子嵌入容易将热量传递给火药，因此点火延迟时间变短，反之t_{ig}增大。

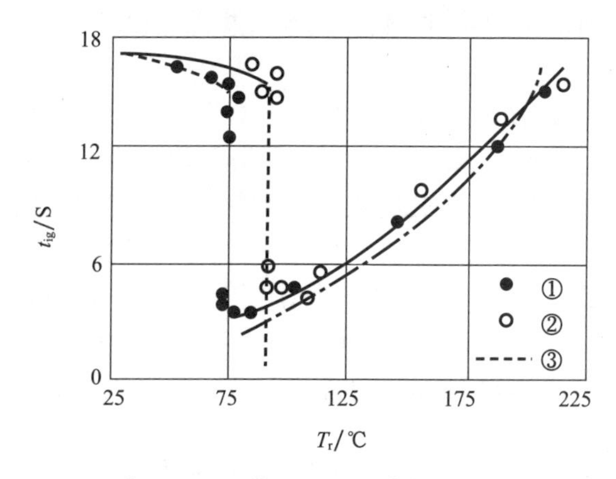

①d = 1.3mm；②d = 0.4mm；③惰性物质。

图 5.41　点火延迟时间 t_{ig} 与火药软化温度 T_r 关系曲线（取 NC 火药热物性）

5.6.4　固体粒子两相流点火与液体粒子两相流点火的比较

上面分别讨论了不同容积浓度固体粒子两相流点火机理，提出了两种理论模型。本节讨论这两种模型的适用范围，并与液态粒子两相流点火问题作比较讨论。

1. 适用范围的讨论

上面关于固体粒子两相流的两种点火机制及其点火模型的适用范围，取决于粒子的容积浓度 β：

（1）高容积浓度固相粒子两相流，指 $\beta > \beta_*$ 情况，文献[30]给出的临界值为 $\beta_* = 2 \times 10^{-3}$。在 $\beta > \beta_*$ 范围内，火药表面温度一旦达到软化点 T_r，则表面立即被固相粒子所覆盖，这就意味着覆盖需要的时间相对加热到软化的时间 t_r 是可以忽略不计的。这是可以通过数学演算证明，因为粒子撞击火药（药柱、药粒）表面的概率是可以估计的，因此表面被粒子完全覆盖的时间也是可以估算的。一旦完全覆盖，则意味着火药表面生成一层刚性薄膜。该薄膜好似在火药表面形成了壳体，因此可将这样的点火模型（式(5.34)、式(5.35)）称为薄膜模型或壳体模型。需要强调的是，根据假定，这种薄膜厚度是粒子统计平均直径 d，而 d 必须大于某种临界值 d_{cr}^{sh}，即 $d > d_{cr}^{sh}$，上标"sh"是指"壳体"。否则，当 $d < d_{cr}^{sh}$ 时，试验与理论均已证明，粒子对火药表面不构成嵌入和侵彻作用。也就是说，这种情况下即使火药达到了软化点，粒子的存在只意味着两相流对流传热的强化。或者说，火药的点火延迟时间 t_{ig} 按强化的纯气相对流传热模式考虑即可。

简言之，当 $\beta > \beta_*$ 且 $d > d_{cr}^{sh}$ 时，采用 5.6.2 小节点火模型描述固相粒子两相

流点火过程。否则，当 $d < d_{cr}^{sh}$ 时，仍采用纯气相点火模型，只是将 h_t 调节增大而已。

（2）低容积浓度（$\beta_1 < \beta < \beta_2$）两相流。这里的 β_1 是指火药达到软化，在粒子可以嵌入火药表面形成热斑点火过程期间，至少有一个粒子撞击火药的概率的情况；β_2 是指从火药软化时刻 t_r 到纯气相点火延迟时间 t_{ig} 的时间间隔内，嵌入到火药表面上固相粒子仍然是稀疏的，即这些粒子之间有一定距离，相互间热效应是互不相干的。估算表明，β_1 等于 10^{-5}，β_2 约为 10^{-4}。在这一浓度范围内，只要 $d > d_{cr}^{hs}$，每个粒子按单个离散粒子加热（热斑）来描述点火过程。这里上标“hs”是指“热斑”（hot - spot），d_{cr}^{hs} 是生成热斑点火的最小临界直径。

若 $d < d_{cr}^{hs}$，则如前面指出的两相流中粒子的存在仅能给对流换热系数带来一定影响，这种情况下的 t_{ig}^{t} 接近于纯气相条件下的 t_{ig}^{g}。

对于极其稀疏的粒子浓度，即 $0 < \beta < \beta_1$，这种非常稀疏粒子两相流点火对 t_{ig} 有相当程度的随机性，即点火延迟时间 t_{ig} 有偶然性，这时点火延迟时间的分布区间为 $[t_r, t_{ig}^{g}]$。

（3）中等容积浓度粒子两相流，即 $\beta_2 < \beta < \beta_*$。在这种浓度范围内，若 $d > d_{cr}^{hs}$，则点火延迟时间近似接近于火药软化时间，即 $t_{ig} \approx t_r$；但若 $d < d_{cr}^{hs}$，则点火延迟时间 t_{ig}^{t} 按调节增大两相流换热系数 h_t 的方法确定 t_{ig}^{t}。注意：即使 $d_{cr}^{sh} < d < d_{cr}^{hs}$，也不能采用 $\beta > \beta_*$ 条件下的薄膜点火理论。

2. 液态粒子两相流点火模型

1）液态粒子两相流点火特征分析

火箭和火炮固体发射药的点火剂燃烧产物的温度一般大于等于1500K，其中稠密相粒子开始为液态。这种情况下，对火药（药柱、药粒）的点火机制将与固相粒子不同。此时，即使火药表面温度较低未达到软化点，液体粒子同样能黏附于火药表面，并且随着时间的延长在火药表面上积累或堆积的液态粒子逐渐增多，形成的液态薄膜厚度（δ）也将随之增加。而该厚度增加速率，取决于点火两相流中稠密相容积浓度和点火射流相对火药表面的速度与角度，即厚度 δ 的表达式为

$$\delta = \int_0^t \beta u \sin\alpha \mathrm{d}t \tag{5.43}$$

式中：u 为两相流流动速度；α 为流动速度相对火药表面间的夹角。

这里的液体薄膜具有以下功能：内侧以接触传热的方式将自身的热量传递给火药，同时外侧持续接受由对流传热传递进来的热量。在此前提下，采用5.6.3小节固体粒子刚性薄膜（或薄壳）点火模型，可得到液体粒子两相流点火

模型,但薄膜厚度 δ 是随时间增加而增厚的。

2）基本假定

(1) 假定液膜厚度 δ 相对火药(颗粒、药柱)表面曲率半径是低阶小量,即该点火问题可以看成是一维的。

(2) 液膜厚度 δ 从 $t=0,\delta=0$ 开始,按式(5.43)逐渐增厚,但处处均匀。

(3) 假定液膜内只发生热传导,而无对流现象发生。

(4) 液膜与火药表面发生接触传热,不考虑薄膜对火药化学反应有催化作用。

(5) 两相流中液滴温度和气相相等。

(6) 两相流温度大于火药着火温度。

3）基本方程

$$
\begin{cases}
\text{火药}: c\rho \dfrac{\partial T}{\partial t} = \lambda_{\mathrm{p}} \dfrac{\partial^2 T}{\partial x^2} + AQ_0 \exp(-E/RT) \quad (0 < x \leqslant x_1) \\
\text{液膜}: c_{\mathrm{m}}\rho_{\mathrm{m}} \dfrac{\mathrm{d}T_{\mathrm{m}}}{\mathrm{d}t} = \lambda_{\mathrm{m}} \dfrac{\partial T_{\mathrm{m}}}{\partial x^2} \quad (x_1 < x \leqslant x_1 + \delta) \\
\text{液膜内侧}: \lambda_{\mathrm{p}} \left.\dfrac{\partial T}{\partial x}\right|_{x_1,t} = \lambda_{\mathrm{m}} \left.\dfrac{\partial T_{\mathrm{m}}}{\partial x}\right|_{x_1,t} \text{且 } T(x_1,t) = T_{\mathrm{m}}(x_1,t) \quad (t>0) \\
\text{液膜外侧}: \lambda_{\mathrm{m}} \dfrac{\partial T_{\mathrm{m}}}{\partial x} + h_{\mathrm{t}}(T_{\mathrm{t}} - T_{\mathrm{m}}) \big|_{x_1+\delta,t} \\
\text{火药初温}: T(x,t) = T_{\mathrm{i}} \\
\text{火药内层温度}: T(0,t) = T_{\mathrm{i}}
\end{cases}
\tag{5.44}
$$

式中:T,T_{m} 分别为火药和液膜温度;$c,\rho,\lambda_{\mathrm{p}}$ 分别为物质比热容、密度和热导率;x 为坐标;t 为时间;δ 为液膜厚度;x_1 为火药表面坐标;h_{t} 为两相流换热系数;下标 m、t 分别表示液膜和两相流。

令 T_{ig}、T_{t} 分别为火药着火温度和两相流温度。当 $T_{\mathrm{t}} > T_{\mathrm{ig}}$,解式(5.43)和式(5.44),点火延迟时间 $t_{\mathrm{ig}}^{\mathrm{t}}$ 有唯一解[31-32]。

5.7　瞬态卸压条件下的推进剂燃烧失稳与二次点火

5.7.1　底排推进剂工作条件

本节讨论瞬态卸压条件下底排推进剂燃烧失稳和二次点火。火炮中的发射装药,点火燃烧一般是在封闭环境下完成的。但当燃烧药粒由炮口排出时,即其置于瞬间降压环境条件下,通常均将引发燃烧失稳或熄火。底排弹飞出炮口瞬间，其中底排药剂则遇到类似问题，并因此导致射程偏差增大，射击精度下降。

典型底排装置如图5.42所示。火炮发射期间，弹后燃气冲破底排装置上的密封盂，膛内高压高温燃气以对流换热方式点燃底排药剂和组配的专用点火具。当弹丸出炮口运动距离达50倍口径左右时，底排装置内腔压力立即由出炮口时的60MPa压力下降到1个大气压，经历的时间约为5～10ms，即降压速率约$3\times10^3\sim9\times10^3$MPa/s。

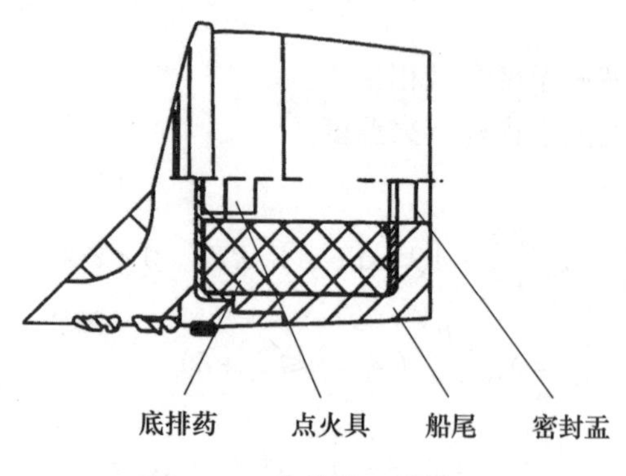

图5.42　底排装置结构图

在这样的降压速率条件下，底排药剂的燃烧行为具有什么特点呢？二次点火需要什么样的点火具？这些都需要通过理论与试验研究来回答。

5.7.2　瞬态降压条件下底排药剂燃烧失稳特征

1. 模拟试验

采用图5.43的模拟试验装置，对典型复合底排药剂即高氯酸铵/端羟基聚丁二烯（AP/HTPB）在瞬态卸压条件下的燃烧行为进行模拟试验。燃烧室内预装AP/HTPB试样和模拟火炮膛内工作状态所需要的4/7单基药，首先进行不配用专用点火具条件下模拟试验，采用NC点火药包点燃4/7单基药。它的燃烧使试验装置燃烧室形成高温高压环境，用以模拟底排装置在火炮膛内的工作条件。当内腔压力达一定值，剪切膜片打开，用以模拟底排装置出炮口时压力突降工况。通过选择和调节预装的4/7药量、膜片材料及厚度δ和喷孔直径D，实现破孔压力和降压速率的调节。破孔压力值试验范围为20.1～90.3MPa，最大降压速率范围为$0.4\times10^3\sim11.2\times10^3$MPa/s。采用高速录像系统观察喷孔打开后火焰喷射情况，同时由压力传感器测量和记录燃烧室$p-t$曲线。底排药剂燃烧失稳和熄灭的主要行为特征见表5.21和图5.44。

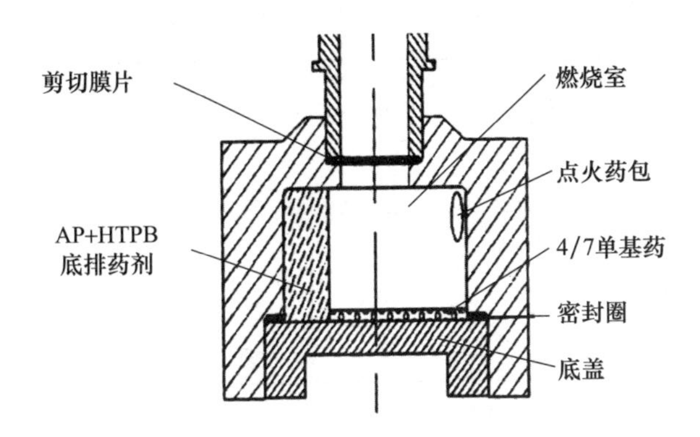

图5.43 模拟试验装置示意图

表5.21 瞬态降压试验结果

序号	d/mm	4/7 药/g	D/mm	破膜时初始压力值/MPa	最大降压速率/(10^3 MPa · s^{-1})	工作状态(特征分类)
1	0.25	50	5	90.3	1.2	复燃
2	0.25	50	6	85.8	2.1	复燃
3	0.25	50	14	35.8	3.4	熄灭
4	0.25	50	10	64.7	3.8	临界
5	0.50	50	14	44.5	4.5	熄灭
6	0.50 +0.25	50	14	51.1	5.7	熄灭
7	0.50 +0.25	50	14	56.8	6.2	熄灭
8	0.10 +0.10	50	14	64.2	4.2	临界
9	0.10	50	10	82.9	5.3	熄灭
10	0.10	22	40	37.2	0.5	复燃
11	0.10	30	5	46.2	0.8	复燃
12	0.10	35	5	62.4	1.1	临界
13	0.10	15	5	26.7	0.4	复燃
14	0.10	15	5	22.2	0.4	复燃
15	0.10 +0.10	40	5	72.4	1.3	复燃
16	0.25	40	5	63.7	2.3	临界
17	0.25	50	7	78.6	2.6	复燃
18	0.10	15	7	20.1	0.5	复燃

续表

序号	d/mm	4/7 药/g	D/mm	破膜时初始压力值/MPa	最大降压速率/(10^3MPa · s^{-1})	工作状态(特征分类)
19	0.25	50	14	37.1	3.3	临界
20	0.25	50	7	76.0	2.7	临界
21	0.10 + 0.25	60	10	80.1	4.6	临界
22	0.25 + 0.5 + 0.5	75	14	88.3	11.2	熄灭

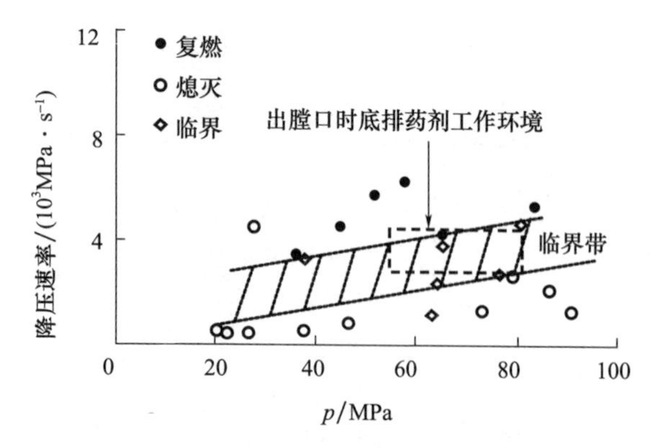

图 5.44　瞬态降压燃烧行为分类示意图

由图 5.44 及表 5.21 可见，在没有配用二次点火用点火具条件下，底排药剂在瞬态卸压条件下的燃烧行为特征分为 3 类，即自行复燃型、永久熄火型和临界状态型。具体与两个因素有关：一是底排工作内腔压力变化速率，即降压速率($-dp/dt$)；二是降压发生之前的初始压力 p_i。第一，当降低速率不大时，底排药剂可以持续燃烧，即使出现短暂失稳，也可自动恢复稳定燃烧，如表 5.21 中第 1、2、13、14 发，虽观察到火焰存在波动，但燃烧还可一直延续。其余，如第 10、11、15、17、18 发等，尽管喷口火焰出现严重失稳或熄灭，但能在 100ms 左右自行复燃，直至燃烧结束。这些为自动复燃型。第二，因降压速率$|dp/dt|$太大，导致永久熄火。这类燃烧行为是因降压之前燃烧室内压力较低，熄火即成为不可逆转事件。但即使熄火，喷口看不到火焰，仍往往有黄色烟雾排出，表明底排药剂仍处于强烈化学分解过程之中，如第 3、5、6、7、9、22 发。试后检查，底排药剂试样外观似乎完好，但燃烧表面布满冷却后的熔融凝聚物。其余，如第 12、16、19、20 发，属于临界型，喷口打开后呈现有间歇性火焰，每次复燃之后又会第二次熄火，接下来可能再次复燃，再次熄火，以致能重复多次。其中有些在经过多次重复的“熄火 - 复燃”过程之后，最终才实现准稳态燃烧，而直至燃烧完毕；

有些重复两次之后，仍归于熄灭。因此，临界态也是介于永久熄火态和自行复燃态之间的过渡态。

观察对比还发现，表 5.21 中第 1、2、21、22 发，喷口破孔前燃烧室压力基本相当，降压速率顺次为 1.2/2.1/4.6/11.2（10^3 MPa/s），结果分别表现为自行复燃型、临界型和永久熄火型。这表明降压速率 $|dp/dt|$ 增大，燃烧越趋向不稳定和越容易熄灭。从另一角度看，第 2、17、20、16 发，破孔前燃烧室压力分别为 85.8/78.6/76.0/63.7（MPa），依次降低，其降压速率 $|dp/dt|$ 依次为 2.1/2.6/2.7/2.3（10^3 MPa/s），可以近似认为基本相当。试验表明，初始压力稍高的前面两发，为自行复燃型。而第 20 发和第 16 发，只是初始压力稍低一些，表现为临界型。这表明压降速率相当条件下，破孔前初始压力高些，燃烧更趋于稳定。

2. 燃烧失稳机理分析

复合药 AP/HTPB 因瞬态卸压而生成的低频间歇燃烧和熄火，归因于固相加热区的温度响应严重滞后于压力响应，即固相加热区温度变化速率跟不上相变速率（燃烧速率）造成的。这可用以下两幅示意图来作定性解释：图 5.45 为不同降压速率条件下的压力随时间变化示意图；其固相燃烧表面温度分布对时间响应曲线如图 5.46 所示。图 5.45 所示为环境压力以不同速率下降曲线 a、b、c、d，表示降压依次由慢到快。由于压力响应相对于固相燃烧表面附近温度响应几乎是瞬间完成的，因此压力曲线与温度分布曲线有如下对应关系，其中 a 为零降压也即火药在定容容器中正常燃烧，p_a 不降而呈均匀缓慢上升态势。对应的燃烧区温度分布曲线为图 5.46 所示的 T_a-x。b 为降压速率不大的情况，对应的燃烧区温度分布曲线将缓慢滞后的由 T_a-x 调节到 T_b-x。类似地，c 是比 b 降压速率较大的情况，压力随时间的变化相对 T_c-t 几乎瞬间完成。当 p_c-t 到位后，相应燃烧区温度分布由初始时刻的 T_a-x 更为滞后地调整到 T_c-x 状态。在 b、c 两种降压调节过程中，温度分布曲线调节到位成为 T_b-x 和 T_c-x，虽在时间上迟后于压力，但仍能维持固体表面分解反应继续和火焰的存在，尽管可能出现燃烧失稳。然而，如压降过于迅速，当速率达到某种极限，如迅速到 p_d-t 的情况，由于 dp_d/dt 过于陡峭，下降速率过大，再要求温度分布曲线响应仍能保持燃烧继续，则成为不可能的事，于是出现永久熄火。这种情况下高温气相区将远离固相表面，火焰区向固相表面传递的热流量下降。此时固相表面温度如高于分解温度，分解反应虽会因为压力下降而减慢但不会停止，即高于分解温度的火药表面层仍将维持稍微下降的速率继续维持相变，直至不再分解。这就是滞后于压力响应过度分解现象。而当分解反应终止，熄火将成为必然事件。不过，如果这时底排试验装置内腔壁面仍可能处于高温状态，则对药剂试样产生热反馈，火药表层温度可能再次回升而高于热分解温度，于是分解反应又出现，这就是再次复燃和间歇燃烧现象生成的原因。若降压过于猛烈，则出现永久性熄火。

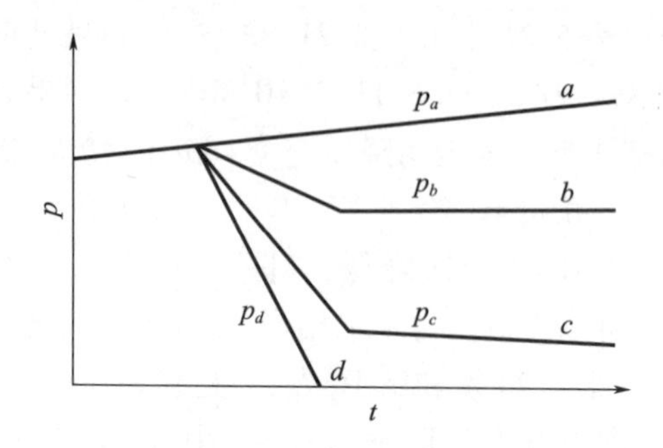

图 5.45 不同降压速率压力随时间变化示意图

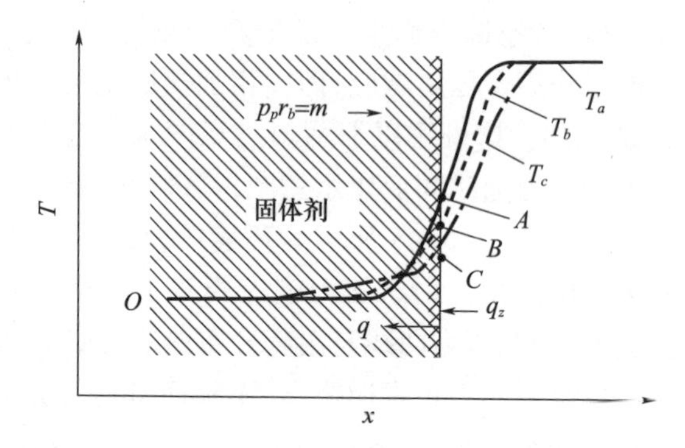

图 5.46 不同工作压力下的温度分布

由上面所述，可以理解为当火药试样燃烧的环境压力快速下降时，下降越迅速，固相加热层内温度分布调整至新的压力所对应的温度分布状态经历的时间越长。在温度分布曲线调整到位之前，气相化学反应（火焰）区存在离开固相分解区的趋势，习惯将这一现象称为异相吹离或吹熄效应。这种效应意味着反应层增厚，热量释放区远离固相加热区，对固相的热反馈下降。这种趋势造成燃速减慢、燃烧不稳定和熄火。

5.7.3 瞬态降压条件下的点火具性能优化[34-36]

1. 点火具的高速录像观察

改善底排推进剂出炮口燃烧不稳定和快速完成二次点火的基本方案是设置点火具，由其常时值班火焰将底排药剂二次点燃。图 5.47 所示为配有点火具的底排药剂进行快速卸压模拟试验装置，试验得到的燃烧室压力 – 时间（$p-t$）曲线如图 5.48 所示。观察发现，这种情况下，底排药剂燃烧行为与配用的点火具

性能有关。采用其中一种点火具,对底排工作过程进行了观察,主要特征如下:

(1) 喷口打开,瞬间可见硕大火球从喷口喷涌而出,还有紧随热气流,历时 7 ~ 8ms。随后进入排空间歇期,约 3 ~ 5ms,不见火光,也无任何物质流出迹象。在 15 ~ 80ms 期间,喷口外出现串状欠膨胀驻定激波火焰。可以认为,这是由点火具燃烧产物但不排除伴随有底排药剂持续分解产物所形成的点火具火焰。

(2) 当底排喷口打开约 136ms 之后,喷口外串状欠膨胀驻定火焰开始转变为带有微弱声响,尺寸较大的连续火焰。可以认为,这是在点火具火焰作用下底排药剂开始复燃,属于亚声速射流火焰。

(3) 从大约 488ms 起,喷口外重现大尺寸欠膨胀串状驻定激波型火焰区。可以认为,这标志着底排药剂在点火具和腔体内壁热反馈作用下底排药剂表面化学反应开始恢复正常。因为在此之前,喷口有大团黄色烟雾排出,这是底排药剂热分解过程恢复的标志。

(4) 从大约 792ms 起,底排工作开始全部恢复正常,喷口火焰稳定,火光耀眼,同时发出呼呼的声响。

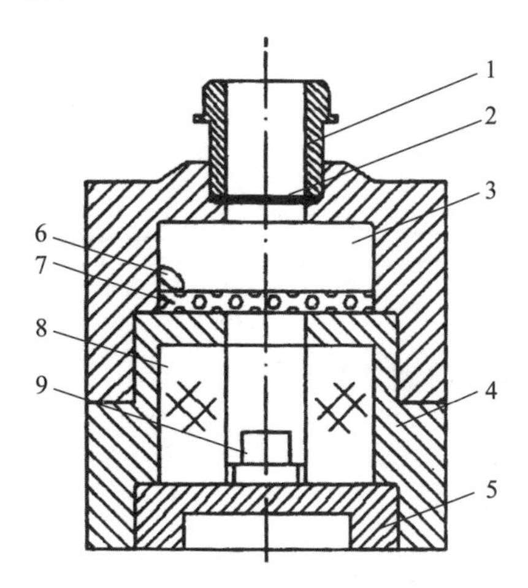

1—喷口; 2—膜片; 3—外燃烧室; 4—底排装置; 5—底盖;
6—点火药包; 7—4/7单基发射药; 8—底排药柱; 9—点火具。

图 5.47　组合匹配模拟试验装置

2. 点火具选择试验

对底排点火具的基本要求是,在瞬态降压条件下仍能保持正常工作,即使有小的波动,也能很快恢复正常状态,值班火焰常在,保证底排药剂二次点火需要。为此,表 5.22 所列 3 种点火具进行试验比较,目的是通过筛选,确定出性能优化的点火具。试验所采用装置如图 5.47 所示。

表 5.22　3 种点火具主要性能参量

点火具	喷孔数量	喷孔直径/mm	点火剂主配方	点火剂药量/g
1#	6	8	硝酸钡	20
2#	6	8	镁粉,PTFE	41
3#	6	6.5	氢化锆,二氧化铅	80

运用交叉试验法,每种点火具试验 3 发,试验时保持喷口密封膜片一致,以保证打开压力和降压速率一致。卸压速率 $p-t$ 曲线如图 5.48 所示,相应降压速率随时间的变化($\mathrm{d}p/\mathrm{d}t-t$)曲线如图 5.49 所示。对应于图 5.48 中的 B 点和 C 点,压力从 65.3MPa 降至 0.1MPa,时间经历约为 6ms。因此,该降压速率约在 0.5~15MPa/ms 范围,这与实际底排弹使用情况大致相似,试验结果如表 5.23 所列。试验中采用高速录像记录了点火具工作全过程。

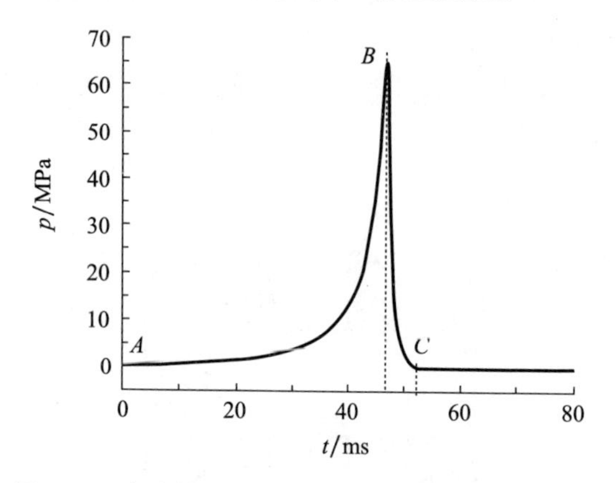

图 5.48　点火具工作环境压力及卸压过程 $p-t$ 曲线

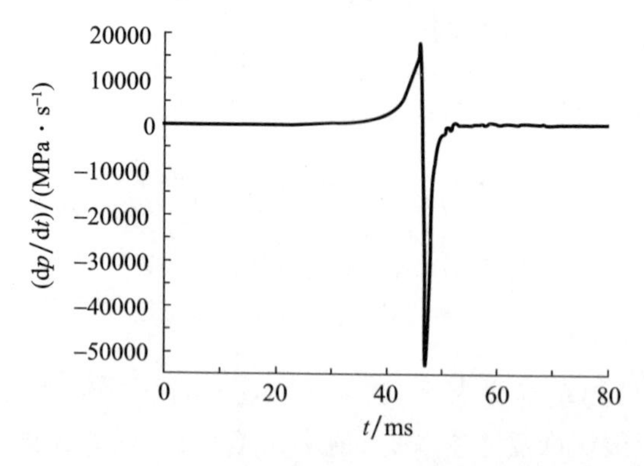

图 5.49　点火具工作环境压力的突降速率随时间变化

表 5.23　3 种点火具的试验结果

序号	点火具	点火药质量/g	4/7 单基药质量/g	最大压力/MPa	点火具火焰延迟时间/ms	点火具火焰持续时间/ms	点火具灰烬质量/g
1	1#	20	60	65.3	0	604	1.54
2	2#	41.61	60	60.2	0	4168	4.12
3	3#	80.49	60	64.0	32	1140	30.75
4	1#	20	60	63.6	0	472	1.66
5	2#	41.84	60	59.9	0	4520	4.87
6	3#	80.65	60	60.3	44	1888	28.17
7	1#	20	60	67.3	0	240	0.36
8	2#	42.08	60	67.5	0	4036	5.84
9	3#	75.55	60	62.4	52	880	31.04

由表 5.23 所列的高速录像视频，分析如下：

在压力突降条件下，1#点火具能维持正常工作，未见其有延迟喷火现象，能保持喷出的点火火焰连续不断，直至全部点火剂燃烧完毕，值守维持的工作时间平均约为 472ms。事后检查点火具内腔，只发现有少量白色残渣，表明燃烧产物基本能全部反应完毕且喷出体外。但总的持续工作时间太短，不能适应底排药剂二次点火需要，有待改进。同样条件下，2#点火具对瞬态卸压也不敏感，未发现喷射火焰失稳，能连续发出点火射流，且火焰中显示有较多稠密相粒子，点火射流外形稳定，表明压力突降变化没有引发其工作状态发生明显变化，整个工作时间持续 4241ms。事后检查，燃烧比较完全，点火具壳体内只留有少量残渣。

3#点火具在同样的压力突降条件下，工作行为特征不太理想：一是点火剂燃烧产物形成点火射流火焰不太明亮，尤其在工作初期（52ms 之前），火光暗淡，直至 52ms，才观察到较为明亮但尺寸不大的火焰。100ms 之后，火焰稍有增大。但有一个优点，火焰中含有高浓度稠密相粒子。二是尽管该点火具点火药剂较多，但平均持续时间也只有 1303ms。事后检查，该点火具壳体内残留有约 40% 废渣。原本希望该点火具燃烧产物中的重粒子能增强对底排药剂二次点火起特殊作用，看来未能如愿。

3. 点火具改进研究

从提高底排药剂出炮口后二次点火可靠性和一致性出发，鉴于上述试验结果，配制了一种新的点火剂，要求点火剂满足点火持续时间长、生成产物中稠密相粒子浓度高，同时确保在瞬态降压下工作稳定，并且改进点火剂造型，将原来的饼状改为环状，以提高增燃趋势。此外，还对点火具结构作了改进，喷口前部增设膨胀腔，用于点火剂燃烧产物预膨胀，提高燃烧完全度。通过这些改进，对膨胀腔上的喷孔进行了优化设计，优化点火能量在底排药剂上的均匀性，实现点火能量在底排药剂表面上的均匀分布。

将改进优化后的点火具装配在如图 5.47 所示的模拟试验装置上，进行了与底排药剂匹配组合试验。其中，外燃烧室 3 内 4/7 火药燃烧形成的环境条件用来模拟底排装置在火炮膛内所经受的加热与点燃过程；膜片 2 打开，燃气外泄，模拟底排装置出炮口经受的压力突降。采用高速录像系统和外燃烧室上安装的压力传感器，记录底排药剂与点火具组合匹配工作过程。用来筛选的共有 7 种点火具。表 5.24 所列为优化筛选得到的最优点火具与制式底排药剂组合匹配试验结果。图 5.50 为在模拟试验装置（图 5.47）外燃烧室上测量得到的 $p-t$ 曲线。

由图 5.50 可见，外燃烧室 $p-t$ 曲线上升段与 155mm 大口径火炮膛内压力上升情况类似，而下降段与底排弹出炮口期间弹底压力的下降速率也基本相近。表 5.24 所列为底排药剂与优化点火具组合试验结果。在模拟出炮口压力突降条件下，采用改型优化点火具，对现有 155mm 火炮底排弹装配的底排装置能实现相对稳定燃烧，出炮口期间未见熄火与间歇湍动燃烧现象。因此，可以认为，该优化点火具能为进一步提高底排弹射击精度提供了可能。

表 5.24　优化点火具与制式底排药剂模拟试验结果

时间/ms	现象描述
0	膜片打开，开始泄压
8	外燃烧室内高温燃气猛烈喷出，火光大而强
16	喷口开始出现底排药剂燃烧火焰
24	底排药剂火焰稳定形成
32	底排药剂火焰开始增强
808	底排药剂火焰开始稳定并维持到 30.64s 燃烧结束

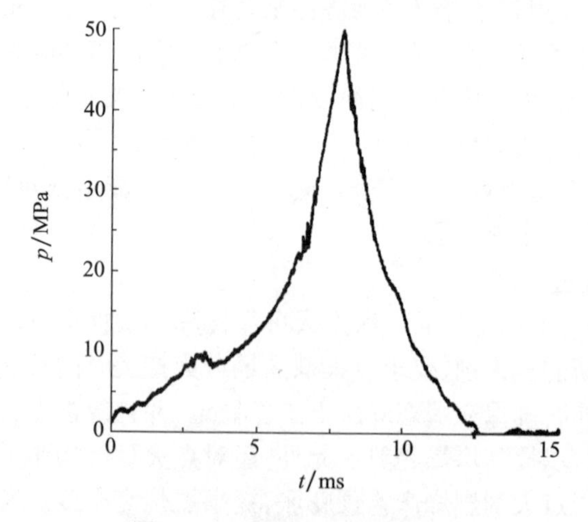

图 5.50　外燃烧室 $p-t$ 曲线

参考文献

[1] 傅维镳,张永廉,王清安. 燃烧学[M]. 北京:高等教育出版社,1989.

[2] KUO K K. 燃烧原理[M]. 陈义良,张孝春,孙慈,等译. 北京:航空工业出版社,1992.

[3] PRICE B W,BRADLEY H H,DEHORITY G L,et al. Theory of Ignition of Solid Propellants [J]. AIAA,1966,4:1153 - 1181.

[4] 吉素宁 N B,等. 火药装药设计[G]. 吴德俊,译. 南京:华东工程学院,1972.

[5] 劳允亮,盛涤伦. 火工药剂学[M]. 北京:北京理工大学出版社,2011.

[6] 路德维希·施蒂弗尔. 火炮发射技术[M]. 杨葆新,袁亚雄,等译. 北京:兵器工业出版社,1993.

[7] 董健年,邱沛蓉,戴有为,等. 发射装药点火问题研究[C]//中国兵工学会弹道专业委员会. 弹道学会专题讨论会论文集. 济南:[出版者不详],1990:41 - 47.

[8] KUBOTA N,OHLEMILLER T J,CAVENY L H,et al. The Mechanism of Super - Rate Burning of Catalyzed Double Base Propellants[J]. Department of Aerospace and Mechanical Sciences, Princeton University,1973:529 - 537.

[9] WHITE K J,SASSE R A. Relationship of Combustion Characteristics and Physical Properies of Black Powder(ADA122264)[R]. Ballistic Research Laboratory. USA - ARRADCOM, Aberdeen Proving Gound,MD,Rept,ARBRL - MR -03219,1982,11.

[10] BELYAEV A B,MAZNEV S F. Dependence of Burning Rate of Smoke - for - ming Powder on Pressare[J]. Doklady Akodemii Nauk SSSR,1960,1(4):887 - 889.

[11] GLAZKOVA A P,TERESHKIN I A. Relation Between Pressure and Burning Velocity of Explosives[J]. Zhurnal Fizicheskoi Khimii,1961,35:1622 - 1628.

[12] BELYAEV A F,KOROTKOV A L,PARFERFENOV A K,et al. The Burning Rate of Some Explosive Substanaces and Mixtures at Very High Pressures[J]. Zhurnal Fizicheskoi Khimii, 1963,37:150 - 154.

[13] 周彦煌,王升晨. 实用两相流内弹道学[M]. 北京:兵器工业出版社,1990.

[14] 张兴顺,韩莉凤,等. 四种制式底火 $p-t$ 曲线的测试与分析[C]//中国兵工学会弹道专业委员会. 弹道学会论文. 黄山:[出版者不详],1980:[页码不详].

[15] 孙兴长,魏建国. 底火射流特性测定[J]//两相流内弹道研究专辑. 兵工学报(武器分册). 1985:13 - 15.

[16] LULLER S R. Ignition Characteristics of Gun Primer[C]//Proceedings on the 11th International Symposium on Ballistics Brussels:[s. n.]:185 - 199.

[17] WHITE K J,HOLMS H E,KELSO J R. Effect of Block Powoler Combustion on High and Low Pressure Igniter Systems[R]. Maryland:ARL Aberdeen Proving Gound,1981:1 - 51.

[18] 周彦煌,王升晨,孙兴长,等. 炮用点火管装药床内点火理论模型及计算[J]. 火炮研究,1980(1):1 - 26.

[19] 王安仕. 金属传火管点火传火分析[J]. 兵工学报(武器分册),1981(4):50 - 56.

[20] 王安仕．可燃传火管应用研究[C]//中国兵工学会弹道专业委员会．弹道学会论文．南京:[出版者不详],1982:[页码不详].

[21] 袁亚雄．金属点火管喷孔射流场及破孔规律的实验测试[J]．弹道学报,1991(4):6－10.

[22] 王升晨,周彦煌．可燃点火管点火燃烧过程的数值预测[J]//两相流内弹道研究专辑．兵工学报(武器分册),1985:16－27.

[23] 周彦煌,李启明．几种火药热物性参量测定及其分析[J]．兵工学报(武器分册),1984(2):58－62.

[24] FUSEAU Y,NICOLAS M,PAULIN J L．Experimental Determination of Ignition Temperature and Friction Coeffient of Gun Propellant Beds[C]//8th International Symposium on Ballistics. Orlando:[s. n],1984.

[25] MERZHANOV A G,AVERSON A E. The Present State of the Thermal Ignition Theory[J]. Combustion and Flame,1971,16(1):89－124.

[26] 周彦煌,魏建国．炮用火药点火研究[J]//两相流内弹道研究专辑．兵工学报(武器分册),1985:1－12.

[27] 雷柯夫 A B. 热传导理论[M]．裘烈钧,等译．北京:高等教育出版社,1955.

[28] 费兰克・P 英克鲁佩勒,大卫・P 德维特,狄奥多尔・L 伯格曼等．传热和传质基本原理[M]．葛新石,叶宏,译．北京:化学工业出版社,2015.

[29] 周彦煌．火炮装药点火过程中的辐射传热[J]．弹道学报,1991(2):32－34.

[30] GOLDSHLEGER U I,BARZYKIN V V,MERZHANOV A G. Mechanism and Laws of Ignition of Condensed Systems by Two－phase Flow[J]. Translated from Fizika Goreniya I Vzryva,1971,7(3):277－283.

[31] 周彦煌,张领科,陆春义,等．一种两相流点火模型及数值模拟[J]．兵工学报,2010(4):414－418.

[32] GOLDSHLEGER U I,BARZYKIN V V,IVLEVA T P. Ignition of Condensed Explosives By A Hot Spherical Particle[J]. Translated from Fizika Goreniya I Vzryva,1973,9(5):733－740.

[33] 周彦煌,张明安,王升晨,等．火炮装药床中气－固对流换热系数的实验研究[J]．兵工学报,1992(2):19－23.

[34] 陆春义,周彦煌,余永刚,等．底排装置低频振荡燃烧和永久熄灭[J]．南京理工大学学报(自然科学版),2009,33(1):112－116.

[35] 陆春义．底排装置强非稳态燃烧特性研究[D]．南京:南京理工大学,2009.

[36] 陆春义,周彦煌,余永刚．高降速率下复合底排药剂瞬变燃烧特性研究[J]．含能材料,2007,15(6):587－591.

第6章　弹丸膛内运动

内弹道学的一项重要使命是研究弹丸膛内运动，确定其出炮口时的速度和运动姿态。这是一个与多种因素相关的复杂问题，即使将它与身管都看作是刚体，要精准确定它的运动也不是简单的事，不仅须要精确确定它的质量、质量中心、极转动惯量及弹后燃气推力，还须要确定它与身管的耦合作用。显然，这与身管内膛结构和烧蚀状态等多方面因素密切相关。不过，在本章中重点关注的是弹丸沿身管轴向的运动和绕轴旋转运动。

6.1　火炮内膛结构及烧蚀影响

内弹道工作者关注火炮内膛结构的原因，首先是为了完成内弹道战技指标的优化设计，也是精确确定弹丸在膛内运动受力的需要。作用在弹丸上的力最主要的是弹后燃气推力，其余还有作用于弹带与定心部上的轴向与切向力以及弹前激波阻力等。其中，作用于弹带与定心部上的力不仅与弹带结构与材料性质有关，还与身管内膛结构（膛线、坡膛）及其烧蚀状态有关，甚至与内膛涂油清除情况、弹带初始卡膛状态、发射模式、环境条件等有关。

6.1.1　身管内膛结构

身管内膛结构是影响弹丸运动的重要因素。图6.1和图6.2所示为线膛炮内膛结构，身管内膛由药室、坡膛和膛线三部分组成。一定意义上，药室空间是首尾相连多个圆台的组合。由图6.2可见，d_0 为药室底部直径，d_1、d_2、d_3 和 d_4 分别为构成药室主体的第1、2、3、4圆台前端直径，$d_{c'}$、d_5 分别为膛线起始部阴线和阳线起点直径。l_1、l_2、l_3 及 l_4 和 l_5 分别为对应圆台与坡膛截面到膛底的距离，l_c 和 l_5 分别为膛底到阴线和阳线起始点距离，$l_3 \sim l_5$ 为坡膛长。有些火炮坡膛一次收敛到位，d_4、l_4 则不存在。一般火炮药室容积是指 l_c 长度范围内几个圆台容积之和。药室又称为燃烧室，它的形状与结构取决于发射装药、弹丸、药筒等装填需要，以及与炮尾闩体结构匹配需要，包括确保方便弹药装填和退壳、退弹等操作的需要。采用药筒装药时，药筒（图6.3）与药室内壁留有间隙。该间隙的大小与药筒的弹性变形有关，既和弹药装填入膛或抽取所伴随发生的排气或吸气过程需要有关,又要确保发射时筒体膨胀贴壁和实现可靠密封闭气。对于中大口径火炮,药筒前端颈部与炮膛内壁的间隙为0.3mm,后端间隙为0.7mm。如果是布袋式装药或模块装药,则由紧塞具或闭气环实施闭气。

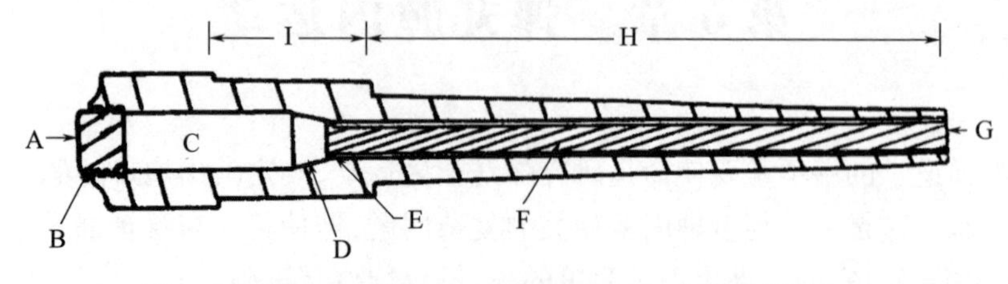

A—炮尾; B—炮闩; C—药室; D—药室肩部; E—膛线起始部(坡膛);
F—膛线; G—炮口; H—变截面部分; I—圆柱部。

图6.1　火炮内膛结构

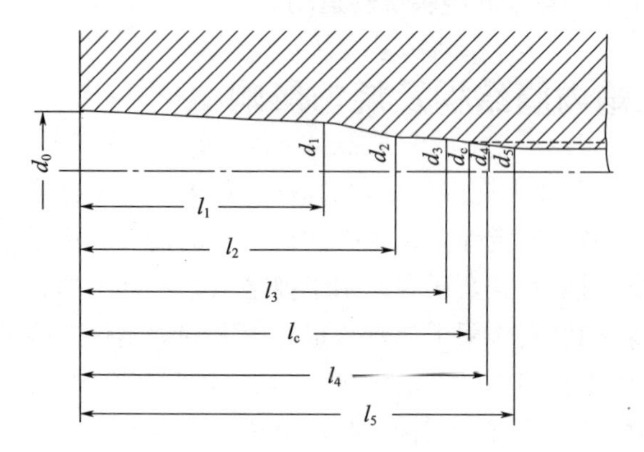

图6.2　内膛尺寸特征量

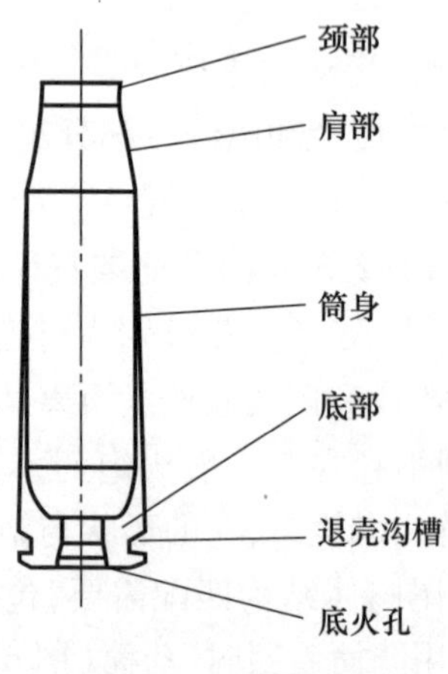

图6.3　药筒结构图

坡膛锥度约为 1/5 ~ 1/10，长度约为 1 ~ 2 倍弹带宽（W_b）。坡膛又称为强制锥，锥角 2ϕ 的一半 ϕ 为坡膛角。这里有必要强调，内弹道学意义上的药室容积 V_0 均是指弹丸装填定位后，实际能为火药燃烧提供的有效空间，通过计算或测量标定确定，具体方法：取火炮药室容积先减去药筒（不可燃）容积，再减去弹带卡膛位置对应弹丸横断面之后的弹体部分容积。

线膛炮身管内壁表面膛线与身管轴线倾角 θ 称为缠角。θ 沿弹丸行程方向可能是不变的，称为等齐膛线；也可能是渐增或逐渐加速增大的，称为渐速膛线。一些火炮采用混合膛线，即渐速与等齐膛线的组合。膛线的作用是通过导转侧对弹带施加压力，迫使弹丸沿身管轴向运动的同时，产生旋转运动。图 6.4 所示为膛线构造图，有膛线断面结构特征。图 6.5 所示为膛线平面展开图。通常膛线取右旋或左旋，右旋时弹丸呈顺时针旋转。由图 6.5 可见，膛线是在膛壁上旋转拉制的凸凹相间的线槽，凸出部分为阳线，凹进部分为阴线。定义 d 和 d' 分别为阳线和阴线的直径，a、b 分别为阳线和阴线的宽度，t_H 为膛线深度。而在膛线的根部和顶部拐角处一般均带有过渡圆角。通常火炮膛线深度取 $t_H = (0.01 \sim 0.02)d$，其中小口径火炮及步兵枪械取 $t_H = (0.02 \sim 0.04)d$。如果定义膛线条数为 n，n 先用代数式 $n = (3 \sim 3.5)d$ 或 $n = 2d + 8$（其中：d 的单位为 cm）估算确定，再作调整。调整时尽可能取 n 为 4 的倍数，这是因为膛线加工采用拉削工艺，取 n 为 4 的倍数，便于刀具对称安装。

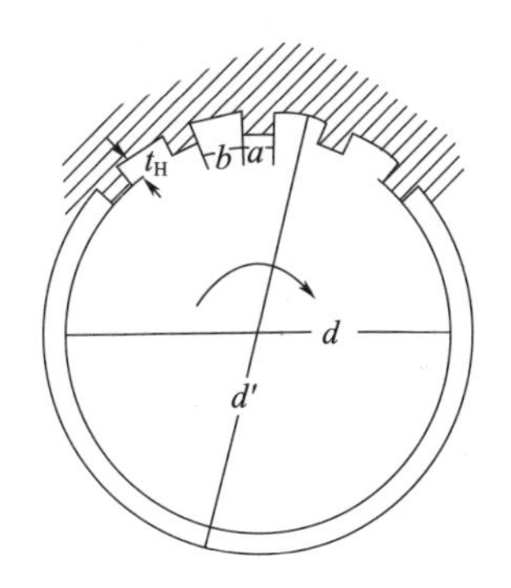

图 6.4 膛线构造图

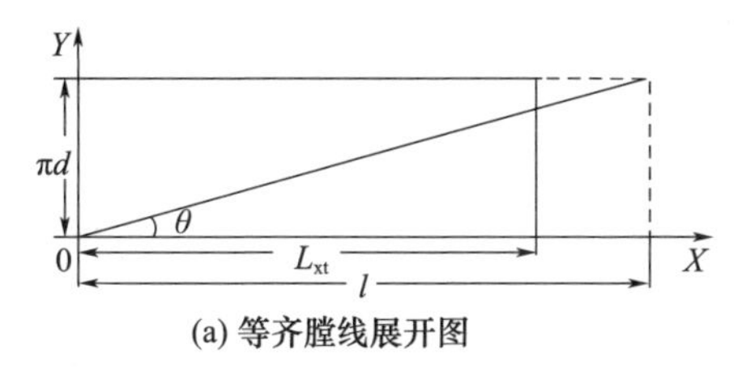

(a) 等齐膛线展开图

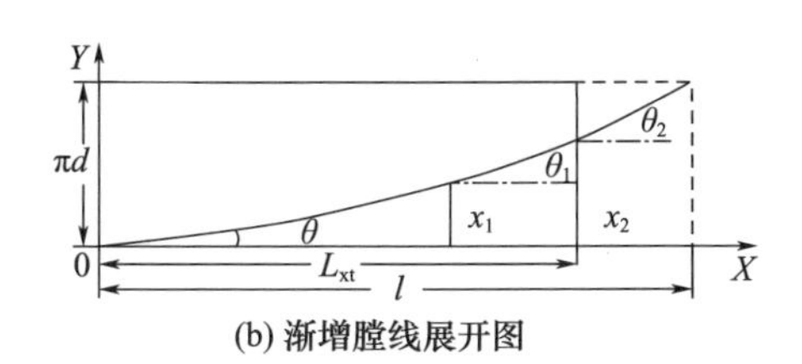

(b) 渐增膛线展开图

图 6.5 膛线平面展开图

理论和实践都表明，采用渐速膛线或混合膛线，对改善膛线导转侧作用力随行程分布，减轻膛线起始部磨损，延长身管寿命是有利的。早在20世纪70～80年代，韩育礼对此就做过专门研究[1-2]。

6.1.2 弹底燃气推力

发射开始，在弹带全部嵌入膛线并填满膛线条件下，弹后燃气对弹丸作用的面积等于弹带处截面积，有

$$A=\frac{\pi}{4}\left(\frac{a}{a+b}d^2+\frac{b}{a+b}d'^2\right)=d^2\cdot\frac{\pi}{4}\left(\frac{a+b\left(\frac{d'}{d}\right)^2}{a+b}\right) \tag{6.1}$$

如果弹丸轴线与炮膛轴线重合，且作用于弹底的燃气压强是均匀分布的，则燃气对弹丸的推力 F_g 仅是随时间变化的函数，即

$$F_g=Ap_d(t) \tag{6.2}$$

式中：p_d 为弹底面积上作用的气体压强。如果弹丸偏斜或非轴对称或弹后燃气压强是非均匀，则式(6.2)应改写为

$$F_g=\int_0^A p_i(t)\,dA_i \tag{6.2$'$}$$

式中：dA_i，p_i 分别为弹底面积微元和该微元上压强，下标“i”意为微元。这种情况下，弹后燃气推力和作用在弹带上的阻力与炮膛轴线或弹丸轴线可能存在夹角，则弹丸在沿身管轴向运动的同时，将产生摆动和翻转。

由式(6.1)可见，线膛炮的内膛截面略大于公称直径面积$(\pi/4)d^2$，如记实际火炮内膛截面为$A=(\pi/4)d_e^2$，令d_e为等效换算直径，$d_e=[(ad^2+bd'^2)/(a+b)]^{1/2}$。对于烧蚀身管，则$A$与弹带能否填满膛线和$d$、$d'$、$a$、$b$、$t_H$的实际值有关。

6.1.3 膛线缠角和缠度

可用两个参量来表征和描述膛线导转能力：一是膛线的缠角θ；二是缠度η。缠角是膛线展开线与内膛轴线的夹角。由图6.5可见，对于等齐膛线，缠角θ是定值，对渐速膛线，θ是渐增的。缠度(η)为弹丸旋转一周弧长(πd)所相应弹丸沿轴向的行程(l)，用口径(d)的倍数表示。对等齐膛线，弹丸旋转一周弧长πd与行程(l)有如下关系：

$$l=\pi d\cdot\arctan\theta \tag{6.3}$$

于是，有

$$\eta=\frac{l}{d}=\frac{\pi}{\tan\theta} \tag{6.4}$$

缠角可表示为

$$\theta = \arctan \frac{\pi d}{l} \tag{6.5}$$

且有

$$\tan\theta = \frac{\pi d}{l} = \frac{y}{x}, y = x\tan\theta \tag{6.6}$$

但对于渐速膛线,若 x_1 处缠角为 θ_1,x_2 处对应缠角为 θ_2,任意处 x 的缠角为 θ,因 y 与 x 呈抛物线关系,即

$$\begin{cases} y = \dfrac{1}{k_c}x^2 \\ \tan\theta = \dfrac{\mathrm{d}y}{\mathrm{d}x} = \dfrac{2x}{k_c} \\ \dfrac{\mathrm{d}(\tan\theta)}{\mathrm{d}x} = \dfrac{2}{k_c} \end{cases} \tag{6.7}$$

由图 6.5(b)及式(6.7),有

$$\begin{cases} x_1 \text{ 处}: \tan\theta_1 = 2x_1/k_c \\ x_2 \text{ 处}: \tan\theta_2 = 2x_2/k_c \end{cases} \tag{6.8}$$

于是,得

$$k_c = \frac{2(x_2 - x_1)}{\tan\theta_2 - \tan\theta_1} \tag{6.9}$$

或

$$\frac{\mathrm{d}(\tan\theta)}{\mathrm{d}x} = \frac{\tan\theta_2 - \tan\theta_1}{x_2 - x_1} = \text{常数} \tag{6.10}$$

表 6.1 为部分制式火炮内膛结构及尺寸特征量一览表。

6.1.4　身管烧蚀及损伤特征

身管烧蚀报废是指由正常射击所引起的身管内膛表面及膛线的磨损与内膛尺寸的增大,而造成初速、射程减退和射击精度下降的报废。有些火炮因发射过程中弹带与膛线发生高速撞击,导致阳线双侧棱边脱落[3];或因发射时膛内涂油清除不净而导致膛线剥落[4],造成弹丸受力和运动异常。通常判别身管烧蚀报废的条件:①榴弹炮初速下降 10%,坦克炮初速下降 7%;②弹带削光而致使弹丸丧失飞行稳定性;③地面距离散布或立靶散布超标;④引发弹丸引信瞎火和早炸。除此之外,还可以列出一些判别条件。其中任何一项条件不达标,即意味着身管报废,由于药室增长、膛线磨损、内膛表面粗糙,以及弹带不能填满膛线、膛线导转能力下降等原因造成弹道性能不能达标。

表 6.1　部分制式火炮内膛结构及尺寸[36]

序号	火炮名称	火炮药室容积①/dm^3	弹丸质量/kg	装药量/kg	炮口速度/($m \cdot s^{-1}$)	膛线缠度③ $\eta = l/d$	膛线倾角③ θ	膛线深 t_H/mm	阳线宽 a/mm	阴线宽 b/mm	膛线条数 n	身管膛线部分长 l_n/mm
1	65 式 双 37 高	0.3758 (0.263)	0.732 ±0.001	0.205 ±0.005	866	30	6° ±10′	0.45	$2.5^{-0.3}$	$4.76^{+0.3}$	等齐,右,16	2054
2	59 式 57 高	1.966 (1.510)	2.8 ±0.003	1.19	1000	35	5°7′45″	0.9	2.45	5 ±0.3	等齐,右,24	3552.56
3	69 式 海双 30	0.29673 (0.22)	0.36	0.183	1050	28	6° ±4′ ±10′	0.6	2.39	3.5	等齐,右,16	1690
4	海双 130	20.796 (19.6)	32.67	14.5/14.15	950/1000	25	7′9′45″	2.7	6.29	8.3	等齐,右,28	5927
5	56 式 85 加	(3.940)	9.54	2.48	793	25	7°9′	0.85	6.62	7.6 ±0.5	等齐,右,24	3495
6	60 式 122 加	(14.030)	27.30	9.80	885	25	7°9′32″	2.4	5.75	7.9	等齐,右,28	4812
7	69 式 130 加	(18.58)	33.4	12.90	930	30	5°58′	2.7	4.20	6 ±0.9	等齐,40	5860
8	60 式 122 榴	(7.653)	25.0	3.45	612	40/25	4°25′30″/7°10′	1.015	3.19	6.384 ±0.3	渐速,40	2978
9	59 式 152 加	(17.27)	43.56	10.67	770	25	7°10′	1.50	4.00	5.97 ±0.3	等齐,48	5468

续表

序号	火炮名称	火炮药室容积[1]/dm^3	弹丸质量/kg	装药量/kg	炮口速度/($m \cdot s^{-1}$)	膛线缠度[3] $\eta = l/d$	膛线倾角[3] θ	膛线深 t_H/mm	阳线宽 a/mm	阴线宽 b/mm	膛线条数 n	身管膛线部分长 l_n/mm
10	66式 152加榴	(12.505)	43.56	8.28	655	25	7°10′	1.50	3.00	6.97±0.5	等齐,48	3467
11	56式 152榴	(5.707)	40.0	3.62	508	46/20	3°54′25″/8°55′37″	1.50	3.00	6.97±0.3	渐速,48	3117
12[5]	PL83式 122榴	(5.769)	21.76	2.988	618	36/20	4°59′14″/9°4′23″	1.01	3.04	7.6	混合[4],36	3127.5
13[5]	PZL2000 155加榴	(23)	—	—	945	—	—	2.3	3.81	6.332	—	6864
14[5]	南非G6 155加榴	(23.528)	42.8~45.3	8.7	897	—	8°55′	1.27	3.81	6.332	等齐,48	5857.24
15[7]	GC45-155	(23.528)	45.4(ERFB)	15.87	897	20	9°4′23″	1.27	3.81	6.332	等齐,48	5875

序号	火炮名称	口径 d/mm	药室底径 d_0/mm	内膛尺寸[6]									
				d_1/mm	l_1/mm	d_2/mm	l_2/mm	d_3/mm	l_3/mm	d_c/mm	l_c/mm	d_4[2]/mm	l_4[2]/mm
1	65式双37高	37	46.35	42.2	192	39	222	39	256	37.9	261	37	265.5
2	59式57高	57	92.4	86.9	257	61.5	298.2	60.9	358	58.8	370.44	57	381.1
3	69式海双30	30	46.3	44.3	154	33	179	32.6	202	31.2	206.64	30	469.5(套管)
4	海双130	130	168.4	161.44	817.5/810.83	148.35	952	147.95	999	135.4	1123	131.8/130	115/1224
5	56式85加	85	102.4	95.5	530	87.3	613	87.1	650	86.7	652	85	661
6	60式122加	121.92	162.8	157.25	625	136	720	136	785	126.72	878	123/121.92	915/975

续表

序号	火炮名称	口径	药室底径	内膛尺寸[6]									
		d/mm	d_0/mm	d_1/mm	l_1/mm	d_2/mm	l_2/mm	d_3/mm	l_3/mm	d_c/mm	l_c/mm	d_4[2]/mm	l_4[2]/mm
7	69 式 130 加	130	175.4	167.8	650	147.5	810	147.0	874	135.4	990	131.8/130	1025/1091
8	60 式 122 榴	121.92	140.4	135	468	135	542.6	123.95	642	123.95	642	121.92	682
9	59 式 152 加	152.4	175.4	166.39	771	—	—	—	—	155.4	882.0	-/152.4	-/103.8
10	66 式 152 加榴	152.4	162.4	157.5	530	157.5	712	—	—	155.4	772.9	153.67/152.4	823/975.4
11	56 式 152 榴	152.4	161.8	158.0	249	158	384	155.4	410	155.4	1196	-/152.4	-/440
12[5]	PL83 式 122 榴	121.92	—	—	—	—	—	—	—	—	559.1	—	121.92
13[5]	PZL2000 155 加榴	154.94	162	—	—	—	—	—	—	—	1188.7	—	—
14[5]	南非 G6 155 加榴	154.94	170	—	—	—	—	—	—	—	—	—	—
15[7]	GC45 - 155	154.94	170	—	—	—	—	—	—	—	1188.7	—	—

①括号内为内弹道药室容积;②分子分母数字分别为 d_5 和 l_5;③分子为初始倾角(缠度),分母为最终倾角(缠度);④从膛线起始部向前 1/4 段为等齐膛线,初始 $\theta=4°59'14''$,$\eta=36$;其余 3/4 长部分为渐速膛线,末倾角 $\theta=9°4'23''$,$\eta=20$;⑤取自 202 所有关内部资料;⑥尺寸定义见图 6.2;⑦张月林. 西方 155mm 火炮技术性能分析[J]. 兵工学报(武器分册),1982(1):1 -5。

1. 烧蚀引起的身管阳线变化

在身管烧蚀寿命后期，内膛直径增大量（Δd）沿轴向的变化如图 6.6 所示[5]。图 6.6 中 A 点对应于膛线起点（对应图 6.2 中的 d_c，l_c），Ⅰ区（AB 段）约 1.0 ~ 1.5d（倍口径）长，此长度为严重烧蚀磨损区，且一般在膛线起点往前约 2cm 处为烧蚀最严重部位。Ⅱ区为烧蚀磨损次严重区，烧蚀磨损量沿轴向呈逐步下降趋势。Ⅲ区为均匀轻磨损区。Ⅳ区为炮口磨损区，该区磨损量又呈渐增趋势，约 1.5 ~ 2.0 倍口径（d）长。

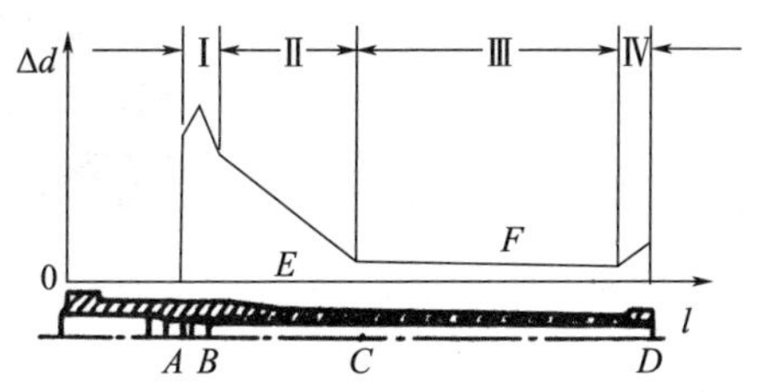

Ⅰ—严重烧蚀区；Ⅱ—次严重烧蚀区；Ⅲ—均匀磨损区；Ⅳ—炮口烧蚀区。

图 6.6　身管阳线径向增大沿长度的一般规律

当然，这种分区方法是定性的，区段之间也无明显界限，而且阴线也存在烧蚀，并随烧蚀加重，坡膛增长，坡膛角减小。图 6.7（a）、（b）分别为不同条件实测烧蚀量沿身管轴向变化曲线。有些加农炮和坦克炮在最大压力行程附近存在次严重烧蚀区。

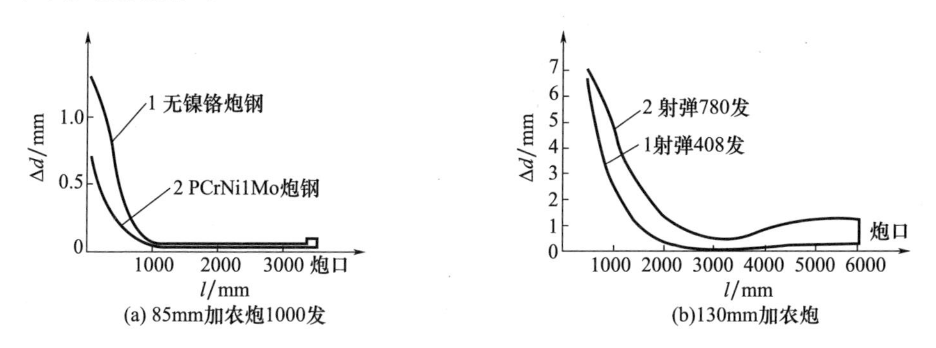

图 6.7　不同火炮沿身管长度直径变化曲线

2. 烧蚀身管横断面特征

图 6.8 所示为 130mm 加农炮射击 480 发后，距离膛底 1450mm 内膛断面烧蚀磨损情况。测量表明，此处阳线直径增大（Δd）6.55mm，阴线直径增大 1.62mm。膛线导转侧磨损明显大于非导转侧，阳线断面变为三角形或扁圆弧形，而有些火炮膛线断面变成了锯齿形，如图 6.9 所示。这种情况下，严重烧蚀区阳线将会变为断续存在的串状凸起，而一个个凸起实际相当于独立分散存在

的“乳突”或“山头”。同时,内膛表面还可能出现大大小小的坑凼。发射中,每一个凸起将给弹带犁削出一道沟槽,多条沟槽相互覆盖和叠加,导致弹带削减和削光。

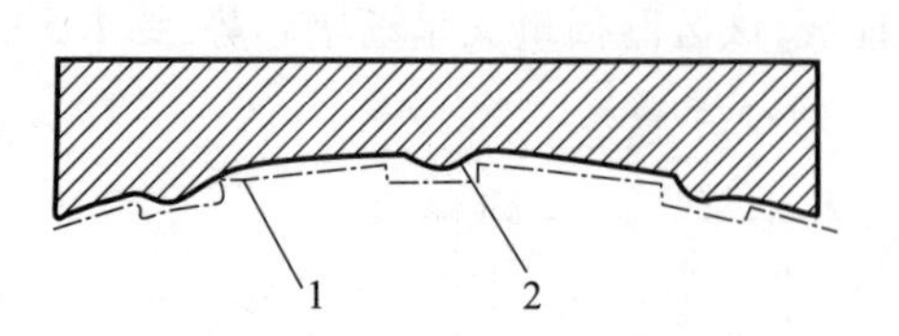

1—膛线原始轮廓；2—烧蚀后轮廓。

图 6.8　内膛断面烧蚀磨损情况

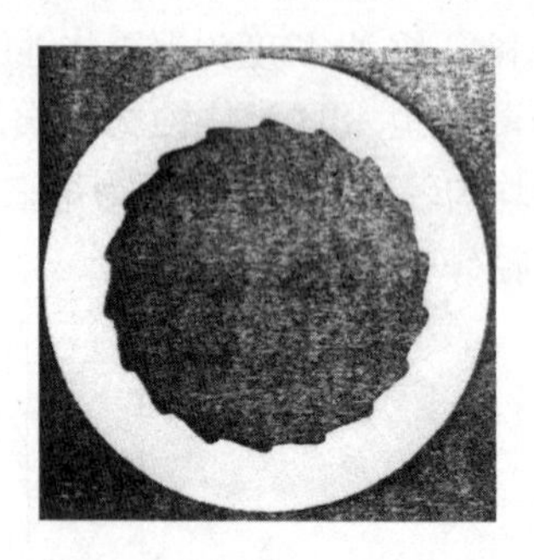

图 6.9　锯齿状膛线图[6]

3. 膛线撞击损伤特征

除了烧蚀之外,一些火炮因使用或膛线设计加工不当,而可能导致膛线遭遇意外损伤与破坏。图 6.10 所示的阳线根部裂纹,就是由于弹丸初始装填不到位和炮膛涂油擦拭不净引起的,最终造成部分阳线起始部双侧棱边脱落[3-4]。

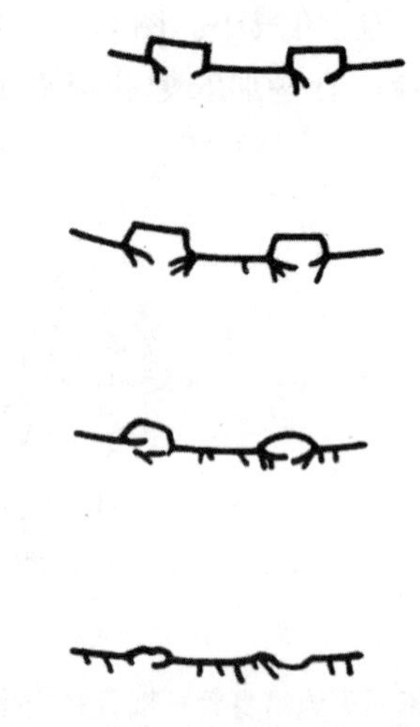

图 6.10　膛线根部破坏过程示意图[3]

4. 膛壁挂铜与积炭

弹带通常采用紫铜(或黄铜、纯铁等)制作。在身管使用寿命早期,当弹带全部嵌入膛线,它与内膛表面之间发生的主要作用是导转与滑动。此时膛线表面可能因烧蚀而生成很多网状沟纹。当弹带滑过,而界面温度不高,接触面上将留下弹带材料粉末;当界面温度足够高,铜质弹带将在膛线表面留下液膜,射后固化。这就是身管内膛挂铜原因。试验表明,挂铜厚度开始是逐渐增加的,与此同时内膛表面也会产生积炭。挂铜积炭层厚度不会一直增加,一般维持在 0.04mm 左右。不会过分增厚的原因:一是挂铜积炭层本身与膛壁附着结合力有限,二是后续射弹将不断带走之前积累的一部分。挂铜与积炭可能导致中小口径火炮身管使用前期出现“径缩”现象,致使内弹道性能出现异常。

6.2　弹带结构与挤进动力学模型

一般炮射弹丸均配有弹带,弹带挤进摩擦过程是对弹丸膛内运动和内弹道过程具有重要影响的复杂力学过程:①挤进阻力与弹带材料、尺寸、结构密切相关,是决定弹丸膛内运动和内弹道性能的重要因素;②弹带能有效堵塞弹后燃气外泄,防止能量损耗,是保证内弹道性能稳定的必要条件;③采用优化设计的弹带可以使身管寿命得以延长,同时能使初速减退、初速或然误差增大等现象得以缓解;④通过与膛线的相互作用使弹丸出炮口时具有规定的转速,以保证飞行稳定。但挤进同时也有负面作用:一是给弹丸运动带来了阻力;二是将造成膛线磨损。弹带这些作用与功能,既取决于弹带结构、材料、尺寸,也和身管内膛结构及它们之间的匹配与耦合状态紧密相关。

6.2.1　弹带结构[5-6]

1. 弹带的条数

弹带挤入坡膛生成的阻力与弹带自身的材料、尺寸、结构及其与火炮内膛结构耦合有关。随弹丸长度与初速的增加,为保证飞行稳定,相应需要提高转速。若弹带材料、膛线深度一定,则提高转速必须以增加弹带宽度作保证。但过宽的弹带可能给弹体强度设计带来困难,通常选择增加弹带条数以达到期望的总宽度。所以一些弹丸选用两条甚至三条弹带。铜质弹带每条宽度,中小口径火炮弹丸一般为 10 ~ 15mm,大口径火炮弹丸约 25mm。

2. 弹带强制量

弹带强制量是指其过盈量或挤压剪切量。由图 6.11 可见,若弹带外径为 d_b,火炮(弹丸)公称直径为 d,则过盈量为 $\delta = (d_b - d)/2$。对于滑膛炮,有

$$d_b = d + 2\delta \tag{6.11a}$$

对于线膛炮,有

$$d_b = d + 2(\delta + t_H) \tag{6.11b}$$

由式(6.11)可见,滑膛炮弹带直径为弹丸公称直径 d 与两倍强制量 δ 之和;线膛炮弹带直径为弹丸公称直径 d 与两倍强制量 δ 及两倍膛线深 t_H 之和。

强制量的大小,要考虑炮管烧蚀紧塞火药气体防止泄漏的需要,通常取 $2\delta =$

$(0.002 \sim 0.005)d$。

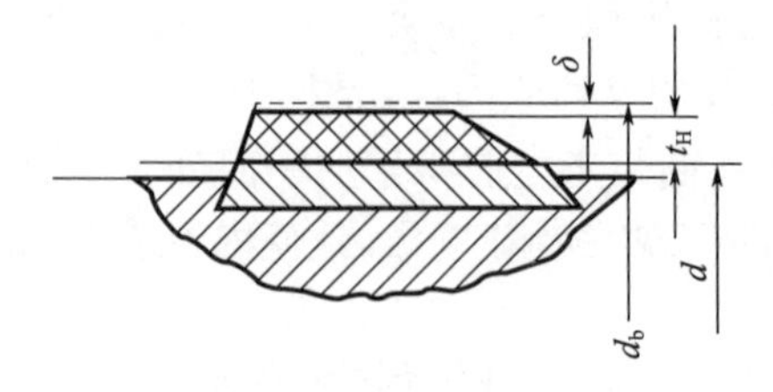

图 6.11 弹带的强制量

3. 结构分类

影响弹带挤进的重要因素除强制量与宽度之外，还有其他一些与结构相关的参量。图 6.12(a)所示为典型简单一条弹带，图 6.12(b)所示为带有环状沟槽单条弹带，图 6.12(c)所示为带有环形槽和凸台的弹带，图 6.12(d)所示为带有槽沟和凸台的双弹带，图 6.12(e)所示为带槽沟和闭气环的弹带。

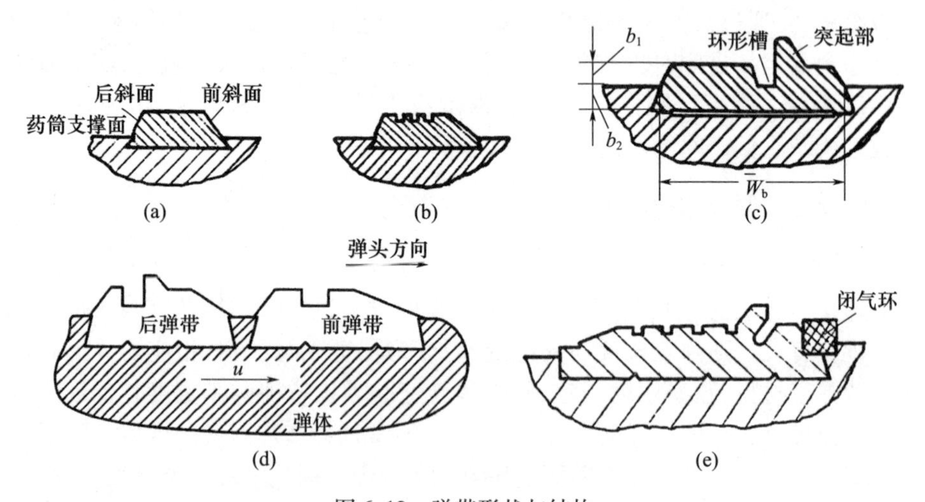

图 6.12 弹带形状与结构

弹带嵌入膛线的过程是弹带强制量和阳线所对应的弹带材料被挤压流动、压缩延伸至弹带后部凹陷区和亚直径区的过程，是弹带与炮膛接触表面增加与运动摩擦阻力增加的过程，也是总体挤进阻力逐渐增大的过程。弹带上的环状沟槽一定意义上相当于减少了强制量，要求沟槽在弹带嵌入挤进中能被充分填平，其深度应不大于膛线深度 t_H。弹带上的环形凸台用于增强闭气效果。凸台也称为凸缘，一般处于弹带后沿。20 世纪 70 年代之后，其被广泛采用，对提高身管使用寿命、减缓身管烧蚀和初速减退都有积极意义。闭气环一般采用尼龙或聚四氟乙烯制成，作用是补充弹带闭气作用的不足，其尺寸一般稍大于弹带直径。对烧蚀磨损炮膛,闭气环对弹丸初始卡膛定位具有积极作用。

6.2.2　准静态挤进阻力模型

1. 粗略估算方法

弹带嵌入坡膛过程如图 6.13 所示。以往内弹道学[7-8]关于弹带的挤进与摩擦阻力的估算往往采用如下几种简化方式进行处理:一是将挤进阻力(压强)表述为图 6.14 所示的分段折线[7]。假定起始嵌入阻力压强为 15MPa,随弹带挤入膛线,挤进阻力压强快速增至 25.0MPa。当弹带全部进入膛线,又下降至 7.0MPa。至炮口约下降为 3.0MPa。二是干脆将嵌入和挤进看成是瞬间完成的,假定 p_0 =30MPa 弹丸开始启动,称为启动压力。事实上,前者近似处理方法最早出自 1925 年苏联炮兵专门实验委员会的论证报告[7];后者 p_0 = 30MPa 取值方法是 20 世纪初苏联采用截短身管火炮进行实弹射击,将一半炮弹射出而一半留膛的药室压力定义为启动压力[7]。这些挤进阻力定义方法是经典内弹道学简化求解需要的产物,直到 20 世纪 70 年代还在广泛应用[8]。三是到了 20 世纪 70 年代,美国通用电气公司提出了一个弹丸挤进阻力(压强)估算经验式:

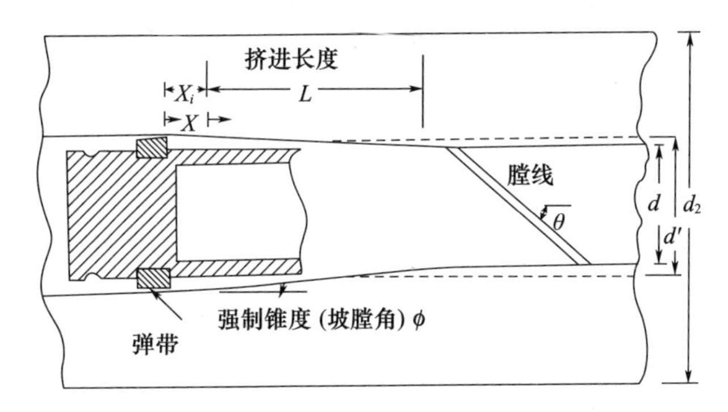

图 6.13　弹丸嵌入坡膛时刻和身管起始部几何关系

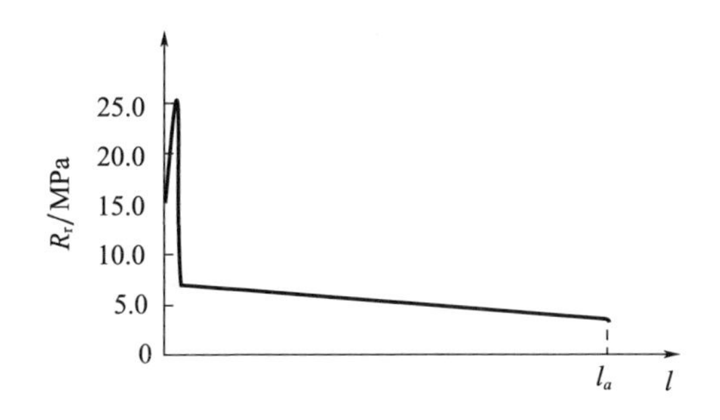

图 6.14　1925 年式 75mm 加农炮挤进阻力压强[7]

$$R_r = \frac{R_{rN}(d_b/d - 1.0)(W_b/d) \cdot F_{mc}\left(\frac{1.92}{b/a} + K_f\right)}{\cos\phi} \tag{6.12}$$

式中：R_r 为用于内弹道计算的挤进阻力（压强）；R_{rN} 为参照用标准挤进阻力（压强），其取值与 x/d 的对应关系如表 6.2 所列。d_b 为弹带直径；d 为阳线直径；W_b 为弹带宽；F_{mc} 为弹带材料代码，铜、铁取 1.0，塑料取 0.2；a、b 分别为阳线与阴线宽；K_f 为修正系数；ϕ 为坡膛角。

表 6.2　R_{rN} 与 x/d 的对应关系

R_{rN}/MPa	x/d（口径倍数）	R_{rN}/MPa	x/d（口径倍数）
13.8	0.0	27.6	4.0
103.4	0.2	17.2	10.0
103.4	0.8	13.8	30.0
69.0	1.0	10.3	60.0
48.3	1.5	10.3	2000.0

由于这些简化方法估算得到的挤进阻力相对都比较粗略，尤其是不能精确描述和表征不同烧蚀程度坡膛－膛线－弹带耦合作用条件下的嵌入与挤进阻力随行程变化规律，因此需要重新仔细研究。

2. 弹带挤进动力学[9]

图 6.15 和图 6.16 分别为弹丸装填定位和挤入膛线状态示意图。由图 6.15可见，坡膛母线与身管轴线之间有一倾角 ϕ，称为坡膛角。显然，弹丸的装填定位状态，与弹带（凸台）直径 d_b、弹带前斜面倾角 α_2 及坡膛角 ϕ 有关，图 6.15所示为 $\alpha_2 > \phi$ 的状态。不过对于药筒整装式弹药，则需要弹底推力 $Ap(t)$ 大于药筒紧口形成的"拔弹力"时，弹丸将在运动一个不大的自由行程后才能定位到图 6.15 所示的状态。这种情况下，定位意味着弹带外缘首先与坡膛接触，而且弹丸需要前行距离 s_1，弹带外缘才能到达阳线起始点位置，即

$$s_1 = \frac{d_b - d}{2}\frac{1}{\tan\phi} \tag{6.13}$$

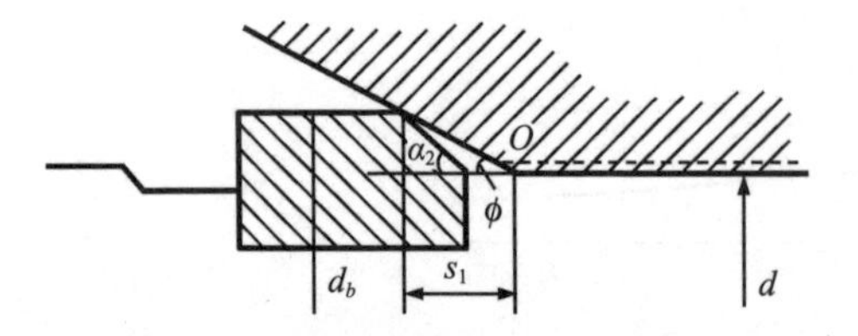

图 6.15　弹丸装填定位待发状态

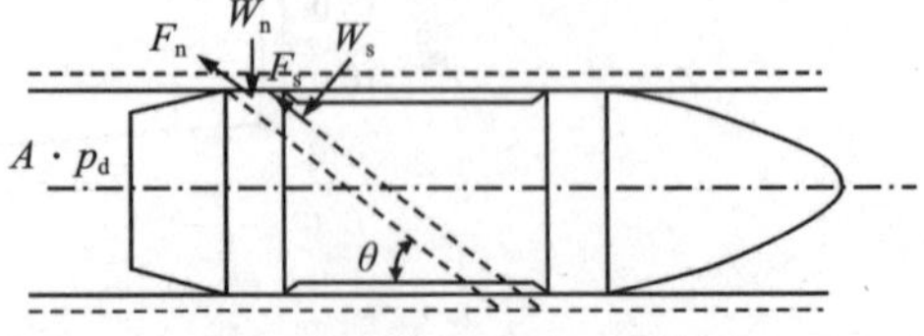

图 6.16　弹带完全挤入膛线状态

当弹带完全挤入身管或膛线时,弹带径向表面上存在法向载荷 W_n,同时存在一个与运动方向相反的滑动摩擦阻力 F_n。此外,缠角 θ 将生成一个垂直于膛线导转侧的旋转驱动力 W_s,并产生一个与运动方向相反的第二滑动阻力 F_s。挤进(刻槽)终了,弹丸沿其轴向 x 方向平动和旋转运动方程分别为

$$m_q \ddot{x} = Ap(t) - F_x' \tag{6.14}$$

$$I\ddot{\theta} = d_b F_y/2 \tag{6.15}$$

式中:$m_q, I, A, p(t)$ 分别为弹丸质量、极转动惯量、弹丸横截面积和作用于弹底的燃气压强(弹底压强),而

$$F_x' = W_s \sin\theta + (F_n + F_s)\cos\theta \tag{6.16}$$

$$F_y = W_s \cos\theta - (F_n + F_s)\sin\theta \tag{6.17}$$

对于滑膛炮,$F_x' = F_n$,且 $F_y = 0$。

由于膛线的约束作用,因此弹丸旋转运动和直线运动存在如下确定关系:

$$\dot{y} = \dot{x}\tan\theta \text{ 或 } \ddot{y} = \ddot{x}\tan\theta + \dot{x}\mathrm{d}(\tan\theta)/\mathrm{d}t \tag{6.18}$$

式中:$\ddot{y} = d_b \ddot{\theta}/2$;$\dot{\theta}$ 为旋转角速度;$\ddot{\theta}$为旋转角加速度。而弹带表面滑动摩擦阻力为

$$F_n = \mu_n W_n \tag{6.19}$$

$$F_s = \mu_s W_s \tag{6.20}$$

式中:W_n, W_s 分别为弹带与膛线径向正表面之间的载荷和导转侧表面上的载荷,均为接触表面积与接触应力之乘积;μ_s, μ_n 为滑动摩擦因数,在以下推导中,取 $\mu_s = \mu_n$。

将式(6.20)代入式(6.17),并将所得 W_s 代入式(6.16),再利用式(6.15)消去 W_s,则式(6.14)可改写为

$$m_q \ddot{x} + \frac{4I(\mu_s + \tan\theta)}{d_b^2(1 - \mu_s \tan\theta)}\left[\ddot{x}\tan\theta + \dot{x}\frac{2\mathrm{d}(\tan\theta)}{\mathrm{d}t}\right] = Ap(t) - F_x \tag{6.21}$$

式中

$$F_x = \frac{W_n \mu_n}{\cos\theta - \mu_s \sin\theta} \text{ (完全挤进之后)} \tag{6.22}$$

但在挤进初始阶段,弹带处于坡膛(强制锥面)位置的时候,摩擦阻力 F_n 应考虑坡膛角 ϕ 的影响,同时接触力 W_n 将生成一个与挤进方向相反的分量,于是式(6.22)应改写为

$$F_x = \frac{W_n \mu_n \cos\phi}{\cos\theta - \mu_n \sin\theta} + W_n \sin\phi \text{ (挤进或刻槽过程之中)} \tag{6.23}$$

对于滑膛炮,不存在缠角 θ 的影响,式(6.23)改为

$$F_x = W_n(\mu_n \cos\phi + \sin\phi) \tag{6.23$'$}$$

为防止膛线起始部因弹丸起始冲击速度太大而造成对弹带的撞击损伤，可以考虑采用充分小的初始缠度。

3. 挤进阻力表达式[9]

考虑挤进（刻槽）过程从弹带与坡膛锥面接触开始，弹丸向前运动，弹带材料进入挤压屈服和流动状态，被推挤剪切下来多余（过盈）材料流向后方，弹带与坡膛接触面逐渐增加阻力也随之增大。为推导弹带挤进过程给弹丸带来的阻力与旋转力基本方程，提出如下基本假定：

（1）忽略挤进中弹带的弹性变形，假定坡膛接触面上的应力为弹带材料流动应力 σ_f。

（2）假定挤进中接触（压力）载荷是接触面积与表面应力的乘积，即

$$W_n = \sigma_f A_c \tag{6.24}$$

（3）假定火炮身管和弹丸（除弹带）为刚体，即接触面积仅和弹带与坡膛（膛线起始部）结构、尺寸以及弹丸运动行程 x 有关。

（4）对一些结构复杂弹带，作如下约定：以公称口径 d 为基础，对弹带上的沟槽、突台、前后倾角因素进行修正，折算出弹带有效当量直径 d_b 和有效当量宽度 $s_2(W_b)$。

（5）对于双弹带，在对每条弹带作简化处理和确定出 d_b 和 $s_2(W_b)$ 基础上，要考虑前后弹带之间间隔距离。

实际挤进问题可能面临各种不同工况。如弹带有效直径 d_b 大于阴线直径 d'，则阴线与阳线的整个表面都充分接触，随弹丸向前运动，接触表面逐步增加，直至整个弹带宽度（连同被推挤和堆积于其后方的部分）进入身管直线段，接触表面达最大。如果是双弹带，则在计及前后弹带间距基础上，计算前后两条弹带挤进过程。如果 d_b 小于阴线直径 d'，则实际接触可能仅发生在阳线径向表面和部分导转侧表面上。随着阳线推挤下来的材料流入阴线，接触将会在阴线径向表面上逐渐出现。这种情况下，阻力－行程曲线开始上升缓慢，之后可能突然上升。另外，挤进阻力除了与弹带结构与尺寸相关之外，还与坡膛结构相关，有些火炮只有一个坡膛角，但有些坡膛是采用两次收敛的。这里按一个坡膛考虑。

1）$\alpha_2 > \phi$ 且 $d_b > d'$ 情况（图 6.17）

当弹带前斜坡角 α_2 大于药室坡膛角 ϕ 时，按弹带挤进行程的不同，写出弹丸挤进中处于不同行程阶段的相应阻力。令行程的几个特征长度分别为

（1）$l_1 = \dfrac{d_b - d}{2}\left(\dfrac{1}{\tan\phi} - \dfrac{1}{\tan\alpha_2}\right)$（相当于 A 点截面前移到 O 点截面）（6.25）

（2）$l_2 = s_2 + l_1 - s_1$（相当于 D 点截面沿 x 方向到达 C 点截面）（6.26）

（3）$l_3 = s_2 + l_1$（D 点截面到达 O 点截面）（6.27）

(4) $l_4 = l_3 + \Delta s_3$(弹带原始宽度+延伸宽度全部进入阳线,即 O 点)(6.28)

相应不同阶段阻力表达式为

$$F_{x_1} = \sigma_f \pi(\mu_n \cos\phi + \sin\phi)\left(d + \frac{s_1}{l_1}\tan\phi \cdot x\right)\frac{s_1}{l_1 \cos\phi} \cdot x \quad (0 \leqslant x \leqslant l_1) \tag{6.29}$$

$$F_{x_2} = \frac{\sigma_f \cdot c \cdot \mu_n}{\cos\theta - \mu_n \sin\theta}(x - l_1) + \sigma_f(\mu_n \cos\phi + \sin\phi) \cdot \pi \cdot \left(d + \frac{s_1}{\cos\phi} \cdot \sin\phi\right) \cdot \frac{s_1}{\cos\phi} \quad (l_1 < x \leqslant l_2) \tag{6.30}$$

$$F_{x_3} = F_{x_2} \quad (l_2 < x \leqslant l_3) \tag{6.31}$$

$$F_{x_4} = \sigma_f \pi(\mu_n \cos\phi + \sin\phi)\left(d + \frac{l_4 - x}{\Delta s_3} \cdot s_1 \tan\phi\right)\frac{l_4 - x}{\Delta s_3 \cos\phi} \cdot s_1 + \frac{\sigma_f c \cdot \mu_n}{\cos\theta - \mu_n \sin\theta}(x - l_1) \quad (l_3 < x \leqslant l_4) \tag{6.32}$$

$$F_{x_5} = \frac{\sigma_f \cdot c \cdot \mu_n}{\cos\theta - \mu_n \sin\theta}(s_2 + \Delta s_3) \quad (x > l_4) \tag{6.33}$$

式中:Δs_3 为弹带材料挤压延伸长度;c 为圆周接触长度;θ 为缠角。

$$\Delta s_3 = \frac{d_b^2 - d^2 \dfrac{a}{a+b} - d'^2 \dfrac{b}{a+b}}{\dfrac{a}{a+b}d^2 + \dfrac{b}{a+b}d'^2 - d_p^2} s \tag{6.34}$$

$$c = \left(\frac{a}{a+b}d + \frac{b}{a+b}d'\right)\pi \tag{6.35}$$

式中:d_p 为弹带后部弹丸(沟槽)外径。

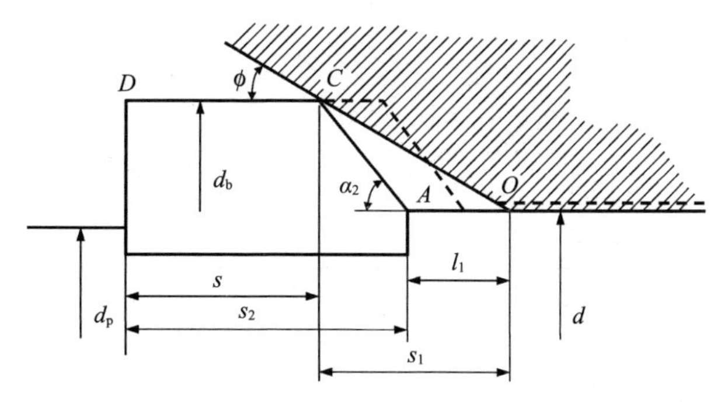

图6.17　$d_b > d'$ 且 $\alpha_2 > \phi$ 弹带挤进过程示意图

2) $d_b > d'$ 但 $\alpha_2 < \phi$ 情况(图6.18)

这种情况下,弹丸装填定位(卡膛)及挤进过程,几个不同特征长度为

(1) $l_1 = s_2 - s - s_1$(相当于 C 点截面到 C' 点) (6.36)

(2) $l_2 = s_2 - s_1$(相当于 D 点截面到达 C' 点) (6.37)

(3) $l_3 = s_2$(相当于 D 点截面到达 O 点) (6.38)

(4) $l_4 = s_2 + \Delta s_3$(相当于弹带原始宽度和延伸宽度全部进入身管阳线起点) (6.39)

对应挤进阻力分别为

$$F_{x_1} = \sigma_f(\mu_n\cos\phi + \sin\phi)\pi \cdot \frac{s_1 x}{l_1\cos\phi}\left(d + \frac{s_1 x}{l_1}\tan\phi\right) + \frac{\sigma_f \cdot c \cdot \mu_n \cdot x}{\cos\theta - \mu_n\sin\theta} \quad (0 \leqslant x \leqslant l_1) \tag{6.40}$$

$$F_{x_2} = \sigma_f\pi(\mu_n\cos\phi + \sin\phi) \cdot \frac{s_1}{\cos\phi}\left(d + \frac{s_1}{\cos\phi} \cdot \sin\phi\right) + \frac{\sigma_f \cdot c \cdot \mu_n \cdot x}{\cos\theta - \mu_n\sin\theta} \quad (l_1 < x \leqslant l_2) \tag{6.41}$$

$$F_{x_3} = F_{x_2} \quad (l_2 < x \leqslant l_3) \tag{6.42}$$

$$F_{x_4} = \sigma_f \cdot (\mu_n\cos\phi + \sin\phi)\frac{l_4 - x}{\Delta s_3\cos\phi} \cdot s_1 \cdot \pi\left(d + \frac{l_4 - x}{\Delta s_3} \cdot s_1\tan\phi\right) + \frac{\sigma_f \cdot c \cdot \mu_n \cdot x}{\cos\theta - \mu_n\sin\theta} \quad (l_3 < x \leqslant l_4) \tag{6.43}$$

$$F_{x_5} = \frac{\sigma_f \cdot c \cdot \mu_n}{\cos\theta - \mu_n\sin\theta}(s_2 + \Delta s_3) \quad (x > l_4) \tag{6.44}$$

弹带外径 d_b 可能小于烧蚀火炮阴线。上述推导的阻力关系式虽还可用，但要作必要的修正。

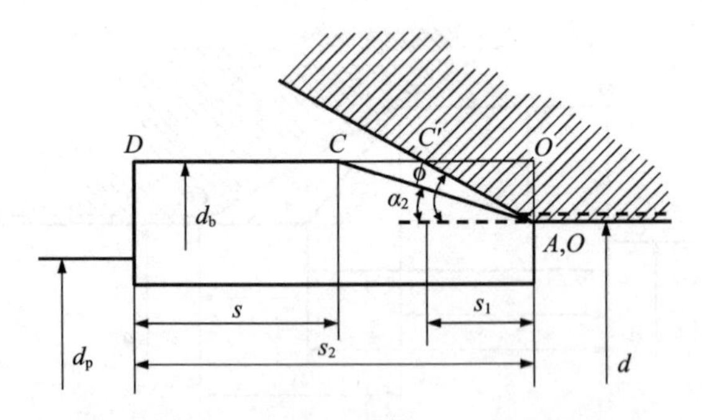

图 6.18 $d_b > d', \alpha_2 < \phi$ 情况下弹带挤进示意图

4. 准静态流动应力的选取与确定

求取挤进阻力 F_x，需要提供流动应力 σ_f 和摩擦因数 $\mu_n(\mu_s)$。有必要指出，

弹带嵌入和挤进与工程中的一般挤压工艺有类似之处,但又存在明显差异。挤进过程中身管和弹体发生的微小变形一般可以忽略不计,但因弹带是镶嵌在弹丸壳体上的,使得实际发生变形流动区域仅限于上部表层。这已从得到的模拟试验及射击回收弹带切片试样金相分析结果所证实。被阳线推挤下来的"多余"材料,几乎都以平移方式堆积于弹带尾部正后方,或者说是以剪切变形方式被推抹到弹带尾部。因此,可以认为弹带外表垂直于强制锥的正应力为 $\sigma_1 = -\sigma_f$,且沿坡膛(强制锥)圆周切向应力也一样 $\sigma_2 = -\sigma_f$。因而沿剪切运动方向的剪切力为 $\tau_{13} = \mu\sigma_f$。准静态条件下,如弹带材料性能均匀且各向同性,并不考虑冷作硬化,则其屈服变形流动应力可利用米泽斯屈服准则(Mises yield criterion)[10-11]求取

$$(\sigma_1-\sigma_2)^2+(\sigma_2-\sigma_3)^2+(\sigma_3-\sigma_1)^2=6[k^2-(\tau_{12}^2+\tau_{23}^2+\tau_{31}^2)] \tag{6.45}$$

式中:k 为米泽斯常数,通常由单轴试验得到。

式(6.45)可简化为

$$\sigma_f^2=3k-3\tau_{13}^2 \tag{6.46}$$

单轴压缩条件下,$\sigma_{11}\neq 0$,其他 $\sigma_{ij}=0$,材料屈服时,则有

$$k\equiv -\sigma_s/\sqrt{3} \tag{6.47}$$

式中:σ_s 为材料屈服应力,代入式(6.46),可将其改写为

$$\sigma_f=\sigma_s/(1+3\mu^2)^{1/2} \tag{6.48}$$

式中:$\mu=\sqrt{3}/3$;对铜一般可取 $\sigma_s=200\sim230\text{MPa}$;对铜镍合金取 $\sigma_s=230\sim270\text{MPa}$。

对尼龙等塑料弹带或闭气环,式(6.46)~式(6.48)要作适当修正,因为这些材料性能是随静水压力增加的[12]。所以,对米泽斯屈服准则形式要作适当改写,即对其中 k 作为是 $\bar{\sigma}$ 的线性关系式:

$$k=k_0+\overline{\xi\sigma},\bar{\sigma}=-\frac{1}{3}(\sigma_1+\sigma_2+\sigma_3) \tag{6.49}$$

式中:ξ 为强化因子。对其中一些透明类聚合物,ξ 的取值为 $0.09<\xi<0.25$。对沿 σ_1 方向($\sigma_2=\sigma_3=0$)单轴压缩问题,当 $\sigma_1=\sigma_s$,这里 σ_s 为压缩屈服应力。由式(6.48)和式(6.49),得

$$k_0=-\frac{\sigma_s}{\sqrt{3}}(1-\xi\sqrt{3}) \tag{6.50}$$

将式(6.50)代入式(6.49),得塑料弹带米泽斯常数为

$$k=k_0+\frac{\xi}{3}(2\sigma_f) \tag{6.51}$$

该式代入式(6.46),得

$$\sigma_f=\frac{\sigma_s(1-\xi/\sqrt{3})}{\sqrt{(1+3\mu^2)-2\xi/\sqrt{3}}} \tag{6.52}$$

5. 准静态摩擦因数的确定

由通常的摩擦黏着理论可知[13-14]，摩擦力 F_f 与法向载荷 W_n 成正比，即

$$F_f = \mu_n W_n \tag{6.53}$$

式中：μ_n 为摩擦因数。这就是经典的阿蒙顿（Amonton）摩擦定律，其摩擦系数 μ_n 是与载荷 W_n 无关的常数。通常情况，除非重载荷下实际真正的接触面积（the real contact area）A_r 接近于表观接触面积，均可认为该式是正确的。通常还认为，A_r 随载荷 W_n 增加而增加，即

$$A_r = \frac{W_n}{H} \tag{6.54}$$

式中：H 为材料硬度，且假定面积 A_r 的接触应力等于材料软化变形时刻屈服应力 σ_s（σ_s 看作是一个不变的常量，除非温度发生显著变化）。

式(6.53)的另一种形式为

$$F_f = A_r \tau \tag{6.55}$$

式中：τ 为做相对剪切运动界面上的剪切强度。

利用式(6.54)，该式又可写为

$$F_f = A_r \tau = \frac{W_n}{H} \tau \tag{6.56}$$

从摩擦黏着微观机理研究得知[13]，金属之间摩擦力的生成是由摩粒与微凸体表面的犁削、接触扁平表面间的黏着以及微凸体的变形等 3 种因素引起的。图 6.19 所示为铜对钢的摩擦因数试验结果[15]。由图 6.19 可见，摩擦因数并非常量，对于高载荷，摩擦因数随速度增大而逐渐下降；对低载荷有限滑动速度，随滑动速度的增加，μ_n 是随之增加的。一般而言，铜对钢的准静态摩擦因数 $\mu_n = 0.36 \sim 0.53$。

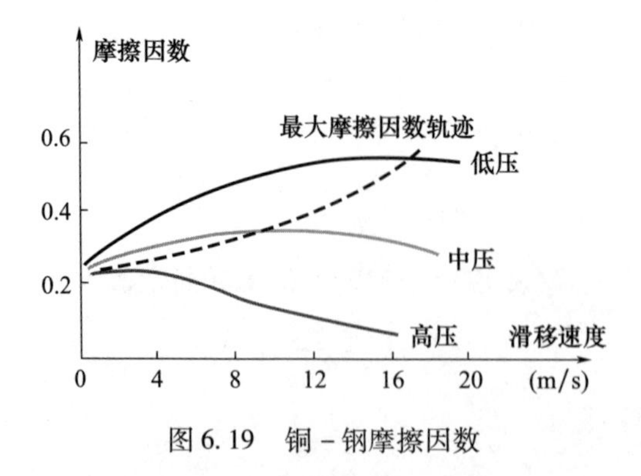

图 6.19 铜－钢摩擦因数

聚合物的摩擦机理与金属相似，可将摩擦因数写为

$$\mu_n = \alpha_0/\bar{\sigma} + \beta_0 \tag{6.57}$$

式中：$\bar{\sigma}$ 为静水压力，α_0 和 β_0 是与材料相关的常量。

表 6.3 所列为几种聚合物与钢的摩擦因数。由该表可见，聚丙烯 $\beta_0 = 0.114$，尼龙 $\beta_0 = 0.258$，而高密度聚乙烯 $\beta_0 = 0.049$。这些数据都是低滑移速度试验结果。

表 6.3　钢对塑料的摩擦因数[13]

塑料	洛氏硬度（HR）	静摩擦因数①（μ_{ns}）	动摩擦系数①（μ_{nk}）		$\alpha_0$②（10MPa）	$\beta_0$②
			载荷 $W_n = 10N$	载荷 $W_n = 40N$		
聚丙烯	105～106M	0.46	0.26	0.24	1.51	0.114
聚甲基丙烯酸甲酯	88M	0.64	0.50	0.49	5.13	0.204
尼龙 6/10	105R	0.53	0.38	0.32	4.66	0.258
高密度聚乙烯	60R	0.36	0.23	0.21	1.34	0.049
聚四氟乙烯	5R	0.37	0.09	0.10	—	—
聚酰亚胺	118R	0.46	0.34	0.31	—	—

① μ_{ns} 为静摩擦因数；μ_{nk} 为动摩擦因数（滑动速度 $v = 0.001$cm/s），实际属于准静态。

② α_0、β_0 为式（6.57）中常量。

6.2.3　动态挤进阻力

弹丸动态挤进理论是考虑实际发射条件下弹带快速挤入坡膛和膛线起始部的理论。从运动学角度或就其几何关系而言，动态挤进与准静态挤进几乎没有差别。其不同之处是由动力学因素引起的，因为材料的力学性能和摩擦因数对于速度和加速度是敏感的。因此，动态挤进阻力的确定只是将准静态挤进模型（方程）中的流动应力 σ_f 和摩擦因数 μ_n 变换为动态值 σ_f' 和 μ_n' 即可。

1. 动态挤进流动应力的确定

众所周知，材料力学性能是应变率的函数。当发生大变形塑性应变时，材料应变传播速度赶不上材料应力波传播速度。Johnson 指出[16]，当应变引起的材料温度低于重结晶温度时，其对应动态流动应力 σ_f' 与静态流动应力 σ_f 之比为 $1 \leqslant \sigma_f'/\sigma_f \leqslant 2$，具体比值由试验确定。该试验表明，影响材料动态力学性能的关键因素是应变率而不是变形率[17]，当然还与其他一些因素有关，其一般表达式为

$$\sigma_f' = f(\varepsilon, \dot{\varepsilon}, \text{history}, T)$$

对于弹带挤进，常将 σ_f' 写成 Johnson－Cook 经验式[18]：

$$\sigma_f' = (\sigma_0 + B\varepsilon^n)\left(1 + c\ln\frac{\dot{\varepsilon}}{\dot{\varepsilon}_0}\right)[1 - (T^*)^m] \tag{6.58}$$

$$T^* = \frac{T - T_r}{T_m - T_r} \tag{6.59}$$

式中：σ'_f 为动态塑性流动应力；ε^n 为材料等效塑性应变；$\dot{\varepsilon}$ 为应变率；T_r 为参考温度；σ_0 为参考温度 T_r 的流动应力，取 $\dot{\varepsilon}_0 = 1.0\text{s}^{-1}$，$B$、$c$、$n$、$m$ 是材料常量，T 为材料温度，T_m 为金属熔点。

就火炮发射而言，弹带应变率范围 $\dot{\varepsilon} = 10^3 \sim 10^4\text{s}^{-1}$，这与发射时弹带挤入膛线过程的应变率差不多。我国制式弹丸弹带多采用紫铜制造。根据 Lindholm 试验[19]，紫铜在 $\dot{\varepsilon} = 10^2 \sim 10^3\text{s}^{-1}$ 范围内与准静态 $\dot{\varepsilon} = 10^{-4}\text{s}^{-1}$ 条件下的流动应力之比为 $\sigma'_f = 1.2\sigma_f$。1985 年兵器工业 202 所委托中国科学院力学所，采用霍普金森压杆试验装置[9]，对 T_2 号紫铜（Cu 纯度 99.9%）材料，试件分别为 $\phi 14.5 \times 10$、$\phi 14.5 \times 15$、$\phi 14.5 \times 29$（mm）进行了动态（$\dot{\varepsilon} = 8 \times 10^2 \sim 2 \times 10^3\text{s}^{-1}$）与准静态（$\dot{\varepsilon} = 5 \times 10^{-2}\text{s}^{-1}$）对比试验，得到的应力－应变关系曲线如图 6.20 所示，拟合得到的该紫铜在 $\dot{\varepsilon} = 1 \times 10^3 \sim 2 \times 10^3\text{s}^{-1}$ 范围的流动力关系式为

$$\sigma'_f = (A_0 + A_1\varepsilon)(1 - e^{-A_2\varepsilon}) \tag{6.60}$$

式中：拟合常量 A_0、A_1、A_2 及其试验值的相关性如表 6.4 所列。

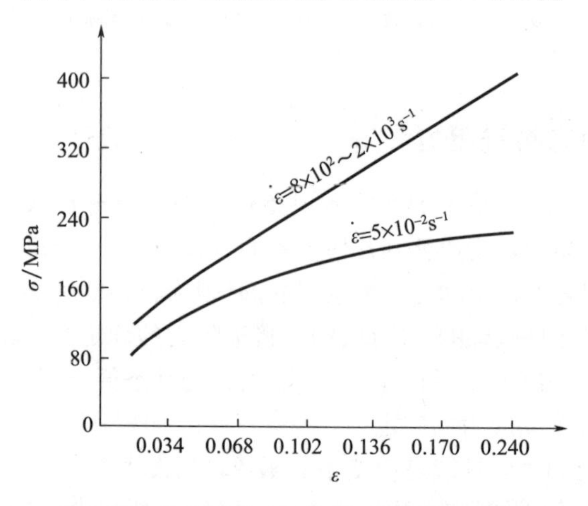

图 6.20 铜的动静流动应力－应变关系曲线

表 6.4 式（6.60）拟合系数

试件	试件长/mm	线性硬化段拟合点数	式（6.60）			相关性
			A_0/GPa	A_1/GPa	A_2/GPa	
C－01	10	155	0.063973	1.17993	108.056	0.96293
C－19	15	118	0.077004	1.13606	115.272	0.96310
C－21	15	144	0.106470	1.39733	136.808	0.92490

文献[20]针对式(6.58),给出了相关弹带材料力学性能数据如表6.5所列。

表6.5 不同弹带材料性能常量

材料名称	σ_0/MPa	B/MPa	n	c	m
紫铜	90	292	0.31	0.025	1.09
黄铜	112	505	0.42	0.009	1.68
煤200	163	648	0.33	0.006	1.44
纯铁	175	380	0.32	0.060	0.55

国内塑料弹带(密封环)同样多采用聚合物制造。根据较早的试验[21],对聚苯乙烯,由 $\dot{\varepsilon}=10^3\mathrm{s}^{-1}$ 与 $10^{-4}\mathrm{s}^{-1}$ 所对应的动-静态试验,得到的流动应力之比 $\sigma_f'/\sigma_f=1.25$。中国科学技术大学唐志平对环氧树脂材料 $\dot{\varepsilon}=10^2\mathrm{s}^{-1}$ 和 $10^{-3}\mathrm{s}^{-1}$ 条件下的动/静态试验,得到的动/静流动应力之比为 $\sigma'_f/\sigma_f=1.9\sim2.4$。对于MC尼龙,1985年中国科学院力学研究所[9]试验得到的动-静压缩应力-应变曲线关系如图6.21所示,相对应的动态压缩流动应力拟合关系式为

$$\sigma_f'=(0.125766+7.84921\times10^{-3}\varepsilon)(1-\mathrm{e}^{-123.37\varepsilon})(\mathrm{GPa}) \tag{6.61}$$

式中:σ_f' 的单位为GPa。有必要说明,聚合物动态试验数据一致性欠佳,该式的数据拟合相关性为0.673664。但基本趋势是清楚的,聚合物动-静流动应力比明显大于金属。

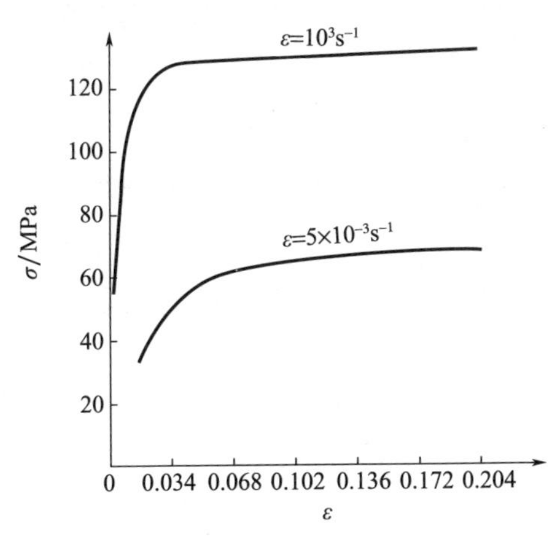

图6.21 MC尼龙动静流动应力-应变的关系曲线

2. 动态挤进摩擦因数的确定

弹带挤进过程所涉及的摩擦,既有低速滑动摩擦,又有高速滑动摩擦。在弹带嵌入坡膛和膛线起始部的初期,属于不超过50m/s的较低速度的滑动摩擦,可以选用图6.19所示铜对钢低速滑动摩擦因数试验结果。当接触压力(载

荷）不高时，随滑动速度增加，摩擦因数μ_n开始呈上升趋势。滑动速度达15m/s左右，$\mu_n \approx 0.50$；随滑动速度增加又稍微下降，当$v = 20$m/s时，$\mu_n \approx 0.45$。但随接触载荷上升，μ_n下降至0.2以下。图6.22分别给出了聚四氟乙烯（PTFE）对钢、尼龙对钢和钢对钢，其滑动速度$v = 200 \sim 600$m/s时的摩擦因数试验值[15]。当接触压力为8MPa，$v > 200$m/s时，尼龙/钢的$\mu_n \approx 0.10$，钢/钢的$\mu_n < 0.10$。但聚四氟乙烯/钢的μ_n要稍高一些，当$v > 200$m/s，$\mu_n \approx 0.15$。较高滑动速度下摩擦因数较低，是因摩擦机理改变了。随滑动速度或距离的增加，局部接触面温度可能升高达材料熔点，于是摩擦因数下降了。熔化层的生成与滑动速度、接触应力、表面特性和材料性能等多种因素有关。图6.23所示为低熔点材料（低密度聚乙烯）因界面温度升高引起摩擦因数变化的试验曲线[20]，当滑动速度和接触压力均为定值（$v = 2.1$mm/s，$p = 0.044$MPa）时，在界面温度达到材料（低密度聚乙烯）熔点（$T_m = 106$℃）之前，摩擦因数μ_n一直在增加，而当界面温度高于材料熔点，其摩擦因数则快速下降。

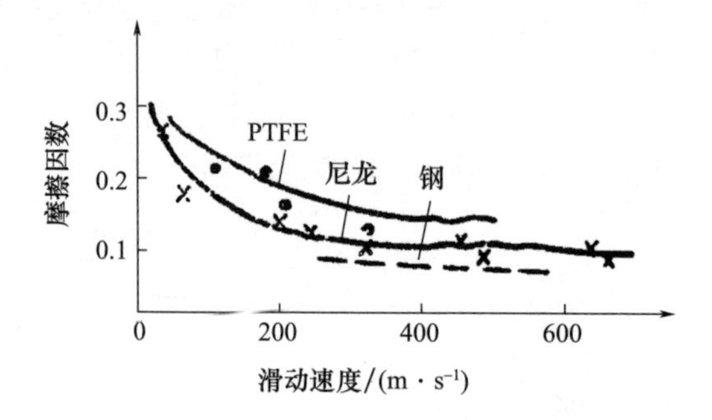

图6.22　PTFE对钢、尼龙对钢和钢对钢的滑动速度对摩擦因数的影响

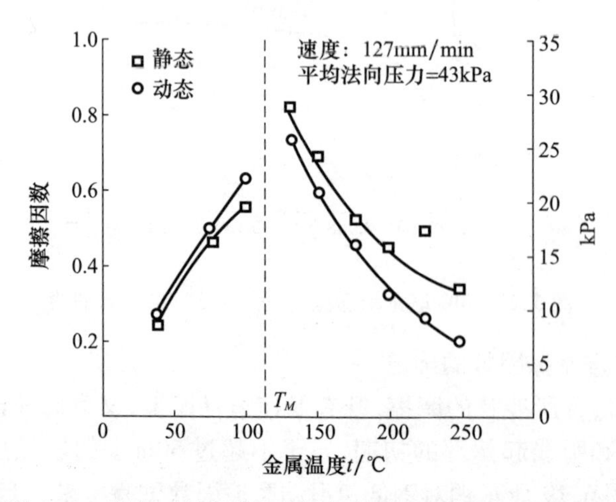

图6.23　温度对低密度聚乙烯与硬质金属摩擦因数的影响

图 6.24 所示为美国 155mm 榴弹炮发射 M483 弹丸测量得到的弹带(青铜)滑动摩擦因数曲线和采用盘/杆试验法所得摩擦因数的比较[20]。摩擦因数归纳为接触应力 σ(MPa)和滑动速度 v($m \cdot s^{-1}$)乘积的函数。由该图可见,弹丸嵌入膛线滑动几英寸之后,摩擦因数快速下降并稳定在 0.02 左右的低水平,比盘杆试验结果低很多。这是因为弹带滑动机理不同于盘杆。Montgomery 认为[20],弹带生成的熔化膜使摩擦因数随速度增加而降至很低。

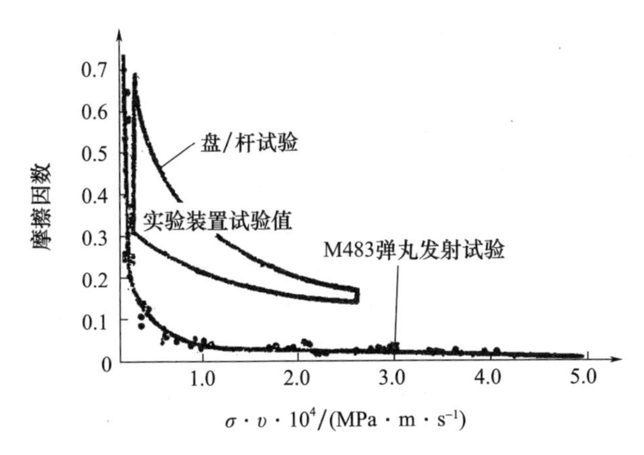

图 6.24　155mm 榴弹炮弹带动摩和盘/杆动摩的试验结果比较

表 6.6 所列为不同金属高速摩擦因数(接触应力为 8MPa)试验值[14],基本可以印证图 6.24 所示结果,即 155mm 榴弹炮在射击条件下测量的弹带摩擦因数是可信的。盘/杆试验结果 μ_n 之所以比较高,是因为这种摩擦接触表面不可能生成液化膜。事实上,图 6.19 铜对钢在较高接触压力下滑动速度 $v=16m/s$ 时 μ_n 就已下降到 0.05 左右,也在一定程度上印证了 M483 弹丸射击实测摩擦因数是可信的。本书作者对该实测摩擦因数曲线进行数值拟合,得到分段函数形式的表达式为[9]

$$\mu_n' = \begin{cases} 0.4 & (\sigma_f' v < 0.714\text{GPa} \cdot \text{m} \cdot \text{s}^{-1}) \\ 0.6017 - 0.315 \times 10^{-9}(\sigma_f' v) + 0.0447 \times 10^{-18}(\sigma_f' v)^2 & (\sigma_f' v < 2.14\text{GPa} \cdot \text{m} \cdot \text{s}^{-1}) \\ 0.223 - 0.04946 \times 10^{-9}(\sigma_f' v) + 0.00348 \times 10^{-18}(\sigma_f' v)^2 & (\sigma_f' v < 4.286\text{GPa} \cdot \text{m} \cdot \text{s}^{-1}) \\ 0.1408 - 0.01844 \times 10^{-9}(\sigma_f v) + 0.000710 \times 10^{-18}(\sigma_f' v)^2 & (\sigma_f v < 12.888\text{GPa} \cdot \text{m} \cdot \text{s}^{-1}) \\ 0.021 & (\sigma_f' v > 12.888\text{GPa} \cdot \text{m} \cdot \text{s}^{-1}) \end{cases} \tag{6.62}$$

为了便于使用,该式中的接触应力和滑动速度已修改为标准国际单位制,即接触应力 σ_f' 单位为 GPa,滑动速度 v 的单位为 $m \cdot s^{-1}$。

表 6.6 不同金属高速摩擦的摩擦因数[14]

金属①	滑动速度/(m·s-1)	摩擦因数	金属	滑动速度/(m·s-1)	摩擦因数
铜	135	0.055	铁	330	0.027
	250	0.040	3 号钢	150	0.052
	350	0.035		250	0.024
铁	140	0.063		350	0.023

①摩擦试件为含碳 0.7% 的钢环,硬度为 HB250,接触应力 8MPa。

对于国内通常采用的紫铜弹带,可参考表 6.6 所列。至于塑料弹带,由文献[22],建议取 $\mu_n'=0.016$。

实际火炮实施首发射击时,炮膛往往存在清除未净的炮油,尤其是药室坡膛和膛线起始部,容易残留涂油。因此首发射击挤进初期,其摩擦因数应考虑涂油的影响。彭志国等对 130mm 加农炮的研究表明[23],残留炮油对弹带挤进具有润滑作用。在挤进速度不大阶段,弹带与涂油坡膛的滑动摩擦因数如图 6.25 所示,μ_n 值最大不超过 0.28,即小于干摩擦情况下 0.40,相应拟合关系式为

$$\mu_n'=0.0001v^2-0.0105v+0.2652 \tag{6.63}$$

式中:v 为相对运动速度。

式(6.63)表明,弹带一旦挤入膛线,μ_n' 值将下降并维持在 0.10 左右。不过,随着火炮内表被烧蚀,粗糙裂纹尤其是纵向裂纹的增加,这种油膜润滑作用将下降。

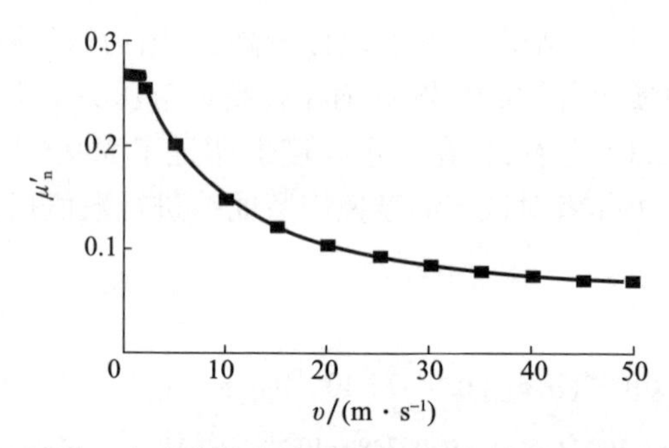

图 6.25 130mm 加农炮首发涂油弹带摩擦因数对挤进速度的响应

6.2.4 动态径向位移

尽管一般情况下弹带挤进阻力估算可以不考虑身管和弹体径向变形的影响,但在某些情况下例外。一般而言,发射条件下弹带上作用有多种载荷,每一载荷均会引起弹带及邻近区域弹体和身管的径向位移,进而致使挤进阻力产生变化。需指出的是,冷态模拟挤进条件下,弹丸和身管都不存在弹后高压燃气

的作用。而通常实验室射击试验采用的模拟弹丸,往往是实心模拟弹或砂弹,以及标准弹丸采用的筒壁厚度可能存在差异,弹体受力变形则是不一致的。这些因素都可能使得其挤进阻力试验结果和实际射击条件下的结果不一致。下面从弹性力学和薄壳理论出发,估算射击过程中各种因素引起的径向位移,也可用来评估径向位移给挤进阻力带来的影响。

1. 弹带压缩量

由图6.12(c)和图6.13可见,挤进过程中弹带承受平面应力相应产生的平面应变为

$$\delta_b = \frac{\sigma_b}{E_b}(1-\nu_b)\frac{b_1}{2} + \frac{\sigma_b}{E_b}(1-2\nu_b)\frac{(1+\nu_b)}{(1-\nu_b)}b_2 \tag{6.64}$$

式中:b_1,b_2 分别为弹带高于弹径部分的厚度和低于弹径以下部分的厚度;σ,E,ν 分别为弹带材料压缩应力、弹性模量和泊松比,下标“b”表示弹带。在这里,压缩应力取平均值,即

$$\sigma_b = \sigma_f A_c \cos\phi/(\pi d_b l) = \sigma_f s \cos\phi/l \tag{6.65}$$

式中:A_c 为接触面积;σ_f 为弹带材料流动应力;ϕ 为坡膛角;l 为平均弹带宽度($\overline{W}_b$);s 为接触长度,$s = A_c/\pi d_b$,d_b 为弹带直径。

2. 弹丸压缩量

对实心弹丸,压缩量简化表达式为

$$\delta_p = \frac{\sigma_b}{E_p}\frac{d_p}{2}(1-\nu_p)\ (\text{实心弹}) \tag{6.66}$$

式中:下标“p”表示弹丸。对装填有炸药的爆破“空心”弹,筒壁的径向位移为

$$\delta_p = \frac{\sigma_b d_p^2}{4E_p h_p}[1 - e^{-\beta l/2}\cos(\beta l/2)] \approx \frac{\sigma_b d_p^2 \beta l}{8E_p h_p}\ (\text{爆破弹}) \tag{6.67}$$

式中:$\beta^4 = 12(1-\nu_p^2)/(d_p^2 h_p^2)$,其中:$d_p$ 为弹带内侧(底部)弹径,h_p 为弹带所在位置弹丸筒壁厚度。

3. 身管压缩量

弹带对身管的作用力,引发的身管反向位移为

$$\delta_0 = \frac{\sigma_f d_2^2}{2E_0(d_2-d')}[1 - e^{\beta s/2}\cos(\beta s/2)] \approx \frac{\sigma_f d_2^2 \beta s}{4E_0(d_2-d')} \tag{6.68}$$

式中:d_2,d'分别为身管外径和阴线直径;下标“0”表示身管,ν_0、E_0 分别为身管材料泊松比和弹性模量;s 为弹带与身管平均接触宽度;$\beta^4 = 48(1-\nu_0^2)/[d_2^2(d_2-d')^2]$。

4. 弹后高压燃气引起的身管径向压缩变形量

弹后燃气压力引起的弹带部位身管径向变形量为

$$\delta_g = \frac{(p - p_1)d'}{2E_0}\left[\frac{d_2^2 + d'^2}{d_2^2 - d'^2} - \nu_0\right] \tag{6.69}$$

式中：p_1 为挤进起始时刻的弹后气体压力。

因挤进过程中该压力几乎呈线性方式增长，直至全部挤入。因此，参照图6.13所示，随挤进行程增加，近似有

$$p - p_1 = \frac{p_2 - p_1}{x_2}x \ (0 \leqslant x \leqslant x_2) \tag{6.70}$$

式中：p_2 为 $x = x_2$ 位置相应的弹后燃气压力。

5. 弹丸加速度的影响

作用在弹底上的燃气压力将导致弹带处弹丸截面发生侧向应变。通常弹丸运动方程可近似写为

$$m_q \ddot{x} = pA_p \tag{6.71}$$

式中：A_p 为弹底面积；p 为弹底处燃气压力。若令弹带位置弹体（筒）横截面积为 A'_p，相应截面之前的弹丸质量为 m'_q，则相应运动方程可写为

$$m'_q \ddot{x} = A'_p p' \tag{6.72}$$

式(6.72)与式(6.71)相比较，有

$$p' = p\frac{A_p m'_q}{A'_p m_q} \tag{6.73}$$

于是，挤进过程中，因弹丸加速而导致的弹丸筒壁侧向应变量为

$$\delta_a = \left(\frac{d_p \nu_p}{2E_p} + \frac{b_2 \nu_b}{E_b}\right)\left(\frac{A_p m'_q}{A'_p m_q}\right)(p - p_1) \ (\text{整体实心弹}) \tag{6.74}$$

$$\delta_a = \left(h_p \frac{\nu_p}{E_p} + b_2 \frac{\nu_b}{E_b}\right)\left(\frac{A_p m'_q}{A'_p m_q}\right)(p - p_1) \ (\text{爆破弹}) \tag{6.75}$$

式中：h_p 为弹带底部弹丸筒壁厚度。

6. 弹丸旋转引起的侧向位移

采用空心圆盘旋转位移公式，弹体侧向膨胀量为

$$\delta_s = \frac{\rho\omega^2 r_0}{4E_p}\left[r'^2(3 + \nu_p) + r_0^2(1 - \nu_p)\right] \tag{6.76}$$

式中：r_0 为身管内表半径；r' 为身管阴线半径。

7. 综合径向位移量

综合以上各种原因引发的位移，得综合位移量为

$$\delta = \delta_b + \delta_p + \delta_0 + \delta_g - \delta_a - \delta_s \tag{6.77}$$

该式意味着，总的径向位移等于弹带弹性压缩量、弹丸（筒壁）压缩量、身管壁面压缩量、弹后燃气压缩量、弹丸运动加速度引起的压缩量及弹丸旋转引起的压缩量之代数和。一般情况下，δ_s 很小，可忽略不计；δ_a 也是相对小量。因此，作

为工程估算,式(6.77)可近似写为

$$\delta = \delta_b + \delta_p + \delta_0 + \delta_g \qquad (6.78)$$

8. 径向位移修正量及其对弹带载荷 W_n 和 W_s 及密封性的影响

径向位移的产生对弹带承受的载荷 W_n 和 W_s 具有直接的影响。具体而言,相当于炮膛横截面积,即式(6.1)中的 A,身管阳线直径 d,阴线直径 d'和弹带直径 d_b 均应作适当修正。因而接触应力 σ_c 和接触面积 A_c 也将随之变化。特别是当综合径向位移,即式(6.78)所示 δ 的产生,使得修正后的阴线直径 d'与弹带直径 d_b 相当时,即 $\delta \approx (d' - d)/2$ 时,炮、弹之间不仅不会有挤进和摩擦阻力,而且将可能发生燃气泄漏。以制式 100mm 滑膛炮为例,若以挤进时弹后燃气压力 p = 100MPa 进行估算,相应采用式(6.64)~式(6.78),得 δ_b = 0.00129mm,δ_p = 0.00262mm,δ_0 = 0.0040mm,δ_g = 0.0043mm,于是 δ = 0.04791mm。而在最大压力点,当 p_m = 325MPa,仅$(\delta_g)_m$ 就超过了弹带强制量 δ 值,即弹、炮之间将出现缝隙。这就是说,当弹丸运动到最大压力点附近,炮、弹出现间隙漏气是无法避免的。考虑到加工误差及烧蚀,随射击发数增加,漏泄将更为严重。

事实上,这也正是一些火炮身管在最大膛压行程附近产生第二严重烧蚀区的原因。同时,这还将加重弹丸在膛内运动的章动和翻滚趋势。

6.3 挤进阻力模型应用举例

6.3.1 准静态挤进试验与理论的比较[9]

第一个准静态挤进阻力应用例子。图 6.26 为 37mm 滑膛模拟试验身管与实心模拟试验弹丸准静态挤进阻力曲线图。其得到的挤进阻力随行程的变化如图 6.26 所示实线。弹带尺寸与制式 37mm 高炮弹丸图纸相同,弹带宽度为 12mm,其中圆柱部宽 8.00mm,弹带直径 38.1mm,身管内径 d = 37.05mm,弹带前倾角 α_2(10.6°)小于药室坡膛角 ϕ(11.3°)(见图 6.18)。理论估算采用 6.2.1 小节中的相关方程。因滑膛,缠角 θ = 0°;取弹带屈服应力 σ_s = 215MPa,摩擦因数 μ_n = 0.4,估算结果如图 6.26 所示虚线。由该图可见,理论估算曲线峰值出现时间相对稍有提前,且峰值稍低于试验值,但峰值和之后的阻力平均值与试验的误差都小于 10%。通过对回收试样分析,认为这是由于试验时弹丸受力方向与身管轴线存在偏差,即弹丸挤进时稍有偏斜引起的。另外观察表明,弹带挤进变形有一个重要特征是几乎只有外边表层在做剪切平移运动,这在前面理论建模中已提到过。

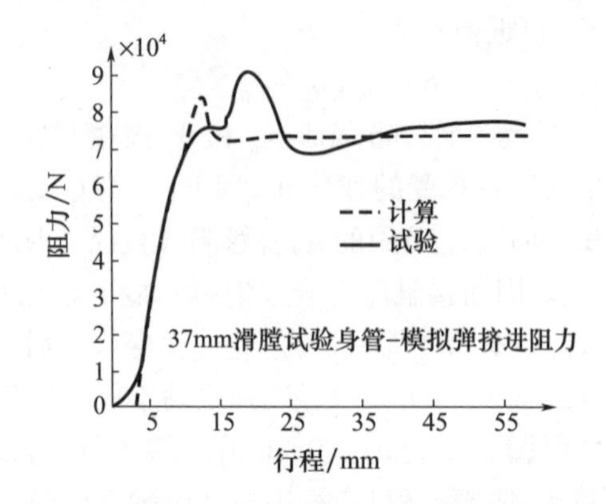

图 6.26 37mm 滑膛炮准静态挤进阻力理论与试验的比较($\alpha_2 < \phi$)

第二个准静态挤进阻力应用例子如图 6.27 所示。其模拟试验基本过程同前面一样,试件形状及尺寸如图 6.17 所示,和图 6.18 差别在于弹带前倾角 α_2(30°)大于药室坡膛角 ϕ(11.3°),挤进最先接触点是弹带外缘(见图 6.17)。理论估算同样取弹带屈服应力 $\sigma_s = 215\mathrm{MPa}$,摩擦因数 $\mu_n = 0.4$,滑膛 $\theta = 0°$,差别只是弹带倾角 α_2 与前者不同。由图 6.27 可见,理论曲线与试验基本一致。

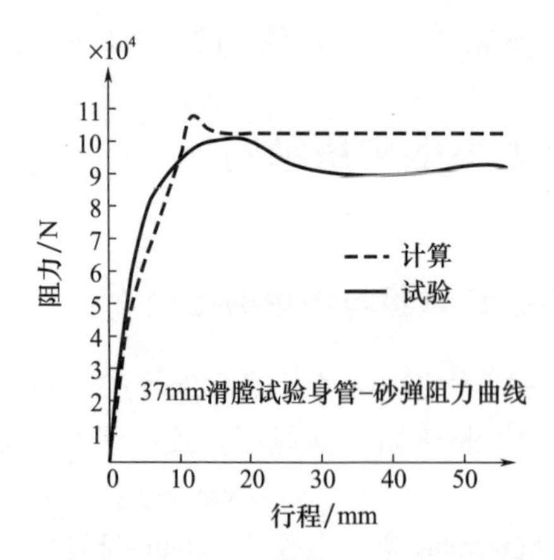

图 6.27 37mm 滑膛炮准静态挤进阻力理论与试验的比较($\alpha_2 > \phi$)

第三个准静态挤进阻力应用例子是美国 155mm 榴弹炮截短身管挤进模拟试验,弹丸型号为 M105。阳线直径 $d = 154.94\mathrm{mm}$,阴线直径 $d' = 157.56\mathrm{mm}$。弹带直径 $d_b = 157.91\mathrm{mm}$,膛线深度 $t_H = 1.47\mathrm{mm}$,弹带嵌入弹体深度 $b_2 = 4\mathrm{mm}$,缠角 $\theta = 8.9°$,弹带总宽度为 25.4mm,弹带材料为铜镍合金。计算时,取 $\sigma_s = 250\mathrm{MPa}$,坡膛角 $\phi = 7.8°$。理论估算得到了几个特征点的阻力值,并将其连成一条近似阻力曲线(虚线)[9],与试验阻力曲线的比较见图 6.28。由该图可见,估算挤进阻力曲线与实测基本吻合。

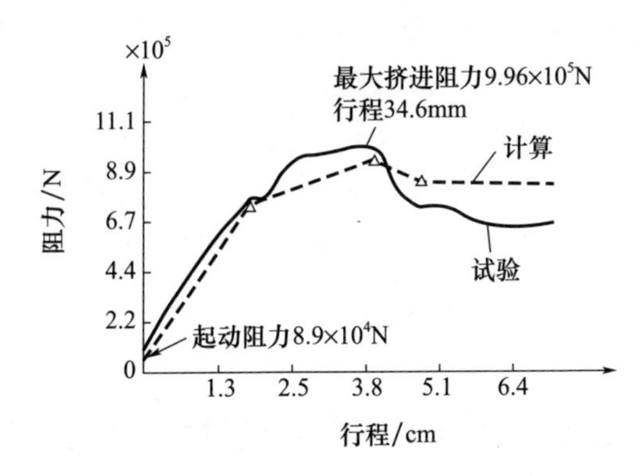

图6.28 美国155mm榴弹炮－M105弹丸准静态挤进

6.3.2 动态挤进理论与动态模拟试验的比较[9]

取美国105mm榴弹炮相关试验作应用比较对象[9]。将弹带挤进阻力方程嵌入内弹道模型,构成考虑挤进过程的内弹道方程组求解弹丸运动,用来检验挤进阻力曲线及其内弹道主要特征量(p_m,v_0)与试验结果符合程度。

图6.29所示为该炮实弹射击条件下采用触点法测量得到的挤进阻力－行程曲线与本书作者采用以上理论模型计算结果的比较。采用触点法测量弹丸挤进过程,就是在测量采集不同时刻弹丸行程(x)值之后,对测量数据采用7点光弧法处理,作出拟合曲线,并在此基础上进行数值微分求得弹丸速度(挤进速度)、加速度。然后采用弹丸运动方程:

$$R(t) = A_p P_d(t) - m_q \ddot{x}(t) \tag{6.79}$$

求取挤进阻力压强随时间变化函数$R(t)$。式中:A_p为弹底面积;p_d为弹底压力;m_q为弹丸质量;$\ddot{x}(t)$为弹带挤进加速度。

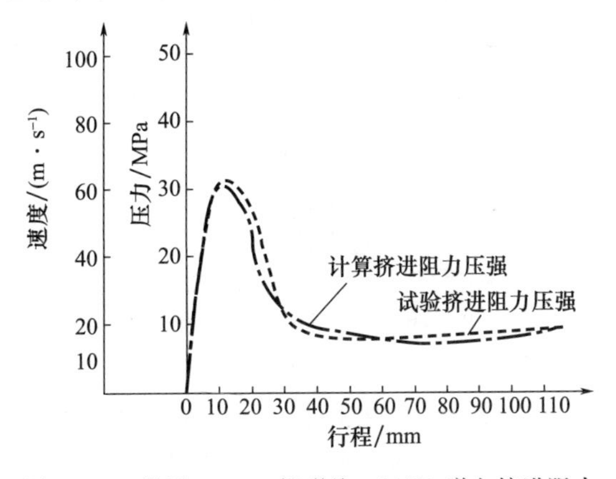

图6.29 美国105mm榴弹炮－M482弹丸挤进阻力

理论计算采用105mm火炮膛线和所配用的M482弹丸参量值，弹带总宽为20.32mm，弹带直径 $d_b=107.19$mm，弹带嵌入量为1.055mm，即 $(d_b-d)/2=1.055$mm，弹带埋入厚度，即 $b_2=3.3$mm。由所得结果如图6.29可见，挤进行程达30mm时，其挤进阻力压强基本下降至一稳定值，说明弹带已经全部挤入直管段，表明摩擦因数基本保持为常量。行程大约在11mm处，对应的挤进阻力压强达最大，约为31MPa。可见，理论挤进阻力－行程曲线（点画线）与实测结果（虚线）相比较，符合良好。

6.3.3 动态挤进模型与常规内弹道模型的组合应用

将动态挤进（刻槽）模型嵌入内弹道模型，即可构成考虑挤进过程的改进型内弹道模型。这里试图通过对国内几种火炮的实际应用，进一步检验动态挤进模型的合理性和可用性。

选择的4个应用对象分别是55式37mm高炮－曳光穿甲弹、54式76mm加农炮－杀伤爆破弹、71式100mm滑膛炮－穿甲弹和54式122mm榴弹炮－杀伤爆破弹。理论计算中，炮－弹结构和尺寸参量及主要内弹道特征量，都取自相应设计图纸，其中主要输入参量值如表6.7所列。

图6.30～图6.33分别为几个应用对象的压力－时间（$p-t$）曲线和动态挤进阻力压强－时间（$R'(t)-t$）曲线。为了观察比较与分析方便，将压力 p 和阻力压强 R 沿时间 t 轴分为两个分辨率区，即高分辨率区和普通分辨率区。

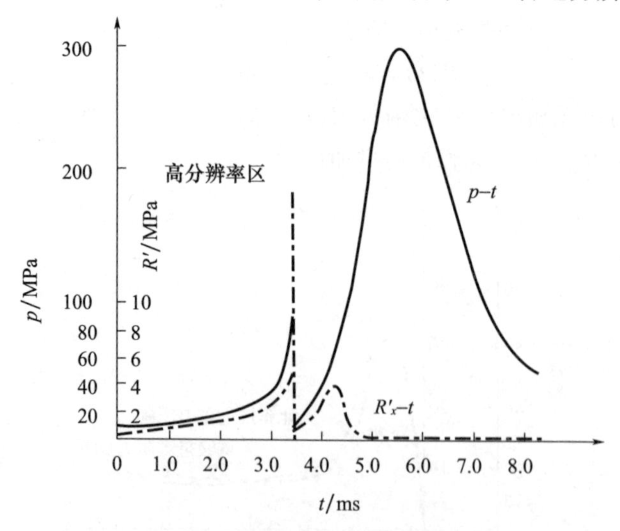

图6.30　55式37mm高炮－曳光穿甲弹内弹道 $p-t$ 和 $R-t$ 曲线

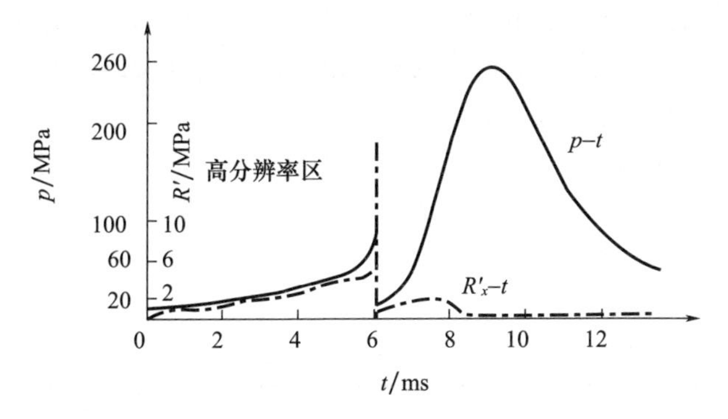

图 6.31　54 式 76mm 加农炮 – 杀伤爆破弹内弹道 $p-t$ 和 $R-t$ 曲线

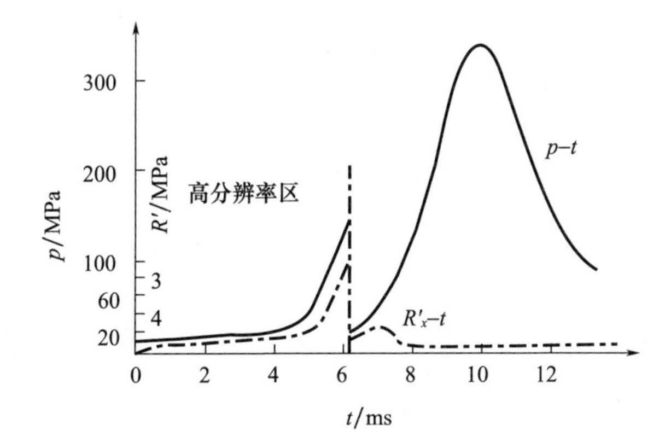

图 6.32　71 式 100mm 滑膛炮 – 穿甲弹内弹道 $p-t$ 和 $R-t$ 曲线

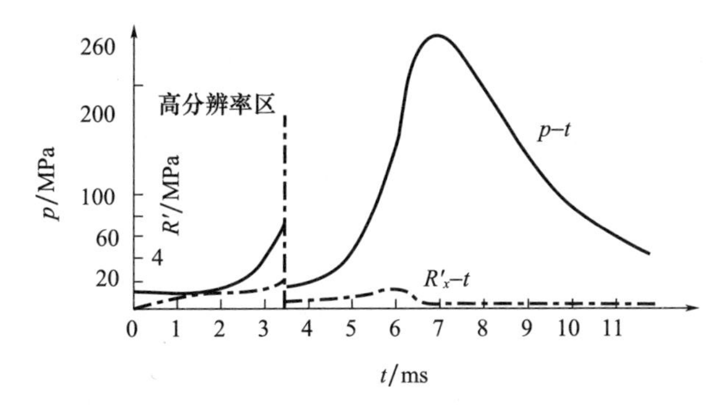

图 6.33　54 式 122mm 榴弹炮 – 杀伤爆破弹内弹道 $p-t$ 和 $R-t$ 曲线

表 6.8 列出了这几个应用对象内弹道过程中几个特殊点的计算值，即最大挤进阻力点、挤进终了点、最大压力点和炮口点处的膛内平均压力、弹丸速度、弹丸运动行程和阻力压强。表 6.9 给出了不同坡膛角对挤进阻力压强及

内弹道特征量的影响。表6.10给出了不同火炮挤进阻力消耗功。可以发现,相同的弹药,随坡膛角 ϕ 增大,挤进阻力最大值增大,最大压力增加,炮口速度 v_0 也增加,但内弹道总的工作时间减少和缩短了。但需要注意:关于坡膛角 ϕ 对挤进的影响,这里是指火炮坡膛长度远大于弹带宽度的情况。但若 ϕ 较小且弹带宽大于坡膛长度时,挤进阻力会显著增加,关于这一点,将在本章后面讨论。总之,关于挤进过程对内弹道过程的影响,有重新认知的必要,包括:

表6.7　几种火炮挤进阻力计算用输入参量[9]

火炮	弹带材料/条数	弹带直径① d_b/mm	弹带宽度 W_b/mm	弹带前倾角 α_2/(°)	弹带圆柱部当量宽度 W'_b/mm	弹带后侧弹径 d_p/mm
55式37mm高炮	M1紫铜/单条	38.1	12	10.6	8	35.5
54式76mm加农炮	M1紫铜/单条	78.13	12	17.83	9	71.1
71式100mm滑膛炮	M1紫铜/单条	102.77	4	40	2	98.77
54式122mm榴弹炮	M1紫铜/单条	124.7	19	28.5	12	121.0

火炮	膛线根数 n	阳线(公称)直径 d/mm	阴线直径 d'/mm	阳线宽 a/mm	阴线宽 b/mm	坡膛角 ϕ/(°)
55式37mm高炮	16	37.1	37.9	2.50	4.76	11.3
54式76mm加农炮	32	76.2	77.72	2.1	5.38	3.5
71式100mm滑膛炮	—	100.15	100.15	—	—	11.6
54式122mm榴弹炮	36	121.12	123.95	3.04	7.60	2.86

火炮	缠角 θ/(°)	弹带屈服(流动)应力 (σ_s/σ'_f)/MPa	摩擦因数 μ_n/μ'_n	准静态阻力-行程曲线②	动态阻力压强-行程曲线③
55式37mm高炮	6.0	215/(1.20σ_s)	0.40/式(6.63)	图6.29	图6.33
54式76mm加农炮	7.0	215/(1.20σ_s)	0.40/式(6.63)	—	图6.34
71式100mm滑膛炮	—	215/(1.20σ_s)	0.40/式(6.63)	—	图6.35
54式122mm榴弹炮	5.0	215/(1.20σ_s)	0.40/式(6.63)	—	图6.36

① 实际弹带直径多是带槽沟的,这里已换算为平均有效直径。
② R_x 为静态挤进阻力压强随行程 x 变化。
③ R'为模拟发射条件下的动态阻力压强。

表6.8 考虑弹带挤进的内弹道计算结果[9]

火炮	装药量及品号/kg	弹重/kg	最大挤进阻力点					挤进终了点				
			时间/ms	压力/MPa	行程/dm	速度/(m·s⁻¹)	阻力压强/MPa	时间/ms	压力/MPa	行程/dm	速度/(m·s⁻¹)	阻力压强/MPa
55式37mm高炮	7/14:0.207	0.732	4.4	65.8	0.02	4.69	43.7	4.9	164.5	0.1384	50	18.0
54式76mm加农炮	9/7:1.08	6.23	7.7	102.5	0.185	32.6	20.6	7.9	162.3	0.283	48	15.4
71式100mm滑膛炮	9/7:4.57 18/1:1.05	4.76	7.0	44.6	0.048	5.9	25.5	7.5	77.8	0.1246	27	7.5
54式122mm榴弹炮	9.7:1.76 4/1:0.34	21.76	6.0	110.4	0.276	37.4	16.9	6.6	158.7	0.4919	63	0.99

火炮	最大压力点				炮口点				最大阻力点到炮口的时间/ms
	时间/ms	压力/MPa	行程/dm	速度/(m·s⁻¹)	时间/ms	压力/MPa	行程/dm	速度/(m·s⁻¹)	
55式37mm高炮	5.5	290.0 (280.0)	1.24	296	8.5	50.8	20.97	888 (900)	4.1
54式76mm加农炮	3.3	260.0 (238.0)	2.215	250.1	13.8	48.8	26.2	683 (680)	6.1
71式100mm滑膛炮	9.8	334.1 (330.3)	6.81	673.7	13.2	84.1	47.65	1506 (1501)	6.2
54式122mm榴弹炮	7.3	250.7 (235.0)	1.376	151.9	12.4	48.8	21.073	511 (515)	4.4

表 6.9　不同坡膛角对内弹道性能影响的比较[9]

火炮	装药/kg	坡膛角 φ/(°)	最大挤进阻力点				
			时间/ms	压力/MPa	行程/dm	速度/(m·s^{-1})	阻力压强/MPa
54 式 76mm 加农炮	9/7：1.08	3.5	7.7	102.5	0.185	32.6	20.6
		13.5	7.1	50.7	0.021	4.4	27.8
54 式 122mm 榴弹炮	9/7：1.76 4/1：0.34	2.86	6.0	110.4	0.276	37.4	16.9
		12.86	5.0	38.5	0.042	5.2	22.0

火炮	装药/kg	坡膛角 φ/(°)	挤进终了点				
			时间/ms	压力/MPa	行程/dm	速度/(m·s^{-1})	阻力压强/MPa
54 式 76mm 加农炮	9/7：1.08	3.5	7.9	165.3	0.283	48.0	15.4
		13.5	7.9	136.5	0.165	39.5	10.5
54 式 122mm 榴弹炮	9/7：1.76 4/1：0.34	2.86	6.6	158.7	0.492	63.0	9.9
		12.86	6.3	142.3	0.275	44.0	8.5

火炮	装药/kg	坡膛角 φ/(°)	最大压力点			
			时间/ms	压力/MPa	行程/dm	速度/(m·s^{-1})
54 式 76mm 加农炮	9/7：1.08	3.5	8.3	260.0 (238.0①)	2.215	250.1
		13.5	9.1	292.9	1.887	247.0
54 式 122mm 榴弹炮	9/7：1.76 4/1：0.34	2.86	7.3	250.9 (235.0①)	1.376	151.9
		12.86	7.6	244.5	1.999	197.0

火炮	装药/kg	坡膛角 φ/(°)	炮口点			
			时间/ms	压力/MPa	行程/dm	速度/(m·s^{-1})
54 式 76mm 加农炮	9/7：1.08	3.5	13.8	48.8	26.2	683(680①)
		13.5	13.5	47.5	26.0	699
54 式 122mm 榴弹炮	9/7：1.76 4/1：0.34	2.86	12.4	43.8	21.1	511(515①)
		12.86	12.2	47.7	21.0	520

火炮	装药/kg	坡膛角 φ/(°)	最大挤进阻力点到弹丸出炮口时间/ms
54 式 76mm 加农炮	9/7：1.08	3.5	6.1
		13.5	6.4
54 式 122mm 榴弹炮	9/7：1.76 4/1：0.34	2.86	6.4
		12.86	7.2

① 括号中的数据为实验值。

表 6.10　挤进及摩擦阻力消耗功计算结果[9]

火炮	最大挤进阻力点				
	行程 x/dm	阻力压强 R/MPa	阻力功 W/J	弹丸动能 E/J	W/E/%
55 式 37mm 高炮	0.02	43.7	57.7	8.22	701.0
54 式 76mm 加农炮	0.185	20.6	1609	3312	48.6
71 式 100mm 滑膛炮	0.051	24.9	617	83	746.0
54 式 122mm 榴弹炮	0.276	16.9	3995	15581	25.6
火炮	最大挤进阻力点				
	行程 x/dm	阻力压强 R/MPa	阻力功 W/J	弹丸动能 E/J	W/E/%
55 式 37mm 高炮	0.138	18.0	357.2	1062	33.66
54 式 76mm 加农炮	0.283	15.4	2204	5474.0	40.3
71 式 100mm 滑膛炮	0.127	7.8	1258	1735	72.5
54 式 122mm 榴弹炮	0.492	9.9	7382	42876	17.22
火炮	最大挤进阻力点				
	行程 x/dm	阻力压强 R/MPa	阻力功 W/J	弹丸动能 E/J	W/E/%
55 式 37mm 高炮	20.89	2.8	6964	294600	2.36
54 式 76mm 加农炮	26.2	3.1	40334	1451709	2.7
71 式 100mm 滑膛炮	47.57	1.2	46483	5399359	0.86
54 式 122mm 榴弹炮	21.0	3.0	81171	2896895	2.8

(1) 弹带从挤进开始到全部嵌入膛线的时间，几乎与弹带全部嵌入膛线(直管段)到弹丸出炮口的时间相当。这完全颠覆了经典内弹道学沿用多年的“瞬态挤进”的概念和由此给人们带来的错误认知。

(2) 在弹带挤进(嵌入)过程中，特别是在挤进阻力最大值(位置)之前，弹丸运动阻力和弹后燃气对弹丸的推力不仅属于同一量级，而且有时相当接近。这意味着，如果炮膛烧蚀严重或弹带设计不当，挤进过程中可能出现推力与挤进阻力相当，甚至在某个时刻出现推力小于阻力，加速度为零和负值的情况。

(3) 影响弹带挤进阻力的因素除了弹带与膛线结构、尺寸、坡膛角和弹带材料特性之外,还与坡膛表面状态有关。对于严重烧蚀磨损的坡膛和膛线起始部,当膛线尺寸和坡膛角及炮膛直径发生较大变化时,则挤进阻力曲线及阻力峰值的不确定性将增加。

(4) 弹带挤进阻力消耗功,与挤进阻力及挤进行程两个因素相关,不同炮/弹/药的组合系统,挤进消耗功不同。计算表明,71 式 100mm 滑膛炮挤进阻力峰值(最大值)高于 54 式 122mm 榴弹炮,但无论是挤进消耗功还是消耗功占炮口动能之比,54 式 122mm 榴弹炮都高于 71 式 100mm 滑膛炮。当弹丸出炮口,122mm 榴弹炮的弹带挤进摩擦功占弹丸炮口动能的 2.8%,而 71 式 100mm 滑膛炮只占 0.86%。

(5) 弹带完全嵌入膛线(直管段)之后,弹带与膛线(炮膛)间摩擦阻力迅速减小。

(6) 启动压力 p_0 是经典内弹道学概念,它的提出是模型求解方便需要的产物。其物理意义是指弹后压力达到 p_0 弹丸开始起动,即定义最大挤进阻力压强为

$$R(t)\mid_{\max} = p_0 \tag{6.80}$$

并将挤进和摩擦损耗功归并在次要功之中。

6.4 烧蚀坡膛几何特征重构与残留阳线对弹带的伤害

大多数弹丸是通过烧蚀甚至严重烧蚀的身管发射出去的。研究火炮发射过程和弹丸在膛内的受力与运动,必须考虑身管烧蚀的影响。

6.4.1 坡膛(膛线起始部)几何特性的重构

坡膛烧蚀和内膛直径的增大,首先将会带来弹丸定位点和阳线起点前移,即带来初始药室容积增大,并且还将带来坡膛角 ϕ 减小和坡膛长度的增加。这些参量的变化都将直接影响内弹道性能,因此在内弹道计算之前,必须对坡膛和膛线几何特征尺寸进行重构。坡膛或膛线起始部几何尺寸的重构有两部分内容:一是膛线形貌的重构,这里不展开讨论;二是坡膛角 ϕ 和坡膛长度的重构。烧蚀坡膛几何特征可以用图 6.34 所示近似表征。令烧蚀前后弹带前沿定位点分别为 O 和 O',定位面分别为 AB 和 $A'B'$,阳线起始面分别为 CD 和 $C'D'$。因此,烧蚀前后弹丸定位前移距离为 $\Delta l = OO'$,坡膛长度前后分别为 $\Delta X = OO_1$ 和 $\Delta X' = O'O'_1$,坡膛角前后近似分别为 ϕ 和 ϕ'。具体由内膛尺寸实际测量值拟合确定。

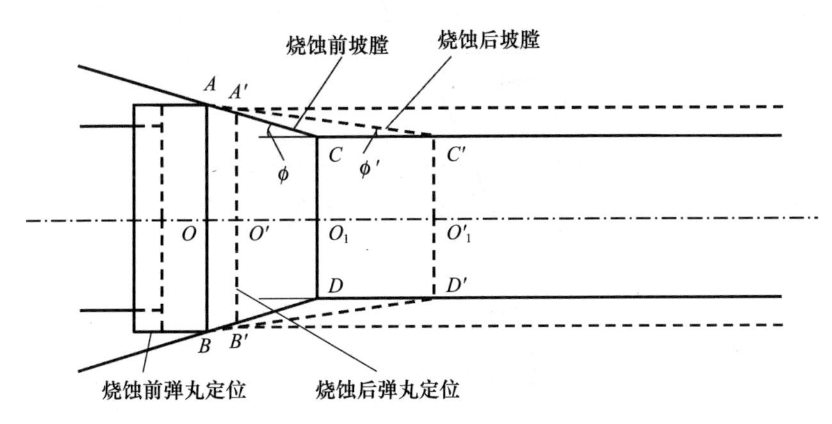

图 6.34　烧蚀前后坡膛几何特征尺寸变化示意图

在不同烧蚀阶段,考虑对坡膛长度 Δx 和坡膛角 ϕ 作不同的修正。注意:当采用的弹丸具有足够宽的弹带时,随着 Δx 的增加和 ϕ 的减小,当弹带全部挤入时意味着挤进接触面也随之增加,即意味阻力压强峰值 $R_{\max}$ 增加,这就可能出现弹道峰现象,这将在 6.6 节中作进一步讨论。对于双弹带,可能出现两个 $R_{\max}$ 峰值,即可能产生两个弹道峰。

6.4.2　弹带犁削和旋转刮削模型

严重烧蚀磨损的膛线将对弹带产生犁削和旋转刮削。犁削是指残缺阳线的分散凸峰,给弹带造成的一条条犁沟。旋转刮削是指低矮阳线力图驱动弹丸旋转而给弹带造成的沿外圆表层的剪切损耗。通常所说的弹带削平或削光,是指弹带被多次重复犁削和刮削造成的弹带直径显著减小,以至完全丧失导转和堵塞燃气泄漏功能的最终状态。

下面分别讨论犁削和刮削机制,给出临界条件和判据。

1. 凸峰犁沟力

独立凸峰对弹带的犁沟过程如图 6.35 所示。凸峰形貌多种多样,现以锥形头部为代表,推导犁沟力表达式。设残留膛线凸峰嵌入弹带的深度为 h,锥形凸峰头部的半角为 θ,凸峰嵌入弹带的水平面投影面积为 $A_1=\pi d^2/8$,垂直面上的投影面积 $A_2=dh/2$。显然,锥形凸峰 h 和 d 有下列关系:$d=2h\tan\theta$。于是准静态条件下正锥形凸峰犁沟力为

$$F_l=A_2\sigma_s=dh\sigma_s/2=h^2\sigma_s\tan\theta \tag{6.81}$$

式中:σ_s 为弹带材料屈服应力。动态犁削 σ_s 建议改用流动应力 σ_f。

对于集群式凸峰,式(6.81)应改写为

$$\sum_{i=1}^{N}F_i=\sum_{i=1}^{N}h_i^2\sigma_s\tan\theta_i \tag{6.82}$$

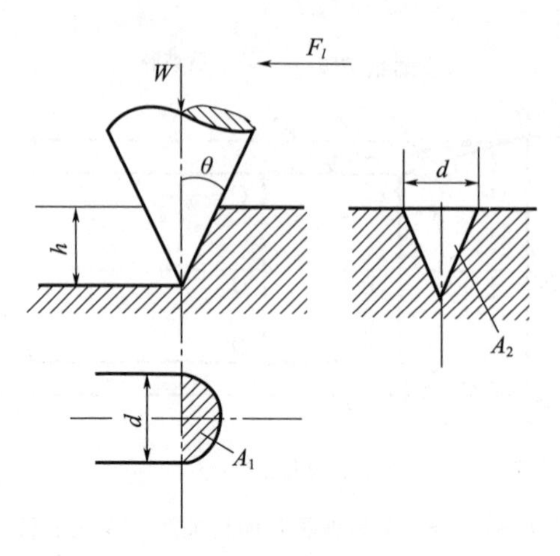

图 6.35　凸峰犁沟示意图[11]

显然,如果已知凸峰轴向和圆周方向投影,则 F_l 可求,并可分别得到残缺弹带施加于弹丸的挤进阻力和旋转力。如凸峰头部为半球形或其他形状,同样可以得到类似的公式。

2. 转动刮削判据[25]

弹丸沿炮膛轴线向前运动,因膛线具有确定的缠度(角),因而弹丸轴向运动速度和旋转运动速度的关系是确定的,即轴向运动加速度、旋转运动加速度、导转侧驱动力是一一对应的。阳线烧蚀磨损到一定程度,导转侧驱动力,即膛线作用于弹带上的剪切作用力。

图 6.36 所示为导转力分析示意图。假定任一时刻 t,此时弹丸运动行程为 x,弹带与膛线接触点为 O,弹底压力为 p,导转侧力为 N,摩擦力为 $\mu_n'N$,则弹丸旋转运动方程为

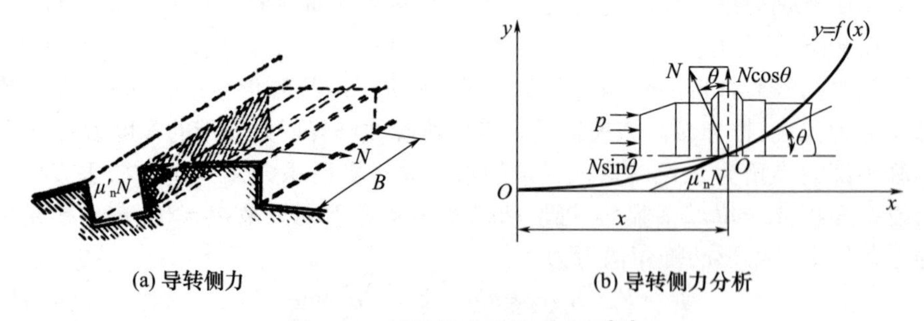

图 6.36　导转侧力分析示意图[25]

$$nr(N\cos\theta - \mu_n' N\sin\theta) = I_x \frac{d^2\alpha}{dt^2} \tag{6.83}$$

式中：I_x 为弹丸极转动惯量；n 为膛线条数；μ'_n 为动摩擦因数；θ 为 O 点处膛线的缠角（倾斜角）；r 为弹丸半径；α 为弹丸角位移。此时弹丸直线运动方程为

$$p\pi r^2 - n(N\sin\theta + \mu'_n N\cos\theta) = m_q \frac{dv}{dt} \tag{6.84}$$

式中：m_q 为弹丸质量；v 为弹丸轴向（x）速度。

将膛线展开（图 6.5），等齐膛线为一直线，非等齐膛线为一曲线，即 $y = f(x)$。对任一 x，由角位移和线位移关系有 $y = r\alpha$，得弹丸角速度为

$$\frac{d\alpha}{dt} = \frac{1}{r}\frac{dy}{dt} = \frac{1}{r}\frac{df(x)}{dx}\frac{dx}{dt}$$

和弹丸角加速度为

$$\frac{d^2\alpha}{dt^2} = \frac{1}{r}\left[\frac{d^2f(x)}{dx^2}\left(\frac{dx}{dt}\right)^2 + \frac{df(x)}{dx}\frac{d^2x}{dt^2}\right]$$

考虑到

$$\frac{dx}{dt} = v; \frac{d^2x}{dt^2} = \frac{dv}{dt}; \frac{df(x)}{dx} = \tan\theta$$

于是，有

$$\frac{d^2\alpha}{dt^2} = \frac{1}{r}\left[\frac{d^2f(x)}{dx^2}v^2 + \frac{dv}{dt}\tan\theta\right] \tag{6.85}$$

改写式（6.84），得

$$\frac{dv}{dt} = \frac{1}{m_q}[p\pi r^2 - nN(\sin\theta + \mu'_n\cos\theta)]$$

将其代入式（6.85），得

$$\frac{d^2\alpha}{dt^2} = \frac{1}{r}\left\{\frac{d^2f(x)}{dx^2}v^2 + [p\pi r^2 - nN(\sin\theta + \mu'_n\cos\theta)]\frac{\tan\theta}{m_q}\right\}$$

再将其代入式（6.83），得

$$Nrn(\cos\theta - \mu'_n\sin\theta) = \frac{I_x}{r}\left\{\frac{d^2f(x)}{dx^2}v^2 + [p\pi r^2 - nN(\sin\theta + \mu'_n\cos\theta)]\frac{\tan\theta}{m_q}\right\}$$

化简，得

$$nN\left[(\cos\theta - \mu'_n\sin\theta) + \frac{I_x}{r^2}(\sin\theta + \mu'_n\cos\theta)\frac{\tan\theta}{m_q}\right] = \frac{I_x}{r^2}\left(\frac{d^2f(x)}{dx^2}v^2 + p\pi r^2\frac{\tan\theta}{m_q}\right)$$

当缠角 θ 不大时，该式左边方括号内数值接近于 1.0，因此简化的导转力方程为

$$N = \frac{I_x}{nr^2}\left(\frac{d^2f(x)}{dx}v^2 + p\pi r^2\frac{\tan\theta}{m_q}\right) \tag{6.86}$$

对于等齐膛线，$\frac{d^2f(x)}{dx^2} = 0$，则导转侧力为

$$N = \frac{I_x}{m_q} \cdot p \frac{\pi}{n} \tan\theta \tag{6.87}$$

对于烧蚀膛线,相对弹带的残留阳线高度 $h=(d_b-d')/2$,d' 为实时(烧蚀)阴线直径,d_b 为弹带直径。此时弹带承受的反作用力为 $nl_b h\sigma_c$,σ_c 为弹带表面接触应力,l_b 为弹带宽度。于是,有

$$nl_b h\sigma_c = nN = \frac{I_x}{m_q} p\pi\tan\theta$$

整理,得

$$\sigma_c = \frac{I_x}{m_q} \frac{\pi p}{hl_b} \frac{1}{n} \tan\theta \tag{6.88}$$

当 $\sigma_c \geqslant \sigma_s$ 时弹带发生准静态旋转刮削;当 $\sigma_c \geqslant \sigma_f$ 时弹带发生动态旋转刮削。

6.5 弹丸卡膛状态参量的确定

弹丸卡膛状态是内弹道过程的重要初始条件。卡膛状态影响内弹道过程,特别是与初速的精确修正有关,这也是研究卡膛状态的意义所在。

6.5.1 卡膛状态参量

卡膛状态涉及输弹力、输弹速度、卡膛速度、卡膛力、卡膛深度等参量的相互关系,首先讨论这些参量的概念和定义。在输弹或送弹速度已知的情况,弹丸卡膛速度与弹丸抛送距离和身管仰角有关,或者说卡膛速度是送弹速度、抛送距离和身管仰角的函数。但最终弹丸卡膛状态,包括卡膛深度、卡膛力等,不仅取决于卡膛速度,还和坡膛状态、坡膛角、仰角等因素有关。[21]

1. 输(送)弹速度 v_{ra}

输弹过程如图 6.37 所示。设输弹机的输弹拐推送弹丸的作用力为输弹力 $F(t)$,输送行程为 l_{ra},弹丸质量为 m_q,身管仰角(射角)为 ϕ_1,μ_n 为弹丸与输弹槽表面的滑动摩擦因数,定义输弹力作用结束时刻弹丸所具有的速度为输(送)弹速度(ramming velocity)。由输弹过程,可得输弹力做功与弹丸拥有的动能之间关系为

$$\int_0^{l_{ra}} (F(t) - \mu_n m_q \cdot g\cos\phi_1) \mathrm{d}l = m_q \cdot g l_{ra} \sin\phi_1 + \frac{1}{2} m_q v_{ra}^2$$

于是,有

$$v_{ra} = \left\{ 2\left[\frac{1}{m_q} \int_0^{l_{ra}} F(t) \mathrm{d}l - \mu_n l_{ra} g\cos\phi_1 - g l_{ra} \sin\phi_1 \right] \right\}^{1/2} \tag{6.89}$$

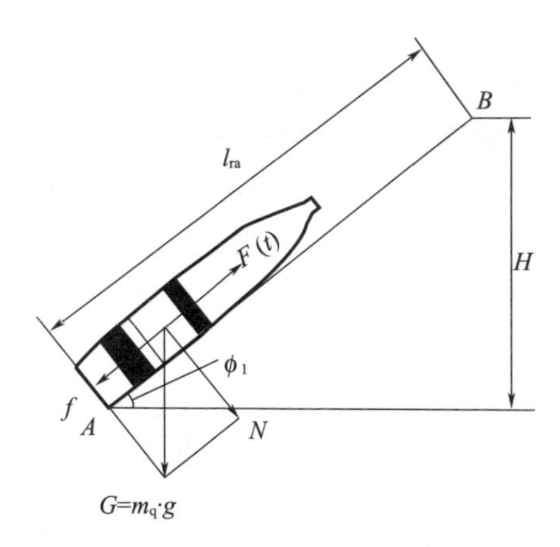

图 6.37　输弹过程示意图[26]

假如输(送)力为恒定值,即 $F(t)\equiv F$,则该式可改写为

$$v_{ra}=\left[2l_{ra}g\left(\frac{F}{m_q\cdot g}-\mu_n\cos\phi_1-\sin\phi_1\right)\right]^{1/2} \tag{6.89$'$}$$

由式(6.89)′可见,对特定的弹丸,输弹速度 v_{ra} 主要取决于输弹力与其作用行程的乘积,同时与身管仰角 ϕ_1 和弹丸质量相关,ϕ_1 和 m_q 越大,对 v_{ra} 有负面影响,即随 ϕ_1 和 m_q 增大而下降。

2. 卡膛速度 v_{ba}

输弹机将弹丸加速至 v_{ra},接下来弹丸基本呈"自由运动"状态沿炮膛(药室)轴线运动,直至弹带接触坡膛或膛线形成部。定义弹丸自由运动的行程为抛送长度 l_{ba},抛送结束,即弹带接触坡膛时刻的速度为卡膛速度(the projectile velocity at the bayomet - chamber)v_{ba}。

设弹丸被抛送时身管仰角为 ϕ_1,抛送初始时刻速度即为输弹速度 v_{ra},当沿炮膛轴线运动行程为 l_{ba} 之后,弹丸初始运动动能有两种损耗:一是转换为势能的损耗;二是摩擦做功损耗,因抛送过程中弹丸运动并非完全自由,与药室内壁无法完全避免磕碰与滑动摩擦。因此,由能量守恒,即使不考虑磕碰摩擦损耗,弹丸在滑行 l_{ba} 之后,v_{ba} 和 v_{ra} 之间关系为

$$\frac{1}{2}m_q v_{ra}^2=\frac{1}{2}m_q v_{ba}^2+m_q g l_{ba}\sin\phi_1$$

将其化简,写为

$$v_{ba}=\sqrt{v_{ra}^2-2l_{ba}gk_0\sin\phi_1} \tag{6.90}$$

式中:k_0 为考虑弹丸磕碰和药室内壁摩擦有关的系数,大于 1.0。由该式可知,卡膛速度 v_{ba} 与输弹速度 v_{ra} 之间的差异,主要与抛送长度和仰角引起的势能增加有关,同时也与抛送中弹丸与内腔表面之间摩擦损耗有关。

3. 卡膛力

弹丸以拥有与卡膛速度相应的动能，卡入坡膛（膛线），弹丸动能转化为弹－炮接触力做功和接触势能。在这个过程中，接触力是随过程（时间）变化的。定义卡膛过程中，即弹丸速度在被逐渐滞止过程中，弹炮之间作用力在炮膛轴线方向的投影为卡膛力。显然，卡膛力是随弹带与坡膛接触面积的增加而增加的，直至弹丸速度被完全滞止。图 6.38 为双弹带弹丸卡膛过程示意图。设坡膛角为 ϕ，身管仰角为 ϕ_1，前后弹带与坡膛（膛线）表面之间法向接触力分别为 N_f 和 N_r，切向摩擦力分别为 $N_{f\mu_n'}$ 和 $N_{r\mu_n'}$，下标 μ_n' 为动态摩擦，m_q 为弹丸质量，则弹带在嵌入膛线过程中弹炮之间相互作用力在炮膛轴线方向上的投影，即卡膛力为

$$F_x = (N_{f\mu_n'} + N_{r\mu_n'})\cos\phi - (N_f + N_r)\sin\phi + m_q g(\mu_n'\cos\phi_1 - \sin\phi_1)$$

因为 $N_{f\mu_n'} = \mu_n' N_f$，$N_{r\mu_n'} = \mu_n' N_r$，因此该式可改写为

$$F_x = (N_f + N_r)(\mu_n'\cos\phi - \sin\phi) + m_q \cdot g(\mu_n'\cos\phi_1 - \sin\phi_1) \tag{6.91}$$

一般情况下，无论是人工送弹还是自动送弹，后弹带不会卡进坡膛。因此该式可简化为

$$F_x = N(\mu_n'\cos\phi - \sin\phi) + m_q \cdot g(\mu_n'\cos\phi_1 - \sin\phi_1) \tag{6.92}$$

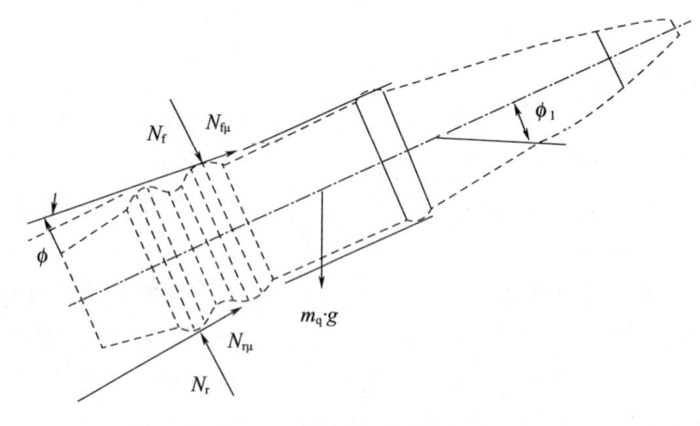

图 6.38　弹丸卡膛过程示意图[26]

4. 接触力

弹带与内膛表面间的接触力 N 是接触应力与接触面积的乘积。为了确定接触力，特作如下假定：

（1）假定身管和弹丸壳体为刚体，即认为卡膛过程中炮膛和弹丸本体的变形相对弹带挤压变形可以忽略不计。

（2）假定弹丸卡膛不存在偏斜，即不考虑弹丸卡膛时可能发生的形位偏差。

(3) 卡膛过程中,弹带与坡膛表面之间接触摩擦是准静态滑动摩擦,摩擦因数较低。

(4) 严格地说,膛线缠角对卡膛力是存在影响的。但考虑到卡膛深度有限,不考虑缠角的影响,即弹带与膛壁挤压接触应力,仅发生和存在于圆周表面。

在上述假定前提下,因卡膛引起的弹炮之间法向接触力为

$$N = n(a + b)\sigma_f \cdot l_{ba} \text{或} N = \pi d l_{ba}\sigma_f \tag{6.93}$$

式中:a,b 分别为阳线和阴线的宽度;n 为膛线条数;σ_f 为弹带流动应力;l_{bd}为卡膛深度;d 为内膛直径。该式建立在弹带直径 d_b 大于阴线 d'基础上。如果阴线直径与弹带直径相当,甚至小于阴线直径,则该式应改写为

$$N = na \cdot l_{bd}\sigma_f \tag{6.94}$$

一般而言,对烧蚀火炮,弹带挤压进入坡膛时,阳线上接触力与阴线上的接触力可能因挤压程度不同而不同。因此在实际应用中,建议弹炮间法向接触力改写为如下通用形式:

$$N = k_1 \pi d l_{bd}\sigma_f \tag{6.95}$$

式中:k_1 为与火炮烧蚀相关的卡膛接触面积有效系数,视身管烧蚀状态,k_1 在 0.20~0.70 范围作适当调整,新炮取 $k_1 = 0.7$,严重烧蚀身管取 $k_1 = 0.20$。将该式代入式(6.92),得卡膛力的表达式为

$$F_x = k_1 \pi d l_{bd}\sigma_f(\mu_n' \cos\phi - \sin\phi) + m_q \cdot g(\mu_n' \cos\phi_1 - \sin\phi_1) \tag{6.96}$$

5. 卡膛终态参量

卡膛终态参量,即卡膛过程结束或卡膛速度完全滞止时刻弹带嵌入膛线的状态参量,是内弹道过程初始条件参量。这些参量包括最大卡膛深度 l_{bm}、最大卡膛力 F_{xm}、药室容积增大量 ΔV、弹丸行程缩小量 Δl_g 和最小临界卡膛速度 v_{ac}等。

1) 最大卡膛深度 l_{bm}

由功能原理和式(6.96),有

$$\frac{1}{2} m_q v_{ba}^2 = \int_0^{l_{bm}} F_x \mathrm{d} l_{ba} = \Phi_1 \int_0^{l_{bm}} l_{ba} \mathrm{d} l_{ba} + \Phi_2 \int_0^{l_{bm1}} \mathrm{d} l_{ba} = \frac{1}{2}\Phi_1 l_{bm}^2 + \Phi_2 l_{bm} \tag{6.97}$$

式中:$\Phi_1 = k_1 \pi d \sigma_f(\mu_n' \cos\phi - \sin\phi)$,$\Phi_2 = m_q g(\mu_n' \cos\phi_1 - \sin\phi_1)$。

由物理意义可知,l_{bm}不可为负值,因此

$$l_{bm} = \frac{-\Phi_2 + \sqrt{\Phi_2^2 + \Phi_1 m_q v_{ba}^2}}{\Phi_1} \tag{6.98}$$

由该式可知,最大卡膛深度 l_{bm}是 v_{ba}、m_q、d 和 ϕ、ϕ_1 的函数。

2）药室增长量与药室容积增大量

无论火炮药室容积还是内弹道药室容积，其名义值都是以药室几何尺寸和弹丸初始定位点为依据来定义的，即通过计算或试验标定得到的。实际射击条件下，特别是存在烧蚀情况下，卡膛速度带来最大卡膛深度增加，意味着弹丸定位点前移，相应带来药室容积增大。在已知最大卡膛深度 l_{bm} 条件下，药室容积比名义值的增大量为

$$\Delta V = l_{bm}A = l_{bm}\pi\left[d^2\left(\frac{a}{a+b}\right) + d'^2\left(\frac{b}{a+b}\right)\right] \tag{6.99}$$

3）最大卡膛力 F_{xm}

任意坡膛角 ϕ 和仰角 ϕ_1 条件下的最大卡膛力等于卡膛结束时接触力在炮膛轴线方向的投影，即由式(6.96)和式(6.98)，得

$$F_{xm} = k_1\pi d l_{bm}\sigma_f(\mu_n\cos\phi - \sin\phi) + m_q g(\mu_n\cos\phi_1 - \sin\phi_1) = \Phi_1 l_{bm} + \Phi_2 \tag{6.100}$$

注意：卡膛结束意味着弹带嵌入坡膛呈静止状态，因此该式中摩擦因数应取静态值。显然，由最大卡膛力可得发射中弹丸挤进阻力的初值。此外还要指出，由式(6.98)可知，l_{bm}是与综合量 Φ_1 和 Φ_2，即身管仰角和坡膛角相关的。因此，如仰角 ϕ_1 越小，l_{bm}越大。

4）弹丸行程缩短量 Δl_g

从上面的分析可知，$\Delta l_g = l_{bm}$。

6. 最小临界卡膛速度 v_{bac}

最小临界卡膛速度是指在身管允许最大仰角条件下，弹丸卡膛后不会自行脱落的最小临界卡膛速度。因此，在这个卡膛速度下，弹丸在其余任何仰角下送弹，都不会发生自行脱落。卡膛后弹丸自行脱落俗称："掉弹"。为避免"掉弹"，即避免弹丸在卡膛后因振动和摇晃而脱落，其必要条件是卡膛力大于弹丸自身重量的滑落力，即

$$F_{xm} \geqslant m_q g\sin\phi_{1m} \tag{6.101}$$

由式(6.100)，该式可改写为

$$\Phi_1 l_{bm} + \Phi_2 \geqslant m_q g\sin\phi_{1m} \tag{6.102}$$

式中：ϕ_{1m}为火炮最大仰角。由该式求得 l_{bm}，并利用式(6.98)，可求得 v_{bac}。

6.5.2 卡膛状态参量验算举例[26]

为了证明上述卡膛理论的正确性，文献[26]以66式152mm加榴炮为对象，进行了验证和估算。他们采用的输入参量如表6.11所列，得到的结果如表6.12所列。由此证明，按以往输弹和设计经验，取弹丸最小卡膛速度不得小于2.0m/s的看法（经验值）是正确的。

表 6.11 66 式 152mm 加榴炮卡膛计算用输入参量

口径 d/mm	阴线直径 d'/mm	阳线宽 a/mm	阴线宽 b/mm	膛线条数 n	膛线深 t_H/mm	坡膛角 ϕ/(°)
152.4	155.4	3.00	6.97	48	1.5	1
射角 ϕ_1/(°)	弹带外径 d_b/mm	弹带宽 W_b/mm	坡膛长 Δl/mm	药室高 l_{ra}/mm	弹丸质量 m_q/kg	弹带材料 σ_f/MPa
-3~68	155.9	22.9	50.1	772.9	43.56	215

表 6.12 66 式 152mm 加榴炮/杀爆榴弹卡膛状态参量

仰角 ϕ_1/(°)	卡膛速度综合量 Φ_2	卡膛深度 l_{bm}/mm	卡膛力 F_{xm}/kN	药室增大 ΔV/dm^3
—	v_{ba}/(m·s-1)	k_1=0.70 k_1=0.20	k_1=0.70 k_1=0.20	k_1=0.70 k_1=0.20
0	4.41 94.0	7.62 16.37	111.3 68.1	0.139 0.298
15	3.89 -19.79	6.72 12.58	98.09 52.44	0.123 0.229
30	3.34 -132.2	5.78 10.80	84.26 44.90	0.105 0.197
45	2.77 -303.6	4.80 9.03	69.8 37.35	0.087 0.165
60	2.24 -323.1	3.89 7.27	56.47 29.99	0.071 0.133
68	2.00 -360.9	3.48 6.54	50.45 26.91	0.063 0.119

由表 6.12 可见,当取最大仰角条件下弹丸卡膛速度为 2.00m/s 时,并保持输弹能量恒定,则随着仰角降低,卡膛速度随之增加。如仰角为 15°时卡膛速度 $v_{ba}=3.89$m/s;而当 $\phi_1=0°$时,$v_{ba}=4.41$m/s。至于对应的卡膛深度,则首先与接触面的有效接触系数有关。对于新炮,因弹带直径大于阴线直径,则在弹带卡入深度(长度)距离上,所有侧表面几乎都将与膛线圆周表面接触,所以取 $k_1=0.70$。而对于严重烧蚀的身管,阴线直径可能大于弹带直径,残留阳线也变得比较狭窄,所以取 $k_f=0.20$。于是,因射角(仰角)不同,计算得到的卡膛深度不同。当 $k_1=0.70$,$\phi_1=68°\sim0°$,$l_{bm}=3.48\sim7.62$mm。而当 $k_1=0.20$,$\phi_1=68°\sim0°$,$l_{bm}=6.54\sim16.37$mm。可见仰角越小,身管烧蚀越严重,卡膛深度越大。相应卡膛力和卡膛引起的药室增大量具有相同的趋势。

6.6 弹道峰现象及形成原因分析

火炮随射弹发数的增加,内膛烧蚀与磨损逐渐加重。一般来说,内膛随磨损量的增加，将伴随出现药室增长、弹丸初始定位前移和内弹道主要特征量 p_m 与 v_0 逐渐下降。但有些火炮例外，即在身管使用寿命初期，随射弹发数增加，p_m、v_0 非但不是下降，反而会有一定程度的上涨。直至射弹发数积累到一定数量，才如通常火炮那样，p_m、v_0 呈逐渐下降趋势，这就是常说的内弹道弹道峰现象。具有弹道峰现象的火炮内弹道主要特征量 p_m、v_0，随射弹发数的增加，在身管使用寿命中前期，有一个先上升而后下降的巅峰期，甚至出现两个峰值之后才逐渐下降。

张喜发对弹道峰现象进行了系统研究[5]，表 6.13 列出了他所搜集得到的几种具有弹道峰现象的火炮特征量，并且发现产生这种现象的火炮/弹丸系统有一个共同点，即弹带宽度均大于坡膛全长。表 6.14 所列为 57mm 战防炮采用不同身管射击得到的弹道峰现象统计数据。

表 6.13　几种存在弹道峰现象火炮特征量[5]

火炮	新炮 $v_0/(\mathrm{m\cdot s^{-1}})$	峰值 $v_0'/(\mathrm{m\cdot s^{-1}})$	坡膛长/ mm	弹带宽/ mm	峰值时 射弹发数	相对初速增加量 $(\Delta v_0/v_0)/\%$
100mm 舰炮	870.7	887.0	10	43.16	823	1.87
57mm 战防炮	982	1004.2	17.3	22	84	2.25
37mm 高炮	874.1	876.1	9	12	1599	0.23
57mm 高炮	1000	1013	18	26	—	1.30
25mm 高炮	899	883.2	—	—	—	0.39

注：$\Delta v_0 = v_0' - v_0$；表中 v_0 与 v'_0 及其相应的射弹数均为实际试验统计值；坡膛长和弹带宽为设计值。

由表 6.13 可见，出现弹道峰现象的火炮共同点是坡膛长度小于弹带宽度。因此不难理解，弹道峰出现的时间或射弹的发数，即标志着身管坡膛被烧蚀和磨损到这样一种程度：由于烧蚀导致药室坡膛角 ϕ 减小而致使弹带挤入坡膛后与炮膛接触面 A_c 增加，使得挤进阻力上升造成的内弹道特征量（p_m、v_0）增加作用，超过了药室增长和身管烧蚀使内弹道特征量（p_m、v_0）下降作用。因此，弹道峰的出现是特定条件下的坡膛长与弹带宽耦合关系造成的，是坡膛因磨损而使其长度增加到一定程度的产物。

表 6.14　57mm 战防炮不同身管弹道峰统计数据[5]

炮号	新炮 $v_0/(\mathrm{m\cdot s^{-1}})$	新炮 p_m/MPa	峰值 $v_0'/(\mathrm{m\cdot s^{-1}})$	峰值 p_m'/MPa	峰值射弹数/发
3－4－1	1043.6	296.6	1048.3	316.5	100
2－1－1	1041.6	295.1	1048.6	316.7	75
1－4－1	1044.7	298.2	1049.4	317.5	83
6－4－1	1005.0	322.6	1007.6	332.1	66
5－2－1	1002.7	322.5	1008.2	340.4	95

续表

炮号	$\Delta v_0/(m \cdot s^{-1})$	Δp_m/MPa	$(\Delta v_0/v_0)/\%$	$(\Delta p_m/p_m)/\%$	—
3-4-1	4.7	19.9	0.5	6.5	—
2-1-1	4.6	21.6	0.4	7.1	—
1-4-1	4.7	19.3	0.5	6.3	—
6-4-1	2.5	9.4	0.3	3.1	—
5-2-1	5.5	17.9	0.6	5.9	—

注:射弹全部为甲弹。

事实上,弹道峰生成可能还有另一种因素,即在身管使用初期,因膛线挂铜与积炭也会导致挤进与摩擦阻力上升。

6.7　膛内滞留物对弹丸运动的影响

弹丸沿身管的运动,除受到弹底燃气推力和弹带挤进与摩擦阻力作用之外,有时还受到膛内滞留物的阻挡作用。典型滞留物包括擦拭不净的炮油,留膛擦炮布及前一发射弹残留物等,都可能造成弹丸运动受阻、内弹道现象反常、炮膛损伤和弹道特征量偏离正常值,以致造成不同程度的发射故障。本节以除油不净引起的胀膛和膛线损伤事故,作为典型事例进行分析。

6.7.1　除油擦拭不净引发的弹道异常[27]

59 式 130mm 加农炮和 59 式 100mm 高射炮,先后都曾发生过因炮膛除油不净而引发的胀膛事故[27],因此专门对此进行了试验验证。验证试验采用制式弹药和身管,在所试身管沿轴向不同位置,自炮尾到炮口依次开有 7 个测压孔,具体位置如表 6.15 所列,除第 1 孔安装压电测压传感器外,其余皆安装铜柱测压器测压。试验还同时测量了初速,并在每次试后检查了炮膛状态。试验结果如表 6.16 所列。

表 6.15　测压孔位置

测压孔编号	测压孔至炮尾距离/mm	测压孔编号	测压孔至炮尾距离/mm	测压孔编号	测压孔至炮尾距离/mm	测压孔编号	测压孔至炮尾距离/mm
1	459 (4890)	3	1390 (3960)	5	4000 (1350)	7	5190 (160)
2	800 (4550)	4	2800 (2550)	6	4800 (550)	—	—

注:括号中数据为到炮口的距离。

表 6.16 59 式 100mm 高炮胀膛试验记录

总射序号	日期	气温/℃	铜柱压力/MPa									v_0/(m·s^{-1})	压电传感器峰值 p_m/MPa	备注
			膛底	1孔	2孔	3孔	4孔	5孔	6孔	7孔	8孔			
5	5.24	26	300.4	—	300.7	334.8	173.6	139.6	130.3	133.3	—	901.2	363.5	—
6	5.24	25	299.7	—	300.7	344.2	186.1	128.2	107.5	103.9	—	904.8	—	—
7	5.27	24	300.9	—	305.1	347.7	186.2	134.4	122.1	113.6	—	900.0	348.5	—
平均		—	300.3	—	302.2	342.2	181.9	134.0	120.0	116.9	—	902.0	—	—
8	5.24	24	—	—	297.4	326.6	196.3	161.7	162.9	242.4	—	887.6	322.6	均匀少量涂油,无胀膛
36	5.27	26.5	—	—	289.0	366.2	183.1	—	180.2	208.6	—	884.3	—	均匀涂油 438g,无胀膛
37	5.27	26.5	—	—	288.0	353.2	193.0	—	183.5	223.2	—	885.8	342.5	均匀涂油 406g,无胀膛
38	5.27	26.5	—	—	331.8	357.1	268.6	—	170.3	204.0	—	886.6	360.0	均匀涂油 313g,无胀膛
47	5.28	23.5	—	310.9	289.0	335.3	181.2	测压器打飞	测压器打飞	测压器打飞	—	885.2	—	距炮口 500mm 涂油 156g,228mm 处胀膛 1.07 ~ 1.21 mm,胀膛发生在下半圆
48	5.28	23.5	—	—	—	336.5	197.4	150.1	测压器打飞	—	—	906.4	—	2 ~ 4 孔涂油 125g
49	5.28	23.5	—	—	—	—	187.6	181.0	197.2	—	—	893.2	—	4 ~ 5 孔涂油 96g
50	5.28	23.5	—	—	—	—	—	142.8	173.6	236.4	—	904.8	—	5 孔至炮口涂油 78g,在离炮口 1300 ~ 2000mm 处,有轻微胀膛 0.03 ~ 0.05mm
51	—	—	—	—	—	—	—	137.8	116.3	117.1	—	910.9	—	—

由表6.16可见,无论内膛均匀涂油还是非均匀局部涂油,均会引起涂油部位前方几个测压器所测压力明显增高。以表中第36发~第38发膛内均匀涂油438~313g为例,第6、7两个测压器所测压力为洁净炮膛的190%~200%,即相对增高90%~100%。而非均匀涂油条件下的第47发~第50发,在邻近炮口位部身管内表局部涂油,尽管其涂油量远小于均匀涂油量,但造成的涂油部位前方压力增高程度却更为严重。如第47发,在离炮口500mm处附近涂油156g,3个测压器全部被打飞,在离炮口228mm处,身管垂直和水平方向分别胀膛1.21mm和1.07mm,肉眼可观察到身管出现了鼓包。接下来的几发减少涂油量,分别局部涂油125g(第48发)、96g(第49发)和78g(第50发),依次分别发射之后,发现在离炮口1300~2000mm部位,仍然有轻弱胀膛(0.03~0.05mm)。

仔细观察发现,第47发射击后离炮口228mm处附近身管的胀膛,在圆周方向是不对称的,下半圆胀膛量明显大于上半圆。另外,发现这一发炮口制退器被打坏,可能是涂油造成弹带脱落所致。

6.7.2　涂油引发的膛线和弹丸损伤[3-4]

曾有报道炮膛涂油引发身管膛线和弹丸损伤,其损伤情况与弹丸初始装填不到位,以大约80m/s速度撞击膛线而引起的膛线损伤情况基本类似,典型特征都是阳线双侧棱边呈八字形45°脱落,且根据断口观察分析,认为是“断裂破坏”,而“无明显韧性撕裂痕迹”。

1. 试验条件

(1) 试验火炮:59式130mm加农炮。

(2) 验证试验采用均匀涂油和局部涂油两种方案。前者以油层高出阳线1mm为准;后者采用毛刷在一定长度范围内涂抹一定质量炮油于内膛壁面。

(3) 测量药室压力和弹丸初速,但未测量身管不同位置压力。

(4) 射后用窥膛镜检查内膛。

2. 试验现象

(1) 凡膛内均匀涂油,均未见有阳线脱落和胀膛现象,但初速最大下降14.2%,相应膛压上升2.7%。这种情况与表6.16所列的100mm高炮试验结果大体相似。

(2) 局部涂油情况下,出现有不同程度膛线棱边脱落和胀膛现象,胀膛最大达7.8mm。胀膛位置位于局部涂油前方附近位置,阳线损伤特征为两侧棱边45°八字形脱落。

(3) 在回收弹丸的定心部和前锥部上发现有明显阳线压痕,最深达0.8mm。

(4) 变形损坏最为严重的弹丸,前定心部位置被压缩向内凹进7.4mm,后定心部向内凹进4.8mm,弹体压伸延长达8.3mm。

6.7.3 胀膛及阳线损伤原因分析[9]

1. 涂油对弹丸运动产生的阻力分析

假定弹丸与涂油的接触撞击属于完全非弹性碰撞,不考虑撞击时涂油发生的飞溅和相变,且认为涂油一旦与弹丸接触,立刻具有弹丸相同的运动速度。由图6.39所示的弹丸撞击涂油状态可知,如炮油涂抹分布长度为 l_1,质量为 m_{oil},弹丸运动速度为 v,则弹丸越过涂油区域的全部时间为

$$\Delta t = l_1 / v$$

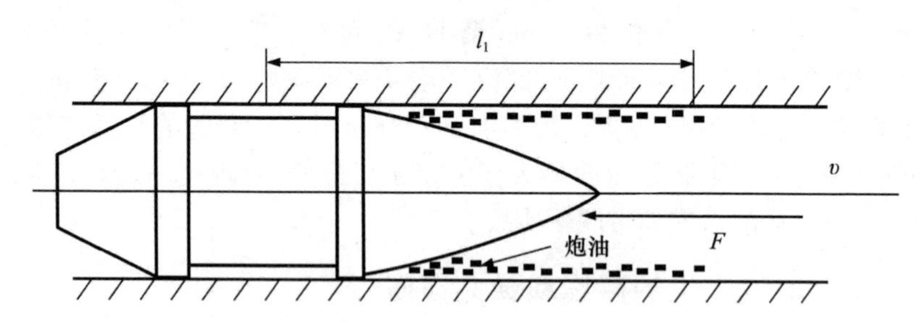

图6.39　弹丸运动撞击涂油状态

令此时涂油对弹丸的平均作用力为 F_{oil},且涂油在瞬间加速取得速度 v,即 Δt 时间内涂油速度由零上升至 v,即 $\Delta v = v$,则其相应平均加速度为

$$a_{\text{oil}} = \frac{\Delta v}{\Delta t} = v^2 / l_1$$

由牛顿第二定律,涂油对弹丸运动的反方向惯性力 F_{oil} 为

$$F_{\text{oil}} = \left(\frac{m_{\text{oil}}}{l_1} \cdot v\Delta t\right) \cdot \left(\frac{\Delta v}{\Delta t}\right) = \frac{m_{\text{oil}}}{l_1} \cdot v^2 \tag{6.103}$$

该式表明,涂油对弹丸的冲击力或惯性力与弹丸速度平方 v^2 和涂油质量分布密度 m_{oil}/l_1 成正比。同样的分布密度,弹丸在此行程范围内,v 值较小,F_{oil} 值也很小。但到炮口附近,v 值较大,F_{oil} 值也很大。以表6.16中第37发均匀涂油406g为例,在弹丸行程4.63m处,弹丸速度约500m/s时,则 $F_{\text{oil}} = 2.19 \times 10^4$ N;而当弹丸到达炮口附近,弹丸速度约900m/s,则 $F_{\text{oil}} = 7.10 \times 10^4$ N。假设涂油造成的作用力在炮膛截面上均匀分布,前者相当于在弹丸前端面作用有阻力压强2.79MPa,后者相当于有9.04MPa的阻力压强。而第47发,156g涂油抹在离炮口500mm位置的身管内壁上,计算表明弹丸的阻力约上升至 2.53×10^5 N,相当于弹丸前方作用有阻力压强为32.19MPa,远高于均匀涂油的第37发。尽管第47发涂油量减少了,阻力却显著增大了。

如果仅考虑涂油造成弹丸质量增加,则弹丸运动方程应改写为

$$Ap_{\mathrm{d}} - F_{\mathrm{oil}} = \left[m_{\mathrm{q}} + \frac{m_{\mathrm{oil}}}{l_1}(x - x_0)\right]\frac{\mathrm{d}v}{\mathrm{d}t} \tag{6.104}$$

式中：x_0 为涂油起始位置；x 为弹丸运动行程；m_{q} 为原有弹丸质量；A 为炮膛横截面积。本书作者采用改写后的弹丸运动方程式(6.104)，采用表 6.16 试验条件，进行了内弹道计算，得到的主要内弹道特征量如表 6.17 所列。

由表可见，不管涂油多少和分布如何，采用式(6.104)，即仅考虑涂油质量影响的弹丸运动方程，内弹道主要特征参量(p_{m} 和 v_0)的计算值与试验值都基本符合。因此，可以认为，涂油对弹丸的初速影响主要体现在质量增加上。但身管前方几个测压器(测孔 4、5、6、7)的压力值显著增加现象还没有得到解释，或者说这些测压器测量值反映的并不是弹后燃气压力。这就意味着，这些传感器(测压器)被打飞与损坏，并不是弹后燃气压力过高造成的。因此，可以推想，身管涂油部位前方几个测压器测量的压力值，只可能是油压。

表 6.17　59 式 100mm 高身管涂油内弹道计算值与试验的比较

总序号	弹重 m_{q}/kg	装药量 m_{ω}/kg	最大压力 p_{m}/MPa		初速 v_0/(m·s^{-1})		涂油
			试验	计算	试验	计算	
5~7 发平均	15.6	5.6	300.3	307.9	902	904	无
36 发	15.6	5.6	—	308.3	884	884	全长均匀涂油 438g
(虚拟)	15.6	5.6	—	307.9	—	877	在离炮口 500mm 内涂油 500g
47 发	15.6	5.6	—	—	885	—	在炮口附近涂油 156g
(虚拟)	16.1	5.6	—	316.0	—	899	人为增加弹重 156g，不涂油

2. 异常油压生成分析

由物体撞水试验得知，撞击接触界面压力可以采用伯努利方程估算。弹丸撞击涂覆于身管内壁上的炮油，相当于弹丸迎面遭遇炮油的撞击，撞击面(弹丸前表面)，即弹丸前端面是炮油的滞止面。滞止面或油的驻点压强可近似表示为

$$p_{0i} = \frac{1}{2}\rho_{0i}v^2 \tag{6.105}$$

式中：ρ_{0i}为油的密度；v 为弹丸撞油时刻的速度。

由于弹丸前部外形大体是流线型，撞击涂油形成的高压分布区主要位于油与弹丸和炮管内壁的接触界面，并将强行挤入弹丸前端定心部与内膛壁面的间隙。如涂油是不对称的，则涂油在给接触界面施加压力和对弹丸带来翻转力矩的同时，还将导致弹丸另一侧与身管内壁发生撞击与挤压。试验发现的弹丸涂油一侧出现凹陷，另一侧表面上有膛线压痕，就是这个原因。因此，可以认为弹丸与身管内壁的间隙处形成的油压，即身管上安装的铜柱测压器感受到的压

力。但由于间隙流动存在能量损耗,缝隙中的油压应小于式(6.105)表示的驻点油压 p_{0i}。不妨对涂油缝隙压力作适当修正,假定 $p'_{0i}=k_{0i}p_{0i}$,令系数 $k_{0i}=0.60$,于是有

$$p'_{0i}=0.60p_{0i}=0.60\rho_{0i}v^2/2 \tag{6.105'}$$

采用该式估算的缝隙油压与身管测压器测量值作了比较,如表6.18所列。

表6.18 炮油作用于身管内壁的压强估算

射序	涂油状况	时间	6孔,$p_{Ⅵ}$/MPa		7孔,$p_{Ⅷ}$/MPa	
			试验	计算	试验	计算
7	不涂油	77、5、24	122.1		113.6	
37	全长均匀涂油	77、5、27	197.2	205.3	223.2	215.6
50	5孔以后涂油78g	77、5、28	173.6	205.3	236.4	215.6
47	7孔,156g	77、5、28	(打飞)	205.3	(打飞)	685

由表6.18可以得到如下结论:①弹丸撞击身管内壁涂油生成的接触界面油压即为相同速度涂油撞击弹丸的驻点滞止压力。测压器安装在身管侧表面,感受的压力是从当地测压孔传递过来的油压信息。涂油与弹丸撞击接触后,势必将通过弹丸圆周间隙,流入弹体与身管之间缝隙(约1~2mm)。②测压器感受和接收到的油压比其峰值小。③同样炮膛涂油造成的危害,接近于炮口远大于膛线起始部。④以表6.16中第47发第7孔测压值为685MPa,高于炮钢强度极限 $\sigma_s=650$MPa。因此身管发生胀膛、弹体出现凹陷、弹体另一侧产生膛线压痕以及测压器被打飞、弹带脱落、膛线发生断裂损伤等,都不难理解。

3. 涂油生成弹丸翻转力矩的估算

当残留炮油在炮膛圆周方向为非对称分布时,撞击产生的油压对弹丸的作用是不对称的,即使弹丸在线膛身管内是旋转前行的,也不可能将这种不对称性消除。在这里仅讨论弹丸在滑膛身管中运动的简单情况。

以平头弹(图6.40)为例,假定残留炮油分布在炮膛下半圆周上,当弹丸前行撞击炮油时,残油将从下半圆圆周向中心集聚,首先覆盖下半圆,然后覆盖整个端面。当下半圆堆积有炮油时,简化受力状态如图6.41所示。

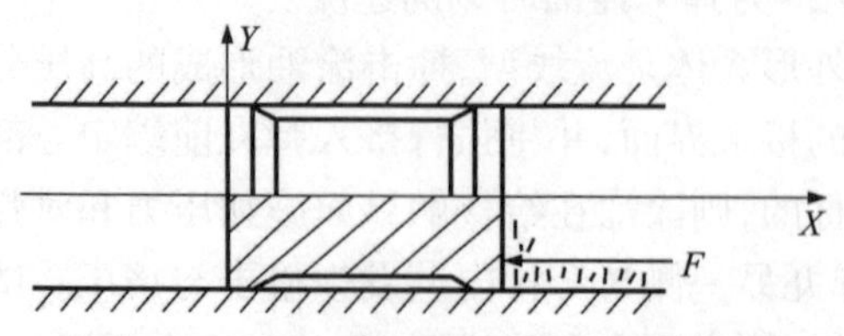

图6.40 平头弹撞击非对称残油示意图

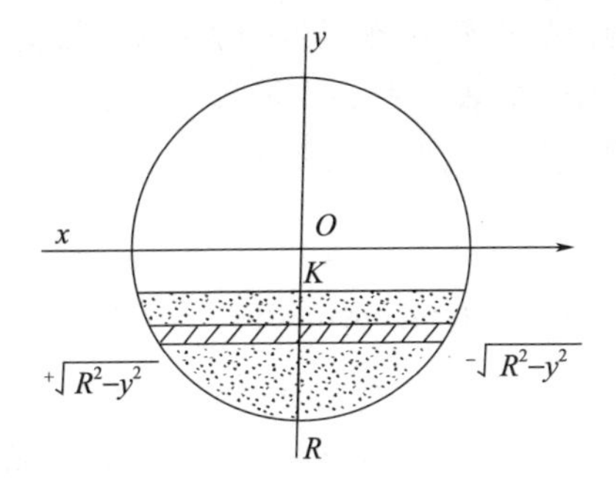

图 6.41　涂油引发翻转力矩机理示意图

非对称堆积炮油对 x 轴产生的力矩可表示为

$$M_x = \int_{-\sqrt{R^2-y^2}}^{+\sqrt{R^2-y^2}}\int_R^k py\mathrm{d}x\mathrm{d}y \tag{6.106}$$

式中:R 为弹丸半径;O 为圆心;k 为炮油沿垂直方向堆积高度与半径 R 之差;p 为油的冲击惯性给弹丸带来的阻力压强,其驻点油压按式(6.105)或式(6.105)′估算。

于是式(6.106)可简化为

$$M_x = 2p\int_R^k\sqrt{R^2-y^2}\,\mathrm{d}y = \frac{2}{3}p\,(R^2-k^2)^{3/2} \tag{6.107}$$

如残油堆满整个下半圆,则取 $k=0$,再假定 p 为均值,则式(6.107)可写为

$$M_x = \frac{2}{3}pR^3 \tag{6.108}$$

而当 $k=\dfrac{R}{2}$,则

$$M_x = \frac{\sqrt{3}}{4}R^3p \tag{6.109}$$

对 100mm 高射炮及弹药系统,假定涂油堆积高度 k 点值为 $R/2$,即 $k=R/2$,油的惯性压强用式(6.105)估算,弹丸到达第 7 测压孔位置速度为 890m/s,油的密度为 890kg/m^3,则 $M_x=\dfrac{\sqrt{3}}{4}\rho_0v^2R^3=20000\mathrm{N\cdot m}$。假定弹丸前后两个定心部间距离为 l_2,则弹丸翻转力矩引起的弹-炮作用力为

$$F_2 = M_x/l_2 \tag{6.110}$$

假定取 $l_2=0.14\mathrm{m}$,则 $F_2=140000\mathrm{N}$。这样大的力作用于炮弹间接触表面,产生的压应力取决于接触表面的大小。如该接触表面为 1cm^2,则弹炮间接触压应力为 1400MPa。从而可以解释,弹体侧表产生塑性压痕与凹陷变形等情况是必然的。

实际弹丸头部为流线形，轮廓母线近似为抛物线，为近似估算非对称油压产生的翻转力矩，用圆台近似表示弹头锥形部（图 6.42）。在这种情况下，考虑炮油不均匀堆积于一侧，某一时刻堆积高度为 Z_0，此时涂油对弹头产生的横向作用力 F_2 为

$$F_2 = 2\int_0^{Z_0}\int_0^{\frac{\pi}{2}}(R - Z\tan\alpha)p\sin\theta \mathrm{d}\theta \mathrm{d}z = (2R - Z_0\tan\alpha)pZ_0 \qquad (6.111)$$

式中：R 为弹丸半径；α 为弹丸外表轮廓线与身管壁面间的夹角；p 为撞击生成的油压；θ 为涂油在圆周方向分布的角度。对于 100mm 高射炮，在第 7 测压孔附近，令 $v = 890\mathrm{m/s}$，且 $\alpha = 15°$，炮油堆积高度 $Z_0 = \frac{R}{5} = 0.01\mathrm{m}$，炮油圆周方向分布区为 1/4 周长，即 $\pi/4$，油压采用式（6.105）估算，则

$$F_2 = \left(2R - \frac{R}{5}\tan 15°\right) \cdot \frac{R}{2} \cdot \frac{\rho_2 v^2}{2} \times 0.60 = 210000\mathrm{N}$$

如假定弹炮侧面挤压接触面积为 $1\mathrm{cm}^2$，则挤压应力高达 2100MPa。这样大的应力远超过了身管材料弹性极限。因此，弹体侧表产生压痕及凹陷都是必然的。

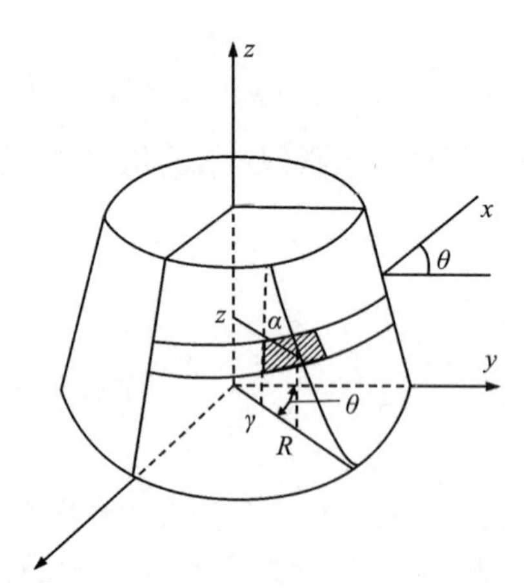

图 6.42　锥形弹头与非对称涂油作用

6.8　弹前激波阻力

弹丸在膛内运动在大部分行程距离上其速度大于弹前空气的声速。因此，通常弹前总存在一定强度的激波。这种激波的强弱及结构取决于弹丸速度及弹头形状。弹头通常是流线型的，一般会形成弹前弓形激波，或者附着于弹头上斜激波。

6.8.1　弹前激波形成描述

为了以最简单的方式说明弹前激波形成机制，从而考察活塞（相当于平头弹）在等截面管道中从左向右做加速运动，活塞前方管内空气开始处于静止状态。为了分析方便起见，假定用一系列时间间隔相等、速度逐次增加的小过程代替速度连续增加的大过程，同时假定在每一时间间隔内活塞以匀速运动（图 6.43）。在图 6.43中给出了管内各个不同时刻的压力分布。每一时刻，其纵坐标表示活塞位置。在活塞经过第一个时间间隔之后，即在 $t=1$ 时，压力波向下游移动了一段距离，其影响所及的气体质量部分用“a”表示，“a”内气体压力稍有增加。在 $t=1$ 到 $t=2$ 间隔内，活塞以大于前一时间间隔的速度向前推进，于是质量“a”的压力和速度进一步增加，而原来的压力波沿管道移动把压力和速度脉动传递给了质量“b”。由于每一个压力波逐次向下游推移，而活塞又逐次产生一个新的压力波，所以这一过程是不断进行的。从小扰动（声速）分析可知，每一个压力波相对于它所通过的流体都以当地声速传播。因而靠近活塞的那部分气体比远离活塞的气体运动速度高，压力、温度也同样要高一些，此外这个过程可以认为是等熵的，所以靠近活塞的那部分气体声速总是较大一些。因此，后面一个压力波总是趋于追上前一个压力波。这个过程的最后结果是，波形变得越来越陡（图 6.44），最后形成激波（图 6.45）。激波形成后，在波阵面的前后两侧，物理量呈间断分布。

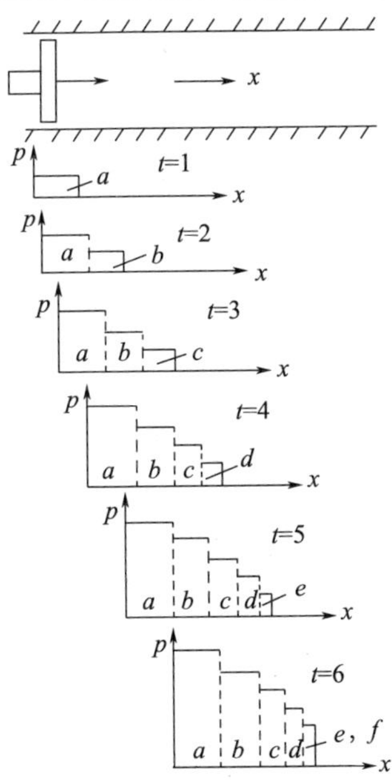

图 6.43　当活塞向右移动时，相继形成的波阵面示意图

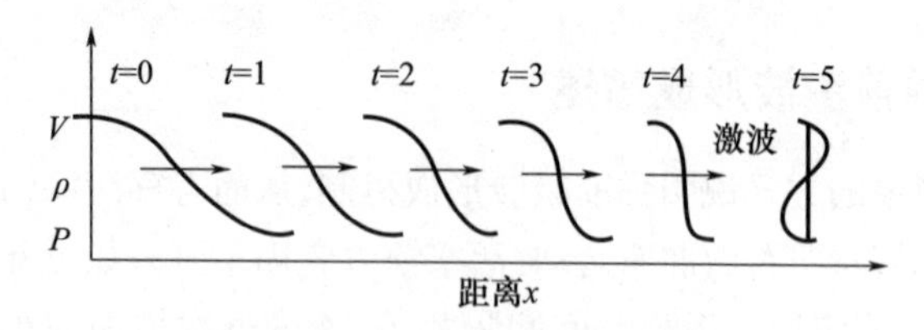

图 6.44　压缩波发展示意图

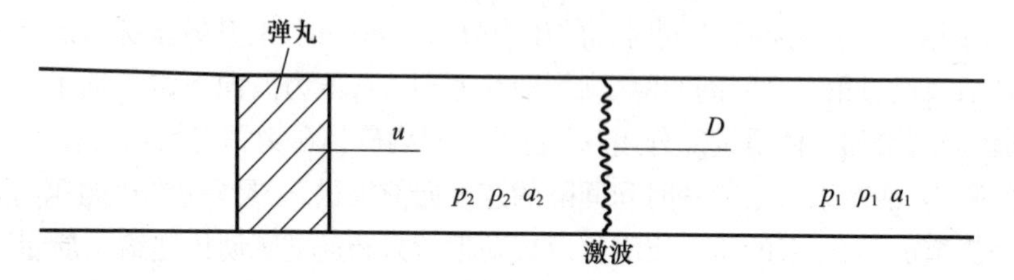

图 6.45　弹前激波示意图

6.8.2　激波表达式

考虑一个无摩擦等截面管道内的气体介质中的正激波，且忽略对外界的热散失、做功及介质自身的质量力的因素，则激波前后两侧的物理量变化可用以下几个关系式描述(图 6.45)。

连续方程：

$$\rho_1 u_1 = \rho_2 u_2 \tag{6.112}$$

动量方程：

$$p_1 + \rho_1 u_1^2 = p_2 + \rho_2 u_2^2 \tag{6.113}$$

能量方程：

$$e_1 + \frac{p_1}{\rho_1} + u_1^2/2 = e_2 + \frac{p_2}{\rho_2} + u_2^2/2 \tag{6.114}$$

状态方程：

$$\frac{p_1}{RT_1\rho_1} = \frac{p_2}{RT_2\rho_2} \tag{6.115}$$

式中：ρ, p, u, e 分别为气体的密度、压力、速度及内能。

以上 4 个方程(式(6.112) ~ 式(6.115)将激波前后的 4 个流动参量联系在一起。

对于比热容比 γ 及气体通用常数 R 均为常量的理想气体，声速为

$$c = \sqrt{\gamma RT} = \sqrt{\frac{\gamma p}{\rho}} \tag{6.116}$$

而比焓为

$$h = e + \frac{p}{\rho} = c_p T = \frac{\gamma RT}{\gamma - 1} \tag{6.117}$$

将式(6.112)和式(6.114)合并,解得激波后气体介质速度为

$$u_2^2 = \frac{p_2 - p_1}{\rho_2 - \rho_1} \cdot \frac{\rho_1}{\rho_2} \tag{6.118}$$

在这里 u_2,即弹丸速度。同理,有

$$u_1^2 = \frac{p_2 - p_1}{\rho_2 - \rho_1} \cdot \frac{\rho_2}{\rho_1} \tag{6.119}$$

由式(6.119)及式(6.116)得激波前气体马赫数为

$$Ma_1^2 = \frac{u_1^2}{c_1^2} = \frac{p_2 - p_1}{\rho_2 - \rho_1} \cdot \frac{\rho_2}{\rho_1} \cdot \frac{\rho_1}{\gamma p_1} = \frac{1}{\gamma}\left(\frac{p_2}{p_1} - 1\right)\frac{1}{\left(1 - \dfrac{\rho_1}{\rho_2}\right)} \tag{6.120}$$

式(6.114)两侧同除以$\dfrac{\gamma}{\gamma - 1}RT_1$,并利用式(6.117)得激波前后温度关系为

$$\frac{T_2}{T_1} = \frac{1 + \dfrac{\gamma - 1}{2}Ma_1^2}{1 + \dfrac{\gamma - 1}{2}Ma_2^2} \tag{6.121}$$

将式(6.115)代入式(6.112),得

$$\frac{\rho_2}{\rho_1} = \frac{p_2 T_1}{p_1 T_2} = \frac{(\gamma + 1) Ma_1^2}{2 + (\gamma - 1) Ma_1^2} = \frac{\gamma + 1}{\dfrac{2}{Ma_1^2} + (\gamma - 1)} \tag{6.122}$$

将式(6.120)代入该式,得

$$\frac{\rho_2}{\rho_1} = \frac{\left(\dfrac{p_2}{p_1} - 1\right)\dfrac{\gamma + 1}{\gamma} + 2}{\left(\dfrac{p_2}{p_1} - 1\right)\dfrac{\gamma - 1}{\gamma} + 2} \tag{6.123}$$

将式(6.123)代入式(6.118),得

$$\frac{p_2}{p_1} = 1 + \frac{\gamma(\gamma + 1)}{4}\left(\frac{u_2}{c_1}\right)^2 + \gamma\frac{u_2}{c_1}\sqrt{1 + \left(\frac{\gamma + 1}{4}\right)^2\left(\frac{u_2}{c_1}\right)^2} \tag{6.124}$$

在具体处理中,可将 u_2 看成是弹丸实时速度 v,c_1 为未受扰动的气体声速,p_2 理解为弹前端面作用的压强,p_1 为未受扰动的气体压强,除弹炮间隙存在漏气现象之外,通常可取 p_1 为 1atm。当 v/c_1 远大于 1 时,式(6.124)可近似简化为

$$\frac{p_2}{p_1} = 1 + \frac{\gamma(\gamma + 1)}{2}\left(\frac{u_2}{c_1}\right)^2 \approx \frac{\gamma(\gamma + 1)}{2}\left(\frac{u_2}{c_1}\right)^2 \tag{6.125}$$

激波前后物理量更详细的关系,在第 8 章中作进一步讨论。

6.9 枪弹挤进

枪械子弹(以下简称:枪弹)挤进与炮弹挤进,初看起来似乎相似,但细节上或机制上存在很大差异。在这里,采用与研究炮弹挤进相同的方法,立足于现有研究报道[28-31],探寻枪弹挤进规律与特点,得到其挤进阻力关系式。

6.9.1 枪弹挤进特点

由于枪弹结构设计几乎都采用芯体加壳体二件套式组合方案,典型形式为铅芯加紫铜外壳,使其挤入膛线过程与炮弹有很大不同。发射时,一是芯体与外壳同时参与挤压变形,二是参与挤进变形长度为弹丸前后定心部之间整个长度,而炮弹挤进变形仅涉及弹带。此外,相对火炮,枪械膛线条数少,膛线深度浅。因而使得枪弹挤进过程与炮弹相比有如下差异:

(1)枪弹挤进涉及整个弹体圆柱部,需同时考虑其芯体和壳体挤压变形。

(2)枪弹过盈量$(d_b-d)/2$相对炮弹要小得多,挤进引起的弹体绝对变形量也小得多。

(3)枪弹挤进不仅与枪弹芯体与壳体材料性能有关,还与枪弹圆柱部整体刚度有关。

(4)由于枪弹挤进中接触面积大,因此摩擦阻力占比相对上升;但坡膛角ϕ对挤进阻力的影响相对下降。

6.9.2 枪弹准静态挤进试验

1. 试验条件[28]

采用制式 M240 型 7.62mm 枪管,截留长度约 2.5 英寸,保证身管直管段长度不小于45mm,内膛强制锥半角(坡膛角)ϕ为1.2°。此外,另有一根用于比较的身管,其坡膛角为 2.5°。试验用枪弹有两种:一种试验为 7.62mm M80 型制式枪弹(图 6.46),但又分别有涂润滑剂和不涂润滑剂两种情况。另一种试验弹存在结构差异,分别为整体材料一致的实心弹和塑料弹。

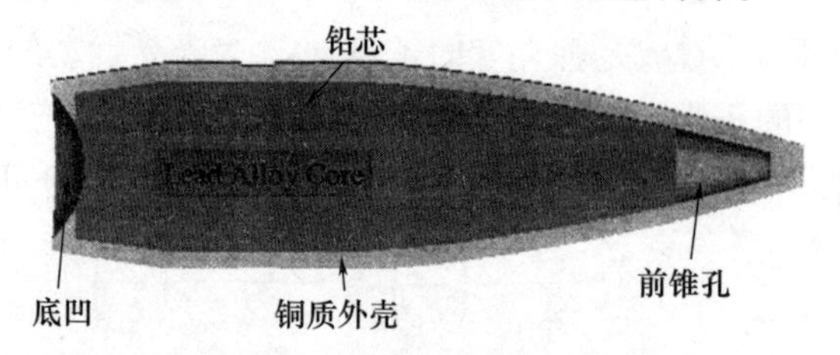

图 6.46 7.62mm M80 弹丸结构

试验时，将弹丸预先置于截短的试验枪管内，在保证两者同轴条件下，用材料试验机推挤弹丸，测量推力随枪弹行程的变化，获得挤进阻力－行程曲线。挤进速度约为 100mm/s，属于准静态挤进。

2. 主要试验结果

（1）图 6.47 所示为采用制式 M240 截短枪管与不同类型弹丸进行挤压试验得到的阻力压强随运动行程的变化曲线。枪管内膛坡膛角（强制锥半角）为 1.2°，图 6.47 中阻力压强值均为 15 发试验平均值，采用的润滑剂为添加有钼粉的润滑脂。

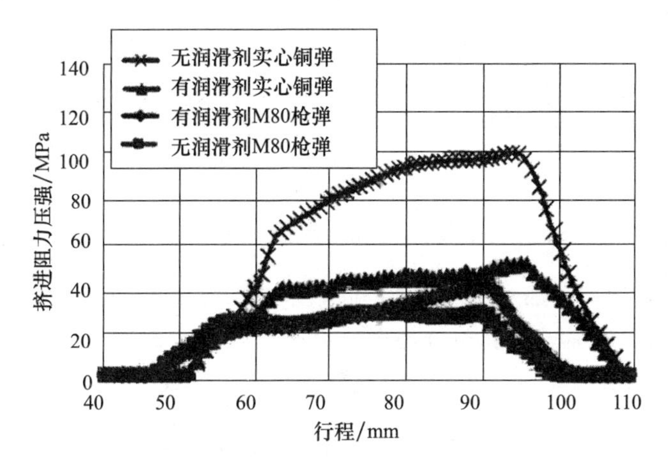

图 6.47　不同类型枪弹与 M240 枪管挤进阻力压强－行程（$R-x$）曲线

由图 6.47 可见，外形和结构相同的弹丸挤入枪管，实心铜弹有无表面润滑剂影响巨大，无润滑剂的挤进阻力在主要挤进行程段基本为有润滑剂的 2.0 ~ 2.5 倍。但对制式 M80 弹丸，有无润滑剂似乎影响不大。

（2）图 6.48 所示为采用 M240 身管和坡膛角分别为 1.2°和 2.5°条件下，M80 枪弹表面是否涂覆润滑剂测量得到的挤进阻力压强－行程（$R-x$）曲线。我们注意到，坡膛角 $\phi = 1.2°$条件下的平均挤进阻力压强明显大于 $\phi = 2.5°$的相同条件下的平均挤进阻力压强，这似乎和炮弹挤进试验结果相反。其实只要弹带足够宽，情况也一样。这里的 $R-x$ 曲线同样是 15 发试验的平均结果。

3. 试验现象解释与讨论

1）弹丸结构因素的影响

枪弹挤进与炮弹挤进规律有所不同，如图 6.47 中没有涂覆润滑剂的实心铜弹挤进阻力压强在挤进行程 55mm 到 90mm 区间，大约为制式 M80 枪弹相同条件下的 4 倍，这是令人惊奇和几乎不可理解的。事实上，产生这种现象的主要原因:一是枪弹挤进接触长度相对比炮弹长很多;二是实心铜弹径向刚度起很大作用。在这里,重点讨论径向刚度对挤进阻力的影响。

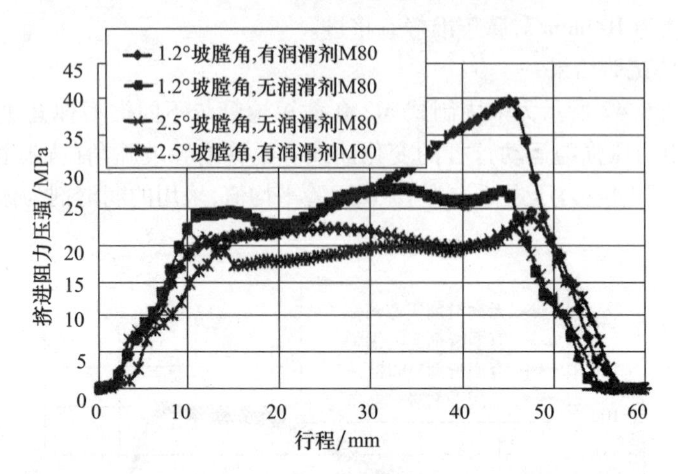

图 6.48　M80 弹丸有无润滑剂经过不同坡膛角的挤进阻力压强 - 行程($R-x$)曲线

将枪弹前后定心部之间弹体的径向刚度定义为弹体的组合刚度,即由芯体和壳体组合而成的枪弹,其组合径向刚度与组合件材料刚度相对直径比值有关,即刚度是相对交界面直径和材料性能的函数,其表达式为

$$K_{\mathrm{T}}=\left(\frac{1}{K_{\mathrm{in}}}+\frac{1}{K_{\mathrm{ex}}}\right)^{-1}+K_{\mathrm{in}}+K_{\mathrm{ex}} \tag{6.126}$$

式中:K_{T} 为弹丸总的径向刚度;K_{in}为枪弹芯体径向刚度;K_{ex}为壳体径向刚度。

图 6.49 所示为采用式(6.126)计算得到的不同材料组合构成枪弹相对径向刚度随交界面直径变化的曲线。图 6.49 中纵轴为相对径向刚度,横轴为芯体与壳体交界面相对直径。显然,随枪弹结构参量的变化,弹丸相对径向刚度发生变化。交界面相对直径等于 1.0,意味着弹丸全部由芯体构成,其刚度完全取决于芯体。相反,若相对直径等于零,则刚度完全取决于壳体材料。事实上,图 6.50 曲线反映了这样一个事实,即挤进阻力或阻力压强与径向刚度的平方根成正比。图 6.50 给出的相对阻力压强随交界面相对直径的变化曲线,比较基准是纯铁弹丸。

2) 坡膛角作用机理的变异

由图 6.48 可见,枪弹挤进阻力压强与坡膛角 ϕ 的关系与炮弹挤进阻力特征不同,$\phi=1.2°$条件下实测得到的平均挤进阻力压强,无论是否涂覆润滑剂,均大于 $\phi=2.5°$的阻力压强。这里表现出的基本规律,确实与一般炮弹弹带宽度小于坡膛长度挤进规律不同,但与 6.6 节中出现弹道峰现象时的挤进机理和表现出的挤进阻力规律是一致的。

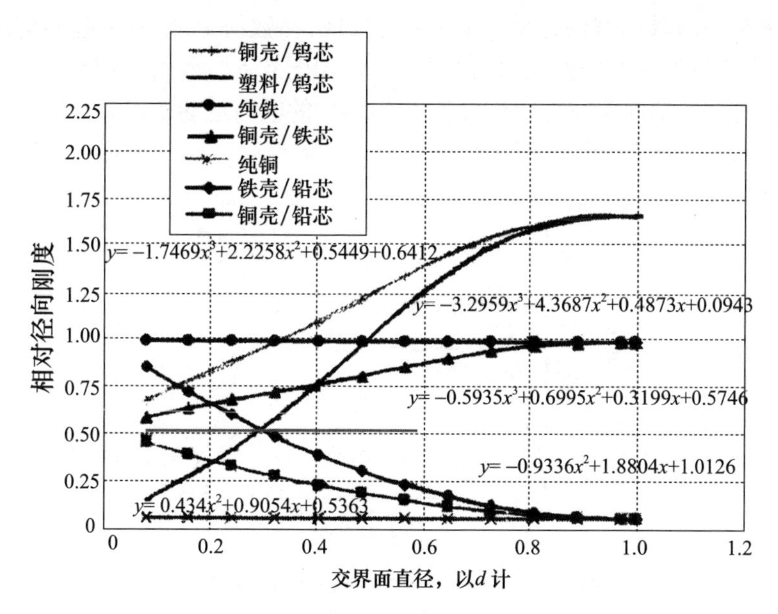

图6.49　相对径向刚度与交界面相对直径之关系曲线

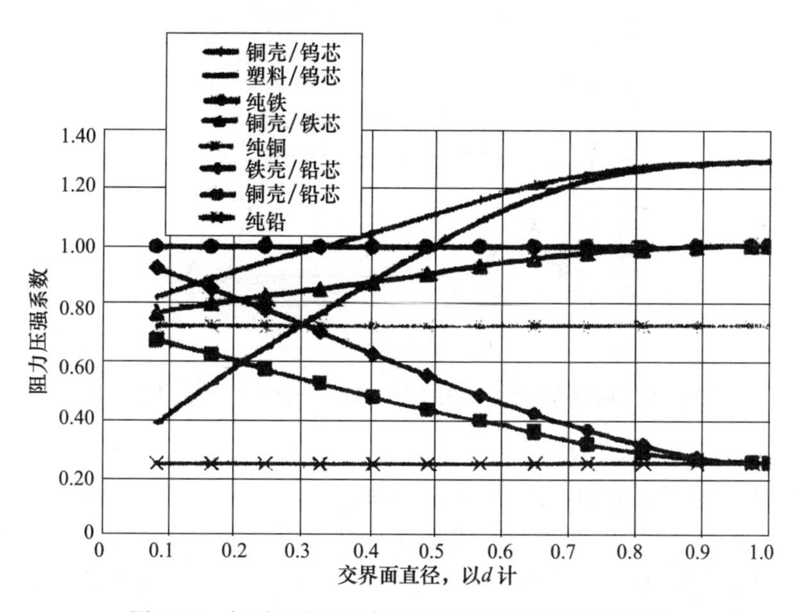

图6.50　相对阻力压强与交界面相对直径之关系曲线

刘国庆和徐诚[29]采用与文献[28]相似的试验方法,得到了类似的结果(图6.51)。该结果表明,除坡膛角不同外,相同的弹丸和身管内膛结构,坡膛角1.45°的挤进阻力小于1.15°的挤进阻力。他们通过理论分析,得到这样的结论:挤进阻力由轴向摩擦力和弹体变形力组成,在数值上,摩擦引起的挤进阻力分量远大于变形引起的挤进阻力分量,具体如图 6.52 所示。由该图可见,$\phi=1.15°$所对应的轴向摩擦力明显大于$\phi=1.45°$的轴向运动摩擦力。轴向运动摩擦力之所以增加,归根到底是由枪弹与身管接触界面增加引起的。

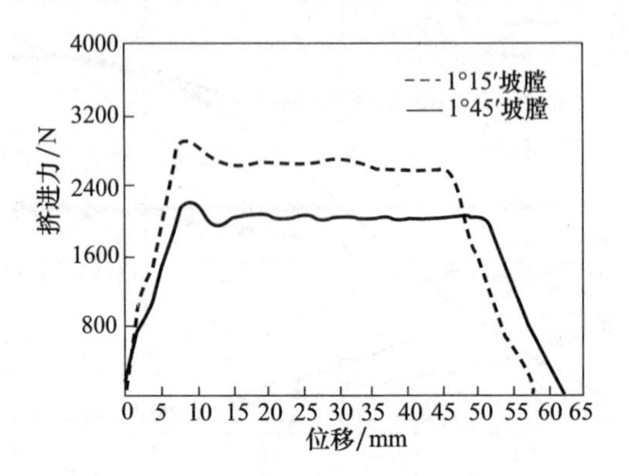

图 6.51　狙击步枪弹头挤进阻力试验曲线

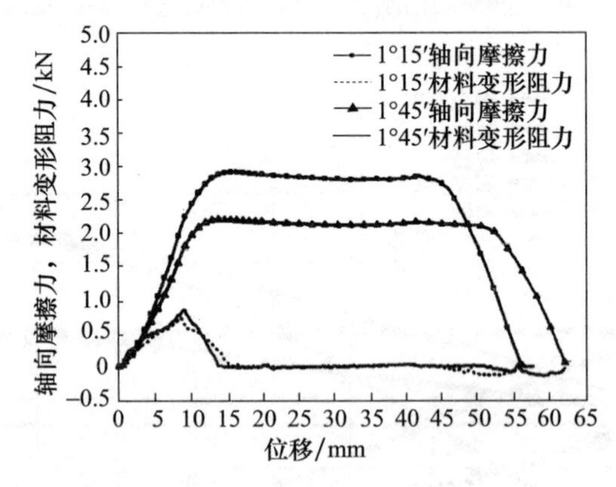

图 6.52　轴向运动摩擦力和弹体变形阻力随位移变化计算结果

4. 枪弹挤进阻力经验式

对于一般枪械,挤进阻力压强与膛压峰值之间对应关系大约为 1∶2,即挤进阻力压强增大 1MPa,最大膛压增加约 2MPa。因此通过调整和改进枪弹结构和枪管内膛设计,获得稳定而大小合适的挤进阻力,是保证其内弹道性能稳定和提高武器系统射击精度的重要手段。

由于枪弹本身结构的特点,其弹丸挤进过程和挤进机制与炮弹存在差异,因此美国装备研究开发工程中心(Armament Research Development and Engineering Center,ARDEC)在式(6.12)基础上,为枪弹挤进阻力压强提出了一个修正估算公式[28]：

$$R_r = \frac{R_{rN}\left(\frac{d_b}{d} - 1.0\right)\left(\frac{W_b}{d}\right) \cdot F_{mc} \cdot F_{st}}{16.9 \cdot \cos\phi \cdot 8\left(\frac{b}{a}\right)} + K_f \qquad (6.127)$$

式中：R_r 为内弹道计算用枪弹阻力压强估算值；R_{rN} 为参照用标准（模板）阻力压强；和式（6.12）相似，d_b、d、W_b 分别为枪弹外径、身管阳线直径和枪弹前后定心部之间距离；F_{mc} 为材料代码，纯铁和铜为 1.0，塑料为 0.2；F_{st} 为枪弹在挤压刻槽行程区域的刚度；K_f 为小的修正系数；ϕ 为坡膛角。其中参照标准（样板）阻力压强值 R_{rN} 如表 6.19 所列，该表所列数据建立在采用美国相关弹药公司产品进行实弹射击试验基础上。一定意义上，式（6.12）和式（6.127）分别为估算火炮和枪械挤进阻力压强提供了方便，但准确度如何，还有待进一步研究。

表 6.19　枪弹挤进阻力压强 – 行程参照标准（样板）

R_{rN}/MPa	x/d（以口径倍数计）	R_{rN}/MPa	x/d（以口径倍数计）
13.8	0.0	37.2	8.0
2570.0	$1.4L_{fc}$	37.2	10.0
3300.0	$(4.74 + L_{fc})/2$	37.2	30.0
3500.0	$4.0L_{fc}$	37.2	60.0
37.2	$4.8 + L_{fc}$	37.2	2000.0

注：L_{fc} 为坡膛的当量直径长。作者理解，L_{fc} 是坡膛（强制锥）长度的当量直径倍数，即 L_{fc} 以口径倍数计；"$1.4L_{fc}$"是指弹丸行程为 1.4 倍当量直径坡膛长度；"$4.8 + L_{fc}$"是指 4.8 倍当量直径长度再加上坡膛的当量直径长。

6.10　弹带挤进性能评估

弹带是炮弹的一个组成元件，通常由弹丸工程师负责设计。如前面所述，它的基本功能主要体现在 3 个方面：赋予弹丸旋转的导转功能、防止弹后高压燃气泄漏，以及形成挤进阻力或阻力压强。因为这些功能的优劣直接关系到内弹道性能。因此，有必要对其进行合理评价。评价主要看如下 3 项指标：①挤进阻力或阻力压强的统计平均值；②一组射弹阻力 – 行程曲线的一致性，即最大偏差值及标准偏差；③这些特征量对内弹道性能的影响。

在这里，拟从两个方面展开讨论：①结合 125mm 坦克炮发射事故，分析弹带挤进性能反常生成原因及其与发生膛炸的潜在关系；②分析影响弹带挤进性能的主要因素，提出弹带挤进性能指标评价方法。

6.10.1 弹带挤进反常和火炮膛炸事例分析

这里试图通过弹带挤进性能反常与火炮发射膛炸事故的讨论，增强对弹带性能评估重要性的理解。国内外均发生过弹带设计不当，使得弹丸挤进和内弹道性能反常事例[32-34]，尤其是在低温条件下容易发生。125mm 滑膛炮在研制初期曾发生了 3 次膛炸事故，采用的均为 B 型弹带。作为该炮膛炸事故调查的一部分，进行了不同弹带的模拟对比试验。

1. 试验条件与方法[33]

试验在图 6.53 所示的 125mm 滑膛炮截短身管模拟试验装置上进行，内膛尺寸和结构与实际火炮相同，模拟发射装置总长 1.25m，采用与发生事故完全相同的弹丸与发射装药。因为身管被截短，弹丸出炮口速度只能达到原有速度的 40%。该炮试验采用的弹丸分别配置有 A、B 两种弹带，材料均为 MC 尼龙，且宽度和外径也基本相同，只是外形尺寸存在一些差别，具体如图 6.54 所示。A 型弹带不仅外缘前后端部均带有倾角，而且外圆柱上还加工有 3.6°的倾斜锥面，有利于挤入火炮坡膛和直管段。B 型弹带加工相对简化，只有前倾斜面，其余为均匀圆柱面。

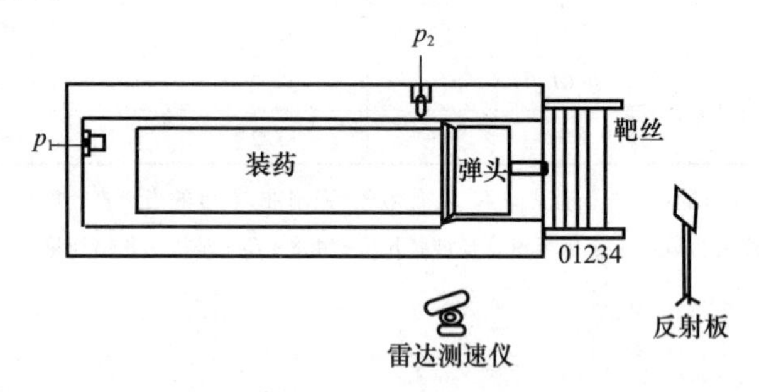

图 6.53 截短 125mm 滑膛炮模拟发射装置

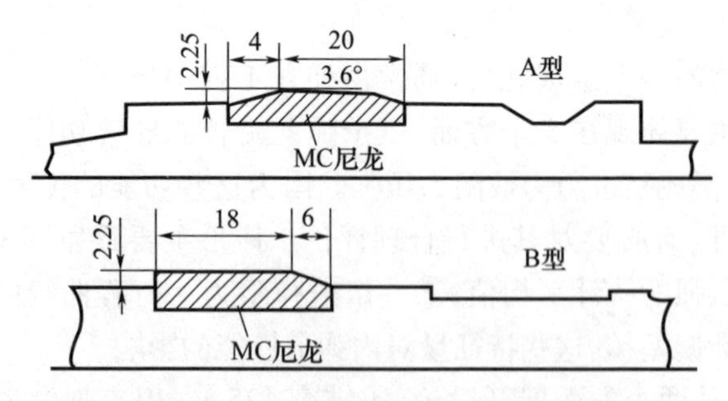

图 6.54 A、B 两种不同弹带外形及结构

为了通过模拟试验比较两种弹带挤进差异，分别测量了以下几个特征量：

（1）采用铜柱测压器，测量药室内最大膛压，以便与电测压力进行相互比较与验证。

（2）采用压阻式测压传感器，测量药室底部和口部两个位置的 $p-t$ 曲线。

（3）在试验装置膛口不同距离位置上安装有多通道靶丝，运用通断原理测量弹丸运动行程与时间（$x-t$）曲线。通过对 $x-t$ 曲线数值微分，求取得到弹丸速度－时间（$v-t$）曲线和加速度－时间（$a-t$）曲线。

（4）采用雷达测速仪，即运用多普勒效应测量弹丸运动 $x-t$ 曲线，并处理得到 $v-x$ 和 $a-x$ 曲线，以便和通断原理测量结果比较。

（5）对炮口喷出残余药粒进行观察分析。

（6）对弹药初始装填定位状态进行观察记录。

2. 试验结果[33]

（1）采用膛口通断靶测量的弹丸运动结果如表 6.20 所列，表中 x_i 对应于图 6.63中的第 i 根靶线到炮口的距离，过盈量是指弹带外径与身管直径差值之半，弹带宽度是指弹带前后端之间距离，x_4 是指弹带全部挤入直管段的长度，包含推挤下来的多余弹带材料已全部堆积于弹带后部所造成的弹带宽度延伸，其中 B 型弹带 x_4 大于 A 型弹带 x_4。在这里，x_4 是估算值，假定弹带材料不可压缩。从表 6.20 可见，B 型弹带弹丸运动到 $x_3 \sim x_4$ 处时，速度不升反降，意味着出现了负加速运动。但因通断靶靶丝测量误差较大，加上弹丸运动速度和加速度又是由 x_i-t 曲线数值微分得到的，所得结果不太准确。

表 6.20　通断靶测量的弹丸运动

弹带	过盈量/mm	弹带宽/mm	圆柱部长度/mm	挤入后全长 x_4/mm	行程/速度(mm)/(m·s^{-1})			
					x_1/v_1	x_2/v_2	x_3/v_3	x_4/v_4
A	2.05	24	4	40	9/37.6	20.5/72.7	28/82.6	36/114.3
B	2.05	24	18	53	15/43.2	33/80.6	41/113.3	49/102.7

（2）采用雷达测速仪测量的弹丸运动典型结果如表 6.21 所列，其测量精度相对通断靶要高些。结果表明，A 型弹带的弹丸运动速度，呈平稳上升态势，与预想的正常内弹道过程相符。但 B 型弹带的弹丸在挤进行程 x_2 = 13mm 到 x_3 = 19mm，速度陡然下降，由 v_2 = 86m/s 下降到 v_3 = 18m/s，表明出现了负加速现象。

表 6.21　雷达测速得到的弹丸运动状态

弹带	过盈量/mm	弹带宽/mm	弹带圆柱部长/mm	弹带全部挤入长度/mm	挤进行程/速度(mm)/(m·s)$^{-1}$			
					x_1/v_1	x_2/v_2	x_3/v_3	x_4/v_4
A	2.05	24	4	40	6.5/14.8	15/48.7	28/78.7	41/108.4
B	2.05	24	18	53	4/46.6	13/86	19/18	50/94.5

(3) B 型弹带弹丸挤进 $v-x$ 曲线和 $a-x$ 曲线如图 6.55 所示。图中左侧纵坐标为 v,单位为 $\mathrm{m \cdot s^{-1}}$;右侧纵坐标为 a,单位为 $10^3 g$。由该图可见,B 型弹带弹丸挤入身管,当运动行程 $x_3 = 19\mathrm{mm}$ 时,产生约 $-36000g \sim -37000g$ 的负加速度。

(4) 药室前后两端 $p-t$ 曲线和 $\Delta p-t$ 曲线如图 6.56 所示。$\Delta p-t$ 曲线是药室底部 p_b-t 曲线与药室前端 p_f-t 曲线之差。表 6.22 给出了铜柱测量的压力值和电测法测量的最大压力值的比较。从该表可以看到,采用 B 型弹带的膛内最大压力明显大于 A 型弹带。由图 6.56 所示的压差-时间 $\Delta p-t$ 曲线可以看到,B 型弹带弹丸 $p-t$ 曲线波动比 A 型弹带弹丸大得多,其中负压差值达 62.7MPa,远超过了相关标准。

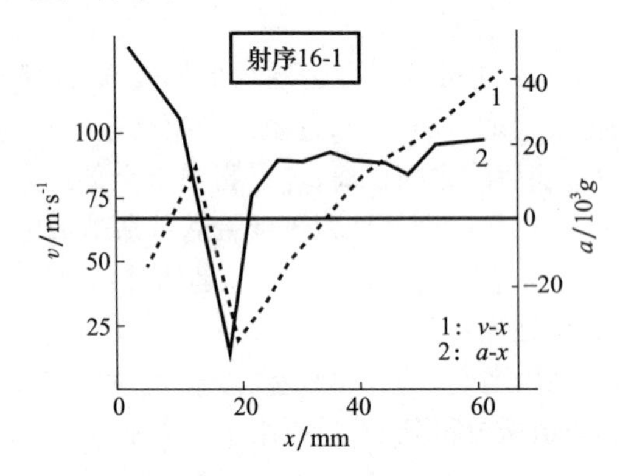

图 6.55 B 型弹带弹丸挤进典型 $v-x$ 与 $a-x$ 曲线

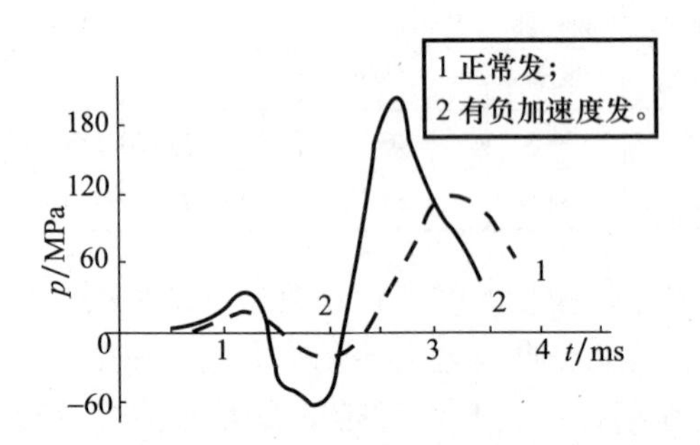

图 6.56 膛内压差-时间曲线

表 6.22 典型膛压及压差测量结果

挤进状态	铜柱测压 p_{c_n}/MPa	膛底压力 p_{1m}/MPa	弹底压力 p_{2m}/MPa	$+\Delta p_m$/MPa	$-\Delta p_m$/MPa
A 型弹带(正常挤进)	380.1	513.9	438.9	128	-19.4
B 型弹带(非正常挤进)	462.9	553.5	503.2	206.5	-62.7

综上所述,B型弹带的挤进阻力和挤进过程曲线一致性差,且出现明显负加速现象,其中个别负加速度值达$68m/s^2$。因此可以认为这是引发射击事故的一个可能诱因。第9章将结合内弹道计算对B型弹带可能给发射安全性带来的影响再作分析与讨论。

6.10.2 挤进性能评估方法

通过以上讨论,对弹带挤进性能的重要性已经有了足够的认知。下面讨论影响弹带挤进主要因素和弹带性能评估方法,并提出评估步骤和评估准则。

1. 影响弹带挤进的主要因素

(1) 弹带材料。弹带材料决定了其挤压变形中应力/应变关系和接触(流动)应力的大小。

(2) 温度。弹带材料力学性能一般都是温度的函数,在前面讨论的发射事故中,涉及的MC尼龙塑料弹带也是如此,温度高、黏性增加,相反低温下变得冷硬。

(3) 过盈量。弹带过盈量泛指弹带直径与内膛直径之差的一半,但如弹带外圆沿运动方向是变化的,则过盈量是弹丸运动行程的函数。对烧蚀火炮,实际过盈量与身管烧蚀状态相关。

(4) 弹带宽度。通常弹带宽度是指沿挤进方向弹带前后两端边线间距离。挤进过程中,弹带与火炮坡膛或内壁实际接触宽度,还与其延伸宽度有关,而延伸宽度与过盈量,即弹带外圆尺寸和形状(前后倾角、外圆锥度、凹槽、凸缘)有关。

(5) 延伸宽度。因弹带存在过盈量,挤进中"多余"的材料被推挤流动堆积于弹带后沿。习惯上将这些堆积于弹体外侧的多余材料所造成的弹带宽度,称为延伸宽度。延伸宽度造成接触力和挤进阻力的增加。延伸宽度不仅与弹带过盈量和形状有关,还与弹丸尾部状态及其相互匹配有关。延伸宽度太大形成飞边,会影响弹丸射击精度

(6) 弹带外圆几何特性。弹带外圆几何特性是指外圆锥度、前后倾角、环形凹槽和凸缘。弹带外圆几何特性,不仅影响弹带材料的累计过盈体积,还影响挤进阻力随运动行程的变化曲线形状,影响挤进性能的稳定性。其中尤其是凸缘,它的作用对弹带的导转性与密封性具有重要影响。如前面所说,凸缘又称为凸台,指弹带后沿外侧环形凸起,20世纪60年代开始,新设计的弹带多采用凸缘。它不仅影响挤进性能,还对延长火炮身管使用寿命,尤其对改善烧蚀火炮内弹道性能,减缓烧蚀火炮的炮口速度下降速率,具有重要作用。

2. 关于评估步骤的建议

鉴于影响弹带挤进的主要因素,提出如下相关评估意见,包括评估步骤和评价准则。

(1) 采用截短身管和配套弹药进行动态模拟射击试验,测量弹丸行程－时间($x-t$)曲线,并处理得到弹丸运动速度－时间($v-t$)或速度－行程($v-x$)曲线和加速度－时间或加速度－行程($a-t$ 或 $a-x$)曲线;接下来采用式(6.79)求取挤进阻力压强－时间($R-t$)曲线。试验时要求同时测量药室底部和口部(弹底初始位置)的 p_b-t 曲线与 p_f-t 曲线。

考虑到试验结果再现性或一致性评估的需要,不同条件(工况)如不同温度、不同弹带结构、不同内膛结构等,都要取得 7～15 发有效试验测量值。如结果非常稳定,取 7 发即可;结果不太稳定,则需要增加试验发数,如 15 发,以保证试验结果的置信度。

(2) 若考虑到动态试验有一定难度,可以采用准静态方法对弹带性能进行试验,同样要求测量 $x-t$ 曲线和阻力压强－时间($R-t$)曲线。试验发数同样须以每种工况 7～15 发为准。

3. 关于评价准则的建议

(1) 定义最大挤进阻力和最大挤进阻力压强分别如下:

$$\overline{N}_{\max} = \frac{1}{m}\sum_{i=1}^{m} N_{i\max} \tag{6.128}$$

$$\overline{R}_{\max} = \frac{1}{m}\sum_{i=1}^{m} R_{i\max} \tag{6.129}$$

式中:m 为有效试验发数。不难理解,平均最大阻力($\overline{N}_{\max}$)和平均最大阻力压强($\overline{R}_{\max}$)是指弹带整个宽度(含延伸宽度)全部挤入直管(膛线)段所形成的最大阻力和最大阻力压强的平均值。一般来说,这两个特征量可以大致表征弹带对内弹道特征量(p_m、v_0)影响,但更为全面的影响应看整个挤进阻力－行程曲线的积分值,即挤进阻力消耗功的大小与一致性对发射过程的影响。

(2) 仅用挤进阻力峰值评价挤进阻力特性是不全面的,需要采用挤进阻力功和单位炮膛截面阻力功来作为其挤进阻力特性评价的补充,即

$$W = \int_0^{x_j} N(x)\,\mathrm{d}x \tag{6.130}$$

$$w = \int_0^{x_j} R(x)\,\mathrm{d}x \tag{6.131}$$

式中:W 为一组试验平均挤进阻力功;x_j 为挤进行程(包括延伸宽度);$N(x)$ 为一组试验挤进阻力在 x 处的平均值。w 为单位炮膛截面上平均挤进阻力功。W 的单位为 J,w 的单位为 $\mathrm{J\cdot m^{-2}}$。

(3) 挤进阻力(压强)一致性评价,主要看如下几项指标:

① 最大阻力标准偏差:

$$\sigma_{N,\max} = \sqrt{\frac{\sum_{i=1}^{m} \Delta N_{i,\max}^2}{m-1}} = \sqrt{\frac{\sum_{i=1}^{m} (\overline{N}_{\max} - \overline{N}_{i,\max})^2}{m-1}} \tag{6.132}$$

② 最大阻力压强标准偏差:

$$\sigma_{R,\max} = \sqrt{\frac{\sum_{i=1}^{m} \Delta R_{i,\max}^2}{m-1}} = \sqrt{\frac{\sum_{i=1}^{m} (\overline{R}_{\max} - R_{i,\max})^2}{m-1}} \tag{6.133}$$

③ 挤进阻力功标准偏差:

$$\sigma_W = \sqrt{\frac{\sum_{i=1}^{m} \Delta W_i^2}{m-1}} = \sqrt{\frac{\sum_{i=1}^{m} (\overline{W} - W_i)^2}{m-1}} \tag{6.134}$$

④ 单位炮膛截面阻力功标准偏差:

$$\sigma_w = \sqrt{\frac{\sum_{i=1}^{m} \Delta w^2}{m-1}} = \sqrt{\frac{\sum_{i=1}^{m} (\overline{w} - w_i)^2}{m-1}} \tag{6.135}$$

(4) 挤进性能对内弹道特征量的敏感性的评估是指 $\overline{R}_{\max}$、$\overline{N}_{\max}$、W、w,以及 σ_N、σ_R、σ_W 和 σ_w 对最大膛压 p_m、炮口速度 v_g 及它们的或然误差 E_{p_m}、E_{v_g} 的影响程度。对这些特征量影响程度的评估,可分别采用理论与实验两种方法。理论评估方法相对容易,就是将挤进性能参量作为求解内弹道方程组的输入条件,检验对内弹道特征量的影响。当然其可靠性如何,最终要由实弹射击试验进行验证。

试验评估是采用实弹射击方式进行检验。

参考文献

[1] 韩育礼. 混合膛线参量选择及新 122 榴弹炮膛线设计[J]. 华东工程学院学报,1979(2),11-27.

[2] 韩育礼. 身管极限寿命与混合膛线参量选择[J]. 兵工学报武器分册,1981(2):1-17.

[3] 曾志银,马明迪,宁变芳,等. 火炮身管阳线损伤机理分析[J]. 兵工学报,2014,35(11):1736-1742.

[4] 福洪. 火炮膛线剥落试验分析[J]. 兵工学报(武器分册),1987(3):25-28.

[5] 张喜发,卢兴华. 火炮烧蚀内弹道学[M]. 北京:国防工业出版社,2001.

[6] 路德维希·施蒂弗尔. 火炮发射技术[M]. 杨葆新,袁亚雄,戴有为,等译. 北京:兵器

工业出版社,1993.
[7] 谢列伯梁柯夫 M E. 内弹道学:上册[G]. 郝永昭,鲍廷钰,译. 哈尔滨:解放军军事工程学院,1954.
[8] 华东工程学院一〇三教研室. 内弹道学[M]. 北京:国防工业出版社,1978.
[9] 周彦煌,王升晨. 实用两相流内弹道学[M]. 北京:兵器工业出版社,1990.
[10] 吴诗惇. 挤压理论[M]. 北京:国防工业出版社,1994.
[11] 卓卫东. 应用弹塑性力学[M]. 北京:科学出版社,2013.
[12] 江体乾. 化工流变学[M]. 上海:华东理工大学出版社,2004.
[13] SUH N P. 固体材料的摩擦与磨损[M]. 陈贵耕,陈听梁,赵忠义,译. 北京:国防工业出版社,1992.
[14] 温诗铸,黄平. 摩擦学原理[M]. 4 版. 北京:清华大学出版社,2012.
[15] 摩尔 D F. 摩擦学原理与应用[M]. 黄文治,谢振中,杨明安,译. 北京:机械工业出版社,1982.
[16] JOHNSON W. Impact Strength of Materials[M]. London:Edward Arnold,1972.
[17] 余同希,邱信明. 冲击动力学[M]. 北京:清华大学出版社,2011.
[18] JOHNSON G R,COOK W H. A Constitutive Mode and Data for Metals Subjected to Large Strains,High Strain Rates,and High Temperature[C]. Netherlands:Proceedings of 7th International Symposium on Ballistics,Am. Def. Prep. Org(ADPA):541 – 547.
[19] CARSON W W,LEUNG C L,SUN N P. Metal Oxycarbides as Cutting Tool Materials[J]. Journal of Engineering for Industry,Transactions of the ASME,1976,98:279 – 286.
[20] MONTGOMERY R S. Friction and Wear at the Projectile – tube Interface[R]. ADA046606: 446.
[21] 李淼,钱林方,陈龙淼,等. 弹丸卡膛规律影响因素分析[J]. 兵工学报,2014,35(8):1152 – 1157.
[22] STIFFLER A K. Projectile Sliding Forces in Rifled Barrel[J]. International Journal Mechanical Sciences,1983,25(2):105 – 119.
[23] 彭志国,周彦煌,何锁. 火炮坡膛涂油挤进摩擦模型与分析[J]. 弹道学报,2007,19(3):68 – 72.
[24] 华东工程学院一〇一教研室. 火炮综合诸元手册[G]. 南京:华东工程学院,1975,9.
[25] 魏惠之,朱鹤松,江东晖,等. 弹丸设计理论[M]. 北京:国防工业出版社,1985.
[26] 赵森,钱勇. 自行火炮半自动装填机构输弹问题的研究[J]. 兵工学报,2005,26(5):592 – 594.
[27] 华东工程学院 101 和 103 教研室. 59 式 100mm 高射炮身管胀膛试验报告[R],南京:华东工程学院,1977,6,16.
[28] SIEWERT J,CYTRON C. Rifiling Profile Push Tests: An Assessment of Ballet Engraving Forces in Various Rifling Designs[R]. February,2005,ADA – 3403035 1 – 37.
[29] 刘国庆,徐诚. 狙击步枪弹准静态弹头挤进力研究[J]. 兵工学报,2014,35(10):1528 – 1535.
[30] 陆野,周克栋,等. 坡膛结构参量对枪械内弹道挤进时期的影响[J]. 兵工学报,2015,36(7):1363 – 1369.

[31] 樊黎霞,何湘玥. 弹丸挤进过程的有限元模拟与分析[J]. 兵工学报,2011,32(8):963 -969.
[32] WOLF J WOLF GOCHRAN G. Rotating Band Rifling Interaction Study[R]. Boston:General Electric,1972,11.
[33] 李兵,杨敏涛. 炮尾破坏事故与弹丸负加速度[J]. 火炮发射与控制,1995(1):37 -43.
[34] STERN W. Intial Stages of Projectice Motion of Automatic Gun Ammuition[C]. Brussels: 11th International Symposium on Ballistics,1989.
[35] 杨敏涛,李启明,李兵. 弹丸挤进过程中阻力及颗粒间挤压应力的实验研究[C]//中国兵工学会弹道专业委员会. 弹道学术交流会论文集. 重庆:[出版者不详],1994,7:120 -127.
[36] 华东工程学院一〇一教研室. 火炮综合诸元手册[G]. 南京:华东工程学院,1975,9.

第 7 章　发射涉及的传热问题

通过传热学能很好地理解和认识发射过程中热量在物体内部及在物体之间发生的输运与传递。热流的发生与存在，一定遵循两个条件：一是体系内(由一个或多个物体构成)存在温差，二是热量总是从高温处流向低温处，直至温度平衡为止[1-4]。传热学重点关注的是非平衡热力学体系内特别是存在温度梯度条件下的热量传递，同时关注和涉及存在浓度梯度下的物质传递，有速度梯度存在下的动量传递，以及有电位梯度下的电荷传递[4-6]。因此，传热学和热力学一样，同样是物理学或基础科学的一部分。当然，在兵器发射工程问题中，主要考虑或考查的问题是发射过程中涉及的传热及其对内弹道过程和武器性能的影响，这类问题属于工程传热学问题。

在本章中，温度用“T”表示，时间用“t”或“τ”表示。

7.1　发射装药初温测量

药温是影响炮口速度的重要因素。本节讨论药温的非接触式快速精确测量。野战条件下，发射装药温度随环境不断变化。因为火药是热惰性物质，装药内部温度不易达到平衡。因此，药温是指装药内部全部火药温度的质量加权平均值。由于战场环境和弹药结构本身的限制，一般药温都只可能对其进行非接触测量。为了适应现代战争需要，药温测量必须既要精确又要快速。这些特点决定了药温测量方法的特殊性[7-10]。

7.1.1　药温测量必要性

表 7.1 所列为 4 种制式火炮药温对射程的影响数据，是靶场试验结果。由该表可见，初速越大或射程越远，药温对射程的影响越严重。相同射程条件下，火炮药温影响系数比火箭更大一些。当发射无控弹药时，一般火炮和火箭射击精度(概率误差)设计指标约为射程的 1/220 ~ 1/300，对 20000 ~ 30000m 的射程，允许极限射程偏差约 66.7 ~ 90.9m 到 100 ~ 136m。如果药温测量误差超过 3℃，就将造成整个武器系统射击精度超标。

现代火炮弹药都实现车载，这更加剧了药温随大气温度变化的不均匀性,这种不均匀性包括每发弹药内部温度分布的不均匀性和一组(批)弹药之间的温度不一致性。在门窗紧闭的车体内,包括弹药车、自行火炮和不同篷顶的运输车辆,尤其是盖有苫布的弹药箱码垛内部,由于太阳辐射效应和空气流动性差,车内或篷内不同部位空气温差远比一般房屋内温差大。例如:PLZ45 式 155mm 加榴炮弹药车,进行跑车试验时,装药存放区(自上而下)几个不同位置测量的空气温度如表 7.2 所列。由该表可见,在装药存放区垂直高度大约 1.7m 范围内,在当天大气温度最高时间段(14:00—15:00),车内空间温差达到了 10℃左右。车内空气温度的不均匀必将会造成存放弹药温度的不均匀。

表 7.1　药温对射程的影响(引自射表)

武器	射程/m	海拔/m	标准温度/℃	误差:m/℃		
				1	5	10
60 式 122mm 加农炮	15000	<1500	15	23	115	229
	23000	<1500	15	33	167	333
59 式 130mm 加农炮	17000	<1500	15	27.3	164.8	217.6
	24000	<1500	15	32.5	163.5	326.3
	27000	<1500	15	44.5	223.5	455/439
①GC45 式 155mm 加榴炮	13000/38500	<1500	20	45/88	—	—
②81 式 122mm 火箭	20000	1500	15	11/16	55/81	110/163
	24000	3000	15	12/19	60/96	120/191
	26919	4500	15	16/27	81/133	162/266

①分子为底凹弹,分母为底排弹。

②分子为高温段($T>20$℃),分母为低温段($T<20$℃)。

表 7.2　PLZ45 弹药车发射药存放区(自上而下)气体温度

时间	测点温度/℃ (自上而下)							
	1	2	3	4	5	6	7	8
14:00	38	39	36	34	33	32	28	29
15:00	40	40	37	35	33	34	31	30
17:00	35	35	34	32	32	32	31	31

注:测试日期:1999 年 7 月 23 日;当日最高气温:37℃。

如前面所述,药温是指装药自身有限空间温度场质量加权平均值。对于每一发装药,指其温度的质量加权平均值;对于一组(批)装药,应该是指这组(批)装药的质量加权平均值。而无论是一发装药温度的平均值还是一组(批)

装药温度的平均值,又都是时间的函数。

传统药温测量分两种情况:第一种情况是指大口径火炮分装式弹药,即弹丸和发射装药分别装填入膛的情况。这种情况下传统药温测量是采用手持式水银温度计,从药筒口部插入装药中部,定时读取(2 小时 1 次)温度计测量值,作为一组(批)装药在 2 小时内的药温。习惯上,人们把这发用于测量温度的装药称为“测温弹”,放在它所代表的那组(批)弹药之中但又便于查看温度的位置。第二种情况是整装式火炮弹药和火箭发动机装药的温度测量。这种情况下,是将水银温度计与待测弹药放在一起,认定水银温度计测量数值即是药温,且仍然认定 2 小时内有效。事实上,这样测量得到的温度永远只是装药外表环境空气温度,与实际药温之间的误差可能大得离谱,表 7.3 所列为阳光下弹药箱内温度与装药中心温度测量比较。结果表明,用弹药箱内温度代表装药温度产生的误差最大达到 10.4℃,从 10:00 到 22:00 7 次测量平均误差为 4.7℃。由表 7.4 看到,篷车内用弹药箱内温度代替装药中心温度产生的最大误差为 8.5℃,比露天下阳光直接照射要小一些。但如果同样以 10:00 到 22:00 的 7 次测量值计算,则平均误差为 4.6℃。这两个例子说明,传统药温测量法,特别对于炮用药筒式整装发射药,白天产生的平均测量误差均将超过 5.0℃,而在上午和中午产生的最大误差可能达 10℃。可以预见,这样大的误差,所引起的射程偏差远超过了允许极限值。火箭也存在类似的问题。

表 7.3　阳光下弹药箱温度与装药(药筒)中心温度的比较
(1983 年 9 月)

测量时间	箱内温度/℃	装药中心温度/℃	温差/℃	测量时间	箱内温度/℃	装药中心温度/℃	温差/℃
10:00	27.0	22.8	-4.2	18:00	29.2	32.9	+3.7
12:00	32.5	28.2	-4.3	20:00	24.0	28.8	+4.8
14:00	42.4	32.0	-10.4	22:00	21.5	25.3	+3.8
16:00	37.8	36.3	-1.5	—	—	—	—

表 7.4　篷车内弹药箱温度与装药(药筒)中心温度的比较
(1979 年 9 月)

测量时间	箱内温度/℃	装药中心温度/℃	温差/℃	测量时间	箱内温度/℃	装药中心温度/℃	温差/℃
8:00	17.5	17.0	-0.5	16:00	29.0	24.1	-4.9
10:00	24.4	18.5	-5.9	18:00	24.2	23.7	-0.5
12:00	29.5	21.0	-8.5	20:00	17.8	20.8	+3.0
14:00	31.0	23.9	-7.1	22:00	17.5	20.0	+2.5

7.1.2　集总热容药温测量法

集总热容法实时药温测量传感器是在应用集总热容原理和物理相似基础上,并以传感器(装置)时间常数与待测装药相等为准则而设计出来的。这种传感器能保证所测温度与测量对象(发射装药)温度随时间的变化同步且大小相等。因此,集总热容药温测量法也可称为相似原理法。这种方法既适用于火箭发动机药柱温度的在线测量,也可用于火炮各种装药温度测量,包括药包式装药、定装式装药和模块装药。

1. 集总热容法原理简介

1）原理[1-3]

集总热容法主要用于有限大物体(平壁、圆柱和球形体)浸没在与其存在温差的无限大环境之中,求取物体平均温度随时间变化的情况。集总热容法的实质是假定这类非稳态传热问题中的物体内部温度梯度是可以忽略不计的,或者其导热热阻与其环境之间的对流换热热阻相比是低阶小量,则解决这类传热问题可以不按习惯先建立非稳态热传导方程求解其温度随时间变化的标准思路。其替代的方法是对物体写出能量平衡关系式来确定其温度对时间的响应。

作为这类问题的典型例子是金属锻件的淬火(图7.1)[1],初始温度为 T_i,体积为 V 的物件,从加热炉中取出,瞬间投入温度为 T_∞ 的冷却槽之中。假定金属物件表面积 A_s、密度 ρ、比热容 c_p 均为常量,且内部是无热源(汇)的,并认为固体内部温度 T 始终处于平衡状态,则该物件淬火过程的热平衡方程可写为

$$-hA_s(T-T_\infty)=\rho Vc_p\frac{\mathrm{d}T}{\mathrm{d}t} \tag{7.1}$$

式中:h 为物件表面与环境(液体)之间的对流换热系数。由于环境充分大(液体充分多),认为 T_∞ 为常量。

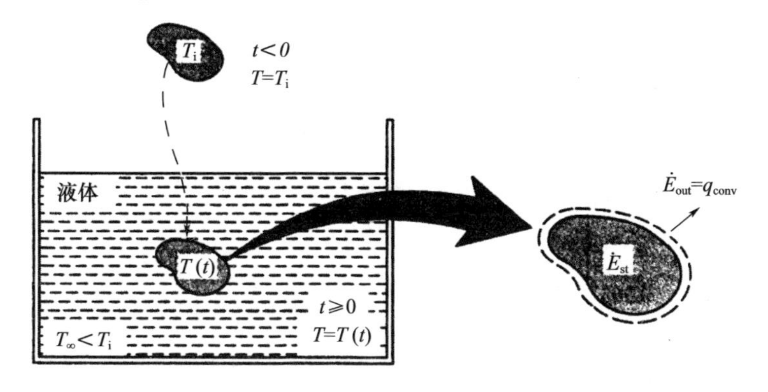

图7.1　热的金属锻件冷却[1]

如引入温差 $\theta = T - T_\infty$，则有 $\mathrm{d}\theta/\mathrm{d}t = \mathrm{d}T/\mathrm{d}t$，于是式(7.1)可改写为

$$\frac{\rho V c_p}{hA_s}\frac{\mathrm{d}\theta}{\mathrm{d}t} = -\theta \tag{7.2}$$

由题意，$t=0$，$T(0)=T_i$ 及 $\theta_i = T_i - T_\infty$，式(7.2)按分离变量法可写为

$$\frac{\rho V c_p}{hA_s}\int_0^\theta \frac{\mathrm{d}\theta}{\theta} = -\int_0^t \mathrm{d}t \tag{7.3}$$

对其积分，得

$$\frac{\rho V c_p}{hA_s}\ln\frac{\theta_i}{\theta} = t \tag{7.4}$$

或

$$\frac{\theta}{\theta_i} = \frac{T - T_\infty}{T_i - T_\infty} = \exp\left[-\left(\frac{hA_s}{\rho V c_p}\right)t\right] \tag{7.5}$$

式(7.4)可用来确定固体达到某个温度 T 所需要的时间 t，式(7.5)用于计算固体在某个时间 t 达到的温度 T。这两个式子表明，随着时间 t 延长，固体与环境(液体)之间温差按指数函数衰减。特别地，当 $t\to\infty$，$\theta = T - T_\infty \to 0$。

通常将式(7.5)中 $(\rho V c_p)/(hA_s)$ 定义为热时间常数，即

$$\tau_t = \left(\frac{1}{hA_s}\right)\cdot(\rho V c_p) = R_t C_t \tag{7.6}$$

式中：R_t 为固体物件与环境(液体)之间的等效对流换热热阻；C_t 为固体物件的集总热容。当 R_t、C_t 增大，意味着固体对热环境的响应趋于缓慢，反之则热响应变快。

尽管集总热容法具有简单方便的优点而广受工程技术人员欢迎，但在应用之前首先要对问题本身进行审查，确认是否符合集总热容法的应用条件。为了得到这样的应用准则，可以再考查图 7.1 和式(7.1)。按该问题的本意，固体物件内部温度是基本平衡的，假定固体边界内侧温度为 T_{wi}，边界外侧温度为 T_{w0}，则淬火物件表面 A_s 外侧以对流传热方式传入界面的热量 $q_1 = -hA_s(T_{w0} - T_\infty)$，是和通过界面，即固体表层很薄厚度 Δx 内发生的以导热方式传入固体内部的热量 $q_2 = -\frac{\lambda_p}{\Delta x}A_s(T_{wi} - T_{w0})$ 是相等的，即

$$\frac{\lambda_p}{\Delta x}A_s(T_{wi} - T_{w0}) = hA_s(T_{w0} - T_\infty) = \text{const}$$

整理，得

$$\frac{T_{wi} - T_{w0}}{T_{w0} - T_\infty} = \frac{\Delta x/(\lambda_p A_s)}{1/(hA_s)} = \frac{R_{\text{cond}}}{R_{\text{conv}}} = \frac{h\Delta x}{\lambda_p} \equiv Bi \tag{7.7}$$

式中：λ_p 为固体热导率。$(h\Delta x/\lambda_p)$ 是无量纲量，称为毕渥数。毕渥数是判别物体表面对流换热影响内部导热程度的准则，是比较固体内部温差和其表面与外

界流体温度之差的度量。当 $Bi \ll 1$ 时,可以认为固体内部温度是均匀的,固体内部热阻远小于热量通过边界层的热阻。这种情况下可大胆使用集总热容法。

2）热容法（热电偶）时间响应[11]

热电偶测温实质上是热容法测温。热电偶制作中所讨论的热响应规律对所有集总热容法测温都是适用的。热响应对动态测温尤为重要,人们总是希望响应时间越短越好。为评估集总热容法传感器动态性能,可将式(7.1)改写为

$$\tau_t \frac{dT}{dt} + T = T_\infty \tag{7.8}$$

下面分别考虑 3 种测量工况的热响应,其中第一种工况是最常见的。

（1）阶跃工况,即将热电偶传感器（固体物件）瞬间置于无限大的某种环境之中,因该式与式(7.2)本质上是完全相同的,同时有 $t=0, T=T_\infty$,因此具有与式(7.5)相同的解:

$$T_\infty - T = (T_\infty - T_i) e^{-(t/\tau_t)} \tag{7.9}$$

该式和式(7.4)表明,理论上,要经过无限长时间,热电偶传感器温度才能与环境温度相同。在此之前存在的温差称为动态误差。但在实际测量中,当 $t > 3\tau_t$ 后,即可认为测量值近似等于待测环境温度值,即 $T = T_\infty$。这就是说,这种情况下,测量误差仅取决于时间常数。

（2）假定待测对象（环境）温度呈线性变化。这种情况下,待测温度:

$$T_\infty = T_0 + kt \tag{7.10}$$

则式(7.8)改写为

$$\tau_t \frac{\partial T}{\partial t} + T = T_0 + kt \tag{7.11}$$

该式有通解:

$$T = Ce^{-t/\tau_t} + T_0 + k(t - \tau_t) \tag{7.12}$$

因为有

$$t=0, T=T_\infty=T_0$$

所以由式(7.12),得

$$T = k\tau_t e^{-t/\tau_t} + [T_0 + k(t - \tau_t)] \tag{7.13}$$

显然,随时间 t 延迟,该式右侧第 1 项逐渐衰减,当 $t \to \infty$ 将趋于 0,即 $t \to \infty$, $T \to T_0 + k(t - \tau_t)$。这就是说,这种工况下随 t 增长,T 也线性升高,但热电偶测量温度 T 比实际待测环境温度仍将落后一个时间位相 τ_t,相应的测量误差为

$$\Delta T = T - T_\infty = k\tau_t(1 - e^{-t/\tau_t}) \tag{7.14}$$

（3）环境（待测对象）温度作正弦振荡变化。任何周期变化函数均可用富氏级数表示,如日环境温度周期函数可以近似写为

$$T_\infty = \overline{T}_\infty + A_\mathrm{T}\sin\omega t \tag{7.15}$$

式中：$\overline{T}_\infty$ 为 T_∞ 的平均值；A_T 为 T_∞ 的振幅，即日气温最大温差；ω 为角频率。这时，微分方程式(7.8)改写为

$$\tau_\mathrm{t}\frac{\mathrm{d}T}{\mathrm{d}t} + T = \overline{T}_\infty + A_\mathrm{T}\sin\omega t \tag{7.16}$$

令 $\theta = T - \overline{T}_\infty$，式(7.16)进一步可改写为

$$\tau_\mathrm{t} = \frac{\mathrm{d}\theta}{\mathrm{d}t} + \theta = A_\mathrm{T}\sin\omega t \tag{7.17}$$

将其积分得通解为

$$\theta = C\mathrm{e}^{-t/\tau_\mathrm{t}} + \frac{A_\mathrm{T}}{\sqrt{1+(\tau_\mathrm{t}\omega)^2}}\sin(\omega_\mathrm{t} - \phi) \tag{7.18}$$

式中：C 为积分常数：

$$\phi = \arctan(\tau_\mathrm{t}\omega) \tag{7.19}$$

由初始条件，有

$$t = 0, T = T_\infty = T, \theta = 0$$

得常数

$$C = \frac{A_\mathrm{T}}{\sqrt{1+(\tau_\mathrm{t}\omega)^2}}\sin\phi$$

所以

$$\theta = \frac{A_\mathrm{T}}{\sqrt{1+(\tau_\mathrm{t}\omega)^2}}[\sin(\omega t - \phi) + \mathrm{e}^{-t/\tau_\mathrm{t}}\sin\phi] \tag{7.20}$$

或

$$T = \overline{T}_\infty + \frac{A_\mathrm{T}}{\sqrt{1+(\tau_\mathrm{t}\omega)^2}}\sin(\omega t - \phi) + \frac{A_\mathrm{T}\sin\phi}{\sqrt{1+(\tau_\mathrm{t}\omega)^2}}\mathrm{e}^{-t/\tau_\mathrm{t}} \tag{7.21}$$

式中：右边第三项是随时间衰减的瞬态量，一般当 $t > 3\tau_\mathrm{t}$ 时，该项可忽略不计。而右边第一、第二两项是稳态量，不随时间衰减。式(7.21)表明，初始不同步或者说瞬态过程结束之后，热电偶传感器温度 T 进入稳定变化状态，即呈正弦振荡，振荡频率与式(7.15) T_∞ 的角频率相同，但振幅只有 T_∞ 振幅的 $1/\sqrt{1+(\tau_\mathrm{t}\omega)^2}$ 倍，而且相位上落后 ϕ 角。但请注意：T 和 T_∞ 的平均值相等。

通过以上讨论可知，如果环境（被测对象）的温度是呈正弦函数变化的，热电偶（测温传感器）只要时间常数 $\tau_\mathrm{t} \neq 0$，则所测温度 T 在振幅和相位上总存在差异，且随着 $\tau_\mathrm{t}\omega$ 乘积的增大，误差也随之增大。如果 $\omega\tau_\mathrm{t}$ 值很大，传感器只能给出平均温度 $\overline{T}_\infty$。

3）时间常数物理意义及其推论

采用集总热容法解决非稳态传热问题，求得的固体（热电偶）内部平均温度接近于动态环境温度的程度，无论环境（待测对象）温度作阶跃变化、线性变化还是振荡变化，都与时间常数密切相关。它的大小决定了集总热容法应用结果的准确度。下面讨论时间常数物理意义和推论。

（1）物理意义：由 $\tau_t=(\rho Vc_p)/(hA_s)$ 表明，时间常数 τ_t 首先与固体物件（热电偶）的体积 V 和材料热物性（如 ρ、c_p）相关；同时与其结构特性 A_s/V 之比有关；而且还与被测对象（环境）介质性能和工况有关，工况和环境介质不同，对流换热系数 h 不同。因此，从物理意义上看，时间常数的“常数”特性是有条件的，或者说它是工况、固体体积、物性和环境介质的函数。而固体及环境介质物性本身（如 c_p、ρ 等）又是温度的函数，所以环境温度（被测对象温度）范围不同 τ_t 也将发生变化。

（2）推论一：对完全相同环境（被测对象）的介质和工况，采用不同热电偶传感器（或固体物件）所测的温度（平均温度）接近于被测对象（环境）温度的准确度（误差），取决于不同热电偶（固体物件）时间常数之间的差异。如果两个传感器（固体物件）的时间常数完全相等，即 $\tau_{1t}=\tau_{2t}$，则所测温度应该相同，而与其两个传感器（固体物件）各自的个别性能，如形状、A_s/V 比、构成材料差异没有直接关系。这就是说，只要这些传感器（固体物件）的组合特性，即时间常数 τ_t 相等，则它们所测温度（内部平均温度）时刻相等。

（3）推论二：环境（被测对象）温度作阶跃变化的动态误差随时间延长将消除。从时间响应角度看，热电偶传感器（固体物件）与所测对象（环境）温度之间动态误差随时间延长都将消失殆尽。

因为由式(7.9)，可改写得

$$T-T_i=(T_\infty-T_i)(1-e^{-t/\tau_t}) \tag{7.22}$$

由此，当 $t=\tau_t,2\tau_t,3\tau_t$，则计算可得 $T-T_i$ 分别等于 $0.632(T_\infty-T_i)$，$0.865(T_\infty-T_i)$ 和 $0.95(T_\infty-T_i)$。这就是说，当 $t>3\tau_t$ 之后，传感器所测温度（固体平均温度）约等于所测对象（环境）温度的95%，基本达到了所测对象（环境）真实温度。时间进一步延长，动态误差可以忽略不计。这意味着，时间常数 τ_t 越长，动态响应误差存在的时间也越长。关于这一点，从式(7.22)的微分，即可看出

$$\left.\frac{\partial T}{\partial t}\right|_{t=0}=\frac{T_\infty-T_0}{\tau_t} \tag{7.23}$$

当阶跃 $\Delta T_\infty=T_\infty-T_0$ 给定，传感器（固体）温升斜率 $\partial T/\partial t|_{t=0}$ 随时间常数 τ_t 增大而下降，即接近真实被测对象（环境）温度的时间越长。

2. 相似原理药温传感器设计举例[9-10]

1）理论依据与设计准则

由上面集总热容法推论，已知两个有限容积物件的时间常数相等，即 $\tau_{t1}=\tau_{t2}$，如将它们同时放置在无限大空间环境之中，可以认为它们感受到的工况是相同的，即跟环境之间发生的对流与辐射传热相似，且它们经受的环境温度 T_∞ 随时间变化是一致的，因而这两个固体内部温度场时刻相似，或者说它们的平均温度随时间变化，都可由式（7.5）或式（7.9）决定。如令 T_1、T_2 分别为第1、第2两个物体的平均温度，则有

$$\frac{T_2-T_\infty}{T_i-T_\infty}=\frac{T_1-T_\infty}{T_i-T_\infty}=\exp\left[-\frac{h_1A_{s1}}{\rho_1V_0c_{p1}}t\right]=\exp\left[-\frac{h_2A_{s2}}{\rho_2V_2c_{p2}}t\right] \tag{7.24}$$

方便起见，可将图7.1中淬火物件的体积与表面积之比定义为定性尺寸 L_e，即 $L_e=V/A_s$，则式（7.24）的指数可表示为

$$\frac{hA_st}{c_p\rho V}=\frac{ht}{\rho cL_e}=\frac{hL_e}{\lambda_p}\times\frac{\lambda_p}{c_p\rho}\times\frac{t}{L_e^2}=\frac{hL_e}{\lambda_p}\times\frac{at}{L_e^2}\text{或}\frac{hA_st}{c_p\rho V}=Bi\cdot Fo \tag{7.25}$$

式中：$a=\lambda_p/(c_p\rho)$；Bi,Fo 分别为物体的无量纲参量毕渥数和傅里叶数。

于是，式（7.24）可改写为

$$\frac{\theta}{\theta_i}=\frac{T_1-T_\infty}{T_i-T_\infty}=\frac{T_2-T_\infty}{T_i-T_\infty}=\exp(-Bi\cdot Fo) \tag{7.26}$$

不失一般性，设想这两个有限大体积的物件：一个是发射装药，另一个是设计的药温传感器。主观上希望药温传感器尺寸充分小，但必须保证它与待测发射装药满足物理相似，且时间常数相等，以便传感器与该装药处于同一环境时，确保传感器温度，即装药温度。显然，该问题转化为保证两个物体的毕渥数和傅里叶数乘积相等，即

$$(Bi\cdot Fo)_1=(Bi\cdot Fo)_2 \tag{7.27}$$

由式（7.6），即利用时间常数的物理定义，该式又可写为

$$t\,(\tau_t)_1=t\,(\tau_2)_2\text{ 或}(R_t\cdot C_t)_1t=(R_t\cdot C_t)_2t \tag{7.28}$$

式中：R_t、C_t 分别为物体的集总热阻和集总热容。式（7.27）和式（7.28）为集总参量法药温传感器的设计理论依据和设计准则。

2）设计举例

式（7.27）和式（7.28）本质上是同一个方程，从两个角度提供了设计依据和要求。下面以直径300mm大型固体火箭发动机为对象，介绍采用相似原理设计非接触式实时药温传感器的方法和步骤。设计时，设想热阻主要是由装药壳体（药筒）和隔热层产生的，热容主要考虑装药本身。

设计的第一步：确定待测火箭发动机（发射装药）的集总参量 R_t 和 C_t。由前所述，对于任何具体待测对象（装药），均可通过数值计算和实际测量获取其

非稳态温度场特征，并可拟合得到的集总参量 R_t 和 C_t [9-10,12-15]。事实上，实际火炮和火箭发射装药与环境之间发生的传热，可以认为热流透过筒壁的总热阻是由如下多个分热阻组合而成的，即包括筒体外侧对流换热热阻$[1/(h_1A_s)]$、多层壁面组合（串联）导热热阻$[\Delta x/(\lambda_pA_s)]$和壁面内侧隔热层组合热阻$[1/(h_2A_s)]$等。当计及日光照射，即具有辐射传热效应时，还应包括辐射传热热阻。一般说火箭发射装药热阻基本都是串连组合。火炮装药也一样，如金属药筒炮用装药，除了多层壁面热阻，还应包括壁面间的间隙热阻和接触热阻，如空气间隙和隔热层（药包布、钝感衬里）等热阻。如前面所说，通过药柱（装药）筒壁的总热阻，可以采用以下两种方法确定：一是模拟试验法，如外侧空间采用较高的恒定温度气体以一定速度流过，内侧采用金属棒并保持相对较低的恒温，测量通过筒壁的热流密度 q_x，即可用下式求得总热阻为

$$R_{tot}=\frac{T_{\infty,1}-T_{\infty,2}}{q_x} \tag{7.29}$$

二是热阻的理论估算，即由筒壁结构、尺寸和材料物性参量直接计算而得到。

药柱（装药）的总热容 C_t，也可采用理论估算确定。例如：直径 $d=300\text{mm}$ 的固体火箭发动机，单位长度的总热容 C_t 约为 128kJ/(K · m)。如设计的传感器也取圆柱体，且其单位长度的热容为 14kJ/(K · m)，则由式(7.28)，即利用 $(C_tR_t)_1=(C_tR_t)_2$，可得

$$R_{t,2}=\frac{C_{t,1}}{C_{t,2}}R_{t,1}=\frac{130}{14}R_{t,1}=9.28R_{t,1}$$

这就是说，待设计的药温传感器的总热阻 $R_{t,2}$ 应为实际火箭总热阻 $R_{t,1}$ 的 9.28 倍。

设计的第二步：运用相似原理，写出设计必须满足的必要条件。由设计本意，要求传感器温度时刻与实际平均药温相等，即意味着温度比例常数和时间比例常数均恒等于 1.0，有

$$\begin{cases}n_T=T_2/T_1=1.0\\ n_t=t_2/t_1=1.0\end{cases} \tag{7.30}$$

这是传感器设计约束条件的一部分。

设计的第三步：尝试给定传感器几何比例常数，并采用式(7.27)进行验证是否合适。如取传感器为圆柱体，特征尺寸为直径 d，则几何比例常数为 $n_d=d_2/d_1$。如果选取 d_2 为 d_1 的 1/5，得

$$n_d=d_2/d_1=1/5 \tag{7.31}$$

n_d 也是约束条件。

设计的第四步：按式(7.30)和式(7.31)的要求，进行传感器结构设计和材料选择，使传感器的 $(Bi\cdot Fo)_2$ 近似等于实际装药（发动机）的 $(Bi\cdot Fo)_1$，即满

足式(7.27)。由于毕渥数 $Bi = h\Delta x/\lambda_p$，即涉及物体外侧等效换热系数 h，h 与物体特征尺寸有关。对于同样流速的外部气流，小尺寸物体 h 低，即 $h_2 < h_1$，即 $Bi_2 < Bi_1$；因此要求 $Fo_2 > Fo_1$。

设计的第五步：对设计的传感器进行试验验证和调试，标定误差范围。图7.2所示为按 $n_d = 1/5$ 设计的300mm火箭药温传感器在相同升温条件下的试验比较，环境温度由20℃突然升至48℃，按相似原理设计的传感器温度与火箭药柱平均温度随时间变化曲线符合良好，全过程1260min，按43个点进行对比，标准偏差小于1.0℃，满足非接触实时药温测量传感器设计精度指标要求。

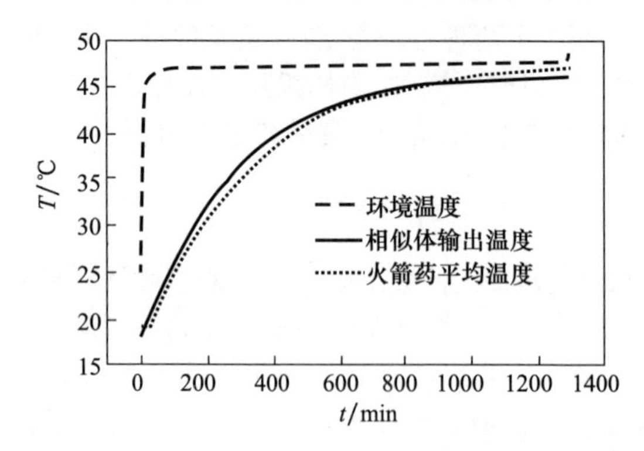

图7.2　相似原理传感器与火箭药温实验比较[9]

7.1.3　全自动在线药温测量法

前面介绍了药温的相似原理测量法，这类药温测量装置具有结构简单使用方便的优点。此外，它的突出优点是工作状态与是否加电无关，随时开启，读取(输出)数据即可。它的使用要求是"必须随药走"，即提前12h与待测弹药放置在一起，使之处于相同环境。但对于火炮发射装药，存在一些局限性：一是测量精度一般可以达到标准偏差小于等于1.0℃，若要进一步提高，有一定难度。二是一些传统加榴炮具有形状大小不一致的多个装药。一种相似原理药温传感器一般只对应于一种装药号有效，对于多个装药号，如尺寸与结构不同，则一般需采用多个药温传感器，显然这是不方便的，需要另想办法。这就需要开发全自动在线精确药温测量法[7-8]。下面主要结合155mm火炮，介绍这类药温测量装置设计要求和采用的原理、方法及系统构成。

1. 炮用药温测量装置精度要求[7,14]

如前面所述，火炮武器系统射程纵向概率误差要求一般为 $\Delta X/X \leqslant 1/240 \sim 1/300$。式中：$X$ 为射程，ΔX 为射程散布。$\Delta X/X$ 影响因素较多，其中初速 v_0 对射程 X 的影响，在接近于最大射程或最大初速条件下，以PLZ45式155mm加榴

炮为例，为

$$\frac{\partial X}{\partial v_0}=\begin{cases}90.7\text{m}/(\text{m}\cdot\text{s}^{-1})(\text{底排弹})\\54.6\text{m}/(\text{m}\cdot\text{s}^{-1})(\text{底凹弹})\end{cases}$$

由于药温对初速的影响因子为

$$\frac{\partial v_0}{\partial T}=\begin{cases}0.9275(\text{m/s})/℃(\text{高温段}:20℃\sim60℃)\\0.687(\text{m/s})/℃(\text{低温段}:-40℃\sim20℃)\end{cases}$$

因此，火炮对药温测量的精度指标要求，取最大偏差小于等于 1.0℃。

2. 测量方案影响因素

炮用发射装药药温实时测量装置主要是为适应现代大口径火炮需要而研发的，但测量结果或精度与使用条件相关。火炮弹药的储运、使用及其在火炮和弹药输送车内的存放状态，具有明显的多样性和随机性特点。由前面讨论可知，药温是指其温度场进行质量加权平均得到的温度值，对任意装药，药温可写为

$$T=\frac{1}{m_\omega}\iiint_V T_i\delta_\omega\,\mathrm{d}x\mathrm{d}y\mathrm{d}z \tag{7.32}$$

式中：m_ω 为装药量；T_i 为微元 $\mathrm{d}V=\mathrm{d}x\mathrm{d}y\mathrm{d}z$ 的药温；δ_ω 为微元 $\mathrm{d}V$ 处装填密度。

显然，对药仓内同一装药号一组 N 发装药，其药温应写为

$$\bar{T}=\sum_{n=1}^{N}T_n/N \tag{7.33}$$

但必须指出的是，该式中的 N 发装药应该是同属一个区域的。当然，装药区域如何划分，是否要划分，要具体情况具体分析。

3. 全自动在线测量原理

全自动在线非接触药温测量装置主要是针对具有多个装药号的大口径自行加榴炮药温精确测量需求（最大偏差小于 1.0℃）而研制的[8-9,14-16]。

一般情况下，火炮发射装药分为药筒式装药、布袋式装药和模块装药。如前面所述，装药温度变化取决于药仓环境温度。作战现场大气环境是随机的，具体因当时当地天候及火炮存放和运输条件不同而不同。通常自行火炮车体外表面主要受环境空气对流换热和外表面辐射换热的双重作用，车体内部温度分布还与车内热源位置及热量生成速率、车内气体对流状态以及车体结构与热源之间关系等多种因素相关。装药温场受外部环境支配，内部受组合件热传导规律支配，尽管装药本身为热的不良导体，但其内部导热热阻仍远小于外表对流传热热阻，即一般情况下其毕渥数 Bi 远小于 1.0。因此，从总体上看，发射装药可看作是处于非稳态环境温度下的具有多层壁面圆柱形物体，其温度场可以用非稳态、无源、轴对称两维热传导方程进行描述，即

$$\frac{\partial T}{\partial\tau}=a\left(\frac{\partial^2 T}{\partial z^2}+\frac{\partial^2 T}{\partial r^2}+\frac{1}{r}\frac{\partial T}{\partial r}\right) \tag{7.34}$$

式中：a 为装药热扩散系数（或称导温系数），$a = \lambda_p / c_p \rho$。其中：λ_p、c_p、ρ 分别为物体材料的热导率、比热容和密度。为了求解该方程，即给出求解区域温场的解，必须给出初始条件和边界条件。如取初始条件为

$$T(\tau, z, r)\big|_{\tau=0} = T(0, z, r) \tag{7.35}$$

取第三类边界条件为

$$q_n = -\lambda_p \left(\frac{\partial T}{\partial n}\right)_w = h[T_w(\tau) - T_f(\tau)] \tag{7.36}$$

式中：下标 n 为表面法向；下标 w 为物体表面；h 为与环境的等效换热系数；T_f 为装药周围环境空气温度；T_w 为物体表面温度。在这里将装药外表与外界的辐射传热也归并在对流换热之中，即 h 为对流与辐射换热系数之集合，写为

$$h = h_c + h_r \tag{7.37}$$

而

$$h_r = \varepsilon\sigma(T_f - T_w)(T_f^2 + T_w^2) \tag{7.38}$$

式中：ε 为装药表面灰度；σ 为斯特藩－波尔兹曼常数。

全自动非接触在线测量法，就是采用数值求解法，通过连续采集（测量）装药环境温度，同时在开始时刻预估给定装药温度初值，连续不间断将解算得到的药温提供给火控计算机，即实现完全意义上的装药温度场及装药平均温度的全自动在线非接触式测量。

4. 设计举例

新一代 PLZ52 式 155mm 外贸自行炮药温测量装置原埋如图 7.3 所示。由该图可见，药温测量装置是火控系统的一个单体，实时药温信息通过 CAN 总线提供给火炮终端。该装置一旦开启，先由初温预测传感器获取装药近似平均温度，并开始由环境温度探头不间断采集环境温度，进行装药温度场解算，并通过分类加权平均，给出不同区域不同装药号装药的平均温度，供随时调用。

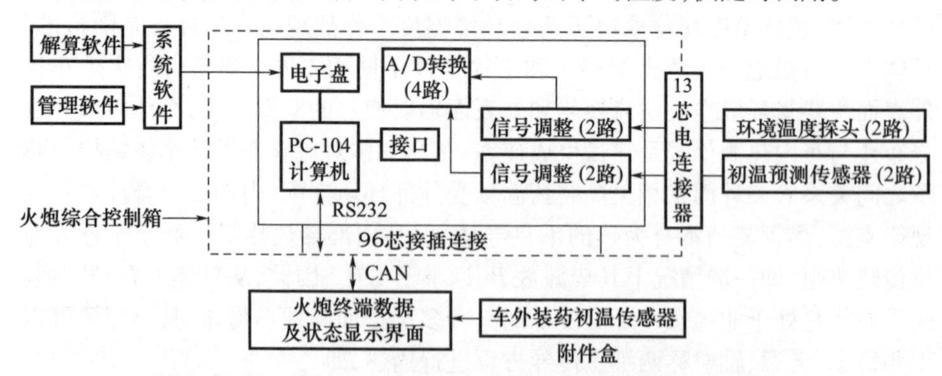

图 7.3　新一代 PLZ52 式 155mm 外贸自行炮药温测量装置原理

该药温测量方案称为非接触式全自动实时在线测量法，指它具有以下功能与特点：①与装药完全非接触；②无须人为干预；③测量数据的时间滞后可忽略不计；④该测量装置作为火控系统和弹道修正计算的一部分，同时在线工作，同时开启和关闭；⑤测量精度（最大偏差小于等于±1.0℃）。

7.2　身管射击传热分析

关于火炮身管在射击过程中的热分析，包括射击期间被动加热升温和射击间隙期冷却（已有大量研究[16]）。其研究的目的是多方面的，包括出于身管烧蚀热分析、身管热应力或身管热弯曲分析，以及内弹道过程热损失分析。在这里对火炮身管所作的热分析，包含4个方面内容：①精确求解内弹道期间膛内核心流状态；②求解身管径向热传导方程，获取不同射击模式身管温度分布；③确定膛内燃气传递给身管内壁热流量及表面最高温度，估算身管烧蚀量；④对滞留膛内弹药及物体作热安全分析。

7.2.1　身管受热特点分析

火炮发射过程是一个瞬态过程，时间大约10～20ms，期间膛内相继发生发射装药点火燃烧，高温高压燃气推动弹丸做功和膛内燃气对身管壁面强烈传热等多种过程。以普通大口径加榴炮为例，发射期间大部分时间膛内燃气温度都超过2500K，膛压高达360MPa，膛内核心流温度与身管壁面温度之差高达1000～2000K。火炮发射过程的这些特殊性决定了身管内膛表面传热过程特殊性。特别当火炮采用连续射击模式时，每射击一发，则相当于身管接受一次强烈热脉冲。每连射一次，意味着身管内表壁面接受一组多发连续热脉冲。

图7.4所示为典型大口径火炮弹药装填入膛等待射击状态示意图。膛壁上安装有温度传感器，通常采用盲孔外推测量法或表面热电偶法传感器测量发射期间身管内表温度随时间变化曲线（$T-t$）[17]。每次发射，身管受热周期包含有内弹道时期与发射后效期两个时段，发射后效期是指弹丸出炮口后膛内气体全部排空时期。在此两个时期内，身管内表面温度近似呈指数函数曲线上升，每当弹丸接近炮口时膛壁温度也近似达到最大值。由于发射期短暂，膛内高温燃气传递给身管的热量仅积累在内表很薄厚度的一层介质中，形成瞬态高温层。随后的射击间隔期时间远大于加热期，使得堆积在紧挨内表的热量向外表扩散，加上内表可能发生冷却，身管壁内温度沿径向分布逐步趋于平坦。

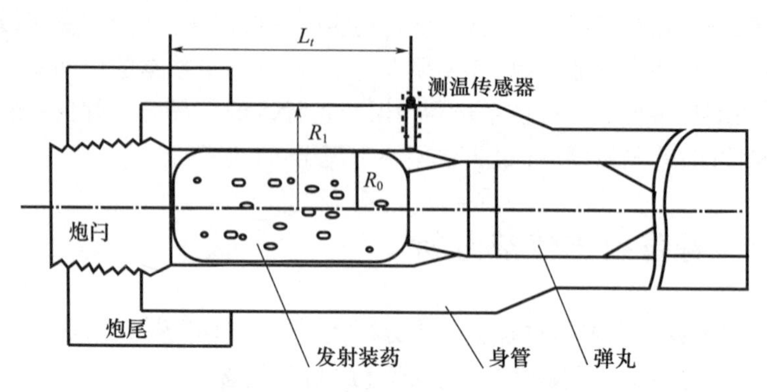

图 7.4 炮射弹药待发状态示意图

由于工程需求不同,人们对身管加热特征和冷却状态的关注点不同。身管烧蚀研究人员重点关注的是身管内表温升高度。身管热变形和热弯曲的研究者更关注的是身管非均匀温度分布,尤其是非轴对称分布状态。内弹道工作者不仅关注燃气流与身管内表之间的热交换,还关注燃气热量损失和身管热弯曲对弹丸炮口速度及初始扰动的影响,而从发射热安全分析角度看,则希望认识和了解弹药装填入膛之后因偶然原因滞留膛内期间可能引发的热安全问题。但应对这些需求背景的共同首要任务都是要以正确完整了解火炮发射条件下身管加热和确定壁内温度分布特征为前提条件。为此,要以正确描述身管内外壁面的热交换边界条件,对流动边界层与固壁表面状态有确切认知,提供符合实际热交换关系式以及相关材料热物性为基础。

火炮膛内流动的描述取决于内弹道模型和弹丸出炮口之后气流外泄和抽气装置排空期间采用的膛内流动模型。而身管内外表面流动边界层特性分别与主流(核心流状态)和环绕身管的风速密切相关。现有内弹道模型有经典的膛内速度线性分布模型、简化一维均相非定常流动模型和两相流模型[18-19]。相对而言,两相流内弹道模型能较好地刻画膛内核心流状态。但由于固相药粒尺寸为厘米量级,使得人们关于药粒对身管内壁流动边界层的干扰和强化作用,即药粒对膛壁传热的确切影响,至今知之甚少。因此,关于内弹道期间核心主流对身管壁面的传热,只能依赖纯粹燃气主流造成的边界层状态和性质而确定。不幸的是,火炮膛内流动边界层是极度不均匀和非稳态的,以身管起始部附近流动为例,由于弹丸不断加速,主流速度不断增加,弹后流动区域不断增长,流动边界层处于急剧变化与不断增强之中。此外,弹丸行程起始部还存在流动入口传热增强效应。因此给该区域附近边界层正确确定带来了困难。再以弹底附近区域流动为例,当弹丸尚未到达之前,燃气流动尚不存在;而当弹底刚刚越过时,燃气主流速度接近于弹丸速度,附近位置边界层先由层流边界层瞬间快速转变为湍流边界层,即这个区域边界层性质是时间的强函数,并且是在极其短暂时间内完成转换的。

膛内流动边界层的快速转换与变异,给燃气流与管壁的传热过程和边界层的描述带来了不确定性,给燃气流与固壁间传热系数的定量数学表达带来了很大的困难。然而,这些困难并不意味发射过程整体传热效果不能确定和检验。事实证明,评判发射全过程传热总体效果是可能的,其评判和检验身管壁面传热总效果的基本方法与依据,是每次射击膛壁内表面温度－时间曲线和结束时刻表面温度最大值,以及越过炮膛内壁表面传递的热流量,此外还有沿径向的温度分布曲线。

显然,影响膛内高温气流与内膛壁面间传热过程和强烈程度的因素,主要和壁面流动边界层性质有关,同时还与内表面特性等多种因素相关。从射击过程和传热强度的联系上看,可归纳如下:

(1)发射药及其装药量。对特定的火炮与弹药组合,由发射药牌号和装药量决定了内弹道性能,决定了火炮最大膛压、炮口速度和燃气温度,即决定了弹丸出炮口后的后效期的排气过程和固壁表面传热过程。

(2)射速和射击方式。射击方式或射击样式是指射速、连续射击组数和每组连续射弹数,以及两次连续射击之间时间间隔,射击样式决定了身管脉冲受热状态和内壁温度上升幅值,决定了射击间隔期间和后续弹药入膛时刻的身管内壁温度和管壁温度沿径向和轴向的分布。

(3)身管内壁状态。内壁状态是指有无膛线、膛线结构尺寸和内壁表面烧蚀与磨损状态,包括膛线深浅、表面粗糙度、烧蚀沟纹分布与深浅程度等。因为这些状态特征强烈影响边界层特性和传热强烈程度。

(4)身管外表边界条件。外表边界条件是指身管接受自然冷却(或加热)还是接受强制水冷。自然冷却取决于风速风向与气温等,与风霜雨露和日照相关。强制水冷是指中小口径速射火炮采用的强制水流循环冷却。外表边界条件同样影响身管内部的温度分布。

(5)身管尺寸及材料热物性。身管尺寸和材料热物性影响热扩散速率和热传导过程,同时影响热波传播速度,即影响温度分布状态。

最后还要指出,火炮身管热传导问题尽管在理论上可能是两维或三维问题,但分析表明,除了炮尾和炮口个别部位,射击期间温度主要显示为轴对称分布,而且相对于径向分布,轴向温度梯度可以忽略不计,即

$$\frac{\partial T}{\partial r} \gg \frac{\partial T}{\partial x} \text{或} \frac{\partial^2 T}{\partial r^2} \gg \frac{\partial^2 T}{\partial x^2}$$

因此,可以认为火药气体传递给管壁的热流量,其轴向差异相对径向始终是可以忽略不计的。所以,药室与身管某个截面上的热传导问题可以简化为

$$\frac{\partial T}{\partial t}=a\left(\frac{\partial^2 T}{\partial r^2}+\frac{1}{r}\frac{\partial T}{\partial r}\right) \tag{7.39}$$

式中：T,r,t 分别为身管温度、半径和时间；a 为身管材料导温系数，$a=\lambda_{\mathrm{p}}/c_p\rho$；$\lambda_{\mathrm{p}},c_p,\rho$ 分别为身管材料热导率、比热容和密度。

7.2.2 身管受热数学物理模型

如上面所述，身管壁内温度变化主要取决于核心流对壁面的对流传热，取决于流动边界层发展状态。相同的内弹道问题，核心流的描述与内弹道模型相关，不同的内弹道模型对应有不同的流场特征量，其边界层描述的精细程度不同，精准度也有差异。这里分别以两相流内弹道模型和常规内弹道模型为例，进行身管传热计算，给出身管温度分布，并完成后续相关问题的分析。

1. 核心区两相流模型

主流区采用两相流模型实质是指内弹道时期膛内流动采用两相流内弹道模型。例如：以中心点火方案装药结构为例，内弹道模型采用如下假定[18]：

（1）采用双一维连续介质两相流模型，通过耦合求解，分别确定中心点火管与主装药区的点火燃烧与流动。

（2）不计中心点火管体积的影响，即将点火管体积虚拟化，因为点火管体积与药室容积之比不到百分之一。

（3）运用非平衡态热力学概念，处理药粒点火与燃烧，且药粒在自身所在局域空间服从几何燃烧定律。

（4）火药燃烧为零级化学反应，火药力 f、余容 α 以及比热容比 γ 作常量处理。

（5）经由抽气装置小孔的气体流出和流进，按准静态流处理。

这样，可得到以下具有点火源项与抽气装置源（汇）项，以及膛壁存在热散失的两相流内弹道控制方程组：

$$\frac{\partial A\phi\rho}{\partial t}+\frac{\partial A\phi\rho u}{\partial x}=\frac{A\rho_{\mathrm{p}}(1-\phi)}{1-\psi}\frac{\mathrm{d}\psi}{\mathrm{d}t}+A\,\dot{m}_{\mathrm{i}}-\dot{m}_0 \tag{7.40}$$

$$\frac{\partial A\phi\rho u}{\partial t}+\frac{\partial A\phi\rho u^2}{\partial x}+A\phi\frac{\partial p}{\partial x}=\frac{A\rho_{\mathrm{p}}(1-\phi)u_{\mathrm{p}}}{1-\psi}\frac{\mathrm{d}\psi}{\mathrm{d}t}-AD-\dot{m}_0u_0 \tag{7.41}$$

$$\frac{\partial A\phi\rho(e+u^2/2)}{\partial t}+\frac{\partial A\phi\rho u(e+u^2/2)}{\partial x}+\frac{\partial A\phi p u}{\partial x}=$$

$$\frac{A\rho_{\mathrm{p}}(1-\phi)}{1-\psi}\frac{\mathrm{d}\psi}{\mathrm{d}t}H_{\mathrm{p}}+A\,\dot{m}_{\mathrm{i}}H_{\mathrm{i}}-ADu_{\mathrm{p}}-Aq_{\mathrm{w}}-\dot{m}_0H_0 \tag{7.42}$$

$$\frac{\partial A(1-\phi)\rho_{\mathrm{p}}}{\partial t}+\frac{\partial A(1-\phi)\rho_{\mathrm{p}}u_{\mathrm{p}}}{\partial x}=-\frac{A\rho_{\mathrm{p}}(1-\phi)}{1-\psi}\frac{\mathrm{d}\psi}{\mathrm{d}t} \tag{7.43}$$

$$\frac{\partial A(1-\phi)\rho_{\mathrm{p}}u_{\mathrm{p}}}{\partial t}+\frac{\partial A(1-\phi)\rho_{\mathrm{p}}u_{\mathrm{p}}^{2}}{\partial x}+A(1-\phi)\frac{\partial p}{\partial x}=\frac{-A\rho_{\mathrm{p}}(1-\phi)u_{\mathrm{p}}}{1-\psi}\frac{\mathrm{d}\psi}{\mathrm{d}t}+AD \tag{7.44}$$

式中:A 为身管内膛横截面积;t 为时间;x 为坐标;$\rho,u,p,e,\rho_{\mathrm{p}},u_{\mathrm{p}},\phi,H_{\mathrm{p}}$ 分别为气相密度、气相速度、气相压力、气相内能、固相密度、固相速度、空隙率和固相燃烧生成的气相比焓;q_{w},D,ψ 分别为燃气流与身管内表壁面之间的传热速率、燃气流与固相颗粒之间的相间阻力及火药相对已燃率。此外 $\dot{m}_{\mathrm{i}}$ 为点火燃气质量源项,$\dot{m}_0$ 为流入或流出抽气装置气体质量源项,当弹丸运动到抽气装置开孔处时出现。式(7.40)~式(7.44)构成定解问题,还须补充初始条件和边界条件。

式(7.40)~式(7.44)仅适用于内弹道时期,当弹丸运动到炮口,内弹道时期结束,膛内流动进入后效期。

后效期一般可认为火药已经燃完,于是膛内两相核心流简化为一维变截面不定常均相流,其基本方程变为

$$\frac{\partial A\rho}{\partial t}+\frac{\partial A\rho u}{\partial x}=\dot{m}_0 \tag{7.45}$$

$$\frac{\partial A\rho u}{\partial t}+\frac{\partial A\rho u^2}{\partial x}+A\frac{\partial p}{\partial x}=\dot{m}_0u_0 \tag{7.46}$$

$$\frac{\partial A\rho e}{\partial t}+\frac{\partial A\rho ue}{\partial x}+p\frac{\partial Au}{\partial x}=-Aq_{\mathrm{w}}+\dot{m}_0H_0 \tag{7.47}$$

在后效期内,抽气装置气体流出,$\dot{m}_0$ 为正值。进一步推演,式(7.45)~式(7.47)可分别简化为

$$\frac{\partial\rho}{\partial t}+u\frac{\partial\rho}{\partial x}+\rho\frac{\partial u}{\partial x}=-\frac{\rho u}{A}\frac{\mathrm{d}A}{\mathrm{d}x}+\frac{\dot{m}_0}{A} \tag{7.48}$$

$$\frac{\partial u}{\partial t}+u\frac{\partial u}{\partial x}+\frac{1}{\rho}\frac{\partial p}{\partial x}=\frac{\dot{m}_0(u_0-u)}{A\rho} \tag{7.49}$$

$$\frac{\partial p}{\partial t}+u\frac{\partial p}{\partial x}-c^2\left(\frac{\partial\rho}{\partial t}+\frac{\partial\rho}{\partial x}\right)=\frac{I(\gamma-1)}{A(1-\gamma\alpha)} \tag{7.50}$$

式中

$$I=-Aq_{\mathrm{w}}+\dot{m}_0(H_0-u_0\cdot u-e) \tag{7.51}$$

$$c^2=\gamma p/\rho(1-\alpha\rho) \tag{7.52}$$

2. 核心区采用速度线性分布的简化模型

为了模拟多发连续射击下的身管传热,如采用上述两相流内弹道模型,理论上和实践上都没有原则困难,但为了节省机时,拟将主流状态采用简化的内弹道模型描述,即采用常规内弹道模型完成身管传热计算。由拉格朗日假定可

知，膛内密度为均匀分布，速度线性分布，且假定弹后空间时刻处于热力学准平衡状态。主流区流动同样要分为两个时期：一是内弹道时期，二是后效期。内弹道时期方程组为

$$\begin{cases} \psi = \begin{cases} \chi z(1+\lambda z+\mu z^2)\,(\text{分裂前}) \\ \chi_s\xi(1-\lambda\xi)\,(\text{分裂后}) \end{cases} \\ \dfrac{\mathrm{d}z}{\mathrm{d}t} = p^{\gamma}/I_k\,(\text{分裂前}) \\ \dfrac{\mathrm{d}\xi}{\mathrm{d}t} = p^{\gamma}/I_{k\xi}\,(\text{分裂后}) \\ \phi m_q \dfrac{\mathrm{d}u}{\mathrm{d}t} = Ap \\ u = \dfrac{\mathrm{d}l}{\mathrm{d}t} \\ Ap(l+l_{\psi}) = m_{\omega}\psi RT \\ l_{\psi} = l_0[1\Delta/\rho_{\mathrm{p}} - \Delta(\alpha - 1/\rho_{\mathrm{p}})\psi] \\ Ap(l+l_{\psi}) = \psi m_{\omega} f - \dfrac{\gamma-1}{2}\phi m_{\mathrm{q}} u^2 \end{cases} \tag{7.53}$$

这种情况下，如已知测温传感器位置为 l_t，任意时刻 t 弹丸行程为 l，则按弹后速度线性分布假定，相应此时测温传感器所在位置核心流速度为

$$u_t = ul_t/(l_0+l) \tag{7.54}$$

式中：ψ,z,p,u,l 分别为火药相对已燃容积、火药相对已燃厚度、弹后平均压力、弹丸速度及弹丸行程；$I_k,I_{k\xi}$ 分别为多孔药分裂前后的压力冲量，$I_k=\dfrac{e_1}{\overline{u}_1}$，$I_{k\xi}=\dfrac{e_1+\rho^*}{\overline{u}_1}$；$\Delta$ 为装填密度；A 为炮膛截面积；m_q 为弹丸质量；m_{ω} 为装药量；ϕ 为次要功系数；$e_1,\rho^*,\overline{u}_1$ 分别为药粒弧厚的一半、分裂后棱棒半径和燃速系数。

当弹丸到膛口时，内弹道时期结束，进入后效期。采用常规内弹道模型描述膛内主流情况下，后效期膛内流场的描述可以采用更为简单的集总参量法，即仍将火炮内膛空间当作为一个准平衡态热力学空间，膛口不断流出气体。于是，后效期流动参量按下列步骤和方法确定：

令整个炮膛容积为 W_0，即 W_0 为整个身管容积和药室容积之和；弹丸出炮口时刻，该容积内气体质量总和为 m_{ω}，即等于装药量；令该时刻炮膛内气体的热力学参量（压力、密度和温度）平均值分别为 p_0、ρ_0、T_0，接下来即可确定炮膛容积内的平均参量随时间的变化。令弹丸出炮口时刻 $t=0$，任意时刻 t 炮膛内气体热力学参量压力、密度、温度的相对量分别为

$$p' = p/p_0, \rho' = \rho/\rho_0, T' = T/T_0$$

再令任意时刻通过炮口流出的气体质量流量为 $\dot{m}$，则到 t 时刻从炮口流出的累计气体质量为 $\int_0^t \dot{m}\mathrm{d}t$，而炮膛内剩余气体质量为 $m_\omega - \int_0^t \dot{m}\mathrm{d}t$，因此 t 时刻 ρ' 应为

$$\rho' = \frac{(m_\omega - \int \dot{m}\mathrm{d}t)/W_0}{m_\omega/W_0} = \frac{m_\omega - \int_0^t \dot{m}\mathrm{d}t}{m_\omega} = 1 - \int_0^t \dot{m}\mathrm{d}t/m_\omega \tag{7.55}$$

同时假定气体流出过程是绝热的，则 p' 应为

$$p'^{\frac{1}{\gamma}} = \rho' = 1 - \int_0^t \dot{m}\mathrm{d}t/m_\omega \tag{7.56}$$

由准定常假定可知，由膛内平均参量确定膛口流量 $\dot{m}$ 为

$$\dot{m} = AC_{\mathrm{com}}p/\sqrt{T'} \tag{7.57}$$

式中：A 为膛口横断面积；C_{com} 为综合系数，$C_{\mathrm{com}} = k_0/\sqrt{f}$，其中 f 为火药力，k_0 为绝热指数 γ 的函数，即 $k_0 = \left(\frac{2}{\gamma+1}\right)^{\frac{\gamma+1}{2(\gamma-1)}}\sqrt{\gamma}$。

如果式(7.57)中 p 用 p' 表示，显然有 $p = p_0 \cdot p'$，于是有

$$T' = p'^{\frac{\gamma-1}{\gamma}} \tag{7.58}$$

因此，式(7.57)可写为

$$\dot{m} = AC_{\mathrm{com}}p_0 p'^{\left(1-\frac{\gamma-1}{2}\right)} \tag{7.59}$$

将式(7.56)微分，并代入式(7.57)，则

$$\frac{1}{\gamma}p'^{\left(\frac{1}{\gamma}-1\right)}\mathrm{d}p' = -\frac{1}{\omega} \cdot AC_{\mathrm{com}}p_0 p'^{\left(1-\frac{\gamma-1}{2\gamma}\right)}\mathrm{d}t$$

对该式积分：

$$\int_1^{p'} p'^{\frac{1-3\gamma}{2\gamma}}\mathrm{d}p' = -\frac{\gamma AC_{\mathrm{com}}\rho_0}{m_\omega}\int_0^t \mathrm{d}t$$

得

$$\frac{2\gamma}{1-\gamma}[p'^{\frac{1-\gamma}{\gamma}} - 1] = -\frac{\gamma AC_{\mathrm{com}}p_0}{m_\omega}t$$

整理得到气体从膛口流出过程中，炮膛内相对平均压力随时间的变化关系式为

$$p' = \frac{1}{(1+B't)^{\frac{2\gamma}{\gamma-1}}} \tag{7.60}$$

式中：$B' = \frac{\gamma-1}{2} \cdot \frac{AC_{\mathrm{com}}p_0}{m_\omega} = \frac{\gamma-1}{2} \cdot \frac{\dot{m}_0}{m_\omega}$，其中：$\dot{m}_0$ 为 $t=0$ 时刻，即中间弹道开始

时刻膛口的质量流量。

如近似取 γ 为常数，则 $p' \sim t$ 的变化规律取决于 $\dot{m}_0/m_\omega$，$\dot{m}_0/m_\omega$ 越大，p'下降越快。将式(7.60)代入式(7.56)和式(7.58)，则分别得到：

$$\rho' = p'^{\frac{1}{\gamma}} = 1/(1 + B't)^{\frac{2}{\gamma-1}} \tag{7.61}$$

$$T' = 1/(1 + B't)^2 \tag{7.62}$$

于是，由式(7.60)～式(7.62)，可求得任意时刻 t 炮膛相对平均值 p'、ρ'、T'。为了求解或计算膛内某一点(如 $l = l_t$)处核心气流对于膛壁的对流传热，需确定当地气流速度 u_t 和对应该点截面处的 p、ρ、T，则仍然要应用速度线性分布简化假定分别予以确定。

定义膛口流临界状态不能满足时刻为后效期结束点。当取 $\gamma = 1.25$，并假定膛口内侧压力 p_k 为 1.8atm 时刻膛内气体完全排空，则相应的后效期经历总时间为

$$t_t = \frac{1}{B'}\left[\left(\frac{p_{k_p}}{p_0}\right)^{\frac{1-\gamma}{2\gamma}} - 1\right] \tag{7.63}$$

3. 抽气装置对膛内流动的影响

大口径火炮身管上设置的抽气装置，其基本功能是为了消除膛内烟气对炮塔(战斗室)污染，防止给炮手带来危害。其结构如图 7.5 所示。内弹道时期，当弹丸越过 I－I 截面上的气孔时，膛内气体流入储气室。而后效期储气室气体则向外流出，排入炮膛。因此，在式(7.40)～式(7.44)及式(7.45)～式(7.49)中，分别考虑了通过小孔泄漏或注入的影响，即抽气装置与火炮工作过程是相互耦合的。然而，有必要指出，抽气装置工作周期远远大于火炮发射工作周期，即当发射后效期结束时，抽气装置仍在工作。图 7.6 所示为火炮膛内压力和抽气装置储气室空间内压力随时间变化示意图。图中 t_2 通常一直要延续到炮闩打开。但就身管传热问题而言，后效期结束之后，抽气装置储气腔排出气体的影响可以略去不计。

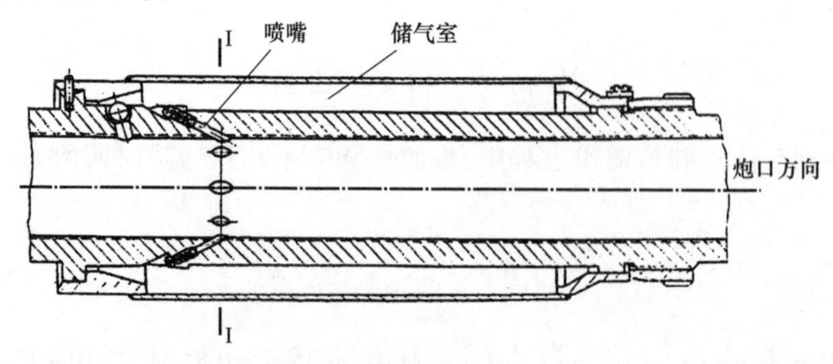

图 7.5　炮膛抽取气装置图

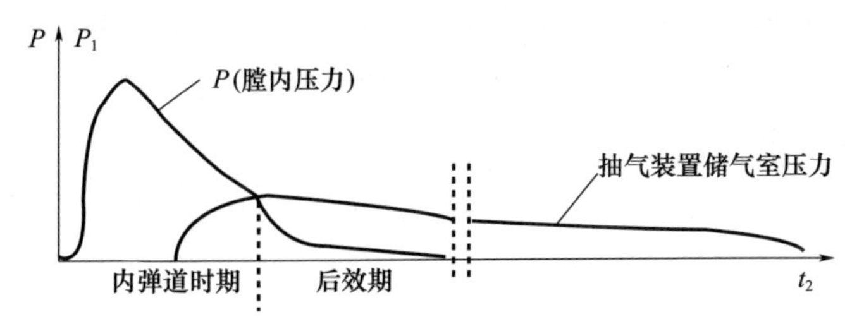

图 7.6　抽取气装置压力示意图

4. 身管热传导方程

身管热传导方程式(7.39)可以改写为

$$\frac{\partial^2 T}{\partial r^2}+\frac{1}{r}\frac{\partial T}{\partial r}=\frac{1}{a}\frac{\partial T}{\partial t} \tag{7.64}$$

其内外边界条件分别如下:

当 $r=R_i$ 时,有

$$\lambda_p \frac{\partial T}{\partial r}\bigg|_{R_i}=-q_w \tag{7.65}$$

当 $r=R_0$ 时,有

$$\lambda_p \frac{\partial T}{\partial r}\bigg|_{R_0}=-q_{w0} \tag{7.66}$$

式中:R_i 为身管内半径;R_0 为身管外半径;λ_p 为身管材料热导率;q_w 为火药气体(主流)与膛壁内表面之间的面热流密度;q_{w0} 为身管外表面冷却效应引起的面热流密度。取内表面热流密度:

$$q_w=h_t(T_g-T_w) \tag{7.67}$$

式中:h_t 为对流换热系数;T_g 为主流气体温度;T_w 为壁面温度。其 h_t 与努塞特数 Nu 的关系为

$$h_t=Nu\lambda_g/d \tag{7.68}$$

式中:λ_g 为气体热导率;d 为身管内径。Nu 与流动状态和表面粗糙度有关。对于光滑管道充分发达湍流边界层的对流换热,取

$$Nu=0.023\,Re^{0.8}\,Pr^{0.4} \tag{7.69}$$

对于火炮身管,因内表面烧蚀引起的粗糙和膛线带来的肋片传热强化效应和导旋作用,强化了对流传热效果,增大了有效传热面积,因此参照以往经验[18-19],将式(7.69)中系数 0.023 改为 0.05,更接近于火炮膛内传热效果。还要特别指出,对身管起始部,还应考虑管流入口传热强化效应,于是式(7.69)改写为

$$Nu=K_e\times 0.05Re^{0.8}\,Pr^{0.4} \tag{7.70}$$

式中：K_e 为入口修正系数；Re 是以身管内径 d 为基的雷诺数，即

$$Re = \rho u d / \mu_g \tag{7.71}$$

式中：μ_g 为燃气黏度系数；而 K_e 取

$$K_e = -0.00225\left(\frac{x}{d}\right)^3 + 0.0421\left(\frac{x}{d}\right)^2 - 0.2076\left(\frac{x}{d}\right) + 1.8708 \quad \left(\frac{x}{d} \leqslant 2.61\right) \tag{7.72}$$

实际上，K_e 近似为离开入口距离 x 递减型函数，$x=0$，$K_e = 1.8708$，而 $x/d \geqslant 2.61$，$K_e \equiv 1.0$。

对于管内燃气流与膛壁内表之间的热流密度，也可写为分段方程，即

$$q_w = \begin{cases} h_t(T_g - T_w) & (\text{内弹道及后效前期}) \\ q_{w1} & (\text{开闩和后续弹药装填时期}) \\ q_{w2} & (\text{冷却作用期，即弹药等待射击时间}) \end{cases} \tag{7.73}$$

显然，q_w 的流向取决于管内气体温度 T_g 与身管内表温度 T_w 之差，h_t 与气流速度 u 及温度 T_g 相关，后效期 h_t 下降。

7.2.3 身管热传导问题计算

火炮身管的加热和冷却，已见到很多研究报道，一般采用数值法求解[18,20-31]。求解的正确性或可信度取决于三方面：一是物理数学模型接近真实过程的程度；二是数值求解，特别是控制方程离散化处理近似性和网格设置的合理性；三是传热边界层确定的正确性。不同研究者关心的问题不同，对过程描述的重点与繁简程度不同。膛内核心流特征描述取决于内弹道模型。若采用两相流内弹道模型，则身管加热问题在数学上属于典型双曲－抛物型偏微分方程与抛物型偏微分方程联立求解问题，尽管目前有很多数值求解方法可供选择，但仍面临离散化处理中涉及的收敛性、相容性和稳定性问题需要论证和验证。因此，身管热问题的求解，首先面对的实际问题是对所建立的数学物理模型和在此基础上编写的软件进行考核与验证，即数值模拟结果要与火炮发射中实测的身管内壁温度进行比较验证。如果计算结果与实测结果是基本符合的，则可以将该模型和软件推广移植应用于类似火炮。

这里介绍的验证对象是 PLZ39－155mm 自行炮，使用 M107 弹药。内弹道及膛壁测温（图 7.4）试验在常温 21℃射击下进行，采用 MK92 型盲孔温度传感器，安装在药室坡膛处[17,19]。

对式（7.40）～式（7.44）和式（7.45）～式（7.47）采用 MacCormack 格式求解，即

$$\overline{U}_j^{n+1} = U_j^n - a(F_{j+1}^n - F_j^n)$$

$$\widetilde{U}_j^{n+1} = \overline{U}_j^n - a(\overline{F}_j^n - \overline{F}_{j-1}^n)$$

$$\hat{U}_j^{n+1} = 1/2 \cdot (U_j^n + \widetilde{U}_j^{n+1})$$

与此联立求解的是式(7.34)~式(7.36),采用隐式差分格式和追赶法求解,并对温度激烈变化区采用了网格加密处理,得到的内弹道主要特征量与其试验测量值符合良好。传热计算中有关物理量的取值:燃气普朗特数 $Pr = 0.7902$,身管材料热扩散系数 $a = 1.0 \times 10^{-5}\,\mathrm{m^2/s}$,燃气黏度 $\mu_g = 8.5 \times 10^{-5}\,\mathrm{N \cdot s/m^2}$。图7.7所示为计算得到的弹底和膛底压力随时间变化曲线,图7.8所示为膛内气体不同时刻温度曲线。

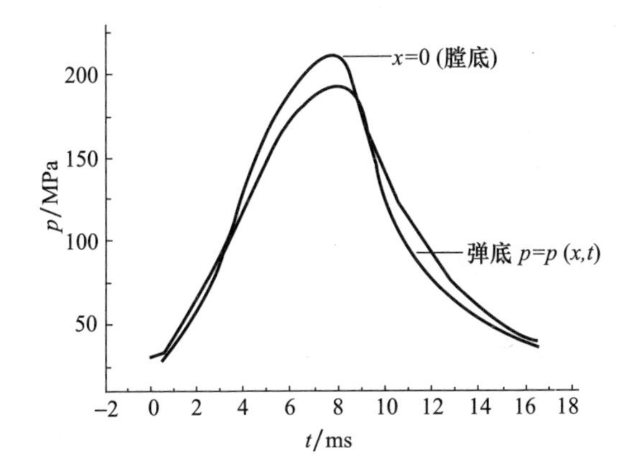

图7.7 弹底、膛底压力 $P-t$ 曲线

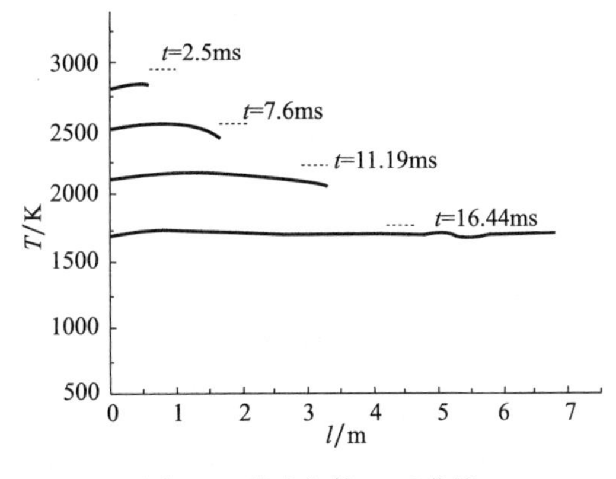

图7.8 膛内气体 $T-l$ 曲线

图7.9所示为传感器所在位置内膛壁温计算曲线与试验测量曲线。由该图可见,计算结果与试验结果有较好的一致性。可以认为上述给出的数学模型

和采用的计算方法是正确的，也可以推广应用于类似火炮。图 7.10 所示为不同时刻身管内壁温度沿轴向分布曲线。从该图可以看到，在内弹道过程初期，由于高温火药气体向壁面传热，内壁温度迅速上升。但在弹丸行程起始部内表面温度达最高值之后（内弹道过程中后期）仍得以维持，即在整个发射期间，内膛表面温度最高部位一直位于弹丸行程起始部附近。这就是火炮身管这个部位烧蚀严重的基本原因。

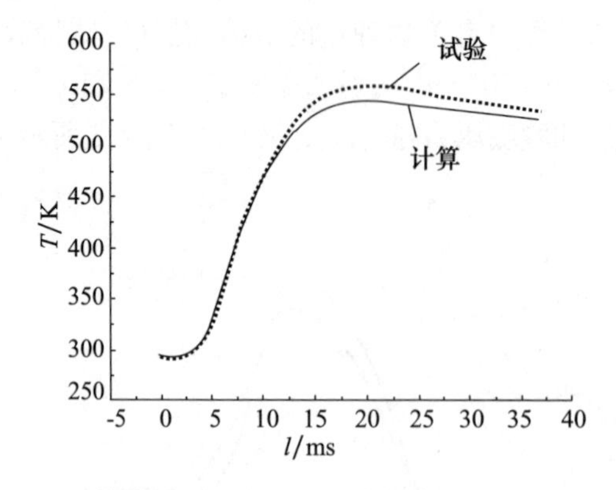

图 7.9　传感器所在位置壁温计算曲线与试验的比较

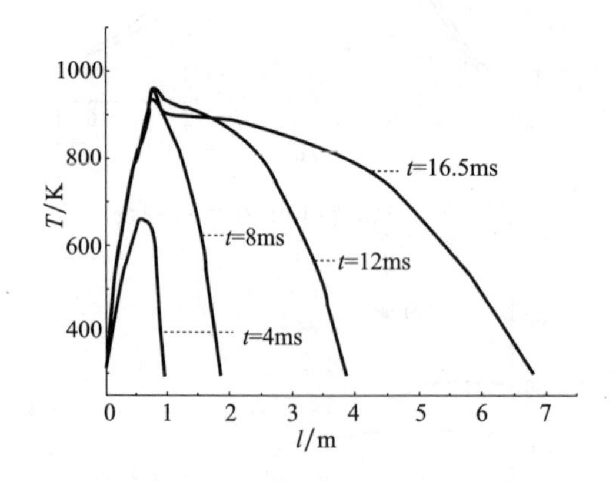

图 7.10　身管内壁温度 - 行程 $T-l$ 曲线

7.2.4　连续射击身管传热计算举例

身管传热研究有时是针对多发连续射击进行的，一次连续射击发数可能多达数十发甚至上百发。例如：主流仍采用两相流模型，可能因计算量巨大，计算时间太长而难以被研究人员所接受。因此，面对这种情况，往往需要采用简化的常规内弹道模型或非定常均相流内弹道模型。采用常规内弹道模型的身管传热计算，由于弹后空间介质速度假定是线性分布，因此尤其要对相应计算软件进行验证与考核,考核的判据仍然是身管传热最激烈部位(膛线起始部)内壁实测温度－时间($T-t$)曲线,通过数值试验调节得到新的传热系数 h_t 或新的对流传热努塞特数方程式(7.70)。在此基础上,进行不同射击模式,即连续多发射击身管受热及其对后续装填入膛弹药的热安全性进行计算分析。这里介绍66式152mm加榴炮使用全装药采用不同射击模式条件下的身管传热升温计算结果[22-23]。

1. 模拟计算条件

(1) 射击模式分为3种情况:①以最大射速5发/min射击,持续发射30发;②以1发/min,进行缓慢射击,持续发射40发;③组合射速射击,先以5发/min持续3min,接下来以3发/min持续5min,最后以1发/min持续11min。

(2) 环境温度分为5种情况:－40℃、－20℃、0℃、20℃、50℃。

(3) 重点考察节点:膛线起始部断面,离内表面径向距离 $\Delta r = r - r_0$ 分别为:①0.000cm,②0.161cm,③2.171cm,④4.181cm,⑤6.191cm,⑥8.000cm。

2. 计算结果

图7.11～图7.18所示为不同射击模式下身管温度部分计算结果。

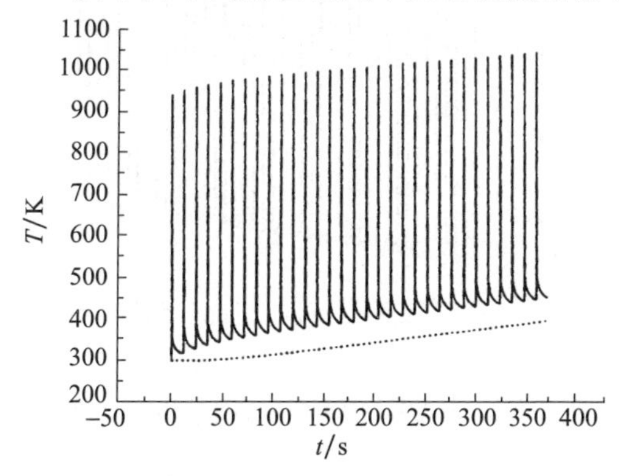

图7.11　射击模式①、20℃环境温度,第①和第⑥节点 $T-t$ 曲线

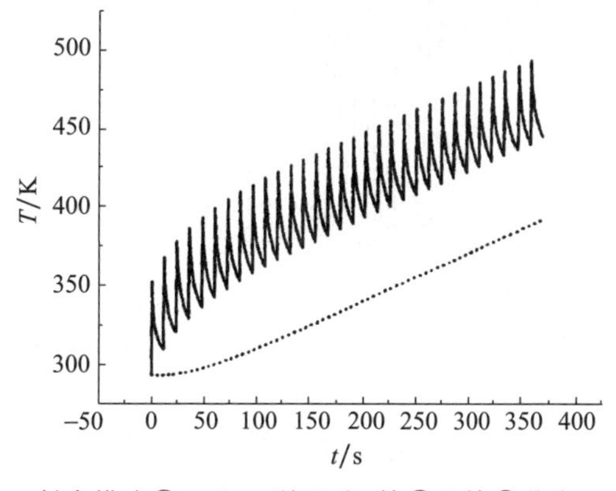

图7.12　射击模式①、20℃环境温度,第②和第⑤节点 $T-t$ 曲线

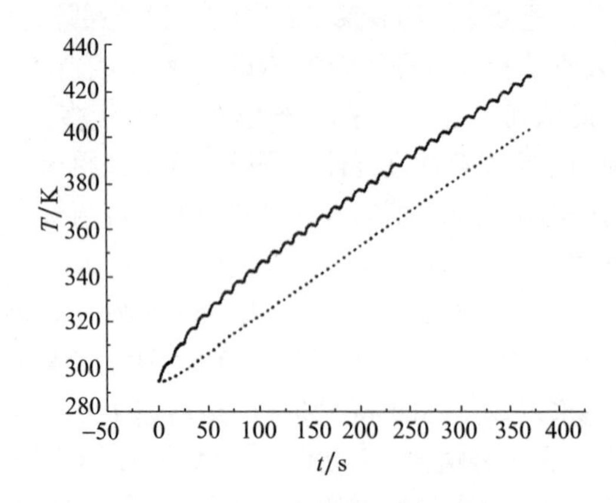

图 7.13　射击模式①、20℃环境温度，第③和第④节点 $T-t$ 曲线

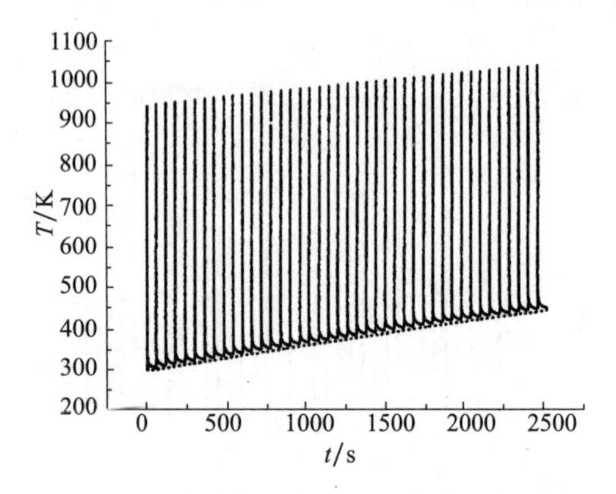

图 7.14　射击模式②、20℃环境温度，第①和第⑥节点 $T-t$ 曲线

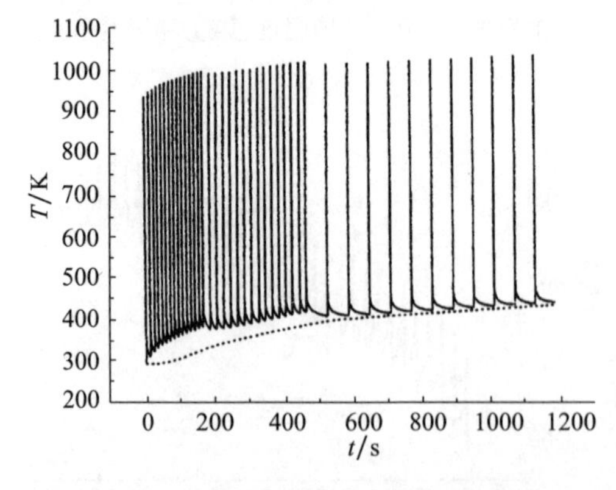

图 7.15　射击模式③、20℃环境温度，第①和第⑥节点 $T-t$ 曲线

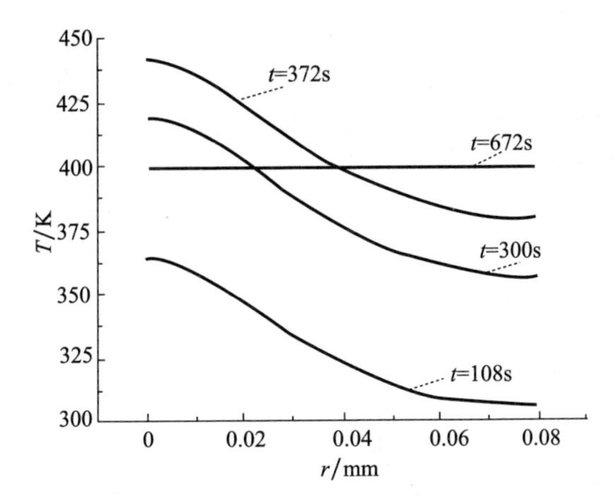

图 7.16　射击模式①、20℃环境温度，不同时刻径向温度分布点 $T-r$ 曲线

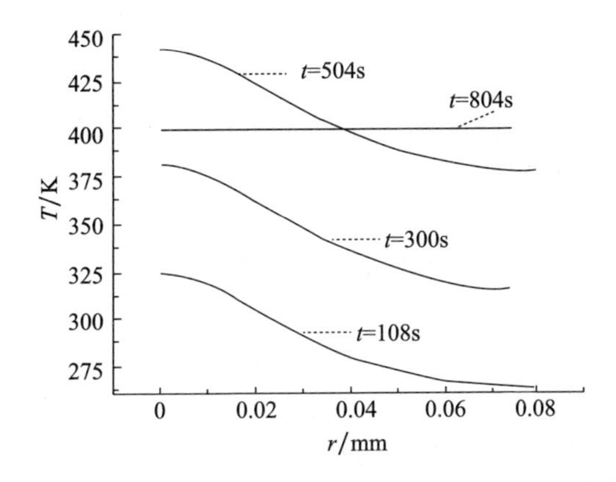

图 7.17　射击模式①、-20℃环境温度，不同时刻径向温度分布点 $T-r$ 曲线

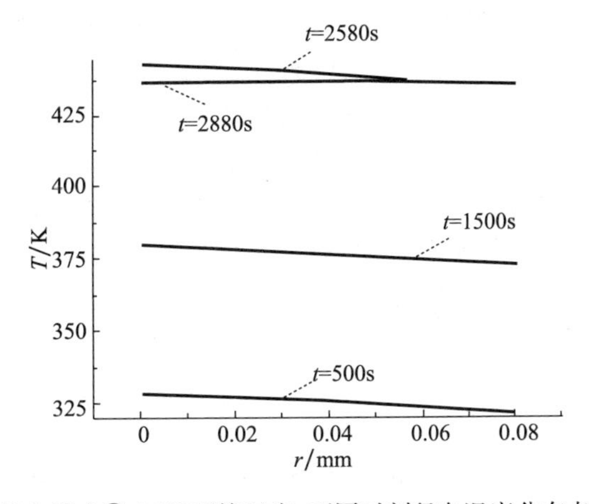

图 7.18　射击模式②、20℃环境温度，不同时刻径向温度分布点 $T-r$ 曲线

3. 结果分析

通过对计算结果的观察与分析,发现身管壁内温度变化特征与射击模式和射击时的环境温度密切相关。现将基本特征归纳如下:

(1) 连续发射过程是燃气对身管内壁周期脉冲加热过程,发射期间身管内壁被剧烈加热;而在发射间隙期,由于内外表面伴随有扩散冷却,温度又迅速下降。身管加热时间的长短取决于发射过程时间的长短,身管温度下降时间取决于射击间隔时间的长短。

(2) 随着连续射击发数增加,热量在身管壁内逐渐积累,每次射击壁内温度峰值逐渐升高。射速越高,这种增加趋势越快。

(3) 脉冲循环加热特征在身管内表及接近内表的位置上反映明显,如节点①、②、③,相应温度都表现有波动。在离内表稍远距离的位置,如节点④离内壁4.181cm,温度表现为平缓上升趋势,基本无波动。

(4) 每次发射,身管内表温度瞬间都能达到或超过900K,但射击间隔期间由于热量向外扩散又迅速下降。

(5) 环境温度高低,表征身管初始时刻储存的热量的多少,这是影响身管温度在发射期间上升程度的重要因素。

7.3 弹药膛内滞留热安全分析[21-23]

7.3.1 问题的提出

随着电子引信和各类智能弹药的广泛应用,弹药热安全问题对武器系统可靠性的影响显得异常重要。弹药采用的电子元器件密集度越高,身管与弹载元器件之间发生的热传导、热辐射和对流传热越难以控制,热耦合引发的热应力故障越来越成为武器弹药系统可靠性的突出问题。

在下列两种情况下最可能使用智能弹药:一是由于敌方要害目标的隐蔽性,往往是在常规弹药大量使用后才被发现;二是对点状重要目标使用常规弹药难以奏效。而此时身管可能已连续多次射击而被加热,这就是说,智能弹药使用时机往往面临的是已被严重加热的火炮身管。

此外,一些新型发射装药和点传火系统,也对火炮系统的热安全提出了一些新要求。例如:模块装药、可燃药筒、激光点火装置,以及其他一些新型点传火(光纤)系统,当火炮采用高射速连续多发射击后,身管内壁温度可能超过它们的允许使用温度极限。

随着火炮和弹药自动化程度的提高,火炮机械可靠性难以做到同步提高,或者说发射故障率难以做到进一步下降。发射故障一旦出现,则意味着已装填入膛的弹药将滞留膛内。任何弹药滞留在已经被加热的身管(炮膛)内,都面临热安全问题。

因此,炮射智能弹药的设计定型需要进行热安全性论证、评估和考核,如我国在引进俄罗斯“红土地”152mm 末制导炮弹时,就明确要求进行许用安全工作温度考核,具体指标如表 7.5[20] 所列。考核方法规定:火炮先以全装药用 1 发/min的射速连续射击 60 发,再以同样的射速用 1#装药射击 60 发,定义此时达到身管最大加热工况,遂将一发模拟末制导炮弹(测温弹)装进炮膛,上面预设有 9 个敏感点,埋有测温探头。连续测量得到 9 个敏感部件的温度及其随时间升高情况,如果 15min 后各测点温度都小于表中对应临界值,则认定符合热安全性要求,否则不合格。

表 7.5　“红土地”末制导炮弹许用安全工作温度[20]

敏感点编号	敏感部件(点)名称	许用安全工作温度/℃	考核试验结果①/℃
1	弹头鼻尖组合件 9×951	100	93.4
2	自动驾驶仪部件 9×284	100	56.1
3	引信外壳 3BT25	90	28.1
4,5	战斗部外壳 9H81	150	90.8
6,7	助推发动机 9×950	100	50.3
8	点火器外壳 9×520	90	34.4
9	点火器外壳 9×521	90	40.2

① 考核试验时间,当年冬季 12 月份。

从该测试结果看,好像满足考核指标要求,但明显存在一个疑问,即身管加热升温状态不仅与使用的弹药与连续射击的发数有关,还与使用的时间(季节),即和当日环境气温有关。按中俄双方技术谅解备忘规定,试验原定在当年 8 月进行,但实际试验延至 12 月举行。试验地点 8 月和 12 月气温平均相差约 20℃,气温影响应如何考虑,这显然是一个有待研究的问题。为此进行了理论评估,下面是所做的研究结果[19,21-23]。

7.3.2　炮弹膛内滞留受热简化分析

弹丸一旦装填入膛而滞留膛内,其状态则如图 7.19 所示。通常,弹丸由圆柱段和前锥及船尾三部分组成,不同部分与身管环境换热情况不同,要分别考虑。弹带嵌入膛线,整个圆周与炮管之间紧密接触,发生接触传热。对圆柱段,其前后定心部有部分外侧表面与身管接触,但因接触面很小,可以假定接触传热忽略不计。因此,整个圆柱段与炮管之间的热交换主要由间隙气体的导热和与身管壁面之间的辐射换热所主导。对前锥部分析,其与周围气体存在自然对流换热,与炮管内壁面之间存在辐射换热。对船尾部分析,其与环境间的热交换原则上与前锥一样。在图7.19中 d 为身管内径,L_c 为弹丸前端的一个敏感点与弹带前沿之间的距离,L_n 为锥形部长度。假设弹丸入膛时,身管已发射多发射弹,处于已被加热状态。如弹丸因某种原因滞留膛内,则滞留过程是热炮身对冷弹丸的加热过程。显然这是一个非稳态轴对称两维无内热源热传导问题。

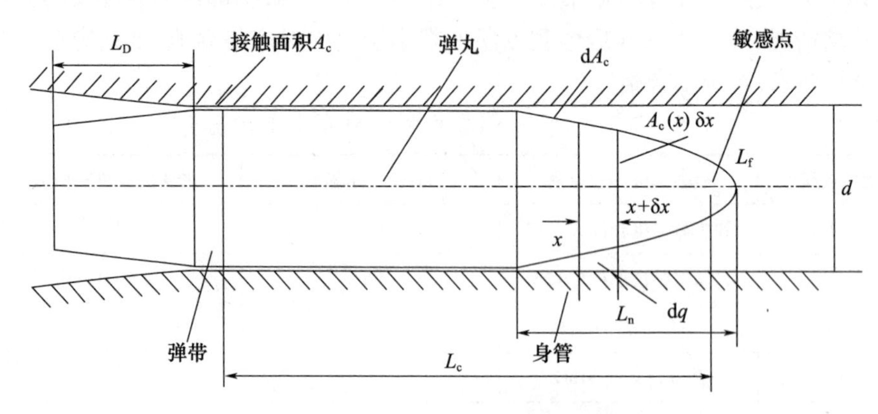

图7.19　弹丸膛内停留被动加热示意图

为了模拟弹丸加热过程,首先拟采用简化方案,将弹丸当作是简化的一维轴对称均质变截面圆柱物体。此外,还需作如下假定:

(1) 初始时刻($t=0$),弹体具有均匀的初始温度。

(2) 弹-炮之间气体为透体,既不吸收辐射能也不发射辐射能。

(3) 弹丸结构轴对称,所用材料热物性 λ_p、c_p、ρ 等均为常量。

(4) 弹丸表面不同部位以不同方式与外界发生热交换,假定其中自然对流换热系数 h_t、表面辐射率为常量。

(5) 在感兴趣的较短时间内,假定身管内表面温度保持不变。这就意味着,弹丸吸收的热量相对身管储热是小量。

1. 简化传热模型控制方程的推导

1) 前锥部及船尾

取图7.19中弹丸前锥部微元体 $A_c(x)\delta x$,其热量的增加,应等于自身轴向热传导和侧表面对流换热及辐射换热引起的热增量之和。

(1) δt 时间内微元体 $A_c(x)\delta x$ 热量增量为

$$\Delta q\delta t = A_c(x)\,\delta x c_p\rho\,\frac{\partial T}{\partial t}\delta t = \pi R_c^2(x)\cdot c_p\rho\,\frac{\partial T}{\partial t}\delta x\delta t$$

式中:$A_c(x)$为弹丸横截面积,因前锥部轮廓线(母线)是随轴向长度 x 变化的已知函数,则 $A_c = \pi R_c^2$,A_c 或 R_c 均为 x 的已知函数;c_p、ρ 分别为弹体比热容和密度。

(2) δt 时间内由导热引起的微元体热量增量为

$$\begin{aligned}\Delta q_1 \delta t &= (q_x - q_{x+\delta x})\delta t = \left(q_x - q_x - \frac{\partial q_x}{\partial x}\delta x\right)\delta t \\ &= -\lambda_p A_c \frac{\partial T}{\partial x}\delta t - \left[-\lambda_p A_c \frac{\partial T}{\partial x} - \frac{\partial}{\partial x}\left(\lambda_p A_c \frac{\partial T}{\partial x}\right)\delta x\right]\delta t \\ &= \lambda_p \frac{\partial}{\partial x}\left(A_c \frac{\partial T}{\partial x}\right)\delta x \delta t\end{aligned}$$

(3) δt 时间内自然对流换热引起的微元体热量增量为

$$\begin{aligned}\Delta q_2 \delta t &= h_e \cdot dA_s \cdot (T_f - T_w)\delta t \\ &= 2h_e \pi R_c(x)\delta x(T_f - T_w)\delta t \\ &= 2h_e \pi R_c (T_f - T_w)\delta x \delta t\end{aligned}$$

式中:dA_s 为微元体侧面积, $A_s = 2\int_x \pi R_c dx$,$dA_s = 2\pi R_c dx$;T_f、T_w 分别为对流边界层外侧流体温度和弹体表面温度;h_e 为自然对流换热系数。

(4) δt 时间内辐射引起的微元体热量增量为

$$\begin{aligned}\Delta q_3 \delta t &= 2\pi R_c \delta x \cdot \varepsilon\sigma(T_b^4 - T_w^4)\delta t \\ &= 2\pi R_c \varepsilon\sigma(T_b^4 - T_w^4)\delta x \delta t\end{aligned}$$

式中:σ 为玻尔兹曼常量;ε 为身管表面灰度;T_b 为身管表面温度。

综上所述,微元体能量平衡方程为

$$\pi R_c^2(x) \cdot c_p \rho \frac{\partial T}{\partial t}\delta x \delta t = \lambda_p \frac{\partial}{\partial x}\left(A_c \frac{\partial T}{\partial x}\right)\delta x \delta t + 2h_a \pi R_c (T_f - T_w)\delta x \delta t + 2\pi R_c \varepsilon\sigma(T_b^4 - T_w^4)\delta x \delta t$$

等号两边同除 $\pi \cdot \delta x \delta t$,得

$$R_c^2 c_p \rho \frac{\partial T}{\partial t} = \lambda_p \frac{\partial}{\partial x}\left(R_c^2 \frac{\partial T}{\partial x}\right) + 2h_e R_c (T_f - T_w) + 2R_c \varepsilon\sigma(T_b^4 - T_w^4) \tag{7.74}$$

进一步简化,得

$$R_c \cdot c_p \rho \frac{\partial T}{\partial t} = \lambda_p R_c \frac{\partial^2 T}{\partial x^2} + \lambda_p \cdot 2\frac{\partial R_c}{\partial x}\frac{\partial T}{\partial x} + 2h_e(T_f - T_w) + 2\varepsilon\sigma(T_b^4 - T_w^4)$$

于是,弹丸前锥部能量平衡方程可简写为

$$\frac{\partial T}{\partial t} = a\left(\frac{\partial^2 T}{\partial x^2} + B\frac{\partial T}{\partial x}\right) + \dot{Q} \tag{7.74$'$}$$

式中

$$\dot{Q}=\frac{2h_{\mathrm{e}}}{R_{\mathrm{c}}c_{p}\rho}(T_{\mathrm{f}}-T_{\mathrm{w}})+\frac{2\varepsilon\sigma}{R_{\mathrm{c}}c_{p}\rho}(T_{\mathrm{b}}^{4}-T_{\mathrm{w}}^{4})$$

$$a=\frac{\lambda_{\mathrm{p}}}{c_{p}\rho}$$

$$B=\frac{2}{R_{\mathrm{c}}}\frac{\partial R_{\mathrm{c}}}{\partial X}$$

对于船尾部位,可得到与式(7.74)、式(7.74)′相似的关系式。

2）圆柱部

圆柱部是弹丸的主体,参照图 7.19 所示,设置类似的微元体。与上述前锥部位相比,须将其微元体外表面与空气之间的自然对流换热改为炮－弹间隙发生的径向气体薄层热传导换热。于是,由能量平衡可得到与式(7.74)类似控制方程:

$$R_{\mathrm{c}}^{2}c_{p}\rho\frac{\partial T}{\partial t}=\lambda_{\mathrm{p}}\frac{\partial}{\partial x}\left(R_{\mathrm{c}}^{2}\frac{\partial T}{\partial x}\right)+2\lambda_{\mathrm{g}}R_{\mathrm{c}}\frac{T_{\mathrm{b}}-T_{\mathrm{w}}}{\delta}+2R_{\mathrm{c}}\varepsilon\sigma(T_{\mathrm{b}}^{4}-T_{\mathrm{w}}^{4})\tag{7.75}$$

将其进一步简化为

$$\frac{\partial T}{\partial t}=a\left(\frac{\partial^{2}T}{\partial x^{2}}+B\frac{\partial T}{\partial x}\right)+\dot{Q}\tag{7.75$'$}$$

式中

$$a=\lambda_{\mathrm{p}}/c_{p}\rho$$

$$B=\frac{2}{R_{\mathrm{c}}}\frac{\partial R_{\mathrm{c}}}{\partial x}=0$$

$$\dot{Q}=\frac{2\lambda_{\mathrm{g}}}{R_{\mathrm{c}}c_{p}\rho}\frac{T_{\mathrm{b}}-T_{\mathrm{w}}}{\delta}+\frac{2\varepsilon\sigma}{R_{\mathrm{c}}c_{p}\rho}(T_{\mathrm{b}}^{4}-T_{\mathrm{w}}^{4})$$

3）弹带接触部位

弹带嵌入膛线,与身管接触面上发生接触传热,设两表面之间接触热阻为 $R_{\mathrm{t,c}}$,则单位时间单位表面上热流量为

$$q_{\mathrm{c,r}}=\frac{T_{\mathrm{b}}-T_{\mathrm{w}}}{R_{\mathrm{t,c}}}\tag{7.76}$$

此式可改写为

$$R_{\mathrm{t,c}}=\frac{T_{\mathrm{b}}-T_{\mathrm{w}}}{q_{\mathrm{c,r}}}\tag{7.77}$$

由接触传热机理知,$R_{\mathrm{t,c}}$ 与接触应力 p_{t} 成反比,即随 p_{t} 增大,$R_{\mathrm{t,c}}$ 减小。由 152mm 火炮末制导炮弹可靠性要求可知,此弹卡弹力不小于 1500N。假定弹带接触面为嵌入行程长度 1.5mm 的环形面,则接触面约为 $0.74\times10^{-3}\mathrm{m}^{2}$。因此,求得接触应力近似值为 $2\times10^{6}\mathrm{N}\cdot\mathrm{m}^{-2}$,并可相应确定出 $R_{\mathrm{t,c}}$ 值,得到弹体侧表

面传入的净热量为

$$\Delta q_5 \delta t = 2R_c \pi \delta x (T_b - T_w) \delta t / R_{t,c}$$

于是弹带接触部热平衡方程为

$$\pi R_c^2 c_p \rho \frac{\partial T}{\partial t} \delta x \delta t = \lambda_p \frac{\partial}{\partial x}\left(\pi R_c^2 \frac{\partial T}{\partial x}\right) \delta x \delta t + 2R_c \pi (T_b - T_w) \delta x \delta t / R_{t,c} \quad (7.78)$$

简化后,得

$$\frac{\partial T}{\partial t} = a\left(\frac{\partial^2 T}{\partial x^2} + B\frac{\partial T}{\partial x}\right) + \dot{Q} \quad (7.78)'$$

式中

$$a = \lambda_p / c_p \rho$$

$$B = \frac{2}{R_c} \frac{\partial R_c}{\partial x} = 0$$

$$\dot{Q} = 2(T_b - T_w)/(R_{t,c} \cdot R_c c_p \rho)$$

4）均质简化弹丸受热能量平衡方程

综合上述式(7.74)、式(7.75)、式(7.76)′和式(7.78)′,则可得滞留在加热身管内简化均质弹丸热平衡方程为

$$\frac{\partial T}{\partial t} = a\left(\frac{\partial^2 T}{\partial x^2} + B\frac{\partial T}{\partial x}\right) + \dot{Q} \quad (7.79)$$

式中

$$a = \lambda_p / c_p \rho$$

$$B = \begin{cases} 0 \ (x_1 < x < x_3) \\ \dfrac{2}{R_c} \dfrac{\partial R_c}{\partial x} \ (x_1 > x > x_0, x_3 < x < x_4) \end{cases}$$

$$\dot{Q} = \begin{cases} \dfrac{2h_e}{R_c c_p \rho}(T_f - T_w) + \dfrac{2\varepsilon\sigma}{R_c c_p \rho}(T_b^4 - T_w^4) \ (x_1 > x \geqslant x_0, x_3 < x \leqslant x_4) \\ \dfrac{2\lambda_g}{R_c c_p \rho \delta}(T_b - T_w) + \dfrac{2\varepsilon\sigma}{R_c c_p \rho}(T_b^4 - T_w^4) \ (x_2 \leqslant x \leqslant x_3) \\ 2(T_b - T_w)/(R_{t,c} \cdot R_c c_p \rho) \ (x_2 > x \geqslant x_1) \end{cases}$$

由假定①,初始条件为

$$t = 0, T(x) = T_0 \quad (7.80)$$

由假定②、④,弹底边界条件为

$$x = x_0, -\lambda_p \frac{\partial T}{\partial n} = \lambda_p \frac{\partial T}{\partial x}\bigg|_{x=x_0} = h_e (T_f - T_w)\big|_{x=x_0} + \varepsilon\sigma (T_b^4 - T_w^4)\big|_{x=x_0} \quad (7.81)$$

如弹丸为平头,则边界条件为

$$x = x_4, -\lambda_p \frac{\partial T}{\partial n} = -\lambda_p \frac{\partial T}{\partial x}\bigg|_{x=x_0} = h_e(T_f - T_w)\big|_{x=x_4} + \varepsilon\sigma(T_b^4 - T_w^4)\big|_{x=x_4} \tag{7.82}$$

作为定解问题,还需给出已知函数:

$$R_c = f_1(x) \text{或} \frac{\partial R_c}{\partial x} = f_2(x)$$

和已知常量:λ_p、c_p、ρ、T_f、T_0、T_b、ε、σ、δ、$R_{t,c}$。

以上式(7.79)~式(7.82)构成了弹丸滞留膛内受热一维简化能量平衡定解问题,在给定已知函数和已知常量前提下,可以获得唯一性的解。

2. 一维简化模型应用[19]

以66式152mm加榴炮和配置的"红土地"制导炮弹相关数据为依据,采用式(7.79)~式(7.82)数学模型,编制计算软件,对滞留膛内的制导炮弹进行数值模拟。实际"红土地"制导炮弹形状如图7.20所示。

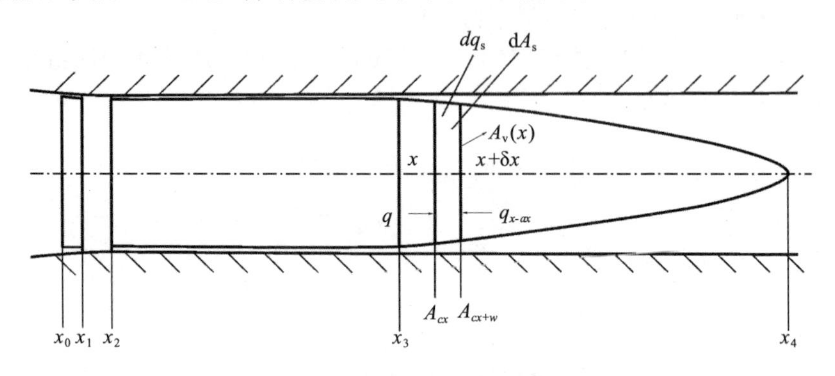

图7.20　末制导炮弹膛内停留示意图

模拟了3种射击模式下身管温度升高状况:①射速6发/min,共计发射30发;②射速6发/min发射30发之后,改用3发/min再发射80发;③射速6发/min共发射18发。身管传热采用轴对称非稳态热传导方程,外边界与环境大气间的热交换按自然对流换热方式处理,身管内壁传热按不同部位边界及表面特点处理。模拟计算得到的3种射击模式下射击结束时刻身管径向温度分布如图7.21所示。将其对应模式的身管温度分布分别作为末制导炮弹装填入膛,即$t=0$时刻身管温度初值,通过数值求解得到弹丸轴向温度分布。图7.22和图7.23分别为大气取常温(+15℃)和高温(+50℃)条件下的不同时刻弹丸轴向温度分布。由于采用简化一维模型,计算所用弹丸热物性参量取所在截面材料质量加权平均值,其中$\rho = 2975\text{kg}\cdot\text{m}^{-3}$,$\lambda_p = 15\text{J}\cdot\text{m}^{-1}\cdot\text{s}^{-1}\cdot\text{K}^{-1}$,$c_p = 950\text{J}\cdot\text{kg}^{-1}\cdot\text{K}^{-1}$。同时由式(7.80)可知,假定弹丸入膛时温度均匀,且等于环境温度。从计算得到的

图 7.22 和图 7.23 可知,在两种不同环境气温下发射,弹体温度分布规律相似,高温区分别位于弹尾和弹头鼻锥部位,这与该型末制导炮弹验收试验实测数据规律相吻合。弹尾温度较高是因为弹带嵌入身管内壁,接触传热强烈,加上尾端边界存在对流和辐射换热,相对热流量较大,故而温升较快。而鼻锥部因几何形状的关系,顶端单位体积获得的辐射热和通过对流换热得到的热量多,因而温度较高。从另一角度看,如不考虑弹丸本身轴向导热,则单位长度的微元体温升与半径成反比。这恰好可解释鼻锥顶端温升较快,最终温度最高的原因。图 7.24 所示为不同射击模式条件下该型末制导炮弹在膛内停留 15min 时间内鼻锥部的温升曲线。可以看到,对于发射模式 2,当停留时间达 15min 时,鼻锥温度远大于该型炮弹规定的临界温度值 100℃(373K)。

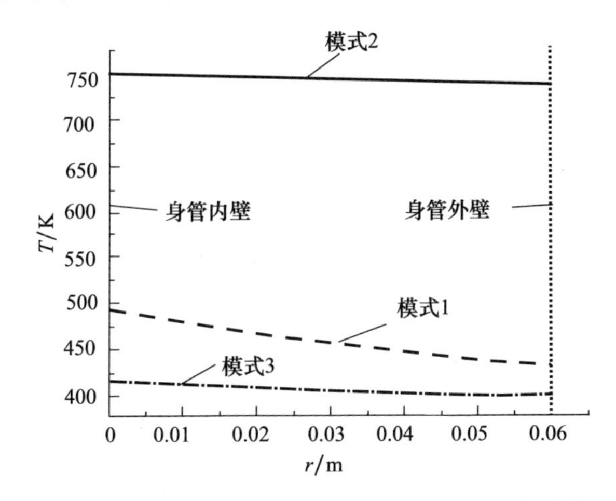

图 7.21　$t=0$ 时,不同射击模式下身管径向温度分布

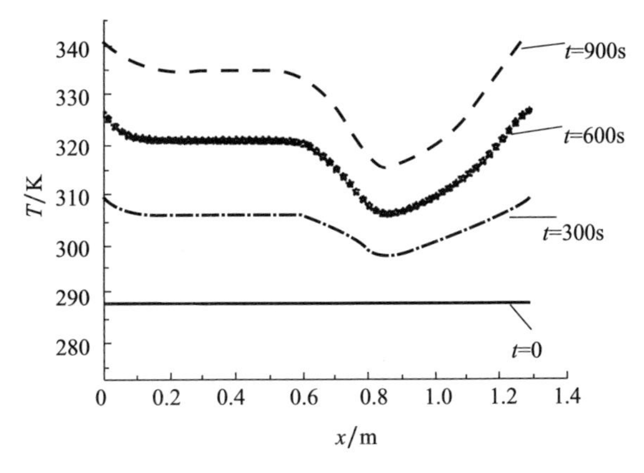

图 7.22　常温(+15℃)环境模式 1 射击条件弹丸滞留膛内不同时刻轴向温度分布

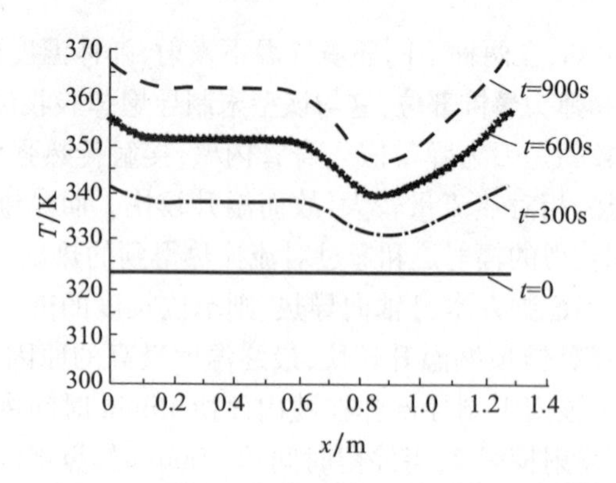

图 7.23 高温（+50℃）环境下模式 1 射击条件弹丸滞留膛内不同时刻轴向温度分布

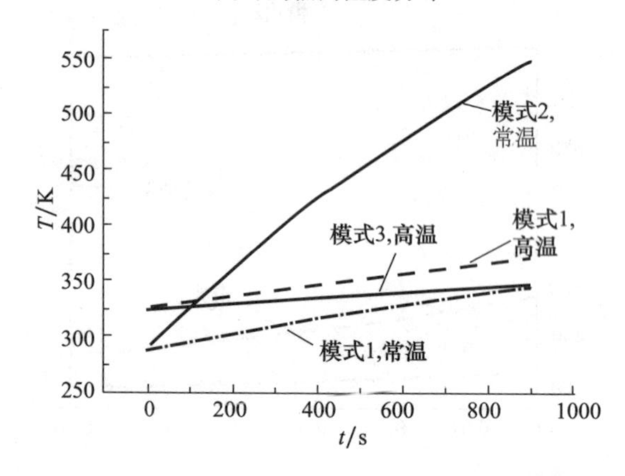

图 7.24 不同射击模式条件下鼻锥部温升曲线

表 7.6 所列为不同射击模式条件下模拟得到的不同初始温度弹丸滞留膛内，鼻锥温度达到极限安全温度允许滞留时间。第 5 种条件下滞留时间 60min（3600s），小于临界值 100℃，可以认为这种射击模式下热安全性最好。而在第 3 种及第 4 种条件下，允许安全滞留时间均明显小于 15min，因而存在热安全性危险。通过表 7.6 的数据比较，可以得到这样的结论：火炮射击模式和初始环境温度同样都是影响末制导炮弹在膛内安全滞留时间的重要因素。

表 7.6 不同射击条件下鼻锥端点达到极限安全温度时间

条件	射击模式	射击环境温度/℃	达到极限温度（100℃）所需时间/s	条件	射击模式	射击环境温度/℃	达到极限温度（100℃）所需时间/s
1	模式 1	15	1800	4	模式 2	50	140
2	模式 1	50	1020	5	模式 3	15	>3600
3	模式 2	15	295	6	模式 3	50	3240

7.3.3　考虑弹丸结构的热安全分析

弹丸通常都是轴对称旋转体,若边界发生的传热作用是轴对称的,则其温场也是轴对称的。但弹丸径向质量分布是不均匀的,从头到尾半径也是变化的。前面所作的质量均匀分布假定,显然是不尽合理的。为了较好地刻画弹体在受热升温条件下的温场分布特征,需要考虑弹丸结构特点。

1. 弹丸组合受热模型

末制导炮弹结构复杂、部件繁多,难以确定不同截面位置物性参数径向分布,特别是仪器舱部分,弹丸壳体与内部组件在热物性上实际是三维问题。但总体上看弹丸内部填充物构成的芯体大致可看作是轴对称旋转体,将其简化为如图 7.25 所示壳体 + 芯体组合结构,界面两侧密度与热物性存在显著差异,界面处存在热阻,发生接触传热。对 152mm 火炮“红土地”弹丸而言,壳体厚度是随自身长度尺寸变化的弱函数。其最大厚度不大于 2cm,滞留膛内受热,外表面接受加热的组合换热系数约为 $10\mathrm{J}\cdot\mathrm{m}^{-1}\cdot\mathrm{s}^{-1}\cdot\mathrm{K}^{-1}$,相应毕渥数 $Bi\approx 0.003\ll 1$,故可以认为弹壳在径向上的温度梯度几乎为零。但其轴向不同部位受热方式不同而相对存在明显的温度梯度。因此,可以采用轴向一维导热方程来描述其温度分布随时间变化特征。此外,弹丸内部装填物芯体,如炸药药柱及仪器舱内电子元件组合封装模块,则是热惰性物质,但不同部分或模块热物性存在差异。因此,将芯体设想为是首尾相连的多个分段旋转体的组合,采用轴对称二维热传导方程描述其温度场。

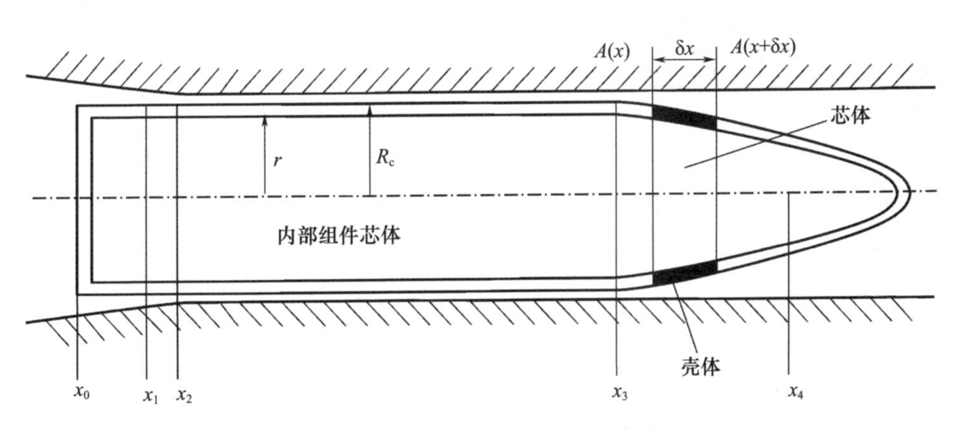

图 7.25　弹丸滞留膛内被动加热示意图

这样,图 7.25 所示的弹体传热问题是一个非稳态、轴对称、无内热源、边界存在复合换热条件下的组合热传导问题。由能量守恒得壳体热传导方程为

$$\frac{\partial T}{\partial t}=a\left(\frac{\partial^2 T}{\partial x^2}+B\frac{\partial T}{\partial x}\right)+\dot{Q} \tag{7.83}$$

式中

$$a=\lambda_p/c_p\rho$$

$$B=\begin{cases}0(x_1<x<x_3)\\ \dfrac{2}{(R_c^2-r^2)}\dfrac{\partial(R_c^2-r^2)}{\partial x} & (x_1>x>x_0,x_3<x<x_4)\end{cases}$$

$$\dot{Q}=\begin{cases}2(h_e R_c(T_f-T)+\varepsilon R_c\sigma(T_b^4-T^4)+\\ r(T_y-T)/R_{d,c})/((R_c^2-r^2)c_p\rho) & (x_3<x\leqslant x_4,x_1>x\geqslant x_0)\\ 2(\lambda_g R_c(T_b-T)/\delta+\varepsilon R_c\sigma(T_b^4-T^4)+\\ r(T_y-T)/R_{d,c})/((R_c^2-r^2)c_p\rho) & (x_2\leqslant x\leqslant x_3)\\ 2(R_c(T_b-T)/R_{t,c}+r(T_y-T)/R_{d,c})/\\ ((R_c^2-r^2)c_p\rho) & (x_1\leqslant x<x_2)\end{cases}$$

初始条件：

$$t=0,T(x)=T_0$$

边界条件：

$$\begin{cases}x=x_0,-\lambda\dfrac{\partial T}{\partial n}=h_e(T_{f1}-T)\big|_{x=x_0}+\varepsilon\sigma(T_b^4-T^4)\big|_{x=x_0}\\ x>x_3,-\lambda\dfrac{\partial T}{\partial n}=h_e(T_{f2}-T)\big|_{x=x_4}+\varepsilon\sigma(T_b^4-T^4)\big|_{x=x_4}\end{cases}$$

对于弹丸内部装填物组合芯体，采用分段均质二维轴对称热传导方程描述其温度场随时间变化，即

$$\frac{\partial T_1}{\partial t}=a_1\left(\frac{\partial^2 T_1}{\partial r_1^2}+\frac{1}{r_1}\frac{\partial T_1}{\partial r_1}+\frac{\partial^2 T_1}{\partial x^2}\right) \tag{7.84}$$

边界条件为

$$\begin{cases}r_1=0,\dfrac{\partial T_1}{\partial r_1}=0\\ r_1=r,-\lambda_1\dfrac{\partial T_1}{\partial r_1}=(T_y-T)/R_{d,c}\\ x=0,\lambda_1\dfrac{\partial T_1}{\partial x}=(T_y-T_d)/R_{d,c}\end{cases}$$

式中：λ_1、a_1 等带下标“1”的量是指内部填充物。当给出壳体与内部装填物之间界面接触传热关系式，并给出两者各自初始条件和已知常量 λ_p、λ_1、c_p、ρ、T_0、E、σ、δ、$R_{t,c}$、$R_{d,y}$，以及已知函数 $R_c=f_1(x)$，$r=f_2(x)$时，即可进行数值求解。

2. 组合结构传热模型的求解[21]

由于弹丸径向尺寸及内部填充物芯体热物性沿轴向是变化的，将弹丸内部芯体近似看作是由多个串联旋转体组成，设想每个旋转体由相应梯形平面旋转得到。于是，芯体径向尺寸是 x 的函数。为方便采用差分法进行数值求解，有必要通过变换，改用适体坐标系。令

$$\begin{cases} x' = x \\ y' = \dfrac{r_0}{r_2} r_1 \end{cases}$$

式中：x 为轴向坐标；r_0 为梯形的下底；r_2 为梯形的上底。经变换，将梯形离散区域转化为矩形离散区域，采用链式求导法则，有

$$\begin{cases} \dfrac{\partial^2 T_1}{\partial x^2} = \dfrac{\partial^2 T_1}{\partial x'^2} + 2\dfrac{\partial^2 T_1}{\partial x' \partial y'} \dfrac{\partial y'}{\partial x} + \dfrac{\partial^2 T_1}{\partial y'^2}\left(\dfrac{\partial y'}{\partial x}\right)^2 + \dfrac{\partial T_1}{\partial y'} \dfrac{\partial^2 y'}{\partial x^2} \\ \dfrac{\partial T_1}{\partial r_1} = \dfrac{\partial T_1}{\partial y'} \dfrac{\partial y'}{\partial r_1}, \dfrac{\partial^2 T_1}{\partial r_1^2} = \dfrac{\partial^2 T_1}{\partial y'^2}\left(\dfrac{\partial y'}{\partial r_1}\right)^2 + \dfrac{\partial T_1}{\partial y'} \dfrac{\partial^2 y'}{\partial r_1^2} \end{cases}$$

对边界条件作类似处理。于是，式(7.84)描述的定解问题，即完成数值求解准备。

以 152mm 火炮末制导炮弹热安全靶场验收条件为背景，对上述组合结构弹丸传热模型与身管传热方程进行耦合求解，对于 3 种不同环境温度（-40℃、7℃、50℃）条件，按原本规定验收发射模式要求，即 2h 内总计连续发射 120 发炮弹，再将制导炮弹装入热炮管，得到如下模拟计算结果：

图 7.26 所示为射击结束时身管温度沿径向（厚度方向）分布，由下向上，大气环境温度分别为 -40℃、7℃、50℃。可见，环境温度不同射击终了身管温度显著不同。

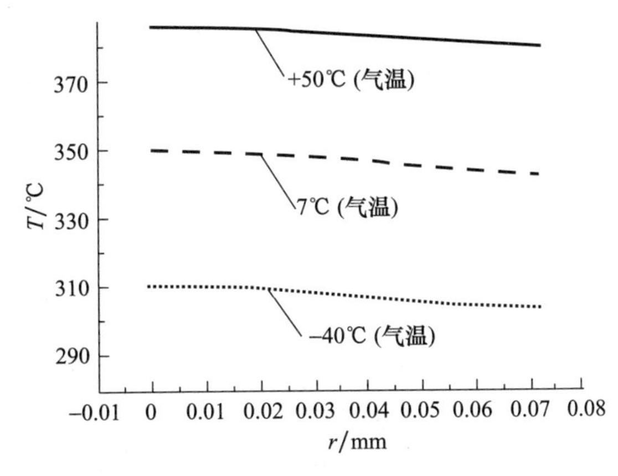

图 7.26　不同环境温度射击之后膛线起始部身管径向温度分布

图7.27和图7.28分别是环境温度为7℃,滞留膛内末制导测温弹壳体与其轴心不同时刻温度沿轴向分布。从图7.27可见,弹丸壳体高温区位于弹底附近,前锥部温度较低。其原因是弹底受热表面相对大,接受的热量多,而且紧挨弹底的弹带直接与身管内壁接触,也增加了底部区域热量传入和热量积累。相对而言,弹体前端接受热量较少,特别是前定心部附近,单位质量的弹壳接受身管内表面辐射换热相对较少。但鼻锥部,由于单位质量接受身管内表辐射和对流换热得到的热量相对增加,因而此处壳体温度又开始上升。图7.28表明,轴心(芯体中心部位)的温度是随x增加而增加的,鼻尖部位温度最高。这与试验结果完全相符。图7.29~图7.32分别所示为该弹丸4个不同部位计算温升曲线与试验的比较,图中实线是由埋设温度探头实测得到的,虚线为计算结果。可以认为,两者符合良好。图7.33~图7.35分别所示为弹丸圆柱段、前锥根部以及鼻锥部不同时刻径向温度分布。图7.33与图7.34曲线表明,在圆柱段以及前锥根部弹丸径向温度梯度较大。图7.35表明,由于鼻锥部半径小,整体受热较为均匀,因而径向温度梯度较小。图7.36所示为射击环境温度为-40℃时鼻锥部的温升曲线,其形状与射击环境温度为7℃时的计算结果(图7.32)非常相似,但整个温升曲线幅值降低。

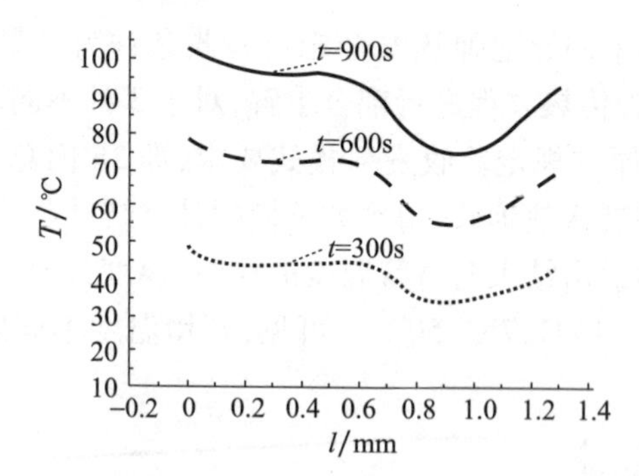

图7.27　射击环境温度为7℃时,留膛内弹丸壳体沿轴向温度分布

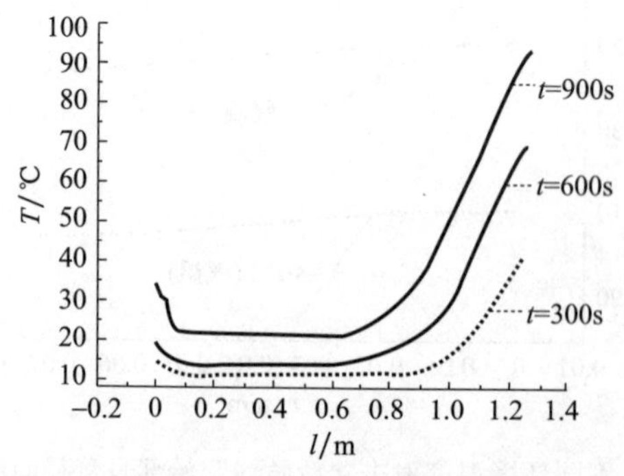

图7.28　射击环境温度为7℃时,留膛内弹丸轴心沿轴向温度分布

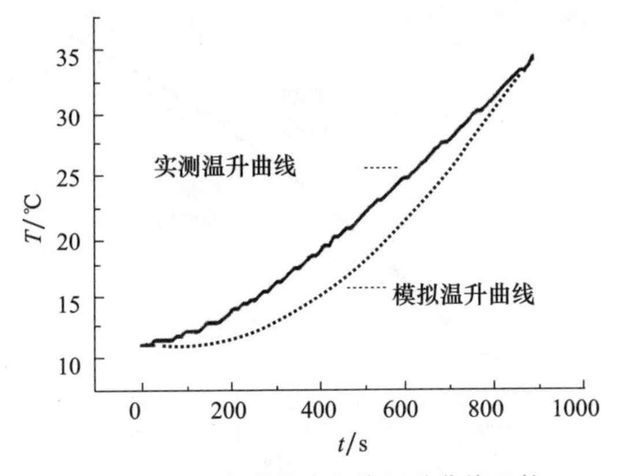

图 7.29　点火器外壳部位温升曲线比较

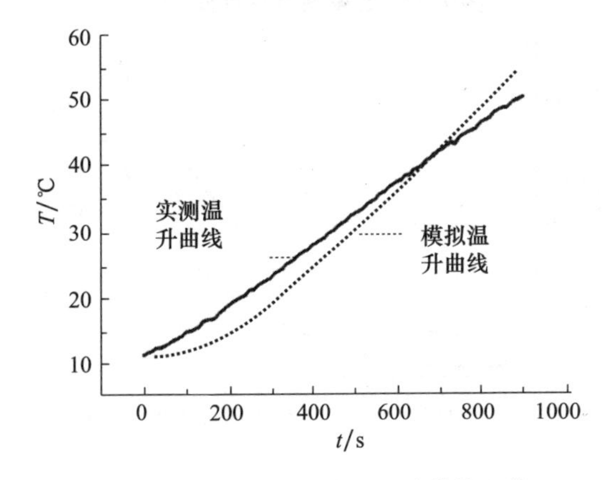

图 7.30　助推发动机表面温升曲线比较

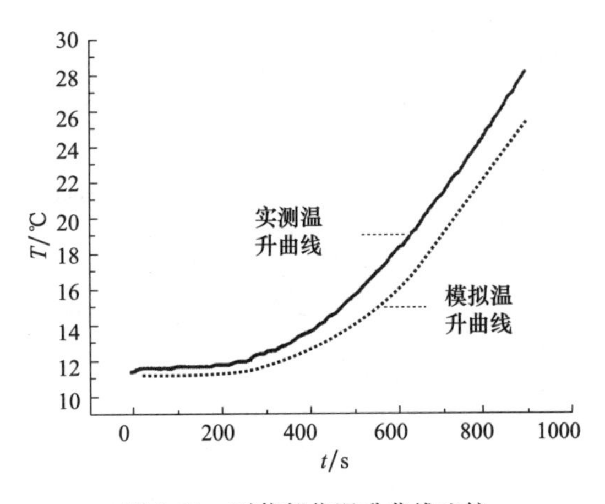

图 7.31　引信部位温升曲线比较

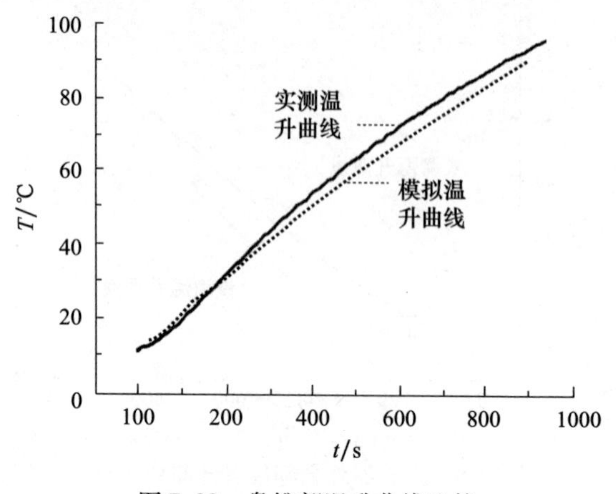

图 7.32　鼻锥部温升曲线比较

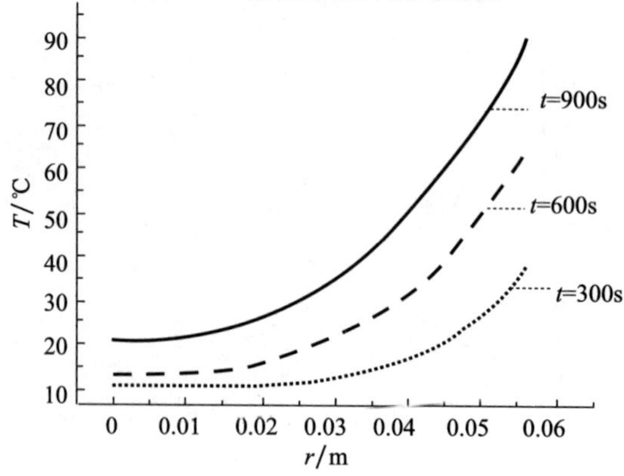

图 7.33　不同时刻圆柱段径向温度分布

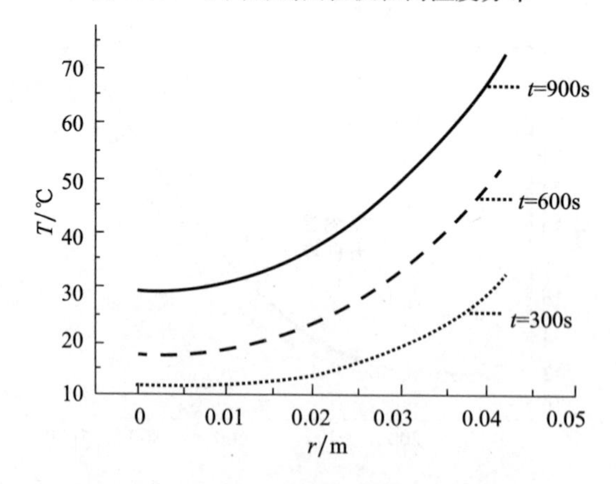

图 7.34　不同时刻前锥根部径向温度分布

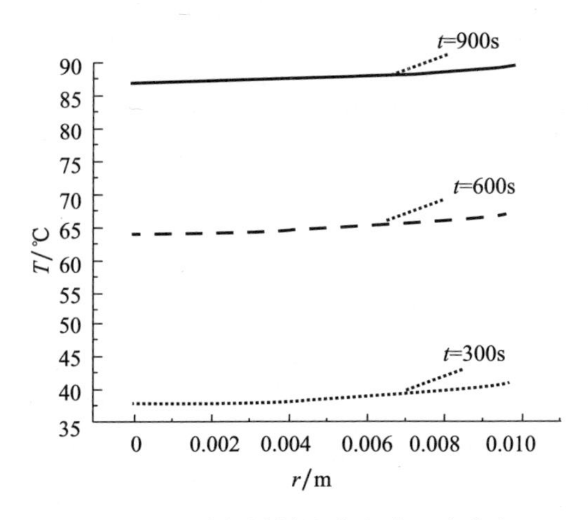

图7.35　不同时刻鼻锥部径向温度分布

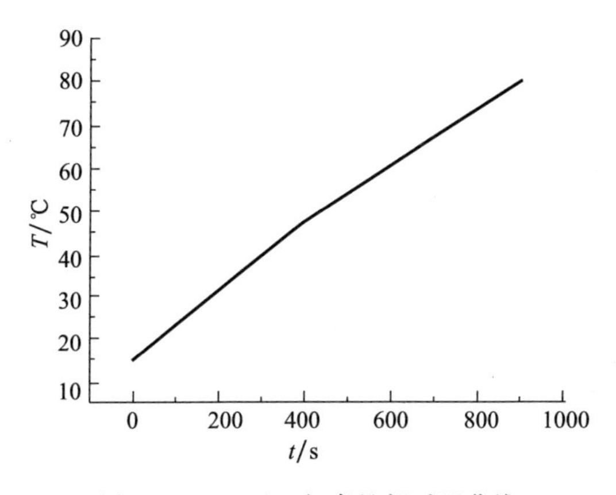

图7.36　-40℃时,鼻锥部时温曲线

表7.7所列为该型测温弹不同位置许用安全温度值和原定考核射击模式条件下,不同环境温度与设定的膛内滞留时间(15min)实测温度,以及与数值模拟结果的比较,包含火炮高低极限使用温度下(-40℃和50℃)的数值模拟结果。模拟计算表明,任何初始环境温度下,弹丸滞留膛内加热,其弹体表面、鼻锥部温升最为显著和敏感,即使在相对较低(7℃)环境条件下,弹丸一旦留膛于加热身管,鼻锥温度也将上升至90℃(实测温度为93.4℃),已接近于许用安全温度极限值。表7.8所列为环境温度对末制导炮弹在膛内安全停留时间的影响。模拟结果表明,如果当时"红土地"按协议在夏季或高温地区对其进行热安全性考核,则敏感点温度将一定超标,考核不可能通过。这就可以解释为什么技术转让方将考核试验时间推迟到冬季原因。当然,热安全考核指标如何确定,方法如何设计最为合理,这是另一个问题。

表 7.7 不同环境温度模拟结果比较

测试部位	许用安全极限温度/℃	7℃时实测结果/℃	7℃时模拟结果/℃	50℃时模拟结果/℃	-40℃时模拟结果/℃
弹体表面	150	91	96.2	124	86
引信体	70	28.1	26.5	40.7	26
鼻锥部	100	93	90	124	80
发动机装药表面	100	50.3	55	74.8	51.8
发动机装药内部	100	34.4	33	51	34.3

表 7.8 协议规定射击方式条件下不同环境温度弹丸膛内安全停留时间

环境温度/℃	安全停留时间/s
7	1023
-40	1276
50	620

7.3.4 发射装药膛内滞留热安全分析

火炮发射装药膛内滞留热安全性,指火炮经过连续多发射击,炮膛已被充分加热,正好遭遇火炮发射系统出现故障,已经装填入膛等待发射的弹药在膛内遭受滞留烘烤的热安全性。其中发射装药(模块装药盒体、可燃筒)被高温膛壁接触加热与烘烤,意味着升温和化学反应加速,一旦达到着火点,则出现发射事故。

火炮发射装药有多种形式,从滞留膛内热安全角度看,传统整装式金属药筒装药热安全性较好,因其火药装在药筒内,由药筒将其与弹丸组合为一个整体,火药得到药筒的保护。可燃药筒和可燃模块盒本身是含能材料,尽管其热安全性比火药可能稍高一些,但没有原则差异。布袋式装药或药包式装药,火药颗粒几乎直接与炮膛壁面接触,如滞留在加热的药室中,则热安全性最差。

发射装药滞留在加热炮膛内的热安全性问题,实质是火药热点火问题。火药热点火问题在第 5 章讨论过,本节主要以模块装药(模块盒)滞留膛内烘烤为例,分析其盒体热安全。

1. 模块盒膛内接受烘烤加热简化模型[32-33]

模块盒在火炮膛内被动接受烘烤加热状态如图 7.37 所示。由于模块盒体主要由硝化棉、纸浆及少量胶黏剂等构成,因而性质和可燃药筒类似,都是可燃的。它的直径通常比炮膛(药室)小约为 2 ~ 5mm,装填入膛后,只有下侧与炮膛紧密接触,接触弧长很短(约 2 ~ 3mm),其余圆周表面与炮膛之间形成月牙形间隙,间隙宽度大小明显不等。炮膛表面与可燃筒或可燃模块盒之间发生的热交换模式,包含接触传热、缝隙对流传热、两固体表面间热辐射及缝隙气体热传导等多种机理相组合的混合传热。图 7.37(b)为模块盒滞留炮膛期间沿接触面法向温度分布示意图,炮膛壁内温度在射击间隙期间由内向外一般呈对数曲线递降,内表(接触表面)温度最高。由于可燃模块盒(可燃筒)属于热惰性物质,滞留膛内加热期间,其壁内温度梯度比炮膛壁内大得多,几近呈垂直下降状态,即表明了可燃盒壁内加热层厚度很薄,或者说加热层厚度与盒体表面曲率半径相比是高阶小量。因此,这种传热问题可以当作半无穷大一维问题处理。为了求解这种传热问题,可对其作如下简化假定:

(1) 模块(装药)盒装填入膛是瞬间完成的,即过程突然发生,条件跃变后保持恒定。根据盒体与炮膛接触(配合)情况,可分别设想作 3 种典型情况处理:①对弧面接触段,假定接触传热为主,且炮膛内表面温度保持不变或者是缓慢变化;②对弧面存在细微间隙段,假定传热以气体热传导和辐射传热为主,且膛壁温度、环境温度、等效换热系数或气体热导率保持不变;③对弧面间存在有限尺寸间隙情况,换热以对流和辐射为主,而不计气体热传导作用。

(2) 模块盒(可燃药筒)体为惰性物质,在达到着火温度之前,不考虑其化学反应。

(3) 加热升温仅发生在表面很薄一层介质中,即盒体加热可当作一维半无穷大问题处理。

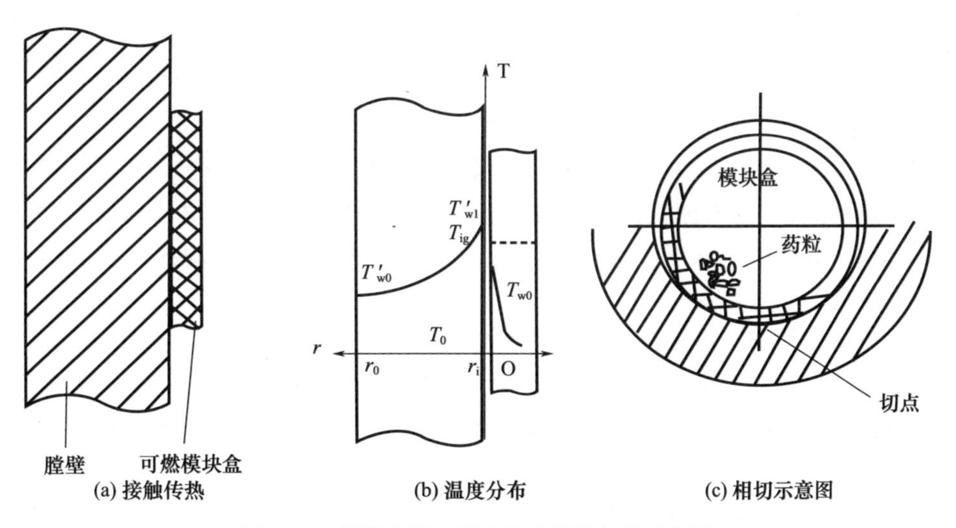

图 7.37 模块盒滞留膛内接受烘烤加热示意图

基于这些假定，沿模块盒加热表面法向热传导方程可写为如下简单形式，即

$$\frac{\partial T(x,t)}{\partial t}=a\frac{\partial^2 T(x,t)}{\partial x^2}\ (t\geqslant 0,0\leqslant x<\infty) \tag{7.85a}$$

式中：x 为表面法向坐标。

该问题最简单的初始条件是盒体壁面内具有均匀一致的初温，其数学描写为

$$T(x,0)=T_{\mathrm{i}} \tag{7.85b}$$

而边界条件由假定(1)可分别表述为 3 种形式，即

① $$T(0,t)=T'_{\mathrm{w_i}},T(\infty,t)=T_{\mathrm{i}},\frac{\partial T(\infty,t)}{\partial x}=0 \tag{7.85c1}$$

② $$-\frac{\partial T(0,t)}{\partial x}=q_{\mathrm{w_i}}/\lambda_{\mathrm{p}},T(\infty,t)=T_{\mathrm{i}} \tag{7.85c2}$$

③ $$\lambda_{\mathrm{p}}\frac{\partial T(0,t)}{\partial x}=h_{\mathrm{t}}[T_{\mathrm{w_0}}-T'_{\mathrm{w_i}}],\frac{\partial T(\infty,t)}{\partial x}=0,T(\infty,t)=T_{\mathrm{i}} \tag{7.85c3}$$

如上面所述，模块盒在滞留炮膛期间，膛壁和盒壁两者表面间发生的传热过程属于混合传热过程，紧密接触弧段两表面之间发生的是接触传热，解决问题的关键是确定接触热阻；而当两表面存在间隙时，则可能同时存在自然对流、表面间辐射和间隙气体热传导 3 种换热作用。因此，边界条件可以写为如下形式，即表面热流密度为

$$q_{\mathrm{w_0}}=h'_{\mathrm{t}}(T'_{\mathrm{w_i}}-T_{\mathrm{w_0}})=\begin{cases}(T'_{\mathrm{w_i}}-T_{\mathrm{w_0}})/R_{\mathrm{t,c}}=h_{\mathrm{t,c}}(T'_{\mathrm{w_i}}-T_{\mathrm{w_0}})\\ -\lambda_{\mathrm{p}}\dfrac{\partial T(0,t)}{\partial x}=h_{\mathrm{e}}(T'_{\mathrm{w_i}}-T_{\mathrm{w_0}})\\ h_{\mathrm{t}}(T'_{\mathrm{w_i}}-T_{\mathrm{w_0}})\end{cases} \tag{7.86}$$

式中：$R_{\mathrm{t,c}}$为接触热阻；$h_{\mathrm{t,c}}$为折合换热系数；h_{e} 为细微间隙以自然对流为基础混合换热系数；h_{t} 为有限间隙之间混合换热系数；a 为模块盒体材料导温系数，$a=\lambda_{\mathrm{p}}/(c_p\rho)$，$\lambda_{\mathrm{p}}$、$c_p$、$\rho$ 分别为其热导率，比热容和密度；$T'_{\mathrm{w_i}}$为炮膛内壁温度；$T_{\mathrm{w_0}}$为模块盒外表面温度。

可将式(7.86)中的混合换热系数 h_{t} 统一写为

$$h_{\mathrm{t}}=h_{\mathrm{e}}+\varepsilon\sigma(T'^2_{\mathrm{w_i}}+T^2_{\mathrm{w_0}})(T'_{\mathrm{w_i}}+T_{\mathrm{w_0}})+\lambda_{\mathrm{g}}/\delta_{\mathrm{g}} \tag{7.87}$$

式中：λ_{g} 为间隙气体热导率；δ_{g} 为间隙宽度；ε 为表面辐射率；σ 为斯特藩－玻尔兹曼常数。

2. 模块盒膛内烘烤受热计算举例

关于式(7.85a)～式(7.85c)的求解，曾在 5.5.2 小节讨论过。在此仅就第三类和第一类两种边界条件为例，写出求解步骤，分析解的物理意义与特点。

1）存在间隙的烘烤

这种情况下，即对于式（7.85a）、式（7.85b）和式（7.85c1）或式（7.85c3），且 h_e 或 h_t = const，和 $T'_{w_i} = T_g$ = const，模块盒沿厚度方向无量纲温度分布的解为

$$\theta = \frac{T(x,t) - T_i}{T'_{w_i} - T_i} = \operatorname{erfc}\frac{x}{2\sqrt{at}} - \exp\left(\frac{h_t}{\lambda_p}x + \frac{h_t^2}{\lambda^2}at\right)\cdot\operatorname{erfc}\left(\frac{x}{2\sqrt{at}} + \frac{h_t}{\lambda_p}\sqrt{at}\right) \tag{7.88}$$

式中：$\operatorname{erfc}(u) = 1 - \operatorname{erf}(u)$，$\operatorname{erf}(u) = \frac{2}{\sqrt{\pi}}\int_u^{\infty}\exp(-u^2)\,\mathrm{d}u$ 为高斯误差函数。

取模块盒材料 $a = 10^{-7}\mathrm{m}^2\cdot\mathrm{s}^{-1}$，$\lambda_p = 0.20\mathrm{J}\cdot\mathrm{s}^{-1}\cdot\mathrm{m}^{-1}\cdot\mathrm{K}^{-1}$，且假定 $h_t = 10^3\mathrm{J}\cdot\mathrm{s}^{-1}\cdot\mathrm{m}^{-1}\cdot\mathrm{K}^{-1}$，计算得到不同时刻（$t$ = 0.10ms，1.00ms，10.0ms）盒体壁面微小厚度内无量纲温度分布如图7.38所示，1ms时间内不同位置（x = 0.000mm，0.001mm，0.002mm）无量纲温升曲线如图7.39所示。由该图可见，即使加热时间 t = 10ms，加热层厚度也只有0.1mm左右，即加热层厚度很薄。

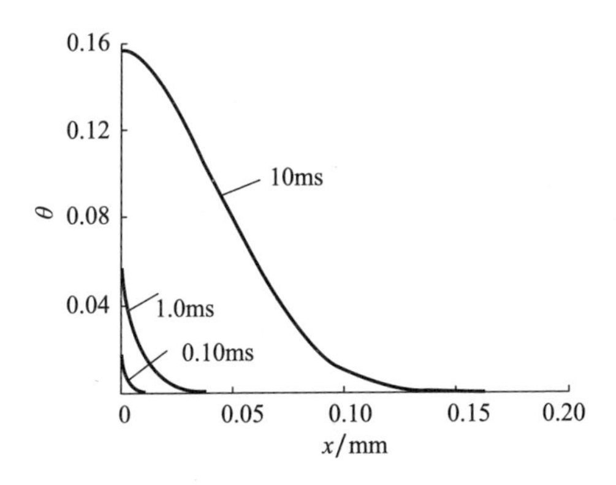

图7.38　混合对流换热条件下不同时刻壁内温度分布（$\theta - x$）曲线

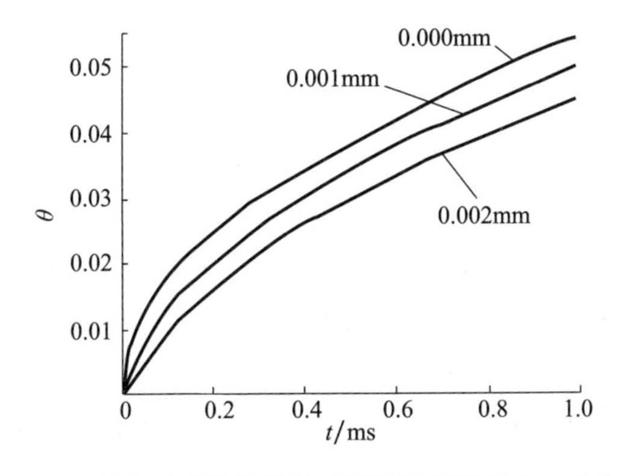

图7.39　混合对流换热条件下不同位置温升（$\theta - t$）曲线

由式(7.88),可得表面温度随时间的变化为

$$\theta_{w_0}=\frac{T(0,t)-T_i}{T'_{w_i}-T_i}=1-\exp\left(\frac{h_t^2}{\lambda_p^2}at\right)\ \text{erfc}\ \left(\frac{h_t}{\lambda_p}\sqrt{at}\right) \tag{7.89}$$

当令 $u=\frac{h_t}{\lambda_p}\sqrt{at}$,且当 u 足够大时,有

$$\exp(u^2)\ \text{erfc}\ (u)\approx\frac{1}{\sqrt{\pi}}\left(\frac{1}{u}-\frac{1}{2u^3}+\frac{3}{4u^5}-\cdots\right) \tag{7.90}$$

将其代入式(7.89),得

$$\theta_{w_0}=1-\frac{1}{\sqrt{\pi}}\left(\frac{1}{u}-\frac{1}{2u^3}+\frac{3}{4u^5}-\cdots\right)$$

当 $u\to\infty$,u 的 3 次方以上各项可省略不计,所以式(7.89)可写为

$$\theta_{w_0}=\frac{T(0,t)-T_i}{T'_{w_i}-T_i}=1-\frac{1}{\sqrt{\pi}\cdot u}=-\frac{\sqrt{\lambda_p c_p\rho}}{\sqrt{\pi}\cdot h_t\cdot\sqrt{t}}$$

令 $\overline{C}=\frac{\sqrt{\lambda_p c_p\rho}}{h_t\cdot\sqrt{\pi}}$,有

$$T(0,t)=T'_{w_i}-\overline{C}\cdot t^{-\frac{1}{2}}(T'_{w_i}-T_i) \tag{7.91}$$

由该式可见,当 $t\to\infty$,$T(0,t)\to T'_{w_i}$,即模块盒滞留膛内达足够长的时间,表面温度 T_{w_0}将趋近于炮膛壁面温度。如膛壁温度 T'_{w_i}低于模块盒着火点 T_{ig}($T'_{w_i}<T_{ig}$),则不存在热安全问题;若 $T'_{w_i}>T_{ig}$,可能存在热安全问题,具体与滞留时间有关。如令烘烤点燃延迟时间为 t_{ig},则由式(7.91)可得

$$t_{ig}=\overline{C}^2\left(\frac{T'_{w_i}-T_i}{T'_{w_i}-T_{ig}}\right)^2=\frac{\lambda_p c_p\rho}{h_t^2\pi}\left(\frac{T'_{w_i}-T_i}{T'_{w_i}-T_{ig}}\right)^2 \tag{7.92}$$

2) 接触烘烤

对模块盒与炮膛壁面直接接触弧段,可以认为是接触烘烤。于是相应有如下解析解:

$$\theta=\frac{T(x,t)-T_i}{T'_{w_0}-T_i}=\text{erfc}\ \left(\frac{x}{2\sqrt{at}}\right) \tag{7.93}$$

如模块盒体 $a=10^{-7}\text{m}^2\cdot\text{s}^{-1}$,$\lambda_p=0.20\text{J}\cdot\text{s}^{-1}\cdot\text{m}^{-1}\cdot\text{K}^{-1}$,由该式得沿盒体厚度方向不同时刻温度分布($\theta-x$)曲线(图 7.40)要比图 7.38 的曲线陡峭得多;而不同位置温升($\theta-t$)曲线(图 7.41)也相应比图 7.39 的曲线陡峭得多。

正如前面提及的,即使接触传热,也存在接触热阻 $R_{t,c}$。接触界面热流密度可写为 $q_{w_0}=h_{t,c}(T'_{w_i}-T_{w_0})=(T'_{w_i}-T_{w_0})/R_{t,c}$,如将 $h_{t,c}$理解为通过接触界面的接触传热系数,相当于将第一类边界条件问题转化第三类边值问题。同样,也

可将第一类边值问题转换为第二类边值问题，即将模块盒表面温度梯度写为 $\frac{\partial T(0,t)}{\partial x} = -q_{w0}/\lambda_p$，于是相应解析解为

$$T(x,t) = T_i + \frac{2q_{w0}}{\lambda_p}\sqrt{at} \cdot \operatorname{ierfc}\left(\frac{x}{2\sqrt{at}}\right) \tag{7.94}$$

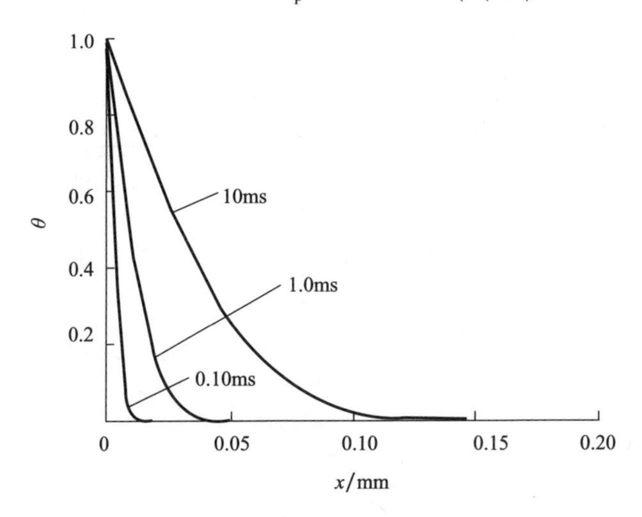

图 7.40　接触传热条件下不同时刻壁内温度分布($\theta - x$)曲线

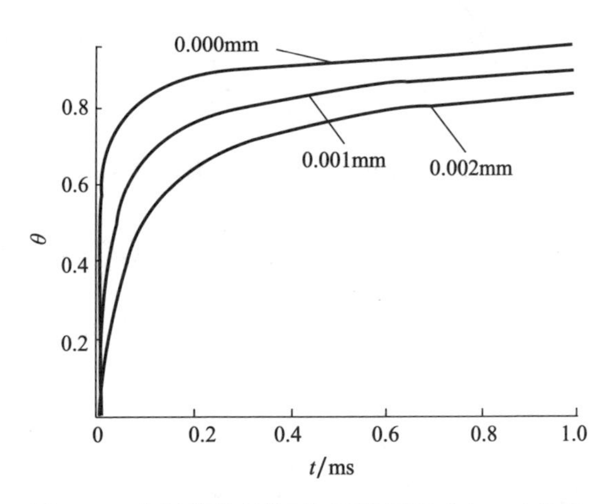

图 7.41　接触传热条件下不同位置温升($\theta - t$)曲线

如取 $q_{w0} = -\lambda_p \frac{\partial T(0,t)}{\partial x} = 8.36 \times 10^5\ \mathrm{W/m^2}$，则模块盒内不同时刻($t$ = 0.10ms，1.00ms，10.00ms)温度分布($T - x$)曲线如图 7.42 所示，壁内不同位置(x = 0.000mm，0.001mm，0.002mm)温度上升($T - t$)曲线如图 7.43 所示。

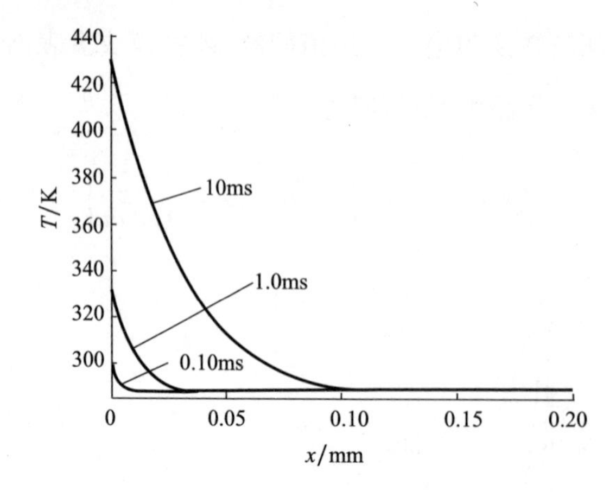

图 7.42 第二类边值不同时刻壁内温度分布($T-r$)曲线

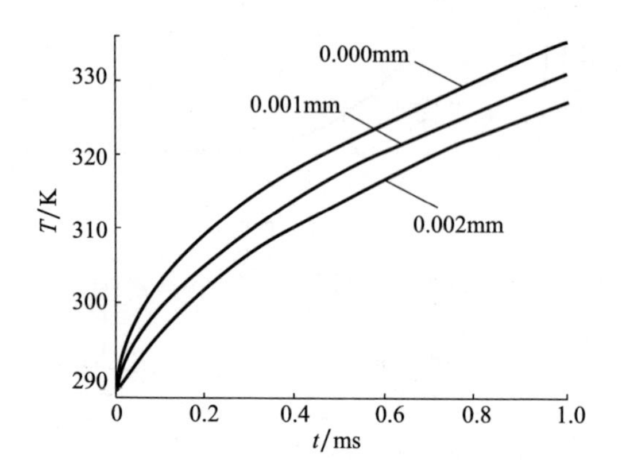

图 7.43 第二类边值壁内不同位置温升($T-t$)曲线

如令 $u=\dfrac{x}{2\sqrt{at}}$,因为 $\mathrm{ierfc}\ (u)=\dfrac{1}{\sqrt{\pi}}\mathrm{e}^{-u^2}-u\cdot\ \mathrm{erfc}\ (u)$,当 $x\to0,u\to0$,则 $\mathrm{ierfc}\ (u)=1/\sqrt{\pi}$。将其代入式(7.94),则 $x\to0$ 时,盒体表面温度为

$$T(0,t)=T_{\mathrm{i}}+\frac{2q_{\mathrm{w0}}}{\lambda_{\mathrm{p}}}\sqrt{\frac{at}{\pi}} \tag{7.95}$$

如果考虑烘烤过程中模块盒存在化学反应,则式(7.85a)要添加化学反应生成热项。其相应解已在第 5 章中讨论过,在此不再重复。对于布袋式装药,热安全性分析则须考虑布袋作用,也可参考第 5 章相关内容。

7.4 身管壁温过热报警

弹药滞留炮膛的热分析表明,其热安全性不仅与弹药本身的性能有关,还与火炮性能和使用方式，即射击模式、连续累计射击发数和发射时刻环境温度等因素有关。对于具体弹药，其热安全既取决于炮膛被加热状态，又和弹药在膛内滞留时间有关。为了防范热安全事故发生及其带来的伤害，最直接有效的办法是在身管上安装过热报警装置。

7.4.1　过热报警概念及实施方案的讨论

在讨论过热报警实施方案之前，首先明确几个概念。由7.2节关于身管射击传热分析知，射击期间身管内壁温度随时间的变化（$T_{iw}-t$）是一条脉冲振荡曲线，每射击一次，有一次脉冲振荡，其中在短暂的内弹道期间（10～20ms）内，$T_{iw}-t$峰值可达900K，甚至更高。但在弹丸出炮口，炮闩打开，等待后续弹药装填入膛的射击间隔时间约大于6s甚至数十秒内，内壁温度T_{iw}将回归接近初始状态，壁内温度分布也相对比较平坦。多发连续射击条件下，射击间隔期间T_{iw}从开始时的300K左右随射弹发数增加缓慢上升，可能达500K甚至更高。

从图7.11～图7.13可知，离炮膛内表不同距离（$\Delta r=r-r_i$）处的温度－时间曲线振荡幅度是不一样的，随离开内表距离（Δr）增加，振荡幅值越来越小。以155mm火炮为例，当$\Delta r\geqslant 2.00$cm，相应点位置的温度振荡即可忽略不计。

另外，由第5章关于5min热板火药点火试验，以及7.3节关于弹药膛内滞留热安全性分析，可以发现，几乎所有火药或可燃药筒着火温度T_{ig}都在170℃～250℃范围。因此弹道学界有一个普遍共识，认为射击间隔期间炮膛内表壁面温度$T_{iw}<170$℃（443K）可以看成是安全的。

基于以上事实与认知，可以这样定义火炮身管过热报警温度，即身管过热报警温度是指射击间隔期间弹药正常装填入膛，但因意外原因滞留膛内而不致因膛壁温度过高而发生安全事故的炮膛内壁温度最高临界值。但按这个定义实施报警存在一个问题，因为内表温度是振荡的，发射期间内表温度面临脉冲式上升。为避免误判和误报，一个可行的替代办法是以离开身管内壁一定距离点（位置）的温度作为身管是否过热的判别值。显然，这个替代点温度要比内壁处临界温度170℃低一些。于是又产生一个如何选点的问题。这个点离内壁太近，容易受到射击期间温度脉冲振荡所带来的误判和误报；这个点离内壁太远，替代点温度确定也容易受到火炮使用环境与发射方式影响而带来的误差。因此选择过热报警替代点的要求应该如下：

（1）报警温度探头安装在离内表壁面合适距离处，要求该点温度因射击引起的振荡影响小到可以忽略不计。

（2）由于报警点温度与内表报警温度（170℃）之间的差值与射击环境温度、射击模式（射速）和使用的弹药型号等多种因素有关，因此也要防止测点过远而引起的不准确性。合适的报警温度点需要经过综合论证,在权衡之后确定。

7.4.2 温度报警装置设计举例

1. 背景和条件[19,33]

(1) 报警温度:射击间隔期间药室坡膛内表温度小于等于 170℃。

(2) 火炮:外贸 PLZ52 式 155mm 加榴炮,身管长 $52D$,药室容积 $V=23\mathrm{dm}^3$。

(3) 身管材料:$\mathrm{PCrNi_3MoVA}$。

(4) 报警处炮膛特征尺寸:内径 170mm,外径 330mm。

(5) 身管材料热物性:热导率 $\lambda_{\mathrm{p}}=54.5\mathrm{J}\cdot\mathrm{s}^{-1}\cdot\mathrm{m}^{-1}\cdot\mathrm{K}^{-1}$,比热容 $c_p=540\mathrm{J}\cdot\mathrm{K}^{-1}\cdot\mathrm{kg}^{-1}$,密度 $\rho=7800\mathrm{kg}\cdot\mathrm{m}^{-3}$。

(6) 使用弹药:弹丸:ERFB 弹和 ERFB/BB 弹,装药:M11S、M11、M2、M3A1、M4A2。

(7) 假定适用射击模式:①5 发/min,持续射击,直至在射击间隔期间内表温度达 170℃;②1 发/min,持续射击,直至在射击间隔期间内表温度达 170℃;③混合接力连续:5 发/min,持续 3min,3 发/min,持续 5min,1 发/min,持续射击直至内表达 170℃。

(8) 假定火炮射击环境温度:-40 ~ +50℃,具体以 -40℃、-20℃、0℃、20℃、50℃五种条件进行论证。

(9) 弹丸参量:质量 $m_{\mathrm{q}}=48\mathrm{kg}$,转动惯量 $I=1522\mathrm{kg}\cdot\mathrm{cm}^2$。

(10) 火药参量:$f=1070\mathrm{kJ}\cdot\mathrm{kg}^{-1}$,$\alpha=1.06\mathrm{dm}^3\cdot\mathrm{kg}^{-1}$,$\rho_{\mathrm{p}}=1.68\mathrm{kg}\cdot\mathrm{dm}^{-3}$。

2. 膛壁温度分布一般特点[33]

按上述给出的使用背景和条件,对炮膛壁面内的温度分布进行了分析计算,主要结果如表 7.9 所列。由表 7.9 可见,高温环境(+50℃)条件下,采用射击模式①,当连续射击 24 发时,射击间隔身管内表温度即可达到 170℃,相应外表温度约 106℃,两者相差 62℃。而当环境温度为 -40℃时,同样射击模式①,累计射击时间要增加到 10min,累计射弹发数增至 50 发,射击间隔期间身管(药室)内表才能达到 170℃。因此,同样射击模式下,高温环境下身管热报警温度在更短时间内就可达到,而低温环境下射击,则要安全得多,可射击更多发数。可见,过热报警首先要考虑火炮在高温环境下使用的需要。

同样环境温度下,如 +50℃,不同射击模式下身管加热速率不同:模式①使其内壁达到过热报警水平的时间最短,模式②需要发射更多的弹药和经历较长的时间才能达到报警温度。而且,射速越慢,身管内外壁面温差越小,采用射击模式②,当内表达到 170℃左右,外表相应为 162℃左右。而当采用急速射时,内表与外表温差显著增大。

表7.9　不同射击条件下炮膛内外表面温度

环境温度/℃	射击模式	累计射击时间/min	累计射击发数	内壁面温度/℃	外表面温度/℃
+50	①	4.8	24	168.1	105.7
	②	36.0	36	169.3	161.6
	③	14.0	36	170.9	163.2
+20	①	6.4	32	168.6	105.8
	②	43.0	43	170.2	162.2
	③	19.0	41	168.9	160.9
0	①	7.4	37	169.1	106.0
	②	49.0	49	168.7	160.5
	③	25.0	47	170.2	162.1
-20	①	8.6	43	169.6	106.3
	②	55.0	55	169.8	161.5
	③	31.0	53	171.3	162.9
-40	①	10.0	50	170.2	106.7
	②	65.0	65	168.0	159.5
	③	43.0	65	169.4	160.9

3. 报警温度探头安装位置的选择

图7.44和图7.45为50℃环境下分别采用模式①和模式②射击时,离内表15mm处温度随时间($T-t$)变化曲线。可见,该点温度虽有振荡但振荡幅度很小,即选择这个位置作为过热报警点,既可避免温度振荡引发的虚假报警,又可防止离内壁面过远,而因环境条件和射击模式不同所导致温度误差太大。表7.10为不同环境温度下采用不同射击模式,射击间隙炮膛内表温度达到170℃,距离内表15mm处的温度值。因报警主要应是针对高温使用环境考虑的,若以快速射击模式①为背景,则应选择159℃作为该点的报警温度。

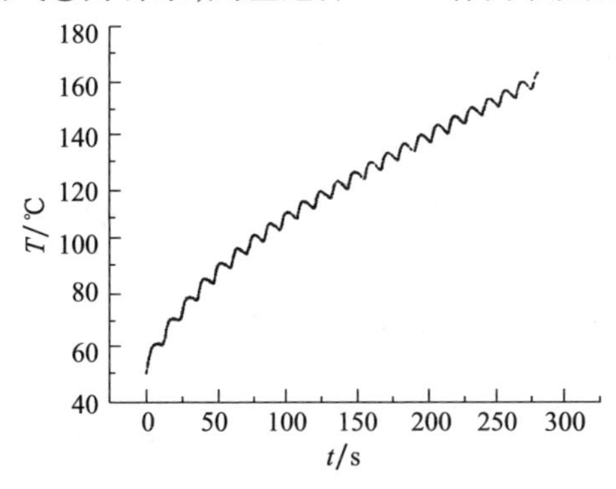

图7.44　50℃环境下①模式射击15mm处温升($T-t$)曲线

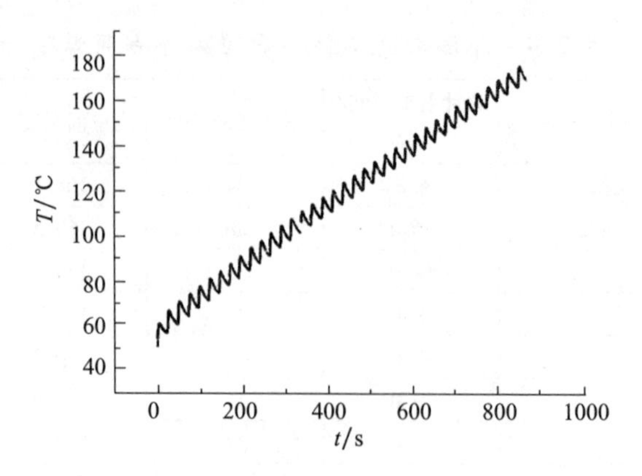

图 7.45　50℃环境下②模式射击 15mm 处温升($T-t$)曲线

表 7.10　内壁表面达 170℃时拟定测点(15mm)温度

环境温度/℃	射击模式	计算报警温度/℃	环境温度/℃	射击模式	计算报警温度/℃
+50	①	159	0	③	160
	②	168	−20	①	161
	③	169		②	169
+20	①	160		③	169
	②	169	−40	①	161
	③	168		②	167
0	①	160		③	168
	②	168	—	—	—

综合考虑以上多方面因素,对该外贸 155mm 自行炮,取报警温度探头(热电偶)安装位置为距离炮膛内表 15mm 处,报警温度为 159℃,较为合适。显然,选择这样的测点和报警温度值,可能偏于保守。因为实际使用射速不可能达到模式①那样高。这样选择的目的是留有余地。

报警温度探头安装位置及相应报警温度一旦确定,则可着手报警装置设计。所以,其设计的第一步是报警温度探头选型,第二步选择报警方式(声、光、电)和装置供电方案,以及考虑报警器在身管上的安装固定。相对而言,这些都有相对比较成熟的技术可供借鉴,在此不再进一步讨论。

7.5　身管烧蚀与寿命估算

火炮身管烧蚀造成的身管过早报废,不仅带来军费开支的增加,更为重要的是,烧蚀始终是发展远程火炮、高射速火炮和高初速火炮的严重阻碍。所以每次火炮性能的改进,都会促使身管烧蚀与寿命问题的重提。

7.5.1　影响身管烧蚀与寿命的基本因素[34-37]

1. 定义

1）烧蚀

烧蚀是指火炮发射带来的内膛表面损耗所造成的内膛(阳线)直径增大的现象。关于身管烧蚀的基本特征,已在6.1.4小节作了初步描述。因烧蚀引起的内膛直径增大沿弹丸行程方向是不均匀的,其中以膛线“起始部”附近区域最为严重,包括阴线起点甚至药室坡膛收敛部前端,也是严重烧蚀区。因此,烧蚀造成的火炮身管寿命终止,通常以膛线起始部沿弹丸运动方向1in①处损耗量作为标志值,一般以此处阳线直径增大量达到其设计值的3.5%～5%作为身管寿命终结判据。

2）身管寿命

身管寿命的另一个定义是正常使用射弹数,或者说身管损伤但尚能满足战技指标的最大极限射弹数。极限射弹数有多种判别和表达方式,如初速减退8%～10%,弹带削光出膛翻滚,射程减少达到极限,弹着点精度超差,引信失效率增加等都可作为身管寿命终止的判据。然而,身管寿命终结的原因不限于烧蚀,还有疲劳寿命,以及因弹带结构设计及加工工艺不当带来的膛线掉边或脱落损伤等,都可能是造成身管寿命终止的原因。

3）身管烧蚀寿命

由于身管烧蚀寿命是指射击导致内膛和膛线表面烧蚀磨损,变为报废状态之前的正常射击射弹数,而烧蚀磨损受多种不同因素影响,涉及射速、装药量、火药牌号(含能密度与爆温)、弹带材料与结构、膛线缠度等因素。对采用连续射击的机关炮或速射武器,身管烧蚀寿命则主要与射速或射频密切相关。例如:每次都用冷炮射击1发,身管寿命可达数千发或上万发,但若采用一次性连续不断间射击,有效射弹数可能不到几百发[35]。因此,只有已知火炮使用方式或射击模式,由试验或计算得到的那些寿命数据才是有意义的。显然,这里的射击模式,指每次射击采用的弹药和连续射击所采用的射弹数、射速及其两次连续射击的间隔或停顿时间。

对大口径加榴炮,每次射击间隔时间比机关炮要长一些,但由于每次射击使用的弹药可能不同,因装药量不同而不同。所以,火炮烧蚀量理论估算或由试验测量的结果,基本前提是知道射击条件。也就是说,射击条件清楚的烧蚀

① 1in＝2.54cm。

量统计结果才是有意义的。因为烧蚀量主要决定于射击条件,决定于身管内壁经受的热脉冲和内弹道期间膛壁达到的最高温度。

2. 烧蚀过程及烧蚀机理

因为身管烧蚀的决定性因素是内壁表面被加热到什么样的最高温度及其发生了什么样的化学反应,同时还与身管表面接触受力及软化温度有关。因此下面首先分析火炮发射特别是连续射击条件下的身管内壁加热升温的特点,然后观察铁-碳合金组织结构图,以便理解内壁表面发生的渗碳、渗氮及其相变。

1)身管内壁受热特点简介[38-39]

由7.2.4小节所作的身管传热分析可知,每射击1次,身管内表温度在发射期间急速上升1次,但当弹丸飞出炮口,特别是射击后效期过后,内表薄层积累的热量因迅速沿径向向外表传递,温度又快速下降。发射期间,膛内高温燃气向身管内表快速传递热量,内表薄层快速积累的热量来不及向身管里层扩散,温度急剧上升。若设内表温度为 T_w,则这一时期 T_w-t 曲线上升斜率非常陡峭。当弹丸飞出炮口,进入发射过程后效期,身管起始部 T_w 将持续下降。而接近炮口部位将持续增加,直至膛内热气流排空,进入射击的发间间隔期。随着内表薄层热量向身管外表扩散和膛内边界层停止向身管供热,内表温度 T_w 将逐渐向其射前初始值回归。每次发射使身管内表急速升温的薄层厚度,一般小于1mm,其温度峰值大小决定了这一薄层铁碳相态变化,包括是否达到软化点及熔点;发生什么样的化学反应,包括渗碳、渗氮等达什么程度。由于发射给身管内壁带来的加热过程是瞬态脉冲升-降温过程,决定了材料能否发生和发生了什么样的相变。例如:一旦出现马氏体,意味着内膛表面产生折皱,也意味着表面粗糙度的增加和对流传热系数的增强。因此,从传热机理上看,发射过程中膛内发生的传热是瞬态(2~20ms)、特大温差(T_w 与 T_g 相差500~2000K)和快速转换湍流边界层强制对流传热起主导作用的混合传热,其传热系数之高,又难以准确确定。因此不难理解,身管内表最高温度值以及软化点、熔点和表面材料烧蚀率等的准确预估都具有很大的难度和不确定性。

但有一点是确定的,当采用连续射击模式时,内表温度将显示出如图7.11、图7.14和图7.46所示的脉冲变化的特点。从图7.46看到,这种情况下,身管内表经受的热脉冲,每射击一发,强化一次。一组连射 T_w 上升峰值包络线,将随射弹发数增加而上升,并且随射速提高,包络线上升斜率增大。相应内表初温 T_w 值包络线($O-K-D$ 曲线)也有相同趋势。假定 T_w 从等于 K 继续射击,内壁表面达到某种临界状态,如达到身管材料软化点或熔点,身管烧蚀率将快速上升。为了降低身管烧蚀,应在达到 K 点之前的 A 点暂停连射,使 A 下降回归到 B,再作下一个连射,则可有效提高身管总的有效射弹数。

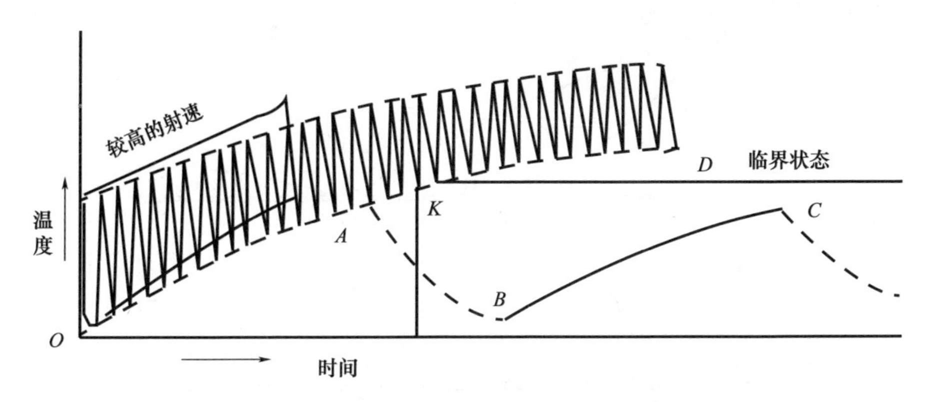

图7.46 连续射击身管内表温度变化示意图

2）身管材料组织相图及在发射中的化学反应

通常身管材料是炮钢,可以借助铁(Fe)－碳(C)相图(图7.47)近似解释身管内壁发生的化学反应及其烧蚀机制。在火炮发射,特别是连续射击时,内膛表面接受的是高频脉冲热流,这种加热模式与身管烧蚀的生成机制,包括表面渗碳、渗氮、白层形成、马氏体生成及表面折皱的产生等,都密切相关。由铁－碳相图看到以下几个基本事实:①*ABCD* 液相线以上区域为液相,*AHJECF* 固相线以下是固相,但不同温度区域相态(组织)不同。②图中L为液相区;Fe_3C 为渗碳体,其碳的质量分数为6.69%;γ 为奥氏体,碳含量最大为9.11%;α 为铁素体,碳含量最大为0.0218%。③*ES* 线是碳在奥氏体中饱和溶解线,含碳量在0.77%~2.11%,当温度低于该线,则会从奥氏体中析出二次渗碳体。④PS和SK为奥氏体与马氏体的变线。

所以,不难理解:①在膛内高温燃气作用下,身管内表0.01~0.05mm薄层,一旦温度高于750℃,将发生奥氏体－马氏体相变;②该相变层为白色,俗称白层,厚度约0.02~0.05mm,性质硬脆,易产生裂纹;③一旦产生高于1150℃的热点,则被吹离;④高温表面易于和燃气的氧、碳形成低熔点产物,如FeO、Fe_2O_3、FeC等。

身管加热升温是内表薄层发生化学反应和渗碳渗氮及白层形成的外部条件,内因是高温火药燃气中含有CO、NH_3 及 H_2 与HS等。火药燃气组分构成,受化学反应平衡常数支配,其中CO、CO_2、H_2O 和 H_2 的含量取决于下列反应:

$$CO_2 + H_2 \rightleftharpoons CO + H_2O$$

而 CO + Fe、CO_2 + Fe 和 Fe + H_2O 等反应趋势的存在,都可能对烧蚀起加剧作用。事实上,人们早就发现,哪怕发射1次,身管内表就有渗碳体出现。

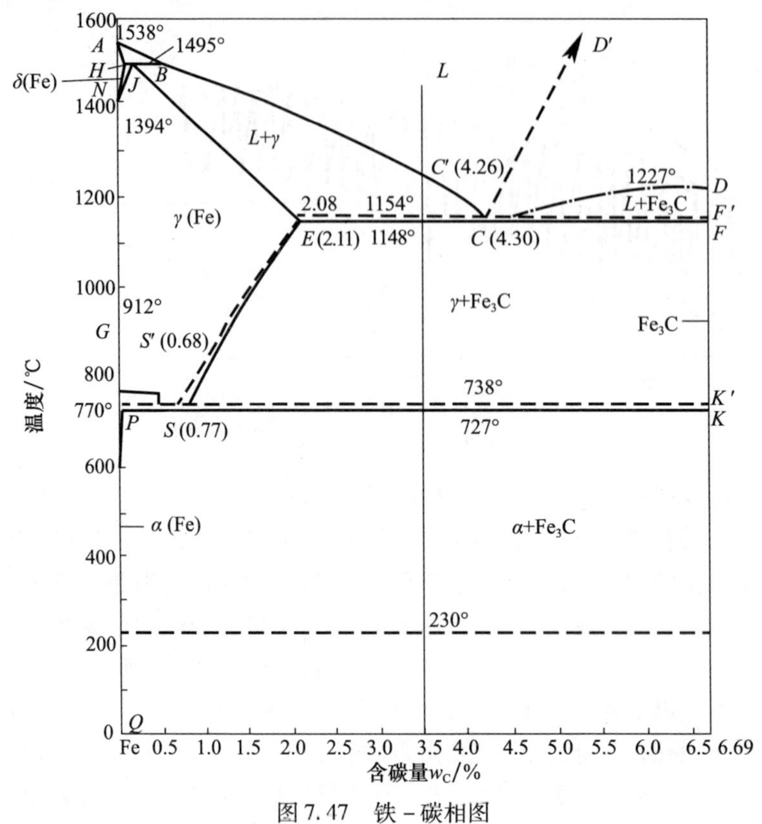

图 7.47　铁－碳相图

3）机械作用

机械作用对烧蚀磨损同样具有重要影响，这里主要是指身管材料在高温条件下自身强度和抗热冲击能力的下降。所谓身管的高温强度，主要是指弹带对高温气流对内膛表面施加作用时，身管材料所具有的抗损耗能力；而其抗热冲击能力主要是指内膛表面承受多次热冲击所具有的抵抗产生疲劳龟裂的能力。一般来说，身管内表随温度上升，膛线抗压能力下降，当其表面抗压应力一旦低于弹带对其施加的压应力，磨损将快速增加。一方面，当磨损量达一定程度，弹带将失去密封作用。另一方面，不同火药爆温不同，如内膛表面温度上升，高速燃气流和固体药粒对其冲刷作用也将增强。图 7.48 所示为炮膛内表温度对身管机械强度的影响，图中 σ_0 为常温强度，σ_t 为升温后强度，当 T_w 上升至某一临界，σ_t/σ_0 将急剧下降。表面一旦软化，随即将失去抵抗能力而塌陷。

身管抗热冲击能力与其热冲击强度有关，即与身管材料组分、抗相变能力和火药气体与其发生化学反应能力有关。同时热冲击频率高低也起到重要作用。从铁－碳相图上看到，判断内膛表面抗热冲击能力强弱的关键是看表面是否会出现瞬间热点，一旦有超过 1150℃的热点生成，表面抗热冲击能力和抗燃气流冲刷能力将快速下降。所以 1150℃是一个重要临界温度值。需要注意的是，应将“表面热点”理解是表面局部分散点，而非身管内表平均温度值。

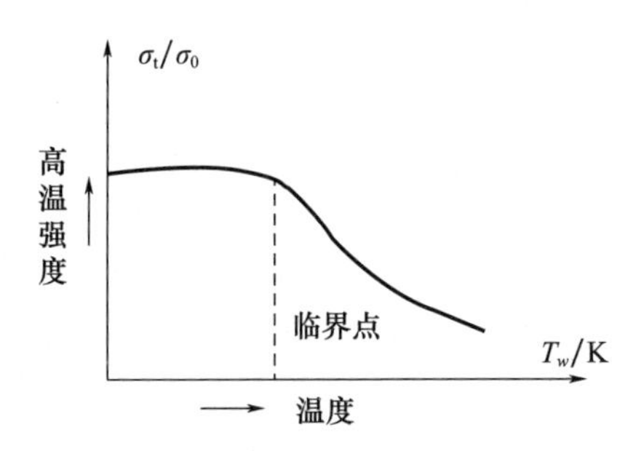

图 7.48　内表温度对身管机械强度的影响

7.5.2　身管内表面温度为判据的烧蚀与寿命估算法

尽管身管内膛表面烧蚀与使用寿命的估算涉及内膛表面传热、化学反应与机械作用等诸多方面，但表面传热速率、温度上升程度和热冲击频率无疑是其主导因素。迄今为止，身管烧蚀与寿命估算基本都是以身管内壁传热计算为基础。下面介绍两种估算方法，首先介绍以身管内表面温度为判别特征量的烧蚀与寿命估算方法[36]。

1. 身管受热模型及内壁温度的计算

这里的身管内壁传热计算以一维不定常流动内弹道模型为基础，而后效期和射击间隔期间的膛内流动及其与膛壁之间的传热计算同 7.2.2 节。

身管内壁表面传递的热流密度可表示为

$$q_w(t) = q_w = h_t(T_g - T_w) \tag{7.96}$$

在内弹道及其后效期内，燃气流与膛壁之间的强迫对流换热系数 h_t 为

$$h_t = Nu\lambda_g/d \tag{7.97}$$

式中：Nu 为努塞尔数；λ_g 为气体热导率；d 为身管名义直径。其中 λ_g、Nu 都是时间的函数。如前面所述，通常对膛内大温差瞬变不定型湍流边界层，Nu 采用如下形式：[18,38]

$$Nu = 0.05\ Re^{0.8}\ Pr^{0.4} \cdot K_e \tag{7.98}$$

式中：Re，Pr 分别为气流雷诺数和普朗特数，$Re = \rho_g u_g d/\mu_g$，其中：ρ、u 分别为膛内气流密度和速度，μ_g 为其黏度；K_e 为入口修正系数（见式(7.72)）。由 7.2 节可知，炮管热传导方程一般可表示为

$$\frac{\partial T}{\partial t} = a_s\left(\frac{\partial^2 T}{\partial r^2} + \frac{1}{r}\frac{\partial T}{\partial r}\right) \tag{7.99}$$

其相应初始条件，对第1发冷炮，可以表示为 $t=0, T_0(0,r)=T_0(r)(r_1 \leqslant r \leqslant r_2)$。

对连续射击，$T(0,r)$ 是前一发的已知函数。

边界条件，内表：取 $r=r_1=d/2, \lambda_s \left.\frac{\partial T}{\partial t}\right|_{r=r_1}=q_w(t)$；

外表：对首发冷炮，可近似取 $r_2 \to \infty$，

对连续射击，$r_2=D_2/2, k_s \left.\frac{\partial T}{\partial r}\right|_{r=r_2}=-q_w^*$。

式中：q_w^* 为身管外表对流换热的热流密度；a_s 为身管材料热扩散系数，$a_s=\lambda_s/(c_s\rho_s)$。一般情况下，计算时取 $\rho_s=7800\text{kg/m}^3, c_s=0.54\text{kJ/(kg·K)}, \lambda_s=42\text{W/(m·K)}$。

由于发射期间（包括后效期）身管内壁受热区域仅是小于1mm的一薄层区域，对烧蚀真正起关键作用的是内表最高温度值，因此可以把发射期间身管热传导问题近似当作一维半无穷大平板问题处理，即式(7.99)可以采用式(7.95)近似代替，即

$$T_w(t)=T(0,t)=T_i+\frac{2q_w}{\lambda_s}\sqrt{\frac{a_s t}{\pi}} \tag{7.100}$$

式中：λ_s 为身管材料热导率；a_s 为身管的热扩散系数；t 为时间。当 $q_w=\text{const}$ 时，$T_i(t)$ 即为 $T_w(t)$ 的初值，可以理解为是它前一时刻的值。当 q_w 是时间的函数时，可将式(7.100)改写为关于时间的差分形式：

$$T_w(t+\Delta t)=T_w(t)+\frac{2}{\lambda_s}\frac{q_w(t)}{\sqrt{\pi}}\left[(t+\Delta t)^{1/2}-t^{1/2}\right]\sqrt{a_s} \tag{7.101}$$

式中：$T_w(t)$ 为前一时刻 t 的表面温度；$T_w(t+\Delta t)$ 当前时刻表面温度。

对海双30mm火炮，取表7.11所列的两种火药示性数进行内弹道计算，内弹道主要特征量计算结果如表7.12所列。与此同时，计算得到首发冷炮条件下身管不同断面位置内壁温度最大值如表7.13所列，定义冷炮首发内膛表面温度最大值为 $\hat{T}_w(x_j)$，因 $\hat{T}_w(x_j)$ 是弹丸行程 x_j 的函数，即不同位置是不同的。表中所列结果为冷炮首发不同位置的 $\hat{T}_w(x_j)$ 值，3个特征位置分别为 $x_1=0.36d$（紧塞管），$x_2=1.40d$（衬管）和 $x_3=2.43d$（身管本体起点）。由计算结果可知，在 x_2 和 x_3 处，采用7/14火药的 $\hat{T}_w(x_j)$ 比6/7高出约78℃。

表7.11　海双30计算用火药示性数

示性数	火药力 f/(kJ·kg^{-1})	爆温 T_1/K	燃速系数 u_1/((m·s^{-1})/MPa)	燃速指数 n	余容 α/(m^3·kg^{-1})
6/7(松)	930	2541	6.9×10^{-4}	1	10^{-3}
7/14(花)	960	2800	7.7×10^{-4}	1	10^{-3}

表 7.12 海双 30 内弹道特征量计算值与试验的比较

火药	p_m(铜柱)/MPa	$p_m\times1.15$/MPa	p_m(电测)/MPa	p_m(计算)/MPa	v_0(试验)/$(m\cdot s^{-1})$	v_0(计算)/$(m\cdot s^{-1})$
6/7(松)	303	345	336	343	1062	1050
7/14(花)	287	327	324	328	1060	1066

表 7.13 采用不同火药首发冷炮身管不同位置内壁温度最大值 $\hat{T}_w(x_j)$ 计算结果

弹丸行程	紧塞筒:$x_1=0.36d$	衬管:$x_2=1.40d$	身管本体:$x_3=2.43d$
6/7(松)	1147K	1137K	1109K
7/14(花)	1216K	1215K	1190K

在连续射击条件下,身管内壁温度最大值 $\hat{T}_w(x_j)$ 是逐发升高的。这已在 7.2 节讨论过,并从图 7.11 和图 7.15 可以看到,内壁温度是随连续射击采用的模式变化而变化的。定义 $\hat{T}_w(i)$ 为一组射弹的第 i 发内膛表面温度最大值。如其射速(频)是增加的,则对应第 i 发 $\hat{T}_w(i)$ 也是增加的。假定海双 30mm 火炮以设计射速连射,不同累计射弹发数条件下 x_3 处的内壁温度最大值计算结果如表 7.14 所列,$\hat{T}_w(i)_{max}$ 为连射第 i 发身管内壁温度最大值,$\hat{T}_w(i)_{min}$ 为连射第 i 发发射开始时刻身管内壁初始温度即最小值。

表 7.14 海双 30mm 火炮连续射击条件 x_3 处内壁温度最大值

一组连射总发数	6/7(松)		7/14(花)	
	$\hat{T}_w$(max)/K	$\hat{T}_w$(max)/K	$\hat{T}_w$(max)/K	$\hat{T}_w$(max)/K
5	1253	549	1369	646
10	1305	675	1434	783
15	1336	749	1473	865
20	1357	800	1500	924
25	1373	839	1521	968
30	1386	859	—	—
40	1405	915	—	—
60	1431	977	—	—

由以上计算结果,可拟合得到海双 30mm 火炮连射条件下身管起始处(x_3)内壁温度一组射弹第 i 发的最大值 $\hat{T}_w(i)$ 近似式为

$$\hat{T}_w(i)=0.054\hat{T}_w(x_3)(i-1)^{0.5}(R_n/1000)^{0.775} \tag{7.102}$$

式中:$\hat{T}_w(x_3)$ 为首发冷炮 x_3 处内壁温度最大值;$\hat{T}_w(i)$ 第 i 发该处内表温度最大值;R_n 为连射所采用的射速(发/min);i 为一组连射的第 i 发。

2. 烧蚀率估算

烧蚀率,即每发身管内径 d 的扩大量。至今尚未见到令人满意的能完整反映和体现烧蚀机制的烧蚀率估算公式,虽然已提出了多种估算式,但仅是以身管传热计算为基础和突出内壁温度作用的近似表达式。在这里采用如下关系式:

$$\Delta e_{\mathrm{w}}(i)=\frac{Dd}{Di}=A\cdot\exp[B(\hat{T}_{\mathrm{w}}(i)-T_{\mathrm{w}}(0))] \tag{7.103}$$

式中:$\Delta e_{\mathrm{w}}(i)$ 为第 i 发射弹的烧蚀量;d 为身管内径(mm);A,B 为符合系数,海双30mm 火炮:$A=1.7\times10^{-6}\mathrm{mm}$,$B=0.0048\mathrm{K}^{-1}$;$T_{\mathrm{w}}(0)$ 为身管内壁初温,或环境气温。

身管从服役开始,累计射弹 I 发,则累计烧蚀量 e_{wt} 为

$$e_{\mathrm{wt}}=\sum_{i=1}^{I}\Delta e_{\mathrm{w}}=\sum_{i=1}^{I}A\exp[B(\hat{T}_{\mathrm{w}}(i)-T_{\mathrm{w}}(0))] \tag{7.104}$$

显然,从式(7.103)或式(7.104)可知,身管烧蚀率不仅与内弹道因素,即装填条件有关,还与采用的射击模式和环境条件有关。连射时一组连射的射速不同和射弹次序 i 不同,对应的烧蚀量 $\Delta e_{\mathrm{w}}(i)$ 不同。

3. 寿命估算

烧蚀寿命估算建立在烧蚀量估算基础上。身管正常使用寿命,一般是指身管烧蚀寿命。如前面所述,这种寿命极限是指发射的弹丸达不到规定的战技指标,即宣告身管寿命终止。不过,多数情况下身管寿命以身管某个断面内径扩大量 e_{wt}^{*} 为判据。对大口径加榴炮,判据一般为 $e_{\mathrm{wt}}^{*}\leqslant0.03\sim0.05d$。对海双30mm 火炮,因为是转膛炮,一根身管对应有4个药室,且药室前端弹丸行程起始部配置有紧塞管,身管本体起始部位还配置有衬管。紧塞管和衬管都属于弹丸行程初始组成部分,尽管烧蚀严重,但可定期更换。因此,海双30mm 火炮的身管烧蚀寿命,主要是指衬管前方身管本体起始部位内径累计烧蚀量极限值。当然此处烧蚀量估算也以对应位置身管内壁温度为依据。所以,不同火炮寿命终止判据,即 e_{wt}^{*} 值的定义是存在差异的。表7.15是几种速射火炮以首发冷炮计算的内壁温度最大值 $\hat{T}_{\mathrm{w}}(x_3)$ 为依据(其他火炮 x_3 为膛线起点),计算得到的身管寿命与其实际寿命的比较。

表7.15　采用首发 $\hat{T}_{\mathrm{w}}(x_3)$ 估算寿命与实际的比较

火炮	火药	e_{w}^{*}/mm	$T_{\mathrm{w(max)}}(1)$/K	$I_{计}^{*}$	$I_{实}^{*}$
海双30mm	6/7(松)	0.9	1147	2140	—
海双30mm	7/14(花)	0.9	1216	1540	—
57mm 高射	11/7	2.8	1444	1771	1145
海37mm	7/14(花)	0.66	910	4925	3900

续表

火炮	火药	e_w^*/mm	$T_{w(max)}(1)$/K	$I_{计}^*$	$I_{实}^*$
海25mm	6/7(石)	0.50	864	4654	3000
85mm加农	18/1+14/7	2.0	1340	1780	1367

注：$I_{计}^*$是以冷炮发射$\hat{T}_w(x_3)$预估的寿命(发数)，$I_{实}^*$为实际射击得到的有效累计发数。

由于表7.15中的寿命预估值是以首发冷炮内壁温度最大值($\hat{T}_w(x_3)$)为依据的，所以理论估算值都大于实际寿命值。显然，为了使理论预估值接近于实际，需要考虑连射效应，包括一组射弹射速和累计发数的影响，即考虑射击模式影响。当然，实际作战时采用的射击模式既与武器系统的战术技术设计指标有关，更与实际作战需要有关。表7.16是海双30mm身管本体指定位置用假想的几种射击模式计算得到的寿命，判据取$e_{wt}^*=0.05d=1.5\text{mm}$。其中：

模式1：7个长连射，每次90发；之后为点射，即90×7发之后，每打1发，停顿1次；

模式2：5个长连射，每次90发，之后均为5发连射；

模式3：全部采用90发长连射；

模式4：全部采用单发点射。

表7.16 海双30mm火炮不同射击模式身管本体寿命估算结果

火药	模式1	模式2	模式3	模式4
6/7(松)/发	2540	1860	1100	4480
7/14(花)/发	670	1090	640	2921

由表7.16可见，理论估算的身管烧蚀寿命，首先与射击模式有关，模式3寿命最短，模式4最长。同时又与采用的火药紧密相关，以模式1为例，7/14(花)火药理论估算寿命差不多仅为6/7(松)的1/4。

4. 理论估算与试验的比较

本节引用的身管寿命理论估算结果发表于1981年[36]，与1年之后该炮的实际试验结果基本相符，详见国营456厂研字226号文："7/14(花)发射药比6/7(松)发射药对炮管烧蚀严重得多，且烧蚀范围大，严重烧蚀区域约扩大四倍"。

7.5.3 熔解量为判据的烧蚀与寿命估算法

前面介绍的身管烧蚀估算方法是以一维不定常均相流内弹道模型为基础的。考虑到工程中常规内弹道模型仍在广泛应用，本小节讨论则以常规内弹道模型为基础，同时引用等效全装药概念，进行身管内壁传热及烧蚀估算。因为7.5.2小节重点关注的背景是机关炮或速射身管武器的烧蚀与寿命，这些火炮基本都采用定装式弹药,即弹药是基本不变的,内弹道过程计算中不同射弹不需要考虑装药量的变化。大口径加榴炮就不同了,经常采用变装药射击,甚至使用的弹丸也经常变换。于是,随装填条件带来的内弹道规律变化,对身管的传热规律及对内壁的烧蚀作用也将不同。

1. 常规内弹道模型的身管内壁烧蚀估算

采用常规内弹道模型进行身管传热计算,7.2 节讨论过,在此不再重复。而烧蚀率估算除了以身管内表温度作为判别的估算法之外,还有一种方法是将内表热流密度 $q_w(t)$ 与身管表面熔化质量相关联。这种方法最早是由琼斯(Jones)和布赖特巴特(Breitbart)提出的[37-38]。他们假定,内膛表面是粗糙的,高温气流作用下,膛壁内表面一些局部高温热点被加热至熔点,这些"高温点"被吹离就产生烧蚀。因此引起烧蚀的热仅占膛内燃气流对身管内壁全部热流量的一小部分,而且这些出现在加热表面上的高温点,存在的时间非常短暂,产生的位置也在不断地变换之中。将这些瞬间出现且被吹离的"高温点"在内壁全表面上进行平均,定义为内表面的平均损耗(烧蚀)速率 $\dot{e}_w$。于是每射击一次,身管内壁烧蚀量为

$$\Delta e_w = \frac{1}{\Delta t}\int_{t_1}^{t_2} \dot{e}_w \mathrm{d}t \tag{7.105}$$

式中:t_1,t_2 分别为 Δt 时间内考察表面开始出现烧蚀和烧蚀终了的时刻。如流向单位内膛表面上高温热点的热流密度为 $q_1(t)$,单位容积金属温度上升至熔点并熔化所需要的热量为 Q_1,则烧蚀率为

$$\dot{e}_w = q_1(t)/Q_1 \tag{7.106}$$

式中

$$Q_1 = \rho_s[c_s(T_m - T_i) + Q_m] \tag{7.107}$$

式中:T_m 为熔点;T_i 为材料初温;Q_m 为熔解热。

如取 $Q_m = 2.5 \times 10^3$ kJ/kg,则有 $Q_1 = 7.94 \times 10^6$ kJ/kg。按这种思路确定 Δe_w,实际是将问题转化为如何确定 t_1 和 t_2。布赖特巴特利用 29 门不同口径火炮膛线起始部烧蚀率实测值,通过推导,将式(7.105)拟合并转换为火炮内膛结构与装填参量的代数式,即

$$\Delta e_w = \frac{K' m_\omega \Delta^2 l_g^3}{s^2 d^{4.1}}\left[\frac{p_m^2 - 16000^2}{p_m^3}\right] \tag{7.108}$$

式中:K'为系数,$K' = 8.81 \times 10^{-3}$;m_ω 为装药量(lb);d 为口径(in);l_0 为药室缩颈长(in);l_g 为弹丸总行程(in);s 为膨胀比,即 $s = (l_0 + l_g)/l_0$;Δ 为装填密度(lb/in^3)。由于该式中物理量基本都采用英制单位,因此 K'值及方括号中的拟合值(16000^2)都应在物理量换算为国际单位制,重新拟合校核确认之后才可使用。表 7.17 为采用式(7.108)计算得到的烧蚀量与 29 种不同火炮实际烧蚀量的比较。

表 7.17 美国火炮烧蚀率(理论值按式(7.115)计算)

火炮		发射药	弹种	初速		$\Delta e_w(i)$(实测)/(mm×10^{-3}/发)	$\Delta e_w(i)$(计算)/(mm×10^{-3}/发)	$\frac{\Delta e_w(实)-\Delta e_w(计)}{\Delta e_w(i)(实)}$/%
				ft/s	$m\cdot s^{-1}$			
陆军地炮	37mm M3	M2	穿甲弹	2900	884	0.11	0.097	-12
	40mm M1	M1	杀爆弹	2870	875	0.043	0.050	18
	57mm M1	M6	曳光穿甲弹	2700	823	0.28	0.239	-15
	57mm M1	M6	杀爆弹	2700	823	0.13	0.250	92
	75mm T22	M1	杀爆弹	2300	701	0.049	0.048	-1
	76mm T91	M6	穿甲弹	4000	219	0.38	0.315	-17
	3in M7	M6	曳光穿甲弹	2600	792	0.19	0.192	1
	90mm M3	M6	杀爆弹	2700	823	0.30	0.244	-19
	90mm T19	M2	曳光穿甲弹	2650	808	1.10	1.137	3
	90mm T5	M6	曳光穿甲弹	3300	1006	1.90	1.462	-23
	90mm T54	M12	曳光穿甲弹	3300	1006	2.00	1.920	4
	90mm T54E2	M6	曳光穿甲弹	3200	975	1.20	0.469	-41
	120mm M1	M6	杀爆弹	3100	945	1.00	1.100	10
	6in 榴炮	M6	练习弹	2800	853	1.20	1.202	1
	155mm M2	M6	杀爆弹	2800	853	0.36	0.528	47
	155mm 榴炮	M1	杀爆弹	1850	564	0.058	0.062	7
	8in 榴炮	M6	杀爆弹	2800	853	2.00	1.911	-4
	240mm M1 榴炮	M1	杀爆弹	2300	701	0.44	0.382	-13

续表

火炮		发射药	弹种	初速		$\Delta e_w(i)$(实测)/(mm×10^{-3}/发)	$\Delta e_w(i)$(计算)/(mm×10^{-3}/发)	$\frac{\Delta e_w(实)-\Delta e_w(计)}{\Delta e_w(i)(实)}$/%
				ft/s	$m \cdot s^{-1}$			
海军炮	3in/50MK2	NH	—	2700	823	0.15	0.279	86
	5in/38MK12-1	NC	—	2600	792	0.34	0.498	-46
	5in/51MK7,8	NC	—	3150	960	0.86	0.735	-14
	5in/54MK16	NC	—	2650	808	0.51	0.583	14
	5in/47MK16	NC	—	2500	762	0.83	1.212	46
	8in/55MK15	NC	—	2500	762	1.27	1.605	26
	12in/50MK8	NC	—	2500	762	2.21	2.815	27
	14in/45MK12	NC	—	2600	792	3.95	3.852	2
	14in/50MK11	NC	—	2700	823	3.55	3.287	-7
	16in/45MK6	NC	—	2300	701	3.25	3.424	5
	16in/50MK7	NC	—	2500	762	5.13	4.390	-14

我国科技工作者根据实践,对式(7.108)提出一种简化修正式,即

$$\Delta e'_{w} = \Delta e_{w}(1 + \overline{W}_{b}/d_{b})^{\beta} \tag{7.109}$$

式中:$\Delta e'_{w}$ 的单位为 mm;$\overline{W}_{b}$ 为弹带宽;d_{b} 为弹带直径;β 为指数,一般取 $\beta = 1.24$。除烧蚀量 Δe_{w} 外,其余物理量一律取国际单位制。

2. 等效全装药系数及寿命估算

对大口径火炮变装药,通常以全装药烧蚀量作为参照基准或取当量值为 1,对减装药要乘上一个折算系数,计算其不同射弹的烧蚀量与寿命。正因为不同装药或不同装填条件,烧蚀率存在明显差异,瑞尔(Riel)很早的时候就提出了等效全装药系数(EFC)概念,并给出了与当时火炮射击烧蚀量实测值十分相符的等效系数经验式[38-39]:

$$\mathrm{EFC} = \left(\frac{p_{m}}{p_{1m}}\right)^{0.4}\left(\frac{m_{\omega}}{m_{\omega 1}}\right)^{2}\left(\frac{v}{v_{1}}\right)\left(\frac{f}{f_{1}}\right) \tag{7.110}$$

式中:EFC 为等效全装药系数;p_{m} 为药室最大压力;m_{ω} 为装药量;v 为初速;f 为火药力。下标“1”为全装药对应内弹道特征量。如果是混合装药,则 f 取加权平均值。

类似地,我国内弹道工作者结合现有国内火炮身管烧蚀实测数据,对式(7.110)也作了简化和修正,即

$$\mathrm{EFC} = \left(\frac{p_{m}}{p_{m1}}\right)^{1.4}\left(\frac{v_{0}}{v_{01}}\right) \tag{7.111}$$

式中:p_{m1},v_{01} 为全装药标准用弹对应的最大膛压和弹丸初速;p_{m},v_{0} 为减装药和非标准用弹的最大膛压和初速。

图 7.49 为根据国产 155mm 火炮在靶场综合考核中按照考核计划安排采用的弹药所得到的身管烧蚀实测值,拟合得到的等效全装药(EFC)射弹发数所对应的单发烧蚀量 $\Delta e_{w}(i)$ 随射弹数的变化。由该图可见,新炮当身管射弹发数较少时,$\Delta e_{w}(i)$ 较大;而随射弹数增加,$\Delta e_{w}(i)$ 逐渐减小。

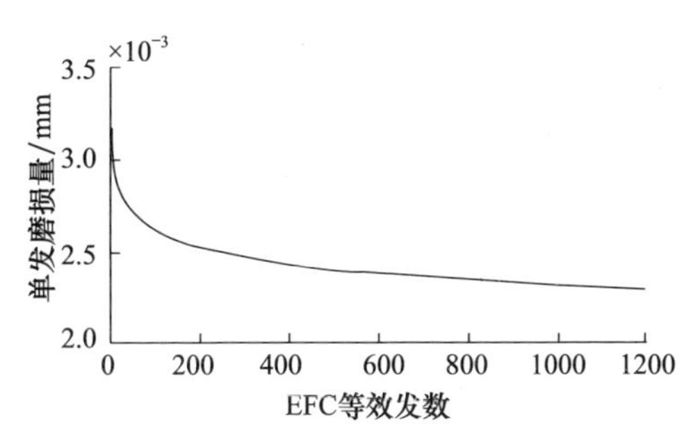

图 7.49　等效单发烧蚀磨损量 $\Delta e_{w}(i)$ 随射弹数的变化

由前述可知,单发烧蚀量一旦确定,累计烧蚀量 $e_{wt} = \sum_i \Delta e_w(i)$ 或寿命即可确定。图 7.50 所示为国产 155mm 火炮身管累计烧蚀量随等效射弹发数增加而增加的曲线,图中表定值为设计指标值,是参照南非同类火炮寿命估算方法预估得到的,而计算值是根据国产 155mm 火炮设计参量计算得到的,计算中参量选取是参考国内外相关文献和一些国产火炮身管烧蚀实测数据拟合得到的。当极限烧蚀量 e_{wt}^*(mm)一旦给定,则对应等效全装药射弹数 $I_{计}$(EFC),即当 $\sum_i \Delta e_w(i) \to e_{wt}^*$ 时,有

$$I_{计}^*(\text{EFC}) = e_{wt}^* / \Delta \bar{e}_w(i) \tag{7.112}$$

式中:$\Delta\bar{e}_w(i)$ 为平均单发烧蚀量。

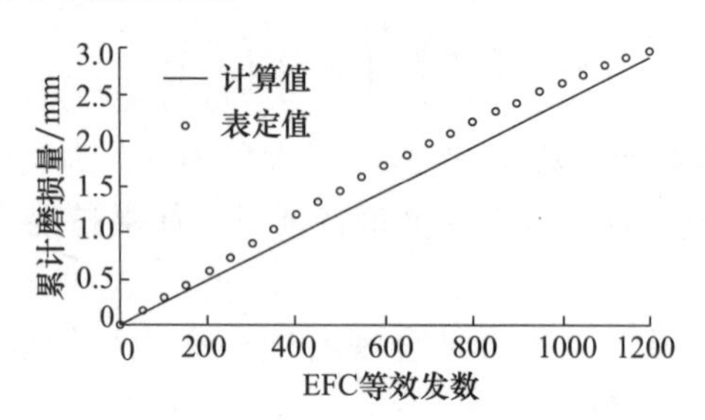

图 7.50　155mm 火炮寿命估算比较

身管的实际有效射弹数与实际使用的装药量等因素有关,不可能全部是全装药。因此实际有效射弹数一般都大于其等效全装药射弹数。如设实际有效射弹数为 $I'_{计}$,则 $I'_{计}$ 与 $I'_{计}$(EFC)的关系为

$$I'_{计} = I_{计}^*(\text{EFC}) \left(\frac{m_\omega}{m_q}\right)^{0.86} \cdot \left(\frac{\sigma_m}{p_{m1}}\right)^{0.75} \cdot \left(\frac{T_1}{T_s}\right)^{1.3} \cdot \left(\frac{l_2}{d_2}\right)^{0.4} \cdot \alpha' \tag{7.113}$$

式中:m_ω 为装药量(kg);m_q 为弹丸质量(kg);σ_m 为身管材料屈服极限(MPa);p_{m1} 为标准弹药最大膛压(MPa),对于 155mm 加榴炮,取底排弹的最大膛压;T_1 为火药爆温(K);T_s 为身管材料软化温度(K);l_2 为弹带宽度(mm);d_2 为弹带直径;α' 为理想极限寿命系数,与身管材料、火炮口径、弹丸质量及装药结构有关。

参考文献

[1] 费兰克 P 英克鲁佩勒,大卫 P 德维特,狄奥多尔 L 伯格曼,等. 传热和传质基本原理:第 6 版[M]. 葛新石,叶宏,译. 北京:化学工业出版社,2015.

[2] 杨世铭,陶文铨. 传热学[M]. 4 版. 北京:高等教育出版社,2006.

[3] 赵镇南. 传热学[M]. 北京:高等教育出版社,2002.

[4] 过增元. 热学中的新物理量[J]. 工程热物理学报,2008,29(1):112 - 114.
[5] 过增元,曹炳阳. 基于热质运动概念的普适导热定律[J]. 物理学报,2008,57(7):4273 - 4281.
[6] 李志信. 探同索异:过增元论文精选[M]. 北京:清华大学出版社,2016.
[7] 周彦煌,余永刚,陈劲操. 现代箭炮装药实时温度精确测量的研究[J]. 弹道学报,2001(1):56 - 61.
[8] 周彦煌,陈劲操,余永刚,等. 火炮装药温度实时自动测定系统[J]. 兵工学报,2002(1):139 - 141.
[9] 周彦煌,刘东尧,余永刚,等. 火箭推进剂实时温度测量装置[J]. 计量学报,2004(4):333 - 335.
[10] 陈桂东,周彦煌. 火箭药温模拟测量法[J]. 兵工学报,2005(3):405 - 408.
[11] 朱德忠. 热物理测量技术[M]. 北京:清华大学出版社,1990.
[12] 刘庆才,周彦煌,余永刚. 某推进剂非稳态导热及温度场特性[J]. 推进技术,2002,23(6):448 - 452.
[13] 李杰,周彦煌. 复杂结构火箭发射药非稳态温度场的数值模拟[J]. 兵工学报,2008,29(1):68 - 71.
[14] 周彦煌,余永刚,陈劲操,等. 火炮药温测量原理及应用[C]//创新型国家中的公共安全与国家安全论文集. [地点不详]:[出版者不详],2006:581 - 585.
[15] 李杰,周彦煌. 多根药柱火箭发射药非稳态温度场特性数值模拟[J]. 弹道学报,2008(2)95 - 98.
[16] 黄凤良. 现代火炮和火箭发射中的传热问题及其温度控制技术[D]. 南京:南京理工大学,2000.
[17] 李杰,余永刚,周彦煌,等. 机枪内膛壁面瞬态温度的测试[J]. 测试技术学报,2005,19(4):45 - 48.
[18] 周彦煌,王升晨. 实用两相流内弹道学[M]. 北京:兵器工业出版社,1990.
[19] 陈桂东. 炮射弹药发射热安全性研究[D]. 南京:南京理工大学,2005.
[20] 华东工学院. 30Φ39 产品对 66 式 152mm 加榴炮适应性研究[R]. 南京:华东工学院专题研究报告,1996.
[21] 陈桂东,周彦煌,等. 弹丸膛内滞留受热组合模型及其数值模拟[J]. 弹箭与制导学报,2004(1):300 - 303.
[22] 陈桂东,周彦煌. 末制导炮弹膛内滞留热安全模型及相似分析[J]. 弹道学报,2004(2):11 - 14.
[23] 陈桂东,周彦煌. 身管受热及其弹丸膛内滞留的影响[J]. 火炮发射与控制学报,2010(1):8 - 12.
[24] SOJA M,SNECK H J,BENELEY S. Analysis of Heat Migration into A Chambered Round(NY 12189 - 4000)[R]. Morris:Army U S ARDEC,2003,7.
[25] 吴斌,夏伟,汤勇,等. 射击过程中热影响及身管热控制措施综述[J]. 兵工学报,2003,24(4):525 - 529.

[26] 杨清文,刘琼. 火炮身管烧蚀磨损预测模型的研究[J]. 火炮发射与控制学报,2004(1):1-4.

[27] 吴斌,夏伟,汤勇,等. 身管熔化烧蚀的预测数学模型[J]. 火炮发射与控制学报,2002(1):5-10.

[28] 陈东森,钱林方. 金属内衬对复合材料身管热性能影响分析[J]. 兵工学报,2008,29(1):1302-1307.

[29] 吴永海,徐诚,张海兵. 某大口径机枪枪管的瞬态热弹耦合动力响应分析[J]. 弹道学报,2006,18(4):16-20.

[30] 王建花,钱林方,袁人枢. 复合材料身管的热残余应力[J]. 弹道学报,2007,19(1):82-85.

[31] 何忠波,赵金辉,傅建平,等. 火炮身管温差热弯曲的仿真与计算[J]. 火炮发射与控制学报,2010(1):34-38.

[32] 陈桂东,周彦煌. 模块装药膛内受热及其射击工况对它的影响[J]. 弹道学报,2012,24(3),10-14.

[33] 陈桂东,周彦煌. 火炮身管报警温度的确定[J]. 兵工学报,2008(1):19-22.

[34] KRIER H,SUMMERFIELD M. Interior Ballistics of Gun[M]. New York:American Institute of Aeronautics and Astronautics,1979.

[35] 路德维希·施蒂弗尔. 火炮发射技术[M]. 杨葆新,袁亚雄,等译. 北京:兵器工业出版社,1993.

[36] 周彦煌,殷鹤宝,王升晨,等. 海双30火炮身管传热、烧蚀及寿命的计算[J]. 兵工学册(武器分册),1981(3):26-40.

[37] JONES R N, BREITBART S. A Thermal Theory for Erosion of Guns by Powders Gases(NO. 747)[R]. Rochville:BRL Report ,1951.

[38] BREITBART S. A Simplified Methord for Calculating Erosion in Gans(NO. 549)[R]. Rochville:BRL Memoranolum Report,1951.

[39] RIEL R H. An Empirical Method for Predicting Equiralent Full Charge Factors for Artillery Ammunition No. 271[R]. Harford:Aberdeen Proving Ground D&PS Report,1961.

第 8 章　发射过程相关的流动

火炮发射过程涉及的流动,基本都属于瞬态或非稳态管内流动和经由不同形状与尺寸孔道的进出口瞬态流动,其中管内流动大多属于带化学反应的流动。正是这些流动现象决定了内弹道过程的主要规律。因此,研究这些流动现象是认识内弹道过程与规律的基本前提。尽管在目前发射过程建模中,大多数情况下都将其当作无黏性流动问题处理,但由于这些流动属于高温高压高速流动,并且多数情况下由于身管内表面并不光滑,特别是膛线的存在,内表壁面的摩擦与传热效应都是不可忽略的,即黏性对流动的影响是不可忽略的。然而,在发射过程的数理模型中,为了求解方便,通常都将其看作是无黏的。

在下面的讨论中,首先讨论无化学反应的纯气体流动的一般规律,接下来讨论与内弹道过程和发射装药点火燃烧问题相关的气 - 固两相流动。

8.1　无化学反应的纯气体一维流动

发射过程中膛内火药燃烧完毕之后的气体流动一般可当作是无化学反应的高压高温燃气的流动。这种背景下的流动往往伴随燃气推动弹丸做功过程,或者同时伴随经由喷口的膨胀加速和在膛口外形成激波等各种相关现象。

8.1.1　一维气体流动基本方程

1. 理想气体模型

理想气体是无黏气体,动力黏性系数 $\mu=0$;如假定流道壁面的传热系数 $h_t=0$;则气体应力张量 $T_{ij}=-p\delta_{ij}$,p 为压应力,δ_{ij}为单位张量,$i\neq j$ 时 $\delta_{ij}=0$,$i=j$ 时 $\delta_{ij}=1$。

理想完全气体状态方程可写为

$$p=R\rho T \tag{8.1a}$$

当气体为常比热容时,其内能 e、焓 h_e、熵 S,可分别写为

$$e=c_V T \tag{8.1b}$$

$$h_e=c_p T \tag{8.1c}$$

$$S = c_V \ln(p/\rho^\gamma) \tag{8.1d}$$

且有

$$R = c_p - c_V \tag{8.1e}$$

$$c_p/c_V = \gamma \tag{8.1f}$$

$$c_p = R\gamma/(\gamma - 1) \tag{8.1g}$$

式中:c_V,c_p 分别为单位质量定容比热容和定压比热容;γ 为比热容比;R 为气体常数,它由通用气体常数 $R_m = 8.314 \text{J}/(\text{mol} \cdot \text{K})$ 和具体气体的摩尔质量 M_m 确定,即 $R = R_m/M_m = (8.314 \times 10^3)/M_m (\text{J}/(\text{kg} \cdot \text{K}))$。对空气,等效相对分子质量为28.97,$R = 287 \text{J}/(\text{kg} \cdot \text{K})$。

2. 火药燃气热力学性质的估算确定

火药燃气并非理想气体,与通常热机排放的气体相比,特别之处在于火药配方基本都是按负氧平衡设计的,燃气中CO和H_2比例较高,而N_2的比例很小。更重要的是,火药燃气工作压力约为100~500MPa,温度约为1000~3500K。因而使得流动状态和气体性质与空气或普通热机排放气体有不小差异。当流过管道时,与管道壁面的传热作用明显。热物性参量也不同,以比热容为例,因为火药燃气都处于高温状态,因而无论定容比热容还是定压比热容,只要工作温度变化范围较大,都应看作是温度的函数,比热容比 γ 也一样。因此,在涉及火药燃气的流动计算中,热力性质参量都应实时确定。例如:不同燃气组分的定压比热容 c_p 随温度变化,可采用下式计算得到[1]:

$$C_p/R_m = a_1 + a_2 T + a_3 T^2 + a_4 T^3 + a_5 T^4 \tag{8.2}$$

式中:C_p 为摩尔定压比热($\text{J}/(\text{kmol} \cdot \text{K})$);$R_m$为通用气体常数($\text{J}/(\text{kmol} \cdot \text{K})$)。表8.1给出了拟合计算用无量纲系数 a_1、a_2、a_3、a_4、a_5,这些系数是温度的函数,混合气体一般采用组分加权平均法估算。对完全气体,由于 $C_V = C_p - R_m$,因此 C_V 随温度的变化也可确定。

气体热导率是随温度增加而增加的,但与密度和压力基本无关,这在第2章中作过解释。不同气体热导率及其随温度的变化需查找专门工具书得到。

考虑到火炮发射中的气体流动大多为高速流动,而其通过孔道的流出大多为壅塞流。但所发生的一些通过小孔的流出,多属于影响发射全过程或内弹道过程的次要因素。因此,为工程计算方便,很多情况下的这些流动作如下简化假定处理:

(1) 可以认为一些流动条件下的气体仍服从理想气体状态方程,不过这与采用带余容修正的阿贝尔-诺贝尔状态方程相比,对计算结果可能产生2%的误差。

表8.1 C—H—O—N燃料燃气组分比热容曲线拟合系数

组分	T/K	a_1	a_2	a_3	a_4	a_5
CO	1000 ~ 5000	0.03025078×10^{2}	$0.14426885 \times 10^{-2}$	$-0.05630827 \times 10^{-5}$	$0.10185813 \times 10^{-9}$	$-0.06910951 \times 10^{-13}$
	300 ~ 1000	0.03262451×10^{2}	$0.15119409 \times 10^{-2}$	$-0.03881755 \times 10^{-4}$	$0.05581944 \times 10^{-7}$	$-0.02474951 \times 10^{-10}$
CO_2	1000 ~ 5000	0.04453623×10^{2}	$0.03140168 \times 10^{-1}$	$-0.12784105 \times 10^{-5}$	$0.02393996 \times 10^{-8}$	$-0.16690333 \times 10^{-13}$
	300 ~ 1000	0.02275724×10^{2}	$0.09922072 \times 10^{-1}$	$-0.10409113 \times 10^{-4}$	$0.06866686 \times 10^{-7}$	$-0.02117280 \times 10^{-10}$
H_2	1000 ~ 5000	0.02991423×10^{2}	$0.07000644 \times 10^{-2}$	$-0.05633828 \times 10^{-6}$	$-0.09231578 \times 10^{-10}$	$0.15827519 \times 10^{-14}$
	300 ~ 1000	0.03298124×10^{2}	$0.08249441 \times 10^{-2}$	$-0.08143015 \times 10^{-5}$	$-0.09475434 \times 10^{-9}$	$0.04134872 \times 10^{-11}$
H	1000 ~ 5000	0.02500000×10^{2}	0.00000000	0.00000000	0.00000000	0.00000000
	300 ~ 1000	0.02500000×10^{2}	0.00000000	0.00000000	0.00000000	0.00000000
OH	1000 ~ 5000	0.02882730×10^{2}	$0.10139743 \times 10^{-2}$	$-0.02276877 \times 10^{-5}$	$0.02174683 \times 10^{-9}$	$-0.05126305 \times 10^{-14}$
	300 ~ 1000	0.03637266×10^{2}	$0.01850910 \times 10^{-2}$	$-0.16761646 \times 10^{-5}$	$0.02387202 \times 10^{-7}$	$-0.08431442 \times 10^{-11}$
H_2O	1000 ~ 5000	0.02672145×10^{2}	$0.03056293 \times 10^{-1}$	$-0.08730260 \times 10^{-5}$	$0.12009964 \times 10^{-9}$	$-0.06391618 \times 10^{-13}$
	300 ~ 1000	0.03386842×10^{2}	$0.03474982 \times 10^{-1}$	$-0.06354696 \times 10^{-4}$	$0.06968581 \times 10^{-7}$	$-0.02506588 \times 10^{-10}$
N_2	1000 ~ 5000	0.02926640×10^{2}	$0.14879768 \times 10^{-2}$	$-0.05684760 \times 10^{-5}$	$0.10097038 \times 10^{-9}$	$-0.06753351 \times 10^{-13}$
	300 ~ 1000	0.03298677×10^{2}	$0.14082404 \times 10^{-2}$	$-0.03963222 \times 10^{-4}$	$0.05641515 \times 10^{-7}$	$-0.02444854 \times 10^{-10}$
N	1000 ~ 5000	0.02450268×10^{2}	$0.10661458 \times 10^{-3}$	$-0.076465337 \times 10^{-6}$	$0.01879652 \times 10^{-9}$	$-0.10259839 \times 10^{-14}$
	300 ~ 1000	0.02503071×10^{2}	$-0.02180018 \times 10^{-3}$	$0.05420529 \times 10^{-6}$	$-0.05647560 \times 10^{-9}$	$0.02099904 \times 10^{-12}$
NO	1000 ~ 5000	0.03245435×10^{2}	$0.12691383 \times 10^{-2}$	$-0.05015890 \times 10^{-5}$	$0.09169283 \times 10^{-9}$	$-0.06275419 \times 10^{-13}$
	300 ~ 1000	0.03376541×10^{2}	$0.12530634 \times 10^{-2}$	$-0.03302750 \times 10^{-4}$	$0.05217810 \times 10^{-7}$	$-0.02446262 \times 10^{-10}$
NO_2	1000 ~ 5000	0.04682859×10^{2}	$0.02462429 \times 10^{-1}$	$-0.10422585 \times 10^{-5}$	$0.01976902 \times 10^{-8}$	$-0.13917168 \times 10^{-13}$
	300 ~ 1000	0.02670600×10^{2}	$0.07838500 \times 10^{-1}$	$-0.08063864 \times 10^{-4}$	$0.06161714 \times 10^{-7}$	$-0.02320150 \times 10^{-10}$
O_2	1000 ~ 5000	0.03697578×10^{2}	$0.06135197 \times 10^{-2}$	$-0.12588420 \times 10^{-6}$	$0.01775281 \times 10^{-9}$	$-0.11364354 \times 10^{-14}$
	300 ~ 1000	0.03212936×10^{2}	$0.11274864 \times 10^{-2}$	$-0.05756150 \times 10^{-5}$	$0.13138773 \times 10^{-8}$	$-0.08768554 \times 10^{-11}$
O	1000 ~ 5000	0.02542059×10^{2}	$-0.02755061 \times 10^{-3}$	$-0.03102803 \times 10^{-7}$	$0.04551067 \times 10^{-10}$	$-0.04368051 \times 10^{-14}$
	300 ~ 1000	0.02946428×10^{2}	$-0.16381665 \times 10^{-2}$	$0.02421031 \times 10^{-4}$	$-0.16028431 \times 10^{-8}$	$0.03809696 \times 10^{-11}$

（2）作为近似求解，可以忽略流动过程中的摩擦、组分变化和与壁面的热交换作用。这里的摩擦包括流体内摩擦作用和流体与流道固壁表面的摩擦作用，其实质是气流是无黏的。于是流动被当作是绝热的，即可简单应用 $p/\rho^{\gamma}=$ const，$T\cdot p^{(\gamma-1)/\gamma}=\text{const}$ 及 $T\rho^{1-\gamma}=\text{const}$ 等关系式。

（3）发射过程中的流动，一般均可忽略质量力的作用。

（4）通常可将气体热力学性能参量近似当作定值处理，如热导率 λ、比热容 c_V、c_p 等，取其工作温度区间的平均值。

（5）由于发射伴生的气体流出，在出口处大都已达声速或超声速，除了对过程开始瞬间和临近结束瞬间，一般均可近似作为准定常问题处理，将来流空间热力学参量用相对值表示。例如：将相对温度和相对压力分别写为 T/T_0、p/p_0，实际上是将其近似看作是准稳态参量，即认为流动参量相对值随时间的变化远小于随空间的变化，假定流出空间可以当作热力学准平衡态空间。

3. 变截面准一维流动基本方程

准一维假定下的流动参量在同一横截面上是均匀的，只在流动方向上发生变化。设流动通道截面积为 A，流道轴向坐标为 x，当 A 是随 x 缓慢变化的函数，即 $(L/A)(\partial A/\partial x)\ll 1$，$L$ 为流道的特征长度，则这样的变截面流动是准一维的。于是流动参量可表示为 $u=u(x)$，$\rho=\rho(x)$，$p=p(x)$ 等。这样的数学表达，实际是近似忽略了流动的横向分量，其流动应满足如下动力学方程。

（1）质量守恒方程，也称为连续方程：

$$\frac{\partial A\rho}{\partial t}+\frac{\partial A\rho u}{\partial x}=0 \tag{8.3}$$

式中：ρ，u 分别为气体的密度和速度。

（2）动量方程或运动方程：

$$\frac{\partial A\rho u}{\partial t}+\frac{\partial A\rho u^2}{\partial x}+\frac{A\partial p}{\partial x}=0 \tag{8.4}$$

式中：p 为压强。

（3）能量方程：

$$\frac{\partial A\rho(e+u^2/2)}{\partial t}+\frac{\partial A\rho u(e+u^2/2)}{\partial x}+\frac{\partial}{\partial x}(Aup)=0 \tag{8.5}$$

利用式(8.3)和式(8.4)，可将该式简化为

$$A\rho\frac{\partial e}{\partial t}+A\rho u\frac{\partial e}{\partial x}+p\frac{\partial Au}{\partial x}=0 \tag{8.5$'$}$$

或

$$\frac{\mathrm{D}e}{\mathrm{D}t}+\frac{p}{A\rho}\frac{\partial Au}{\partial x}=0 \tag{8.5$''$}$$

在这里，$\frac{\mathrm{D}e}{\mathrm{D}t}=\frac{\partial e}{\partial t}+u\frac{\partial e}{\partial x}$。

（4）绝热方程：

由假定(2)，有

$$p/\rho^{\gamma}=\text{const}\ 及\ T\rho^{1-\gamma}=\text{const} \tag{8.6}$$

因为$\frac{p}{\rho^{\gamma}}=\text{const}$，所以该式也可写为

$$\frac{\mathrm{D}}{\mathrm{D}t}\left(\frac{p}{\rho^{\gamma}}\right)=0 \tag{8.6$'$}$$

4. 声速和马赫数

1)声速

声波是一种微弱的波动，通常声音在三维空间中传播。为了以简单的方式描述声音的传播规律，避免繁琐的数学推导，一般人们都首先研究平面声波传播。设想有一个半无限长的绝热等截面管道，左端有一个振动膜，管道内气体初始时刻处于静止平衡状态，$t=0, p=p_0, \rho=\rho_0$。当左侧薄膜振动后，激起邻近气体运动，$u=u(x,t)$，且 $p=p(x,t), \rho=\rho(x,t)$，即 p、ρ 也将少许偏离原先的平衡值 p_0、ρ_0，因此 p、ρ、u 都是 x、t 的函数。参照上述变截面基本方程，得到以下简化的等截面一维非定常流动基本方程。

（1）连续方程：

$$\frac{\partial\rho}{\partial t}+\frac{\partial\rho u}{\partial x}=0 \tag{8.7}$$

（2）运动方程：

$$\frac{\partial u}{\partial t}+u\frac{\partial u}{\partial x}=-\frac{1}{\rho}\frac{\partial p}{\partial x} \tag{8.8}$$

（3）声波为绝热小扰动，沿流线轨迹，则有

$$\frac{\mathrm{D}}{\mathrm{D}t}(S)=\frac{\partial}{\partial t}\left(\frac{p}{\rho^{\gamma}}\right)+u\frac{\partial}{\partial x}\left(\frac{p}{\rho^{\gamma}}\right)=0 \tag{8.9}$$

该式表征流场保持等熵的特点，当 $S(x,t)=S_0$，也可将其写为

$$\frac{p}{\rho^{\gamma}}=\frac{p_0}{\rho_0^{\gamma}} \tag{8.10}$$

（4）初始条件：由前述，静止流场，$t=0$，有 $u=u(x,0)=0, p(x,0)=p_0, \rho(x,0)=\rho_0, S(x,0)=S_0$。

不妨将受声波扰动的流场热力学参量表示为

$$u=u', p=p_0+p', \rho=\rho_0+\rho'$$

因为是小扰动，所以有 $p'/p_0\approx O(\varepsilon)\ll 1, \rho'/\rho_0\approx O(\varepsilon)\ll 1, u'^2\rho_0/p_0\approx O(\varepsilon)\ll 1$。

将其代入式(8.7)和式(8.8),并将其展开,整理,得

$$\frac{\partial\rho'}{\partial t}+\rho_0\frac{\partial u'}{\partial x}+\frac{\partial\rho' u'}{\partial x}=0$$

$$\frac{\partial u'}{\partial t}+u'\frac{\partial u'}{\partial x}=-\frac{1}{\rho_0+\rho'}\frac{\partial p'}{\partial x}\approx-\frac{1}{\rho_0}\left(1-\frac{\rho'}{\rho_0}\right)\frac{\partial p'}{\partial x}=-\frac{1}{\rho_0}\left(1-\frac{\rho'}{\rho_0}\right)\left(\frac{\mathrm{d}p}{\mathrm{d}\rho}\right)_0\frac{\partial\rho'}{\partial x}$$

略去二阶小量,得线性化方程:

$$\frac{\partial\rho'}{\partial t}+\rho_0\frac{\partial u'}{\partial x}=0 \tag{8.11}$$

$$\frac{\partial u'}{\partial t}+\frac{c_0^2}{\rho_0}\frac{\partial\rho'}{\partial x}=0 \tag{8.12}$$

式中:$c_0^2=(\partial p/\partial\rho)_{S_0}$是指等熵过程中压强对密度的导数。对式(8.11)和式(8.12)分别消去其中的ρ'或u'可得

$$\frac{\partial^2 u'}{\partial t^2}-c_0^2\frac{\partial^2 u'}{\partial x^2}=0 \tag{8.13}$$

$$\frac{\partial^2\rho'}{\partial t^2}-c_0^2\frac{\partial^2\rho'}{\partial x^2}=0 \tag{8.14}$$

式(8.13)和式(8.14),即气体微扰动所满足的方程,称为声波方程。在微分方程分类上,它是典型双曲形方程,其解的一般形式为

$$u=f_+(x-c_0t)+f_-(x+c_0t) \tag{8.15}$$

函数f_+、f_-由初始条件确定。由式(8.15)可知,小扰动在静止气体中传播,方程的解是两族简单波的叠加,其中:右传波$f_+(x-c_0t)$沿迹线$x-c_0t=\mathrm{const}$传播,速度不变,为$\mathrm{d}x/\mathrm{d}t=c_0$;左传波$f_-(x+c_0t)$沿迹线$x+c_0t=\mathrm{const}$传播,速度为$\mathrm{d}x/\mathrm{d}t=-c_0$;扰动传播速度均为$c_0=\sqrt{(\mathrm{d}p/\mathrm{d}\rho)_{S_0}}$,这就是声音传播速度,简称为声速。习惯上,$c$也可写作$a$。可见,声速只与传播介质的热力学状态参量有关,与扰动的运动学特性如扰动频率、波长等无关。

在均匀静止的介质中,声音以球面波形式向外传播,当然也可同样导出其等熵传播公式:

$$c^2=\left(\frac{\partial p}{\partial\rho}\right)_S \tag{8.16}$$

对完全气体,由等熵关系式$p/\rho^\gamma=\mathrm{const}$,得到声速为

$$c=\sqrt{\frac{\gamma p}{\rho}}=\sqrt{\gamma RT} \tag{8.17}$$

可见,在均匀完全气体流场中,声速只与温度相关。而在非均匀非稳态流场中,不同地点不同时刻的声速会因温度不同而不同,温度越高,声速越大。在兵器发射相关的气流中,其声速一般远大于环境大气中的声速。

2）马赫数

气体流场特性与临界流动特征量马赫数（Ma）密切相关，拉瓦尔喷管临界截面上 $Ma=1$。所谓 Ma 是气流速度与声速之比，即 $Ma=u/c$。由声速表达式（8.16）可以看出，c 的大小本质上取决于介质的压缩性，不同介质，$\mathrm{d}p/\mathrm{d}\rho$ 越大，表示抗压缩性越小，声速越小；$\mathrm{d}p/\mathrm{d}\rho$ 越小，表征抗压缩性越强，声速越大。标准状态下空气声速约 340m/s，以 120km/h（33.3m/s）行驶的汽车，相对气流马赫数约为 0.1；以 350km/h 行驶的高铁，马赫数为 0.3 左右；弹丸飞行速度为 300～1800m/s，相对空气的马赫数为 1～5。通常将气流速度 u 等于当地声速 c，即 $Ma=1$ 定义为临界状态，并按 Ma 大小将气流速度分为 4 种等级：

（1）$Ma<1$：亚声速流；

（2）$Ma\approx1$：跨声速流；

（3）$Ma>1$：超声速流；

（4）$Ma\gg1$：高超声速流。

8.1.2　一维定常流及参考状态

在实际工程计算中，流量恒定气体沿缓慢变化变截面管道的流动，可以近似当作理想流体绝热定常连续流动，即沿流线熵值不变，称为定常等熵流。例如：高压燃气通过身管上或传火管上的小孔道的流出，气体在拉瓦尔喷管及或节流孔道中的准定常流动等，都可看作是准定常流动。如前面所述，准一维的判据为 $(L/A)(\partial A/\partial X)\ll1$，其中：$L$ 为流道特征长度，A 为流道截面。

1. 准一维定常流基本方程

气体沿缓慢变化截面 A 的定常流动，忽略质量力的基本方程可写为如下形式。

（1）连续方程：

设通过流道截面的质量流量为 $\dot{m}$，则定常流条件下，有

$$\dot{m}=\frac{d}{\mathrm{d}t}(m)=\frac{\mathrm{d}}{\mathrm{d}t}(Au\rho)=0 \tag{8.18}$$

该式也可写为

$$A_1u_1\rho_1=A_2u_2\rho_2=\mathrm{const} \tag*{(8.18)$'$}$$

或

$$\frac{\mathrm{d}A}{A}+\frac{\mathrm{d}u}{u}+\frac{\mathrm{d}\rho}{\rho}=0 \tag*{(8.18)$''$}$$

（2）动量方程：

无摩擦条件下，由式（8.8），有

$$u\frac{\partial u}{\partial x}=-\frac{1}{\rho}\frac{\partial p}{\partial x} \tag{8.19}$$

在推导式(8.4)时没有考虑气流与固壁表面发生的摩擦作用。若计及气流对管壁的摩擦阻力 F_{tr}，则式(8.19)应改写为

$$u\frac{\partial u}{\partial x}=-\frac{1}{\rho}\frac{\partial p}{\partial x}-\frac{\delta F_{tr}}{A\rho} \tag{8.19$'$}$$

式中：δF_{tr}为单位长度上的摩擦阻力。

(3) 能量方程：

由内能与焓的定义：

$$h_e=e+p/\rho \text{ 或 } e=h_e-p/\rho \tag{8.20}$$

利用该式及式(8.1)并对式(8.5)作代数运算，得

$$h_e+\frac{u^2}{2}=\frac{u^2}{2}+e+\frac{p}{\rho}=\frac{u^2}{2}+c_pT=\frac{u^2}{2}+\frac{\gamma}{\gamma-1}RT=\frac{u^2}{2}+\frac{\gamma}{\gamma-1}\frac{p}{\rho}=\frac{u^2}{2}+\frac{a^2}{\gamma-1}=\text{const} \tag{8.21}$$

同样，推导式(8.5)时是按等熵考虑的，没有考虑气流与固壁的热交换 q。若计及管道吸热作用，则式(8.21)应改写为

$$\mathrm{d}h_e+u\mathrm{d}u=\delta q \tag{8.21$'$}$$

式中：δq 为单位长度管道所吸收的热流量。如前述，式中：$a^2=\gamma p/\rho=RT$，a 为当地声速。

式(8.18)、式(8.19)和式(8.21)构成了可压缩变截面一维定常绝热流动控制方程组。如计及摩擦和气流与固壁热交换作用，以及气流与外界的质量交换，则相应方程要作修正。

(4) 绝热方程：

当假定流动等熵，如无激波间断的连续流动，沿流线有等熵关系式：

$$\frac{p_1}{\rho_1^\gamma}=\frac{p_2}{\rho_2^\gamma}=\text{const} \tag{8.22}$$

2. 完全气体等熵一维定常流两个任意截面参量间关系

由马赫数定义($Ma=u/c$)及式(8.17)，得

$$Ma=\frac{u}{c}=\frac{u}{a}=\frac{u}{\sqrt{\gamma RT}} \tag{8.23}$$

而由式(8.21)，$(u_1^2/2)+RT_1\gamma/(\gamma-1)=(u_2^2/2)+RT_2\gamma/(\gamma-1)$，若其两侧同除 $RT_1\gamma/(\gamma-1)$，并利用式(8.23)，则有

$$\frac{T_2}{T_1}=\frac{1+Ma_1^2(\gamma-1)/2}{1+Ma_2^2(\gamma-1)/2} \tag{8.24}$$

该式既适用于等熵过程，也适用于非等熵过程。

进而利用式(8.22),该式可得

$$\frac{p_2}{p_1}=\left(\frac{1+Ma_1^2(\gamma-1)/2}{1+Ma_2^2(\gamma-1)/2}\right)^{\gamma/(\gamma-1)} \tag{8.25}$$

该式推导中利用了条件式(8.23),因此只适用于等熵过程。

同样,由能量守恒方程式(8.21)及等熵条件式(8.22),可得

$$\frac{u_2}{u_1}=\frac{Ma_2}{Ma_1}\left(\frac{1+Ma_1^2(\gamma-1)/2}{1+Ma_2^2(\gamma-1)/2}\right)^{1/2} \tag{8.26}$$

和式(8.24)一样,该式既适用于等熵过程,也适用于非等熵过程。

由式(8.25)及式(8.22),得

$$\frac{\rho_2}{\rho_1}=\left(\frac{1+Ma_1^2(\gamma-1)/2}{1+Ma_2^2(\gamma-1)/2}\right)^{1/(\gamma-1)} \tag{8.27}$$

因为利用了式(8.22),它仅适用于等熵过程。

最后,由连续方程式(8.18)′及式(8.26)与式(8.27),得

$$\frac{A_2}{A_1}=\frac{Ma_1}{Ma_2}\left(\frac{1+Ma_2^2(\gamma-1)/2}{1+Ma_1^2(\gamma-1)/2}\right)^{(\gamma+1)/[2(\gamma-1)]} \tag{8.28}$$

式(8.24)~式(8.28)给出了完全气体可逆绝热管道任意两个截面上参量之间的关系。若已知截面 A_1 上的物理量,则由上述关系式可以确定任意截面 A_2 上的物理量。

但实际工程中,很少直接采用它们进行计算,而往往首先将其转变为与某种参考状态相应物理量比较形式,从而使计算变得更为方便。

3. 任意截面与参考状态间物理量的关系

1) 任意截面与滞止状态

气体流动中有 3 个重要参考状态,即滞止状态、临界状态和最大速度状态。滞止状态也称为静止态,如无限大储气罐中气体通过管道或喷管的流出,罐中气体近似于滞止状态。发射中几乎所有通过小孔的流出,均可将气源当作滞止态。滞止参量用带下标“0”表示。于是由能量方程式(8.21),得

$$\begin{cases}\dfrac{u^2}{2}+c_pT=c_pT_0\\[2ex]\dfrac{u^2}{2}+\dfrac{\gamma}{\gamma-1}RT=\dfrac{\gamma}{\gamma-1}RT_0\\[2ex]\dfrac{u^2}{2}+\dfrac{\gamma}{\gamma-1}\dfrac{p}{\rho}=\dfrac{\gamma}{\gamma-1}\dfrac{p_0}{\rho_0}\\[2ex]\dfrac{u^2}{2}+\dfrac{1}{\gamma-1}a^2=\dfrac{1}{\gamma-1}a_0^2\end{cases} \tag{8.29}$$

而由式(8.20),能量守恒还可写为

$$h_{e0} = h_e + u^2/2 \tag{8.21}''$$

习惯上,人们分别称 h_{e0}、T_0、p_0 为"总焓""总温"和"总压"。

通过简单变换,由式(8.29)和式(8.21)″可得到任意流出截面上的速度为

$$\begin{cases} u = [2c_p(T_0 - T)]^{1/2} \\ u = [2(h_{e0} - h_e)]^{1/2} \\ u = \left[2\dfrac{\gamma}{\gamma - 1}R(T_0 - T)\right]^{1/2} \\ u = \left[2\dfrac{\gamma}{\gamma - 1}\left(\dfrac{p_0}{\rho_0} - \dfrac{p}{\rho}\right)\right]^{1/2} \\ u = \left[\dfrac{2}{\gamma - 1}(a_0^2 - a^2)\right]^{1/2} \end{cases} \tag{8.30}$$

利用式(8.24)、式(8.25)、式(8.27),可得任意截面上的 T、p、ρ、S 等物理量与滞止状态相应物理量之间关系为

$$\frac{T_0}{T} = 1 + \frac{\gamma - 1}{2}Ma^2 \tag{8.31}$$

$$\frac{p_0}{p} = \left(1 + \frac{\gamma - 1}{2}Ma^2\right)^{\gamma/(\gamma - 1)} \tag{8.32}$$

$$\frac{\rho_0}{\rho} = \left(1 + \frac{\gamma - 1}{2}Ma^2\right)^{1/(\gamma - 1)} \tag{8.33}$$

$$S_0 = S + c_V \ln\left(\frac{p_0}{p}\right) - c_p \ln\left(\frac{\rho_0}{\rho}\right) \tag{8.34}$$

其中:式(8.31)并不要求过程等熵。

2)滞止状态与最大速度状态的关系

最大速度状态是气流速度达到最大值的假想状态,由式(8.30)中第2个、第3个或第5个式子,可知

$$u_{max} = \sqrt{2h_{e0}} = \sqrt{2c_p T_0} = \sqrt{\frac{2\gamma}{\gamma - 1}RT_0} = \left(\frac{2}{\gamma - 1}\right)^{1/2} a_0 \tag{8.35}$$

在此状态下,$p = \rho = T = a = 0$。可见,最大速度状态,实质上是膨胀至真空的极限状态。

3)滞止状态与临界状态的关系

因为临界状态是气体速度等于当地声速的状态,以下标"*"表示,即 $u_* = c_* = a_*$,c_* 或 a_* 为临界声速,u_* 为临界速度,将 A_* 上的其他参量,如压力、密度、温度、焓分别写为 p_*、ρ_*、T_*、h_{e*},则有

$$u_* = c_* = a_* = \sqrt{\gamma p_* / \rho_*} = \sqrt{\gamma RT_*} = \sqrt{(\gamma - 1)h_{e*}} \tag{8.36}$$

由该式及能量方程式(8.21),有

$$\begin{cases} h_{e0}=h_{e*}+\dfrac{u_*^2}{2}=h_{e*}\dfrac{\gamma+1}{2} \\ \dfrac{\gamma}{\gamma-1}RT_0=\dfrac{u_*^2}{2}+\dfrac{\gamma}{\gamma-1}RT_* \\ c_pT_0=\dfrac{u_*^2}{2}+c_pT_* \\ \dfrac{\gamma}{\gamma-1}\dfrac{p_0}{\rho_0}=\dfrac{u_*^2}{2}+\dfrac{\gamma}{\gamma-1}\dfrac{p_*}{\rho_*} \\ \dfrac{1}{\gamma-1}a_0^2=\dfrac{u_*^2}{2}+\dfrac{1}{\gamma-1}a_* \end{cases} \tag{8.37}$$

由于 $h_e=c_pT$，则有

$$\frac{T_*}{T_0}=\frac{h_{e*}}{h_{e0}}=\frac{2}{\gamma+1} \tag{8.38}$$

$$\frac{p_*}{p_0}=\left(\frac{T_*}{T_0}\right)^{\gamma/(\gamma-1)}=\left(\frac{2}{\gamma+1}\right)^{\gamma/(\gamma-1)} \tag{8.39}$$

$$\frac{\rho_*}{\rho_0}=\left(\frac{T_*}{T_0}\right)^{1/(\gamma-1)}=\left(\frac{2}{\gamma+1}\right)^{1/(\gamma-1)} \tag{8.40}$$

式(8.38)～式(8.40)表明，当气体滞止状态参量已知，临界断面上的参量与之相比仅是绝热指数的函数。一般气体 γ 值在 1.20～1.4 范围变化，临界与滞止状态的参量比值如表 8.2 所列。

由式(8.36)和 c_0 的定义，可得临界声速与滞止声速之比为

$$\frac{a_*}{a_0}=\frac{a_*}{c_0}=\sqrt{\frac{T_*}{T_0}}=\sqrt{\frac{2}{\gamma+1}}$$

对应于不同 γ 值，相应 a_*/a_0 的值也列于表 8.2。临界声速与最大速度之比为

$$c_*/u_{\max}=a_*/u_{\max}=\sqrt{\frac{\gamma-1}{\gamma+1}},\gamma=1.40,c_*=0.53u_{\max};\gamma=1.2,c_*=0.41u_{\max}$$

表 8.2

γ	$\dfrac{T_*}{T_0}=\dfrac{2}{\gamma+1}$	$\dfrac{p_*}{p_0}=\left(\dfrac{2}{\gamma+1}\right)^{\gamma/(\gamma-1)}$	$\dfrac{\rho_*}{\rho_0}=\left(\dfrac{2}{\gamma+1}\right)^{1/(\gamma-1)}$	a_*/a_0
1.40	0.833	0.528	0.634	0.913
1.30	0.870	0.546	0.628	0.933
1.25	0.889	0.555	0.624	0.943
1.20	0.909	0.565	0.621	0.953

4）用速度系数表示的特征参量关系式

速度系数，是指气流速度 u 与临界速度 c^* 或 a^* 之比，记作

$$\lambda = u/c_* = u/a_* \tag{8.41}$$

速度系数（λ）与马赫数（Ma）之间存在确定的对应关系：

$$\lambda = \frac{u}{c_*} = \frac{c_0}{c_*}\frac{c}{c_0}\frac{u}{c} = \sqrt{\frac{T_0}{T_*}}\sqrt{\frac{T}{T_0}}\frac{u}{c}$$

由式（8.38）和式（8.31），可得

$$\lambda = \left[\frac{2}{\gamma+1}\left(1+\frac{\gamma-1}{2}Ma^2\right)\right]^{-1/2} Ma \tag{8.42}$$

或

$$Ma = \lambda\left[\frac{\gamma+1}{2}\left(1-\frac{\gamma-1}{\gamma+1}\lambda^2\right)\right]^{-1/2} \tag{8.43}$$

由以上马赫数与速度系数之间的两个关系式，当 $Ma=0$，有 $\lambda=0$；而 $Ma=1$，则 $\lambda=1$；$Ma>1$，$\lambda>1$；$Ma<1$，$\lambda<1$ 以及 $Ma\to\infty$ 时 $\lambda\to[(\gamma+1)/(\gamma-1)]^{1/2}$。对 $\gamma=1.4$ 的空气，$\lambda(\infty)=\sqrt{6}$；而对于 $\gamma=1.25$ 的火药燃气，$\lambda(\infty)=\sqrt{9}$。

利用速度系数与马赫数之间的关系，得到以下等熵关系式：

$$\frac{T}{T_*} = \left(\frac{c}{c_*}\right)^2 = \frac{\gamma+1}{2}\left(1-\frac{\gamma-1}{\gamma+1}\lambda^2\right) \tag{8.44}$$

$$\frac{\rho}{\rho_*} = \left[\frac{\gamma+1}{2}\left(1-\frac{\gamma-1}{\gamma+1}\lambda^2\right)\right]^{1/(\gamma-1)} \tag{8.45}$$

$$\frac{p}{p_*} = \left[\frac{\gamma+1}{2}\left(1-\frac{\gamma-1}{\gamma+1}\lambda^2\right)\right]^{\gamma/(\gamma-1)} \tag{8.46}$$

为了应用方便，完全气体等熵流关系已制成表格，给定 Ma，其他参量，如 λ、p/p_0、ρ/ρ_0、T/T_0 可以从气体动力学著作附表中查出[2-3]。但发射中的火药燃气，其比热容比 $\gamma=1.25$ 左右，这些表格中的数据应重新修正。

8.1.3 激波

前面已对空气中的微小振动传播规律作了讨论。但在实际发射工程设计中，将遇到很多强烈扰动及其对发射过程的影响评估问题。例如：火箭在大气中飞行，火炮膛口和火箭尾喷管排出的高速气流，都会引发附近气体猛烈压缩。又如：在研究点火具（底火等）生成的射流对辅助点火药包（盒）或主装药床（包）的点传火作用过程中，在模拟装药初始脱开距离对内弹道过程的影响评估中，在观察膛口冲击波对运载车辆外壁、门窗和壁外装置冲击作用以及对车内

乘员听力危害进行评估中，都涉及激波形成机理、传播规律、激波的吸收和反射及其对工程设计的影响问题。气体中的激波，即气流发生突然压缩，其物理量出现了突变，突变的几何尺度与气体分子自由程为同一量级（标准条件下氮气分子平均自由程约为 38nm），即从波前到波后，变化梯度很大，以至于可以不关注物理量在波内的变化细节，而将其看作沿波面法向是绝热间断的，认为透过或穿过间断面，物理量 p、ρ、T、u 等就发生跳跃。在这里，限于篇幅，仅讨论正激波。

在 6.9 节中曾以火炮身管弹前激波形成为例，推导得到正激波波阵面前后 p_1、ρ_1、T_1、u_1 与 p_2、ρ_2、T_2、u_2 共 8 个参量的 4 个关联式（式(6.112)～式(6.115)）。这 4 个关联式称为正激波相容条件。正激波，指气流速度垂直于激波面的激波。一般来说，只要知道激波前后中的 4 个参量，其余 4 个参量则可通过 4 个基本关系式确定出来。在讨论如何应用激波前后关系式之前，首先分析一下激波的主要特性。

1. 兰金－于戈尼奥（Rankin－Hugoniot）关系式

正激波连续方程式(6.112)可改写为

$$u_1/u_2=\rho_2/\rho_1 \tag{a}$$

下标“1”和“2”分别表示激波前和激波后。

将其代入动量方程式(6.113)，得

$$p_1-p_2=\rho_1u_1(u_2-u_1)=\rho_2u_2(u_2-u_1) \tag{b}$$

由连续方程，还可推导出

$$u_1+u_2=u_1\left(1+\frac{u_2}{u_1}\right)=\rho_1u_1\left(\frac{1}{\rho_1}+\frac{1}{\rho_2}\right)=\rho_2u_2\left(\frac{1}{\rho_1}+\frac{1}{\rho_2}\right)$$

进而，得

$$\frac{1}{\rho_1}+\frac{1}{\rho_2}=\frac{1}{\rho_1u_1}(u_1+u_2)=\frac{1}{\rho_2u_2}(u_1+u_2) \tag{c}$$

将式(b)与式(c)相乘，得

$$(p_1-p_2)\left(\frac{1}{\rho_1}+\frac{1}{\rho_2}\right)=u_2^2-u_1^2$$

再将该式代入式(6.114)，得

$$\frac{2\gamma}{\gamma-1}\left(\frac{p_1}{\rho_1}-\frac{p_2}{\rho_2}\right)=(p_1-p_2)\left(\frac{1}{\rho_1}+\frac{1}{\rho_2}\right) \tag{d}$$

对式(d)两边同乘 ρ_2/p_1，整理，得

$$\frac{p_2}{p_1}=\frac{(\gamma+1)\dfrac{\rho_2}{\rho_1}-(\gamma-1)}{(\gamma+1)-(\gamma-1)\dfrac{\rho_2}{\rho_1}} \tag{8.47a}$$

或

$$\frac{\rho_2}{\rho_1}=\frac{(\gamma+1)\dfrac{p_2}{p_1}+(\gamma-1)}{(\gamma-1)\dfrac{p_2}{p_1}+(\gamma+1)} \tag{8.47b}$$

而由式(6.115),可导出正激波前后的温度比为

$$\frac{T_2}{T_1}=\frac{\rho_1}{\rho_2}\cdot\frac{p_2}{p_1}=\frac{(\gamma+1)\dfrac{p_2}{p_1}+(\gamma-1)\left(\dfrac{p_2}{p_1}\right)^2}{(\gamma+1)\dfrac{p_2}{p_1}+(\gamma-1)} \tag{8.47c}$$

式(8.47)为兰金－于戈尼奥关系式,也称为激波绝热曲线,决定了气体穿过激波,两侧参量之间关系。图8.1所示为气体通过激波压缩和连续等熵压缩的比较。由式(8.47a)和该图可见,当ρ_2/ρ_1为大于1的常数时(a点上方),激波条件下的压强比$(p_2/p_1)_{sh}$将大于等熵条件下的压强比$(p_2/p_1)_{en}$,但如$(p_2/p_1)\to\infty$,由激波关系式(8.47b),则$(\rho_2/\rho_1)_{sh}\to(\gamma+1)/(\gamma-1)$,这表明激波即使无比强烈,密度增加也是有限值。例如:$\gamma=1.4$,$(\rho_2/\rho_1)_{sh}\to 6$;$\gamma=1.2$,$(\rho_2/\rho_1)_{sh}\to 11$。等熵压缩就不同了,由$(p_2/p_1)=(\rho_2/\rho_1)^\gamma$可知,当$(p_2/p_1)_{en}\to\infty$,则有$(\rho_2/\rho_1)\to\infty$。而由式(8.47c)和$T\cdot p^{\gamma-1/\gamma}=\mathrm{const}$比较还可以发现,对相同压缩比$(p_2/p_1)$,激波压缩的温升大于等熵压缩温升,即$(T_2/T_1)_{sh}>(T_2/T_1)_{en}$。

那么在图8.1中的$a(1,1)$点下方,激波压缩(兰金－于戈尼奥)曲线是否有意义呢?由熵的表达式(8.1d)看到,对完全气体,任意热力过程由起点到终点,两点状态熵差为

$$\Delta S=S_2-S_1=c_V\ln\left(\frac{p_2}{\rho_2^\gamma}\Big/\frac{p_1}{\rho_1^\gamma}\right)=c_V\ln\left[\frac{p_2/p_1}{(\rho_2/\rho_1)^\gamma}\right] \tag{8.48}$$

对于该式,等熵时,即由式(8.22),得$\Delta S=0$。而对于式(8.47),当$p_2/p_1>1$(增压),$p_2/p_1>(\rho_2/\rho_1)^\gamma$,$\Delta S>0$;当$p_2/p_1<1$(膨胀,降压)时,$p_2/p_1<(\rho_2/\rho_1)^\gamma$,$\Delta S<0$。显然由图8.1可以看出,$a$点上方兰金－于戈尼奥曲线是增压的,$\Delta S>0$是合理的;而在其$a$点下方$\Delta S<0$,这是不存在的。这就是说,激波只能是压缩波,不可能是膨胀波。

2. 正激波前后参量之间关系

在了解激波基本特性基础上,下面讨论正激波前后参量之间的关系,首先推导普朗特关系式。用连续方程式(6.11)除以动量方程式(6.12),并利用声速定义$c^2=\gamma p/\rho$,则有

$$u_1-u_2=\frac{c_2^2}{\gamma u_2}-\frac{c_1^2}{\gamma u_1} \tag{a}$$

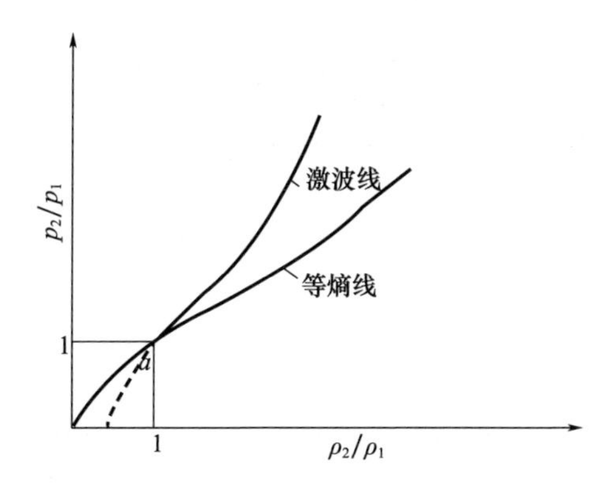

图 8.1　兰金－于戈尼奥曲线与等熵曲线比较

由式(8.44)方便可得

$$c_1^2 = \frac{\gamma+1}{2}c_*^2 - \frac{\gamma-1}{2}u_1^2 \tag{b}$$

$$c_2^2 = \frac{\gamma+1}{2}c_*^2 - \frac{\gamma-1}{2}u_2^2 \tag{c}$$

将式(b),式(c)代入式(a),可得

$$\frac{c_*^2}{u_1} + u_1 = \frac{c_*^2}{u_2} + u_2 \text{ 或} (u_1 - u_2)\left(1 - \frac{c_*^2}{u_1 u_2}\right) = 0 \tag{d}$$

对于有限强度激波,$u_1 \neq u_2$,故有

$$u_1 u_2 = c_*^2 \tag{8.49}$$

这就是说,激波前后速度乘积等于声速的平方。由速度系数的定义,该式可写为

$$\lambda_1 \lambda_2 = 1 \tag{8.50}$$

这就是普朗特关系式。

由上述分析可知,激波只可能是压缩波,波前速度 u_1 一定大于波后速度 u_2。换句话说,只有超声速流($Ma_1 > 1, \lambda_1 > 1$)才能形成激波,且波后速度 u_2 一定为亚声速($Ma_2 < 1, \lambda_2 < 1$)。

1) 以马赫数(Ma)表征的激波前后参量关系

将联系马赫数与速度系数的关系式(8.43)代入式(8.50),得激波前后马赫数关系式为

$$Ma_2^2 = \frac{1 + Ma_1^2(\gamma-1)/2}{\gamma Ma_1^2 - (\gamma-1)/2} \tag{8.51}$$

利用该关系式,可得激波前后主要参量关系分别为

（1）激波前后速度比用马赫数表示为

$$\frac{u_1}{u_2}=\frac{u_1^2}{u_1u_2}=\frac{u_1^2}{c_*^2}=\lambda_1^2=\frac{(\gamma+1)Ma_1^2}{2+(\gamma-1)Ma_1^2} \tag{8.52}$$

（2）激波前后密度比用马赫数表示，由连续方程，得

$$\frac{\rho_2}{\rho_1}=\frac{u_1}{u_2}=\frac{(\gamma+1)Ma_1^2}{2+(\gamma-1)Ma_1^2} \tag{8.53}$$

（3）激波前后压强比采用马赫数的表示式：

先由动量方程式(6.12)，得

$$\frac{p_2-p_1}{p_1}=\frac{\rho_1u_1^2}{p_1}\left(1-\frac{u_2}{u_1}\right)=\frac{\gamma u_1^2}{c_1^2}\left(1-\frac{u_2}{u_1}\right)=\gamma Ma^2\left(1-\frac{u_2}{u_1}\right)$$

再利用式(8.52)，得

$$\frac{p_2}{p_1}=1+\frac{2\gamma}{\gamma+1}(Ma_1^2-1) \tag{8.54}$$

（4）激波前后温度关系式：

由状态方程，激波前后温度比为

$$\frac{T_2}{T_1}=\frac{p_2}{p_1}\cdot\frac{\rho_1}{\rho_2}=\frac{[2\gamma Ma_1^2-(\gamma-1)][(\gamma-1)Ma_1^2+2]}{(\gamma+1)^2Ma_1^2} \tag{8.55}$$

2）激波前后滞止参量与 Ma_1 的关系

（1）激波前后滞止温度。由能量方程式(8.21)和总焓定义，激波前后总焓相等，即 $h_{e01}=h_{e02}$，于是，有

$$T_{01}=T_{02} \tag{8.56}$$

（2）激波前后总压关系式。气流穿过激波面，即激波发生过程是非等熵的，但在前后两个区域之内，各自分别都是等熵的。因而激波前后总压可表示为 $\frac{p_{02}}{p_{01}}=\frac{p_{02}}{p_2}(Ma_2)\cdot\frac{p_2}{p_1}(Ma_1)\cdot\frac{p_1}{p_{01}}(Ma_1)$，其中：$p_{02}/p_2$ 和 p_1/p_{01} 分别可用波后和波前等熵条件下滞止压强与当地压强之比式(8.32)表征，而 p_2/p_1 可利用式(8.54)表征，于是，有

$$\frac{p_{02}}{p_{01}}=\left(\frac{Ma_1^2(\gamma+2)/2}{1+Ma_1^2(\gamma-1)/2}\right)^{\gamma/(\gamma-1)}\left(\frac{\gamma}{\gamma+1}Ma_1^2-\frac{\gamma-1}{\gamma+1}\right)^{\gamma/(\gamma-1)} \tag{8.57}$$

因采用驻定坐标系，则有波前马赫数 $Ma_1>1$。代入该式，得 $p_{02}/p_{01}<1$，表明激波后总压低于波前总压。

3）激波前后滞止密度比

由于激波前后滞止温度相等，因此由状态方程得

$$\frac{\rho_{02}}{\rho_{01}}=\frac{p_{02}}{p_{01}} \tag{8.58}$$

对于空气，由式(8.47)和式(8.49)～式(8.58)所表示的流动参量之间的关系，已制成函数表[2-3]，只要知道 Ma_1、Ma_2、p_2/p_1、ρ_2/ρ_1、T_2/T_1、u_2/u_1、p_{02}/p_{01}、p_{02}/p_1 中任意一个，便可查得其他参数之比。对火药气体，因 γ、c_p、c_V 与空气有所差别，引用时，表中数据需作修正。

3. 运动激波及反射

如前面所述，兵器发射中会生成激波，弹丸飞行、炸药爆炸也会产生激波。激波在空气中传播规律和激波对固壁的撞击与反射规律，是兵器科技工作者关注的重要问题之一。

1）正激波在静止空气中的传播

将坐标固定在激波面上，即采用驻定坐标系(图 8.2)。如激波相对静止坐标 x 以速度 D 向左运动，激波前后气流速度分别为 u_1 和 u_2，则在驻定坐标 x' 中，激波前后气流速度分别为 u_1' 和 u_2'。显然，在转换前后的坐标系中，速度有如下关系：$u_1'=D-u_1$，$u_2'=D-u_2$；而其余参量除滞止状态参量外，驻定系 x' 中的参量和静止坐标系 x 中的相同，即 $T_1'=T_1$，$T_2'=T_2$，$c_1'=c_1$，$c_2'=c_2$，$p_1'=p_1$，$p_2'=p_2\cdots$。现已知波前参量 p_1、ρ_1、T_1 和激波前后压强比 p_2/p_1，欲求激波运动速度和波后速度，其具体方法与求解步骤如下：

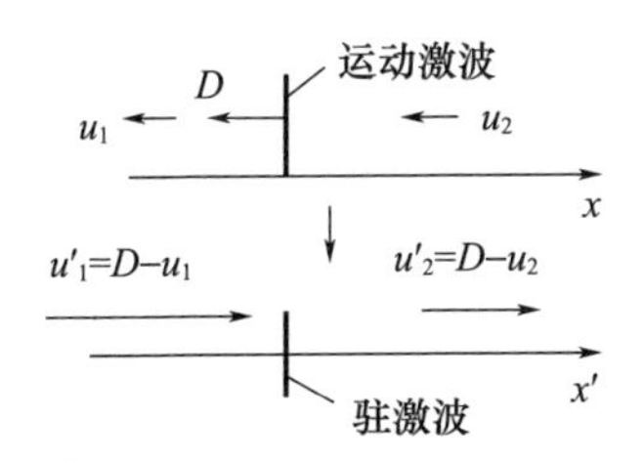

图 8.2　运动激波及坐标变换

由式(8.54)，得

$$Ma_1'=\sqrt{\frac{\gamma-1}{2\gamma}+\frac{\gamma+1}{2\gamma}\frac{p_2}{p_1}}$$

又因 $u_1=0$，于是

$$D=u_1'-u_1=u_1'=Ma_1'c_1'=c_1'\sqrt{\frac{\gamma-1}{2\gamma}+\frac{\gamma+1}{2\gamma}\frac{p_2}{p_1}} \tag{8.59}$$

由该式可见，当 p_2/p_1 增大，激波传播速度也增大；而当 $p_2/p_1\to1$，激波则蜕变弱化为声波。

驻激波后气流速度 $u_2'=D-u_2$；而由连续方程 $\rho_1'u_1'=\rho_2'u_2'$，有 $u_2'=u_1'\rho_1'/\rho_2'=$

$u_1'\rho_1/\rho_2$；于是，有

$$u_2 = D - u_2' = u_1' - u_2' = u_1'(1 - \rho_1/\rho_2)$$

再利用式(8.59)和式(8.47b)，最后可得

$$u_2 = c_1\sqrt{\frac{2}{\gamma}}\frac{p_2/p_1 - 1}{\sqrt{(\gamma-1)+(\gamma+1)p_2/p_1}} \tag{8.60}$$

利用式(8.59)及式(8.53)，可得用马赫数(Ma_1')和声速(c')表示的 u_2 表达式为

$$u_2 = u_1' - u_2' = \frac{2}{\gamma+1}\frac{c'_1}{Ma_1'}(Ma_1' - 1) \tag{8.60$'$}$$

习惯上将静止气体中传播的正激波后气体流动速度 u_2 称为伴随速度，并可用 u_f 表示。如对一个较强的正激波，其 $p_2/p_1 = 10$，并已知波前气体温度为20℃，$c_1 = 343\text{m/s}$，则 $u_2 = 747\text{m/s}$；如 $p_2/p_1 = 3$，则 $u_2 = 297\text{m/s}$。这些结果表明，强激波具有很强的破坏力和危害性。

2）正激波的吸收与反射

图8.3(a)表示入射波 D_1(正激波)在静止气体中自左向右传播。但当前方存在一堵刚性平面墙壁，且墙体不动时，速度为零，情况将如何？定义 D_1(波)前为①区，D_1 后为②区。图8.3(b)给出了 D_1 到达固壁后的反射波 D_2，定义 D_2 前为①″区，D_2 后为②″区。

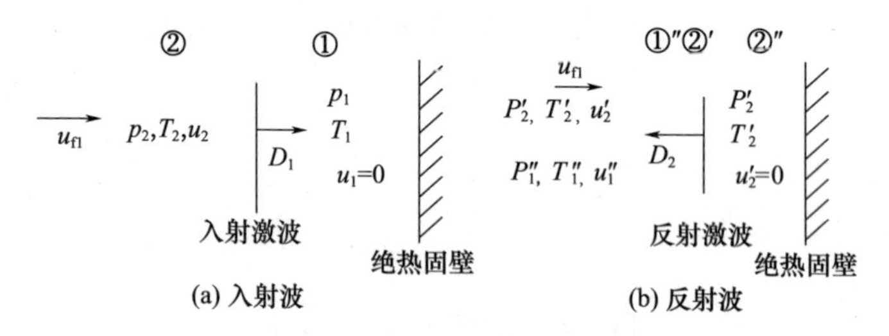

(a) 入射波　　(b) 反射波

图8.3　运动激波及其反射

如将入射激波通过后的流体伴随速度定义为 u_{f1}，则当入射激波 D_1 抵达墙壁时，墙面左侧全部流体速度均为 u_{f1}。如果此时墙面也以 u_{f1} 向右运动，即整个流体和墙体一起都以 u_{f1} 向右运动，相当于激波被墙面完全吸收。实际工程中吸波介质总是采用柔软多孔材料，即激波到来时能量被充分吸纳，从而可以减轻或避免激波带来的危害。如果墙体是图8.3所示的刚性壁面且固定不动，则 D_1 到达壁面后势必完全被墙面反射，即施加一个与 u_{f1} 大小相等方向相反(左行)的速度 u_{f2} 使流体绝对速度归零，即形成或产生一个向左传播的激波 D_2，这就可以表征激波在固壁上的反射现象，即在反射驻定坐标中，有 $u_1'' = D_2 - u_2'$，$u_2'' = D - 0$。

由上面的分析,则可知道入射波 D_1 到达之前的①区,流体速度为零;而当反射波 D_2 通过后的②″区,同样流体速度也为零。因②′区状态就是①″区状态,且 $u_1 - u_2 = u_{f1}$,$u_1'' - u_2'' = u_{f2}$,考虑气流方向,则 $u_{f1} = -u_{f2}$,有

$$|u_1 - u_2| = |u_1'' - u_2''| \tag{8.61}$$

接下来看反射波前后压强比 p_1''/p_2'' 与入射波前后压强比 p_1/p_2 之间关系。仿照前面推导兰金 - 于戈尼奥关系式的方法,即利用激波前后连续方程和动量方程式,则可得到

$$\begin{cases} u_1 - u_2 = \dfrac{p_2 - p_1}{\rho_1 u_1} = \dfrac{p_2 - p_1}{\rho_2 u_2} = \dfrac{p_2 - p_1}{\dot{m}_1} = u_{f1} \\ u_1'' - u_2'' = \dfrac{p_2'' - p_1''}{\rho_1'' u_1''} = \dfrac{p_2'' - p_1''}{\rho_2'' u_2''} = \dfrac{p_2'' - p_1''}{\dot{m}_2} = u_{f2} \end{cases} \tag{a}$$

和

$$\begin{cases} (\rho_1 u_1)^2 = (\rho_2 u_2)^2 = \dfrac{p_2 - p_1}{\dfrac{1}{\rho_1} - \dfrac{1}{\rho_2}} \\ (\rho_1'' u_1'')^2 = (\rho_2'' u_2'')^2 = \dfrac{p_2'' - p_1''}{\dfrac{1}{\rho_1''} - \dfrac{1}{\rho_2''}} \end{cases} \tag{b}$$

由式(a)和式(b),得

$$\begin{cases} u_1 - u_2 = \sqrt{(p_2 - p_1)\left(\dfrac{1}{\rho_1} - \dfrac{1}{\rho_2}\right)} \\ -(u_1'' - u_2'') = \sqrt{(p_2'' - p_1'')\left(\dfrac{1}{\rho_1''} - \dfrac{1}{\rho_2''}\right)} \end{cases} \tag{c}$$

于是,由式(8.61)并因为 $p_1'' = p_2$,$\dfrac{1}{\rho_1''} = \dfrac{1}{\rho_2}$,得

$$(p_2 - p_1)\left(\frac{1}{\rho_1} - \frac{1}{\rho_2}\right) = (p_2'' - p_2)\left(\frac{1}{\rho_2} - \frac{1}{\rho_2''}\right) \tag{8.62}$$

又由前面兰金 - 于戈尼奥关系式(8.47b)知

$$\frac{\rho_1}{\rho_2} = \frac{(\gamma+1)p_1 + (\gamma-1)p_2}{(\gamma-1)p_1 + (\gamma+1)p_2} \tag{8.63}$$

$$\frac{\rho_1''}{\rho_2''} = \frac{\rho_2}{\rho_2''} = \frac{(\gamma+1)p_2 + (\gamma-1)p_2''}{(\gamma-1)p_2 + (\gamma+1)p_2''} \tag{8.64}$$

对式(8.62)作适当变换,得

$$(p_2 - p_1)\left(1 - \frac{\rho_1}{\rho_2}\right) = (p_2'' - p_2)\frac{\rho_1}{\rho_2}\left(1 - \frac{\rho_2}{\rho_2''}\right) \tag{d}$$

再利用式(8.63)和式(8.64),得

$$(p_2''-p_2)^2[(\gamma+1)p_1+(\gamma-1)p_2]=(p_2-p_1)^2[(\gamma+1)p_2''+(\gamma-1)p_2] \quad (e)$$

整理可得

$$(p_2''-p_1)[p_2''p_1(\gamma+1)+(p_2''+p_1)(\gamma-1)p_2]$$
$$=(p_2''-p_1)[(\gamma+1)p_2^2+2(\gamma-1)p_1p_2] \quad (f)$$

求解该式,$p_2''=p_1$ 是其中一个解,但这是无意义的,相当于入射波是弱扰动,即声波。另一个解是

$$\frac{p_2''}{p_2}=\frac{(3\gamma-1)-(\gamma-1)p_1/p_2}{(\gamma-1)+(\gamma+1)p_1/p_2} \quad (8.65)$$

该式是有限强度入射激波遇到固壁的反射波波前与波后压强比 p_1''/p_2 与入射波 D_1 的波前(p_1)波后(p_2)压强比 p_1/p_2 之间联系式。

当入射激波强度足够大时,即 $p_1/p_2\ll 1$,则由式(8.65)可近似得

$$p_2''=\frac{3\gamma-1}{\gamma-1}p_2$$

3)计算举例

下面通过一个例子,说明激波的危害性:有入射正激波在静止空气中传播并垂直撞向固体壁面,如入射波前空气 $p_1=10^5\,\text{Pa}$,$T_1=287\text{K}$,求入射正激波为 $p_2=4.5\times10^5\,\text{Pa}$ 或 $1.5\times10^5\,\text{Pa}$ 条件下的 p_2''、T_2'' 和 u_2'。

取空气比热容比 $\gamma=1.4$,见图 8.3。设入射波 D_1 前后分别为①′区和②′区;从固壁返回激波 D_2 前后分别为①″区和②″区,显然,①″区即②′区。下面分两步求解。

(1)求解入射波前后参量。

① 由式(8.17),$c_1'=c_1=\sqrt{\gamma RT_1}=340\text{m/s}$;

② 由式(8.54),取 $p_2/p_1=4.5$ 或 1.5,得

$$Ma_1'=\sqrt{\frac{\gamma-1}{2\gamma}+\frac{\gamma+1}{2\gamma}\frac{p_2}{p_1}}=2.0 \text{ 或 } 1.2;$$

③ 由式(8.51)得 $Ma_2'=0.5774$ 或 0.8422;

④ 由式(8.47c),得 $T'_2/T'_1=1.688$ 或 1.125;

⑤ $u_1'=Ma_1'c_1'=680\text{m/s}$ 或 408m/s;

⑥ $T_2'=484\text{K}$ 或 323K;

⑦ $c_2'=c_2=\sqrt{\gamma RT_2}=442\text{m/s}$ 或 362m/s;

⑧ $u_2'=Ma_2'c_2'=255\text{m/s}$ 或 305m/s;

⑨ 入射激波 D_1 传播速度:$D=u_1'=680\text{m/s}$ 或 408m/s;

⑩ D_1 后气流伴随速度:$u_{f1}=u_1'-u_2'=425\text{m/s}$ 或 103m/s。

(2) 求解反射激波 D_2 前后压强比与温度比。

对于固结在 D_2 上的驻定坐标系,即相对于 D_2 前后气流速度分别为 u_1'' 和 u_2'',且 $T_1''=T_2'$,$c_1''=c_2'$,$D_2=u_{f2}=u_1''-u_2''=-u_{f1}$,$p_1''=p_2'=p_2$,$T_1''=T_2'$。

① 由式(8.65),$p_2''/p_2=3.33$ 或 1.467。

② 由式(8.47c),$T_2''/T_2=1.482$ 或 1.125。

(3) $p_2''=3.33\times4.5\times10^5=14.99\times10^5\text{Pa}$ 或 $=1.467\times1.5\times10^5=2.2\times10^5\text{Pa}$;

$T_2''=1.688\times1.482T_1=718\text{K}$ 或 $=363\text{K}$。

以上结果表明,一个压强为 1.5×10^5 Pa,即超压值为 0.5×10^5 Pa 的入射正激波,对于固壁,相当于 1.2×10^5 Pa 的超压值打在表面上。而对于超压值为 3.5×10^5 Pa 的激波,在固壁上接受的超压值达 14×10^5 Pa。而当初始为15℃,超压值分别为 0.5×10^5 Pa 和 3.5×10^5 Pa 的激波,激波过后,气体温度将分别升到90℃和445℃。可见,火炮膛口和火箭尾喷气流形成的激波,直接打在固壁上,如无切实有效的防护措施,必将造成损伤事故。

8.1.4　变截面准一维定常流和拉瓦尔喷管

1. 流速沿流道的变化

气体沿变截面准一维定常流的基本方程如式(8.18)~式(8.20)所示。流道截面变化($\mathrm{d}A/A$)和流速变化($\mathrm{d}u/u$)间的依赖关系,一般可由式(8.18)″来描述。如将声速定义为式(8.16),即 $c^2=(\mathrm{d}p/\mathrm{d}\rho)_\mathrm{S}$,将其代入式(8.19),得

$$\rho u\mathrm{d}u=-\mathrm{d}p=-\left(\frac{\mathrm{d}p}{\mathrm{d}\rho}\right)_\mathrm{S}\mathrm{d}\rho=-c^2\mathrm{d}\rho \tag{a}$$

显然,利用马赫数的定义,该式也可写为

$$\frac{\mathrm{d}\rho}{\rho}=-\frac{u^2}{c^2}\frac{\mathrm{d}u}{u}=-Ma^2\frac{\mathrm{d}u}{u} \tag{b}$$

将式(b)代入式(8.18)″,得

$$(Ma^2-1)\frac{\mathrm{d}u}{u}=\frac{\mathrm{d}A}{A} \tag{8.66}$$

该式给出了气体沿变截面管道作绝热连续流动时所体现的特有性质,不同流速范围内 $\mathrm{d}u$ 与 $\mathrm{d}A$ 对应关系不同,如下:

(1) $Ma<1$,气流为亚声速。① 当 $\mathrm{d}A>0$ 时,即流道单纯扩张,则 $\mathrm{d}u<0$,即流速沿 x 减慢;② 当 $\mathrm{d}A<0$ 时,即流道单纯收敛,则 $\mathrm{d}u>0$,即流速沿 x 增快。

(2) $Ma>1$,气流为超声速。① 当 $\mathrm{d}A>0$ 时,即流道扩张,则 $\mathrm{d}u>0$,即流速增加;② 当 $\mathrm{d}A<0$ 时,即流道收缩,则 $\mathrm{d}u<0$,即气流速度下降。

(3) $Ma=1$,流速等于声速。由式(8.66),$\mathrm{d}A=0$。

这些规律的分类特征如表 8.3 所列。下面对这些特征作进一步说明。

（1）当 $dA<0$，$Ma<1.0$ 时，即对单纯收缩流道，进口来流为亚声速，随流道面积缩小流速增加，即整个流道内气流速度始终均为亚声速。但对高压气体，出口外将发生膨胀，可能变为超声速气流，且产生激波。当进口来流为超声速，随流道截面积收缩，流速将不断下降，但只要是等熵流动，流速仍将一直保持为超声速状态。

表 8.3　准一维定常绝热连续气流特性

序号	流道特征	来流(进口)流速	临界处特征	流动基本特征
1	单纯收缩 $dA<0$	(1)亚声速，$u<c$，$Ma_1<1$	$Ma_2<1$[①]	Ma_1 → Ma_2，$Ma_1<Ma_2<1$
		(2)超声速，$u>c$，$Ma_1>1$	$Ma_2>1$	Ma_1 → Ma_2，$Ma_1>Ma_2>1$
2	单纯扩张 $dA>0$	(1)亚声速，$u<c$，$Ma_1<1$	$Ma_2<1$	Ma_1 → Ma_2，$Ma_2<Ma_1<1$
		(2)超声速，$u>c$，$Ma_1>1$	$Ma_2>1$	Ma_1 → Ma_2，$Ma_2>Ma_1>1$
3	先收缩后扩张	(1)亚声速，$u_1<1$，$Ma_1<1$	①$dA=0$，$Ma<1$	Ma_1 → Ma_2，全通道 $Ma<1$
			②$dA=0$，$Ma=1$ p_b[②] 较高	Ma_1 → Ma_2 u先升后降 $Ma_2<1$ u_1 c u_2
			③$dA=0$，$Ma=1$ p_b 较低	Ma_1 → Ma_2 u单调上升 $Ma_2>1$ $u_1<c<u_2$
		(2)超声速，$u_1>1$，$Ma_1>1$	①$dA=0$，$Ma>1$	Ma_1 → Ma_2 u_1 u_2 $\geqslant c$ $Ma_2>1$
			②$dA=0$，$Ma=1$ p_b[②] 较高	Ma_1 → Ma_2 u_1 c u_2 $Ma_2<1$
			③$dA=0$，Ma p_b 较低	Ma_1 → Ma_2 u_1 u_2 c $Ma_2>1$

①单调收缩流道，当出口气流压力足够高时，即 $p_e \geqslant p_b$，则出口部为临界截面，出口外侧将出现超声速流和激波。

②背压 p_b 是指出口截面外环境压力。

（2）对 $dA>0$，即单纯扩张流道（喷管），当 $u<c$，即进口为亚声速，则流速

一直保持亚声速，且随截面扩张而流速下降。同样情况下，对超声速进口来流，即 $u > c$，则气流在扩张流道中流速增大，一直保持超声速。

（3）对先收缩后扩张的管流，流动特性与来流进口速度、临界截面处状态以及出口背压 3 种因素相关。当进口来流为亚声速时，可能生成如下 3 种工作状态：①先在收缩通道中加速，当到达最小截面时流速仍小于声速，则气流进入扩张段后将降速，即流道内全部均为亚声速流。②亚声速流先在收缩管道加速，当到达最小截面处达到声速，但流道出口背压较高，气流进入扩张段后又将减速，出口为亚声速，即流速为先由亚声速增至声速而后又下降至亚声速。③气流在收缩段由亚声速到达最小截面增大到声速，出口背压不高，在扩张段随截面增加气流将由声速继续增大为超声速。

同样，对先收缩后扩张流道，当进口来流为超声速，在收缩段必然减速，而后也可能生成 3 种情况：①当气流在收缩段减速，到达最小截面时仍为超声速，则进入扩张通道后气流开始持续加速，即在全通道内均为超声速。②如超声速气流在最小截面正好降为声速，但出口压强（背压）较高，则气流在接下来的扩张通道内继续减速，即这种情况下气流在整个变截面通道内速度持续下降，最小截面前为超声速，最小截面后为亚声速。③气流在收缩段内减速，到达最小截面处为声速，通道出口压强较低，则气流进入扩张段将加速，以超声速流出。

最后要指出，当气流到达声速（$Ma = 1$）截面时，该截面恰好就应该是流道截面变化的极值点，这可以用等熵流性能证明。换言之，流道内气流速度达到声速之处，一定是最小截面处。

2. 流速及流量公式

1）流速方程一般形式

常比热容理想气体一维定常等熵流的流速方程一般可直接由能量方程得到。这种情况下，因焓 $h_e = c_p T$，而 $c_p = R\gamma/(\gamma - 1)$，则由式（8.21），得沿流线任意 x 处流速 u 与已知 $x_1(A_1)$ 处流速 u_1 的关系为

$$u = \sqrt{u_1^2 + 2(h_{e1} - h_e)} = \sqrt{u_1^2 + \frac{2\gamma}{\gamma - 1}R(T_1 - T)} \tag{8.67}$$

2）已知滞止状态的流速方程

若已知滞止状态，如气体从无穷大箱体通过小孔的流出，其流速公式可改写为

$$u = \sqrt{\frac{2\gamma}{\gamma - 1}RT_0\left(1 - \frac{T}{T_0}\right)} \tag{8.68}$$

由等熵，即由式（8.22）及式（8.1（a））有 $T/T_0 = (p/p_0)^{\gamma/(\gamma-1)}$，$T/T_0 = (\rho/\rho_0)^{\gamma-1}$。于是得到以压强和密度表示的流速方程分别为

$$u=\sqrt{\frac{2\gamma}{\gamma-1}RT_0\left[1-\left(\frac{p}{p_0}\right)^{\gamma/(\gamma-1)}\right]} \tag{8.68$'$}$$

和

$$u=\sqrt{\frac{2\gamma}{\gamma-1}RT_0\left[1-\left(\frac{\rho}{\rho_0}\right)^{\gamma-1}\right]} \tag{8.68$''$}$$

以上式中的 RT_0 均可用 p_0/ρ_0 替代。另外,由滞止声速定义,$a_0=c_0=\sqrt{\gamma RT_0}=\sqrt{\gamma p_0/\rho_0}$,因此式(8.68)也可表示为

$$u=\sqrt{\frac{2}{\gamma-1}a_0\left(1-\frac{T}{T_0}\right)} \tag{8.68$'''$}$$

如果假想气体沿流线保持绝热膨胀,以至于最终达到 $p\to0,\rho\to0$,则气流速度达最大值为

$$u_{\max}=\sqrt{\frac{2\gamma}{\gamma-1}RT_0}=\sqrt{\frac{2}{\gamma-1}a_0^2} \tag{8.35$'$}$$

对于 $T_0=3000\text{K}$,$R=300\text{J/(kg}\cdot\text{K)}$,$\gamma=1.25$ 的火药气体,其声速 $a_0=1061\text{m/s}$,最大速度 $u_m=3000\text{m/s}$。

事实上,任何发射工程中的流动都是非理想的,即摩擦和热散失是不可避免的。因此,实际流速肯定低于理论流速,通常经由试验确定一个修正系数 ϕ_1,于是式(8.68)修改为

$$u=\phi_1\sqrt{\frac{2\gamma}{\gamma-1}RT_0\left(1-\frac{T}{T_0}\right)} \tag{8.69}$$

在发射工程中,一般式中 ϕ_1 取 0.93。

在喷管临界截面处,由定义流速 $u_*=a_*=\sqrt{\gamma RT_*}$,而由流速方程式(8.68),可得 $u_*=\sqrt{\frac{2\gamma}{\gamma-1}RT_0\left(1-\frac{T_*}{T_0}\right)}$。

利用式(8.36),则得

$$a_*=u_*=\sqrt{\frac{2\gamma}{\gamma+1}RT_0}=a_0\sqrt{\frac{2}{\gamma+1}} \tag{8.70}$$

不同 γ 值,对应 a_*/a_0 见表 8.2。如计及非理想效应,该式应改写为

$$a_*=u_*=\phi_1a_0\sqrt{\frac{2}{\gamma+1}} \tag{8.70$'$}$$

3) 质量流量公式

将流速方程式(8.68)和绝热方程式(8.22)及状态方程式(8.1a)代入连续方程式(8.18)′,则得到任意截面 A 处的质量流量为

$$\dot{m}=A\rho u=A\rho\sqrt{\frac{2\gamma}{\gamma-1}RT_0\left[1-\left(\frac{p}{p_0}\right)^{\frac{\gamma}{\gamma-1}}\right]}=A\sqrt{\frac{2\gamma}{\gamma-1}}\sqrt{p_0\rho_0}\sqrt{\left(\frac{p}{p_0}\right)^{\frac{2}{\gamma}}-\left(\frac{p}{p_0}\right)^{\frac{\gamma+1}{\gamma}}}=\text{const} \tag{8.71}$$

这是已知滞止参量 p_0、$\rho_0(T_0)$ 及 A 处压强 p 的情况下计算流量的公式。如果已知滞止参量和 A 处马赫数，则运用式(8.18)′、式(8.33)、式(8.37)及马赫数定义，由下列公式计算流量：

$$\dot{m}=A\rho u=A\frac{\rho}{\rho_0}\rho_0 Ma\frac{a}{a_0}a_0=A\sqrt{\gamma p_0\rho_0}Ma\left[1+(\gamma-1)Ma^2/2\right]^{-(\gamma+1)/[2(\gamma-1)]} \tag{8.72}$$

事实上，由于定常流的流量 $\dot{m}$ 是常量，对于存在有临界断面 A_* 的情况，当滞止状态一旦确定，流量将不可能再增加，该流量称为堵塞流量，也称为壅塞流量。于是，可用通过临界断面流量表征整个管流的流量。由式(8.39)，临界断面压强与滞止压强之比为 $p_*/p_0=[2/(\gamma+1)]^{\gamma/(\gamma-1)}$，将其代入式(8.71)，有

$$\dot{m}_*=A_*\rho_*u_*=A_*\sqrt{\gamma p_0\rho_0}\left[2/(\gamma+1)\right]^{(\gamma+1)/[2(\gamma-1)]} \tag{8.72′}$$

如令 $K_0=[2/(\gamma+1)]^{(\gamma+1)/[2(\gamma-1)]}\sqrt{\gamma}$，则得

$$\dot{m}_*=A_*K_0\sqrt{p_0\rho_0}=A_*K_0p_0/\sqrt{RT_0} \tag{8.73}$$

γ 的大小对 K_0 具有一定影响，表 8.4 给出了 K_0 随绝热指数 γ 变化。

表 8.4　K_0 值

γ	K_0	γ	K_0	γ	K_0	γ	K_0	γ	K_0
1.10	0.628	1.20	0.6485	1.25	0.658	1.30	0.667	1.40	0.685

作为某种近似，如将临界流量概念应用于火炮发射过程，滞止参量近似取膛内平均值，则式(8.73)可改写为

$$\dot{m}=A_*K_0p/\sqrt{RT}$$

这种情况下，前提是假定流动是准定常的，即将该式中的 p、T 理解为膛内实时平均压强和平均温度。对于这类准定常问题，膛内实时温度 T 可以用火药爆温 T_1 的相对量表示，即 $T=\tau T_1$，式中：τ 为随时间变化的相对比值，T_1 与火药力 f 的关系有 $f=RT_1$，所以又可表示为

$$\dot{m}=A_*K_0\frac{1}{\sqrt{RT_1}}\cdot\frac{p}{\sqrt{T/T_1}}=A_*\frac{K_0}{\sqrt{f}}\cdot\frac{p}{\sqrt{\tau}} \tag{8.74}$$

实际使用中，$\dot{m}$ 的计算还应考虑气体黏性和管道表面摩擦作用的影响，因此该式通常改写为

$$\dot{m}=\eta A_*\frac{K_0}{\sqrt{f}}\cdot\frac{p}{\sqrt{\tau}} \tag{8.74′}$$

式中：η 为流量系数，一般用试验确定。兵器发射中的流出问题，一般取 $\eta = 0.95$。

有必要指出，对于小孔的流出，流量系数与流孔直径和压力比 p_2/p_b 大小有关。一般远小于0.95，具体将在后面作专门讨论。

3. 拉瓦尔(Laval)喷管

前面讨论了收缩－扩张型流道内流动的一般规律，下面分析拉瓦尔喷管设计参量与几种可能运行状态之间的关系。采用拉瓦尔喷管的目的，主要是为了得到期望的出口气流参量，获得设计要求的推力或反后坐力。由式(8.26)～式(8.28)可知，对变截面定常等熵流，截面比 A/A_* 和气流马赫数之间存在下列关系：

$$\frac{A}{A_*} = \frac{\rho_* u_*}{\rho u} = \frac{1}{Ma}\left(\frac{2}{\gamma+1} + \frac{\gamma-1}{\gamma+1}Ma^2\right)^{(\gamma+1)/[2(\gamma-1)]} \tag{8.75}$$

如果将式(8.75)绘成曲线，如图8.4所示。对任意一个给定的 A/A_*，有两个对应的马赫数，即 Ma 有两个解：一个对应于亚声速，另一个对应于超声速。但管内流动状态不仅与喷管几何特征有关，还与来流滞止参量与出口马赫数和背压大小有关。背压一般是指环境大气压力，而大气压力是随工作位置海拔高度和地域纬度变化的。

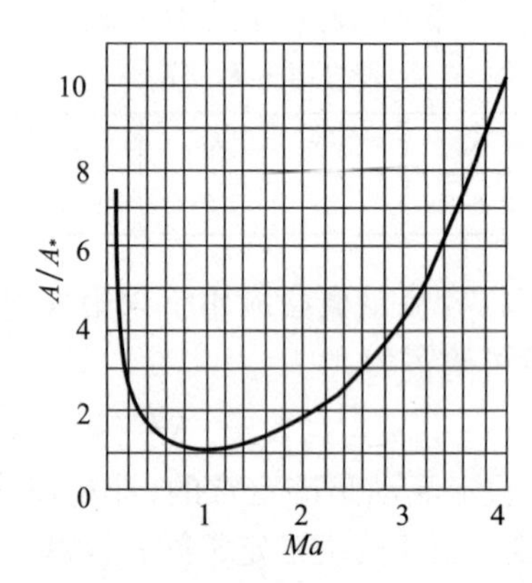

图8.4　等熵流动喷管截面比与马赫数之间关系

下面分别从设计和运行两个方面讨论拉瓦尔喷管功能特性。

1）设计参量的确定

在这里，仍采用以往的定义，滞止参量脚标为“0”，出口处参量脚标为“e”，环境参量脚标为“b”，临界状态参量脚标为“＊”，并取喷管最小断面(喉部)脚标为“t”。取希望的拉瓦尔喷管工作状态或设计目标状态，是喷管出口既无激波也无膨胀波的状态，喷管出口压力 p_e 正好等于背压 p_b。这时，可以恰当发挥喷管效能，气体能量得到充分利用。

拉瓦尔喷管设计问题的提法通常是，给定流量 $\dot{m}$、滞止参量 p_0、ρ_0（或 T_0）和出口马赫数 Ma_e，求出口截面 A_e 和压强 p_e。通常步骤如下：

（1）采用式(8.32)，由给定的 p_0 和 Ma_e，求解 p_e。

（2）采用流量式(8.72)，由给定的 p_0、ρ_0、$\dot{m}$ 和 $Ma(x)$，求解对应的 $A(x)$。

（3）采用式(8.72)′，由 $A_* = \dot{m}/\rho_* u_*$ 计算出喷管喉部面积 A_*；或将 Ma_e、A_e 代入式(8.75)，求解得到 A_*。

2）可能出现的运行状态

按等熵超声速定常流动条件设计的拉瓦尔喷管，在实际运行中将遇到两方面的问题：一是固壁存在摩擦和热交换，实际过程是非等熵的，因而需要对理想等熵条件下计算得到的设计参量如 A_* 和 $A(x)$ 等加以适当修正；二是环境压强往往是变化的，如高山与平原，海平面与高空，大气压强存在显著差别，从而使得管内流动发生较大变化，形成不同工况。因此，拉瓦尔喷管运行问题，指对确定的喷管几何参量 A_*、A_e 和给定的气体滞止参量 p_0、ρ_0（T_0），当出口环境压强（背压）p_b 变化，求解喷管流量 $\dot{m}$、出口马赫数 Ma_e 及管内与出口外流场状态的变化。

（1）3 种典型特征流态。当变截面管道两端压强相等时，如 $p_0 = p_b$，则管内气体不会发生流动。当 p_b 一旦小于 p_0，管内气体开始流动。随着 p_b 相对 p_0 进一步降低，管内流动将出现 3 种典型特征状态，如下：

① 喉部刚好达到 $Ma_t = 1$ 的状态。当 p_b 从等于 p_0 的状态开始缓慢下降，管内气流速度逐渐增加。显然开始全流程都为亚声速，但当下降到某一时刻，喉部刚好达声速，即 $Ma_t = 1.0$，但无论是收缩段还扩张段都还是亚声速。定义此时喷管出口压强为 p_{e1}，背压为 p_{b1}。这是拉瓦尔喷管流动的第 1 种特征态。

② 当背压继续下降，管内流动将达到这样的状态，即收缩段为亚声速流，喉部 $Ma_t = 1$，而扩张段恰好全部为超声速流；但正好在出口断面形成正激波。定义此时气流出口压强为 p_{e2}，背压为 p_{b2}。定义这样的状态为拉瓦尔喷管流动的第 2 种特征状态。

③ 随着背压进一步下降，当管内流动达到这样的状态，即收缩段为亚声速流，喉部 $Ma_t = 1$，扩张段全部为超声速流；且在出口断面既无激波也无膨胀波，即恰好达到设计状态。这是拉瓦尔喷管流动的第 3 种特征状态，定义此时气流出口压强为 p_{e3}，相应背压为 p_{b3}。

（2）可能出现的 7 种运行工况。拉瓦尔喷管的实际流动状态，除了以上 3 种典型特征状态之外，在这些特征流态之间及上侧和下侧还将可能形成其他运行状态，即总计可能形成 7 种状态。实际工程中，最常见的背压是大气环境压

力 p_a，而拉瓦尔喷管设计的目标是期望出口压力 p_{e3} 正好等于 p_{b3} 以便达到喷口既无激波也无膨胀波。下面给出如图 8.5 所示 7 种可能运行状态的主要参量分布特征。

① $1 > p_b/p_0 > p_{b1}/p_0$，喷管内全部为亚声速，$Ma_t < 1$，$Ma_e < 1$。

② $p_b/p_0 = p_{b1}/p_0$，喷喉处 $Ma_t = 1$，收缩段和扩张段都为亚声速。

③ $p_b/p_0 < p_{b1}/p_0$ 但 $p_b/p_0 > p_{b2}/p_0$，喷喉处 $Ma_t = 1$，在喉部与出口截面之间存在正激波，因此 $Ma_e < 1$，且 $p_e = p_b$。

④ $p_b/p_0 = p_{b2}/p_0$，喉部到出口之间全部为超声速，有正激波位于喷管出口断面，即 $p_e < p_b$。

⑤ $p_b/p_0 < p_{b2}/p_0$ 但 $p_b/p_0 > p_{b3}/p_0$，喉部到出口之间全部为超声速，出口外形成斜激波。

⑥ $p_b/p_0 = p_{b3}/p_0$，为典型设计态，全部为等熵连续流动，且 $p_e = p_b$。

⑦ $p_b/p_0 < p_{b3}/p_0$，喷管出口生成膨胀波，气流穿过膨胀波进一步加速，且 $p_e > p_b$。

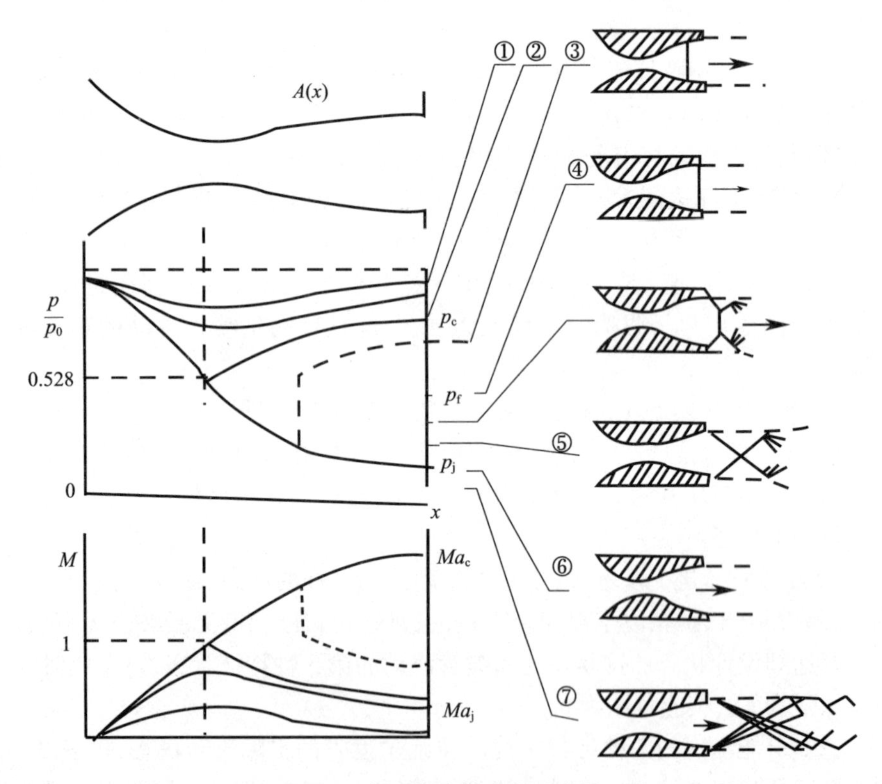

图 8.5　拉瓦尔喷管流态示意图

8.2　带有化学反应的一维流动

8.2.1　膛内流动模型基本假定

本节重点讨论火炮膛内流动,将弹后空间当作非平衡态热力学空间,建立不同繁简程度一维不定常运动的内弹道流动模型[7-12,14,18]。火炮内弹道过程是涉及发射能源品质、火药点火与燃烧规律、弹丸运动及弹后工质流动特性的综合过程,在这里简称为是带有化学反应的流动过程。由于这个流动在本质上是火药颗粒与其燃气的混合流,即是气 - 固两相流。一般来说,作为固相颗粒的火药,因内弹道设计的需要,可能同时选配两种甚至多种尺寸品号。而且作为不争的事实还有:一是这些火药并非同时被点燃着火;二是火药颗粒主要是由气流挟持而运动的,因此颗粒速度总是小于气流速度;三是内弹道初期,可能因膛内压力波的生成而造成装药床或火药颗粒受到瞬态剧烈压缩与碰撞,这将涉及固相物质受力、变形的描述,这类问题是典型固体力学问题,已经超出流体力学范畴;四是弹丸挤入膛线也非是瞬间完成的;五是弹丸在膛内除了沿身管轴向运动和绕轴转动之外,还存在章动和进动。

本节关注的膛内流动模型开始是简化的。因为有必要先将这里所涉及的复杂问题或者说流体力学不便描述的问题暂时搁置起来,所以在建立不同繁简程度膛内流动模型之前,提出如下假定:

(1) 发射装药可能包含多种品号的火药,但每一品号火药具有完全相同的形状、尺寸与物理化学性能。

(2) 火药按平行层燃烧。

(3) 膛内燃气热物性参量是平均工作温度下的定值。

(4) 气体服从 Noble - Abel 状态方程。

(5) 火药点火判据采用事先确定的着火温度。

(6) 未燃固体火药从初始温度加热着火所吸收的热量,通过降低火药力来修正,不计入发射过程热损失。

(7) 膛内高温燃气对身管的热散失采用如下两种方法作简化处理:①通过降低火药力;②作为发射过程的已知函数。

(8) 火药颗粒尺寸比气体分子大多个量级,它的存在对热力学空间压强的影响仅限于体积效应,颗粒运动对燃气压力没有贡献,热力学空间压力即是气体压力。

(9) 不考虑弹丸膛内章动与进动。

此外,根据需要建立的膛内流动模型繁简程度不同,还需相应提出一些补充假定。

8.2.2 准一维均相不定常流动内弹道模型[12]

1. 补充假定

在以上假定基础上,需提出如下补充假定:

(1) 流动截面 A 是距离 x 的已知函数。

(2) 火药燃烧服从指数定律。

(3) 火药颗粒速度与气流速度相等($u_g = u_p$)。

(4) 弹丸运动阻力是已知函数。

(5) 单一火药,即发射药只有一个品号。

(6) 为简单起见,暂时仅考虑 $p = p_0$ 时刻火药同时着火情况。

(7) 不考虑身管后坐和热散失。

2. 基本方程

1) 火药燃烧定律

分裂前:

$$\psi = \chi Z(1 + \lambda Z + \mu Z^2)$$

分裂后:

$$\psi_s = \chi_s \xi(1 - \lambda_s \xi) \tag{8.76a}$$

2) 燃烧速度定律

$$\frac{\partial Z}{\partial t} + u\frac{\partial Z}{\partial x} = ap^{\nu} + b \tag{8.76b}$$

3) 燃气状态方程

$$p[1/\rho - \alpha\psi - (1-\psi)/\rho_p] = \psi RT \tag{8.76c}$$

4) 连续方程

$$\frac{\partial A\rho}{\partial t} + \frac{\partial A\rho u}{\partial x} = 0 \tag{8.76d}$$

5) 运动方程

$$\frac{\partial A\rho u}{\partial t} + \frac{\partial A\rho u^2}{\partial x} = -A\frac{\partial p}{\partial x} \tag{8.76e}$$

或简写为

$$\rho\frac{\partial u}{\partial t} + \rho u\frac{\partial u}{\partial x} = -\frac{\partial p}{\partial x} \tag{8.76e)'$$

6) 能量方程

$$A\rho\frac{\partial \psi e}{\partial t} + A\rho u\frac{\partial \psi e}{\partial x} = -p\frac{\partial Au}{\partial x} + A\rho E_{\Delta}\left(\frac{\partial \psi}{\partial t} + u\frac{\partial \psi}{\partial x}\right) \tag{8.76f}$$

7）燃气内能

$$e = c_V T = RT/(\gamma - 1) \tag{8.76g}$$

式中：ψ 为相对已燃比；Z 为相对已燃厚度；u 为混合流速度；ρ 为气、固混合密度；T 为燃气温度；ρ_p 为火药密度；α 为燃气余容；a 为燃速系数；b 为燃速指数；R 为气体常量；e 为气体内能；f 为火药力；c_V 为气体定容比热容；E_Δ 为火药化学能；γ 为比热容比。

以上为单一装药 $u_p = u_g$ 条件下准一维不定常运动内弹道方程组，自变量为 t 和 x，因变量为 Z、ψ、p、ρ、T、e、u 共 7 个，7 个方程，方程组封闭。

3. 定解条件

1）边界条件

膛底：$u|_{x=0} = 0(t \geqslant 0)$

弹底：令弹丸速度为 u_J，弹丸质量为 m_q，弹底压力为 p_J，弹丸运动阻力压强为 R_r，则弹丸运动方程为

$$Ap_J = \phi m_q \frac{du_J}{dt} + AR_r \tag{8.76h}$$

式中：$u_J = \dfrac{dx}{dt}(x_J \leqslant L_g)$，$x_J$ 为弹底到膛底的距离；L_g 为内膛空间总长，$L_g = l_{V_0} + l_g$，其中：l_g 为弹丸行程长，l_{v_0} 为药室长；ϕ 为次要功系数，R_r 为弹丸阻力压强。

2）初始条件

假定火药 $p = p_0$ 时着火燃烧，则有

$t = 0, 0 \leqslant x \leqslant l_w$：

$$p = p_0(x), \rho = \rho_0(x), u = u_0(x) = 0, Z = Z_0(x), \psi = \psi_0(x)$$

$$T = T_0(x) = \frac{p_0(x)}{\psi_0(x) R}\left(\frac{V_0}{\rho_0(x)} - \alpha\varphi_0(x) - \frac{1 - \psi_0(x)}{\rho_p}\right)$$

$$e = e_0 = RT_0(x)/(\gamma - 1)$$

以上基本方程和定解条件即构成了准一维均相流内弹道定解问题，一般只能采用数值法求解。

8.2.3　准一维准两相流动内弹道模型[12]

1. 基本假定

准两相流动，就是流动介质由两种物相组成，在这里是指由火药燃气与固体药粒拟流体组成。因为两相之间相互作用比较复杂，为了简化处理，假定气 - 固两相之间速度比是已知常数，从而使弹后空间流动的描述得以简单化。本小节以混合装药为例，写出其准两相流动方程组。在 8.2.1 小节基本假定基础上，还须作出和 8.2.2 小节类似的补充假定；并且令

(1) 流动参量下标“1”表示气相,下标“2”表示第一固相,下标“3”表示第2固相。于是,混合介质总密度 $\rho=\rho_1+\rho_2+\rho_3$,气相总密度 $\rho_1=\rho_{12}+\rho_{13}$,其中:$\rho_{12}$、$\rho_{13}$分别为固相2、3生成的气相密度。

(2) 定义组分密度比分别为 $\sigma_2=\rho_2/\rho,\sigma_3=\rho_3/\rho,\rho_1/\rho=1-\sigma_2-\sigma_3$。

(3) 定义组分速度分别为 u_1、u_2、u_3;且 $u_2=k_2u_1,u_3=k_3u_1$;显然 k_2、k_3 都小于1.0,且药粒尺寸越大,比例系数 k 值越小,一般均不超过0.5。但要强调,k 在内弹道期间有很大的任意性,特别是内弹道过程初期和后期。具体与装药结构、点火过程及装填密度有关。其中管状药速度一直很小,直至临近燃烧结束,速度一般也不会超过50m/s左右。

(4) 按欧拉坐标写出基本方程,介质随体导数一般形式为

$$\frac{\mathrm{d}_i}{\mathrm{d}t}=\frac{\partial}{\partial t}+u_i\frac{\partial}{\partial x}(i=1,2,3)$$

对弹后空间变截面管道微元体 $A(x)\delta x$ 内任意物理量 $F(x,t)$,随体导数为

$$\frac{\mathrm{d}_iAF\delta x}{\mathrm{d}t}=\delta x\left(\frac{\partial AF}{\partial t}+\frac{\partial AFu_i}{\partial x}\right)=\delta x\left(\frac{A\partial F}{\partial t}+\frac{\partial AFu_i}{\partial x}\right)$$

2. 基本方程

1) 几何燃烧定律

第1固相:

$$\psi_2=\chi_2Z_2(1+\lambda_2Z_2+\mu_2Z_2^2) \tag{8.77a}$$

第2固相:

$$\psi_3=\chi_3Z_3(1+\lambda_3Z_3+\mu_3Z_3^2) \tag{8.77b}$$

2) 燃烧速度定律

第1固相:

$$\frac{\partial Z_2}{\partial t}+k_2u_1\frac{\partial Z_2}{\partial x}=a_2p^{\nu_2}+b_2 \tag{8.77c}$$

第2固相:

$$\frac{\partial Z_3}{\partial t}+k_3u_1\frac{\partial Z_3}{\partial x}=a_3p^{\nu_3}+b_3 \tag{8.77d}$$

3) 气体状态方程

$$p\left(\frac{1}{\rho}-\sigma_{12}\alpha_{12}-\sigma_{13}\alpha_{13}-\sigma_2/\rho_{p2}-\sigma_3/\rho_{p3}\right)=(\sigma_{12}R_{12}+\sigma_{13}R_{13})T \tag{8.77e}$$

4) 固相连续方程

第1固相:

$$\frac{\partial A\rho\sigma_2}{\partial t}+\frac{\partial A\rho\sigma_2k_2u_1}{\partial x}=-\frac{A\rho\sigma_2}{1-\psi_2}\left(\frac{\partial\psi_2}{\partial t}+k_2u_1\frac{\partial\psi_2}{\partial x}\right) \tag{8.77f}$$

第 2 固相：

$$\frac{\partial A\rho\sigma_3}{\partial t}+\frac{\partial A\rho\sigma_3 k_3 u_1}{\partial x}=-\frac{A\rho\sigma_3}{1-\psi_3}\left(\frac{\partial\psi_3}{\partial t}+k_1 u_1\frac{\partial\psi_3}{\partial x}\right) \tag{8.77g}$$

5）气相连续方程

第 1 气相：

$$\frac{\partial A\rho\sigma_{12}}{\partial t}+\frac{\partial A\rho\sigma_{12}u_1}{\partial x}=-\frac{\partial A\rho\sigma_2}{\partial t}-\frac{\partial A\rho\sigma_2 k_2 u_1}{\partial x} \tag{8.77h}$$

第 2 气相：

$$\frac{\partial A\rho\sigma_{13}}{\partial t}+\frac{\partial A\rho\sigma_{13}u_1}{\partial x}=-\frac{\partial A\rho\sigma_3}{\partial t}-\frac{\partial A\rho\sigma_3 k_3 u_1}{\partial x} \tag{8.77i}$$

6）动量方程

$$\frac{\partial}{\partial t}A\rho u_1[1-\sigma_1(1-k_2)-\sigma_3(1-k_3)]+\frac{\partial}{\partial x}A\rho u_1^2[1-\sigma(1-k_2^2)-\sigma_3(1-k_3^2)]=-A\frac{\partial p}{\partial x} \tag{8.77j}$$

7）能量方程

$$\frac{\partial A\rho E_{\mathrm{m}}}{\partial t}+\frac{\partial}{\partial t}\left\{A\rho u_1\left[E_{\mathrm{m}}+p/\rho-(1-k_2)\sigma_2\left(\frac{1}{2}k_2^2u_2^2+E_\Delta+p/\rho_{p2}\right)-(1-k_3)\sigma_3\left(\frac{1}{2}k_3u_1^2+E_\Delta+p/\rho_{p3}\right)\right]\right\}=0 \tag{8.77k}$$

其中

$$E_{\mathrm{m}}=\left[\sigma_{12}\left(e_{12}+\frac{1}{2}u_1^2\right)+\sigma_{13}\left(e_{13}+\frac{1}{2}u_1^2\right)+\sigma_2\left(E_\Delta+\frac{1}{2}k_2^2u_1^2\right)+\sigma_3\left(E_\Delta+\frac{1}{2}k_3^2u_1^2\right)\right] \tag{8.77l}$$

$$e_{12}=R_{12}T/(\gamma_{12}-1) \tag{8.77m}$$

$$e_{13}=R_{13}T/(\nu_{13}-1) \tag{8.77n}$$

8）由假定，有

$$\sigma_{12}+\sigma_{13}+\sigma_2+\sigma_3=1 \tag{8.77o}$$

式(8.77)中共含未知量：Z_2、ψ_2、Z_3、ψ_3、u_1、p、ρ、σ_{12}、σ_{13}、σ_2、σ_3、T、E_{m}、e_{12}、e_{13} 15 个，15 个独立方程，方程组封闭。如 k_2、k_3、A 等为已知量，参照 8.2.2 小节给出定解条件，则方程组可解。

8.2.4　双连续介质准一维气－固两相流内弹道模型[5,11]

如前面所述，两相流是流体力学研究范畴内涉及面最为宽广而类别又最为繁杂的一个研究领域。火炮发射领域涉及的膛内气－固两相流，一般都人为将其中火药当作微观大宏观小的颗粒对待，于是颗粒群被作为拟流体，如气体一样为连续介质。尽管这样的流动问题早在20世纪七八十年代就已为很多人所关注[4-12]，但其中很多细节远没有解决。

通常情况下，当采用双连续介质模型处理火炮膛内流动问题时，都默认以下3个约定而不作特别交代：

(1) 火炮发射中火药颗粒全部处于被充分流化分散状态。但事实并非如此，发射初期膛内火药基本都处于密集状态，点火燃烧初期一般都伴随有火药颗粒之间的挤压与碰撞，有时必须运用弹塑性力学理论描述火药颗粒和药粒填充床的膛内运动及其应力－应变，从而为判别药粒破碎对燃烧带来的影响提供依据。但一般情况下都回避这些描述，以免问题复杂化。

(2) 尽管火药颗粒相本质上是离散相，但这里将其当作为拟流体，它的性质即用颗粒群时空平均值表征，且任何情况下都认定面积分数等于体积分数。如对截面积为A、长度为Δl的一段变截面管道而言，总容积$V=\int_0^{\Delta l}A\mathrm{d}x$，若气、固相容积分数分别为$\varepsilon_\mathrm{g}$和$\varepsilon_\mathrm{p}$，则有$\varepsilon_\mathrm{g}+\varepsilon_\mathrm{p}=1$，其中气相占有容积为$\varepsilon_\mathrm{g}V$，而颗粒相占有容积为$\varepsilon_\mathrm{p}V$。若$V$内气相总质量为$m_\mathrm{g}$，颗粒相总质量为$m_\mathrm{p}$，则$V$内气相平均密度为$\rho_\mathrm{g}=m_\mathrm{g}/(\varepsilon_\mathrm{g}V)$，颗粒相平均密度$\rho_\mathrm{p}=m_\mathrm{p}/(\varepsilon_\mathrm{p}V)$。

(3) 因颗粒尺寸远远大于气体分子，颗粒相对混合物压强的贡献，仅体现在体积效应上，颗粒碰撞不产生分压。在两相流微元面积A上，若气体压强为p，气固相各自面积分数分别为ε_g和ε_p，则作用在气相与固相上的分压分别为$\varepsilon_\mathrm{g}p$和$\varepsilon_\mathrm{p}p$，作用在混合物上压强为$(\varepsilon_\mathrm{g}+\varepsilon_\mathrm{p})p=p$。

1. 基本假定

在推导这种两相流体动力学模型基本方程过程中，一般需采用如下基本假定：

(1) 不考虑两相界面上的表面张力及其具有的能量。

(2) 固体颗粒相和流体相一样，均为连续介质。

(3) 由上面约定(3)，如混合物平均压强为p，作用在气固各相上的压强分别为p_g和p_p，作用在管壁上的各相压强分别为p_gw、p_pw，则有$p=p_\mathrm{g}=p_\mathrm{p}=p_\mathrm{gw}=p_\mathrm{pw}$。

(4) 忽略流动参量在横截面上的不均匀性。

(5) 忽略沿管道轴向温度梯度引起的热量传递。

(6) 忽略湍流和其他脉动引起的法向应力分量作用。

(7) 不考虑湍流动能和其他脉动能。

对于火炮发射中的固相火药颗粒，假定(1)无疑是合理的。但对液体和固体火药颗粒表面相变或燃烧而言，表面液相挥发则与表面张力有关。不过这已在相变释放能量的测量(与计算)中考虑过了，即火药力测量值已包含了这些因素的修正。假定(4)是对所有一维流动问题分析需要做的固有要求。但对膛内流动而言,由于点火燃烧过程的不均匀性和迅猛性,尽管颗粒群在断面上的均匀分布假定基本符合实际,体积力影响也几乎可以忽略不计。但装药点火过程的非均匀或不对称性还是存在的,这将可能影响一维假定真实性。假定(5)、(6)、(7)一般几乎总是合理的。除非需要考虑与壁面间的传热与传质作用,需要计及边界层内部细节。假定(7)对某些问题确实需要重新考虑。假定(2)成立的条件前面已经在基本约定中陈述和讨论过,只有每个微元体内颗粒数量足够多和全系统微元体数量也取得足够多,得到的颗粒平均速度和空隙率(体积分数)才是恰当的,参量在全解域空间分布连续性才能得以保证。

2. 基本方程

1) 气相质量方程

考察图 8.6 所示混合物中的气相和颗粒相控制体,其长度为 dx,x 处对应横截面为 A,$x+\mathrm{d}x$ 处横截面为 $A+\mathrm{d}A$。混合物中气相容积分数习惯称为空隙率,如果颗粒尺寸是均匀的,则可将其定义为

$$\varepsilon_{\mathrm{g}}=1-n_{\mathrm{p}}m_{\mathrm{p}}/\rho_{\mathrm{p}} \tag{8.78}$$

式中:n_{p} 为颗粒数量密度,即单位容积内的颗粒数;m_{p} 为单颗药粒的质量,ρ_{p} 为固相颗粒物质密度。固相容积分数为

$$\varepsilon_{\mathrm{p}}=1-\varepsilon_{\mathrm{g}}=n_{\mathrm{p}}m_{\mathrm{p}}/\rho_{\mathrm{p}} \tag{8.79}$$

另外,两相混合物单位容积内相间接触界面参量 A_{s},即固相比表面积,其定义为

$$A_{\mathrm{s}}=S_{\mathrm{p}}n_{\mathrm{p}} \tag{8.80}$$

式中:S_{p} 为单个颗粒表面积。

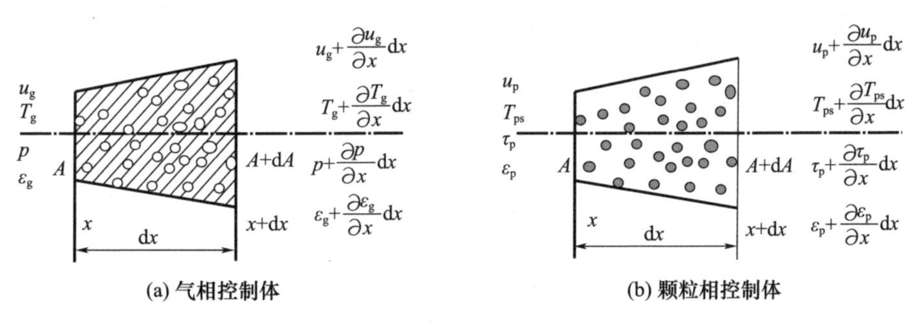

图 8.6　气相和颗粒相控制体

显然,如果颗粒为圆球,则有

$$\varepsilon_{\mathrm{g}}=1-\frac{4}{3}\pi r_{\mathrm{p}}^{3}n_{\mathrm{p}} \tag{8.78$'$}$$

或

$$n_p = \frac{3(1-\varepsilon_g)}{4\pi r_p^3} \tag{8.78''}$$

相应比表面积：

$$A_s = S_p n_p = 4\pi r_p^2 \frac{3(1-\varepsilon_g)}{4\pi r_p^3} = \frac{3(1-\varepsilon_g)}{r_p} \tag{8.80'}$$

对于图 8.6(a)，单位时间内流入控制体的气相净流量为

$$A\varepsilon_g\rho_g u_g - \left[A\varepsilon_g\rho_g u_g + \frac{\partial}{\partial x}(A\rho\varepsilon_g u_g)\,\mathrm{d}x\right] = -\frac{\partial(A\varepsilon_g\rho_g u_g)}{\partial x}\mathrm{d}x$$

由于固相颗粒气化造成气相质量增加速率为

$$AA_s\rho_p r_b \mathrm{d}x$$

控制体中气相所占有空间气体质量增加速率为

$$\frac{\partial}{\partial t}(A\varepsilon_g\rho_g)\,\mathrm{d}x$$

因此由质量平衡得气相质量方程为

$$\frac{\partial(A\varepsilon_g\rho_g)}{\partial t} + \frac{\partial(A\varepsilon_g\rho_g u_g)}{\partial x} = AA_s\rho_p r_b \tag{8.81}$$

式中：r_b 为固相颗粒的表面负法向燃速。由式(8.80)′可见，当 $\varepsilon_g\to 1$ 时，则 $A_s\to 0$，于是式(8.81)变为简单的准一维不定常流连续方程。

2）固相质量方程

由图 8.6(b)，流入固相控制体的颗粒净质量流量为

$$A\varepsilon_p\rho_p u_p - \left[A\varepsilon_p\rho_p u_p + \frac{\partial A\varepsilon_p\rho_p u_p}{\partial x}\mathrm{d}x\right] = -\frac{\partial A\varepsilon_p\rho_p u_p}{\partial x}\mathrm{d}x$$

因固相颗粒气化造成的质量减少速率为

$$-AA_s\rho_p r_b \mathrm{d}x$$

固相控制体颗粒相质量增加速率为

$$\frac{\partial}{\partial t}(A\varepsilon_p\rho_p)\,\mathrm{d}x$$

于是得其质量平衡方程为

$$\frac{\partial A\varepsilon_p\rho_p}{\partial t} + \frac{\partial A\varepsilon_p\rho_p u_p}{\partial x} = -AA_s\rho_p r_b \tag{8.82}$$

一般情况下，可认为 $\rho_p = \mathrm{const}$，因此该式可写为

$$\frac{\partial A\varepsilon_p}{\partial t} + \frac{\partial A\varepsilon_p u_p}{\partial x} = -AA_s r_b \tag{8.82'}$$

和

$$\frac{\partial A(1-\varepsilon_g)}{\partial t} + \frac{\partial A(1-\varepsilon_g)u_p}{\partial x} = -AA_s r_b \tag{8.82''}$$

式(8.81)和式(8.82)中源项符号相反,两式相加,源相消失,说明混合物质量守恒。相加后即是混合物准一维不定常流动连续方程。

3）气相动量方程

（1）根据动量平衡,观察如图 8.7 所示气相控制体,其动量变化率为

$$\frac{\partial}{\partial t}A\varepsilon_{g}\rho_{g}u_{g}\mathrm{d}x$$

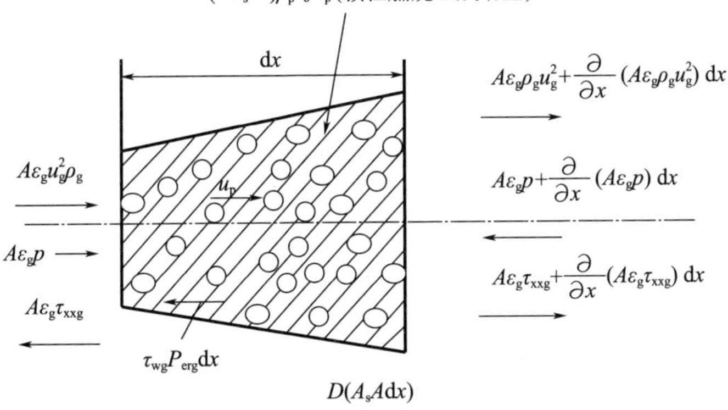

图 8.7　流入和流出气相控制体的动量流量

（2）单位时间内流入控制体的气相净动量流量为

$$\varepsilon_{g}A\rho_{g}u_{g}^{2}-\left[A\varepsilon_{g}\rho_{g}u_{g}^{2}+\frac{\partial}{\partial x}(A\varepsilon_{g}\rho_{g}u_{g}^{2})\,\mathrm{d}x\right]+AA_{s}\rho_{p}r_{b}u_{p}\mathrm{d}x$$

$$=\left[-\frac{\partial}{\partial x}(A\varepsilon_{g}\rho_{g}u_{g}^{2})+AA_{s}\rho_{p}r_{b}u_{p}\right]\mathrm{d}x$$

（3）作用在气相控制体上的各种力如下:

① 作用于气相的压力梯度力:

$$A\varepsilon_{g}p-\left[A\varepsilon_{g}p+\frac{\partial}{\partial x}(pA\varepsilon_{g})\,\mathrm{d}x\right]+\frac{p\partial A\varepsilon_{g}}{\partial x}\mathrm{d}x=-\frac{\partial A\varepsilon_{g}p}{\partial x}\mathrm{d}x+\frac{p\partial A\varepsilon_{g}}{\partial x}\mathrm{d}x=-A\varepsilon_{g}\frac{\partial p}{\partial x}\mathrm{d}x$$

② 气相作用于颗粒相的作用力,称为阻力。当空隙率 ε_g 沿 x 存在梯度时,该阻力表达式为 $D_t=D_u+D_p$,其中:D_u 是相间速度引起的,在 3.4 节已作了详细讨论;D_p 是空隙率 ε_g 变化引起的,单位截面 dx 长度内颗粒相因空隙率梯度存在引起阻力为 $D_p\mathrm{d}x=\frac{p\varepsilon_g}{A_s}-\left(\frac{p\varepsilon_g}{A_s}+\frac{p\partial\varepsilon_g A}{AA_s\partial x}\mathrm{d}x\right)=-\frac{p\partial\varepsilon_g A}{AA_s\partial x}\mathrm{d}x$,所以

$$D_{t}=D_{u}+D_{p}=D_{u}-\frac{p\partial\varepsilon_{g}A}{AA_{s}\partial x}\tag{a}$$

③ 气相黏性轴向应力:$-A\varepsilon_{g}\tau_{xxg}+\left[A\varepsilon_{g}\tau_{xxg}+\frac{\partial}{\partial x}(A\varepsilon_{g}\tau_{xxg})\,\mathrm{d}x\right]=\frac{\partial}{\partial x}(A\varepsilon_{g}\tau_{xxg})\,\mathrm{d}x$

④ 侧表面切应力：$-P_{\mathrm{erg}}\tau_{\mathrm{wg}}\mathrm{d}x$，其中 P_{erg} 为气相湿周长。

因此气相动量方程可写为

$$\frac{\partial A\varepsilon_{\mathrm{g}}\rho_{\mathrm{g}}u_{\mathrm{g}}}{\partial t}+\frac{\partial A\varepsilon_{\mathrm{g}}\rho_{\mathrm{g}}u_{\mathrm{g}}^{2}}{\partial x}=-\frac{\partial A\varepsilon_{\mathrm{g}}p}{\partial x}+AA_{\mathrm{s}}\rho_{\mathrm{p}}r_{\mathrm{b}}u_{\mathrm{p}}-AA_{\mathrm{s}}D_{\mathrm{t}}+\frac{\partial A\varepsilon_{\mathrm{g}}\tau_{\mathrm{xxg}}}{\partial x}-P_{\mathrm{erg}}\tau_{\mathrm{wg}} \tag{8.83}$$

将总阻力 D_{t} 表达式(a)代入该式，得

$$\frac{\partial A\varepsilon_{\mathrm{g}}\rho_{\mathrm{g}}u_{\mathrm{g}}}{\partial t}+\frac{\partial A\varepsilon_{\mathrm{g}}\rho_{\mathrm{g}}u_{\mathrm{g}}^{2}}{\partial x}+\frac{A\varepsilon_{\mathrm{g}}\partial p}{\partial x}=AA_{\mathrm{s}}\rho_{\mathrm{p}}r_{\mathrm{b}}u_{\mathrm{p}}-AA_{\mathrm{s}}D_{\mathrm{u}}+\frac{\partial A\varepsilon_{\mathrm{g}}\tau_{\mathrm{xxg}}}{\partial x}-P_{\mathrm{erg}}\tau_{\mathrm{xxg}} \tag{8.83$'$}$$

4）固相动量方程

同样，可根据动量守恒法则推导固相动量方程。颗粒相动量变化率等于流入控制容积的净动量流量、作用在固相控制体上的合力和流入与流出控制容积动量流量（图 8.8），如下：

（1）固相动量增加速率为

$$\frac{\partial}{\partial t}(A\varepsilon_{\mathrm{p}}\rho_{\mathrm{p}}u_{\mathrm{p}})\mathrm{d}x$$

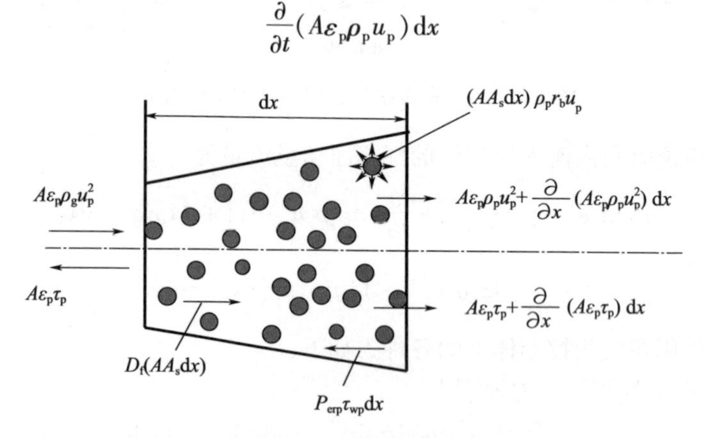

图 8.8　流入与流出固相控制体的动量流量

（2）固相控制容积得到的净动量流量为

$$A\varepsilon_{\mathrm{p}}\rho_{\mathrm{p}}u_{\mathrm{p}}^{2}-\left[A\varepsilon_{\mathrm{p}}\rho_{\mathrm{p}}u_{\mathrm{p}}^{2}+\frac{\partial}{\partial x}(A\varepsilon_{\mathrm{p}}\rho_{\mathrm{p}}u_{\mathrm{p}}^{2})\mathrm{d}x\right]-AA_{\mathrm{s}}\rho_{\mathrm{p}}r_{\mathrm{b}}u_{\mathrm{p}}\mathrm{d}x$$

$$=-\left[\frac{\partial}{\partial x}(A\varepsilon_{\mathrm{p}}\rho_{\mathrm{p}}u_{\mathrm{p}}^{2})+AA_{\mathrm{s}}\rho_{\mathrm{p}}r_{\mathrm{b}}u_{\mathrm{p}}\right]\mathrm{d}x$$

（3）作用在颗粒相上的力。

① 作用于颗粒相上的压力梯度力为

$$A\varepsilon_{\mathrm{p}}p-\left(\frac{\partial A\varepsilon_{\mathrm{p}}p}{\partial x}\mathrm{d}x+A\varepsilon_{\mathrm{p}}p\right)+p\frac{\partial A\varepsilon_{\mathrm{p}}}{\partial x}\mathrm{d}x=-\frac{\partial A\varepsilon_{\mathrm{p}}p}{\partial x}\mathrm{d}x+p\frac{\partial A\varepsilon_{\mathrm{p}}}{\partial x}\mathrm{d}x$$

② 固相内部因颗粒间碰撞挤压造成的轴向应力为

$$-A\varepsilon_p\tau_{xxp}+\left[A\varepsilon_p\tau_{xxp}+\frac{\partial}{\partial x}(A\varepsilon_p\tau_{xxp})\mathrm{d}x\right]=\frac{\partial}{\partial x}(A\varepsilon_p\tau_{xxp})\mathrm{d}x \tag{b}$$

为书写方便,可将式(a)、与式(b)两项作用力合并,并定义 $\tau_p=\tau_{xxp}-p$。

③ 气相作用于颗粒相的总阻力为

$$AA_sD_t\mathrm{d}x=\left(D_u-\frac{p\partial\varepsilon_gA}{AA_s\partial x}\right)AA_s\mathrm{d}x$$

④ 颗粒与侧表面碰撞引起的切应力为 $-P_{erp}\tau_{wp}\mathrm{d}x$,其中 P_{erp} 为颗粒相与侧表面接触周长,τ_{wp} 为颗粒相的侧表面剪切应力。

于是得颗粒相动量方程为

$$\frac{\partial A\varepsilon_pu_p\rho_p}{\partial t}+\frac{\partial A\varepsilon_p\rho_pu_p^2}{\partial x}=-\frac{\partial A\varepsilon_p\tau_p}{\partial x}-AA_s\rho_pr_bu_p+AA_sD_t-P_{erp}\tau_{wp} \tag{8.84}$$

将式(8.83)与式(8.84)相加,可得气-固混合物动量方程为

$$\frac{\partial A\varepsilon_g\rho_gu_g}{\partial t}+\frac{\partial A\varepsilon_pu_p\rho_p}{\partial t}+\frac{\partial A\varepsilon_g\rho_gu_g^2}{\partial x}+\frac{\partial A\varepsilon_p\rho_pu_p^2}{\partial x}=\frac{\partial A\varepsilon_g(\tau_{xxg}-p)}{\partial x}+\frac{\partial A\varepsilon_p\tau_p}{\partial x}-P_{erg}\tau_{wg}-P_{erp}\tau_{wp} \tag{8.85}$$

当不考虑气相与侧表面间切应力 τ_{wg} 及颗粒相与侧表面间切应力 τ_{wp} 时,则式(8.85)可写为

$$\frac{\partial}{\partial t}(A\varepsilon_g\rho_gu_g+A\varepsilon_p\rho_pu_p)+\frac{\partial}{\partial x}(A\varepsilon_g\rho_gu_g^2+A\varepsilon_p\rho_pu_p^2)=\frac{\partial}{\partial x}[A\varepsilon_g(\tau_{xxg}-p)+A\varepsilon_p\tau_p] \tag{8.86}$$

该式物理意义:气-固混合物动量变化率+流出 $A\mathrm{d}x$ 容积的净动量流量 $=x$ 方向上正应力的合成。

当 $\varepsilon_g=1.0$,即 $\varepsilon_p=0$ 时,式(8.85)变为

$$\frac{\partial A\rho_gu_g}{\partial t}+\frac{\partial A\rho_gu_g^2}{\partial x}=-\frac{A\partial p}{\partial x}+\frac{\partial A\tau_{xxg}}{\partial x}-P_{erg}\tau_{wg} \tag{8.87}$$

这就是通过变截面管道准一维不定常单相流动量方程。

而当流动是等截面定常且无黏时,式(8.87)简化为

$$\frac{\mathrm{d}}{\mathrm{d}x}(\rho u_g^2+p)=0$$

即

$$\rho u_g^2+p=\text{const} \tag{8.88}$$

5)气相能量方程

能量是物质运动的一种普遍度量,适用于各种运动形态。能量所反映的是物质在一定运动状态下具有的特征,因此是状态的单值函数。不同形式的能量

可以相互转换，同一形式的能量可以在不同物质之间相互传递。而这些传递和转换总是守恒的。这里所涉及的能量形式有化学能、热能和运动能，涉及的物质有气相和固相。所以，这里能量方程的推导，运用热力学第一定律就够了。但热力学是宏观理论，在电热发射中，能量方程推导需要涉及电磁学和量子力学，甚至需要运用统计物理学。

由热力学第一定律，微元体能量守恒表达式可写为 $dE = \delta Q + \delta W$，其物理意义：系统能量增加 = 输入系统的热能 + 对系统所做的功，其中：系统能量 $E = e + u_g^2/2$，e 为内能，即 $e = c_V T$。

于是，微元体能量变化率可写为$\dfrac{dE}{dt} = \dfrac{\delta Q}{\delta \tau} + \dfrac{\delta W}{\delta t}$。

对应于图 8.9，可以写出气相控制体能量变化率相关项。

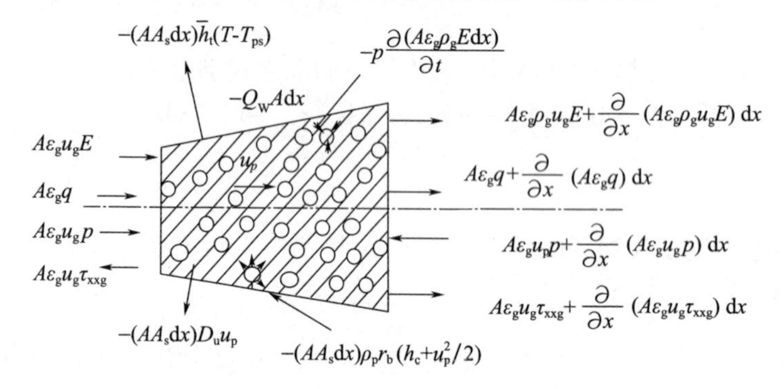

图 8.9　流入和流出气相控制体的能量流量

（1）总能变化率为

$$\frac{\partial}{\partial t}(A\varepsilon_g\rho_g E)\,dx$$

（2）流入净能量流量（单位时间能量净流入）为

$$A\varepsilon_g\rho_g u_g E - \left[A\varepsilon_g\rho_g u_g E + \frac{\partial}{\partial x}(A\varepsilon_g\rho_g u_g E)\,dx\right] = -\frac{\partial}{\partial x}(A\varepsilon_g\rho_g u_g E)\,dx$$

（3）单位时间内气相轴向传导热量为

$$A\varepsilon_g q - \left[A\varepsilon_g q + \frac{\partial}{\partial x}(A\varepsilon_g q)\,dx\right] = -\frac{\partial A\varepsilon_g q}{\partial x}dx$$

（4）单位时间传给固相的热量为

$$-A_s A\,\bar{h}_t(T - T_{ps})\,dx$$

式中：$\bar{h}_t$ 为相间传热系数；T_{ps} 为固相颗粒表面温度；T 为气相温度。

（5）单位时间传给侧表面的热量为

$$-\dot{Q}_w A dx$$

式中：$\dot{Q}_w$ 为单位容积内的气相热损耗速率。

（6）由于固相颗粒燃烧释放给气相的能量增加速率为

$$AA_s r_b \rho_p (h_c + u_b^2/2) \mathrm{d}x$$

（7）压力对气相控制容积（断面）做功为

$$A\varepsilon_g u_g p - \left[A\varepsilon_g u_g p + \frac{\partial A\varepsilon_g u_p p}{\partial x}\mathrm{d}x\right] = -\frac{\partial A\varepsilon_g u_g p}{\partial x}\mathrm{d}x$$

（8）黏性正应力做功为

$$-A\varepsilon_g u_g \tau_{xxg} + \left[A\varepsilon_g u_g \tau_{xxg} + \frac{\partial}{\partial x}(A\varepsilon_g u_g \tau_{xxg})\mathrm{d}x\right] = \frac{\partial}{\partial x}(A\varepsilon_g u_g \tau_{xxg})\mathrm{d}x$$

（9）气相给颗粒相所做的阻力功为

$$-AA_s D_u u_p \mathrm{d}x$$

（10）气相膨胀即对颗粒容积收缩所做的压力功为

$$-p\frac{\partial A\varepsilon_g}{\partial t}\mathrm{d}x$$

由假定(5)，第(3)项可忽略不计。由热力学第一定律（能量守恒），得

$$\frac{\partial A\varepsilon_g\rho_g E}{\partial t} + \frac{\partial A\varepsilon_g\rho_g u_g E}{\partial x} + \frac{\partial A\varepsilon_g u_g p}{\partial x} = AA_s\rho_p r_b(h_c + u_p^2/2) - A_s A\,\bar{h}_t(T - T_{ps}) - AA_s D_u u_p - \frac{p\partial A\varepsilon_g}{\partial t} + \frac{\partial A\varepsilon_g u_g \tau_{xxg}}{\partial x} - \dot{Q}_w A \quad (8.89)$$

6）固相导热方程

气固相间热交换与药粒形状有关，这里假定颗粒为简单的圆球（图 8.10），可对其写出球坐标下拉格朗日时间导数形式热传导方程为

$$\left(\frac{\mathrm{D}T_p}{\mathrm{D}t}\right)_p = \frac{a_p}{r}\frac{\partial^2(rT_p)}{\partial r^2} \quad (8.90)$$

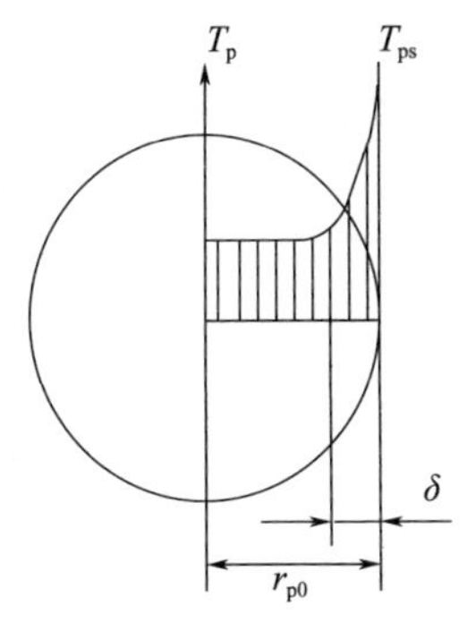

图 8.10　球形颗粒温度分布

其初始条件为

$$T_{\mathrm{p}}(0,r)=T_0 \tag{8.91}$$

边界条件为

$$\frac{\partial T_{\mathrm{p}}(t,0)}{\partial r}=0 \tag{8.92}$$

$$\frac{\partial T_{\mathrm{p}}(t,r_{\mathrm{p0}})}{\partial r}=\frac{\bar{h}_{\mathrm{t}}}{k_{\mathrm{p}}}[T(t)-T_{\mathrm{ps}}(t)] \tag{8.93}$$

式中：T_{p} 为固相颗粒温度，是半径 r 和时间 t 的函数；T_{ps} 为颗粒表面温度；T 为气相温度；$\bar{h}_{\mathrm{t}}$ 为颗粒表面平均集总换热系数，由对流和辐射两部分组成，表达式为

$$\bar{h}_{\mathrm{t}}(t)=\bar{h}_{\mathrm{c}}(t)+\bar{h}_{\mathrm{red}}(t)=\bar{h}_{\mathrm{c}}(t)+\varepsilon_{\mathrm{p}}\sigma[T(t)+T_{\mathrm{ps}}(t)][T^2(t)+T_{\mathrm{ps}}^2(t)] \tag{8.94}$$

式中：ε_{p} 为颗粒平均辐射率；σ 为斯特藩－玻尔兹曼常数。式(8.90)对 r 积分，并代入初始条件式(8.91)和边界条件式(8.92)及式(8.93)，得球型颗粒表面温度变化常微分方程为

$$\left(\frac{\mathrm{D}T_{\mathrm{ps}}}{\mathrm{D}t}\right)_{\mathrm{p}}=\frac{\dfrac{12a_{\mathrm{p}}}{\sigma r_{\mathrm{p0}}}\left[T_{\mathrm{ps}}-T_0+\dfrac{r_{\mathrm{p0}}\bar{h}_{\mathrm{t}}}{k_{\mathrm{p}}}(T-T_{\mathrm{ps}})\right]}{\dfrac{\delta r_{\mathrm{p0}}-\delta}{r_{\mathrm{p0}}}+\dfrac{\bar{h}_{\mathrm{t}}\delta}{k_{\mathrm{p}}}}+\frac{\delta\left[\dfrac{\bar{h}_{\mathrm{t}}}{k_{\mathrm{p}}}\left(\dfrac{\mathrm{D}T}{\mathrm{D}t}\right)_{\mathrm{p}}+\dfrac{T-T_{\mathrm{ps}}}{k_{\mathrm{p}}}\left(\dfrac{\mathrm{D}\bar{h}_{\mathrm{t}}}{\mathrm{D}t}\right)_{\mathrm{p}}\right]}{\dfrac{6r_{\mathrm{ps}}-\delta}{r_{\mathrm{ps}}}+\dfrac{\bar{h}_{\mathrm{t}}\bar{\delta}}{k_{\mathrm{p}}}} \tag{8.95}$$

式中：k_{p} 为颗粒热导率；δ 为热辐射在球形颗粒中的穿透深度。K. K. Kuo 建议[6]，$\delta(t)$ 采用下列表达式计算：

$$\delta(t)=\frac{3r_{\mathrm{p0}}[T_{\mathrm{ps}}(t)-T_0]}{[T_{\mathrm{ps}}(t)-T_0]+[T_{\mathrm{p0}}\bar{h}_0(t)/k_{\mathrm{p}}][T(t)-T_{\mathrm{ps}}(t)]} \tag{8.96}$$

由于膛内颗粒在点火燃烧中，外表被加温厚度很薄，因此在简化条件下，可将这种加热问题近似用一维平板加热问题处理。这在第 5 章和第 7 章中已作过讨论。

7）气体状态方程

高压气体采用 Nobel－Abel 状态方程：

$$p\left(\frac{1}{\rho_{\mathrm{g}}}-b\right)=RT \tag{8.97}$$

一般固体颗粒是不可压的，所以

$$\rho_{\mathrm{p}}=\mathrm{const}$$

为了使以上膛内两相流问题封闭，还需给出以下辅助关系式：

(1) 颗粒间应力 τ_p 的本构关系式。

(2) 相间速度引起的阻力公式。

(3) 相间对流换流系数 $\bar{h}_c$ 的公式。

(4) 固相颗粒燃烧速率(r_b)公式。

显然,寻求以上这组方程的分析解是不可能的,一般只能采用数值法求解。

双连续介质两相流内弹道模型结合具体火炮的应用,可能还需要考虑,如火药点火燃烧、药粒挤压破碎和弹丸挤进过程受力等多种因素,即需要对有些方程作必要修改或改写,或许还要补充一些其他方程。

8.3　通过小孔和缝隙的流动与流量系数

枪炮发射中将碰到不少通过小孔和缝隙的特殊流动,这些流动大多属于高压、瞬态临界流动。例如:坦克炮身管中的抽气装置、自动武器上的导气孔、迫击炮管与弹丸之间的缝隙流,以及内弹道中的传火管上的排气孔等,都是涉及气相或气－固两相的流动问题。下面分 3 种情况讨论。

8.3.1　缝隙流动的流量系数

一般滑膛炮,特别是迫击炮及无坐力炮常常遇到炮管与弹丸之间的缝隙流问题。就缝隙形态来说,可分为中心对称缝隙和偏心缝隙两种,如图 8.11(a)和图 8.11(b)所示[12-14]。由于径向缝隙 δ 值分布不均匀及轴向长度 l 不同,致使流动形态不同。本质上,影响流动形态和流量系数的重要因素是雷诺数。因此,决定缝隙流的流动特性的因素不仅与流体介质本身有关,还与缝隙几何特征和形位因素密切相关。

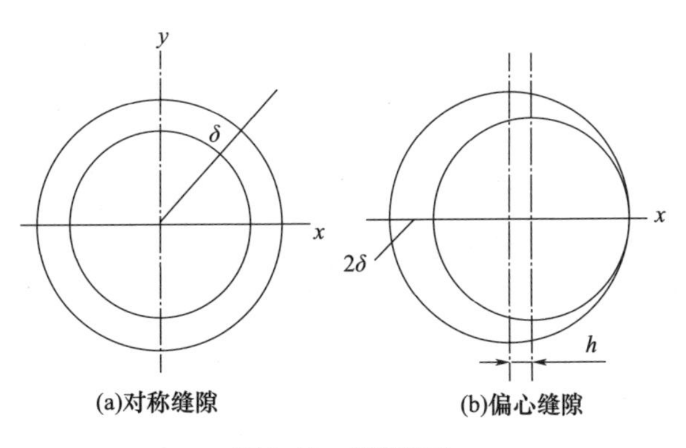

图 8.11　缝隙流动

以可压缩定常流为例,通过小孔或缝隙的理论流量 $\dot{m}_i$ 为

$$\dot{m}_i = A_1\rho_1 u_1 = A_2\rho_2 u_2 = 常量 \tag{8.98}$$

能量方程为

$$\frac{\gamma}{\gamma-1}\frac{p_2}{\rho_2}+\frac{u_2^2}{2}=\frac{\gamma}{\gamma-1}\frac{p_1}{\rho_1}+\frac{u_1^2}{2}=常量 \tag{8.99}$$

假定是绝热的,则

$$\frac{p_1}{\rho_1^{\gamma}}=\frac{p_2}{\rho_2^{\gamma}}=常量 \tag{8.100}$$

式中:p_1,ρ_1,u_1 为无穷远来流气体参量;p_2,ρ_2,u_2 为缝隙处的气体参量;A_1,A_2 分别为来流和间隙截面积;γ 为绝热指数。

如来流 $u_1=0$,则由式(8.98)和式(8.99)得间隙处气流速度为

$$u_2=\sqrt{\frac{2\gamma}{\gamma-1}\frac{p_1}{\rho_1}\left[1-\left(\frac{p_2}{p_1}\right)^{(\gamma-1)/\gamma}\right]} \tag{8.101}$$

而相应理想理论流量为

$$\dot{m}_i=A_2\left(\frac{p_2}{p_1}\right)^{1/\gamma}\sqrt{\frac{2\gamma}{\gamma-1}p_1\rho_1\left[1-\left(\frac{p_2}{p_1}\right)^{(\gamma-1)/\gamma}\right]} \tag{8.102}$$

当流动达临界状态时,速度 u_2 为当地声速,此时压力比为

$$\left(\frac{p_2}{p_1}\right)_{\mathrm{c}}=\left(\frac{2}{\gamma+1}\right)^{\gamma/(\gamma-1)} \tag{8.103}$$

于是临界速度为

$$u_{\mathrm{c}}=a_{\mathrm{c}}=\sqrt{\frac{2\gamma}{\gamma+1}\left(\frac{p_1}{\rho_1}\right)} \tag{8.104}$$

临界流量为

$$\dot{m}_{\mathrm{c}}=A_2\left(\frac{2}{\gamma+1}\right)^{1/(\gamma-1)}\sqrt{\frac{2\gamma}{\gamma+1}p_1\rho_1} \tag{8.105}$$

因为实际流动中流体具有黏性,缝隙表面有摩擦损失,尤其是当流孔尺寸很小、流道较长时,这些影响越明显。所以,实际临界流量总小于理论流量,式(8.105)一般相应修正为

$$\dot{m}_{\mathrm{a}}=\eta\dot{m}_{\mathrm{i}} \tag{8.106}$$

式中:η 为流量系数。

因为流道的复杂性与多样性,流量系数一般由试验测定。η 与流体介质、间隙形状与表面粗糙度、间隙 δ 大小及间隙的长度 l 等因素有关。在通常的流体工程手册中,可以查得不可压流体的 $\eta=0.62\sim0.70$。但气体介质的有关数

据很少见有报道。就火药气体而言，参照文献[13]，经过间隙的流量系数建议采用表 8.5 所列。由该表可见，间隙 δ 与 η 之间的关系并不是线性的。由表中的试验数据，整理可得 δ 以 mm 计的中心对称间隙的流量系数为

$$\eta = 1.09\delta^{0.56} \tag{8.107}$$

考虑到试验数值本身是近似的，所以该式可近似简化为

$$\eta = \delta^{0.5} \tag{8.108}$$

将式(8.108)代入式(8.106)，即可估算出通过间隙的流量。如果是偏心间隙，流量要稍微偏大一些，大约为中心间隙流量的 1.2 倍。综上所述，可得火药气体通过中心对称间隙和偏心间隙的临界流量计算式分别为

$$\dot{m}_a = \delta^{0.5} A_2 \left(\frac{2}{\gamma+1}\right)^{1/(\gamma-1)} \sqrt{\frac{2\gamma}{\gamma+1} p_1 \rho_1} \tag{8.109}$$

$$\dot{m}'_a = 1.2\delta^{0.5} A_2 \left(\frac{2}{\gamma+1}\right)^{1/(\gamma-1)} \sqrt{\frac{2\gamma}{\gamma+1} p_1 \rho_1} \tag{8.109$'$}$$

注意：以上讨论均指间隙尺寸小于 1mm 的情况。

表 8.5　气体经过间隙的流量系数 η 试验值($\delta < 1$mm)

间隙形状		间隙值/mm						
		0.10	0.20	0.30	0.40	0.45	0.50	0.60
中心间隙	有密封装置	0.14	0.32	0.41	0.49	0.52	0.55	0.60
	无密封装置	0.17	0.35	0.44	0.52	0.54	0.58	0.62
偏心间隙	有密封装置	0.20	0.40	0.53	0.62	0.64	0.69	0.76
	无密封装置	0.22	0.43	0.55	0.64	0.66	0.76	0.77

8.3.2　小尺寸孔道流动的流量系数

可压缩气体通过喷管的最大流量，理论上在临界条件下获得。如上面来流总压相对喷口外环境的压力比为一定值时，理论流量 $\dot{m}_i$ 可求。但实际上由于黏性等因素的影响只能达到 $\dot{m}_a$。实际流量与理论流量之比值为流量系数，即

$$\eta = \dot{m}_a / \dot{m}_i \tag{8.110}$$

一般来说，喷管推力系数和流量系数是来流状态参数和喷管形状尺寸的函数。流量系数的确定方法：一是试验，二是理论法，即依据边界层理论估算。这里引用的结果主要来自美国机械工程师协会(American Society of Mechanical Engineers，ASME)推荐的结果[13,15-16]。

1. 理论法

1）西蒙斯(Simons,1955)方法

定义流量系数为

$$\eta = \frac{1}{A_t}\int \frac{u_a}{u_i}\mathrm{d}A \tag{8.111}$$

式中：A_t 为流孔喉部面积；u_a 为喉部实际速度；u_i 为理想流速。于是，有

$$\eta = 1 - 2(\delta^* / r_t) \tag{8.112}$$

式中：δ^* 为边界厚度；r_t 为喉部半径。

对 ASME 系列喷管，喉部圆柱段的实际轴向长为 $L = 0.6d_t$，收敛段轴向长度为 $L'' = d_t$，于是由式(8.112)可得

$$\eta = 1 - (6.525)Re^{-0.5} \tag{8.113}$$

该式在$10^4 \leqslant Re \leqslant 10^6$ 范围内成立。

2）霍尔(Hall,1959)方法

霍尔按层流边界层厚度为 $\delta_L^* = 1.73L'Re^{-0.5}$ 和湍流边界层厚度为 $\delta_T^* = 0.046L'Re^{-0.2}$，利用式(8.112)，分别得

$$\eta_L = 1 - (6.92)Re^{-0.5}\text{（层流）} \tag{8.114}$$

和

$$\eta_T = 1 - (0.184)Re^{-0.2}\text{（湍流）} \tag{8.115}$$

这里 L' 为喷管喉部有效轴向长。对 ASME 系列喷管来说，L' 与喉部直径 d 之比 L'/d 大约等于 1。式(8.114)适用范围为$10^3 \leqslant Re \leqslant 2\times10^5$，式(8.115)适用范围为$10^6 \leqslant Re \leqslant 10^7$。

3）劳思优舍尔(Leutheusser,1964)方法

劳思优舍尔对 ASME 系列喷管采用边界层厚度近似表达式，得到与式(8.113)一样的结果，即

$$\eta = 1 - (6.526)Re^{-0.5} \tag{8.116}$$

但该式雷诺数适用范围为$10^3 \leqslant Re \leqslant 10^6$。在推演式(8.116)过程中，与式(8.113)的差别在于雷诺数 Re 计算值是以喷管喉部有效轴向长度 L' 为特征尺寸的，而不是简单地取实际轮廓线长度 $L = 0.6d_t$。

2. ASME 小尺寸喷管试验结果

1）贝特利尔(Beitler)关系式

试验法由试验结果拟合得到。对于喷管，贝特利尔根据 ASME 相关的试验结果，给出了 $2.5\times10^3 \leqslant Re \leqslant 10^6$ 范围内的层流边界层小尺寸喷管流量系数表

达式为

$$\eta_L = 1 - (3.598) Re^{-0.44} \tag{8.117}$$

而$10^6 \leqslant Re \leqslant 10^7$范围内湍流边界层条件下小尺寸喷管流量系数为

$$\eta_T = 0.9975 - (0.0649) Re^{-0.176} \tag{8.118}$$

2）贝内迪克特(Benedict)关系式

贝内迪克特同样依据 ASME 试验结果，以 Re 自然对数多项式形式表示出 η:

$$\eta = 0.19436 + 0.152884(\ln Re) - 0.0097785\,(\ln Re)^2 + 0.00020903\,(\ln Re)^3 \tag{8.119}$$

该式在 $2.5 \times 10^3 \leqslant Re \leqslant 10^7$ 范围内全部适用。

3）美国微型喷管试验公式

用最小二乘法归纳出如下微型喷管流量系数关系式：

$$\eta = -0.413 + 0.319104\ln Re - 0.0248987\,(\ln Re)^2 + 6.67923 \times 10^{-4}(\ln Re)^3 \tag{8.120}$$

该式在$10^4 \leqslant Re \leqslant 10^6$ 范围内的拟合误差在 ± 0.002 以内。

3. 考虑喷孔形状与尺寸影响的流量系数试验结果

由于流道尺寸狭小，流量系数与流孔直径及孔口形状密切相关。格雷斯(Grace)和拉帕里(Lapple)对 6mm 以下喷孔的试验研究表明[13]，喉部尺寸较大的(流量计)喷嘴流量系数容易获得较为稳定的数值。但当 Re 小于 10000，孔径(喉部)小于 6.35mm(1/4 英寸)时，流量系数稳定性面临不同因素的干扰。

图 8.12 所示为流量计中采用的几种不同流道孔型、尺寸与结构，定义喉径与管道公称直径之比为 β，具体见表 8.6 所列。该表中末尾列出了一个编号中带 R 的数据，是反方向放置的喷孔。该表中所指的直孔是指喉道长 x_1 等于板厚 $\delta(x_1 = \delta)$ 的孔；对 $x_1 < \delta$ 而下游有扩张形斜边的开孔，称为锐边孔。直孔以孔径为基础计算雷诺数，将流量系数 η 归纳为雷诺数的函数。其结果(图 8.13)表明，对于最小的直径 $d = 0.8$mm(1/32 英寸)的直孔喷管，流量系数试验值很不稳定，散布达 30%。但随孔径增大，随机散布越来越小。小尺寸直孔的流量系数重复性之所以差，格雷斯认为或许与孔道长度有关。

一般流量计中节流盘上的开孔，习惯在其开孔后方(流向下游)制成斜边，称为锐边孔。通常锐边孔的流量系数比较稳定。反方向放置的锐边孔(斜边朝上游)流量系数比正方向放置的高。但请注意，这是对平板节流开孔而言的。对一般拉瓦尔喷管而言，反向放置反而可能引起流量系数下降。

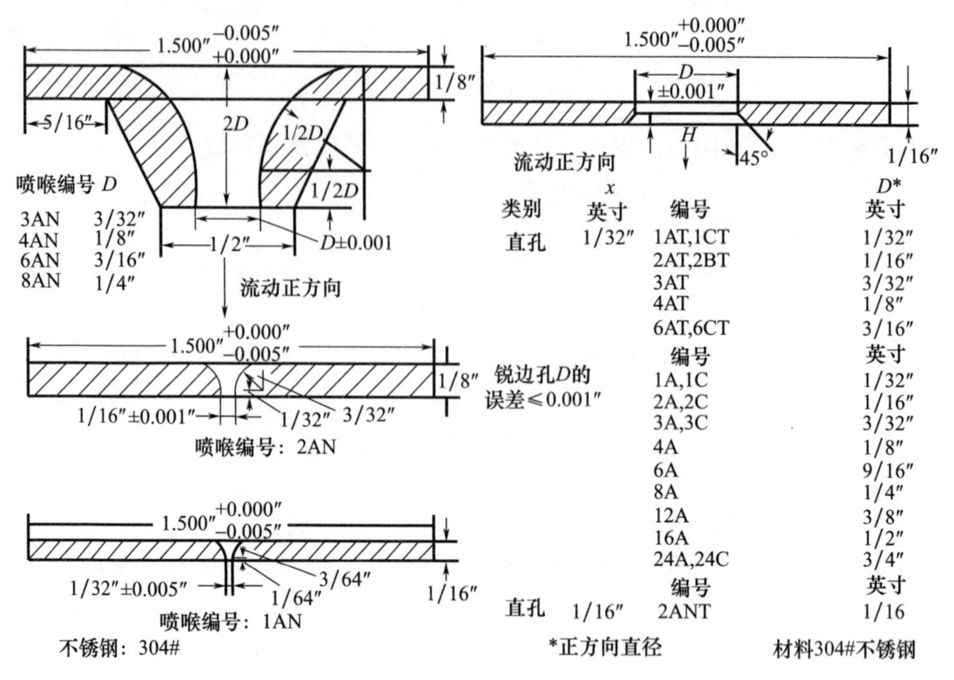

图 8.12　几种不同流道孔型、尺寸与结构

表 8.6　喷喉或开孔的几何特征量

类别	喷喉号或开孔号	直径/(英寸/mm)	(喉径/流道管径) β
厚板直孔	1AT	0.0322/0.818	0.0307
	1CT	0.0316/0.803	0.0301
	2AT	0.0645/1.638	0.0615
	2BT	0.0656/1.666	0.0625
	3AT	0.0948/2.407	0.0903
	4AT	0.1269/3.223	0.1209
	6AT	0.1945/4.940	0.1853
	6CT	0.1900/4.826	0.1810
锐边孔	1A	0.0316/0.803	0.0301
	1C	0.0320/0.813	0.0305
	2A	0.0648/1.646	0.0618
	2C	0.0650/1.651	0.0620
	3A	0.0952/2.418	0.0908

续表

类别	喷喉号或开孔号	直径/(英寸/mm)	(喉径/流道管径) β
锐边孔	3C	0.0963/2.446	0.0918
	4A	0.1260/3.200	0.1201
	6A	0.1949/4.950	0.1858
	8A	0.2522/6.406	0.2405
	12A	0.3760/9.550	0.3590
	16A	0.5050/12.827	0.4810
	24A	0.7500/19.050	0.7150
	24C	0.7500/19.050	0.7150
喷管	1AN	0.0319/0.810	0.0304
	2AN	0.0657/1.669	0.0656
	3AN	0.0965/2.451	0.0920
	4AN	0.1271/3.228	0.1212
	6AN	0.1903/4.834	0.1815
	8AN	0.2535/6.439	0.2417
厚板直径	2ANT	0.0630/1.600	0.0600
	2ANT(R)	0.0639/1.623	0.0609

定义来流压力为 p_1，喷孔下游压力为 p_2。表 8.6 所列不同流量计孔型孔道试验结果如图 8.13 所示。由图 8.13 所示中曲线可以看到，即使 p_2/p_1 小于临界状态(空气 p_2/p_1 小于等于 0.528)的临界区，锐边孔流量系数也随 p_2/p_1 增大而迅速下降。在 p_2/p_1 大于 0.528 的亚声速区，η 随 p_2/p_1 增大下降更为迅速。反方向放置(斜边朝上游)使得流量系数增加 10% 左右，但一般有喉部的喷管，在压力比达临界状态之前的整个超临界区，流量系数能基本保持不变。不过，在亚声速区，流量系数 η 与压力比紧密相关，即随 p_2/p_1 增大，η 快速下降。

在很多内弹道过程中，有不少涉及小孔设计与其流量的计算问题。在没有进行专门试验获得精确数据情况下，采用图 8.13 所示结果是一种不错的选择。

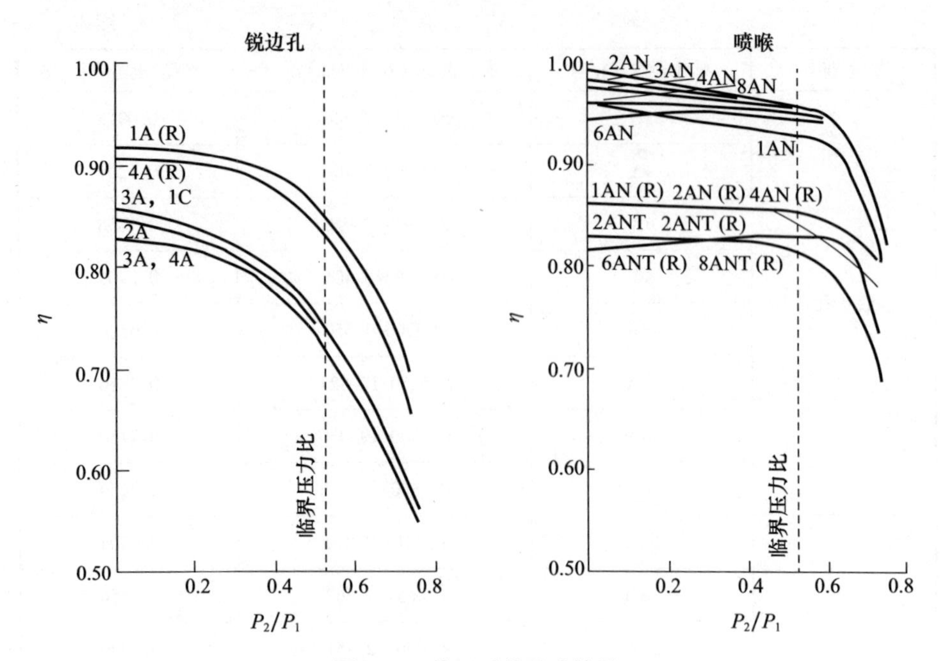

图 8.13　修正后的试验结果

8.3.3　气－固两相流通过小孔的流量系数

这里涉及的两相流通过小孔的流量系数,是以底火射流和中心传火管上的小孔两相流出为背景进行模拟试验得到的,选用试验孔径都小于 10mm[12,17]。

1. 试验原理

如前面所述,气体通过孔道的流量系数用式(8.110)定义,即 η_g 为实际流量 $\dot{m}_a$ 与理论流量 $\dot{m}_i$ 之比。

类似地,对于固相颗粒群拟流体通过小孔的流量系数可定义为

$$\eta_p = \dot{m}_{pa}/\dot{m}_{pi} \tag{8.121}$$

式中:$\dot{m}_{pa}$为实际固相流量;$\dot{m}_{pi}$为理论固相流量。

先由试验得到:

$$\dot{m}_{pa} = \Delta m_a/\Delta t \tag{8.122}$$

再由理论估算得到固相流量为

$$\dot{m}_{pi} = \rho_p(1-\varepsilon_g)Au_p \tag{8.123}$$

式中:$\rho_p, u_p, \varepsilon_g, A$ 分别为喷口断面处固相的密度、速度、空隙率和喷口面积。于是

$$\eta_p = \frac{\Delta m_{pa}/\Delta t}{\rho_p(1-\varepsilon_g)Au_p} \tag{8.124}$$

因 A 为已知量，而 $\rho_{\mathrm{p}}=\mathrm{const}$，所以欲求 η_{p} 需给定$(1-\varepsilon_{\mathrm{g}})$。在这里，假定孔口处 ε_{g} 与腔内空隙率 ε_{g} 相等，于是任一时刻的空隙率为

$$\varepsilon_{\mathrm{g}}=1-\frac{\omega/\rho_{\mathrm{p}}-\int\dot{m}_{\mathrm{pa}}\mathrm{d}t/\rho_{\mathrm{p}}}{W_0}=1-\frac{\omega-\sum(\Delta m_{\mathrm{pa}})}{W_0\rho_{\mathrm{p}}}\tag{8.125}$$

式中：W_0 为试验容器的内腔容积；ω 为初始时刻容器内火药颗粒总质量。

2. 试验条件和数据处理

采用的试验装置如图 8.14 所示，主要由一个半密闭爆发器、一个转筒和流出小孔颗粒搜集垫组成。转筒由电机带动，转速最大达 1200r/min，转筒壁面线速度为 60m/s。半密闭爆发器上安装有测压器。出流小孔预设挡片，挡片的打开压力可根据要求调节。小孔出口处装有靶丝，用于显示第一颗药粒喷出的时间。从小孔喷出的颗粒由放置在转筒内壁上的收集垫吸收。实测得到的容器内腔 $p-t$ 曲线及第一颗药粒喷出信号示意图，如图 8.15 所示。在图 8.15 中，由靶丝给出的 a 点定义为时刻 t_0，即固相开始起喷时刻。

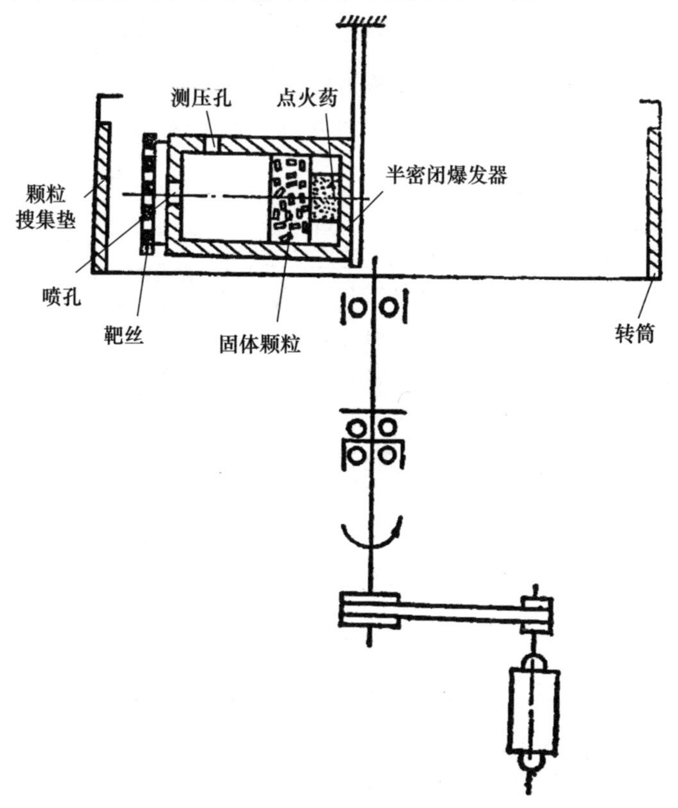

图 8.14　试验装置

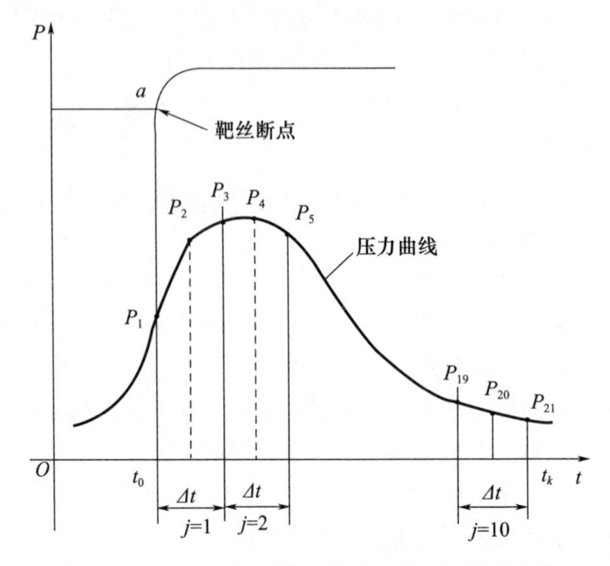

图 8.15　$p-t$ 曲线及第一颗药粒喷出信号示意图

另外，式(8.124)中的 u_p 由试验测量得到，测量方案如图 8.16 所示。激光器与测压装置同步，并由高速摄影仪记录不同时刻颗粒位置，从而处理得到 u_p。

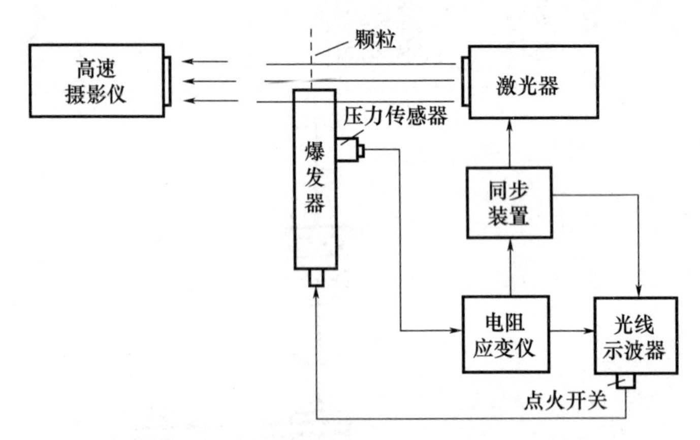

图 8.16　测量方案

试验用颗粒性质及尺寸有 3 种：7/7 药粒直径约 7mm，长约 10mm；4/7 药粒直径约 4mm，长约 3.8mm。橡胶颗粒直径约 4mm，长约 5mm。

测量得到的流量系数 η_p 随压力比 p/p_a 的变化如表 8.7 所列。其中 p 为密闭爆发器内膛压力，p_a 为环境大气压。当孔径为 8mm 时，4/7 和 7/7 药粒的流量系数 η_p 随 p/p_a 的变化分别如图 8.17 和图 8.18 所示。比较发现，由于 7/7

药粒尺寸较大,通过孔径 8mm 小孔流出受阻,同样压力比条件下比 4/7 的流量系数小得多。并且发现,随容器内压力增高,通过孔径 6mm 和孔径 5mm 喷出的药粒破损严重,多数已化为碎末。图 8.19 和图 8.20 中所给出的测量结果 $\dot{m}_{pc}$ 是用模拟颗粒(橡胶粒)得到的。试验结果表明:

表 8.7　流量系数 η_p 随压力比 p/p_a 的变化

孔径:8mm		孔径:8mm		孔径:6mm		孔径:5mm	
颗粒:4/7 火药		颗粒:7/7 火药		颗粒:橡胶粒		颗粒:橡胶粒	
p/p_a	η_p	p/p_a	η_p	p/p_a	η_p	p/p_a	η_p
14.42	0.27	7.23	0.24	78.74	0.29	35.02	0.31
23.74	0.49	14.29	0.29	95.83	0.63	43.61	0.37
34.91	0.62	23.08	0.31	115.1	0.46	54.84	0.50
45.43	0.76	34.94	0.33	124.5	0.38	65.55	0.51
55.26	0.71	44.01	0.35	136.9	0.51	73.56	0.53
62.95	0.81	54.79	0.24	143.3	0.47	80.68	0.53
76.38	0.75	67.24	0.28	155.2	0.55	93.94	0.69
84.51	0.82	73.21	0.27	164.8	0.70	103.0	0.63
93.86	0.68	85.62	0.28	173.9	0.53	124.6	0.54
—	—	92.92	0.26	183.7	0.41	133.5	0.62
—	—	100.22	0.21	197.3	0.48	—	—
—	—	—	—	214.1	0.53	—	—
—	—	—	—	232.4	0.54	—	—
—	—	—	—	245.4	0.57	—	—
—	—	—	—	253.7	0.51	—	—
—	—	—	—	275.8	0.43	—	—
—	—	—	—	280.3	0.54	—	—

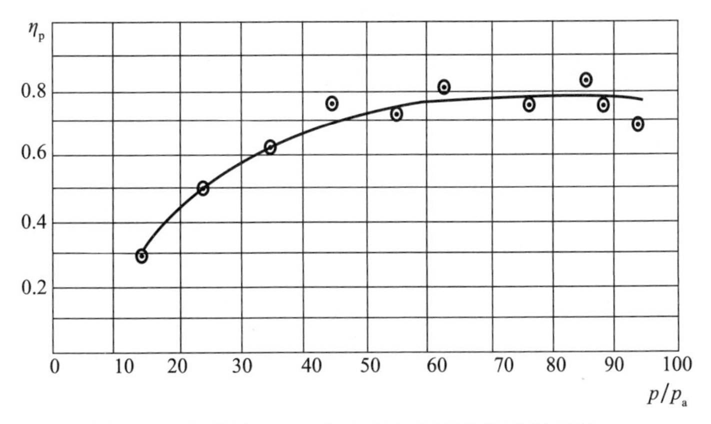

图 8.17　孔径为 8mm 时,4/7 火药颗粒的流量系数 η_p

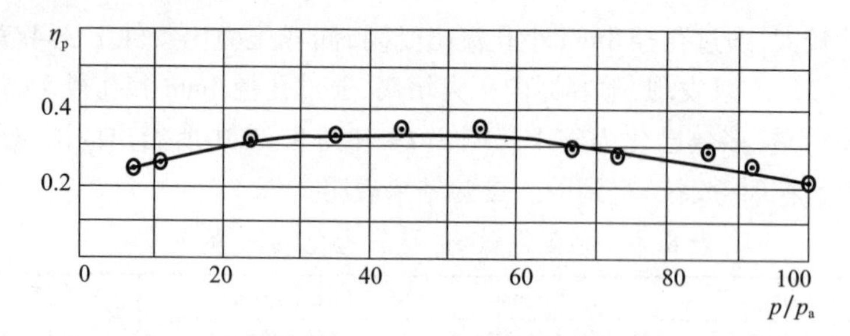

图 8.18　孔径为 8mm 时,7/7 火药颗粒的流量系数 η_p

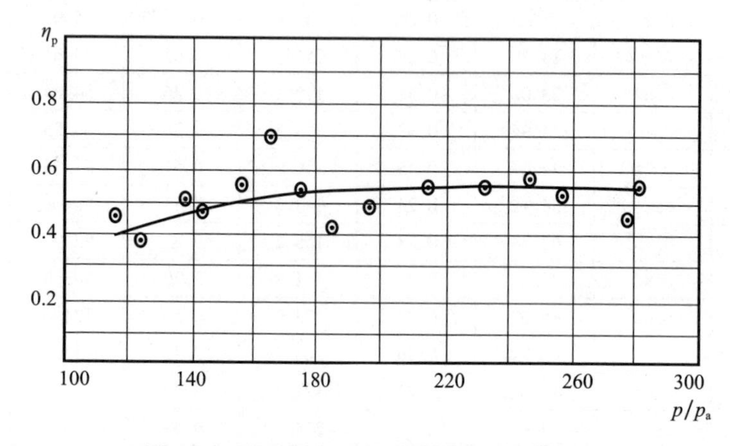

图 8.19　孔径为 6mm 时,胶粒的流量系数 η_p

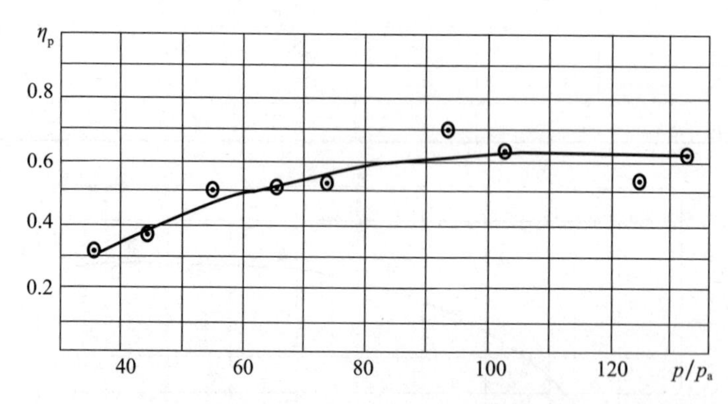

图 8.20　孔径为 5mm 时,胶粒的流量系数 η_p

(1) 固体颗粒群作为拟流体通过小孔的流动,流量系统随压力比 p/p_a 增大而逐渐增加,一般可达到 0.8 左右,但当颗粒尺寸接近于孔径,η_0 显著下降,具有不确定性。

(2) 火药脆性颗粒通过较小流孔,不仅被粉碎,而且流量系数下降。韧性材料颗粒通过相同尺寸的小孔流出，颗粒一般不会粉碎，但流量系数显著下降。

参考文献

[1] STEPHEN R TURNS 燃烧学导论：概念与应用[M]．姚强，李水清，王宇，译．北京：清华大学出版社，2009.

[2] 张兆顺，崔桂香．流体力学[M]．北京：清华大学出版社，1999.

[3] 潘文全．流体力学基础：上册、下册[M]．北京：机械工业出版社，1982.

[4] KRIER H，RAJAN S，VAN TASSEL W F. Flame Spreading and Combustion in Packed Beds of Propellant Grains[J]. AIAA J.，1976，14(3)：301 – 309.

[5] KUO K K，KOO J H，DAVIS T R，et al. Transient Combustion in Gas – Permeable Propellanes [J]. Acta Astronautica，1976，3：573 – 591.

[6] KUO K K，VICHNEVETSKY R，SUMMERFIELD M. Theory of Flame Front Propagation in Porous Propellant Charges Under Confinement[J]. AIAA J.，1973，11：444 – 451.

[7] 周彦煌，王升晨，孙兴长，等．炮用点火管装药床内点火理论模型及计算[J]．火炮研究，1980(1)：31 – 38.

[8] 王升晨，周彦煌．中心点火装药结构两相流内弹道模型及计算[J]．兵工学报，1987(4)：10 – 19.

[9] 周彦煌，刘千里，王升晨．底部点火装药结构两相流内弹道模型及计算[J]．兵工学报，1989(1)：2 – 9.

[10] 金志明，袁亚雄．内弹道两相流的数学物理模型及其计算[J]．兵工学报(武器分册)，1982.

[11] 周彦煌，王升晨，孙兴长等．火炮膛内两相燃烧流体动力学模型[J]．兵工学报(武器分册)，1981(2)：37 – 45.

[12] 周彦煌，王升晨．实用两相流内弹道学[M]．北京：兵器工业出版社，1990.

[13] GRACE H P，LAPPLE C E. Discharge Coefficeints of Small – Diameter Orifices and Flow Nozzles[M]. New York：ASME，1951.

[14] 贝切赫钦 C A，等．内弹道学的气体动力学原理[M]．谢庚，译．北京：国防工业出版社，1960.

[15] BENEDICT R P. Fundamentals of Pipe Flow[M]. New York：ASME，1980.

[16] BENEDICT R P. Fundamentals of Temperature. Pressure and Flow Measurements[M]. New York：ASME，1976.

[17] 李开荣，魏建国．气 – 固两相流临界超临界流动中固体颗粒流量系数的实验测量[C]//中国兵工学会．弹道学会年会论文．[出版地不详]：[出者不详]，1986. 10.

[18] 殷鹤宝，周彦煌，王升晨，等．考虑弹后工质 – 维不定常运动的内弹道棋型[J]．火炮研究，1979(1)：1 – 26.

第 9 章　内弹道学前沿问题

什么是内弹道学的前沿问题？不同弹道工作者有不同的回答。一般而言，所有能促使火炮功能提升，能推进内弹道理论发展与技术进步的问题都是内弹道学前沿问题，包括：为提高火炮功能需要而提出的各种高效发射技术内弹道学问题；为发射各种智能弹药需要所提出的弹丸受力精确控制内弹道学问题；为解决发射安全性隐患所提出的各种小概率事件内弹道学问题；为适应未来火炮发展需要的智能火炮内弹道学问题等，都是内弹道学的前沿问题。

但从理论创新角度看，当前内弹道学的前沿问题主要是两个：一是尽快推动两相流内弹道理论与装药技术融合发展；二是建立健全适应现代野战火炮需要的实时精确预测火控内弹道学体系。

鉴于前面各章内容已为推动两相流内弹道学的发展与进步作了必要的准备，这里仅就以下 3 个方面问题开展讨论：

(1) 新型火控内弹道学问题。

(2) 小概率事件安全事故内弹道学问题。

(3) 不同内弹道学模型定解条件确定问题。

实时精确预测火控内弹道学，可以简称为新型火控内弹道学。它既是建立健全一种内弹道学理论体系问题，更是为野战炮兵快速精确确定炮口速度及其扰动参量建立健全内弹道学装备系统问题。实际应用中，它应由三部分组成：①快速解算软件模块；②炮口速度及其扰动的影响因素微分系数模块；③影响参量实时采集、预估与测量模块。它是火控构成系统的一个组成单元，是为精确预测弹丸炮口速度及其初始扰动不可或缺的专用装置。

小概率事件内弹道学是指专门研究与解决炮、弹、药构成系统在全寿命使用周期内，因某些偶然故障与缺陷而造成的发射安全事故的内弹道学，它的使命是从“偶然”事故中找到“必然”的原因所在。研究这种内弹道学问题的目的，不仅直接关系到武器系统的可靠性和安全性，还在于发现和解决阻碍火炮发展与进步的技术瓶颈与难题。因此，要求研究者具有较为全面深厚的弹、炮、药专业知识。

高效发射内弹道学问题是指各种高效能火炮内弹道学技术的集成，如内弹道过程优化，各种新型炮箭耦合发射技术、新型发射原理和新型发射能源在火炮上的应用,均属于这一范畴。目前已提出的模块装药、随行装药、低温度感度装药和埋头弹药技术,以及膨胀波炮与电热发射技术等,归根到底都是为了提高火炮发射效能。例如:模块装药的应用是为了提高火炮射速和简化勤务管理;随行装药技术、低温度感度装药技术的应用是为了提高火炮膛容利用率(或示压效率);应用埋头弹药是为了更加合理利用火炮炮塔空间,即可在炮塔空间不变的条件下换装较大威力的火炮和降低其火线高度;膨胀波炮能减轻炮重而提高机动性;电热发射技术的有效应用,既可以实现电能与化学能的优化互补和匹配,提高示压效率,又可提高发射能源的利用率和炮口速度。因此,高效发射内弹道学问题涉及的内容非常宽广,种类繁多。关于这些内弹道问题理论模型的建立与解法,已有大量研究报道。但一般来说,不同发射方式数学物理模型之间虽有差别,但原则上又具有相通或相近之处,数值求解方法也可相互借鉴。其发射原理与发射方式不同,方程组定解条件的确定方法各具特殊性,而且定解条件稍有差异,对求解过程和求解结果将产生重要影响。因此,在9.3节将对现有不同内弹道模型定解条件的描述与确定作专门讨论。

火炮发射智能弹药包括炮射精确制导炮弹和简易制导弹药,给火炮带来了广阔且崭新的发展空间。这种组合武器系统既能满足精确打击的需要,又能发挥火炮密集火力快速形成能力和高效费比的固有优势,但同时带来如何通过内弹道与装药优化设计实现对弹丸受力精确控制等问题。因为制导炮弹承载的电子器件如何适应火炮发射环境是全新课题。因此,火炮发射智能弹药的内弹道学问题,本质上是如何保证和满足智能弹药膛内受力精确控制问题。

由机器人操纵与控制的智能化火炮,将随着5G、6G等通信技术的使用而快速发展。但目前关于由此产生的弹道学问题及应用技术,其概念与认知都具有很大程度的未知性,现在讨论还为时尚早。

9.1　实时精确预测火控内弹道学

9.1.1　用途、意义及需要解决的问题

在绪论中说过,到20世纪70年代,常规内弹道学已发展趋于完善。这主要是指它的理论架构,包括理论模型、试验技术与计算方法。因为常规内弹道学体系采用的是集总参量法,解算简单快捷,但其理论模型或基本方程中含有多个待定系数,这些待定系数与内膛结构、装填参量和发射现场环境条件密切相关,随着火炮系统及发射能源的变化,这些待定的经验系数需要不断补充与完善。另外,随着信息技术在火炮系统中的应用及现代战争对火炮提出的一系

列新要求,特别是远程精确打击的新要求,迫切需要发展一种适应野战条件下使用的“实时精确预测火控内弹道学”。因为现代战争环境下原则上不允许火炮在进行效力射之前作实弹试射校正。因为一旦试射,敌方侦校定位雷达根据己方炮弹弹道轨迹会立即确定出己方火炮阵地所在,即己方炮弹还没有着地,敌方就将开炮还击。因此,现代火炮若要实现对敌有效精确打击,前提条件是必须具备不经试射而直接进行效力射的基本功能,即通过自我静默精确准备射击诸元,以突然猛烈的方式对敌目标实施打击,实现对敌精确高效毁伤的功效,充分发挥现代火炮武器系统应具有的密集火力快速形成能力和高效费比优势,而尽可能克服火炮使用无控和简控弹药远距离投送精度不高的固有劣势。

理论与实践研究均已表明[1-8],火炮武器系统的射击精度与多种因素有关,其中内弹道因素对射击精度的影响最终集中体现在弹丸出炮口速度及其扰动上,体现在炮口速度的大小方向偏差和其他横向扰动上。造成炮口速度大小方向偏差及其他初始扰动的原因涉及弹丸质量、质心、转动惯量、弹带尺寸与形位、装药量及药量在药室内的分布位置、装药结构及装药点火燃烧过程、点火具与火药温度、火炮操瞄系统空回、射手瞄准与定向定位确定、目标测量、火炮振动响应、弹丸装填定位状态、身管烧蚀状态与弹炮间隙以及身管弯曲等方面因素。

为了提高射击精度,火控内弹道学的基本任务首先是对上述主要影响因素进行快速精确测量,并建立全新的内弹道理论体系,研制专用软件。同时,要借助炮口测速雷达和其他测量装置,实现对炮口速度大小与方向和各种扰动量的快速精确预测,从而通过当前预测结果与以往射击结果的比较分析,为火炮射击诸元精确准备(修正)提供依据。所以,火控内弹道学核心目标是构建一整套全新的快速精确测量系统,对主要内弹道敏感因素系统误差和随机误差实现快速精准测量与采集,同时通过专用解算软件,快速精确确定出弹丸炮口速度及其初始扰动,为炮长精准准备射击诸元和修正消除射击偏差提供精准服务。

9.1.2 实时精确预测火控内弹道学的研究目标与构成

1. 研究目标

通过上面描述可知,“实时精确预测火控内弹道学”是一种能为身管全寿命周期内火炮武器系统面对现代战争环境实现远程精确打击使命提供有效服务的内弹道学。与传统内弹道学相比,其特别功能是能在射击准备时刻以极短的时间为炮长(指挥员)精确预测出计划使用弹药炮口速度大小方向和各种扰动。其研究目标:①预测时间小于3.0~5.0s;②一组射弹炮口速度平均值预测准确度和或然误差均小于1.0m/s;③同时给出其他各项初始扰动值。实践中,这种内弹道学体系由三部分组成:①具有快速精确解算功能的内弹道软件包;②将主要内弹道影响因素(参量)的微分系数集成在一起的数据库;③能对影响参量进行实时快速精确测量与采集的组合装置。针对具体火炮系统进行实物化,先相应生成 3 个模块,再将 3 个模块组合在一起成为一个完整的独立单元,最终作为火炮火控系统的一个组成部分而存在。

2. 模块构成

图 9.1 所示为实时精确预测火控内弹道学实物化构成框图。它由 3 个模块组成,每一模块内涵与功能简要解释与说明如下:

(1) 快速解算软件模块,指依据特定火炮武器系统专用内弹道数理模型研制开发的快速精确解算软件包,实践中可将其固化在专用芯片之中。运行时需调用初始条件、装填条件、射击环境条件和火炮射击使用诸元。这些被调用的条件和诸元,是决定火炮内弹道性能指标(如膛压 p_m、炮口速度 v_g、起始攻角等)的基本敏感因素。敏感因素习惯上也称为影响因素,敏感因素变化,p_m、v_g 及所有内弹道参量和相关扰动量也随之变化。

(2) 内弹道性能影响参量快速采集与测量模块,指对所有可能导致内弹道性能指标偏离标准(表定)值的火炮 - 弹药系统、发射环境条件等各种影响因素进行快速采集与测量的系统集成。因为内弹道性能标准值(表定值)是指条件中所有诸元参量处于标准状态下的理论值或试验值,实际作战条件下几乎所有射击诸元参量都会不同程度偏离标准值。当然,不同影响参量的偏离度可能不同,影响系数也不同,对 p_m 和 v_g 等内弹道参量造成的误差也不同。

(3) 影响因素微分系数模块。微分系数,即影响参量系数。微分系数模块,即是指影响参量系数的集合,是将所有影响参量系数集成在一起而构成的一个模块。

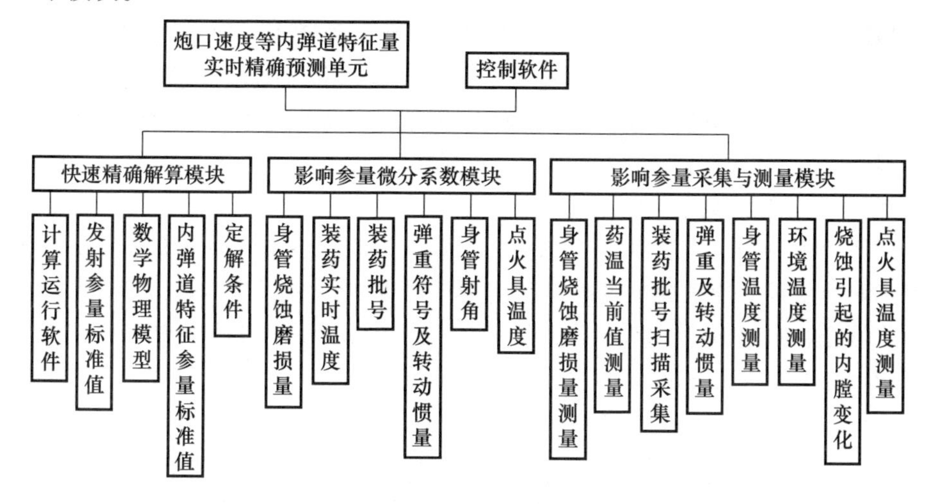

图 9.1　实时精确预测火控内弹道学实物化构成框图

9.1.3 实时精确预测火控内弹道数学物理模型

1. 基本要求

实时精确预测火控内弹道数学理论模型,必须满足和具备以下两方面要求:

(1) 快速解算功能,即依据所提出的专用内弹道理论模型或控制方程组所开发的计算软件,计算时间必须充分短,如保证运行时间为 1 ~ 3s。因此,控制方程必须做到:①避免采用偏微分方程;②尽可能少地出现常微分方程;③所有影响内弹道特征量的敏感(影响)因素及其微分系数的调用与确定,以及影响参量的采集与测量都必须非常迅速而便捷。

(2) 预测或求解结果精确可靠,如炮口初速预测值与实际测量值的准确度和一组值的或然误差,都必须满足小于 1.0 ~ 1.2m/s。这就要求所提出的内弹道理论模型和控制方程组,必须涵盖各个主要影响因素。因为任何一个重要因素的缺失或描述不到位,都将可能造成求解结果的偏差,从而导致失去预测的精确性。

2. 达到以上要求应采用的技术路线与方法

为了使所提出的"实时精确预测火控内弹道理论模型"及其所开发的解算软件满足以上要求,即同时具有"快"而"准"的功能,可采用以下两种不同的思路与方法:

第一种是要求理论模型考虑得翔实而齐全,确保任何一个重要敏感因素与标准值的偏差所带来的影响都能在基本方程和计算结果中得到体现和反映。

第二种是对理论模型包含的影响因素不一定要求非常齐全,只要求给出一个抓住发射过程主要因素的简洁型理论模型即可。但要求具有翔实且齐全的内弹道影响参量实时采集与测量系统和与配套内弹道影响因素微分系数数据库。实践中,对简洁型内弹道理论模型及其计算软件的基本要求是,确保标准发射条件下的内弹道特征量计算正确并具有足够高的精度。而所有内弹道影响因素的偏差量所引起的内弹道特征量偏差,可以通过微分系数对其进行精确修正,从而保证预测结果的精确性。

我们认为,采取第二种思路与方法为宜。下面围绕炮口速度大小的预测并就其影响因素微分系数精确确定和对影响参量的快速采集与测量展开讨论。因此,这里建立的火控内弹道理论模型是初步的,涉及炮口速度方向和其他各种初始扰动的快速确定,本书限于篇幅不能展开。

3. 基本约定和基本假定

采用上面第二种技术路线与方法建立实时精确预测火控内弹道学理论模型,就是在常规内弹道理论架构基础上作必要的补充、扩展和完善。这里以建

立快速精确预测炮口速度(大小)的理论模型为例,提出需要遵守如下约定和假定:

(1) 弹后空间工质密度沿用均匀分布假定,即$\rho(x)|_t = \text{const}$。

(2) 弹后空间工质速度沿用线性分布假定,即 $u_x(t) = \frac{x}{L}u_J(t)$,其中:$u_x(t)$ 和 $u_J(t)$分别为 t 时刻弹后空间任意 x 处的气流速度和弹丸速度,L 为 t 时刻弹底到膛底的距离。

(3) 采用渐进点火模型,描述发射药的不同时点火过程。将主装药已点燃份额作为点火能量或点火生成质量的速率,即 $\dot{q}_{ig} = \dot{q}_{ig}(t,x)$ 或 $\dot{m}_{ig} = \dot{m}_{ig}(t,x)$ 的已知函数。

(4) 考虑到发射装药所需要的实际点火药量应留有冗余,假定点火能量输出达一定比例f_e 时主装药即可被点燃,如高温时可能 $f_e = 0.75$,常温时 $f_e = 0.85$,低温时 $f_e = 0.95$。因此,高温时发射装药着火(点燃)分数(百分比),即已点燃质量部分可用下式表征:

$$m_{\omega ig} = m_\omega \times \int_0^{t_0} \dot{q}_{ig} dt/(q_{igt} \times 75\%) = m_\omega \times \int_0^t \dot{m}_{ig} dt/(m_{igt} \times 75\%)$$

式中:$m_{\omega ig}$,m_ω 分别为已点燃火药质量和全部装药量;q_{igt} 为总的点火能量;m_{igt} 为总的点火药量。

(5) 不同温度火药具有不同的燃烧速度,同样的发射药,如其初始温度不同、燃速系数和指数不同。

(6) 火药按平行层燃烧,几何燃烧定律仍然有效。

(7) 身管内膛烧蚀状态由实时测量或已知关系式实时估算确定。

(8) 弹丸挤进和运动摩擦阻力是弹带/炮膛匹配条件的函数,具体按第 6 章方法确定。

(9) 弹丸实际卡膛状态与送弹力(速度、距离)、身管起始部烧蚀状态以及送弹时身管仰角有关。卡膛状态决定了弹丸初始嵌入位置、挤进起始阻力、实际有效药室容积和弹丸有效行程长及其各自与标准状态值之间的偏差。

(10) 发射过程中身管内膛壁面传热与摩擦,以及身管外边界发生的热散失,按第 7 章有关方法确定。

(11) 伴随射弹发数增加,身管烧蚀加重,弹 - 炮接触界面先由过盈配合转变为滑动配合,再到发生间隙燃气泄漏。接触特性及与泄漏带来的质量和能量损失按第 6 章和第 8 章方法确定。

(12) 弹重及转动惯量等偏差采用现场实时采集录入,对内弹道特征的影响即微分系数通过试验或理论计算确定为已知函数。

(13) 发射装药特性与质量偏差,与生产批号有关,通过采集录入,微分系数也是已知函数，预存在数据库中。

(14) 首发射弹及炮膛涂油清除状况对内弹道特征参量影响是已知函数，由预先研究确定。

(15) 身管静态弯曲、热弯曲由事前模拟试验得到，作为已知函数预存在数据库中。

(16) 假定固体火药不可压缩，即 $\rho_p = \text{const}$。

(17) 连续射击或作战过程中，身管烧蚀状态不便测量，累计射弹发数对身管传热及烧蚀的影响按已知关系式估算。

(18) 当日气象条件和累计射弹发数增加造成的反后坐系统工作特性变化，作为已知函数预存数据库之中。由此对后坐速度及跳角带来的影响，采用预先拟定的经验关系式估算。

4. 控制方程

这里推导和建立的内弹道控制方程组，仍限于只能用来模拟传统意义上的内弹道学特征量，主要包括 p_m 和弹丸出炮口速度 v_g。如还需顾及弹丸出炮口速度方向、初始攻角和其他初始扰动量的预测，则是完全意义上的火控内弹道学研究的任务。

1) 已燃主装药质量(份额)

由假定(2)～假定(5)，如点火具初温已知，点火能量输出(释放)速率是已知函数。时刻 t，主装药着火质量，有

$$m_{\omega ig} = m_\omega \frac{\int_0^t \dot{q}_{ig} \mathrm{d}t}{q_{igt} \times f_e} = m_\omega \frac{\int_0^t \dot{m}_{ig} \mathrm{d}t}{m_{igt} \times f_e} \tag{9.1}$$

式中：$\dot{q}_{ig}$为点火能量输出(释放)速率；q_{igt}为点火药拥有的总的点火药能量；$\dot{m}_{ig}$，m_{igt}分别为点火药燃烧产物生成(释放)速率和总的点火药量；f_e 为与主装药初始温度相关的点火能量需求系数。如前面所述，常温(+15℃)条件下，若取 $f_e = 85\%$ 时，意味着当点火药能量释放率达到 85% 时，主装药即可全部着火。

$m_{\omega ig}$与 m_ω 分别为已着火主装药质量和总药量，定义此时主装药已点燃分数为

$$f_r = m_{\omega ig}/m_\omega \tag{9.2}$$

如已知一组射弹采用的点火具点火能量输出速率的或然误差，则可通过数值模拟得到其对炮口速度 v_g 的或然误差的影响。同理，可得到其他任意影响因素或敏感因子的或然误差对 v_g 的或然误差带来的影响。

2) 几何燃烧定律

同时点火条件下，按平行层燃烧假定，全部火药相对已燃质量(体积)表达式为

$$\psi = \chi Z(1 + \lambda Z + \mu Z^2)$$

式中:Z 为相对已燃厚度;χ,λ,μ 为药形特征量,或称药形函数。

在非同时点火条件下,可将主装药的点火按发射药质量分数分成若干批次。对第 i 批质量分数 $\Delta f_{r,i}$ 的火药,有

$$\psi_i = \chi Z_i(1 + \lambda Z_i + \mu Z_i^2) \tag{9.3}$$

其中:$i = 1,2,3,\cdots,N$。但在点燃过程中,t 时刻对应已燃火药的质量分数为 f_r,对应 $i = N_e(N_e \leqslant N)$,则此时刻相对有效已燃火药质量为

$$\psi_e = \Delta f_{r,1}\psi_1 + \Delta f_{r,2}\psi_2 + \Delta f_{r,3}\psi_3 + \cdots + \Delta f_{r,N_e}\psi_{N_e} = \sum_{i=1}^{N_e}(\Delta f_{r,i}\psi_i) \tag{9.4}$$

3) 燃速定律

令火药弧厚为 $2e_1$,相对已燃厚度为 $e/e_1 = Z$,燃速为 r_p,若按指数燃烧定律,则有

$$\frac{r_p}{e_1} = \frac{1}{e_1}\frac{de}{dt} = \frac{dZ}{dt} = u_1 p^{\nu}$$

式中:u_1,ν 分别为燃速系数和燃速指数;p 为弹后空间平均压强。

考虑到火药是分批次点燃的,对 i 批,有

$$Z_i = \int_{t_i}^{t} u_1 p^{\nu} dt \tag{9.5}$$

式中:Z_i 为第 i 批点燃火药的相对已燃肉厚;t_i 为该批火药点燃时刻。按几何燃烧定律本义,$Z = 1.0$ 意味着药粒分裂(多孔药)或燃完(管状和条状药)。由于多孔药分裂后的药形是不规律的,加上几何燃烧定律从来也并非严格成立。所以建议,式(9.5)在 $\psi_i < 1.0$ 之前可一直使用,直至 $\psi_i = 1.0$ 为止。实践证明,按这样得到的不同粒状药形的计算结果与严格计及分裂后药形变化的结果相比较,对计算精度没有什么影响。

4) 弹丸运动方程

$$\phi m_q \frac{dv}{dt} = Ap - F_x - F_f \tag{9.6}$$

式中:ϕ 为不计弹丸沿轴向运动挤进及摩擦作用的次要功系数;m_q 为弹丸质量;A 为弹丸接受轴向推力的有效横截面积;p 为弹后空间平均压力;F_x 为弹丸挤进与摩擦阻力;F_f 为弹前激波阻力和首发身管涂油擦拭不净因素带来的运动阻力的组合;v 为弹丸速度,即

$$v = \frac{dl}{dt} \quad (l < l_g) \tag{9.7}$$

式中:l 为弹丸行程;l_g 为弹丸行程总长。

一般情况下,F_x 是弹带材料、尺寸及其与内膛结构匹配关系的函数。其内

膛尺寸和表面状态与身管累计射弹发数或烧蚀状态有关,还与弹丸初始卡膛状态有关。卡膛状态不仅取决于烧蚀状态,还与送弹力、身管仰角及弹丸行程起始部结构尺寸相关,具体参照第6章有关方法确定。F_f 参照6.2节方法确定,但对于首发,应将其理解为是弹前激波阻力与身管涂油擦拭不净带来阻力影响的共同作用。弹前激波阻力参照6.8节方法考虑确定。

5）弹－炮间隙泄漏

在身管有效使用寿命后期,因烧蚀严重,发射中当弹丸运行至最大膛压行程附近和接近炮口处时,将可能发生弹－炮间隙泄漏。设泄漏开始与结束时刻分别为 t_1 和 t_2,泄漏的燃气质量速率和焓损失速率分别为 $\dot{m}_0$ 和 $\dot{H}_0$,则内弹道期间累计泄漏的质量和能量分别为

$$m_0 = \int_{t_1}^{t_2} \dot{m}_0 A_0 \mathrm{d}t \tag{9.8}$$

$$H_0 = \int_{t_1}^{t_2} A_0 \dot{m}_0 h_0 \mathrm{d}t \tag{9.9}$$

式中:$\dot{m}_0 = \eta\rho\sqrt{\gamma RT} = \eta\sqrt{\gamma p\rho}$,$\eta$ 为流量系数,γ 为比热容比,ρ 和 p 为弹后空间气体平均密度和压力;h_0 为比焓,$h_0 = c_pT = c_VT + p/\rho$,$c_V$ 和 c_p 分别为等容和等压比热容,T 为弹后空间气体平均温度;A_0 为弹－炮间隙横截面积,一般 A_0 是弹丸行程 l 的函数,可参照第8章有关方法确定。积分号下的时间 t_1 与 t_2 分别为泄漏开始与结束时间。

6）弹后热力学空间气体状态方程

由2.1节讨论可知,火炮发射条件下弹后空间燃气状态方程一般采用带余容修正的Nobel－Abel状态方程。设火炮的内弹道药室容积为 V_0,换算为身管内截面积 A 的等效长(缩颈长)为 l_0,装药量为 m_ω,燃气余容为 α,若弹后空间燃气处于热力学准平衡态,当弹丸行程为 l,燃气温度为 T,可分别以两种情况写出状态方程。

(1) 不计点火药的作用,或将点火药折算为主装药一并考虑,但不计发射过程中弹－炮间隙气体流出,则弹后空间自由容积内,燃气状态方程可写为

$$Ap(l_\psi + l) = \psi_e m_\omega RT \tag{9.10}$$

式中

$$l_\psi = \frac{V_\psi}{A} = \frac{V_0}{A}\left[1 - \frac{\Delta}{\rho_p} - \left(\alpha - \frac{1}{\rho_p}\right)\Delta\psi_e\right] = l_0\left[1 - \frac{\Delta}{\rho_0} - \left(\alpha - \frac{1}{\rho_p}\right)\Delta\psi_e\right] \tag{9.11}$$

式中:$l_0 = V_0/A$;p,T 分别为弹后空间气体处于热力学准平衡条件下的压力和温度;ρ_p 为火药密度,Δ 为装填密度,$\Delta = m_\omega/V_0$。

(2) 当计及点火药量的作用且考虑发射过程中的弹－炮间隙气体流出时,式(9.11)应改写为

$$l'_{\psi}=l_0\left[1-\frac{\Delta}{\rho_p}-\frac{\Delta_{ig}}{\rho_p}-\left(\alpha-\frac{1}{\rho_p}\right)(\Delta\psi_e-m_0)-\left(\alpha_{ig}-\frac{1}{\rho_p}\right)\Delta_{ig}f_r\right] \quad (9.11)'$$

式中：$\Delta_{ig}=m_{igt}/V_0$，α_{ig}为点火药生成物余容（含凝聚相）。在这里，假定点火药密度与主装药密度相等。于是，考虑点火药作用及间隙泄漏的弹后燃气状态方程为

$$Ap(l'_{\psi}+l)=\psi_e m_{\omega}RT+f_r m_{igt}RT\cdot f_{ig}/f-H_0=(\psi_e m_{\omega}+f_r m_{igt}f_{ig}/f)RT-H_0 \quad (9.10)'$$

式中：f 为主装药的火药力；f_{ig}为点火药的火药力；m_{igt}为点火药量。

7）能量方程

在这里，以固体发射药在发射中的点火燃烧与推动弹丸做功为背景讨论其火药释放能量的转换与分配。发射过程中任意时刻 t，火药燃烧释放的化学能转换为如下几种形式能量。

（1）弹丸沿轴向运动的动能：

$$E_1=\frac{1}{2}m_q v^2$$

（2）弹丸旋转运动的动量：

$$E_2=K_2\frac{1}{2}m_q v^2, K_2=\left(\frac{r_p}{r}\right)^2\tan^2\theta_1$$

式中：r_p 为弹丸转动惯量半径；r 为弹体半径，$r=d/2$；θ_1 为膛线缠角。

（3）弹丸克服挤进与摩擦、弹前激波以及身管涂油阻力做功：

$$E_3=\int_0^l(F_x+F_f)\,dl=K_3\frac{1}{2}m_q v^2$$

（4）弹后空间工质（气体及未燃火药）运动功：

$$E_4=\frac{1}{3}\frac{m_{\omega}}{m_q}\frac{1}{2}m_q v^2=K_4\frac{1}{2}m_q v^2$$

（5）后座部件后坐运动功：

$$E_5=K_5\frac{1}{2}m_q v^2, K_5=\frac{m_q}{M_0}\left(1+\frac{m_{\omega}}{m_q}\right)$$

式中：M_0 为身管和其他后座部件总质量。

8）弹后燃气对边界的热散失

$\Delta Q=\iint_{x\,t}\Delta q\,dx\,dt$，其中：$\Delta q$ 是身管 x 断面处 t 时刻流向内壁的热流密度，$\Delta q=\Delta q(t,x)$，参照第 7 章方法确定。

任意时刻 t 发射药（含点火药）燃烧释放的总能量减去流失等于 $m_{\omega}\psi_e\bar{c}_V T_1+m_{igt}f_r\bar{c}_V T_{1ig}-H_0$，而相应弹后空间燃气内能的当前值为 $(m_{\omega}\psi_e-m_0)\bar{c}_V T+$

$m_{\text{igt}} f_{\text{r}} \bar{c}_V T$。

于是由能量平衡,得

$$m_\omega \psi_{\text{e}} \bar{c}_V T_1 + m_{\text{igt}} f_{\text{r}} \bar{c}_V T_{1\text{ig}} - (m_\omega \psi_{\text{e}} - m_0) \bar{c}_V T - m_{\text{igt}} f_{\text{r}} \bar{c}_V T - H_0 =$$
$$E_1 + E_2 + E_3 + E_4 + E_5 + \Delta Q =$$
$$\frac{1}{2} m_{\text{q}} v^2 (1 + K_2 + K_3 + K_4 + K_5) + \Delta Q = \frac{1}{2} m_{\text{q}} v^2 (\phi + K_3) + \Delta Q \quad (9.12)$$

式中:$\phi = 1 + K_2 + K_4 + K_5$;$\bar{c}_V$ 为发射过程中燃气温度变化区间的平均等容比热容;T_1 为火药绝热燃烧温度(爆温);$T_{1\text{ig}}$ 为点火药绝热燃烧温度(爆温)。由8.1.1小节可知,$c_p - c_V = R$,$c_p / c_V = \gamma$,$c_V = R/(\gamma - 1) = R/\theta$,且因 $f = RT_1$,$f_{\text{ig}} = RT_{1\text{ig}}$,$T_1$ 和 $T_{1\text{ig}}$ 分别为主装药和点火药的爆温。于是式(9.12)可改写为

$$(m_\omega \psi_{\text{e}} - m_0 + m_{\text{ig}} f_{\text{r}}) RT = m_\omega \psi_{\text{e}} f + m_{\text{ig}} f_{\text{r}} f_{\text{ig}} - \theta H_0 - \theta \Delta Q - (\phi + K_3) \frac{\theta}{2} m_{\text{q}} v^2 \quad (9.12)'$$

上面共12个控制方程,自变量为 t,因变量为 $m_{\omega\text{ig}}$、f_{r}、ψ_{i}、ψ_{e}、Z_{i}、v、l、p、m_0、H_0、T、$l_\psi(l'_\psi)$,因此方程组封闭。对这样的方程组一般要采用数值法求解。

9.1.4 炮口速度敏感参量微分系数的确定

前面主要以炮口速度等传统内弹道特征量为求解目标建立了精确预测用控制方程,没有顾及速度方向(攻角)及其他初始干扰参量的预估。接下来以这种控制方程组为基础,围绕弹丸出炮口时速度(大小)修正,给出敏感参量微分系数的确定方法。

影响内弹道特征量(主要包括炮口速度 v_{g}、最大膛压 p_{m} 和弹丸飞行初始攻角 δ_0 等)偏离设计标准值的因素是多方面的,一般可把影响参量称为敏感因素。敏感因素的微分系数,即内弹道特征量关于它的偏导数,有时还将敏感系数称作修正系数。就炮口速度 v_{g} 的敏感因素而言,有些可以包含在控制方程组考虑范围之内,如前面给出的内弹道理论模型,实际就已经将点火能量释放速率 $\dot{q}_{\text{ig}}$ 因点火具温度偏离标准温度(15℃)而给 v_{g} 带来的影响纳入到控制方程考虑之中。但有些敏感因素没有列入控制方程考虑范围,因为考虑的因素越多,控制方程越复杂,求解计算花费的时间越长。所以,为了兼顾解算预测的快速性和精确性,恰当的采用适度简化内弹道模型+敏感参量实时确定+微分系数预先确定的思路和办法。

敏感参量微分系数的确定有3种选择或可采用3种技术途径得到:①试验确定法;②数值拟合法;③理论求导法或分析计算法。下面主要以 v_{g} 为对象分别讨论[9-11]。但在讨论之前,首先有必要对炮口速度和弹丸初速的概念作恰当解释与说明。

1. 炮口速度与弹丸初速[11]

严格地说，弹丸出炮口的速度和弹丸初速是两个不同的概念，数值上也可能存在差异。这种差异主要与火炮后坐运动相关，具体如图9.2所示。由于发射过程中火炮存在后坐运动，弹丸出炮口时刻的炮口位置相对于发射初始时刻位置发生了后移，后移速度，即后坐速度。建立内弹道控制方程时，坐标是固结在身管上的。因此，内弹道求解的弹丸炮口速度 v_g 是相对身管的速度。如弹丸出炮口时刻身管后坐速度为 v_{hg}，则弹丸出炮口时刻相对平台的速度为 $v_a=v_g-v_{hg}$，弹丸在膛内或到达膛口之前相对平台的绝对速度应写为 $v_r=v_{ax}=v-v_{hx}$。但当弹丸出膛口后，由于膛口波的作用，弹丸在膛口外被加速达到最大速度 v_m，随后又会因空气阻力作用，使其速度开始缓慢下降。而弹丸初速 v_0 是按外弹道学方法定义的，弹丸飞行速度逐渐减慢，由其沿飞行轨迹上的实测速度值，反向推算到炮口初始位置所得的理论速度值为初速。显然，初速是虚拟值。如果假定弹丸出膛口之后，在膛口射流加速作用下速度增加量与身管后坐速度相互抵消的话，则弹丸出炮口相对身管的速度值 v_g，即应近似等于外弹道推算得到的弹丸初速值 v_0。后坐速度估算方法：设 M_0 为火炮后坐部分质量，则弹丸出炮口时刻身管后坐速度 v_{hg} 为

$$v_{hg}=\frac{m_q+0.5m_\omega}{M_0+m_q+m_\omega}\cdot v_g \tag{9.13}$$

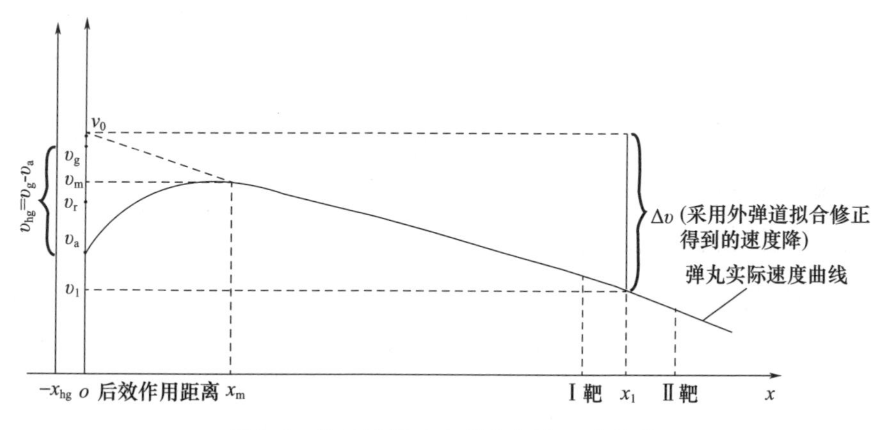

图9.2　炮口速度 v_g 与弹丸初速 v_0 之关系

2. 微分系数的试验确定法

通过靶场试验直接求取炮口速度 v_g 关于各个敏感因素的微分系数，是传统内弹道学中常用的方法。假定 v_g 的各敏感因素是线性无关的，设其中某一个敏感因素为 x，当相对其标准值的偏差量为 Δx，由 Δx 引起速度偏差为 Δv_{gx}，则 x 的微分系数应表示为

$$\frac{\partial v_{gx}}{\partial x}=\lim_{\Delta x\to 0}\frac{\Delta v_g}{\Delta x} \tag{9.14}$$

而 Δx 引起的 v_g 偏差量为

$$\Delta v_{gx}=\frac{\partial v_g}{\partial x}\Delta x \tag{9.15}$$

如 x 为药温 T,标准温度为15℃,发射时实时药温为33℃,则所引起的 v_g 上升量为 $\Delta v_{gT}=\frac{\partial v_g}{\partial T}\Delta T=\frac{\partial v_g}{\partial T}(33-15)=\frac{\partial v_g}{\partial T}\times 17$。试验表明,通常对于单基药:$\frac{\partial v_g}{\partial T}=0.0011(\mathrm{m\cdot s^{-1}})/℃$。需要注意的是,采用试验法确定微分系数,必须注意排除其他因素的干扰。表9.1为59式130mm加农炮和44式100mm加农炮(不同装药号)装药量 m_ω、药温 T、药室容积 V_0 和弹重 m_q 等敏感参量对 v_g 的微分系数试验值与理论分析值的比较[12]。

表9.1 炮口速度几个敏感参量的微分系数理论计算值与试验值的比较

火炮	装药号	$\frac{\partial v_g}{\partial m_\omega}$ 试验/计算	$\frac{\partial v_g}{\partial T}$ 试验/计算	$-\frac{\partial v_g}{\partial V_0}$ 试验/计算	$-\frac{\partial v_g}{\partial m_q}$ 试验/计算	发射药
59式130mm加农炮	全装药	0.82/0.91	0.0013/0.0011	0.34/0.46	0.30/0.34	双芳-3,23/1,12.9kg
	一号装药	0.90/0.89	0.0015/0.0015	0.33/0.42	0.25/0.29	双芳-3,23/1,11.0kg
	二号装药	0.59/0.62	0.0002/0.0003	0.34/0.27	0.44/0.45	12/1,0.7kg+9/7,5.82kg
	三号装药	0.60/0.59	0.0003/0.0003	0.34/0.24	0.42/0.44	12/1,0.7kg+9/7,4.52kg
	四号装药	0.61/0.56	0.0005/0.0004	0.34/0.21	0.38/0.43	12/1,0.7kg+9/7,3.22kg
44式100mm加农炮	全装药	0.79/0.88	0.0013/0.0010	0.28/0.41	0.30/0.38	双芳-3,18/1,5.5kg
	减装药	0.61/0.62	0.003/0.002	0.28/0.23	0.92/0.40	12/1,0.28kg+9/7,2.11kg

3. 微分系数的数值拟合法

采用数值拟合法确定内弹道特征量(v_g、p_m 等)敏感因素的微分系数,要以内弹道理论模型的数值求解结果为基础。首先要求模型中包含所需要的敏感参量,然后通过连续改变这个敏感参量,得到对 v_g 的影响值。以9.1.3小节给出的内弹道控制方程组式(9.1)~式(9.12)为例,点火具输送给主装药的点火质量速率 $\dot{m}_{ig}$、点火药总质量 $m_{igt}=\int_0^t \dot{m}_{ig}\mathrm{d}t$ 和主装药需要的点火时间 t_e 等都是温度的函数。这在第5章中也讨论过。此外,通过对表5.7的数据比较还可以看出,不同点火具(底火)因点火药剂组分及点火药量不同,点火能量输出速率、输出结束时间以及跳动范围(标准偏差)也都不同。显然,通过对内弹道控制方程组数值求解，可以得到不同点火总药量 m_{igt}、主装药完全点火时间 t_e、点火药剂组分 C_{ig} 等因素对炮口速度的微分系数 $\partial v_g/\partial m_{igt}$、$\partial v_g/\partial t_e$、$\partial v_g/\partial C_{ig}$ 等；也可得到点火具温度 T_{ig} 变化对 v_g 的综合影响系数 $\partial v_g/\partial T_{ig}$。可见，采用数值拟合法确定微分系数，仅依赖于内弹道控制方程组与解算软件。

4. 微分系数的理论求导法[11]

采用理论求导法得到内弹道特征量关于敏感因素的微分系数，如求取炮口速度 v_g 关于火药力 f、装药量 m_ω、弹丸总行程 l_g 及弹丸质量 m_g 等各敏感因素的微分系数 $\partial v_g/\partial f$、$\partial v_g/\partial m_\omega$、$\partial v_g/\partial l_g$ 及 $\partial v_g/\partial m_q$ 等。其前提条件是 v_g 具有理论解析解，而且解析解包含所指定的敏感参量，同时还要求解析解是关于敏感参量（如 f、m_ω、l_g、m_q 等）的可微函数。而迄今为止，仅知道当采用经典内弹道模型时，v_g 的解析解是一个函数表达式，确实满足这样的条件。经典内弹道方程组为

$$\begin{cases}\psi=\chi Z+\chi\lambda Z^2\\ \dfrac{1}{e_1}\dfrac{\mathrm{d}e}{\mathrm{d}t}=\dfrac{\mathrm{d}Z}{\mathrm{d}t}=\dfrac{u_1}{e_1}p=\dfrac{p}{I_k}\ (p>p_0)\\ Ap\mathrm{d}t=\phi m_q\mathrm{d}v\ (p_0>0,l<l_g)\\ Ap(l+l_\psi)=fV_0\psi-\dfrac{\theta}{2}\phi m_q v^2\end{cases}\tag{9.16}$$

式中：ψ 为火药相对燃烧率；χ，λ 为药形系数；Z 为 e/e_1，e_1 为半弧厚；v 为弹丸速度；p 为弹后空间平均压力；p_0 为弹丸启动压力；l 为弹丸行程；f 为火药力；m_ω 为装药量；u_1 为燃速系数；m_q 为弹丸质量；A 为内膛横截面积；ϕ 为次要功系数；$\theta=\gamma-1$，γ 为燃气比热容比；I_k 为全冲量，$I_k=e_1/u_1$，而

$$l_\psi=l_0\left[1-\frac{\Delta}{\rho_p}-\Delta\left(\alpha-\frac{1}{\rho_p}\right)\psi\right]\tag{9.17}$$

式中：l_0 为药室容积 V_0 缩颈长，$l_0=V_0/A$；α 为燃气余容；ρ_p 为火药真密度；Δ 为装填密度，$\Delta=m_\omega/V_0$。

因 $v=\mathrm{d}l/\mathrm{d}t$，式(9.16)中的自变量 t 可用 l 替换，并可求得弹丸出炮口时相对身管的速度 v_g 的解为[12]

$$v_g=v_j\left[1-\left(\frac{l_1+l_k}{l_1+l_g}\right)^\theta\left(1-\frac{v_k^2}{v_j^2}\right)\right]^{1/2}\tag{9.18}$$

式中：$l_1=l_0(1-\alpha\Delta)$，即 $\psi=1$ 时的 l_ψ 值，而

$$l_k=l_{\bar\psi}(\gamma_k^{-B/B_1}-1)\tag{9.19}$$

式中：$l_{\bar\psi}$ 为 $\bar\psi=(\psi_0+\psi_k)/2$ 对应的 l_ψ 值。ψ_k 为燃烧结束相应值，取 $\psi_k=1.0$，则 $\bar\psi_k=0.5+\psi_0/2$，ψ_0 为弹丸启动时刻的 ψ 值，其中 $\psi_0=\left(\dfrac{1}{\Delta}-\dfrac{1}{\rho_p}\right)\Big/\left(\dfrac{f}{p_0-p_B}+\alpha-\dfrac{1}{\rho_p}\right)$。$p_B$

为点火压力，y 为求解式(9.16)时采用的中间变量，y_k 为燃烧结束时刻，即 $\psi=\psi_k$ 所对应的 y 值。当 ψ 为任意值时，y_x 的一般形式为[12]

$$y_x=\left[1-\frac{2}{b+1}\cdot\frac{B_1}{K_1}(Z-Z_0)\right]^{\frac{b+1}{2b}}\cdot\left[1+\frac{2}{b-1}\cdot\frac{B_1}{K_1}(Z-Z_0)\right]^{\frac{b-1}{2b}} \tag{9.20}$$

式中：$b=(1+4\eta)^{1/2}$，$\eta=(B_1/K_1^2)\psi_0$，$K_1=\chi(1+2\lambda Z_0)$，由式(9.20)可知，y_x 是 Z 的函数。当燃烧结束时，$\psi_k=1$，取 $Z_k\approx1.0$，则式(9.20)可写为

$$y_k=\left[1-\frac{2}{b+1}\frac{B_1}{K_1}(1-Z_0)\right]^{\frac{b+1}{2b}}\cdot\left[1+\frac{2}{b-1}\frac{B_1}{K_1}(1-Z_0)\right]^{\frac{b+1}{2b}} \tag{9.20$'$}$$

可见，y_k 为综合装填参量 B、火药性能参量、弹丸启动之前初始内弹道参量的复合函数。其中 $B=\dfrac{A^2I_k^2}{f\phi m_q m_\omega}$，$B_1=\dfrac{B\theta}{2}-\chi\lambda$，$v_j=\left(\dfrac{2fm_\omega}{\theta\phi m_q}\right)^{1/2}$，$v_k=\dfrac{AI_k(1-Z_0)}{\phi m_q}$，将 v_k、v_j 表达式代入式(9.18)，得

$$v_g=\left(\frac{2fm_\omega}{\theta\phi m_q}\right)^{1/2}\left[1-\left(\frac{l_1+l_k}{l_1+l_g}\right)^{\theta}\left(1-\frac{A^2I_k^2(1-Z_0)^2\theta}{2\phi m_q fm_\omega}\right)\right]^{1/2} \tag{9.21}$$

因此，v_g 不仅是关于火药、火炮、弹丸参量 f、m_ω、χ、λ、ρ_p、α、I_k、A、l_0、l_k、l_g、l_1、m_q 等敏感参量的函数，而且与初始内弹道特征量 Z_0、p_0、p_B、ψ_0、f_B、m_{igt} 等敏感参量有关。一般可以认为，对于一个性能稳定的炮－弹－药系统，式(9.18)或式(9.21)中任一个敏感参量 x_i 在标准值附近作连续微小变化，v_g 也将作微小连续变化，且可以认为任意阶偏导数 $\partial^n v_g/\partial x_i^n$ 是存在的。于是，由式(9.21)可将 v_g 偏离标准状态的变化量，近似写为

$$\Delta v_g=\sum_{i=1}^{n}\frac{\partial v_g}{\partial x_i}\Delta x_i=\frac{\partial v_g}{\partial x_1}\Delta x_1+\frac{\partial v_g}{\partial x_2}\Delta x_2+\frac{\partial v_g}{\partial x_3}\Delta x_3+\cdots+\frac{\partial v_g}{\partial x_n}\Delta x_n \tag{9.22}$$

式中：偏导数 $\partial v_g/\partial x_i$ 为敏感参量 x_i 的微分系数或敏感系数。记任意一个敏感参量 x_i 对 Δv_g 的贡献为 Δv_{gi}，则

$$\Delta v_g=\sum_{i=1}^{n}\Delta v_{gi} \tag{9.23}$$

式中：$\Delta v_{gi}=\dfrac{\partial v_g}{\partial x_i}\Delta x_i$。

显然，求取式(9.22)和式(9.23)中敏感参量 x_i 的微分系数，实际就是求取式(9.21)的偏导数。

5. 理论求导法确定微分系数举例[11]

为便于推导，首先定义如下几个中间变量：

$$C_c=v_k^2/v_j^2=A^2I_k^2(1-Z_0)^2\theta/(\phi m_q\cdot 2f\omega) \tag{a}$$

$$C_l=(l_g-l_k)/(l_g+l_1) \tag{b}$$

于是,可得

$$(l_1+l_k)/(l_1+l_g)=1-\frac{l_g-l_k}{l_g+l_1}=1-C_l \tag{b)'}$$

$$C_\theta=(1-C_l)^\theta \tag{c}$$

利用式(a)、式(b)、式(c),式(9.18)或式(9.21)均可改写为

$$v_g=v_j\left[1-C_\theta(1-C_c)\right]^{1/2} \tag{9.24}$$

其中

$$v_j=v_j(f,m_\omega,\theta,\phi,m_q) \tag{9.25}$$

$$C_c=C_c(A,I_k,Z_0,\theta,\phi,m_q,f,m_\omega) \tag{9.26}$$

$$C_\theta=C_\theta(C_e,\theta)=C_\theta(l_g,l_k,l_l,\theta) \tag{9.27}$$

由式(9.24)可知,除θ外,v_g关于任一敏感参量x_i的微分系数都可写为

$$\frac{\partial v_g}{\partial x_i}=\left[1-C_\theta(1-C_c)\right]^{1/2}\frac{\partial v_j}{\partial x_i}-v_j\frac{1}{2}\left[1-C_\theta(1-C_c)\right]^{-1/2}\frac{\partial}{\partial x_i}\left[C_\theta(1-C_c)\right]$$

而

$$\frac{\partial}{\partial x_i}\left[C_\theta(1-C_c)\right]=C_\theta(-1)\frac{\partial C_c}{\partial x_i}+(1-C_c)\frac{\partial C_\theta}{\partial x_i}=$$

$$-(1-C_l)^\theta\frac{\partial C_c}{\partial x_j}-(1-C_c)\theta(1-C_l)^{\theta-1}\frac{\partial C_l}{\partial x_i}$$

因此

$$\frac{\partial v_g}{\partial x_i}=\left[1-C_\theta(1-C_c)\right]^{1/2}\frac{\partial v_j}{\partial x_i}+\frac{1}{2}\frac{v_gC_\theta}{\left[1-C_\theta(1-C_c)\right]}\left[\frac{\partial C_c}{\partial x_i}+\theta\frac{1-C_c}{1-C_l}\frac{\partial C_l}{\partial x_i}\right] \tag{9.28}$$

对于θ,令

$$C_{lc}=\left[1-C_\theta(1-C_c)\right]=\left[1-(1-C_l)^\theta(1-C_c)\right] \tag{d}$$

则

$$\frac{\partial v_g}{\partial\theta}=C_{lc}^{1/2}\frac{\partial v_j}{\partial\theta}+\frac{1}{2}\frac{v_gC_\theta}{C_{lc}}\left[\frac{\partial C_c}{\partial\theta}+(1-C_c)\ln(1-C_l)-\frac{\theta}{1-C_l}\frac{\partial C_l}{\partial\theta}\right] \tag{9.29}$$

由上述v_j及式(a)、式(b)、式(c),则可将C_l、v_j、C_c关于具体的x_i的微分系数$\partial C_l/\partial x_i$、$\partial v_j/\partial x_i$、$\partial C_c/\partial x_i$的表达式写为如表9.2所列的形式。

表9.2　中间变量v_j、C_l、C_c对于x_i的偏导数

x_i	f	m_ω	ϕ	m_q	A	I_k	Z_0	θ	l_g	l_k	l_1
$\frac{\partial C_l}{\partial x_i}$	$\frac{\partial C_l}{\partial f}$	$\frac{\partial C_l}{\partial m_\omega}$	$\frac{\partial C_l}{\partial\phi}$	$\frac{\partial C_l}{\partial m_q}$	$\frac{\partial C_l}{\partial A}$	$\frac{\partial C_l}{\partial I_k}$	$\frac{\partial C_l}{\partial Z_0}$	$\frac{\partial C_l}{\partial\theta}$	$\frac{l_1+l_k}{(l_1+l_g)^2}$	$\frac{1}{l_g+l_1}$	$\frac{l_g-l_k}{(l_g+l_1)^2}$

续表

x_i	f	m_ω	ϕ	m_q	A	I_k	Z_0	θ	l_g	l_k	l_1
$\frac{\partial v_j}{\partial x_i}$	$\frac{1}{2}v_j\frac{1}{f}$	$\frac{1}{2}v_j\frac{1}{m_\omega}$	$-\frac{1}{2}v_j\frac{1}{\phi}$	$-\frac{1}{2}v_j\frac{1}{m_q}$	0	0	0	$-\frac{1}{2}v_j\frac{1}{\theta}$	0	0	0
$\frac{\partial C_c}{\partial x_i}$	$-C_c\frac{1}{f}$	$-C_c\frac{1}{m_\omega}$	$-C_c\frac{1}{\phi}$	$-C_c\frac{1}{m_q}$	$2C_c\frac{1}{A}$	$C_c\frac{2}{I_k}$	$2C_c\frac{-1}{1-Z_0}$	$C_c\frac{1}{\theta}$	0	0	0

于是,可得到 v_g 关于任意 x_i 的微分系数表达式。例如:若 $x_i=f$,由表 9.2 可知

$$\frac{\partial v_j}{\partial f}=\frac{1}{2}v_j\frac{1}{f} \tag{e}$$

且

$$v_j=\left(\frac{2fm_\omega}{\theta\phi m_q}\right)^{1/2} \tag{f}$$

则

$$\frac{\partial C_c}{\partial f}=\frac{A^2I_k^2(1-Z_0)^2\theta}{\phi m_q\cdot 2m_\omega}\cdot f^{-2}=-\frac{C_c}{f} \tag{g}$$

而

$$\frac{\partial C_l}{\partial f}=\frac{\partial}{\partial f}\left(\frac{l_g-l_k}{l_g+l_1}\right)=\frac{1}{l_g+l_1}(-1)\frac{\partial l_k}{\partial f}=-\frac{1}{l_g+l_1}\left[l_{\bar\psi}\frac{\partial}{\partial f}(y_k^{-\frac{B}{B_1}})+\right.$$
$$\left.(y^{-\frac{B}{B_1}}-1)\frac{1}{2}\frac{l_0}{p_0-p_B}\Delta\left(\alpha-\frac{1}{\rho_p}\right)\left(\frac{1}{\Delta}-\frac{1}{\rho_p}\right)\left(\frac{f}{p_0-p_B}+\alpha-\frac{1}{\rho_p}\right)^{-2}\right] \tag{h}$$

由于关于 $y_k^{-\frac{B}{B_1}}$ 的相关偏导数较为复杂冗长,所以这里没有具体给出,有兴趣者可参照文献[11]。

将式(e)、式(g)、式(h)代入式(9.28),则

$$\frac{\partial v_g}{\partial f}=\frac{1}{2}\frac{v_g}{f}+\frac{1}{2}v_g\frac{C_\theta}{C_{lc}}\left[-C_c\frac{1}{f}+\theta\frac{1-C_c}{1-C_l}\frac{\partial C_l}{\partial f}\right] \tag{9.30}$$

同样,关于 v_g 的其他敏感参量 x_i 的偏导数,同样都可一一给出。有兴趣者也请参看文献[11]。于是,当已知 $\partial v_g/\partial x_i$ 情况下,对于任一炮-弹-药系统,只要已知装填参量和发射条件,则 v_g 关于 x_i 的微分系数值都可具体计算得到。表 9.3所列为 44 式 100mm 加农炮、55 式 37mm 高炮和 59 式 130mm 加农炮的敏感参量微分系数 $\partial v_g/\partial x_i$ 理论计算值。其中,44 式 100mm 加农炮和 59 式 130mm 加农炮不同装药号条件下的 v_g 关于部分参量装药量 m_ω、药温 T、药室容积 V_0 和弹重 m_q 的微分系数理论计算值与试验值的比较见表 9.1 所列。由该表可见,理论推导结果与试验结果之间误差是可以接受的,因为试验值也非绝

对准确,它的误差只有通过多次验证才能得以确认。

表 9.3　几种火炮炮口速度微分系数$\partial v_g/\partial x_i$理论计算值

x_i	θ	ϕ	m_q	A	m_ω	V_0
44 式 100mm 加农炮（全装药）	-0.3052	-0.3621	-0.3621	-0.0885	0.8797	-0.4292
55 式 37mm 高炮	-0.4333	-0.2413	-0.3621	-0.3372	0.9379	-0.3593
59 式 130mm 加农炮（全装药）	-0.4017	-0.3902	-0.3402	-0.1169	0.9136	-0.4565
x_i	f	I_k	T	l_g	l_1	l_k
44 式 100mm 加农炮（全装药）	0.6213	-0.2758	0.0010	0.1873	-0.1311	0.3013
55 式 37mm 高炮	0.6826	-0.5173	0.0010	0.1801	-0.0792	0.3952
59 式 130mm 加农炮（全装药）	0.6405	-0.3196	0.0011	0.2027	-0.1395	0.3961

9.1.5　需要现场实时采集与测量的影响参量

通过上面的讨论,参照图 9.1 所示和表 9.3 所列,需要现场实时采集与测量的主要影响参量如下:

(1) 发射装药点火具实时温度的测量与确定。

(2) 发射装药实时温度测量与确定。

(3) 身管(膛线)烧蚀量的实时估算与测量。

(4) 身管仰角、弯曲度和温度测量。

(5) 弹丸信息的射前采集。

(6) 发射装药信息的射前实时采集。

(7) 后坐装置相关信息射前的实时采集、测量与预估。

(8) 弹丸卡膛状态预估与测量。

(9) 射击模式,如射序、射速及累计射弹发数。

(10) 环境条件如气温、风速、日照及天气阴晴状况。

(11) 之前射弹炮口测速雷达测量结果。

9.2　小概率安全事故内弹道学

火炮在发射过程中出现灾难性安全事故,属于小概率事件,特别对于已经设计定型交付军队正式装备的炮－弹－药系统更是如此。但这类事件仍时有发生,一旦发生通常都会造成炮毁人亡的严重后果,一方面给部队正常战备训练和兵工研发生产的正常进展带来严重不良负面影响,另一方面也会给人民生命财产造成巨大损失。

世界各国对火炮等兵器及其弹药的研制、生产、存储、运输与使用的安全问题都十分重视,提出了严格规范和要求。例如:美军规定,通用弹药安全失效概率不得大于百万分之一(10^{-6}),否则予以全部淘汰[19]。又如:关于火炮膛内压力波安全评估,北大西洋公约组织中的国家也有类似规定和要求[15],这已在第4章中作过讨论。从20世纪90年代开始,我国军工生产研发部门和军队逐步全面学习和引用工业发达国家这类安全管控标准,因此我国研发、生产和使用与安全管理弹药水平有了很大提高。

火炮内弹道工作者对此的研究目标,应该是如何将火炮发射安全事故发生概率降低到最低水平;着眼点是从小概率事件中寻找到事故发生的"必然"规律,探寻事故本源,查找事故发生机理,为将事故发生率降至最低水平提出防范措施和控制技术。

9.2.1 火炮发射事故特征与原因分类

从火炮发射过程中发生的膛炸、胀膛和弹丸早炸等安全事故观察中发现,不同事故行为特征诱发原因不同。从表观或现象上看,火炮发射事故特征可分为全爆型膛炸、半爆型膛炸、胀膛或闩体变形与弹丸出膛口早炸等。全爆型和半爆型膛炸及弹丸出膛口发生早爆类事故,一般是由发射杀爆弹引起的,或者说是弹丸中的炸药被引爆而造成。同样,发射装药燃烧反常也能引发膛炸与胀膛事故。因此,一般诱发这些安全事故的原因,是源自弹丸、发射装药、火炮疵病及其炮-弹-药之间的匹配失当,但不排除是使用者操作失误。

1. 全爆膛炸特征及原因分析

全爆型和半爆型膛炸都是由于弹载炸药被引爆膛炸的,但引爆的机制、起因与路径不同,造成的事故行为与特征也不同。

这里的全爆型和半爆型差异是指弹载炸药的爆炸完全度不同,而爆炸完全度原本是杀爆弹设计一项重要指标。正常工作条件下,弹丸飞达目标,炸药药柱由引信完成引爆,或经由传爆药放大再完成引爆,本应都为全爆型。弹载炸药有黑索金、TNT、B炸药等,正常爆速范围约为6500~8500m/s,即约在10^{-8}~10^{-6}s时间内,药柱完全转化为爆炸产物,压力由大气压开始直接升至10^5~10^6MPa,温度可达3000~4000K,反应完全无残渣。弹丸破片小而多,偶有大尺寸破片。发射过程中弹载炸药发生爆炸则是另一种情况。这种爆炸将对武器使用人员造成严重伤害。全爆时,弹片上一般无炸药残留物,也无熏黑现象。尽管过程发生在膛内,其行为表现仍基本与在露天大气中发生的情况相仿。相应火炮破坏严重,一般身管都被炸断,破坏尺度大,断口清晰短齐。通常破坏部位多被撕裂为菊花状(较薄身管),或被炸成喇叭状(厚身管)。

图 9.3 所示为 71 式 100mm 迫击炮发生全爆膛炸后回收破片的复原图[13-14]。来自炮管、弹丸及引信的破片共 63 块,身管遭严重破坏,毁坏长度达 450mm,断口部位短促整齐,捡到的弹丸破片多而小,炮手伤害严重。事后分析,这是由引信可靠性不过关造成的一起全爆型膛炸重大事故。

图 9.3　71 式 100mm 迫击炮膛炸身管复原图

全爆型膛炸事故不管诱发原因如何,肇事源头一定始于引信。因此,分析这类膛炸,首先是判定是否属于全爆。如果是全爆,则再查找诱发引信在膛内起爆的原因。其诱因可能是内在的,即引信自身存在疵病;也可能是外在的,如在发射中受到意外激励而起爆。

2. 半爆型膛炸

半爆型膛炸是由弹丸半爆,即由炸药不完全爆炸引发的膛炸。半爆是指爆炸并非按正常引爆次序逐级放大形成,而是由于炸药某个局部被引燃或出现热点,再由燃烧转为爆轰而引发的膛炸。从化学反应速率上看,燃烧远低于爆轰,因此半爆引发的膛炸猛烈程度要低于全爆火炮身管破坏程度,造成的身管断口多呈撕裂状,即使被炸断,断口也参差不齐,或伴有较长裂缝(条)。相应造成的弹丸破片大,数量少,且因炸药化学反应不完全,弹片上往往可以找到熏黑痕迹和炸药熔融残留物痕迹。

半爆的起因比较复杂,一般可能源自以下三个方面:

一是弹丸设计或生产环节存在问题,包括:①药柱加工存在缺陷,如存在局部气穴(气泡),发射过载作用下生成热点;②弹丸壳体制造质量存在疵病,如存在沙眼、裂缝,发射中弹后燃气窜入内腔点燃了炸药;③药柱与弹体结构匹配不当,局部引发应力集中,或摩擦而生成热点。

二是火炮发射过程中使弹丸受力出现异常,如膛内生成异常压力波的时候,即使炸药药柱设计与加工没有问题,但因弹丸遭受超大冲击,致使药柱承受超极限过载而被引爆。

三是弹－炮耦合匹配出现问题，如弹丸倾斜定位，卡膛异常，使其运动遭遇意外载荷，最终导致炸药和弹体出现工作异常。

3. 发射装药燃烧反常引发的膛炸

图9.4所示为发射药燃烧反常造成的身管损坏照片，损坏程度与破坏形态上和全爆型与半爆型膛炸明显不同。由火炮发射装药（以下简称为炮药）反常燃烧引发的重大安全事故，包括膛炸、胀膛及闩体变形等，在现象上和机理上都与弹丸存在缺陷或引信失灵引发的膛炸不同。尽管这类膛炸破坏部位仍多位于药室或身管离膛线起始部不远的地方，但破坏形态多限于药室与身管被撕裂、或出现膨胀（鼓泡）或闩体变形。这时从药室上测量得到的压力曲线将明显增高或因超过预设极限而被限幅。当这类事故发生时，往往弹丸工作也不正常，多伴有损坏或在身管内膛留有划伤。

然而，发射装药燃烧反常也可能引发弹丸在膛内发生半爆，或出膛不久发生早炸。若燃烧反常情况下弹丸正常飞出炮口，则初速将明显增大，射程也明显增加。

图9.4　发射装药燃烧反常造成的膛炸

9.2.2　发射装药燃烧反常导致膛炸事故举例分析

引发火炮发射装药燃烧反常，造成膛炸或胀膛事故，可能有如下多种原因：①点火具（点火系统）工作异常；②主装药装填密度过高透气性过低；③装药在药室中的布局不合理；④火药性能特别是机械性能不过关。这里通过两个实例，分析和解释装药燃烧反常导致膛炸原因。关于燃烧反常或燃烧不稳定机理，特别是产生膛压异常或有害压力波生成机理，已在第4章作过专门论述。

1. 点火系统故障引发膛炸举例分析[18]

20世纪90年代初，60式122mm加农炮在一次全变装药的试验中发生了膛炸。试验状态下弹药合膛匹配关系如图9.5所示，主装药为双芳－2－19/1管状药；下药束长328mm，5.8kg；上药束长同样为328mm，4.0kg。在主装药底部和两束装药中间接合部各设置有点火药包，其中底部点火药包内装大粒黑药150g，中间点火药包内装大粒黑药 50g。该装药储存期已达 20 年，周转运输历史不详。此外，该装药底部放置有 12/1 粒状消焰剂 250g，装药上中部外侧圆周放置有钝感衬里。发射时，操作正常。表定膛压（铜柱）$p_m = 308.7\text{MPa}$，初速885m/s。身管设计许用极限压力 362.4MPa。射击时发生膛炸，根据断口及药室变形，估计膛压大于 500MPa。

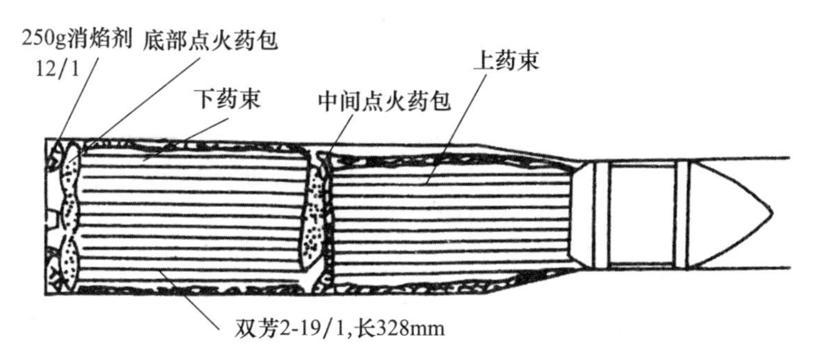

图 9.5　60 式 122mm 加全变装药合膛图

事故发生后，对肇事同批弹药进行检查，发现有些发射装药中的点火药包确已破损，其中部分黑药颗粒已变为碎粒和粉末，并有些已窜入主装药的药管内孔。但没有发现主装药存在变异。

1）内弹道模型

针对图 9.5 装药结构，建立了管状发射药两相流内弹道模型[18]，其中气相质量、动量和能量方程和药束运动方程以及辅助方程分别如下：

（1）
$$\frac{\partial \phi_e \rho}{\partial t} + \frac{1}{A}\frac{\partial A\phi_e \rho u}{\partial x} = \dot{m}_e n_p + \dot{m}_t + \dot{m}_{ign} + n_p \dot{m}_i \tag{9.31}$$

（2）
$$\frac{\partial \phi_e \rho u}{\partial t} + \frac{1}{A}\frac{\partial \phi_e \rho u^2 A}{\partial x} = -\phi_e \frac{\partial p}{\partial x} + n_p \dot{m}_e u_p + \dot{m}_t u_t + \dot{m}_{ign} u_p + \dot{m}_i u_i - D_t \tag{9.32}$$

（3）
$$\frac{\partial \phi_e \rho E}{\partial t} + \frac{1}{A}\frac{\partial A\phi_e \rho u E}{\partial x} + \frac{1}{A}\frac{\partial A\phi_e u p}{\partial x} + p\frac{\partial \phi_e}{\partial t} = -n_p H_e \dot{m}_e + H_t \dot{m}_t + H_{ign}\dot{m}_{ign} - D_t u_p + n_p H_i \dot{m}_i - n_p q \tag{9.33}$$

（4）药束运动方程为

$$\frac{\mathrm{d}M_p u_p}{\mathrm{d}t} = \int_{l_a}^{l_f} AD_t \mathrm{d}x + An_p p\pi(r_{pe}^2 - r_{pi}^2)\big|_{l_a} - An_p p\pi(r_{pe}^2 - r_{pi}^2)\big|_{l_f} - \int_{l_a}^{l_f} An_p(\dot{m}_e + \dot{m}_i)u_p \mathrm{d}x \tag{9.34}$$

式中：ϕ_e 为药管外部区域通气空隙比；n_p 为炮膛单位截面积上的药管数；A 为炮膛截面积；u 为气流速度；$\dot{m}_e$ 为药管外表面燃气质量生成率；$\dot{m}_{ign}$ 为点火药燃气

质量生成率；$\dot{m}_i$ 为药管内孔表面燃气质量生成率；$\dot{m}_t$ 为底火燃气质量输入速率。请注意，$\dot{m}_t$、$\dot{m}_{ign}$ 和 $\dot{m}_i$ 仅在流场局部区域出现，其中 $\phi_e = 1 - n_p \pi r_{pe}^2$，$r_{pe}$ 为药管外半径，r_{pi} 为其内半径。u_p 为药管速度；p 为流场压强；u_t 为底火射流速度；u_i 为管状药内孔出口气流流出速度；D_t 为管状药与外部气流的相间阻力。e 为气体内能；E 为气流内能与动能之和；H_e、H_i 分别为药管外和管内燃烧产物比焓；H_t 为底火射流产物的比焓；H_{ign} 为点火黑药燃烧产物比焓；q 为气－固相间热交换率，l_a，l_f 分别为药管后端面与前端面坐标。

（5）燃烧造成的药管内外半径变化为

$$\begin{cases} \dfrac{dr_{pe}}{dt} = -r_b \\ \dfrac{dr_{pi}}{dt} = r_b \end{cases} \tag{9.35}$$

式中：r_b 为火药燃速。

（6）药束质量 M_p 随燃烧过程是递减的，M_p 的表达式为

$$M_p = \int_{l_e}^{l_f} A n_p \rho_p \pi (r_{pe}^2 - r_{pi}^2) dx \tag{9.36}$$

式中：ρ_p 为药管密度，而其前后端面坐标可表示为

$$\begin{cases} l_f = l_{f0} + \int_0^t u_p dt \\ l_a = l_{a0} + \int_0^t u_p dt \end{cases} \tag{9.37}$$

（7）药管从内孔流出燃气质量速率：

$$\dot{m}_i = 2\pi r_{pi} r_b (l_f - l_e) A n_p \rho_p$$

注意：m_i 从药管前后两端分别流出，是流场的局部区域源项。

（8）气体状态方程：

$$p\left(\frac{1}{\rho} - \alpha\right) = RT \tag{9.38}$$

2）事故探源

采用事故发生时的炮－弹－药基本条件作为计算的基本输入参量，基于上述数理模型自行研发的专门计算软件，假设可能发生如下 8 种工况，分别进行了数值模拟。

（1）由点火药包破损和大粒黑药破碎的事实，假设黑药颗粒全部粉碎为粒径 $d_p = 1$mm 的细粒。

（2）底部点火药包漏装，底火燃烧产物射流直接点燃装药的下药束。

（3）底部点火药包破损，黑药全部漏泄，散布在药室前部，点火阶段完全不

起作用。

（4）底部点火黑药全部粉碎，且半数以上黑药粉末钻进了管状药内孔，点火期间不仅点火过程猛烈，且主装药有 100mm 长度部分被炸裂，相应碎裂药块使燃烧速率剧增。

（5）上下点火药包全都漏装，即都不起作用。

（6）底部点火黑药包正常，中间点火药包内黑药粉碎。

（7）底部点火药包重装，即错误地多放了一个，但工作正常。

（8）点火药包正常，管状药有部分发生破裂，燃烧面增大。

模拟结果表明，只有第 4 种假定情况，造成内弹道过程异常，膛压过高，最终造成膛炸。相应这种工况弹后空间不同位置 x 的 $p-t$ 曲线及其膛底与药室口部压差 - 时间曲线和正常发射条件下的对比如图 9.6 所示，其中 $p-t$ 曲线压力值对应于电测值，按照铜柱测量值的 1.12 ~ 1.15 倍换算。由该图可见，正常工况条件下，$p-t$ 曲线光滑，膛底与药室口部最大压差值 33MPa。而在第 4 种假定事故工况条件下，药室部位最大压力达到了 611.8MPa，超过了火炮设计极限许用压力 362.4MPa，因此膛炸是不可避免的。从 $\Delta p-t$ 曲线看，其最大压差 Δp_m 超过了 100MPa，参照压力波评价规则[15,19-20]，远超过了额定极限。

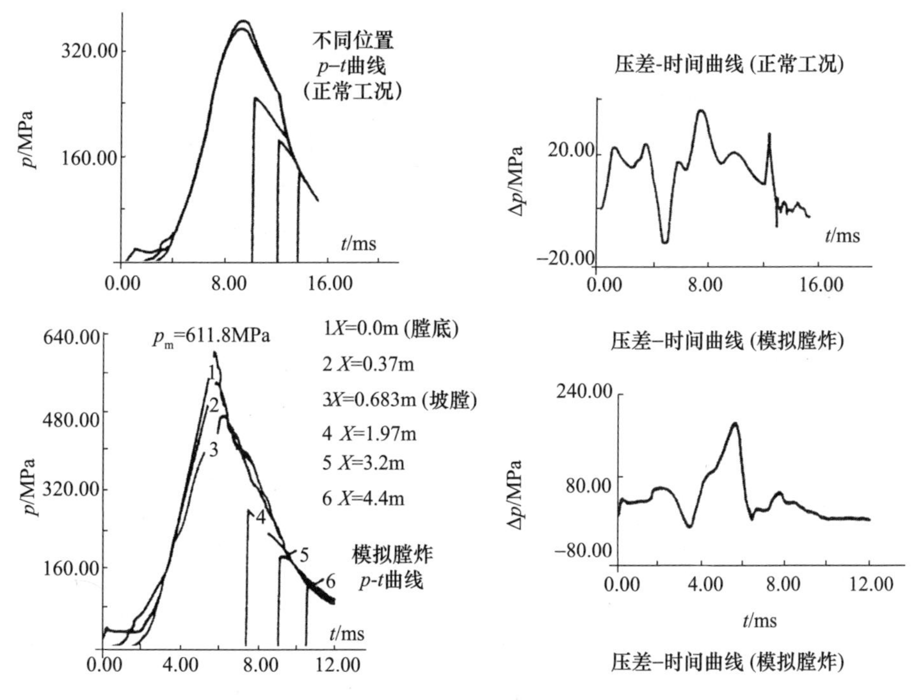

图 9.6　60 式 122mm 加全变装药膛炸事故模拟对比

根据事故发生时使用的同批弹药检查和内弹道数值模拟结果，基本可以判定，该膛炸事故是由点火黑药破碎及窜入主装药管造成的。

2. 高膛压火炮发射药冷脆引发膛炸举例分析[21]

从20世纪60年代开始，世界各国火炮日趋高膛压化和高装填密度化。在高膛压化发展过程中，遇到的一个重大困难是发射安全性问题。高膛压火炮的典型代表是发射动能穿甲弹的坦克炮和反坦克炮。这类火炮发射装药和内弹道问题特点：①装填密度高，平均 $\Delta = m_\omega/V_0$ 约为900kg/m^3，局部超过1000kg/m^3；②因装填密度高，装药床内火药药粒间气流通道狭窄、弯曲度大、药床透气性差；③因透气性差，燃气流动受阻，点火燃烧初期，火焰传播波阵面附近区域压力梯度大，弹后空间容易生成较强的压力波。这些特点以颗粒药床最为显著，一般管状或杆状药床因其相对轴向透气性好，即使装填密度较高，火焰传播还能保持通畅，所以这类问题能得以缓解。实践表明，采用分段有序杆状药床确能有效提高装填密度，并很少见到有强烈轴向压力波的生成，但膛底相对药室口部的正压差往往较大。

在这里通过高膛压火炮发生膛炸的事例分析，说明高装填密度粒状药装药床，克服其低温冷脆问题是多么重要。

1）事故装药特点定性分析

20世纪70—80年代，我国先后研制过100mm、120mm与125mm三种型号以发射动能穿甲弹为主用弹的高膛压坦克炮与反坦克炮。它们共同特点是发射装药都采用高装填密度，其中后两种火炮动能穿甲弹采用同一种配方火药，研发中都发生过膛炸。尤其是125mm第三代坦克炮，研发中发生过3次膛炸与胀膛事故。下面以该炮发射装药为例，分析事故发生原因。我国在研发第三代坦克炮时，先后采用过如图9.7所示Ⅰ、Ⅱ、Ⅲ三种装药结构方案。这三种方案基本类似，只是细节上有些差别。为了适应两次装填入膛和入膛后定位需要，药室内腔采用台阶式结构，主药筒外径156mm，副药筒外径为128mm。这种两截装药方案是借鉴苏联T－72坦克炮装药演变而来的（图9.8）。T－72装药以单基管状药为主，透气性好，迄今为止，还未曾见到有安全性问题的报道。我国第三代坦克炮在研制阶段所采用的弹药设计方案，与原T－72弹药相比，主要差异如下：

（1）弹重由原来的5.67kg增加到7.6kg，同时炮口速度也显著提高，因此要求的发射能量明显增加，装药量由原来的7.8kg增加到9.5～9.6kg，且火药比能（火药力）也明显提高。

（2）为满足发射能量增加的需要，火药由单基药改为TZ混合硝酸酯火药。

（3）装填密度明显增加，改用粒状药，药床透气性显著下降。

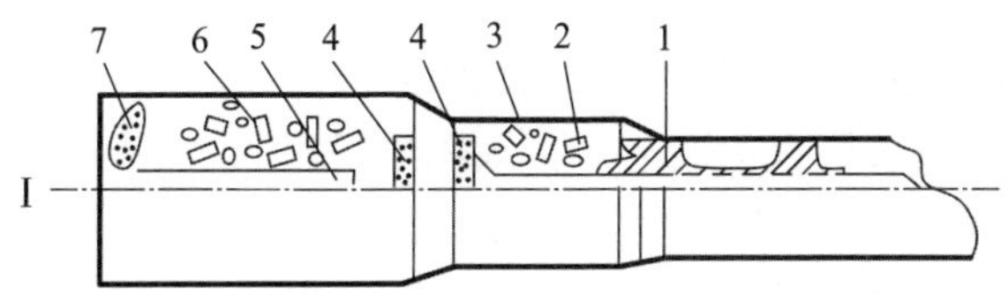

事故发生：−40℃（当日第2发）Δ=940kg·m^{-3}

1——Ⅰ步模拟穿甲弹；2——17/19粒状药+11B包覆药；3——可燃药筒；
4——附加点火黑药25g×2；5——可燃传火管，50g奔奈条；
6——17/19粒状药+11B包覆药；7——消焰剂药包。

(a)

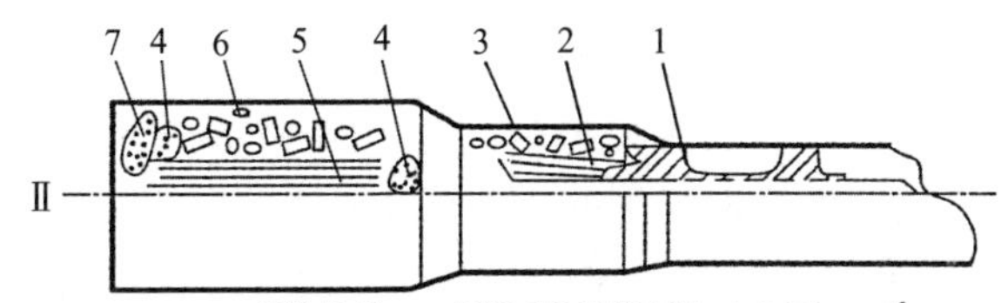

事故发生：−40℃（当日第4发）Δ=840kg·m^{-3}

1——Ⅱ步模拟穿甲弹；2——16/19粒状药+21/1管状药；3——可燃药筒；
4——点火黑药50g×2；5——21/1管状药束；6——16/19粒状药；
7——消焰剂药包。

(b)

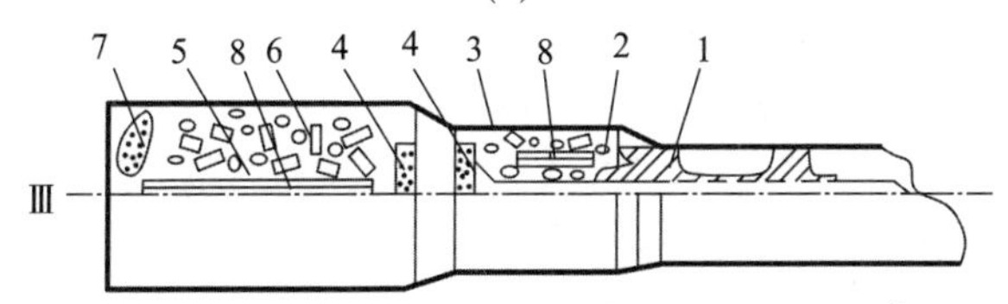

事故发生：−40℃（当日第1发）Δ=890kg·m^{-3}

1——Ⅲ步结构模拟穿甲弹；2——17/19粒状药+9B包覆药；3——可燃药筒；
4——点火黑药20g×2；5——可燃传火管；6——17/19+9B包覆药；
7——消焰剂药包；8——P管+奔奈条15g。

(c)

图 9.7　三代坦克炮研制初期 3 次膛炸事故装药示意图

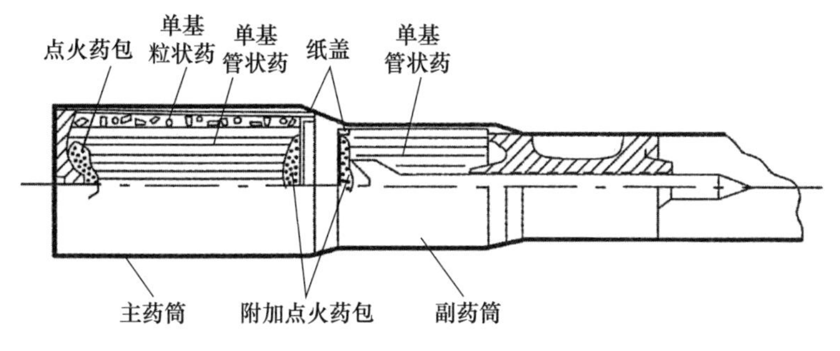

图 9.8　苏式 T－72 型 125mm 坦克炮动能穿甲弹发射装药示意图

（4）由于弹丸结构的变化，弹芯前移，主副药筒的间隙从原来的不足 20mm 增加到了 60mm（有的新设计弹药结构最大间隙）。

（5）为克服高装填密度装药点传火困难，增加了点火能量，主观目的是想增强火焰传播驱动力，包括在采用中心传火管（内装 50g 苯奈药条）点火方案基础上，在主装药中间又增设 2 个接力点火药包（20g 2#小粒黑），并且在传火管内和副药筒内增加了导爆管（P 管）等，力图增强传火作用。事实却相反，这些举措促使膛内压力波提前形成。

（6）为增加 $p-t$ 曲线丰满度，提高示压效率，采用了包覆火药（约占全部装药的 1/3），降低了装药床早期透气性。

（7）采用的高能 ZT 发射药机械性能，尤其是低温冷脆是引发事故的内在原因。ZT 火药与欧美坦克炮采用的 JA2 发射药相比，尽管都属于混合硝酸酯类火药，但 ZT 药主配方为 NC + NG + TEGDN，而 JA2 药主配方是 NC + NG + DEGDN，其能量、爆温和热量等都基本相近（具体见表 9.4），但其差别在于力学特性（见表 9.5）。由表 9.5 及表 2.13 所列数据相比较可见，JA2 火药是一种柔性或黏弹性材料，而 ZT 火药属于低温冷脆性材料。

（8）采用的弹带材料与结构与原 T-72 弹丸不同。

表 9.4　ZT-1、ZT-2 与 JA2 火药主配方及能量示性数

主配方/%	NC/N%	NG	TEGDN	DEGDN	DNT	C_2	f/(J·kg^{-1})	T_{ex}/K	Q/(J·kg^{-1})
ZT-1	64(13.15)	16	11	—	6.5	2	1150	3370	4435
ZT-2	65.5(13.10)	21	11	—	—	2	—	—	—
JA2	63.2(13.00)	14	—	21.7	—	—	1141	3397	4622

表 9.5　ZT-1 与 ZT-2 火药力学特性

火药	抗压强度/MPa			抗冲强度/MPa		
	+28℃	+50℃	-45℃	+28℃	+50℃	-45℃
ZT-1	90.7	69.7	115.8	3.58	4.60	0.836
ZT-2(3 次平均)	84.1	63.2	120.4	3.11	4.06	0.735

2）事故装药模拟试验

由这 3 次事故的基本现象与特征来看，发现它们具有如下共同特点：

（1）这 3 次事故都是在低温（-40℃）条件下发生的，相同弹药在常温（+15℃）或高温（+50℃）试验时均未出现异常。

（2）即使低温试验，在事故出现之前，同样弹药均未发现有异常症候。其说明事故发生是与低温相关，但又不可预测，明显属于小概率事件。

由此可作出判断,即事故肯定与火药低温性能相关。但只有某种小概率隐秘激励因素出现才能引发事故发生。如不被激励,则仍能保持正常。基于这种分析,采用模拟试验,对三次事故原因进行了专项调查,设计加工了一套模拟试验装置(图9.9(a)),其内膛结构与尺寸和事故发生时的火炮完全一致,只是身管被截短,留下约3倍口径长。

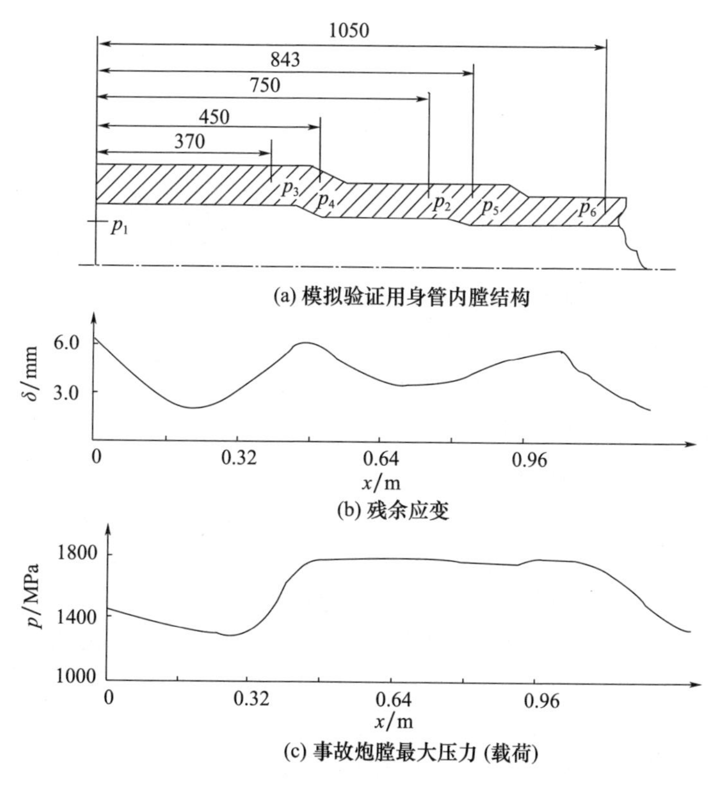

图9.9　模拟验证试验装置及事故再现结果

该装置共有5个测压孔,正常情况下药室不同部位测量得到的 $p-t$ 曲线如图9.10所示,其中 p_1-t 是安装在膛底(药筒底座)上传感器测到的。试验时,还对炮口喷出的残存破碎药粒进行了搜集观察,并采用密闭爆发器测了燃烧规律。同时,还采用高速摄影记录了弹丸启动运行及加速运动特征。综合验证试验共58发,除去每次试验温炮用减装药发数,总计有效射击发数为48发。

试验时采用逐渐趋近法,即试验条件逐步逼近事故装药。当试验装药(含弹带)完全趋近于"事故"发生的条件时,发生膛炸,再现了事故。从炮口观测到残存药粒全部均破碎为细粒(如同白砂糖)状,炮膛被撕裂破坏,状态与以往事

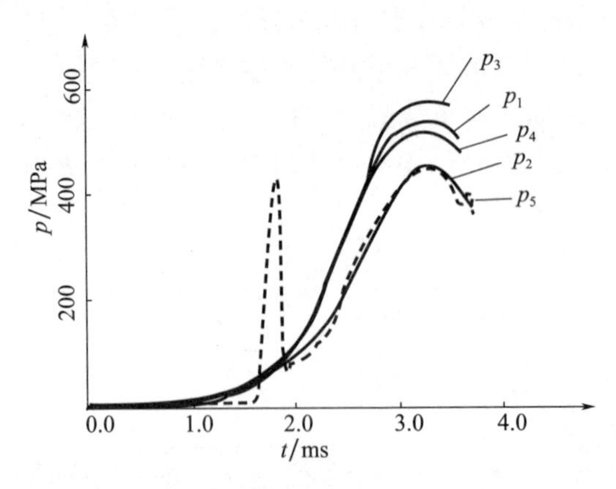

图 9.10　正常情况下药室不同位置实测 $p-t$ 曲线

故情况相似,药室中部被炸裂为 4 瓣,炮尾抛出防护墙外,距离炮位达 310m。图 9.9(b)为炸裂药室残余应变测量结果,图 9.9(c)是依据残余应变和断口金相分析估算得到的炸裂发生时炮膛最大压力沿轴向分布。

3）事故分析用内弹道理论模型

作为事故原因调查的一部分,采用两相流内弹道理论,建立数学模型用于事故分析,希望通过数值计算再现事故。为此,要求理论模型必须能正确描述装药床在遭受挤压条件下发生的应力－应变和药粒破碎特征,为火药低温冷脆提供比较准确的判别关系式。因为以往由 Gough 提出的判别式(3.7)是有缺陷的,不能准确描述药床与药粒弹塑性－黏弹性压缩变形及其判别低温冷脆火药压缩断裂破坏特征,或者说不能准确模拟药粒破碎对燃烧增强的影响。因此,改用 Carroll 提出的关系式[22]。

考虑火药颗粒床低温冷脆破碎特性的两相流内弹道控制方程如下:

$$\frac{\partial A\phi_{\mathrm{e}}\rho}{\partial t}+\frac{\partial A\phi_{\mathrm{e}}\rho u}{\partial x}=A\dot{m}_{\mathrm{c}}+\dot{m}_{\mathrm{ig}}+\dot{m}_{\mathrm{i}} \tag{9.39}$$

$$\frac{\partial A\phi_{\mathrm{e}}\rho u}{\partial t}+\frac{\partial A\phi_{\mathrm{e}}\rho u^{2}}{\partial x}+A\phi_{\mathrm{e}}\frac{\partial p}{\partial x}=-AD+A\dot{m}_{\mathrm{c}}u_{\mathrm{p}} \tag{9.40}$$

$$\frac{\partial A\phi_{\mathrm{e}}\rho E}{\partial t}+\frac{\partial A\phi_{\mathrm{e}}\rho Eu}{\partial x}+\frac{\partial Aup\phi_{\mathrm{e}}}{\partial x}+p\frac{\partial A\phi_{\mathrm{e}}}{\partial t}=A\,\dot{m}_{\mathrm{c}}H_{\mathrm{c}}-ADu_{\mathrm{p}}-AQ_{\mathrm{s}}+H_{\mathrm{ig}}\dot{m}_{\mathrm{ig}}+H_{\mathrm{i}}\dot{m}_{\mathrm{i}} \tag{9.41}$$

$$\frac{\partial A\sigma_{\mathrm{p1}}\rho_{\mathrm{p}}}{\partial t}+\frac{\partial A\sigma_{\mathrm{p}}\rho_{\mathrm{p}}u_{\mathrm{p}}}{\partial x}=-A\,\dot{m}_{\mathrm{c1}} \tag{9.42}$$

$$\frac{\partial A\sigma_{\mathrm{p2}}\rho_{\mathrm{p}}}{\partial t}+\frac{\partial A\sigma_{\mathrm{p2}}\rho_{\mathrm{p}}u_{\mathrm{p}}}{\partial x}=-Am_{\mathrm{c2}} \tag{9.43}$$

$$\frac{\partial A(\sigma_{p1}+\sigma_{p2})\rho_p u_p}{\partial t}+\frac{\partial A(\sigma_{p1}+\sigma_{p2})\rho_p u_p^2}{\partial x}+A(\sigma_{p1}+\sigma_{p2})\frac{\partial p}{\partial x}$$
$$=-A\dot{m}_c u_p+AD+A(\sigma_{p1}+\sigma_{p2})\rho_p\frac{\partial \tau_p}{\partial x} \tag{9.44}$$

式(9.39)~式(9.41)分别为气相质量、动量和能量守恒方程,式中:A、ϕ_e、ρ、u、p、E、D 分别为炮膛横截面积、药床断面平均空隙率、气相密度、速度、压力、总比能及气-固相间阻力。$\dot{m}_{c1}$、$\dot{m}_{c2}$分别为第 1 种和第 2 种主装药气体生成速率,m_c 为

$$\dot{m}_c=\dot{m}_{c1}+\dot{m}_{c2} \tag{9.45}$$

其中:$\dot{m}_{ig}$、$\dot{m}_i$ 分别为点火药和可燃药筒气体质量生成速率;u_p 为药粒运动速度,这里假定两种主装药药粒运动速度相等;H_c、H_{ig}、H_i 分别为主装药、点火药和可燃药筒的燃烧生成焓;Q_s 为燃气与药粒表面相间热交换率。

式(9.42)和式(9.43)分别为两种主装药质量守恒方程,式(9.44)为固相动量守恒方程,式中:ρ_p、σ_p、τ_p 分别为固相密度、体积比和粒间应力,其中 σ_{p1}、σ_{p2}分别为两种火药体积比,σ_p 为 σ_{p1}与 σ_{p2}之和,即

$$\phi_e=1-\sigma_p=1-\sigma_{p1}-\sigma_{p2} \tag{9.46}$$

由内弹道学习惯,用如下一些辅助关系式表征膛内流动一些相关物理量及它们之间的关系:

$$\begin{cases}
\text{燃烧焓 } H_c=\left(\dfrac{f}{\gamma-1}+\dfrac{u_p^2}{2}+\dfrac{p}{\rho_p}\right) \\
\text{总比能 } E=e+\dfrac{u^2}{2} \\
\text{相间热交换率 } Q_s=\dfrac{1-\phi_e}{V_{p0}}S_{p0}q \\
\text{单位面积热交换率 } q=h_e(T-T_{ps}) \\
\text{状态方程 } p\left(\dfrac{1}{\rho}-b\right)=RT \\
\text{主装药 1 的相变率 } \dot{m}_{c1}=\dfrac{\rho_p\sigma_{p1}}{1-\psi_1}\dfrac{d\psi_1}{dt} \\
\text{主装药 2 的相变率 } \dot{m}_{c2}=\dfrac{\rho_p\sigma_{p2}}{1-\psi_2}\dfrac{d\psi_2}{dt}
\end{cases} \tag{9.47}$$

式中:V_{p0},S_{p0}分别为药粒初始体积和表面积;T_{ps}为药粒表面温度;ψ 为火药相对已燃体积。

药床挤压产生的粒间应力表达式为

$$\tau_p=\begin{cases}\dfrac{4G(\alpha_0-\alpha)}{3\alpha(\alpha-1)}\ (\alpha_0\geqslant\alpha>\alpha_1)\ (\text{弹性段})\\ \dfrac{2}{3}\left\{1-\dfrac{2G}{y\alpha}(\alpha_0-\alpha)+\ln\left[\dfrac{2G(\alpha_0-\alpha)}{y(\alpha-1)}\right]\right\}\ (\alpha_1\geqslant\alpha>\alpha_2)\ (\text{弹-塑性段})\\ \dfrac{2}{3}y\ln\left(\dfrac{\alpha}{\alpha-1}\right)\ (\alpha_2\geqslant\alpha>1)\ (\text{塑性或脆性破性段})\end{cases} \tag{9.48}$$

式中：$\alpha=1/\sigma_p$，α_0 为自由堆积条件下颗粒床的 α 值；G 为药粒剪切模量；y 为药粒屈服强度；α 的挤压受力状态是分段特征量，其中 α_1 和 α_2 分别为

$$\begin{cases}\alpha_1=(2G\alpha_0+y)/(2G+y)\\ \alpha_2=(2G\alpha_0)/(2G+y)\end{cases} \tag{9.49}$$

由式(9.48)可见，药粒破碎不仅与堆积密度特征量的当前值 α 有关，还与火药力学性质有关。当火药温度降至玻璃化温度以下，挤压应力达到药床发生脆裂或坍塌临界值时，床中药粒破碎是不可避免的。事实上，事故验证试验已经表明，低温下火药药粒都基本破碎为如白砂糖似的细粒。这就意味着，此时燃烧速率 $d\psi/dt$ 必将猛增数倍或十数倍。

显然，在以上内弹道理论模型基础上，对于主副药筒的间距、弹带低温卡膛状态变异与挤进过程中出现负加速现象等对内弹道过程带来的影响，均可通过改变内弹道方程组初始条件和边界条件来得以模拟。

4）数值模拟结果

通过对不同工况进行数值模拟，得到如下主要结果。

（1）不考虑火药低温冷脆及挤压破碎，火药始终保持正常燃烧，数值计算得到的不同部位 $p-t$ 曲线如图 9.11 所示。将其与实测 $p-t$ 曲线（图 9.10）相比较，除 p_5-t 之外，都可以认为模拟计算结果与试验基本一致。关于其中 p_5-t 延迟响应及突然跃升的原因，将在下面解释。图 9.12 所示为弹后空间不同时刻气相空隙率 ϕ_e-x 分布。由该图可见，尽管一开始主副装药存在间隙，ϕ_e 存在突跳，但随时间推移将变得平滑。又由于随弹丸启动，药粒跟随弹丸运动存在滞后，因而紧挨弹后附近空间部位的 ϕ_e 比中间部位上升快一些。因此，可以认为主副装药筒间隙尺寸大小对内弹道规律的影响有限，即通过计算表明，若不考虑药粒挤压破碎，尽管该间隙的存在对内弹道过程有一定影响，但不是内弹道规律反常的决定性因素。

（2）如考虑火药低温冷脆与挤压破碎，数值模拟表明，即采用式(9.48)，输入该炮发射装药的装填密度与火药颗粒尺寸，包括：①自然堆积空隙率的试验值 $\phi_{e0}=0.45\sim0.50$；②表 9.5 中的火药力学特性，由试验值取火药低温剪切模量 $G=120$MPa，抗压极限应力 $y=125$MPa；③由 $\phi_{e0}=0.45\sim0.50$ 可得 $\alpha=$

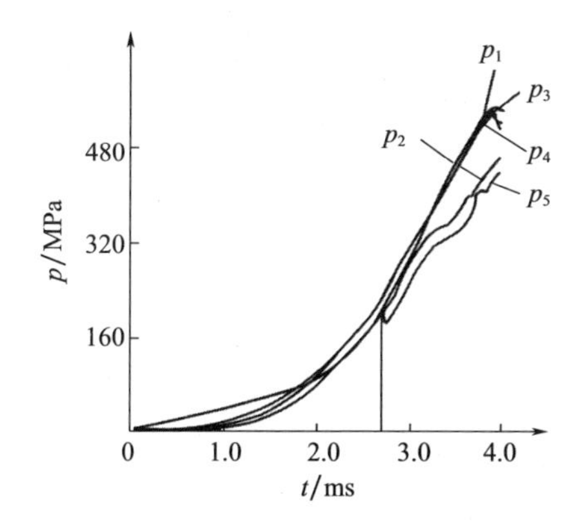

图9.11 不同位置计算 $p-t$ 曲线（正常发射情况）

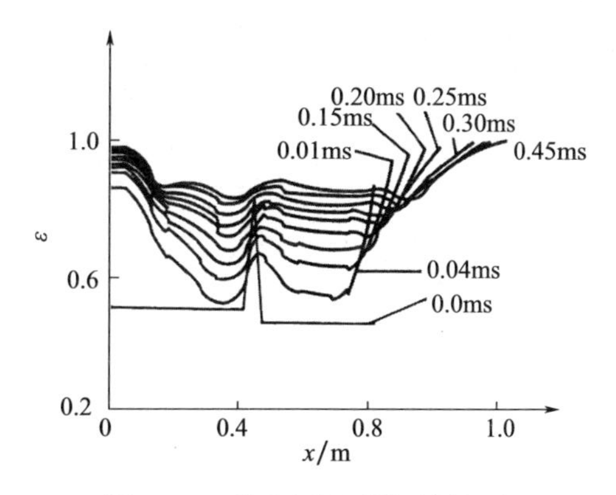

图9.12 弹后空间不同时刻空隙（ϕ_e-t）分布曲线（正常发射情况）

1.82～2.0，$\alpha_1=1.54\sim1.66$，$\alpha_2=1.20\sim1.315$，$\tau_{p1}=48.1\sim49.7$MPa，$\tau_{p2}=149.3\sim119$MPa。在此基础上，假定火药一旦因低温冷脆挤压破碎，燃烧面增加120%，得到的某一时刻膛内压力分布曲线和膛内不同位置 $p-t$ 曲线分别如图9.13和图9.14所示。由图9.14可见，当弹丸飞出试验装置短管口部时，p_2（最大压力）已经高达1070MPa，这就意味着膛炸。

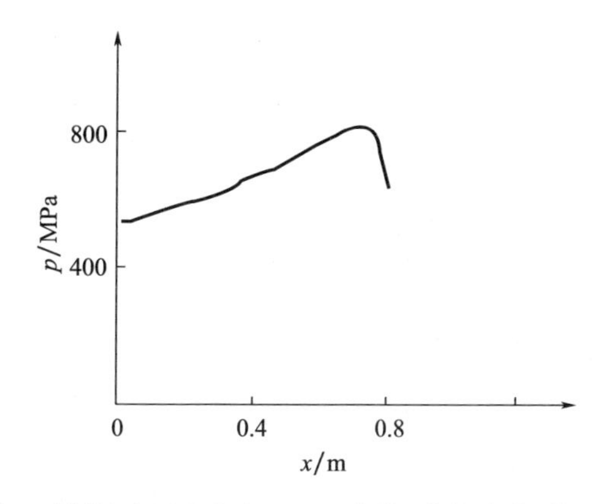

图9.13 某一时刻膛内压力分布（$p-x$）曲线（药粒破碎，燃速增加120%）

事实上，采用密闭爆发器对破碎TZ药粒样品进行单项试验，发现燃气质量生成速率比原有火药增加约300%。如果以这样的增燃率代入上述内弹道模型计算，不同时刻弹后空间压力包络线（$p-x$）如图9.15所示。由该图可见，在这种情况下，当弹丸刚刚启动，弹后空间压力就已超过火炮承压极限，即膛炸定将发生。

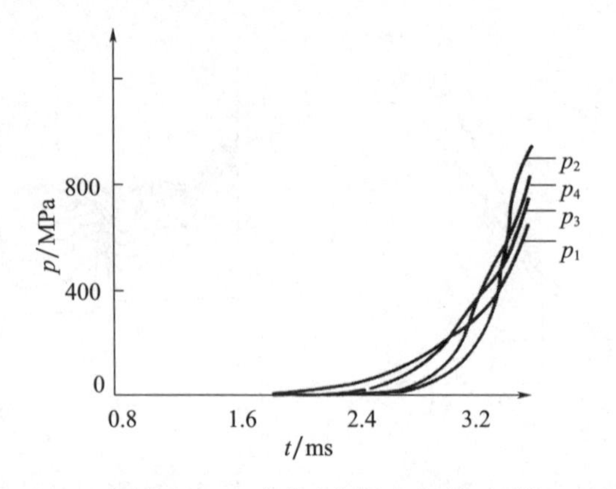

图 9.14　不同位置 $p-t$ 曲线(药粒破碎,燃速增加 120%)

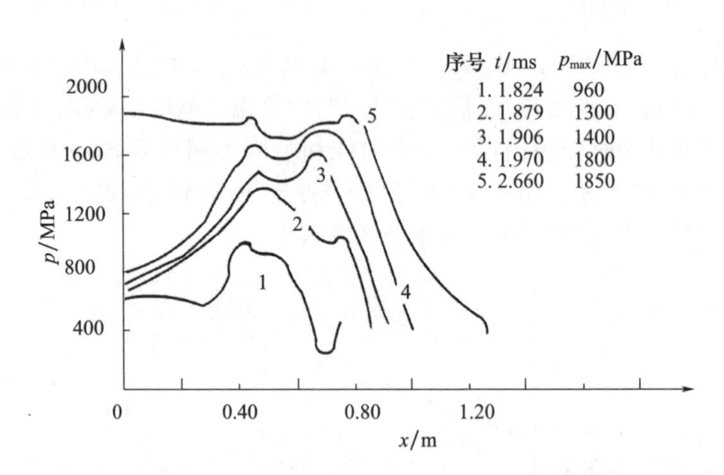

图 9.15　考虑火药冷脆破碎(燃速增加 300%)条件下,不同时刻膛壁受力包络线

(3) 弹带挤进卡膛异常。试验用弹带材料均为 MC 尼龙,但尺寸和结构有 A 型、B 型两种,发生事故的均为 B 型弹带,采用 A 型弹带均未出现过事故。模拟计算时,有意将 A 型弹带挤进阻力增大 5 倍,引起的最大膛压 p_m 增大也非常有限;增大至 10 倍,最大膛压也不超过 800MPa,即最多也只能使火炮出现胀膛,不会造成膛炸。但由 6.10.2 小节知道,B 型弹带是有问题的。单项试验表明,低温条件下使弹丸产生了负加速度。这种情况出现若与弹后发射装药挤压破碎相耦合,将增加和诱发事故的出现。

5) 结论

根据模拟试验和理论计算,对该装药系统所发生的 3 次发射事故原因,可以作出如下分析与判断。

(1) 火药低温冷脆是引发事故的内在原因。该炮研发初期所采用的高装填密度装药系统,3 个方案都存在装填密度过高和结构不尽合理问题,但这不是造成事故的直接或必然原因。其直接原因是所采用的 TZ 火药的配方、工艺与药形设计所决定的低温机械性能,不能适应高装填密度工作环境需要,在偶然激励条件下出现破碎所致。

(2) 尽管事故发生时采用的 TZ 火药存在低温冷脆缺陷,但冷脆不代表一定破碎。破碎发生的外部条件是挤压应力超过了它的屈服极限。药床出现挤压而造成药粒压应力超过极限,与装药结构和点火系统设计密切相关。这就是说,通过改善装药结构,适当降低装填密度和采用合适的点传火系统,降低或消除偶然激励发生的可能性,则可防止类似事故发生。该理论模拟结果表明,当主、副药筒间距小于 15mm 时,药床承受挤压造成的药粒压应力将有所下降,基本可以使火药的粒间应力降到破裂临界值(τ_{p2})以下。又如:装填密度若下降一些,点传火强度稍弱一些,药粒间应力也将下降。也就是说,事故装药的装填密度过高、装药结构和点传火系统不尽合理,给事故发生提供了可能和外部条件。

(3) 试验表明,B 型弹带设计不合理(详见 6.10.2 小节),是造成弹丸挤进过程出现负加速度的基本原因,也是引发弹底附近火药挤压破碎的另一个偶然激励源。因为挤进出现负加速度,增大了弹后药粒撞击弹底而发生破碎机会。

根据验证试验和理论分析,最后决定从 3 个方面对事故弹药进行改进:一是改进火药组分配比和工艺,改善力学性能;二是适当降低装填密度和改进装药结构;三是改进弹带设计,原则上不再采用 B 型弹药。从而顺利通过定型考核。

6) 关于两个存疑问题的解释与说明

(1) 图 9.10 中的 p_5-t 曲线出现了歧异,即当弹带挤进嵌入坡膛时,p_5 出现突跳,峰值达 400 ~ 500MPa,但接下来又恢复正常。从时间上看,歧异压力峰值刚好处于弹带挤进通过 p_5 测孔位置。通过对 48 发实弹射击试验曲线的比较分析发现,凡是采用紫铜弹带均无这种现象。紫铜弹带宽 4mm,卡膛后定位于 p_5 测压孔前方,即这种情况下,弹带不会与测压孔口发生交会。而弹带材料改换为尼龙,宽度增至 24mm,过盈量也增大了;卡膛定位后,弹带位于测压孔 p_5 后方,当其通过 p_5 测压孔时,孔缘将会剪切弹带填入测压孔,这些剪下的材料对 p_5 压力传感器活塞产生冲击作用,致使压力曲线突跳。这就可以解释 p_5-t 曲线突跳原因。

(2) 关于高装填密度发射装药点火方案的选择与匹配的讨论。一般而言,装药点火可以采用中心点火、底部点火及接力点火等多种不同方案。从点火强度角度看,有硬点火和软点火两种模式[23]。高膛压高装填密度火炮发射装药,早期采用的是金属点火管点火方案,属于硬点火模式,点火射流猛烈、速度高,冲击作用强。后来多采用可燃材料点火管,属于软点火模式。因可燃点火管强度有限,通常管内外压差达到某种程度(如 3.50MPa 左右),一般就会破裂,因此点火射流柔和,主装药不会因冲击而破碎,称为软点火模式。一般而言,当对粒状药装药床采用硬点火时,容易生成强烈的压力波,而软点火模式可以缓解压力波的生成。

然而,问题是可以转化的,如对图 9.7 所示的三代坦克炮高装填密度装药而言,尽管采用的是可燃传火管,但由于点火管周围药粒对管体存在强烈挤压作用,相当于增强了点火管强度,从而使软点火变成了硬点火,容易在装药床中造成压力波。

9.3 内弹道问题定解条件

本节讨论不同内弹道模型问题定解条件的确定方法与数学表达。

火炮内弹道问题是瞬态应用力学问题,或者说是特殊动力工程问题。一般可以借助商业软件,通过用户自定义函数方式,完成其内弹道问题计算和工程设计任务。目前,研究该问题的很多论文是采用这种方法完成的。但有必要提醒的是商业软件最大特点是通用性好,但专业性差。以流体力学软件 Fluent 为例,用于模拟和分析锅炉内的水沸腾与气泡生成长大等相变规律,确实具有较好的精度,但用于超高声速飞行器的气动力问题的计算与分析,如激波生成,或用于具有复杂形状内边界非稳态带化学反应的火炮膛内流动问题分析,通常只能达到定性符合的水平。而要达到流场的精确描述和计算结果的高精度定量符合,是很难做到的。其中一个重要原因是物理问题的数学描述,特别是定解条件数学表达如何达到与实际物理过程充分符合和恰当匹配,不是一件容易的事。

因此,对专业性很强的工程问题,如内弹道问题,研制满足内弹道和装药技术需要,充分反映装药结构特点和瞬态点传火过程及弹丸运动规律的专门工程软件。而恰当精准写出发射过程的定解条件是研制内弹道问题专用软件的基础和前提。

9.3.1 内弹道问题解域及定解条件概述

内弹道问题解域,即弹后空间的数学表达,既与描述内弹道过程所采用的数学物理模型有关,还与解域定义方法和采用的求解方法有关。经典内弹道模型和常规内弹道模型的解域,即时刻处于热力学准平衡态下的弹后空间总容积 $V(t)=V_0+Al(t)$,其中:V_0为初始内弹道药室容积,A 为内膛截面积,$l(t)$为时刻 t 弹丸行程或弹丸运动距离。表征解域的几何参量仅用 $l_0=V_0/A$ 和 $l(t)$就够了。至于这种内弹道模型下,解域内的物理量分布,则可由拉格朗日假定和热力学准平衡态假定推导得到,而且经典内弹道问题的初始条件和边界条件(弹丸运动方程)都可按装药同时点火和弹丸瞬态挤进两个假定而确定。因此,关于经典内弹道模型的定解条件,没有多少需要展开研究的新内容。

常规内弹道模型的解域定义,尽管与经典内弹道模型一样,但因为摒弃了装药同时点火和弹丸瞬态挤进两个附加约束条件。其定解条件,包括初始条件和边界条件的确定与数学表达,则必须根据实际发射条件和实际采用的发射方式作出确切描述,具体定解条件数学表达因情况不同而不同。例如:需要根据实际射击环境,给出不同的初始条件;又如:当计及身管初始烧蚀状态对弹丸运动影响,则边界条件要按身管烧蚀状态写出。一般说,弹丸起动之后的解域变化由弹丸运动即可确定,即由弹丸运动直接确定解域增加量。但对随行装药而言,情况则变得复杂化。首先,这时弹丸运动(动边界)不仅要考虑弹带挤进摩擦阻力和弹前激波阻力的影响,而且要考虑弹丸变质量因素和弹底因存在质量、动量和能量排出带来的解域空间变化及其对弹丸加速过程的影响。这就是说,弹后空间热力过程,除了要考虑主装药点火燃烧添质加能作用之外,也要考虑随行药的添质加能作用对弹后空间热力过程的影响。

建立在非定常均相流动基础上的一维气体动力学内弹道模型和建立在带化学反应两相流基础上的两相流内弹道模型,其基本方程均为偏微分方程,相应解域与定解条件的数学表达,则要复杂得多。以初始条件为例,直观上看,弹后空间各种物质处于静止状态,解域内压力处处均为1个标准大气压。但问题在于整个解域实际上往往被装药元件分割为多个子区域,药包、点火具、可燃药筒等多个不同装药元件,各自构成一个子区域,在这些子区域之间可能还留有不同形状与大小不一的空隙。这就是说,解域被分割为多个各自独立而又相互关联的子解域,子域之间又存在不同性质的内边界。不同子域物理量,特别是存在相态和密度等参量间断时界面几何特征与位置的描述,当这些内界面处于移动状态时,尤其需要谨慎处置。

对这些子区域之间的内边界进行恰当的数学描述,包括把一些接触间断内边界两侧物理量关联在一起,则需要根据物理条件拟定。对一些接触边界参量有时需要光滑化,但同时要保证在物理意义上不致失真。对一些几何空间上很小的子域如何作“点”化和“线”化处理,以及对解域内部或边界上的一些近乎

“奇”点的源项如何在邻近有限空间内作均匀或连续分布处理等，都要基于对内弹道过程的深入透彻的理解，提出适当近似的数学表达，并拟定出符合发射过程的恰当算法。例如：底火射流对内弹道解域底部边界而言，几近于是点状源项，常规内弹道解域是指弹后总容积，点源在整个空间上则被自行均匀化。但对采用偏微分方程描述的解域空间，求解时第一步是对空间离散化。例如：用差分解法时，若将底火射流仅作用于底部一个网格，则必将使其奇异化，求解无法进行。如对底火射流作多维细化处理，则势必又需要改写数学物理模型，计算量也将大幅增加。因此，在内弹道专用计算软件编制中，对这样的点源作近似处理，不失为是一种比较恰当的办法。

通过以上讨论，就不难理解，任何商业软件都不可能为内弹道过程数值计算提供齐全而周到的数学表达。下面以几种典型内弹道问题为背景，对定解条件的表述展开讨论。

9.3.2 零维内弹道模型的定解条件

零维内弹道模型是指遵从拉格朗日假定和弹后空间时刻处于热力学准平衡态的内弹道模型。

1. 经典零维内弹道模型的定解条件

经典零维内弹道模型是指在服从拉格朗日假定基础上，还要加上发射装药“同时点火”和弹丸“瞬态挤进”两个约束条件的零维内弹道模型。这种模型是内弹道学发展早期，为了获得内弹道问题解析解而提出和发展起来的。“同时点火”，即当点火药的能量全部释放完毕时刻，全部发射药同时着火燃烧；而“瞬态挤进”，即略去弹带嵌入膛线过程，认定弹底压力达到某一指定值，如等于30MPa时刻弹丸开始启动。这种简化处理方法，现在仍然有一定应用价值，如可以通过其解析解与新编制的内弹道软件的比较，检查其计算软件的正确性和计算精度。

内弹道过程是非稳态过程。一般而言，一个非稳态过程，可以用过程早期任意一个已知状态作为初始状态，初始状态参量，即初始条件。也就是说，非稳态过程的初始条件可能因为时间零点选择不同而不同。对经典内弹道模型而言，就有两种代表性的初始条件确定方法：一是以点火能量全部释放完毕时刻为内弹道过程起点；二是以弹丸瞬态挤进时刻如 $p_0=30\text{MPa}$ 作为内弹道过程起点。但两种方法确定的定解条件给出的内弹道解，包括 p_m、v_0 等，应具有唯一性。下面分别讨论。

1）点火能量释放完毕时刻为起点的定解条件

令弹药装填定位后形成的内弹道药室容积为 V_0，点火药量为 m_{ig}，点火药的火药力为f_{ig}，爆温为$(T_1)_{ig}$，其燃烧产物余容为α_{ig}；而主装药量为m_ω，火药密度为ρ_p，如假定点火药密度等于主装药密度。当$t=0$时刻，点火药全部燃烧完毕，弹后空间气体占有容积为$V_0-m_\omega/\rho_p-m_{ig}\alpha_{ig}$，该容积内气体质量为$m_{ig}$；当忽略热散失，由状态方程可得$V_0$内气体压强$p_B$、密度$\rho_B$与温度$T_B$分别为

$$\begin{cases} p_B = m_{ig}f_{ig}/(V_0-m_\omega/\rho_p-m_{ig}\alpha_{ig}) \\ \rho_B = m_{ig}/(V_0-m_\omega/\rho_p) \\ T_B = (T_1)_{ig} \end{cases} \tag{9.50}$$

式中：下标 B 表示点火药燃烧结束时刻的状态。由于通常点火压力是按$p_B\approx$10MPa 设计，而假定弹丸启动压力为$p_0=30\text{MPa}$，因此点火药燃烧完毕，弹丸尚不会启动，即弹丸尚处于静止状态，但主装药开始点燃。在主装药全面点燃到弹丸启动时刻之间，弹后空间状态方程为

$$p(t)=p_B+f\Delta\psi/\left[1-\frac{\Delta}{\rho_p}-(\alpha-1/\rho_p)\Delta\psi\right] \tag{9.51}$$

式中：$\Delta=m_\omega/V_0$；α为主装药燃气余容；f为主装药火药力。当主装药形状函数与装填密度Δ已知，则可求得$p(t)$和$\psi(t)$之间对应关系为

$$\psi(t)=\left(\frac{1}{\Delta}-\frac{1}{\rho_p}\right)\Big/\left[\frac{f}{p(t)-p_B}+\alpha-\frac{1}{\rho_p}\right] \tag{9.52}$$

当$p(t)$上升到p_0，定义这个时刻为$t=t_1$，即$p(t_1)=p_0$，$\psi(t_1)=\psi_0$，弹丸启动。在弹丸启动之前，即$t\leqslant t_1$之前，弹后空间为定容燃烧空间，空间内介质速度为0，即$u(t,x)=0$。当弹丸一旦启动，即$t>t_1$，则由拉格朗日假定，弹后空间速度分布为

$$u(t,x)=u_J(t)x/x_J(t) \tag{9.53}$$

式中：x为到膛底的等效距离；$u_J(t)$为弹丸速度，即动边界的速度。x_J由下式确定：

$$x_J=l_0+l_J(t) \tag{9.54}$$

式中：$l_0=V_0/A$，l_0为药室缩颈长，A为身管内截面积；$l_J(t)$为t时刻弹丸运动行程长，由下式确定：

$$l_J(t)=\int_{t_0}^{t}u_J(t)\,\mathrm{d}t\quad(l_J\leqslant l_g) \tag{9.55}$$

式中：l_g为弹丸运动总行程。而弹丸运动速度由弹丸运动方程确定，即

$$u_J(t)=\int_{t_0}^{t}\frac{A(p_d-R_x)}{m_q}\mathrm{d}t\quad(l_J=0:p_d\geqslant p_0;l>0,(p_d-F_x)>0) \tag{9.56}$$

式中：m_q为弹丸质量；p_d为弹底压力；R_x为弹丸挤进与摩擦阻力（压强）以及弹前激波阻力（压强）之和，一般它是行程的函数。在拉格朗日假定条件下，p_d与

弹后空间平均压力 p 之间有下列关系：

$$p_{\mathrm{d}}-R_{\mathrm{x}}=p/\left(1+\frac{m_{\omega}+m_{\mathrm{ig}}}{3m_{\mathrm{q}}}\right) \tag{9.57}$$

或

$$p_{\mathrm{d}}=p/[1+(m_{\omega}+m_{\mathrm{ig}})/(3\phi_1 m_{\mathrm{q}})] \tag{9.57$'$}$$

式中：ϕ_1 为计及弹丸挤进摩擦及弹前激波阻力作用的次要功系数。

2）弹丸启动时刻为起点的定解条件

这种情况下，当 $t=0$ 时，取 $p(0)=30\mathrm{MPa}$，确定此时弹后空间热力学参量，涉及点火药能量全部释放和主装药能量有部分释放。当不计热散失，弹后空间平均热力学参量，包括压力、密度、温度及速度，即

$$\begin{cases} p(t)\big|_{t=0}=p(0)=p_0=\dfrac{m_{\mathrm{ig}}f_{\mathrm{ig}}+m_{\omega}\psi(0)f}{\left[V_0-\dfrac{m_{\omega}(1-\psi(0))}{\rho_{\mathrm{p}}}-\alpha(m_{\mathrm{ig}}+m_{\omega}\psi(0))\right]} \\ \rho(t)\big|_{t=0}=\rho(0)=(m_{\mathrm{ig}}+m_{\omega}\psi)/\left[V_0+\dfrac{\psi(0)m_{\omega}}{\rho_{\mathrm{p}}}-\alpha(m_{\mathrm{ig}}+m_{\omega}\psi(0))-\dfrac{m_{\omega}(1-\psi(0))}{\rho_{\mathrm{p}}}\right] \\ T(t)\big|_{t=0}=T(0)=[(T_1)_{\mathrm{ig}}m_{\mathrm{ig}}+T_1 m_{\omega}\psi]/[m_{\mathrm{ig}}+m_{\omega}\psi(0)] \\ u(0,x)=0.0\ (x\leqslant l_0) \end{cases} \tag{9.58}$$

式中：$p_0=30\mathrm{MPa}$；f 为主装药火药力；$\psi(0)$ 为 $p=p_0$ 对应的主装药相对燃烧率，由下式确定：

$$\psi(0)=\left(\frac{1}{\Delta}-\frac{1}{\rho_{\mathrm{p}}}\right)/[f/(p(0)-p_{\mathrm{B}})+\alpha-1/\rho_{\mathrm{p}}] \tag{9.59}$$

式中：$\Delta=m_{\omega}/V_0$，p_{B} 由式(9.50)确定。

当然，作为定解条件，在确定式(9.58)和式(9.59)的同时，还须给出边界条件。但边界条件不变，仍采用式(9.56)。

2. 常规零维内弹道模型的定解条件

常规零维内弹道模型也称为常规内弹道模型，指20世纪70年代之后，计算机得到普遍应用，人们开始摒弃“同时点火”和“瞬态挤进”两个约束条件的零维内弹道模型。这种内弹道模型的基本特点是，弹后空间解域在采用热力学准平衡态及拉格朗日假定基础上，点火过程和弹丸挤进过程是可以根据发射工况随意设定的。例如：假定发射过程从底火击发开始，随点火质量流量($\dot{m}_{\mathrm{ig}}$)和能量流量($\dot{m}_{\mathrm{ig}}E_{\mathrm{ig}}$)的输入 $E_{\mathrm{ig}}=f_{\mathrm{ig}}(\gamma-1)$，主装药被逐步点燃，并随弹后空间压力的增加，开始逐步推动弹丸嵌入膛线（整装式弹药在弹丸嵌入膛线前将伴随有脱壳与卡膛两个过程）。因此，该模型可考虑和计及点火能量输入特性($\dot{m}_{\mathrm{ig}}\ E_{\mathrm{ig}}$)对主装药点燃分数 $f_{\mathrm{r}}=m_{\omega\mathrm{ig}}/m_{\omega}$ 随时间的变化和对整个

内弹道过程的影响,以及不同挤进阻力曲线($F_x - x$)对内弹道过程的影响。这种情况下,可将底火击发作为内弹道过程时间起点,即 $t=0$,而挤进阻力曲线则是弹丸行程的一个函数。于是这种情况下的零维内弹道模型的定解条件可以写为如下形式:

1)初始条件

$$\begin{cases} p(0) = 1\text{ 大气压} = 0.1\text{MPa} \\ T(0) = 15℃ = 288\text{K(或任意实时气温)} \\ \rho(0) = [(RT(0)/p)]^{-1} \\ u(0,x) = 0.0 \end{cases} \tag{9.60}$$

2)边界条件

t 时刻对应的弹底离膛底的等效距离与弹丸速度分别为

$$x_J = l_0 + l_J(t) \tag{9.54$'$}$$

$$l_J(t) = \int_0^t u_J(t)\mathrm{d}t \tag{9.55$'$}$$

$$u_J(t) = \int_0^t [A(p_d - R_x)/m_q]\mathrm{d}t \quad (l_g > l_J > 0 : p_d - F_x > 0) \tag{9.56$'$}$$

式中:$F_x = AR_x$,R_x 为挤进阻力压强,一般可将 R_x 表征为 x 的已知函数,通常由模拟试验或理论计算得到,具体参看第6章。简化条件下的弹丸挤进摩擦阻力-行程($R_x - x$)曲线,实际因弹带特性与身管烧蚀状态不同而变化。

3)非同时点火过程定解条件的数学表达

如前面所述,相对经典内弹道模型而言,常规内弹道模型的一个重要优点能计及主装药非同时点火过程对发射性能的影响。因常规内弹道学同样假定弹后空间热力状态为热力学准平衡态,即用零维集总参量法描述内弹道过程。因此,非同时点火,就是假定主装药被点燃的份额(比例)$f_r = m_{\omega ig}/m_\omega$ 为点火能量输入(释放)量的某种函数。但考虑到装药点火与初始温度有关,在装药及点火装置设计时,一般都要确保装药在极限低温条件下也能可靠点燃。这就意味着释放的点火药能量应该是有冗余的,特别是常温和高温条件下余量更多。例如:+50℃时,点火能量的70%就可能使装药全部点燃。但为便于表述,这里假定,主装药被点燃分数与点火药能量释放分数时刻相等,但能量释放速率不同,高温时点火时间短。令点火药有效质量为 m_{ig},主装药质量为 m_ω,内弹道初始药室容积为 V_0,点火药燃烧质量生成速率为 $\dot{m}_{ig}(t)$,点火药含能密度为 $E_{ig} = f_{ig}/(\gamma - 1)$,点火药已燃比例(分数)为 $\eta_{ig} = \int_0^t \dot{m}_{ig}\mathrm{d}t/m_{igt}$,则在主装药点火期间而弹丸启动之前,弹后空间处于等容燃烧阶段,其时刻 t 的几个热力学参量可写为

$$
\begin{cases}
p(t) = (f_{ig}\int_0^t \dot{m}_{ig}\mathrm{d}t + \eta_{ig}m_\omega\psi_e f)/(\gamma-1)/[V_0 - \eta_{ig}m_\omega(1-\psi_e)/\rho_p - (1-\eta_{ig})m_\omega/\rho_p] \\
\rho(t) = (\int_0^t \dot{m}_{ig}\mathrm{d}t + m_\omega\psi_e)/[V_0 - \eta_{ig}m_\omega(1-\psi_e)/\rho_p - (1-\eta_{ig})m_\omega/\rho_p] \\
T(t) = [(T_1)_{ig}\int_0^t \dot{m}_{ig}\mathrm{d}t + \eta_{ig}m_\omega\psi_e T_1]/(\int_0^t \dot{m}\mathrm{d}t + \eta_{ig}m_\omega\psi_e) \\
u(t,x) = 0.0
\end{cases}
\tag{9.61}
$$

式中:f_{ig},f 分别为点火药的火药力和主装药的火药力;ρ_p 为火药物质密度;T_1 为主装药爆温;$(T_1)_{ig}$为点火药爆温;γ 为燃烧气体比热容比,ψ_e 为已经点燃主装药有效相对已燃体积,在这里假定主装药已点燃质量分数 f_r 等于点火药已燃分数 η_{ig}。当主装药点燃分数是按等比例分批次点燃时,即 $\Delta f_r = \mathrm{const}$,则式(9.61)中 ψ_e 可由式(9.4)改写而求取,即

$$
\psi_e = \sum_{i=1}^{N_e}(\Delta f_r \cdot \psi_i) = \Delta f_i \sum_{i=1}^{N_e}\psi_i \tag{9.62}
$$

式中:N_e 为 t 时刻有效点燃批次数。

当 $f_r = \eta_{ig} = 1.0$,即主装药已全部点燃,$N_e = N$。定义此时 $t = t_1$,且从 $t > t_1$ 时刻起,$\psi_e(t) = \psi(t_1)$。当需要考虑药温对点火与燃速的影响时,请参看 5.1 节内容,调节点火能量和相应燃速系数与指数。如果考虑点火药有冗余,则可参看 9.1.3 小节,调节比例常数 η_{ig}或f_r 即可。

9.3.3 随行装药内弹道问题的定解条件

随行装药内弹道问题的定解条件特殊性主要体现在边界条件上。由于弹底有质量、动量与能量排出,而且因在对弹后空间不断增加质量、动量和能量的同时,也会给弹丸带来推力及推力势能。某些随行装药方案的弹丸尾端面是变动的,这样就增加了边界各种确定的复杂性。因此,随行装药内弹道问题的定解条件的确定,与具体随行装药的结构和添质加能的方案有关。在这里,仅以常规内弹道理论模型为背景给出弹后热力学系统边界条件表达式。

采用随行装药的宗旨是为了提高火炮膛容利用率 η_g,η_g 也称为充满系数或示压效率,其定义为

$$
\eta_g = \int_0^{l_g} p\mathrm{d}l/(p_m l_g) \tag{9.63}
$$

1. 端面燃烧随行装药的动边界

图 9.16 所示为以零维内弹道模型为背景的端面燃烧随行装药条件下的弹后空间速度分布图。由该图可见,弹丸运动速度为 u_J,u_g 为弹底气体速度,当随

行装药不工作时，由拉格朗日假定，弹后空间速度服从线性分布（图中线条Ⅰ）。当随行装药后端面被点燃，则因其燃烧端面不断退缩，后退速度等于随行药燃烧速度，但因相变生成的气体速度与弹丸运动方向相反，并给弹丸带来推力。因此，这种情况下，弹后空间对应位置 x 处速度值将下降，即带来总的速度分布变化（图中线条Ⅱ）。当设随行装药后端面燃烧速度为 r_{bT}，随行燃气速度为 v_{gT}，弹丸速度为 u_J，则弹底边界条件可用如下关系式表征：

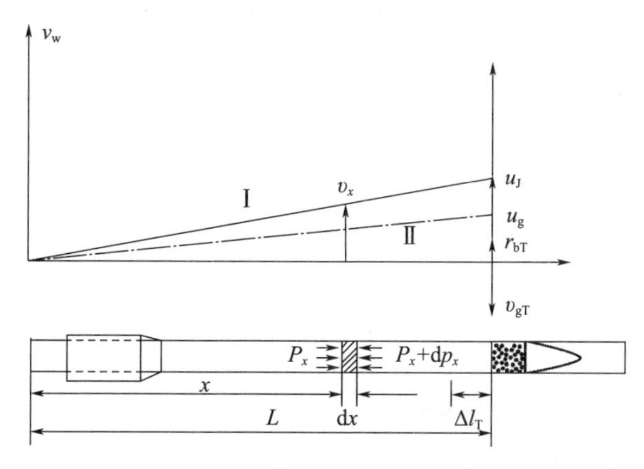

图 9.16　端面燃烧随行装药条件下的弹后空间速度分布图

（1）对后端面燃烧的随行装药，相对于端面的气－固速度关系为

$$r_{bT}\rho_{pT}=\rho_{gT}v_{gT} \tag{9.64}$$

（2）由随行装药燃速定律，相对于随行药柱端面的移动速度为

$$r_{bT}=u_{1T}\,{p_d}^{\nu_T} \tag{9.65}$$

式中：下标 T 表示随行，u_{1T}，ν_T 分别为随行药燃速系数和燃速指数；ρ_{pT}，ρ_{gT} 分别为随行药固相和气相产物密度，在这里可假定 ρ_{gT} 和弹后主装药燃气密度 ρ_g 相同。相对燃烧面，v_{gT} 与 r_{bT} 方向相反。当弹丸运动速度为 u_J，随行装药药柱后端面气相相对身管的速度为

$$u_g=u_J+r_{bT}-v_{gT}=u_J+r_{bT}-\frac{\rho_{pT}}{\rho_g}r_{bT}=u_J-\left(\frac{\rho_{pT}}{\rho_{gT}}-1\right)r_{bT} \tag{9.66}$$

（3）随行装药燃烧导致弹丸质量渐减，且因输出动量而给弹丸带来推力，如设燃烧带来的质量损耗率为 $\dot{m}_T$，则

$$\dot{m}_T=\frac{\mathrm{d}m_T}{\mathrm{d}t}=-Ar_{bT}\rho_{pT} \tag{9.67}$$

而相应时刻 t 随行药实时质量为

$$m_T\;=\;m_{T0}\;-\;A_T\rho_{pT}\int_0^t r_{bT}\mathrm{d}t \tag{9.67$'$}$$

式中:m_{T0}为随行药柱初始质量;A_T为随行药柱横截面积。

设t时刻药柱燃烧缩减掉的长度为Δl_T,则

$$\Delta l_T = \int_0^t r_{bT}\mathrm{d}t \quad (\Delta l_T < l_T) \tag{9.68}$$

所以,随行药实时质量也可写为

$$m_T = m_{T0} - A\rho_{pT}\Delta l_T \tag{9.67}''$$

因此,在端面燃烧条件下,因燃烧在相应端面上生成的法向压应力为

$$-\sigma_p = p_d + \rho_g v_{gT}^2 - \rho_{pT} r_{bT}^2 \tag{9.69}$$

考虑到式(9.67)′、式(9.68)和式(9.69),弹丸运动方程应写为

$$(A - A_T)p_d + A_T(p_d + \rho_g v_{gT}^2 - \rho_{pT} r_{bT}^2) - AR_r = (m_q + m_T)\frac{\mathrm{d}u_J}{\mathrm{d}t} \tag{9.70}$$

考虑到除挤进阻力之外的次要功作用,该式可改写为

$$\begin{aligned}(m_q + m_T)\frac{\mathrm{d}u_J}{\mathrm{d}t} &= (A - A_T)p_d + A_T(p_d + \rho_g v_{gT}^2 - \rho_{pT} r_{bT}^2) - AR_r \\ &= Ap_d + A_T(\rho_g v_{gT}^2 - \rho_{pT} r_{bT}^2) - AR_r \end{aligned} \tag{9.71}$$

式中:p_d为弹底压力;R_r为弹丸挤进阻力(压强)与弹前激波阻力(压强)之和。可见,考虑随行装药端面燃烧作用,弹后空间速度分布、压力分布、温度分布都将带来变化。相应这种情况下的内弹道模型可参阅相关论文[24]。

2. 喷射式随行装药边界条件[24-25]

图9.17为喷射式随行装药示意图。喷射随行方案与火炮发射火箭弹,火箭在膛内工作情况类似。假定喷孔固定在后端面上,随行燃气通过收敛形尾孔喷出,最多只能达声速。因此,可将随行内腔和弹后空间看作是相互连通但又各自独立的热力学准平衡态系统。于是,常规内弹道模型为背景的边界条件可以用以下一组方程来描述。

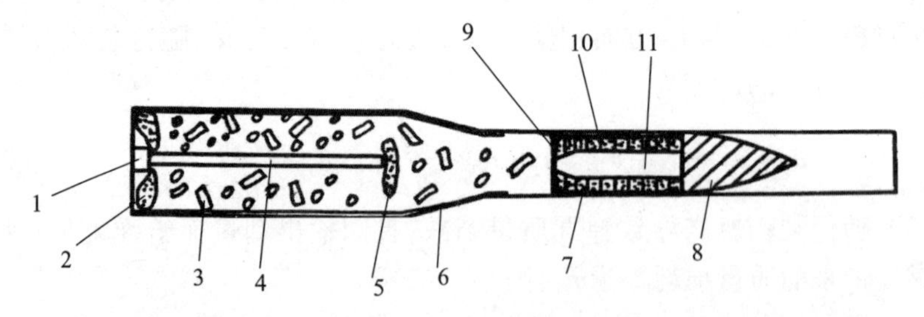

1—为底火;2—底部点火药包;3—主装药;4—中心点火管;5—中间附加点火药包;
6—可燃药筒;7—随行装药壳体;8—弹丸;9—喷口;10—随行药;11—随行内腔。

图9.17 喷射式随行装药内弹道过程示意图

1）随行内腔状态方程

设内腔压力为 p_i，气体密度为 ρ_i，随行药火药力为 f_T，则随行腔体内燃气状态方程可写为

$$p_i\left(\frac{1}{\rho_i}-\alpha\right)=f_T \tag{9.72}$$

式中：α 为随行燃气余容，可以认为与弹后空间燃气 α 相等；f_T 为随行药火药力。

2）随行药燃烧速率方程

$$r_{bT}=u_{1T}p_i^{\nu_T} \tag{9.73}$$

式中：u_{1T}，ν_T 分别为随行药燃速系数和燃速指数。

3）随行喷口燃气流速方程

$$u_{0T}=\left\{\frac{2\gamma}{\gamma-1}f_T\left[1-(p_d/p_i)^{\frac{\gamma-1}{\gamma}}\right]\right\}^{\frac{1}{2}} \tag{9.74}$$

式中：γ 为燃气比热容比；p_d 为弹底压力；u_{0T}为喷口燃气速度。

4）随行燃气折合速度

设喷口截面为 A_T，小于炮膛截面 A。采用不可压接触间断假定，将喷口流速折合为身管内截面上的平均速度，则有

$$u_T=\frac{A_T}{A}u_{0T}=\frac{A_T}{A}\sqrt{\frac{2\gamma}{\gamma-1}f_T\left[1-\left(\frac{p_d}{p_i}\right)^{\frac{\gamma-1}{\gamma}}\right]} \tag{9.75}$$

5）弹底处气体速度

考虑到弹丸以 u_J 沿身管向炮口方向运动，则弹底处气流相对身管的速度应写为

$$u_d=u_J-u_T=u_J-\frac{A_T}{A}\left\{\frac{2\gamma}{\gamma-1}f_T\left[1-\left(\frac{p_d}{p_i}\right)^{\frac{\gamma-1}{\gamma}}\right]\right\}^{\frac{1}{2}} \tag{9.76}$$

6）随行燃气喷射的质量流量（率）

$$\dot{m}_T=\frac{dm_T}{dt}=\frac{A_Tp_i}{\sqrt{f_T}}\sqrt{\frac{2\gamma}{\gamma-1}f_T\left[\left(\frac{p_d}{p_i}\right)^{\frac{1}{\gamma}}-\left(\frac{p_d}{p_i}\right)^{\frac{\gamma-1}{\gamma}}\right]} \tag{9.77}$$

7）随行装药剩余（实时）质量

$$m_T=m_{T0}-\int_0^t\dot{m}_T dT \tag{9.78}$$

式中：m_{T0}为随行装药初始质量。

8）弹丸运动方程

$$(m_q+m_T)\frac{du_J}{dt}=(A-A_T)p_d+A_T(p_d+\rho_iu_{0T}^2)-AR_r=Ap_d+A_T\rho_iu_{0T}^2-AR_r \tag{9.79}$$

3. 差动自喷随行装药边界条件[26-28]

差动随行装药方案建立在差动自喷原理基础上。由于差动随行结构的特殊性，工作过程中其部件承受的过载与其实现自喷原理的结构设计密切相关，因此发射过程中的边界条件确定，首先要从认识和了解实现自喷的必要条件开始。实现差动自喷，可采用液体随行装药方案，也可采用固体随行装药方案。

图9.18所示为液体差动自喷随行装药工作原理图，喷射出来的随行药在弹后空间燃烧。图9.19所示为差动自喷固体随行装药工作原理图。固体药在随行腔室内燃烧，燃气由后喷孔排出。图9.19中的底推滑块，前端凸台在惯性力作用下可以被剪切而脱落，滑块与弹芯一同挤入随行内腔。可将随行弹药与任意形式的主装药的组合，理解为是组合发射装药或组合弹药系统。

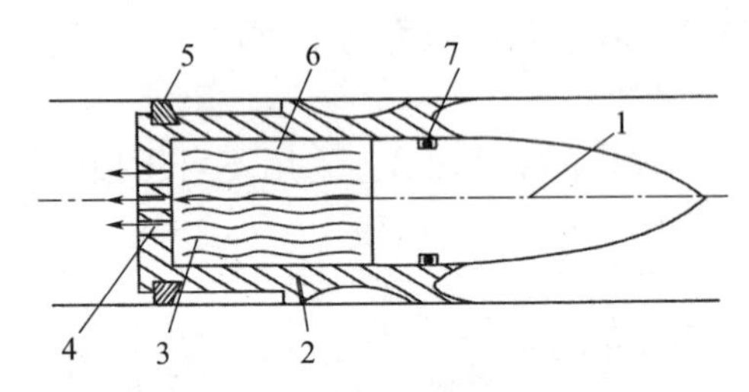

1—弹芯；2—缸形底座；3—储能室；4—喷孔；5—弹带；6—液体药；7—密封圈。

图9.18　液体差动自喷随行装药工作原理图

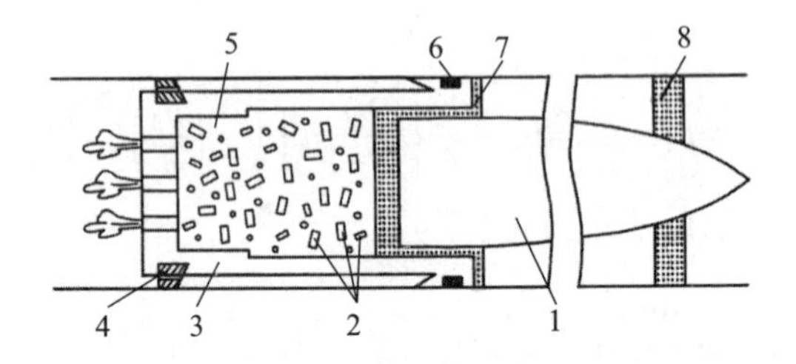

1—弹丸；2—固体随行药；3—台阶式缸形底座；4—带气孔弹带；
5—储能室；6—闭气环；7—底推滑块；8—定位环。

图9.19　固体差动自喷随行装药工作原理图

1）工作原理及必要条件概述

令图9.18和图9.19中的缸形底座及其弹带与闭气环或密封圈的组合质量为m_1，t时刻相应速度为v_1，加速度为$\mathrm{d}v_1/\mathrm{d}t$；弹芯及底推滑块组合质量为$m_2$，$t$时刻相应速度为$v_2$，加速度为$\mathrm{d}v_2/\mathrm{d}t$；随行储能室腔体内随行药平均速度近似为$v_t=(v_1+v_2)/2$，则各组件的运动方程可分别写为

(1)
$$m_1 \frac{\mathrm{d}v_1}{\mathrm{d}t} = (A - A_0)p_{\mathrm{d}} - (A_{\mathrm{T}} - A_0)p_{\mathrm{T1}} \tag{9.80}$$

(2)
$$m_2 \frac{\mathrm{d}v_2}{\mathrm{d}t} = A_{\mathrm{T}}p_{\mathrm{T2}} \tag{9.81}$$

(3)
$$m_1 \frac{\mathrm{d}v_{\mathrm{t}}}{\mathrm{d}t} = (A_{\mathrm{T}} - A_0)p_{\mathrm{T1}} - A_{\mathrm{T}}p_{\mathrm{T2}} + \dot{m}_0 u_0 \tag{9.82}$$

式中:A 为身管内截面积;A_{T} 为随行内腔(储能室)内截面积;p_{d} 为弹底压力;p_{T1} 为随行液体作用于内腔底部压力;p_{T2} 为随行液体作用于内腔前端面,即弹芯底部的压力;A_0 为喷孔面积;u_0 为随行液体或燃气喷射速度;$\dot{m}_0$ 为随行液体或燃气喷射流出质量流率。

如前面所述,若令随行装药初始质量为 m_{T0},任意时刻 t 为 m_{T},则有

$$m_{\mathrm{T}} = m_{\mathrm{T0}} - \int_0^t \dot{m}_0 \mathrm{d}t \tag{9.78}$$

于是可得差动随行的必要条件为

$$\frac{\mathrm{d}v_1}{\mathrm{d}t} \geqslant \frac{\mathrm{d}v_2}{\mathrm{d}t} \tag{9.83}$$

欲满足这个条件,则须通过结构设计和材料选择而达到。此外,随行装药设计还有一个必要条件是要求随行装药能量必须在弹丸出炮口之前某个恰当的位置释放完毕,兼顾膛容利用率尽可能高,且炮口压力 p_{g} 又比较恰当这两方面要求,膛容利用率为

$$\eta_{\mathrm{g}} = \frac{\int_0^{l_{\mathrm{g}}} p\mathrm{d}l}{p_{\mathrm{m}} l_{\mathrm{g}}} = \frac{\frac{\phi}{2} m_{\mathrm{q}} v_{\mathrm{g}}^2}{p_{\mathrm{m}} l_{\mathrm{g}}} \tag{9.63$'$}$$

由该式可见,为了使弹丸出炮口时膛压 p_{g} 既不能太高又要尽可能提高 η_{g},随行装药内弹道设计所追求的基本目标应该首先要求 $p-l$ 曲线尽可能接近于水平状态。但在弹丸飞离炮口之前,又要求随行药中止能量释放,以便弹后燃气通过绝热膨胀方式对弹丸做功,使 p_{g} 降低到火炮系统能够承受的水平。

2) 液体差动随行装药动力学模型

图 9.20 所示为液体差动随行装药内腔速度及压力分布,为了推导液体储能室内物理量分布,假定液体不可压缩,且速度沿轴向为线性分布。A、A_l、A_0 分别为炮膛横截面积、储液室横截面积与喷口面积,缸形底座组合件和弹芯组合件的质量分别为 m_1 和 m_2,速度分别为 v_{p1} 和 v_{p2}。对缸形底座组合件 m_1、弹芯组合件 m_2 和弹载随行液体运用牛顿第二定律,则可得到类似于式(9.80)~式(9.82)的运动方程:

(1)
$$(A - A_0)p_{\mathrm{d}} - (A_2 - A_0)p_{l1} = \phi_1 m_1 \frac{\mathrm{d}v_{\mathrm{p1}}}{\mathrm{d}t} \tag{9.84}$$

(2)
$$A_2 p_{l2} = m_2 \frac{\mathrm{d}v_{p2}}{\mathrm{d}t} \tag{9.85}$$

(3)
$$(A_2 - A_0) p_{l1} - A_2 p_{l2} + \dot{m}_l u_0 = m_l \frac{\mathrm{d}v_{lm}}{\mathrm{d}t} \tag{9.86}$$

式中：p_d，p_{l1}分别为作用于缸形底座底部外端面上压力和作用于缸形底座内端面上的压力。发射中，弹－炮挤进摩擦作用主要体现在缸形底座上，即 ϕ_1 为计及底座挤进阻力的次要功系数。p_{l2}为作用于弹芯底部的液体压力。m_l 为弹载液体当前质量；v_{lm}为弹载液体当前平均速度；$\dot{m}_l$ 为液体通过小孔的质量流率。

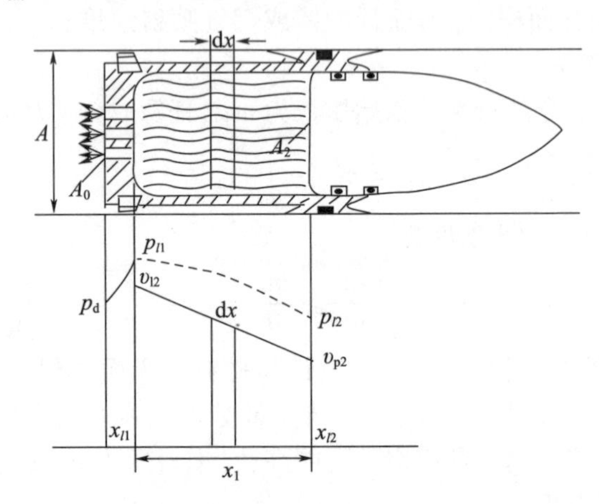

图 9.20　液体差动随行装药内腔速度及压力分布

(4) 弹载液体当前质量：

$$m_l = m_{l0} - \int_0^l \dot{m}_l \mathrm{d}t \tag{9.87}$$

(5)
$$\dot{m}_l = C_D A_0 \rho_l u_0 \tag{9.88}$$

(6)
$$u_0 = \sqrt{\frac{2}{\rho_l}(p_{l1} - p_d)} \quad (x_l > 0 \text{ 且 } p_{l1} > p_d) \tag{9.89}$$

(7)
$$x_l = x_{l2} - x_{l1} \tag{9.90}$$

式中：m_{l0}为弹载液体随行火药初始质量；m_l 是随时间逐渐减少的，直至喷射结束为零；C_D、ρ_l 分别为流量系数和液体密度，由假定 $\rho_l = \text{const}$；x_l 为随行液柱长；x_{l1}，x_{l2}分别为液柱左(尾)端和右(前)端坐标，它们分别由下列两式决定，即

$$x_{l1} = x_{l10} + \int_0^t v_{p1} \mathrm{d}t \text{ 或 } v_{p1} = \frac{\mathrm{d}x_{l1}}{\mathrm{d}t} \tag{9.91}$$

$$x_{l2} = x_{l20} + \int_0^t v_{p2} \mathrm{d}t \text{ 或 } v_{p2} = \frac{\mathrm{d}x_{l2}}{\mathrm{d}t} \tag{9.92}$$

式中：x_{l10}，x_{l20}分别为 x_{l1}和 x_{l2}的初值。

利用质量守恒和 $\rho_l = \text{const}$，有

$$A_2\rho_l \frac{\mathrm{d}x_l}{\mathrm{d}t} = -\dot{m}_l \tag{a}$$

将其积分，得

$$x_l = -\frac{1}{A_2\rho_l}\int_0^t \dot{m}_l \mathrm{d}t + C_0 \tag{b}$$

式中：C_0 为积分常数。因当 $t=0$，有 $x_l = x_{l0}$，得 $C_0 = x_{l0}$。将其代入式(b)，得

$$x_l = x_{l0} - \frac{1}{A_2\rho_l}\int_0^l \dot{m}_l \mathrm{d}t \tag{9.90$'$}$$

利用式(9.88)，该式还可表示为

$$x_l = x_{l0} - \frac{C_\mathrm{D}A_0}{A_2}\int_0^t u_0 \mathrm{d}t \tag{9.90$''$}$$

(8) 液体随行药柱沿轴向压力分布。如前面所述，差动随行弹药设计，需要事先对各个参量如 A_0、A、A_2、m_1、m_2 和 m_l 的匹配关系和各种组合件受力进行分析，其中液柱沿轴向的压力分布是决定能否自喷和判别喷射性能的依据。假定图9.20中速度 v_l 服从线性分布，$\rho_l = \text{const}$，则任意 x 处速度为

$$v_l(x) = v_{\mathrm{p1}} + \frac{v_{\mathrm{p2}} - v_{\mathrm{p1}}}{x_l} \cdot x \tag{9.93}$$

于是，对等截面液柱，其平均速度可表示为

$$v_{lm} = \frac{1}{2}(v_{\mathrm{p2}} + v_{\mathrm{p1}}) \tag{9.94}$$

将其代入式(9.85)，可得

$$(A_2 - A_0)p_{l1} - A_2 p_{l2} + \dot{m}_l u_0 = \frac{1}{2}m_l\left(\frac{\mathrm{d}v_{\mathrm{p1}}}{\mathrm{d}t} + \frac{\mathrm{d}v_{\mathrm{p2}}}{\mathrm{d}t}\right) \tag{c}$$

由式(9.92)，可得 $v_l(x)$ 关于 t、x 的偏导数分别为

$$\frac{\partial v_l(x)}{\partial t} = \frac{\mathrm{d}v_{\mathrm{p1}}}{\mathrm{d}t} + \frac{\left(\frac{\mathrm{d}v_{\mathrm{p2}}}{\mathrm{d}t} - \frac{\mathrm{d}v_{\mathrm{p1}}}{\mathrm{d}t}\right)x_l(t) - (v_{\mathrm{p2}} - v_{\mathrm{p1}})\frac{\mathrm{d}x_l(x)}{\mathrm{d}t}}{x_l^2(x)}x \tag{d}$$

$$\frac{\partial v_l(x)}{\partial x} = \frac{v_{\mathrm{p2}} - v_{\mathrm{p1}}}{x_l} \tag{e}$$

利用式(d)、式(e)和式(9.93)及式(9.84)，经适当整理，得

$$\frac{\partial v_l}{\partial t} + v_l\frac{\partial v_l}{\partial x} = \overline{M} + \overline{N}x \tag{f}$$

其中

$$\overline{M} = \frac{\mathrm{d}v_{\mathrm{p1}}}{\mathrm{d}t} + \frac{v_{\mathrm{p1}}(v_{\mathrm{p2}} - v_{\mathrm{p1}})}{x_l} = \frac{(A - A_0)p_\mathrm{d} - (A_2 - A_0)p_{l1}}{\phi_1 m_1} + \frac{v_{\mathrm{p1}}(v_{\mathrm{p2}} - v_{\mathrm{p1}})}{x_l} \tag{9.95}$$

$$\overline{N}=\frac{1}{x_l^2}\left[(v_{p2}-v_{p1})^2+x_l\left(\frac{dv_{p2}}{dt}-\frac{dv_{p1}}{dt}\right)-(v_{p2}-v_{p1})\frac{dx_l}{dt}\right] \tag{g}$$

利用式(9.90)~式(9.92)和式(9.84)与式(9.85),式(g)可简化为

$$\overline{N}=\frac{1}{x_l}\left(\frac{dv_{p2}}{dt}-\frac{dv_{p1}}{dt}\right)=\frac{1}{x_l}\left(\frac{A_2p_{l2}}{m_2}-\frac{(A-A_0)p_d}{\phi_1 m_1}+\frac{(A_2-A_0)p_{l1}}{\phi_1 m_1}\right) \tag{9.96}$$

利用式(9.95)、式(9.96)和一维流动量方程:

$$\frac{\partial v_l}{\partial t}+v_l\frac{\partial v_l}{\partial x}+\frac{1}{\rho_l}\frac{\partial p_l}{\partial x}=0 \tag{h}$$

可得

$$\frac{\partial p_l}{\partial x}=-\rho_l\overline{M}-\rho_l\overline{N}\cdot x \tag{i}$$

或

$$\overline{M}+\overline{N}x+\frac{1}{\rho_l}\frac{\partial p_l}{\partial x}=0 \tag{i$'$}$$

对式(i)两侧同时积分,得

$$p_l=-\rho_l\overline{M}x-\rho_l\overline{N}x^2/2+C_1 \tag{j}$$

利用液柱左侧端点边界条件,有

$$x=0:p_l=p_{l1},\text{得 } C_1=p_{l1} \tag{k}$$

将式(k)代入式(j),得

$$p_l(x)=p_{l1}-\rho_l\overline{M}x-\frac{1}{2}\rho_l\overline{N}x^2 \tag{9.97}$$

该式即为液柱沿轴向压力分布式。当 $x=0$,$p_l(0)=p_{l1}$,随 x 增加 $p_l(x)$ 呈抛物形下降。当 $x=x_l$,则

$$p_l(x_l)=p_{l2} \tag{l}$$

将式(l)代入式(9.97),得

$$p_{l2}=p_{l1}-\rho_l\overline{M}x_l-\frac{1}{2}\rho_l\overline{N}x_l^2 \tag{9.98}$$

式(9.84)~式(9.98)共15个方程(独立),含因变量 v_{p1}、v_{p2}、v_l、u_0、$\dot{m}_l$、m_l、x_l、x_{l1}、x_{l2}、v_{lm}、$\overline{M}$、$\overline{N}$、p_{l1}、p_{l2}、$p_l(x)$ 共15个,自变量为 t,方程封闭可解。如果想推导固体差动随行装药内腔物理量分布,以及推导计及随行液体的压缩性的相关结果,请参阅文献[28]。

9.3.4 两相流内弹道模型定解条件[29-32]

1. 均相流边界条件

首先讨论一维均相流内弹道模型边界条件确定方法。

1）固定无渗透边界镜面反射法

当不考虑膛底底火射流，则一维不定常均相流内弹道模型问题膛底界面属于典型无渗透固定边界。这种情况下，膛底边界速度为零，即 $u(t,0)\equiv0.0$，其他参量可采用镜面反射法确定，具体如图 9.21 所示。从 $x=0$ 向外开拓一个网格，定义 x_{-1}处所有参量与 x_1 处对称，其标量相等，而矢量大小相等，方向相反。于是，有

$$\text{标量：}\quad \begin{cases} p(x_{-1},t)=p(x_1,t)\\ \rho(x_{-1},t)=\rho(x_1,t)\\ T(x_{-1},t)=T(x_1,t)\\ \vdots \end{cases} \tag{9.99}$$

$$\text{矢量：}\quad \begin{cases} u(x_{-1},t)=-u(x,t)\\ \vdots \end{cases} \tag{9.100}$$

接下来，则由 t^n 时刻 x_{-1}、x_1 及 $x=0$ 点参量，通过差分运算可得 t^{n+1}时刻 $x=0$ 点参量。

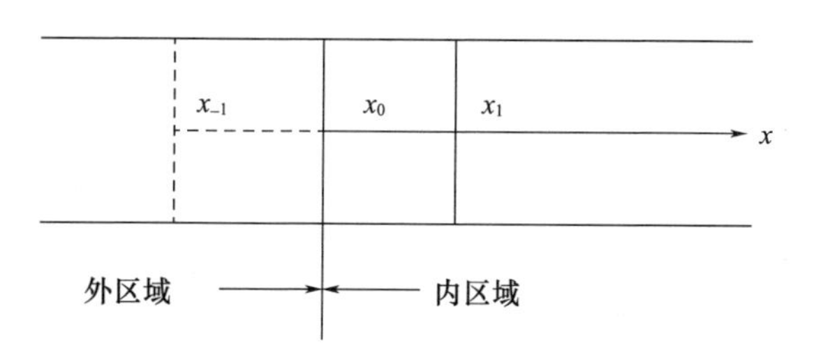

图 9.21　镜面反射法确定参数

2）开口固定边界条件的特征线确定法

除固定无渗透边界外，还有一种边界是开口固定边界。由气体动力学知道，用特征线上的相容关系式可将开口内流场区域的流动参量与边界处参量联系起来。这是用特征线法确定固定开口边界条件的理论依据和出发点。但有时特征线位于边界之外，缺少的相容关系式须由相应的物理条件来代替。以一维开口管流为例，若出口 $x=0$ 处，$u(0)=0$，这就相当于固壁。如 $u(0)\neq0$，且管内流动与管壁的摩擦和传热皆可用简单代数式表示，则由第 8 章可知，其流动可用简单的质量、动量、能量守恒方程描述。对此双曲形偏微分方程，采用数值法求解，每一时间步长都可确定出流场内参量 p、ρ、T 等，但边界条件须是已知的。图 9.22 给出了 4 种不同工况下的开口边界条件确定步骤示意图。均相流条件下，其右行、左行和沿流线的特征线斜率可表示为

$$
\begin{cases}
\text{I 右行}, \left(\dfrac{\mathrm{d}x}{\mathrm{d}t}\right)_{\mathrm{I}} = u + c \\
\text{II 左行}, \left(\dfrac{\mathrm{d}x}{\mathrm{d}t}\right)_{\mathrm{II}} = u - c \\
\text{III 沿流线}, \left(\dfrac{\mathrm{d}x}{\mathrm{d}t}\right)_{\mathrm{III}} = u
\end{cases}
\tag{9.101}
$$

式中:u 为流速;c 为当地声速。

首先看一个特例,即 $u=0$,这就相当于出口为固壁。从时刻 $t^{n+1}=t^n+\Delta t^n$ 的边界点可引出两条特征线相容关系式,即 $(\mathrm{d}x/\mathrm{d}t)_{\mathrm{II}}=u-c$ 及 $(\mathrm{d}x/\mathrm{d}t)_{\mathrm{III}}=u$ 相容关系式落在 t^n 时刻流场区域内,再利用物理条件 $u=0$,则可用 t^n 时刻流场参量值确定出 t^{n+1} 时刻边界处的参量值。可见,无渗透膛底边界条件的确定,采用镜面法和特征线法都是可行的。

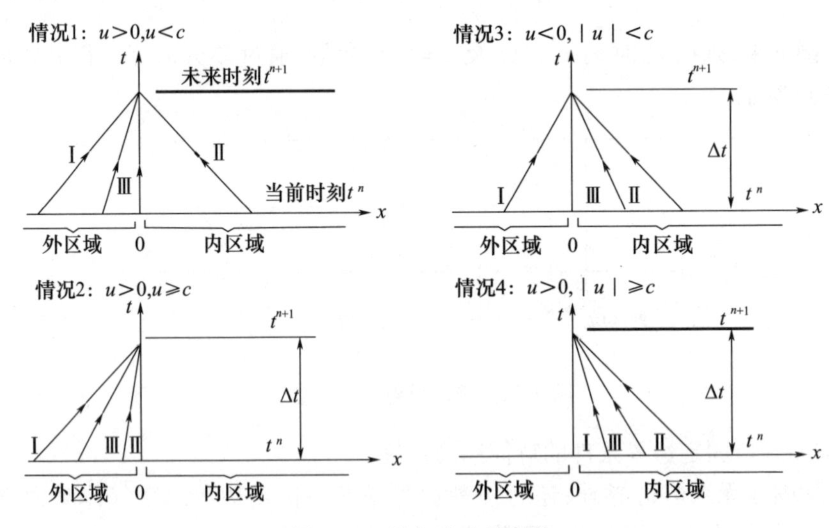

图 9.22　均相流边界条件

下面来看 $u\neq0$ 情况。图 9.22 的情况 1 是亚声速流从管口流入的情况。这时左行特征线Ⅱ可作为开口处截面的相容关系式,还必须由物理条件再给出两个边界关系式,才能由当前 t^n 时刻内流动参量值确定出下一时刻 t^{n+1} 边界值。图 9.22 的情况 2 表示管外气体以声速或超声超流入管口情况。从图 9.22 可以看出,由当前时刻 t^n 内流场向边界不能引出任何一条特征线,因此 3 个边界条件方程必须全部由外流场区域的 3 条特征线上相容关系式确定。图 9.22 的情况 3 表示亚声速流流出,从当前时刻内流场区域可以向未来时刻 t^{n+1} 边界点引出两条特征线(Ⅱ、Ⅲ)上相容关系式。因此,只要再给出一个物理边界条件即可。图 9.22 的情况 4 表示气体以超声速流出管口,这时管外任何信息都不能传入管内，因此由 t^n 时刻内流场区域向 t^{n+1} 时刻边界点引 3 条特征线相容关系式，可完全确定出 t^{n+1} 时刻边界点参量值。

由以上讨论可知，用特征线法确定边界值，需要的辅助物理条件数目，既与口部气流流动方向有关，还与其流动速度大小（与声速相比）或马赫数相关。但对于两相流，情况将变得复杂化。如有兴趣，请参阅文献[31]，其给出了一个采用特征线法处理均相流内弹道模型动边界问题的实例。

3）均相流动边界条件的控制体确定法

如图 9.23 所示，由于弹丸不断运动，解域中紧挨弹底的网格是长度变化的非规则网格，t^n 时刻长度为 $x_J^n - x_{J-1}^n$，$t^{n+1} = t^n + \Delta t^n$ 时刻长度为 $x_J^{n+1} - x_{J-1}^n$，其中 $x_J^{n+1} - x_J^n = u_J \Delta t^n$，而 x_{J-1}^n 是定值，即 $x_{J-1}^{n+1} = x_{J-1}^n$。控制体边界值（参量）确定法，即对动边界非规则网格建立质量、动量和能量守恒关系式，构成一组常微分方程，由 t^n 时刻参量求解 t^{n+1} 时刻参量，具体步骤如下。

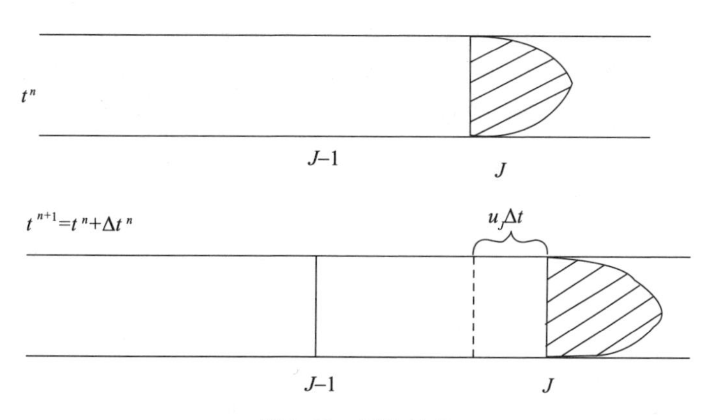

图 9.23　网格长度

（1）由弹丸运动方程确定 u_J。

$$m_q \frac{\mathrm{d}u_J}{\mathrm{d}t} = Ap_d - F_x$$

求 t^{n+1} 时刻右侧边界速度，即

$$u_J^{n+1} = u_J^n + (Ap_d - F_x)\Delta t^n / m_q \tag{9.102}$$

由于 $u_J^{n+1} = (x_J^{n+1} - x_J^n)/\Delta t^n$，因此

$$x_J^{n+1} = x_J^n + (u_J^{n+1} + u_J^n)\Delta t^n / 2 \tag{9.103}$$

（2）对控制体运用质量守恒定律，确定 $\rho_{J-1/2}^{n+1}$。

Δt^n 时间内通过 x_{J-1} 截面流入质量为

$$\Delta m^n = \rho_{J-1}^n u_{J-1}^n \Delta t^n \cdot A$$

t^n 时刻控制体内原有质量为

$$m^n = A(x_J^n - x_{J-1}^n)(\rho_J^n + \rho_{J-1}^n)/2$$

定义 $m_J^{n+1} = \Delta m^n + m^n$，于是 $t^{n+1} = t^n + \Delta t^n$ 时刻控制体内质量密度为

$$\rho_{J-1/2}^{n+1} = (\Delta m^n + m^n)/\{A[(x_J^n - x_{J-1}^n) + u_J^n \Delta t]\} = \frac{m_J^{n+1}}{A(x_J^{n+1} - x_{J-1}^n)} \tag{9.104}$$

（3）对控制体运用能量守恒定律，确定 $E_{J-1/2}^{n+1}$。

Δt^n 时间内通过 x_{J-1}^n 截面流入的能量及两侧界面压力做功带来的能量增加：

$$\Delta(mE)_{J-1/2}^n = [(e + u^2/2)A\rho u]_{J-1}^n \Delta t^n + (Aup)_{J-1}^n \Delta t^n - (Aup)_J^n \Delta t^n$$

t^n 时刻控制内的能量为：

$$(mE)_{J-1/2}^n = [(e + u^2/2)A\rho]_{J-1/2}^n \cdot (x_J^n - x_{J-1}^n)$$

t^{n+1}时刻控制体内能量：

$$(mE)_{J-1/2}^{n+1} = (mE)_{J-1/2}^n + \Delta(mE)_{J-1/2}^n \tag{9.105}$$

该式是对无化学反应或化学反应可忽略的均相流而言的。如果是挟带有火药颗粒的多相流，即使 $u_p = u_g$，但也要考虑其中药粒燃烧释放的能量，式(9.105)要作修改。当考虑固相反应，t^n 时刻非规则控制体内气体能量为

$$(m_g E_g)_{J-1/2}^n = (E_g A\rho\psi)_{J-1/2}^n \cdot (x_J^n - x_{J-1}^n)$$

式中：ψ 为 $u_p = u_g$ 条件下的相对燃烧率，$E_g = e_g + u^2/2$。

Δt^n 时间内控制体内气相能量的增加为

$$\begin{aligned}\Delta(m_g E_g)_{J-1/2}^n = &[A\rho(e_\Delta + u^2/2)]_{J-1/2}^n (\psi^{n+1} - \psi^n)_{J-1/2}(x_J^n - x_{J-1}^n) + \\ &(Au\rho)_{J-1}^n \Delta t^n (\psi^{n+1} - \psi^n)_{J-1}(e_\Delta + u^2/2)_{J-1}^n/2 + \\ &[Au\rho\psi(e_g + u^2/2)]_{J-1}^n \Delta t^n + (Apu)_{J-1}^n \Delta t^n - (Apu)_J^n \Delta t^n\end{aligned}$$

其中：等号右边第1项为原有控制体内火药燃烧生成能量，e_Δ 为火药化学能，$e_\Delta = f/(\gamma - 1)$；第2项为新流入火药燃烧生成能量；第3项为流入的气体能量；最后两项分别是左右端界面压力做的功。于是，t^{n+1}时刻该控制体内气体总能量为

$$(m_q E_g)_{J-1/2}^{n+1} = (A\rho E_g \psi)_{J-1/2}^n \cdot (x_J^n - x_{J-1}^n) + \Delta(m_g E_g)_{J-1/2}^n \tag{9.106}$$

式中：$m_g = m\psi$，即 $(m_g)^n = m^n \cdot \psi^n$，$m_g^{n+1} = m^{n+1} \cdot \psi^{n+1}$，其中：$(Aup)_J^n \Delta t^n$ 为控制体对外（弹丸）做功，即 $(Aup)_J^n \Delta t^n = m_q u_J^{n+1}/2 - m_q u_J^n/2$，$m_q$ 为弹丸质量，而 u_J^n 与 u_J^{n+1} 之间的关系见式(9.102)。

如果不是均相流，即 $u_p \neq u_g$，上面结果均须另作推导，这是下面讨论的内容。

2. 两相流动边界条件的确定

1）两相流内弹道问题动边界条件确定的特殊性

前面讨论了一维均相流（$u_p = u_g$，$\rho = \rho_g + \rho_p$）边界条件的确定，对均相流内弹道模型，待求边界值既可以采用特征线法也可采用控制体法得到。但对两相

流内弹道基本方程组求解而言,问题变得复杂化。首先,气 - 固两相流基本方程因气/固间耦联项的出现,不再是纯粹的双曲形方程组,即使对一些耦联关系作出近似处理,把次要项放到方程等号右边使控制方程变为看似“完全的”双曲形,6 个守恒方程可以引出 6 个特征线上的相容关系式,但问题仍没有解决。因为对应于固相拟流体,其特征线斜率对应于式(9.101)变为

$$
\begin{cases}
\left(\dfrac{\mathrm{d}x}{\mathrm{d}t}\right)_{\mathrm{IV}} = u_{\mathrm{p}} + c_{\mathrm{p}} \\
\left(\dfrac{\mathrm{d}x}{\mathrm{d}t}\right)_{\mathrm{V}} = u_{\mathrm{p}} - c_{\mathrm{p}} \\
\left(\dfrac{\mathrm{d}x}{\mathrm{d}t}\right)_{\mathrm{VI}} = u_{\mathrm{p}}
\end{cases}
\tag{9.107}
$$

式中:u_{p} 为固相速度;c_{p} 为固相拟流体声速。问题出在固相颗粒床一旦流态化,其颗粒拟流体的声速 c_{p} 立即呈跳跃式下降,很低的 c_{p} 意味着其 3 条特征线对应斜率差别很小,即关系式蜕化,变成几乎聚集在一起的一条,从而使求解边值变为不可能。这就是说,即使用变换得到的拟双曲形方程去近似替代双曲 - 抛物形方程,固相拟流体 3 条特征线上相容关系式求解会因带有很大程度的任意性而无效。因此,两相流边界条件的确定,一般仅适宜采用控制体法。

2) 两相流内弹道问题边界条件的控制体确定法

图 9.24 为采用可燃药筒的底部点火粒状药装药床一维两相流内弹道问题数值计算用解域示意图,左侧(膛底)边界控制体为固定边界控制体,底火射流作用于它及与它相邻的右侧网格。对固定边界问题的确定,即左边界控制体参量的确定,可采用镜面反射法,这在前面已讨论过,在此不再重复。当然,其也可采用控制体法,控制体法也称为有限容积法。右侧(弹底)边界因弹丸运动而不断扩展,因此边界控制体是随时间增长的非规则网格,将其单独表示如图 9.25 所示。

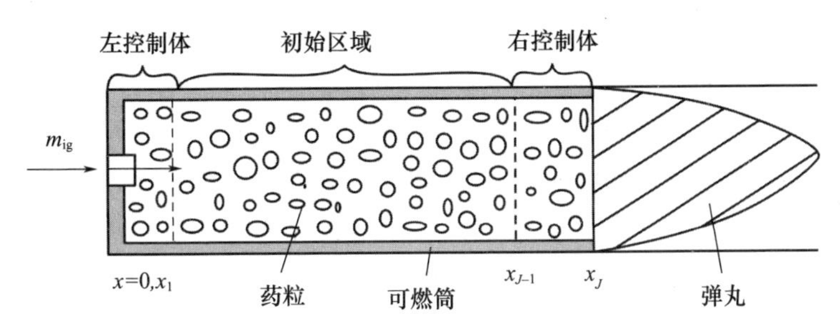

图 9.24　两相流内弹道问题解域示意图

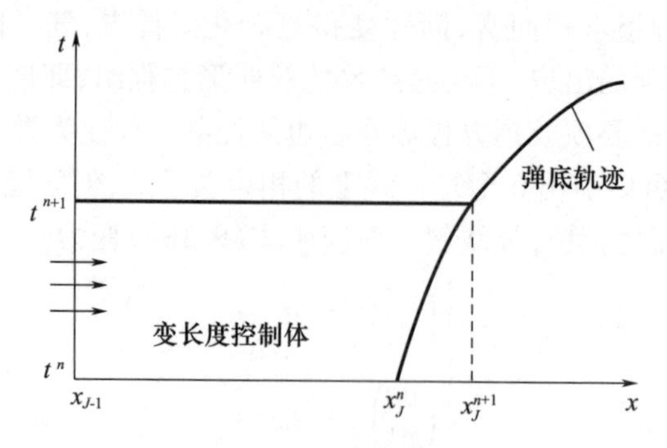

图 9.25　弹底变长度控制体示意图

边界条件的控制体确定法，实际就是利用守恒原理，对其先建立常微分基本方程组，再通过求解而获得控制体参量。这里讨论火药颗粒与燃气速度不等，而可燃药筒是固定不动的情况，于是每种物相基本方程如下：

(1) 主装药燃气(第 1 气相)质量平衡方程。

① t^n 时刻主装药燃气质量为

$$m_{g1}^n = (A\rho_{g1}\varepsilon)_J^n(x_J^n - x_{J-1}^n) \tag{a}$$

② Δt^n 时间内通过 x_{J-1} 界面流入的主装药燃气(第 1 气相)质量为

$$\Delta_1 m_{g1} = (A\rho_{g1}\varepsilon u_g)_{J-1}^n \Delta t^n \tag{b}$$

③ Δt^n 时间内控制体内第 1 固相燃气生成量为

$$\Delta_1' m_{g1} = \frac{A\varepsilon_1\rho_{p1}\Delta x}{1-\psi_1^n}\left(\frac{\mathrm{d}\psi_1}{\mathrm{d}t}\right)_1^n \Delta t^n \tag{c}$$

④ Δt^n 时间内新流入微元体的主装药生成的燃气质量为

$$\Delta_1'' m_{g1} = \frac{(A\varepsilon_1\rho_{p1}u_p)_{J-1}^n \Delta t^n/2}{1-\psi_{1J-1}^n}\left(\frac{\mathrm{d}\psi_1}{\mathrm{d}t}\right)_{J-1}^n \Delta t^n \tag{d}$$

最后，得 $t^{n+1} = t^n + \Delta t^n$ 时刻控制体内主装药(第 1 气相)气体质量为

$$m_{g1}^{n+1} = A\varepsilon_1^{n+1}\rho_{g1}^{n+1}(x_J^{n+1} - x_{J-1}^n) = (\mathrm{a}) + (\mathrm{b}) + (\mathrm{c}) + (\mathrm{d}) \tag{9.108}$$

式中：A 为截面积；ε 为空隙率；ε_1 为主装药容积率(比)；ρ_g 为气体密度；下标“1”指主装药或主装药燃气；ψ_1 为主装药燃烧率；上角标“n”和“$n+1$”分别为时刻 t^n 和 t^{n+1} 对应值；ρ_{p1} 为主装药密度；u_g，u_p 分别为气相和火药颗粒(第 1 固相)速度。

(2) 可燃药筒燃气(第 2 气相)质量平衡方程。

① t^n 时刻控制体内可燃药筒燃气(第 2 气相)质量为

$$m_{g2}^n = (A\rho_{g2}\varepsilon)_J^n(x_J^n - x_{J-1}^n) \tag{e}$$

② Δt^n 时间内通过 x_{J-1} 界面流入的可燃筒燃气质量为

$$\Delta_2 m_{g2} = (A\rho_{g2}\varepsilon u_g)_{J-1}^n \Delta t^n \tag{f}$$

③ Δt^n 时间内控制体内可燃筒燃烧生成的气体质量为

$$\Delta_2' m_{g2} = \frac{A\varepsilon_2 \rho_{p2}\Delta x}{1-\psi_2}\left(\frac{d\psi_2}{dt}\right)_J^n \Delta t^n \tag{g}$$

由于可燃筒是不运动的，即 $u_{p2}=0$，因此 t^{n+1} 时刻控制体内可燃筒燃气质量为

$$m_{g2}^{n+1} = (A\varepsilon\rho_{g2})_J^{n+1}(x_J^{n+1} - x_{J-1}^n) = (e)+(f)+(g) \tag{9.109}$$

式中：ψ_2 为可燃筒燃烧率；ε_2 为可燃筒容积率，且 $\varepsilon+\varepsilon_1+\varepsilon_2=1.0$。

(3) 主装药(第 1 固相)质量平衡方程。

① t^n 时刻控制体内主装药即第 1 固相质量为

$$m_{p1} = A\varepsilon_{1J}^n \rho_{p1}(x_J^n - x_{J-1}^n) \tag{h}$$

② Δt^n 时间内由 x_{J-1} 界面流入的主装药质量为

$$\Delta_1 m_{p1} = A\,(\varepsilon_1 u_p)_{J-1}^n \rho_{p1}\Delta t^n \tag{i}$$

③ Δt^n 时间内原控制体内由于燃烧损失的主装药质量为

$$\Delta_1' m_{p1} = -\Delta_1' m_{g1} \tag{j}$$

④ Δt^n 时间内通过 x_{J-1} 界面流入控制体主装药燃烧损耗质量为

$$\Delta_1'' m_{p1} = -\Delta_1'' m_{g1} \tag{k}$$

最后得 $t^{n+1}=t^n+\Delta t^n$ 时刻控制体的主装药质量为

$$m_{p1}^{n+1} = A\rho_{p1}\varepsilon_{1J}^{n+1}\cdot(x_J^{n+1} - x_J^n) = (h)+(i)+(j)+(k) \tag{9.110}$$

(4) 可燃药筒(第 2 固相)质量平衡方程。

① t^n 时刻控制体内可燃药筒的质量为

$$m_{p2} = A\rho_{p2}\varepsilon_{2J}^n(x_J^n - x_{J-1}^n) \tag{l}$$

② Δt^n 时间内由于燃烧控制体内可燃筒减少的质量为

$$\Delta_2 m_{p2} = -\Delta_2' m_{g2} \tag{m}$$

于是，t^{n+1}时刻控制体内可燃筒质量为

$$m_{p2}^{n+1} = A\rho_{p2}\varepsilon_{2J}^{n+1}(x_J^{n+1} - x_{J-1}^n) = (l)+(m) \tag{9.111}$$

(5) 主装药(第 1 固相)动量平衡方程。

① t^n 时刻控制体内主装药动量为

$$(I_p)_J^n = (m_{p1}u_p)_J^n = A\rho_{p1}(\varepsilon_1 u_p)_J^n(x_J^n - x_{J-1}^n) \tag{n}$$

② Δt^n 时间内流入控制体的主装药动量为

$$\Delta_1 I_p = \Delta_1 m_{p1}(u_p)_{J-1}^n = (A\varepsilon_1 u_p^2)_{J-1}^n \rho_{p1}\Delta t^n \tag{o}$$

③ Δt^n 时间内 t^n 时刻原有控制体内主装药因燃烧引起的动量变化为

$$\Delta_1' I_p = \Delta_2 m_{p1} u_{pJ}^n = -\Delta_1' m_{g1} u_{pJ}^n \tag{p}$$

④ Δt^n 时间内新流入控制内的主装药由于燃烧而减少的动量为

$$\Delta_1'' I_{\mathrm{p}} = \Delta_1'' m_{\mathrm{p1}} (u_{\mathrm{p}})_J^n = -\Delta_1'' m_{\mathrm{g1}} (u_{\mathrm{p}})_J^n \tag{q}$$

⑤ Δt^n 时间内固相应力冲量贡献为

$$\Delta_1''' I_{\mathrm{p}} = A(\sigma_{J-1}^n - \sigma_J^n)\Delta t^n \tag{r}$$

式中：$\sigma = \varepsilon_1 \tau_{\mathrm{p}}$，$\tau_{\mathrm{p}}$ 为粒间应力。如不考虑火药颗粒对弹底撞击作用，则 $\sigma_J = 0$。

⑥ Δt^n 时间内相间阻力 D 对控制体内火药所作的冲量贡献为

$$\Delta''''_1 I_{\mathrm{p}} = AD_{J-1/2}(x_J - x_{J-1})\Delta t \tag{s}$$

⑦ Δt^n 时间内端面压力做功为

$$\Delta_1^p I_{\mathrm{p}} = A\ (\varepsilon_1 p)_{J-1}^n - A\ (p)_J^n \tag{t}$$

在这里不考虑火药对弹底冲击作用。

于是，t^{n+1} 时间控制内火药的动量为

$$I_{\mathrm{p}}^{n+1} = A\rho_{\mathrm{p1}}(\varepsilon_1 u_{\mathrm{p}})_J^{n+1}(x_J^{n+1} - x_{J-1}^n) = (\mathrm{n}) + (\mathrm{o}) + (\mathrm{p}) + (\mathrm{q}) + (\mathrm{r}) + (\mathrm{s}) + (\mathrm{t}) \tag{9.112}$$

（6）气相能量平衡方程。

① t^n 时刻原控制体内气相能量为

$$E_{\mathrm{g}}^n = (m_{\mathrm{g}} E_{\mathrm{g}})_J^n = (m_{\mathrm{g1}} + m_{\mathrm{g2}})_J^n \cdot (e_{\mathrm{g}} + u_{\mathrm{g}}^2/2)_J^n \tag{u}$$

② Δt^n 时间内主装药燃烧生成的气相能量为

$$\Delta_1 E_{\mathrm{g}} = (\Delta_1' m_{\mathrm{g1}})^n (e_{\Delta 1} + u_{\mathrm{p}}^2/2)_J^n + (\Delta_1'' m_{\mathrm{g1}})^n (e_{\Delta 1} + u_{\mathrm{p}}^2/2)_{J-1}^n \tag{v}$$

式中：$e_{\Delta} = f/(\gamma - 1)$，$f$ 为火药力。等号右侧第 1 项为原控制体内 t^n 时刻主装药在 Δt^n 时间燃烧释放能量，第 2 项为 Δt^n 时间由 x_{J-1}^n 界面新流入主装药燃烧释放能量。

③ 可燃药筒在 Δt^n 时间内燃烧释放能量为

$$\Delta_2 E_{\mathrm{c}} = \Delta_2 m_{\mathrm{g2}} e_{\Delta 2} \tag{w}$$

④ Δt^n 时间内由 x_{J-1}^n 流入气相能量为

$$\Delta_1 E_{\mathrm{g}} = (\Delta_1 m_{\mathrm{g1}} + \Delta_2 m_{\mathrm{g2}})(e_{\mathrm{g}} + u_{\mathrm{g}}^2/2)_{J-1}^n \tag{x}$$

⑤ Δt^n 时间内端面接受的压力做功贡献为

$$\Delta_1' E_{\mathrm{g}} = A(p\varepsilon u_{\mathrm{g}})_{J-1}^n \Delta t^n - A(pu_{\mathrm{g}})_J^n \Delta t^n \tag{y}$$

在这里，假定忽略药粒对弹底的挤压与撞击且为点接触，即假定 $\varepsilon_J = 1.0$。

⑥ Δt^n 时间内气相对固相的相间阻力 D 做功损失为

$$\Delta_1'' E_{\mathrm{g}} = -A(Du_{\mathrm{p}})_{J-1}^n \Delta t^n (x_J^n - x_{J-1}^n) \tag{z}$$

最后，得 t^{n+1} 时刻控制体内气相能量为

$$E_{\mathrm{g}}^{n+1} = A[\varepsilon\rho_{\mathrm{g}}(e_{\mathrm{g}} + u_{\mathrm{g}}^2/2)]_J^{n+1}(x_J^{n+1} - x_{J-1}^n) = (\mathrm{u}) + (\mathrm{v}) + (\mathrm{w}) + (\mathrm{x}) + (\mathrm{y}) + (\mathrm{z}) \tag{9.113}$$

（7）
$$\rho_{\mathrm{g}} = \rho_{\mathrm{g1}} + \rho_{\mathrm{g2}} \tag{9.114}$$

(8)
$$u_{gJ}=u_J=\frac{\mathrm{d}x_J}{\mathrm{d}t} \tag{9.115}$$

(9) u_J 为弹丸运动速度，其弹丸运动方程的一般形式可写为

$$m_q\frac{\mathrm{d}u_J}{\mathrm{d}t}=\int_A(p+\sigma)\cdot n_x\mathrm{d}A-F_x \tag{9.116}$$

式中：n_x 为 x 方向单位矢量；σ 为固相作用于弹底的力（压强）；F_x 为弹丸挤进阻力（压强）。

(10)
$$\varepsilon=1-\varepsilon_1-\varepsilon_2 \tag{9.117}$$

(11)
$$e_g=RT/(\gamma-1) \tag{9.118}$$

(12)
$$p(1/\rho_g-\alpha)=RT \tag{9.119}$$

(13)
$$\frac{\mathrm{d}\psi}{\mathrm{d}t}=\chi(1+2\lambda Z+3\mu Z^2)\frac{\mathrm{d}Z}{\mathrm{d}t} \tag{9.120}$$

(14)
$$\frac{\mathrm{d}Z}{\mathrm{d}t}=\frac{u_1}{e_1}p^{\nu} \tag{9.121}$$

式(9.108)～式(9.121)共有14个独立方程，不计中间变量 m_{g1}^{n+1}、m_{g2}^{n+1}、m_{p1}^{n+1}、m_{p2}^{n+1}、I_p^{n+1}、E_g^{n+1} 等，实际待求因变量为 ρ_{g1}^{n+1}、ρ_{g2}^{n+1}、ε_1^{n+1}、x_J^{n+1}、u_p^{n+1}、ε_2^{n+1}、e_g^{n+1}、$u_g^{n+1}(u_J^{n+1})$、ρ_g^{n+1}、T^{n+1}、ε^{n+1}、ψ^{n+1}、Z^{n+1}、p^{n+1} 共14个，自变量为 Δt，方程组封闭可解。

3. 装药辅助元件的"嵌入源"简化处理法

1) 问题的提出

这里所说的装药辅助元件，指相对主装药在能量占比或体积占比上小1～2量级的装药元件，包括底火、辅助点火药包、钝感衬里，甚至还包括中心传火管和可燃药筒等。如前面所述，当采用零维内弹道模型时，这些辅助元件的作用相对弹后空间都被均匀化。但当采用流体力学内弹道模型，尤其是当采用两维和三维两相流内弹道模型描述膛内发射过程时，因所有装药元件都占有一定的解域空间，所释放的质量与能量分布在所处位置附近的区域。因此，辅助元件的存在，无论是进行建模还是进行解域空间网格生成与划分，及其算法设计与解算过程都将带来很多麻烦与困难。如何对这些辅助元件作合理与恰当的简化处理，是内弹道及装药设计工作者在内弹道建模和计算软件研制中必须考虑的问题。下面结合一个装药实例解释嵌入源法的概念及应用。

图9.26为一种典型高装填密度装药结构示意图。显然，当采用三维两相流内弹道模型描述发射过程时，弹后空间解域被分割或划分为多个区域，包括主装药两相流解域、中心传火管内两相流解域、两个点火药包所在部位解域以及可以仅考虑内表面燃烧的可燃药筒区域等。面对这样的内弹道问题，在建立物理模型之后，实现数值求解之前必须解决两个问题：一是弹后空间不同区域

之间内边界如何描述以及如何保证这些描述与主装药区数值计算的解法相容；二是如何保证和体现辅助元件的作用，包括所释放的质量、动量、能量的分布规律的描述及其实现与主装药区点火燃烧过程数学描述相容、匹配与耦合。特别是当采用一维和二维两相流模型描述主装药区流动规律时，需要对这些辅助元件的三维效应作不同程度的简化处理，或引入更多的简化假定。一旦考虑不周，就可能影响数值求解结果，甚至无法正常进行计算。下面介绍嵌入源法的概念与应用[29-30]。

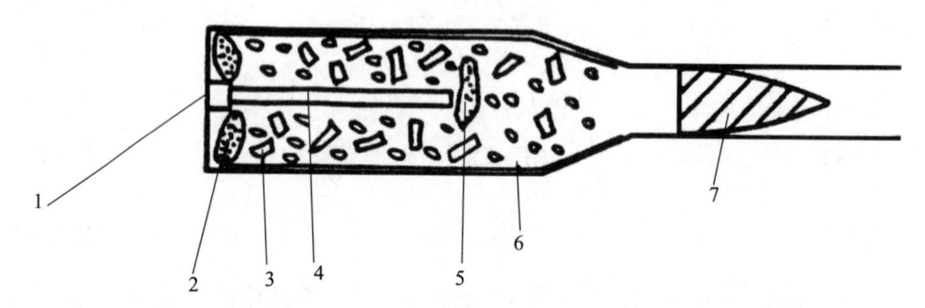

1—底火；2—底部点火药包；3—粒状发射药（主装药）；4—中心传火管（内装点火药，管壁上开有多个径向小孔）；5—接力式辅助点火药包；6—可燃药筒（是辅助发射能源）；7—弹丸。

图 9.26 一种典型高装填密度装药结构示意图

2）嵌入源法定义、概念及其应用

嵌入源，即将存在于主流场中的子区域源（汇）项作如下简化处理：一是假定源（汇）拥有的有限几何空间是虚拟存在，即对主流场，认为不存在，而用“点”或“线”或“面”代之，从而使主流场物理量在这些子区域部位同样存在且可看作是呈连续分布的。二是源项的描述与求解过程不变，仍将其置于原本存在的只是被虚拟化的空间解域内求解，并将求解结果叠加于主流场。但必须保证两者匹配耦合恰当，主流场不出现奇异（包括奇点、物理量间断等）。这样既可体现弹后空间不同装药辅助元件作用，又能避开辅助元件子解域几何空间的存在给主流场求解带来的麻烦。当然，这个问题的深入讨论将涉及微分方程解域叠加耦合处理中的很多概念，在此不展开讨论。

（1）嵌入源与数学模型的匹配。由嵌入源的定义和概念知，“点”源在几何学意义上是“点”，但其所表征的物理量，在以“点”为中心子区域上是连续可微分布函数。如假定图 9.26 中的中心传火管在几何上可虚拟化为线源；底火射流的质量流量在中心点火管内的分布，也可当作是一个在有限长度范围内存在的线源；而点火药包可虚拟化为“面”源。但点火管小孔流出点火射流，对主装药区网格，在一维条件下，每个小孔流出点火源项则可当作点源。如前面所述，对零维内弹道模型，弹后整个空间当作一个热力学控制体，$\dot{m}_{ig}$ 及其所拥有的点火能量实际被作均匀化处理了。当采用均相或两相流内弹道模型时,数值求解时弹后解域空间必须作网格化处理,底火射流输入的质量、动量和能量如果仅作用于底火喷口邻近的一个网格上,这既不符合物理事实,也必将人为造成一个数学上的“奇”点,从而使计算无法进行下去。正确的做法是,对一维内弹道模型,可将中心点火管上每个小孔的点火射流作“点”源处理;底火射流也可当作是在一定长度上的分布源。当采用两维轴对称两相流模型,点火药包生成的点火能量当作“面”源处理,分配于相邻网格中。点火源或点火射流的质量与能量分布,可参考射流流量分布规律确定,如当采用轴对称两维两相流内弹道模型,装药仅采用底火点燃装药。底火射流质量与能量分布应采用如图9.27所示轴对称两维近似分配。该图是依据圆形小孔层流射流流量在喷口外的流量分布规律绘制的,近似给出了底火射流流量 $\dot{m}_{ig}$ 在喷口外主装药区的分布特征。实践表明,这样的处置方法,可以保证两维两相流内弹道模型数值计算软件顺利运行,计算结果合理,精度符合要求。但需要指出,高装填密度条件下,底火射流将遭到火药颗粒的阻挡,致使图9.27所示分布曲线变得瘦小,即分布函数数学表达需作一些修正。同样,如装药与底火之间存在脱开距离(点火距离),则点火能量分布规律也须作改变。

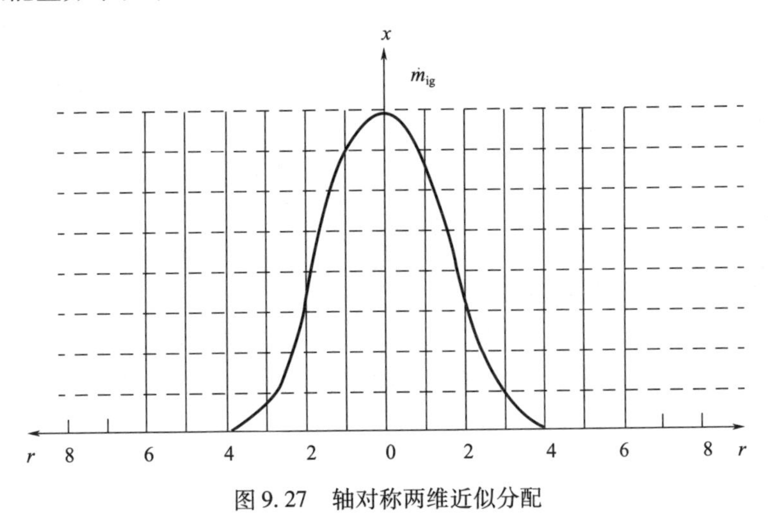

图9.27 轴对称两维近似分配

(2) 嵌入源法应用举例。现有内弹道与装药工程中的中心传火管,管体多为可燃材料,管内外压差(Δp)达一定程度,管壁小孔将被打开,甚至管内小粒点火药颗粒将连同点火燃气一同喷出管外,进入主装药区。一方面,管内外压差进一步增大($\Delta p \approx 3 \sim 4$MPa),管体将自行爆裂和自燃,即传火管区域不再存在。这就是说,中心传火管工作过程仅在内弹道过程早期有限空间上存在。另一方面,从容积占比角度看,传火管一般仅占整个初始药室容积的1.5% ~

2.0%。而且随弹丸运动，弹后空间容积进一步增大，这个比值将持续变小。这就是在火炮两相流内弹道模拟中，可以将中心传火管简化为主装药区的一个"线"源的事实依据。其具体做法如下：

① 假设传火管对主装药区是虚拟存在，物理意义上，与主流场是相互耦合的。

② 参照5.4节，对传火管建立一维两相流点火燃烧过程理论模型，底部考虑底火射流的质量和能量输入作用，并以管内外压差为小孔打开及管体破裂判据，计算通过管壁小孔或管体裂缝对主装药区的质量与能量的输出。其中外压，即主流场压力。

③ 通过管壁上小孔所输出（漏泄）的燃气质量和能量（汇源）尽管在轴向距离上和圆周方向上是非均匀的，但为了与主装药区模型与数值解算方法相容和匹配，要求作一定程度的均匀化处理，即假定通过每一个小孔排出的子源项在一定几何空间范围内是连续分布的。

④ 由中心传火管的管壁内外压差决定通过壁上小孔流出的燃气质量和能量，这些源项出现在主装药中心轴线及其附近区域上。这就是说，主装药区建模时不考虑中心传火管在几何空间上的存在，即将传火管输出作为主装药区的"线"源。

（3）辅助点火药包面源处理法。基于点火药包在主装药区中所处位置与其工作期间释放的能量在主装药区的分布规律，假定以"面源"形式作用于主装药区，即物理上考虑有点火源存在，在几何上不考虑点火药包占有空间。横向放置的点火药包，"面"源沿径向分布。

（4）可燃药筒简化处理。类似地，可将可燃药筒燃烧释放的质量与能量作为主装药区的圆周边界源项。

综上所述，从主装药解域角度看，嵌入源法是将中心传火管，辅助点火药包和底火射流等装药辅助元件的作用，仅仅看作是物理存在，几何上作虚拟化处理。

4. 解域中的内边界及间隙流

有时候必须考虑弹后空间复杂装药结构的存在和结构部件对内弹道性能的影响，于是必须涉及解域中不同子区域之间的内边界及装药元件间隙流处理。图9.28为模块装药内弹道解域分区示意图，其中每个模块的内部结构与组成，见图3.16。由于实际装填条件下，模块可能发生分离，图9.28(b)表示装填入膛后，模块之间出现了间隙，图9.28(d)表示不同类型间隙间关系。因此，弹后空间一般可能形成以下多个子区域：①主装药（模块）区；②中心可燃传火管区（尽管模块之间可能生成间隙，但相邻模块的中心传火管可以看成是首尾相连的一个完整的管体,当然不排除连接处侧向存在漏泄);③模块盒之间间隙区和模块与药室内壁之间月牙环形间隙区;④弹后自由空腔区。如图 3.14 所示,这是一种布袋式装药结构,主装药包中心放置有点火药袋。该装药使弹后空间生成 4 类子区域,即主装药区、中心点火药袋区、环形(月牙形)间隙和弹后自由空腔区。

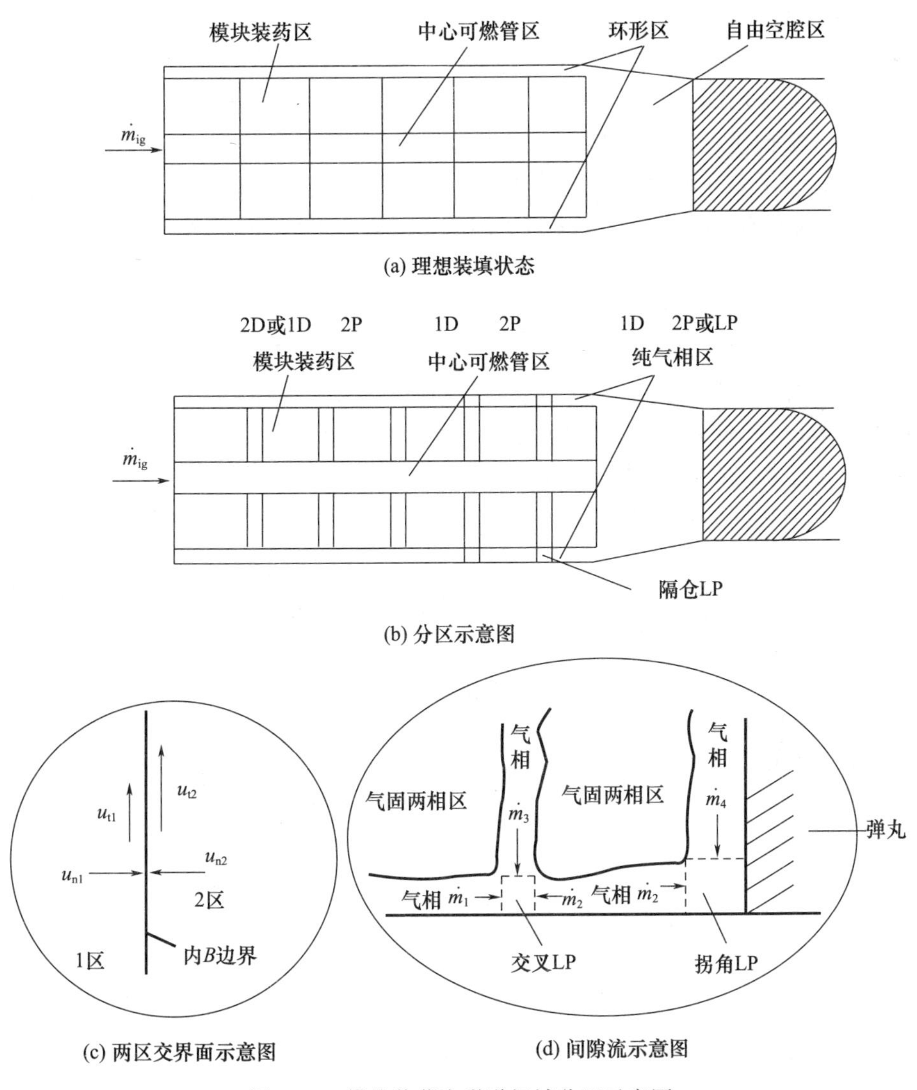

图 9.28　模块装药内弹道解域分区示意图

为了更好地描述发射过程,深入了解弹后空间不同子区域内发生的细节及其对整个发射过程的影响,需要选择与采用更为恰当的理论模型。例如:中心传火管(药袋)可选用一维(1D)两相(2P)流模型;对模块(药包)主装药区采用两维(2D)两相(2P)流模型或一维两相(1D2P)流模型则更为恰当。而对图9.28(d)中的间隙区或自由空腔区,分别采用一维均相或集总参量模型即可。面对这些分区描述的内弹道理论模型,在进行数值求解之前,需要解决两个问题:一是不同子区域之间内边界性质的确定;二是不同区域之间发生有质量、能量交换,需要给出其物理量在边界处的连接条件。

在此还需说明,这里要解决的问题与前面讨论过的采用嵌入源法模拟辅助装药元件的作用的目的是一致的。对一些简单的辅助装药元件,应该也可以采用嵌入源法描述它们在内弹道过程中的作用,虽可能带来近似,其效果可能粗略一些。为了更好地揭示一些重要装药元件工作细节及其对整个内弹道过程的影响,如为了知道模块盒在膛内的运动、裂解与燃烧消融过程等,则必须对其单独建模和对其各个子区域进行个别求解。

1) 一些内边界物理性质

由图9.28所示模块装药内弹道解域分区可见,不同子区域之间内边界的物理性质与几何特征各不相同,在内弹道理论模型的描述中,必须分别对待,如可燃容器(可燃传火管壁、可燃模块盒体)及其药包布、钝感衬里等。重点关注的是其燃烧性、厚度、在膛内的移动速度、高温火药气体对其穿透性及其在高温环境下的裂解性等,都需要有确切的物理描述及数学表达。内边界主要性质包括:

(1) 可燃性与燃尽性。火炮发射装药内边界,如可燃药筒、模块盒、可燃传火管、药包袋及药包布等,一般都是可燃的,而且要求发射期间全部燃尽,不留残渣。通常这些装药辅助元件燃烧是放热的,但有些(如钝感衬里、紧塞盖、传火管内壁密封衬纸和药包布等)是吸热的。另外,有些内边界材料只能单面燃烧,有些元件表面带有涂料。因此,内边界材料性质可能各不相同,点火燃烧特性也不同。所以每种内边界都要根据实际情况分别处置。

(2) 燃速。一般来说,可燃容器(可燃药筒、传火管)属于单面燃烧元件,它们的存在和燃烧性质或厚度变化对弹后空间主装药区的空隙率直接相关。如用 e_1 表示容器壁厚度,Z_s 为相对燃去厚度,则已燃厚度增加率可表示为

$$\frac{\mathrm{d}e}{\mathrm{d}t}=\dot{e}=e_1\dot{Z}_s=\dot{m}_s/\rho_s \tag{9.122}$$

式中:Z_s 为可燃内边界的相对已燃厚度;$\dot{m}_s$,ρ_s 分别为其质量生成速率和质量密度。可燃药筒燃烧规律已有不少研究报道,其中单面燃烧条件下的相对厚度燃烧速率试验结果为[31]

$$\dot{Z}_s = \frac{dZ_s}{dt} = \begin{cases} 8.4588 \times 10^{-6} p & (p \leqslant 1.395 \times 10^8) \\ 2176 - 7.142 \times 10^{-6} p & (1.395 \times 10^8 < p \leqslant 1.689 \times 10^8) \\ 969.7 & (p > 1.689 \times 10^8) \end{cases} \tag{9.123}$$

式中:p 的单位为 Pa。

(3) 渗透性。一般药包材料多为浸涂有化学防腐剂的纤维织物,气体是可渗透的。而一般可燃容器(筒、管、盒)是由硝化棉、纸浆及胶黏剂制成,尽管从微细观角度看,其和药包布一样都是纤维为筋络的多孔材料,但气体对其是不可渗透的。对可渗透药包或容器,气体通过也必产生压力损失 Δp,即

$$\Delta p = k\rho u_n |u_n| \tag{9.124}$$

式中:ρ 为气体密度;u_n 为气体对药包或容器的法向速度;k 为无量纲阻力系数(摩擦因数)。

这里规定高压区向低压区流动的速度 u_n 为正。显然,对无渗透的可燃筒(管)之类内边界,相当于 $k \to \infty$,因 Δp 总是有限值,所以必有 $u_n \to 0$。但要说明,传火管壁上往往开有排气小孔,打开后可让燃气由此流向外侧主装药区,虽也造成了管内外质量交换,但这不属于简单渗透问题。

(4) 对固体药粒的阻碍作用。药包或药袋一般是指由纤维织物制成的柔性袋子,气体可以渗透,但能阻碍固相颗粒通过。而可燃容器是刚性的,形状是不可改变的,气体和颗粒都不能通过,除非当管内外压差大于临界值,管体破裂。通常认为这种状态一旦发生,则管体任何阻力不再存在,气/固介质可以自由流出或流入。另外,在膛内气流挟持下,认为布袋和可燃容器都是可以被推移的,其中布袋形状是可以改变的。

(5) 内边界结构破坏与消失准则。无论药包袋还是可燃容器,其破坏(裂)与消失都取决于机械受力与热损伤。热损伤使强度下降,厚度减薄取决于其燃速。材料的破裂和损坏采用管壁内外压差作判据。

2) 一些内边界的数学表达

内边界的数学表达不仅取决于其物理特性,还取决于边界两侧流动特性及描述动流的数学表达。这里的流动特性是指流动是均相流还是两相流,流态是层流还是湍流;而流动的数学表达是指描述流动的数学模型复杂程度,需要采用一维、两维还是三维表达式。因此,弹后空间内弹道解域不同子区域之间的内边界条件的数学表达也将不同,要求必须与两侧流动模型相匹配。结合具体实例,很容易理解这一点。以图 3.14 为例,不同子区域之间的内边界描述,首先与装药元件性质和装药结构密切相关。中心点传火药包袋是柔性的,气体是可穿透的,袋内点火药燃烧区物理过程可采用一维两相流模型描述,也可采用

两维两相流模型描述。同样点火药袋外侧主装药区既可采用一维两相流模型，也可采用两维两相流模型。当主装药区与点火药袋区数学模型一旦确定，两区之间的内边界的数学表达需要满足的条件也就确定了。图 9.28 情况与此类似，不同之处在于传火管是刚性的，而且模块盒与药室内表面及模块盒之间一般都存在间隙，在可燃容器壁未爆裂或消失之前，间隙内介质是纯气体。这些纯气相区物理参量特性一般应采用一维或集总参量法进行描述。

可见，有些内边界两侧可能都是两维两相流区，有的一侧是两维两相流区，另一侧是一维两相流区，甚至是一维纯气相区或集总纯气相区。不同类型的两侧流动，内边界数学表达式不同。

下面以中心点传火药袋或中心传火管为例，讨论管（袋）两侧均为两维两相流区的内边界条件的数学表达。如前面所述，其中药包袋是柔性的，气体是可渗透的，而可燃传火管是刚性的；未破裂之前，只能由管壁上的传火孔决定内外两区域间的质量、动量与能量交换。

（1）两维两相流区域之间内边界。定义穿透织物类内边界气相速度法向分量为 u_n，且规定向外为正，即当 $u_n>0$ 时，则意味着气相由内向外流出。令通过药包袋单位面积上的质量流量（率）为 $\dot{m}_s$，其单位质量气体的内能为 e_s，气相穿透阻力系数为 k，定义药包袋内侧参量为 1，外侧为 2，则该内边界内外两侧物理量应遵守的边界条件如下：

① 由气相质量平衡，得

$$\varepsilon_1\rho_1 u_{n1}+\dot{m}_s=\varepsilon_2\rho_2 u_{n2} \tag{9.125}$$

式中：ρ，ε 分别为气相密度和空隙率。

② 由气相能量平衡，得

$$\varepsilon_1\rho_1 u_{n1}(e_1+p_1/\rho_1+u_{n1}^2/2)+e_s\dot{m}_s=\varepsilon_2\rho_2 u_{n2}(e_2+p_2/\rho_2+u_{n2}^2/2) \tag{9.126}$$

式中：p 为压强。

③ 由气相切向动量平衡，得

$$\varepsilon_1\rho_1 u_{n1}u_{t1}=\varepsilon_2\rho_2 u_{n2}u_{t2} \tag{9.127}$$

式中：u_t 为速度切向分量。

④ 由气相法向动量平衡，得

$$p_1+\varepsilon_1\rho_1 u_{n1}^2-k\rho_1 u_{n1}|u_{n1}|=p_2+\varepsilon_2\rho_2 u_{n2}^2 \tag{9.128}$$

⑤ 柔性药包边界面动量平衡方程：

$$\sigma_{n1}-\sigma_{n2}=\begin{cases}-k\rho_1 u_{n1}|u_{n1}| & (u_{n1}<0)\\ 0 & (u_{n1}\geqslant 0)\end{cases} \tag{9.129}$$

式中：σ 为药袋单位面积上的法向力（压强）；n 为半径方向；$u_{n1}\geqslant 0$，意味着药包布膨胀但只可能达到极限半径状态,再膨胀则属于撕裂,超出运动平衡方程考虑范围;$u_{n1}<0$,意味着柔性边界沿半径方向收缩,期间应遵守运动平衡条件。该式也适用于刚性边界,如对可燃容器,包括可燃传火管、可燃药筒壁面等,但对这种类型内边界都不考虑变形,定义边界法向速度为 u_{pn},即

$$\boldsymbol{u}_{\mathrm{p}}\cdot\boldsymbol{n}=0 \tag{9.130}$$

⑥ 内边界表面上承受的应力表达式为

$$p_{\mathrm{w}}=\begin{cases}\sigma_1-\sigma_2+k\rho_1u_{n1}\mid u_{n1}\mid \ (u_{n1}>0)\\0\ (\text{仅适用于柔性表面,且 } u_{n1}<0)\end{cases} \tag{9.131}$$

该式用于刚性内边界时,式中:σ_1、σ_2 理解为内外表面压力,但 $k=0$。显然当 $p_{\mathrm{w}}>\sigma_{\mathrm{b}}$,$\sigma_{\mathrm{b}}$ 为界面强度极限,则界面(器壁)破裂。当用于检验柔性药包是否撕裂时,其 k 值由试验或经验确定。撕裂时,意味着 $k\to k_0$,k_0 为气体穿透产生的极限阻力系数。需要注意的是,对高温燃气环境,k_0 值是随燃气温度升高和时间延长而降低的,σ_{b} 也如此。

有必要指出,式(9.127)没有考虑所穿透边界层自身的生成源项的作用,有一定局限性。显然,如果这个被穿透层的厚度达到两相混合流区的一个固相颗粒尺寸大小的程度,则这个表达式可能因切向动量存在损失而不能成立,或者说将产生相当大的误差。一个补救的方法是引进一个切向动量损失系数,使计算结果尽可能接近于实际。

如果内边界是可燃传火管壁面,壁上的传火孔分布是已知的,则内外两侧间的质量与能量交换要根据物理条件作适当均布化处理。有时甚至要考虑小孔两侧固相颗粒交换作用。显然式(9.125)~式(9.128)也适用于两侧均为纯气相的内边界,只要取空隙率 $\varepsilon=1.0$ 即可。

(2) 两维区与一维区之间的内边界。这种情况下,式(9.125)~式(9.128)仍然可用,但要根据情况作一些修改。例如:对图 9.28(c),用下标 1 与下标 2 分别表示两个相邻的两维区和一维区,两区沿边界存在不同的切向速度 u_{t1} 和 u_{t2}。但因为 2 区为一维区,不存在垂直边界的法向速度 u_{n2}。现在来考虑这种情况下的透过内边界发生的质量、动量和能量交换。这时需要人为假定 2 区也存在一个垂直边界的法向速度。若 1 区对 2 区渗透的质量速率为 $\dot{m}_{\mathrm{s}}$,则由守恒原理得 1 区对 2 区的质量、动量与能量贡献为

$$u_{n2}=u_{n1} \tag{9.132}$$

$$\dot{m}_{s2}=\dot{m}_{s1} \tag{9.133}$$

$$\dot{m}_{\mathrm{s}}u_{t2}=\dot{m}_{\mathrm{s}}u_{t1} \tag{9.134}$$

$$\dot{m}_{\mathrm{s}}(e_2+p_2/\rho_2+u_{n2}^2/2)=\dot{m}_{\mathrm{s}}(e_1+p_1/\rho_1+u_{n1}^2/2) \tag{9.135}$$

这里要强调指出,式(9.133)~式(9.135)都是针对两维区流入一维区,一

维区质量增加情况而言的。如果发生的是 2 区向 1 区的流动,则可将新流入气体与原有气体的混合看成是不可逆的,其总焓关系式(9.135)仍然可用。其余物理量的确定则与法向速度 u_n 和法向动量有关,如当气体由二维 1 区流入一维 2 区,因存在速度损耗,假定压力连续,即可以认为流入 2 区的气体压力为

$$p_1 = p_2 \tag{9.136}$$

但若 1 维区流入 2 维区,则认为流动是等熵流,有

$$p_1 = p_2 (T_1/T_2)^{\gamma/(\gamma-1)} \tag{9.137}$$

(3) 两个一维或准一维区之间的内边界。当两个一维区首尾相连,即不考虑切向速度分量,式(9.133)和式(9.135)仍然有效。

(4) 一维区与集总参量区之间的边界条件。如图 9.28(d)所示,其中有一维流区或准一维流流区气体向滞止集总参量区(LP)流动的情况,或者也有相反的情况。这类问题一律不考虑边界上有切向速度存在。例如:假定 1 表示一维流区,2 表示集总参量区,则原则上式(9.133)和式(9.135)仍然有效,只是 2 区内 $u_{n2}=0$。当气体从一维区流入集总参量区,压力的确定仍采用式(9.136),即假定界面处压力连续。当由集总参量区流入一维流区,压力采用式(9.137)确定。因此可以认为,对内弹道中不同子区域界面,无论是这里的 1 区流入 2 区,还是 2 区流入 1 区,都可采用 $|u_{n1}| \leqslant C$(当地声速)作为限制性条件。

参考文献

[1] 郭锡福. 火炮武器系统外弹道试验数据处理与分析[M]. 北京:国防工业出版社,2013.

[2] 唐雪梅,易群智. 现代自行加榴炮系统精度评定方法研究[J]. 火炮发射与控制学报,2001(1):28-32.

[3] 唐雪梅,易群智. 现代自行加榴炮系统精度评估方法研究[J]. 火炮发射与控制学报,2000(4):16-22.

[4] 王宝元. 中大口径火炮射击密集度研究综述[J]. 火炮发射与控制学报,2015(6):82-87.

[5] 董明,王婷,柳云峰. 某牵引火炮射击精度影响因素分析[J]. 四川兵工学报,2011(5):30-31.

[6] 王兆胜,刘志强,杨保元,等. 各因素对射击精度影响研究[J]. 弹箭与制导学报,2005(3):198-200.

[7] 武瑞文,王兆胜. 自行火炮武器系统射击精度研究[J]. 兵工学报,2004(4):407-409.

[8] 李雷,张培林,杨国来,等. 某车载榴弹炮射击密集度超差因素分析[J]. 火炮发射与控制学报,2011(3):85-87.

[9] 梁世超,邱文坚. 自行加榴炮的初速预测方法[J]. 火炮发射与控制学报,2000(4):6-10.

[10] 陈玉成. 自行加榴炮初速修正问题探讨[J]. 火炮发射与控制学报,1997(3):6-11.

[11] 彭志国. 火炮首发射程偏差形成原因及其机理分析[D]. 南京:南京理工大学,2007.
[12] 华东工程学院. 内弹道学[M]. 北京:国防工业出版社,1978.
[13] 熊明辉. 通用弹药膛炸事故原因分析及预防研究[D],南京:南京理工大学,2002.
[14] 朱道佺,马廷萱. 膛炸分析技术[M]. 北京:国防工业出版社,1995.
[15] FR/GE/US. Safety Testing of Tank Ammunition International Test Operations Procedure (ADA258740)[R]. Rochville:International Test Operations Procedure(ITOP),4 -2 -504 (2),23. Oct,1992.
[16] 金志明,翁春生. 火炮装药设计安全学[M]. 北京:国防工业出版社,2001.
[17] 芮筱亭,贠来峰,王国平,等. 弹药发射安全性导论[M]. 北京:国防工业出版社,2009.
[18] 周彦煌,魏建国. 某加农炮膛炸事故原因探讨[J]. 华东工学院学报,1992(2):7 -12.
[19] 美国陆军试验鉴定司令部试验操作规程. 火炮、迫击炮、无后坐炮安全检验(ADA070430)[G]. Washington D C:美国陆军,1970. 4.
[20] 周彦煌,朱维同. 压力波、膛炸和装药安全考核[J]. 兵工学报(武器分册)两相流内弹道专辑,1985:48 -52.
[21] 周彦煌,刘千里. 火药低温冷脆与火炮膛炸事故[J]. 弹道学报,1995(1):12 -16.
[22] CARROLL M M,HOLE A C. Static and Dynamic Pore -Callapoe Relations for Ductile Porous Materials[J]. Journal of Applied Physics,1972,43(4):13 -17.
[23] 周彦煌. 减小膛内压力波的一种方法[J]. 兵工学报武器分册,1991(2):12 -17.
[24] 周彦煌. 固体随行装药内弹道理论模型[C]//中国兵工学会弹道专业委员会. 1992 年弹道学会年会论文集. 厦门:[出版者不详],1992:23 -33.
[25] 周彦煌,王升晨. 120mm 反坦克炮采用随行装药提高初速的理论研究[J]. 兵工学报,1995(3):5 -10.
[26] 周彦煌,余永刚,陆欣,等. 差动自喷弹药:201218007026. 6[P]. 2015 -04 -01.
[27] 周彦煌,余永刚,陆欣,等. 基于差动自喷弹药的火炮装药结构:201218007018. 6[P]. 2015 -04 -01.
[28] 邹华. 基于差动原理的新型随行装药技术研究[D]. 南京:南京理工大学,2014.
[29] 周彦煌,王升晨. 内弹道非线性方程的定解条件:Ⅰ. 运动边界条件设计[J]. 弹道学报,1990(4):1 -7.
[30] 周彦煌,王升晨. 内弹道非线性方程的定解条件:Ⅱ. 边界“奇”点设计与“源”的“点”化处理[J]. 弹道学报,1991(1):1 -5.
[31] 周彦煌,王升晨. 实用两相流内弹道学[M]. 北京:兵器工业出版社,1990.
[32] 王升晨,周彦煌,刘千里,等. 膛内多相燃烧理论及应用[M]. 北京:兵器工业出版社,1994.

内容简介

火炮内弹道学是研究不同能源以不同发射原理或方式,赋予不同类型弹丸以动能的应用科学。其研究的内容和理论体系构成是随发射能源与发射原理的演变而与时俱进的。

本书基于发射能源与发射原理,全面系统地介绍了火炮内弹道学发展所涉及的基本理论与技术,论述了火炮发射所涉及的膛内热力学、传热学、流体力学和固体力学现象,以及运用这些理论解决内弹道问题的技术与方法。本书对推进内弹道学持续进步,推动两相流内弹道理论与装药技术融合发展,以及建立精确预测内弹道学体系,具有奠基作用。

本书可作为弹道学、火炮、弹丸与引信、火药与装药技术、兵器测控等专业本科高年级学生与研究生的教科书,也可供兵器科学与技术类及热能工程与流体力学等技术人员参考。

Introduction

The artillery interior ballistics is an application science which focuses on the accelerating of different projectiles to high kinetic energy with different energy sources and launch methods. Its research content and theoretical system keep pace with the evolution of launch energy and launch principle.

Based on the launch energy and launch principle, this book comprehensively and systematically introduces the basic theories and technologies involved in the development of artillery interior ballistics, discusses the phenomena of in bore thermodynamics, heat transfer, fluid mechanics and solid mechanics involved in artillery launch, and the technologies and methods for solving interior ballistic problems by using these theories. In order to promote the continuous progress of internal ballistics, promote the integration of two – phase flow theory and charge technology, and establish an accurate prediction system of internal ballistics, this book makes an in-depth research.

This book can be used as a textbook for senior students and postgraduates majoring in ballistics, artillery, projectile and fuse, gun powder and charge technology, weapon measurement and control, and can also be used as a reference for technical personnel such as weapon science and technology, thermal energy engineering and fluid mechanics.